Antje Schlottmann
RaumSprache

SOZIALGEOGRAPHISCHE
BIBLIOTHEK

Herausgegeben von
Benno Werlen

Wissenschaftlicher Beirat:
Matthew Hannah
Peter Meusburger
Peter Weichhart

Band 4

Antje Schlottmann

RaumSprache

Ost-West-Differenzen in der
Berichterstattung zur deutschen Einheit

Eine sozialgeographische Theorie

Franz Steiner Verlag 2005

Umschlagabbildung: „Ost-West-Profil"
(Sabine Sauer, Berlin)

Bibliografische Information der Deutschen Bibliothek
Die Deutsche Bibliothek verzeichnet diese Publikation
in der Deutschen Nationalbibliografie; detaillierte
bibliografische Daten sind im Internet über
<http://dnb.ddb.de> abrufbar.

ISBN 3-515-08700-1

ISO 9706

Jede Verwertung des Werkes außerhalb der
Grenzen des Urheberrechtsgesetzes ist unzulässig
und strafbar. Dies gilt insbesondere für Übersetzung,
Nachdruck, Mikroverfilmung oder vergleichbare
Verfahren sowie für die Speicherung in Datenver-
arbeitungsanlagen.
© 2005 by Franz Steiner Verlag GmbH
Gedruckt auf säurefreiem, alterungsbeständigem Papier.
Druck: Printservice Decker & Bokor, München
Printed in Germany

Vorwort

Die vorliegende Arbeit handelt von alltäglicher Praxis. Sie handelt davon, wie gemacht wird, was selbstverständlich nicht als Gemachtes erscheint. Und sie handelt von der Wirklichkeit und Bedeutung allgegenwärtiger Räume, in denen wir leben, aus denen wir kommen und über die wir selbstverständlich sprechen, als seien sie.

In der langen Zeit der Beschäftigung mit diesem Thema hat sich bei mir gelegentlich das Gefühl eingestellt, die Sprache vom Raum, ihre Schwächen und Unschärfen ihre verführerische Eindeutigkeit und ihre essentialistische Verlockung durchschaut zu haben und es besser machen zu können. Und doch war es unvermeidbar, einen linearen Text zu erstellen und auf Kategorien des Vorher, Nachher und Daneben zurückzugreifen. Auch ein Geographieunterricht, in dem am Anfang die Karte mit ihren Grenzen stand und am Ende deren kultureller Inhalt, ist nicht vergessen. Aussichtslos zu meinen, man könnte je *all* die traditionalen Einstellungen erfassen, die dem eigenen Weltbild zugrundeliegen. Was bleibt, ist, einige davon zunächst einmal aus ihrer Selbstverständlichkeit zu heben, nach allen Seiten zu drehen und zu wenden und kritisch zu beäugen.

Die Wissenschaftlerin wird immer vom Alltag eingeholt, wenn ihr Forschungsgegenstand die alltägliche Praxis ist, sie kann sich nicht entziehen, nur reflektieren. Und ich meine, das muß auch so sein. Denn es ist eben diese alltägliche gesellschaftliche Praxis, an der sich namentlich *sozial*geographische Theoriebildung messen lassen muß und für die sie schließlich fruchtbar zu machen ist.

Diese Unternehmung hätte ohne eine Unterstützung von vielen Seiten nicht gelingen können. Allen Beteiligten gilt an dieser Stelle mein Dank!

Jena, im Juni 2005

Prolog:
„Waren wir endlich im Osten zu Hause?"[1]

Vor zehn Jahren wurde aus den beiden deutschen Staaten einer. 80 Millionen Menschen, die 40 Jahre lang in verschiedenen Gesellschaftssystemen gelebt hatten, gehörten plötzlich zusammen. Einige kamen sich damals näher, aber viele blieben sich lange Zeit fremd. Manche gingen von Ost nach West und kehrten dann doch wieder nach Hause zurück. Ihre Kinder haben die Mauer nie gesehen und tun sich heute schwer zu erklären, was den Osten überhaupt vom Westen unterscheidet.[2] Und doch irren all die, die von einer stabilen „Mauer in den Köpfen" des Ostens sprechen. Nicht einmal die Hälfte aller Westdeutschen war in den zehn Jahren auch nur einmal in den neuen Ländern, während der Osten den Westen inzwischen gut kennt. Wo steht also die Mauer?[3]

Das Meinungsforschungsinstitut Infratest/dimap hat im Auftrag der ZEIT 1000 ostdeutsche Erwachsene telefonisch befragt – eine repräsentative Zufallsauswahl. Ein Vergleich mit den Ergebnissen einer ähnlichen Studie von 1993 macht die Fortschritte im Einigungsprozess deutlich: 15 Prozent der Ostdeutschen sind heute noch dabei, sich einzugewöhnen – vor sieben Jahren waren es 21 Prozent. Fast 80 Prozent haben nun keine Schwierigkeiten mehr. Nur fünf Prozent der Ostler glauben, sie werden sich wohl „nie so richtig mit den neuen Lebensumständen zurechtfinden".[4] Rassismus und rechte Einstellungen sind im Osten weiter verbreitet als im Westen. Die Gewalttäter haben ein feines Gespür und reagieren darauf: Ein *typisch* westdeutscher Angriff geschieht heimlich und versteckt – ein Brandsatz fliegt auf ein Asylheim am Stadtrand. Ein *typisch* ostdeutscher Angriff dagegen ist offen und öffentlich – auf dem Bahnhofsvorplatz wird ein Afrikaner zusammengeschlagen. Wer davon spricht, Rechtsextremismus sei ein gesamtdeutsches Problem, leugnet die Besonderheiten und kann nicht mehr angemessen reagieren.[5] Natürlich seien nicht alle im Osten so wie im Buch – also faul,

---

1   Hans Misselwitz, „Freiheit ohne Verantwortung – Jene, die 1989 abwanderten, drückten der Wende ihren Stempel auf. Mit fatalen Konsequenzen bis heute", DIE ZEIT 40, 30.09.99.
2   Willi Winkler, „Wie groß die Freiheit ist", SZ 224, 28.09.00.
3   Klaus von Dohnanyi, „Die Weisheit des Marktes überschätzt – die ostdeutsche Wirtschaft braucht Staatshilfe – noch lange", DIE ZEIT 44, 28.10.99.
4   Toralf Staud, „Kein Gejammer. Eine Umfrage im Auftrag der ZEIT unter Ostdeutschen" Die ZEIT 40, 28.09.00.
5   Toralf Staud, „Nazis sind chic – Und der Osten ist brauner als es viele Politiker wahrhaben wollen", Die ZEIT, 15.02.01.

anmaßend, initiativlos, risikoscheu, unfreundlich, verschlagen, rechtsradikal. Viele Ostdeutsche hätten ihm geschrieben, sie wollten nicht alle über einen Kamm geschoren werden. Roethe sagt: „Natürlich gibt es Ausnahmen!" ... „Aber um die geht's doch nicht! Und, mal ehrlich: Die anderen sind ja weit in der Überzahl!"[6]

Bei genauem Hinsehen zeigt sich aber, dass die Westdeutschen schon die Ostdeutschen, die sich nur ein klein wenig von ihnen unterscheiden, schwer ertragen. (...). Wahrscheinlich sind die Ostdeutschen den Westdeutschen zu ähnlich, um den Anspruch auf den „Toleranzbonus" erheben zu können. Trügen die Menschen im Osten etwa Turban, würde es die „political correctness" gebieten, sie tolerant zu behandeln.[7] Doch das Wichtigste scheint mir: Wie lernen Westdeutsche ostdeutsche Befindlichkeiten, Wünsche und Begehrlichkeiten kennen und umgekehrt? (...). Die Selbstverständlichkeit, mit der ein Westdeutscher sich in Mecklenburg-Vorpommern zu Hause fühlt, spiegelt sich in der Aufgeschlossenheit und Unbefangenheit der Ostdeutschen, wenn sie sich in westlichen Bundesländern aufhalten. Junge Leute gehen, als sei es nie anders gewesen, von Ost nach West und von West nach Ost, um ihre Chance zu suchen.[8] Kaum irgendwo ist die deutsche Befindlichkeit besser zu ermitteln als am Elbufer. Der Fluss quert auf 727 Kilometern acht Bundesländer, in seinem Einzugsgebiet wohnt knapp ein Viertel der vereinten Deutschen. Nicht der alte Wessi-Rhein ist der deutsche Strom, sondern die Elbe.[9]

Zehn Jahre nach der Wiedervereinigung hat Deutschland laut Berlins Regierendem Bürgermeister Eberhard Diepgen (CDU) die „meisten technischen Probleme" der Einheit gelöst. (...).[10] Der Prenzlauer Berg: das populärste Viertel der Stadt (...) – wahnsinnig begehrt bei Wohnungssuchenden: „Keinesfalls Osten! Am liebsten Mitte oder Prenzlberg!"[11] Der Aufschwung Ost blieb aus, jetzt läuft der Abriss Ost.[12] Rund zwei Millionen Ostler sind seit 1990 nach Westdeutschland gezogen – etwa eine Million in die Gegenrichtung.[13] Die „neue Jugend im Osten" ist mobiler und leistungsbereiter, sie lernt und studiert schneller. Vor allem fallen die Frauen auf: sie sind zielstrebiger und erfolgsorientierter. (...). Allerdings gibt es immer weniger junge Ostler. Die Abwanderung gen Westen ist in jüngster Zeit wieder gestiegen, und es gehen meist die Bestgebildeten und Aktivsten. Dabei haben die neuen Länder in weiten Teilen die modernste Infrastruktur Europas – im Osten ist ja vieles noch keine zehn Jahre alt. Nirgendwo in Europa gibt es ein so gutes Telekommunikationsnetz, die meisten Krankenhäuser verfügen über neueste Technik, das Ilmenauer Institut für Medientechnik ist das beste seiner

---

[6] Dorit Kowitz, „Wo die wilden Kerle wohnen – Wie ein Soziologe aus dem Westen zehn Jahre nach der Einheit die Ostdeutschen missversteht", SZ 5, 8./9.01.00.
[7] Andrea Exler, Interview Richard Schröder, „Eine spezielle Art der DDR-Nostalgie", SZ 225, 29.09.00.
[8] Wolfgang Schäuble, „Ich habe einen Traum", DIE ZEIT 40, 30.09.99.
[9] Hajo Schumacher, „Einheit? Welche Einheit?", DER SPIEGEL, 02.10.2000.
[10] jumo, „Halbzeit auf dem Weg zur Einheit", SZ 224, 28.09.00.
[11] Peter Richter, „Vom Westen im Osten", SZ 239, 17.10.00.
[12] Susanne Koelbl, „Da hilft nur noch Dynamit", DER SPIEGEL 41/2000.
[13] Peter Wensierski, „Geht doch wieder rüber!" DER SPIEGEL 43/1999.

Art.[14] „Manche wählen sogar bewusst die neuen Bundesländer, weil sie um die Vorteile hier wissen", sagt Thüringens Wissenschaftsministerin Dagmar Schipanski. Sie bestätigt aber auch, dass Vorbehalte gegen den Osten Abiturienten abschrecken.[15] In der Forschung hat sich der Osten dem Westen weit angenähert, was sich bei Drittmitteln oder den internationalen Publikationen zeigt. (...). Bei aller Überlast ist die Zuwendung gegenüber den Studenten im Osten nach wie vor größer als im Westen. Auch die Professoren, die aus dem Westen zu uns gekommen sind, haben gemerkt, daß dankbare Studentenaugen eine Menge wert sind.[16] Aktuelle Umfragen unter Nachwuchsforschern bestätigen seine Einschätzung: Ostdeutscher zu sein ist für junge Wissenschaftler heute kein Karrierehemmnis mehr.[17] Es gibt eher ein anderes Problem: Manche, die „rüber gegangen" sind, betrachten ihre Professur eher als Sprungbrett für die Rückkehr in den Westen.[18]

Produkte aus Ostdeutschland sind in westdeutschen Supermärkten beständige Mangelware – zum Leid vieler Ostdeutscher, die nach dem Mauerfall der Arbeit wegen in die alten Bundesländer gezogen sind und auf gewohnte Marken verzichten müssen.[19] Ansonsten aber gibt es eigentlich nur zwei Meinungen über die Wende. „Die Förderung Ost ist Irrsinn" sagen die Wirtin in Pressig, der Manager in Tettau und der Konditor in Lauenstein. „Sie erlauben der Konkurrenz Preise, bei denen wir nicht mithalten können. Und gejammert wird drüben trotzdem". „Der Kapitalismus hat uns platt gemacht", meinen der Schlosser aus der Schiefergrube in Lehesten und der ehemalige Vorarbeiter der Lederfabrik in Hirschberg. „Die haben die Konkurrenz aus dem Weg geräumt. Und gemotzt wird drüben immer noch."[20]

Analysten sind sich einig, dass zehn Jahre nach der deutschen Einheit bei der Bewertung eines Unternehmens kaum noch eine Rolle spielt, ob es aus Ost- oder Westdeutschland stammt. (...). Dennoch ist Ostdeutschland, was Börsengänger betrifft, zweigeteilt – in Nord und Süd. (...) Smend aber warnt vor allzu großer Euphorie. Der Osten sei zwar reif für „mehr Börse", doch der Weg dahin sei „kein Spaziergang", eher ein „langer Marsch".[21] „Die Transferleistungen sollten sich stärker am Wettbewerb der Regionen orientieren", sagte der Direktor des arbeitgebernahen Kölner Instituts, Gerhard Fels. (...). Fels betonte, dass der Osten noch mehr als zehn Jahre auf die Finanztransfers aus dem Westen angewiesen sein

---

14 Thomas Kralinski, „Junge Pioniere – Den jungen Ostdeutschen gehört die Zukunft", DIE ZEIT 41, 05.10.00.
15 Jens Schneider, Letzte Ausfahrt Chinatown – Von wegen Zwangsverschickung: Im Osten studiert man besser, heißt es an Universitäten, die um Studenten werben müssen", SZ 222, 26.09.00.
16 Interview mit Cornelius Weiss, SZ 222, 26.09.00.
17 Stefan Greschik, „Neues aus Silicon Saxony", DIE ZEIT 45, 04.11.99.
18 Interview mit Klaus Landfried, „Eine große Familie – Ansichten eines Westdeutschen", SZ 222, 26.09.00.
19 Steffen Uhlmann, „Der virtuelle Tante-Emma-Laden – Ostprodukte im Cyberspace", SZ 250, 30.10.00.
20 Franz Lerchenmüller, „Spurensuche im Frankenwald – Eine Wanderung entlang der ehemaligen deutsch-deutschen Grenze", DIE ZEIT 40, 30.09.99.
21 Steffen Uhlmann, „Immer mehr Ost-Firmen börsenreif", SZ 225, 29.09.00.

wird.[22] 1 500 000 000 000 Mark an Zuschüssen sind in den vergangenen zehn Jahren in den Osten geflossen, Tag für Tag kommen zu diesen 1,5 Billionen 384 Millionen dazu.[23]

In einer Hinsicht sind die Deutschen zu wenig auf ihre Nation bedacht: Sie leben noch aneinander vorbei. Was der Osten vom Westen hat, weiß man. Und umgekehrt? (...) Was der Westen vom Osten haben kann, weiß er nicht genug, will es nicht wissen. Und das ist nicht normal.[24] Die Reise der Grünen-Spitze in den Süden Sachsen-Anhalts ist ein sehr ernsthafter Versuch, zehn Jahre nach der Vereinigung sich einer terra incognita der Partei zu nähern. (...). Kurth tut nicht so, als müsse man den Wählern nur noch erklären, dass die Grünen die besten Konzepte für den Osten hätten. Auf ihre Initiative geht die Reisetätigkeit des neuen Vorstands zurück. Alle zwei Monate sollen ihre Vorstandskollegen die neuen Länder „riechen, schmecken, fühlen".[25] Möge der Herr Kanzler Schröder nur genau hinhören zwischen Bad Elster und Eggesin; er wird vieles erfahren, was er schon in den letzten Jahren hätte wissen können – wenn er mal die neuen Bundesländer bereist hätte (...).[26] Erst jüngst im Parlament outete sich Schröder aus Versehen wieder als Wessi. Er bedauerte, die Wirtschaft wachse im Osten noch nicht so „wie bei uns" – und meinte natürlich den Westen.[27] Als Bundeskanzler aber, der den versprochenen Aufschwung in den neuen Ländern zur „Chefsache" erklärt hat, kann sich Schröder so viel Distanz nicht mehr leisten. Er muss sich im Osten sehen lassen, vor allem dort, wohin es den westdeutschen Normalbürger nicht verschlägt.[28] Und es ist ja heute kaum noch zu erkennen, woher die Künstler kommen. Sie reisen sehr viel oder leben zeitweilig im Ausland. Aber im Westen hält sich ungeachtet dessen immer noch das Vorurteil, dass der Osten hinterherläuft.[29]

Drei alte Damen im Gespräch über den Osten. Ihr macht euch keinen Begriff, klagt Dame eins, die jüngst drüben gewesen. Die Leute dort, so anders als wir, so völlig anders! (...). So sind nicht *die Wessis*, nur diese drei Schwaben-Omis. Und *der Westen* existiert so wenig wie *der Osten*. (...). Der Staat ist *eine* Wirklichkeit, es gibt so viele. Zunehmend auch im Osten. Wer definiert ihn?[30] Am Ende des Gesprächs habe ich das Gefühl, wir stehen uns gegenüber auf zwei verschiedenen Seiten, und nur alle Minuten dringt ein Wort des anderen herüber. Der beiderseitige Monolog endet dann oft wahlweise mit dem Satz: „Du bist ja eine richtige Ostlerin" oder „Bei Dir merkt man gar nicht, daß du aus dem Osten kommst!"[31]

---

22 „Andere Akzente bei der Ostförderung", SZ 225, 29.09.00.
23 Heribert Prantl, „Die deutsche Mondlandung", SZ 226, 30.09./01.10.00.
24 Roger de Weck, „Ein Lob auf die Deutschen", DIE ZEIT 40, 28.09.00.
25 Jens Schneider, „Expedition ins Unbekannte – Wie sich die Spitze der Grünen nach Sachsen-Anhalt begibt, um endlich zu lernen, was Ostdeutschland bedeutet", SZ 188, 17.08.00.
26 Leserbrief Ulrich Bohmüller, DER SPIEGEL 36/2000.
27 Stefan Berg et al., „Die Gräben brechen wieder auf", DER SPIEGEL 39/2000.
28 Jürgen Leinemann, „Der lernende Kanzler", DER SPIEGEL 34/2000.
29 Thea Herold, Interview Eugen Blume, „Hinter der Mauer", SZ 226, 30.09./01.10.00).
30 Christoph Diekmann, „Wir waren das Volk", DIE ZEIT 45, 04.11.99.
31 Jana Simon (Simon 2000:27): „Madame Ceausescus Schuhe. Über das Scheitern einer Ost-West-Beziehung".

Inhalt

Einleitung — 17

TEIL I: WISSENSCHAFTLICHE BETRACHTUNG SPRACHLICHEN „GEOGRAPHIE-MACHENS" — 29

1 „Alte" und „neue" Ontologien von Gesellschaft und Raum — 30
1.1 „Ist" Raum ein gesellschaftliches Phänomen? — 31
1.2 Essentialisierung und Verortung als Traditionen der Gegenwart — 35
    1.2.1 Traditionale und moderne Gesellschaftsontologie — 35
    1.2.2 Herkunft der „Grammatik der Weltdeutung" — 36
    1.2.3 Die Aufklärung der Gegenwart — 38
    1.2.4 „Verortung" und „Choro-Logik" in der Spätmoderne — 39
    1.2.5 „Raum-Logiken" gegenwärtiger Weltdeutung — 42
    1.2.6 Moderne Reflexivität entlang traditioneller Deutungen — 43
1.3 Das Dilemma von ontologisierender Bezugnahme und reflexivem Weltbild — 46
    1.3.1 Grundlegende Hindernisse — 46
    1.3.2 Unvermeidbare Verortung — 47
    1.3.3 Vermeidbare Verschleierung — 49

2 Geographie-Machen betrachten – eine Skizze — 50
2.1 (Noch) ein neues Weltbild? — 51
    2.1.1 Drei Welten – oder eine? — 51
    2.1.2 Von Objekten zu „Tatsachen" — 56
    2.1.3 Räumliche Einheiten als Tatsachen — 59
2.2 Regionalisierung konsequent — 60
    2.2.1 Die Wissenschaft vom Geographie-Machen — 61
    2.2.2 Region *in suspenso* — 65
    2.2.3 Institutionalisierung von Region(alisierungsweis)en — 68

3 „Signifikative Regionalisierung" — 74
3.1 Sprache und gesellschaftliche Wirklichkeit — 74
    3.1.1 Die Konzeption von Paasi — 74

	3.1.2 Die Konzeption von Werlen	75
3.2	Zwischenbilanz: Konsequenzen der Theorieentwicklung	79
	3.2.1 Argumente für einen sprachzentrierten Ansatz	79
	3.2.2 Globalisierung als (signifikative) Regionalisierung	80

4 Ostdeutschlands Existenz 81

4.1	Perspektivenwechsel	82
4.2	Ostdeutschland „ist"...	86
	4.2.1 ... ein Objekt	87
	4.2.2 ... ein Raum	88
	4.2.3 ... ein Teil-Raum	89
4.3	Zwischenergebnisse und weiterführende Fragen	90
	4.3.1 Die „Mauer in den Köpfen" als sprachliches Prinzip	90
	4.3.2 „Wiedervereinigung" als Gegenbegriff zum alltäglichen Mauerbau	91
	4.3.3 Mögliche Einwände	92
	4.3.4 Weiterführende Fragen	93

TEIL II: ELEMENTE SPRACHLICHEN „GEOGRAPHIE-MACHENS" 95

1 Sprache und Raum 96

1.1	Theorien und Zugänge	97
	1.1.1 Geographie	97
	1.1.2 (kognitive) Linguistik	99
	1.1.3 Phänomenologie: Geist und Sprache	100
	1.1.4 Germanistik / Literaturwissenschaft	100
1.2	Allgemeine strukturationstheoretische Konzeption	101
	1.2.1 Zur wechselseitigen Beziehung von Sprache und Raum	101
	1.2.2 Zur Beziehung von Handlung und Kommunikation	104
1.3	Spezielle sozialgeographische Konzeption	107
	1.3.1 Intention und Intentionalität	108
	1.3.2 Funktionen und Funktions*zuweisungen*	113
	1.3.3 Der „Hintergrund" und die Unterscheidung impliziter und expliziter Regionalisierungen	119
	1.3.4 Zwischenfazit: Sprechen als regionalisierende Praxis	126

2 Zur Rolle der (Massen)medien 128

2.1	Medien und Raum	128
2.2	Allgemeine strukturationstheoretische Konzeption	130
2.3	Spezielle sozialgeographische Konzeption	131
	2.3.1 „Rohe" und zugewiesene Eigenschaften	132
	2.3.2 Bedeutung der Medien und von Medien vermittelte Bedeutung	136
	2.3.3 Exkurs: Medien und Macht	139

		Inhalt	

| 2.3.4 | Zwischenfazit: Medien als Institutionen signifikativer Regionalisierung | 145 |

3 Elemente signifikativer Regionalisierung 146
3.1 Indexikalität: vom „Wiewo" und „Dortso" 147
3.2 Geographische Eigennamen (Toponyme) 154
3.3 Raumbezogene Metaphern und Metapherntraditionen 158
    3.3.1 Das Prinzip der Metapher: Theorien und Typologien 159
    3.3.2 Raumbezogene metaphorische Konzepte 168
3.4 Zwischenbilanz: Konsequenzen sprachlicher Verräumlichung 176
    3.4.1 Ermöglichende Dimension der Strukturierung 177
    3.4.2 Einschränkende Effekte 179
    3.4.3 Verortungsprinzipien 182

4 Ostdeutschlands räumliche Gestalt 183
4.1 Perspektivenwechsel (Mikroperspektive) 183
4.2 Ostdeutschland „ist"... 187
    4.2.1 ... ein Ort der Ostdeutschen und des Ostdeutschen (Indices und Toponyme) 190
    4.2.2 ... je näher, je ähnlicher und vertrauter (Orientierungsmetapher) 193
    4.2.3 ... ein Behälter (Container-Metapher) 196
4.3 Zwischenergebnisse und weiterführende Fragestellung 199
    4.3.1 Formierung des Ostdeutschen durch raumlogische Sprechakte 200
    4.3.2 Verortungsprinzipien vs. Vereinigung 202
    4.3.3 Mögliche Einwände 202
    4.3.4 Neue Fragen 204

TEIL III: GESELLSCHAFTLICHE BEDEUTUNG SPRACHLICHEN „GEOGRAPHIE-MACHENS" 207

1 Zugänge zum Gesellschaftlichen" 209
1.1 Diskurstheorie und Diskursanalyse 210
    1.1.1 Zum analytischen Status von Diskurs 211
    1.1.2 Diskurs und Macht 211
    1.1.3 Linguistische und soziologische Position 213
    1.1.4 Inhaltliche und strukturale Dimension 213
    1.1.5 Diskursbegriff und signifikative Regionalisierung 214
1.2 (Regionale) Identität und performatives Identifizieren (von Regionen) 217
    1.2.1 Plastikwort Identität 217
    1.2.2 Raumbezogene Identität 218
    1.2.3 Identität und Identifizieren 221

2 Bedeutung von Raum(be)deutungen — 223
2.1 Allgemeine strukturationstheoretische Konzeption — 223
    2.1.1 Die Bedeutung der Bedeutungen — 223
    2.1.2 Differenzbildung: allgemeines Prinzip mit moralischer Bedeutung — 225
    2.1.3 Passung von (Re-)Präsentation, Erwartung und Struktur — 227
    2.1.4 Institutionalisierung von Strukturierungen = Strukturen — 229
    2.1.5 Handlungsbegründungen und Handlungsfolgen — 230
2.2 Spezielle sozialgeographische Konzeption — 230
    2.2.1 Konstitution von räumlichen Einheiten als Verortung von Kultur — 231
    2.2.2 Passung und Persistenz von Raum(be)deutungen — 232
    2.2.3 Die Bedeutung der Raum(be)deutungen: Iterierte Verortungsprinzipien — 234
2.3 Widersprüche zwischen Entgrenzung und Begrenzung — 237
    2.3.1 Signifikativ: Verortungsprinzip und „Globalisierungsdiskurs" — 238
    2.3.2 Erfahrungsbezogen: kohärente Erwartungen und „hybride" Erfahrungen — 240

3 Bedeutung von Raumlogiken in gesellschaftlicher Praxis — 241
3.1 (Des-)Integrationspolitik — 241
    3.1.1 Wie wird man zum Ausländer? — 242
    3.1.2 Wie wird man zum Deutschen? — 243
    3.1.3 Ausländer rein – Problem gelöst? — 245
    3.1.4 Versteckte Diskriminierung... — 245
    3.1.5 ...und das Problem multipler Identifizierung — 246
    3.1.6 Verortungslogik und Integrationswille — 248
3.2 Migration und Mobilität — 250
    3.2.1 Von A nach B — 250
    3.2.2 Menschenorganisation: Ströme, Volumen, „flows" — 251
    3.2.3 Umzug nach Amerika und Urlaub im Container — 252
    3.2.4 Putin und Scharping waren nicht vor Ort — 254
3.3 Heimatschutz und Wohnortwahl — 256
    3.3.1 Heimat ohne Raum? — 256
    3.3.2 Schutz und Pflege der Wurzeln — 259
    3.3.3 Wie kriegt man seine Heimat (los)? — 260
    3.3.4 Wahlheimat räumlich gedacht — 261
    3.3.5 Moralische und emotionale Bezugsräume — 262
    3.3.6 Wo ist der Feind? — 263
    3.3.7 Heimat und Entgrenzung — 264
3.4 Personalpolitik — 265
    3.4.1 Wir stellen (keine) Ausländer ein! — 265
    3.4.2 Den Preußen nach Norden! — 268
    3.4.3 Auslandserfahrung ist immer gut — 269

| | | 3.4.4 | Hybride Personal-Entscheidungen? | 269 |

3.5 Finanzmanagement und Entwicklung ... 270
    3.5.1 Finanz-Struktur-Raum-Ausgleich ... 270
    3.5.2 Bedürftige Räume ... 272
    3.5.3 Raumentwicklung mit gutem Gefühl ... 273
    3.5.4 „Integration outside Europe" ... 273
3.6 Wissenschaft und Forschung ... 275
3.7 Zwischenbilanz: Verortungsprinzipien als Handlungsbegründung ... 277

4 Ostdeutschlands gesellschaftliche Bedeutung ... 278

4.1 Perspektivenwechsel (Makroperspetive) ... 279
4.2 Ostdeutschland als... ... 281
    4.2.1 ... Problemregion ... 281
    4.2.2 ... Reiseziel ... 286
    4.2.3 ... Heimat und Wohn(stand)ort ... 290
    4.2.4 ... Karrierehemmnis ... 294
    4.2.5 ... Entwicklungsland ... 296
    4.2.6 ... Forschungsraum und -objekt ... 299
4.3 Widersprüchlichkeit und Persistenz ostdeutscher Wirklichkeit ... 301
    4.3.1 Ostdeutsch-Sein im wiedervereinigten Deutschland ... 302
    4.3.2 Mobile Ostdeutsche ... 302
    4.3.3 Heimat im Osten *und* in der Weltgemeinschaft? ... 303
    4.3.4 Ostdeutsche Karrieren auf dem entgrenzten Arbeitsmarkt ... 304
    4.3.5 Finanzierung Ost auf dem globalisierten Kapitalmarkt ... 304
    4.3.6 (Konstruktivistisches) Forschen *in* Ostdeutschland? ... 305
    4.3.7 Einpassung der Ausnahmen:
           „Bei Dir merkt man gar nicht, daß Du aus dem Osten kommst" ... 306
4.4 Zwischenergebnisse und eine verbleibende Frage ... 307
    4.4.1 Gesellschaftliche Bedeutung ostdeutscher Wirklichkeit ... 307
    4.4.2 Ostdeutsche Wirklichkeit in diskursiver Konfrontation
           mit dem Globalen ... 309
    4.4.3 Abbau der Mauer in den Köpfen? Oder:
           was genau ist das „Problem"? ... 310

Konsequenzen für die Praxis ... 313

Literatur ... 327

Abbildungen

Abb. II-1:	Analytische Hintergrund-Ebenen der Raumkonstitution	124
Abb. II-2:	Die alte Grenze im vereinten Deutschland	184
Abb. III-1:'	(Re-)präsentative „Passung" am Beispiel des Konzepts „Deutschland"	228

Tabellen

Tab. I-1:	Anspruchsrelative Konsistenz raum- und handlungszentrierter Sozialgeograpie	64
Tab. I-2:	Konzeption der „Region *in suspenso*"	68
Tab. II-1:	Allgemeine Ermöglichungen signifikativer Regionalisierung	177
Tab. II-2:	„Alltägliches Geographie-Machen" in geographischer Terminologie	178
Tab. II-3:	Einschränkende (formende) Wirkungen der Konzepte von „Raum"	181
Tab. II-4:	Prinzipien der Verortung	182
Tab. II-5:	Verortungsprinzipien des Ostdeutschen	201
Tab. III-1:	Abstraktionsebenen von Handlungen und Tatsachen	229
Tab. III-2:	Bedeutung des Prinzips der Verortung I (Indices)	235
Tab. III-3:	Bedeutung des Prinzips der Verortung II (Toponyme)	235
Tab. III-4:	Bedeutung des Prinzips der Verortung III (Orientierungsmetaphern)	236
Tab. III-5:	Bedeutung des Prinzips der Verortung IV (Container-Metapher)	237
Tab. III-6:	Positiv-Konzepte und Negativ-Konzepte der alltäglichen Strukturierung	239
Tab. III-7:	Institutionalisierung ostdeutscher Verortung	308

Einleitung

Ein allgemein gebildeter und informierter Mensch besitzt ein Grundwissen über die deutsche Wiedervereinigung. 1989 fiel die Mauer zwischen Ost- und Westberlin, die Grenzen wurden geöffnet. Etwas, woran viele nicht mehr zu glauben gewagt hatten, wurde Wirklichkeit: Die beiden ehemals getrennten Räume Ostdeutschland und Westdeutschland verschmolzen zum „vereinten Deutschland". 1990 wurde dann auch auf politischer Ebene die „deutsche Einheit" vollzogen und die Gebiete der ehemaligen DDR in die neue Bundesrepublik Deutschland integriert. Dies sind Fakten, die in Schulbüchern, Lexika und Atlanten stehen, und auf die man sich öffentlich und alltäglich beruft.

Ein am deutschen Alltagsleben teilnehmender Mensch hat aber auch ein ganz normales Verständnis von „Ostdeutschland" und „Westdeutschland" und benutzt die Begriffe, als habe es nie eine „Wende" im Sinne einer Auflösung der Teilräume gegeben. „Haben Sie in Westdeutschland eigentlich auch den Rotkäppchen-Sekt?", erkundigt sich die Verkäuferin im Weinladen um die Ecke beiläufig. „Ich war noch nie im Osten", bedauert der Tankwart mit Blick auf das fremde dreistellige Nummernschild seiner Kundin. Und die Studentin, die sich nach der Sprechstunde von der Seminarleiterin verabschiedet, bemerkt: „Bei Ihnen merkt man eigentlich gar nicht, daß Sie aus dem Westen kommen."

Alltagsweltliche Herleitung eines theoretischen Problems

Auf den ersten Blick hin scheint es ganz unproblematisch, daß in Bezug auf die deutsche Einheit offensichtlich zwei Wirklichkeiten existieren, eine der gesamtdeutschen Identität und eine der ost- und westdeutschen Differenz. Dennoch wurden in der Vergangenheit immer wieder Fragen laut: Wie kann es sein, daß viele Jahre nach dem Vollzug der Wiedervereinigung die Kategorien von Ost und West immer noch Bestand haben? Wie kann es sein, daß nach wie vor ein Unterschied zwischen den beiden Landesteilen gemacht wird? Ist denn nicht, wie Willy Brandt 1989 hoffnungsvoll prophezeite, zusammengewachsen, was doch zusammen gehört?

Über dieses „Problem", das als „Mauer in den Köpfen" verschlagwortet wurde, wird anhaltend viel geschrieben. Schlägt man eine deutsche Zeitung auf, ist da lesen, wie es um die Befindlichkeit der vereinten Deutschen bestellt ist und wieviele Ostdeutsche immer noch dabei sind, sich einzugewöhnen, oder warum die ostdeutschen Städte schrumpfen. Man erfährt, wie es um die Unterschiede auf dem ostdeutschen und westdeutschen Wohnungsmarkt bestellt ist und was dafür getan wird, daß die Differenzen in der Einheit verschwinden.

Neben diesem öffentlichen Diskurs gibt es eine Vielzahl wissenschaftlicher Publikationen zum Thema. Sie reichen von wirtschaftlichen Strukturanalysen Ostdeutschlands (IfW 2002) bis hin zur Betrachtung von „Liebesbeziehungen zwischen Ost und West" (Richter 1999). Bilanzen nach zehn Jahren deutscher Einheit werden gezogen (Thierse et al. 2000) und die Frage nach den „Gewinnern" und „Verlieren" des Vereinigungsprozesses gestellt (Häußermann/Gerdes 2000; Kropp et al. 2000). So wird aus der wirtschaftswissenschaftlichen Perspektive Ostdeutschlands „Strukturschwäche" oder sein „struktureller Wandel" untersucht (IfW 2002; Mayer 2000). Aus historischer Perspektive wird nach den gewachsenen Unterschieden in Ost- und Westdeutschland durch die 40-jährige Teilung gefragt (Steiner 2002). In politikwissenschaftlicher Betrachtung werden Ost- und Westmentalitäten ermittelt und hinsichtlich ihrer andauernden Auswirkung auf politische Einstellungen und Haltungen analysiert (Pickel et al. 1998), oder aber ideologiekritische Blicke auf die „hegemoniale Einflußnahme" des Westens geworfen (Kapitza 1997; Bleicher 1992). Dazu tritt eine kulturelle Perspektive, die auf eine Erklärung der Wesensunterschiede der Ostdeutschen und der Westdeutschen abzielt (Heinrich-Böll-Stiftung/Probst 1999; Engler 2000). So sollte man meinen, das „Problem der Mauer in den Köpfen" sei hinreichend durchdrungen und ausgeleuchtet. Und doch mag sich ein kritischer Zweifel einstellen:

Denn *erstens* wird auch bei der wissenschaftlichen Erklärung der „Mauer in den Köpfen" irgendwie ganz selbstverständlich von Ost- und Westdeutschland, den Ostdeutschen und den Westdeutschen geredet. Bei der Lektüre weiß die Leserin, die vielleicht vor vielen Jahren vom Westen der Republik in den Osten zog, aber keineswegs, ob, wann und warum sie angesprochen ist. Ist sie Westdeutsche, weil sie *aus dem Westen* kam (und ihre manifestierte Westmentalität mit in den Osten genommen hat)? Oder ist sie Ostdeutsche, weil sie *im Osten wohnt* (und daher auch, wie sich beim monatlichen Blick auf den Gehaltszettel erfahren läßt, nach dem geringeren „Ost-Tarif" bezahlt wird)?

Zweitens entsteht in den Beiträgen irgendwie der Eindruck, daß die Lösung des Problems der „Mauer in den Köpfen" in Deutschland zu suchen ist, weil es sich offenbar auch um ein spezifisch deutsches Problem zu handeln scheint. Schließlich sind es, so wird vermittelt, die angesprochenen Ostdeutschen und Westdeutschen, die nicht zu einer deutschen Kollektiv-Identität zusammenfinden mögen. Wenn nun aber gar nicht klar ist, wer diese Ost- und Westdeutschen sind und ähnliche Phänomene der Abgrenzung doch auch anderswo, sei es zwischen Baden und Schwaben oder „Alteuropa" und den USA auftreten, dann scheint doch der Kern des Problems so spezifisch deutsch gar nicht zu sein!?

Diese zunächst noch diffuse Kritik am Diskurs zur deutschen Wiedervereinigung läßt sich dahingehend verdichten, daß es aus irgendeinem Grund nicht gelingen mag, dem Kernproblem der „Mauer in den Köpfen" auf die Spur zu kommen. Denn so selbstverständlich die Begriffe Ost- und Westdeutschland alltagsweltlich auftreten, sollten sie für die kritischen Wissenschaften keineswegs sein. Wenn nun aber selbst die Vertreter sozialwissenschaftlicher Ansätze sich dieser räumlichen Kategorien selbstverständlich bedienen, dann liegt die Vermutung nahe, daß sich hinter dem Diskurs zur deutschen Einheit ein alltagsweltlich relevantes, in seinem Kern aber grundsätzliches theoretisches Problem verbirgt. Hinter der Widersprüchlichkeit von *begrenzten* räumlichen Einheiten wie sie die Begriffe „Ostdeutschland" und „Westdeutschland" anzeigen, und einem *entgrenzenden* Prozeß, wie dem der Wiedervereinigung, scheint eine allgemeine Problematik zu liegen, die etwas mit der Praxis zu tun hat, wie man selbstverständlich auf Raum und Räume sprachlich Bezug nimmt.

Die hinleitenden Fragen auf diesen theoretischen Kern des „deutschen Problems" lassen sich beispielhaft anhand einer der aktuellen Publikation zum Thema Wiedervereinigung aufwerfen. Das Institut für Weltwirtschaft (IfW) an der Universität Kiel legte in Zusammenarbeit mit anderen Forschungsinstituten eine aktuelle Studie zu den „Fortschritten beim Aufbau Ost" vor, die über den „Konvergenzprozeß" von Westdeutschland und Ostdeutschland Auskunft geben soll (IfW 2002). Die Bilanz umfaßt die Beschäftigungs- und Finanzpolitik Ostdeutschlands, Infrastrukturmaßnahmen in Ostdeutschland sowie den ostdeutschen Wohnungsmarkt. Das übergreifende Fazit: Ostdeutschland ist eine „Region mit Zukunftschancen" (IfW 2002:46). Denn die tatsächliche Lage – so das Ergebnis der Analysen – ist nicht so schlecht, „wie sie in der Öffentlichkeit oft dargestellt wird" (ebd.:45). Es ließ sich sogar feststellen, „daß ein großer Teil der ostdeutschen Bevölkerung mit der persönlichen Lage zufrieden ist und auch für die Zukunft nicht mit einer Verschlechterung rechnet" (ebd.).

Worin besteht nun also der Unterschied von Ost und West in Deutschland? Liegt er „im Kopf" oder „im Raum" oder weder noch? Der IfW-Studie läßt sich entnehmen, „daß die Unterschiede auf der Einstellungsebene mehr sind, als ‚natürliche' Unterschiede zwischen Regionen" (IfW 2002:45). Andererseits ist der dann entwickelte Maßnahmenkatalog auf eine strukturelle „Annäherung der Lebensverhältnisse" in West und Ost ausgerichtet (ebd.:46ff.), womit das Problem letztlich materiell gelöst werden soll. Was aber hat die Ausstattung der Region Ostdeutschland mit der differenten Wahrnehmung, Einschätzung und Repräsentation der Verhältnisse zu tun? Warum entwickelt sich darüber hinaus trotz der wirtschaftswissenschaftlich objektivierten Einschätzung und der positiven persönlichen Einstellungen im Osten ein „Besorgnissymptom", das auf „Orientierungsprobleme in der Gesellschaft" hinweist (IfW 2002:46)? Und schließlich: Sollte nicht in einer zunehmend entgrenzten und global „zusammenwachsenden" Welt der Nationalstaat („Deutschland") ohnehin nur noch ein Relikt sein, und post-nationalstaatliche Subkategorien („Westdeutschland" und „Ostdeutschland") erst recht? Warum und inwiefern gibt es die Grenzen in der Einheit? Wie werden sie gemacht, wozu dienen sie und inwieweit wären sie verzichtbar?

Diese Fragen können strukturanalytisch offensichtlich nicht beantwortet werden, obgleich es interessant ist, daß auch dies immer wieder versucht wird. Irgendwie scheint also einerseits ein Problembewußtsein darüber vorhanden zu sein, daß Differenzbildung nicht gänzlich auf „natürliche" Unterschiede von Regionen zurückführbar ist. Andererseits scheint es sich auch nicht um bloße Einbildung zu handeln – immerhin sind ja offenbar gewisse existierende Unterschiede zwischen Ost- und Westdeutschland empirisch nachweisbar und – in jedem Sinne – „erfahrbar". Wie aber diese erfahrbaren und meßbaren Unterschiede mit den „kopfmäßigen" Differenzen zusammenhängen, bleibt unklar. Wenn Umfrageergebnisse zur „objektiven sozialen Ungleichheit" (Arbeitslosigkeit) den subjektiven Benachteiligungs-Empfindungen der Westdeutschen und der Ostdeutschen gegenübergestellt werden (Pollack et al. 1998), wird eine objektive „Wiedervereinigungs-Realität" von einer „mentalen Differenz" separiert, statt die Verbindung zu klären. Und wer die „repräsentativ befragten West- und Ostdeutschen" sind, wird ebensowenig transparent. Der Unterschied scheint dann doch wieder eine Frage des Raumes zu sein. Es sind wohl entweder Menschen, die zum Zeitpunkt der Befragung *in* Ostdeutschland oder Westdeutschland lebten, oder Menschen, die *von dort* kommen. Diese Schlüsse scheinen selbstverständlich, gar „logisch" und bedürfen offensichtlich keiner weiteren Erläuterung.

Warum kann es so nicht gelingen, dem Problem der „Mauer in den Köpfen" auf die Spur zu kommen? Wenn auf dargestellte Weise die räumliche Kategorisierung der analytischen Betrachtung immer schon als *a priori* voranschreitet, wird das, was eigentlich als *Erklärung* einer Differenz zwischen den Regionen angelegt ist, zu einer *self-fulfilling prophecy*. Es wird erklärt, was man ohnehin schon weiß: *daß* die Regionen unterschiedlich *sind*, mitsamt ihren Bewohnern und deren Mentalität. Die verbleibende Frage ist dann nur noch, wie sehr sie sich (noch) „objektiv" und „subjektiv" unterscheiden, woran sich dann – so scheint es – der Grad der Wiedervereinigung und die Höhe der „Mauer in den Köpfen" abmessen lassen.

Wenn aber betrachtet werden soll, wie es dazu kommt, daß disparate regionale Einheiten existent werden, wie es dazu kommt, daß selbstverständlich über sie gesprochen wird und inwiefern sie gesellschaftliche Bedeutung erlangen, müßte zuerst gefragt werden, wie sich diese Kategorien *konstituieren*, anstatt sie zur Erklärung heranzuziehen. Das hieße, daß die Regionen und ihre Begriffe selbst ein „zu Erklärendes" werden müßten. Sie sind vorläufig nicht als Analysekategorien zu gebrauchen, sondern als Teil des „Problems" anzuerkennen. Vor allem aber dürfte von ihnen nicht beiläufig gesprochen werden. Im Gegenteil: Ihr selbstverständlicher Einsatz in der Sprache müßte Gegenstand der kritischen Betrachtung sein.

Übergreifende Zielsetzung

Wie also kann ein theoretischer Zugang eröffnet werden, der es ermöglicht, „hinter" die raumbezogenen Kategorien zu treten und von dieser Warte aus den Zusammenhang von Raum, Sprache und gesellschaftlicher Wirklichkeit zu betrachten? Ein solcher Zugang muß mehreren Anforderungen entsprechen:

Er muß zunächst einen Grad an theorie-interner Reflexivität aufweisen, der es erlaubt, der erwähnten *self-fulfilling prophecy* zu entgehen. Es muß ihm also gelingen, die räumlichen Selbstverständlichkeiten in der Sprache zu durchbrechen, um sie dann bezüglich ihrer Notwendigkeit oder Verzichtbarkeit befragen zu können. Das zunächst so spezifisch deutsch anmutende Thema der „Mauer in den Köpfen" wäre für dieses Unterfangen als alltagsweltliches *Beispiel* zu betrachten und als konkreter Leitfaden für die übergeordnete theoretische Frage, wie alltäglich von Raum gesprochen wird und wie Räume sprachlich und gesellschaftlich verwirklicht werden.

Wenn sich abzeichnende Widersprüche, wie die „Grenzen in der Einheit", sichtbar und begreifbar gemacht werden sollen, dann sind zudem diese Widersprüche aus *einer* theoretischen Perspektive zu konzeptualisieren. Denn sonst werden triviale Ergebnisse erzeugt, wie etwa, daß aus einer „objektiven" Beobachterperspektive Deutschland eine Einheit ist, aus einer „subjektiven" Teilnehmerperspektive aber keineswegs. Dies wäre ein konstruierter Widerspruch zwischen verschiedenen wissenschaftlichen Abstraktionsebenen, ohne alltagsweltlichen Bezug und ohne Reflexion der wirklichkeitserzeugenden Rolle der eigenen Perspektive.

Der Widerspruch der „Grenzen in der Einheit" scheint nicht auf Deutschland beschränkt, sondern lediglich ein Beispiel zu sein für das Spannungsfeld zwischen einer schwindenden Bedeutung räumlicher Einheiten und Grenzen im „Zeitalter der Globalisierung" und der Tatsache, daß begrenzte Räume weiterhin fester Bestandteil alltäglicher kommunikativer Praxis sind. Inwiefern die zwei Räume Ostdeutschland und Westdeutschland neben der Wiedervereinigung existent und „wirklich" sind, müßte also drittens mit der zu entwickelnden Theorie genauso erschließbar sein wie die Frage, inwiefern Nationalstaaten in einem integrierten Europa Bestand haben, wie ganz allgemein räumliche Einheiten in einer globalisierten Welt ihren Platz haben und welche Funktionen sie erfüllen. Idealerweise lassen sich daraus dann Lösungs-Vorschläge für das Problem alltäglicher sprachlicher Ein- und Ausgrenzung ableiten, sowohl für die wissenschaftliche als auch für die alltagsweltliche Praxis.

Kurzgefaßt: Eine *erste* übergreifende Zielsetzung der folgenden Untersuchung ist, einen *theoretischen Ansatz* an der Schnittstelle von räumlicher Sprache und gesellschaftlicher Wirklichkeit zu entwickeln. Eine *zweite* übergreifende Zielsetzung ist, diesen Ansatz nicht abgehoben von alltagsweltlichen Belangen auszuformulieren, sondern einen direkten Bezug zu individueller und gesellschaftlicher *Praxis* herzustellen.

Theoretische Eckpfeiler

Wer sich die Betrachtung der Beziehung zwischen Raum, Sprache und Gesellschaft zur Aufgabe macht, findet drei prominente disziplinäre Anknüpfungspunkte: Geographie, Sprachwissenschaft und Soziologie. Trotz der vielen neuen und durchaus richtungsweisenden Ansätze fehlen allerdings integrative Konzepte, die es lediglich zu übernehmen gälte. Bei aller interdisziplinären Öffnung scheint die Zusammenführung von geographischen, soziologischen und sprachwissenschaftlichen Theoriesträngen erst am Anfang zu stehen. Die aktuelle wissenschaftliche „Wendementalität" scheint allerdings vielversprechend: Die Humangeographie wendet sich derzeit weg vom Raum hin zu Kultur und Gesellschaft, die Sprachwissenschaft wendet sich hin zu kognitiven Prozessen und die Soziologie wiederum wendet sich dem Raum zu. Verbindungen und Treffpunkte sollten in diesem Wechselspiel also vielfältig vorhanden sein.

Innerhalb der *Geographie* ist die „Beziehung von Gesellschaft und Raum" Gegenstand der *Sozialgeographie* (vgl. Werlen 2000). Gerade in den letzten Jahren entstand eine Vielzahl von Publikationen, die sich mit Prozessen der Regionenbildung auseinandersetzen und dabei für sich in Anspruch nehmen, auch die Repräsentation von Raum theoretisch mit einzubeziehen. Die „neue Regionalgeographie" ist im deutschsprachigen Bereich hierzu genauso zu zählen, wie die Ansätze nach dem *„cultural turn"* im englischsprachigen Diskurs (vgl. Johnston 2001; Werlen 2003). Während jedoch die „neue Regionalgeographie" mit ihrem Anspruch, *„in* Regionen" zu forschen (Werlen 1997b:71), kaum geeignet ist, „hinter" räumliche Kategorien zu treten, scheinen die konstruktivistischen kulturwissenschaftlichen Ansätze oftmals drei Schritte zu weit zu gehen und die Kategorien ganz hinter sich zu lassen. Das eine Extrem läßt Raum als Objekt unreflektiert existieren, im anderen ist nahezu alle räumliche Wirklichkeit aus dem Blick geraten (auch die, von der die wissenschaftlichen Akteure selbstverständlich sprechen). Es ist also ein Mittelweg vonnöten, der die räumliche Wirklichkeit zwar kritisch hinterfragt, sich ihrer *Ver*wirklichung aber zuwendet. Die handlungszentrierte „Sozialgeographie alltäglicher Regionalisierungen", wie sie Benno Werlen (1997a, 1997b, 1999a, 2000, 2002) begründet hat, scheint hierzu vielversprechend. Der Ansatz fordert, Raum nicht ungefragt als Objekt vorauszusetzen, sich im Gegenteil auf die Herstellung von Raum zu konzentrieren, ohne jedoch sämtliche räumliche Wirklichkeit auszublenden. Er betont die zentrale Rolle von Bedeutungszuweisungen gegenüber bloßen Gegebenheiten und macht sie zum Ausgangspunkt der Analyse, ohne dabei die soziale Welt auf diese Bedeutungen zu reduzieren. Insofern legt er einen methodologischen Konstruktivismus an, läßt dabei einen gemäßigten Realismus aber grundsätzlich zu. Diese Haltung scheint eine geeignete Ausgangsbasis, um dem umrissenen Problem näherzukommen. Mit dem Theoriebaustein der „signifikativen Regionalisierung" (Werlen 1997b:378ff.) liegt zudem ein allgemeiner Entwurf vor, der die sprachliche Dimension des „Geographie-Machens", wie Werlen die alltägliche Produktion von Raum auch nennt, an die allgemeine Theorie alltäglicher Regionalisierung anschließt. Diesen gilt es allerdings weiterzuentwickeln und zu operationalisieren.

Die *Linguistik* wandte sich im Zuge einer „*kognitiven* Wende" verstärkt dem Thema „Raum" zu. Die sprachliche Wiedergabe von Raumwahrnehmung wurde zum Paradigma für die Verbindung zwischen Geist und Sprache. Hier finden sich unterschiedlichste Ansätze zur Analyse räumlicher Begriffe, der „Raumsprache" und ihrer Bedeutung (vgl. Wenz 1997). Doch die sprachliche Repräsentation eines bereits existierenden Raumes zu betrachten, scheint meinem Anliegen wenig dienlich. Ebensowenig kann wahrnehmungszentrierten oder gar behavioristischen Ansätzen gefolgt werden, welche die konstitutive Seite alltäglicher Praxis vernachlässigen. Doch welche linguistischen Ansätze sind anschlußfähig und für den Ansatz der „signifikativen Regionalisierung" fruchtbar zu machen? Insgesamt scheint das sprachwissenschaftliche Feld sich auf die geistige und sprachliche Repräsentation zu konzentrieren und ist wenig an sozialen Prozessen interessiert. Auch *sprachphilosophische* Ansätze bieten diesbezüglich nicht viel mehr sozialtheoretische Schnittstellen. Ein Konzept, das sich hier jedoch hervorhebt, ist das der „Konstruktion gesellschaftlicher Wirklichkeit" von John R. Searle (1997). Es stellt zumindest einen Versuch dar, eine Theorie zu Sprache und Sprechakten (Searle 1974; 1982; 1991; 2001) sozialtheoretisch einzubinden. Allerdings werden gesellschaftstheoretische oder gar sozialgeographische Ansätze von Searle nicht explizit rezipiert oder gar operationalisiert. Diesen Anschluß gilt es herzustellen.

Auch die *Soziologie* entdeckt in den letzten Jahren das Thema Raum für sich und vollzieht einen „spatial turn" bis hin zur „Raumsoziologie" (vgl. Löw 2001). Doch die Einbindung räumlicher Wirklichkeit als sozial „Gedeutetes" und „Gemachtes" findet bislang kaum konsequent statt. Während „Raum" in soziologischer Theoriebildung lange Zeit als der übergeordnete und vernachlässigbare Container von Gesellschaft erschien, wird er nun zwar als bedeutsam erachtet, aber nach wie vor eher als eine Rahmenbedingung menschlichen Handelns angesehen. In gewisser Weise trifft das auch auf denjenigen Soziologen zu, der explizit geographische Ansätze in seiner Theorie zur „Konstitution der Gesellschaft" rezipiert: Anthony Giddens (1997a). Daß sein Entwurf dennoch wichtig für das hier verfolgte Anliegen ist, hat andere Gründe. Mit dem Konzept der „Dualität von Struktur" und dem Wechselspiel von ermöglichenden und einschränkenden Dimensionen legt Giddens einen theoretischen Brückenschlag an: Er eröffnet eine Verbindung zwischen einer objektiv erfahrbaren Wirklichkeit und ihrer sozialen Herstellung. Für einen Mittelweg zwischen radikalem Raumkonstruktivismus und radikalem Raumrealismus erscheint dies das geeignete Konzept (auch wenn Giddens selbst diese Konsequenz für den Raum nicht zieht). Es gilt daher, das Dualitätsprinzip für einen theoretischen Ansatz an der Schnittstelle von räumlicher Sprache und gesellschaftlicher Wirklichkeit zu operationalisieren.

Mit der handlungszentrierten Sozialgeographie Werlens, der Sprachphilosphie Searles und der Strukturationstheorie Giddens' sind die drei prominenten theoretischen Eckpfeiler benannt. Auf ihrer Grundlage und über ihre „Triangulation" ist ein theoretisches Konzept zu entwickeln, das die sprachliche Herstellung und soziale Bedeutung räumlicher Wirklichkeit einer praxisorientierten Betrachtung zugänglich macht. Dabei geht es im Wesentlichen darum, verkürzendes und vereinfachendes sprachliches „Räumeln" nicht zu verteufeln, sondern dessen Funktion zu erschließen.

Vorgehensweise: ein Dreischritt

Die theoretische Aufarbeitung erfolgt im Dreischritt: Entwicklung der sozialgeographischen Perspektive – sprachanalytische Erweiterung – sozialtheoretische Rückbindung. Mit diesem Programm sind zentrale Vorüberlegungen verbunden.

Erster Schritt: Entwicklung der sozialgeographischen Perspektive

Die Aufgabe, ein allgemeines Konzept zur Betrachtung sprachlichen Geographie-Machens zu erstellen, steht vor einem grundlegenden erkenntnistheoretischen Problem. Einerseits soll „hinter" die selbstverständlichen räumlichen Kategorien getreten werden, andererseits muß auch die Wissenschaftlerin konsequenterweise davon ausgehen, daß sie sich selbst dieser Selbstverständlichkeiten nicht vollständig entledigen bzw. sie aus einer „beobachtenden" Perspektive betrachten kann. Es muß also davon ausgegangen werden, daß gerade die Selbstverständlichkeit von Raumbezügen im alltäglichen Sprachgebrauch ein erschwerendes Moment ihrer analytischen Zugänglichkeit darstellt. Wie also ist es möglich, bei handlungstheoretischer Ausrichtung der in Bezug auf die wissenschaftlichen Studien zur deutschen Einheit herausgestellten *self-fulfilling prophecy* zu entgehen?

Giddens bemerkt, daß die Theoriebildung der Sozialwissenschaften und ihre Reflexivität unweigerlich hineinreicht in „das Universum der Ereignisse, die sie beschreibt" (Giddens 1997a:47). Er liefert einen Zugang zu dieser wechselseitigen Bezogenheit über die Begriffe von Ermöglichung und Einschränkung. Doch welche Konsequenz daraus für die Konzeption sozialgeographischer Forschung erfolgen müßte, wie also an die Ermöglichungen und Einschränkungen beim Sprechen über Raum herangetreten werden kann, läßt er offen. Werlen (1997a, 1999a) dagegen zieht Konsequenzen, indem er die methodologische Richtung vorgibt: In der Spätmoderne kann nicht länger Geographie beschrieben werden, es muß untersucht werden, wie sie gemacht wird. Doch welche Rolle spielen in der Spätmoderne verfestigte „traditionelle" Weisen des Geographie-Machens, die nie aufgegeben, sondern nur selbstverständlich geworden sind? Wie können sie sichtbar gemacht werden, ohne daß sie dabei wissenschaftlich selbstverständlich eingesetzt werden? Hier besteht Bedarf einer erkenntnistheoretischen Weiterentwicklung und Radikalisierung der theoretischen Grundlagen.

Zweiter Schritt: sprachanalytische Erweiterung

Aufbauend auf den Einsichten, wie Räume und räumliche Einheiten als existierende „Gegenstände" sprachlich verwirklicht werden, stellt sich die Frage, ob bei einer näheren Betrachtung bestimmte Regelmäßigkeiten in der sprachlichen Bezugnahme auf Raum auftreten. So ist in einem zweiten Schritt eine theoretische Mikroperspektive anzulegen, die einzelne Elemente signifikativer Regionalisierung sichtbar macht. Auch hierbei steht man zunächst vor grundlegenden Problemen: Entlang der handlungstheoretischen und strukturationstheoretischen Grundkonzeption muß davon ausgegangen werden, daß die Sprache vom Raum konstitutiv in die räumliche und gesellschaftliche Wirklichkeit hineinreicht und *vice versa*. Das heißt aber auch, daß räumliche *Repräsentation* und *symbolische* Weltdeutung nicht oppositionell zur „Realität" zu konzeptualisieren sind. Sie sind als implizite Bestandteile der Strukturierung und Erfahrung zu sehen. Für eine analytische Betrachtung der *Verbindung* zwischen Raum, Sprache und Gesellschaft gibt es aber kaum ausgearbeitete Konzepte. Vielmehr scheinen die diesbezüglich oftmals eingesetzten Begriffe einer „*Vergegenständlichung*" *eigentlich* nicht-gegenständlicher Sachverhalte („Hypostasierung") oder einer „Verräumlichung" *eigentlich* nicht-räumlicher Sachverhalte blickverstellend. Wenn Raum durch sprachliches Handeln „gemacht" und wirklich wird, wie kann es dann nicht-angemessene Repräsentationen geben? Vor welchem Hintergrund soll ein Urteil über ihre Angemessenheit gefällt werden? Ein rationaler Subjektbegriff, auf den ein handlungszentrierter Ansatz gewissermaßen festgelegt ist, scheint den Zugang zusätzlich zu erschweren, wenn es gerade darum gehen soll, *selbstverständliche* formale Prinzipien zu betrachten. Es kann, so wurde eingangs deutlich, eben nicht davon ausgegangen werden, daß die Autoren der Publikationen zur deutschen Einheit Begriffe wie „Ostdeutschland" strategisch verwenden, um Ostdeutschland als Gegenstand oder gegenständlichen Raum zu verwirklichen. Dennoch tun sie es. Es besteht also Bedarf an einer sprachanalytischen Erweiterung der Theorie, die *erstens* ein grundlegendes, handlungstheoretisch kompatibles Modell des Zusammenspiels von Raum, Sprache und Gesellschaft bietet, *zweitens* zu den impliziten, versteckten Modi der signifikativen Regionalisierung vorzudringen vermag, indem sie sprachliches Handeln nicht als generell zielgerichtet ansieht und *drittens* nicht von einem rhetorischen Einsatz der „Vergegenständlichungen" oder „Verräumlichungen" ausgeht.

Dritter Schritt: sozialtheoretische Rückbindung

Mit einer solchen Mikroperspektive und Fokussierung sprachlicher Prinzipien kann sich eine sozialgeographisch angelegte Konzeption allerdings kaum zufriedengeben. Im Gegenteil soll gerade die gesellschaftliche Dimension der sprachlichen Herstellung räumlicher Wirklichkeit mit einbezogen werden. Ausgangsvermutung aufgrund der alltagsweltlichen Herleitung ist ja, daß es sich bei der „Mauer in den Köpfen" nicht um ein rein sprachliches Problem handelt. Wie aber ist ausgehend von sprachlichen Regelmäßigkeiten und ihren vorstellungsleitenden Effekten auf deren gesellschaftliche Einbindung zu schließen, ohne dabei in simple kausalistische Determinismen zu verfallen, die mit einem handlungstheoretischen Ansatz schlichtweg nicht zu vereinbaren wären?

Auf der Basis der Theorien von Werlen und Giddens ist davon auszugehen, daß die sprachlichen Handlungen in die gesellschaftliche Praxis hineinreichen, bzw. ein immanenter Bestandteil institutioneller Wirklichkeit sind, und daß weder von Strukturen auf Strukturierungen, noch von Strukturierungen auf Strukturen kausal-deterministisch zu schließen ist. Wie dieser Zusammenhang für eine Operationalisierung gefaßt werden kann, ist jedoch noch offen. Es muß also eine konzeptionelle Grundlage für die Verbindung der einzelnen Sprechakte und ihrer gesellschaftlichen Manifestation erstellt werden. Wenn nicht davon ausgegangen wird, daß sie ursächliche, gesellschaftsextern gegebene Prinzipien sind, ist zu erörtern, wie sie auf gesellschaftlicher Ebene ihre Plausibilität und Selbstverständlichkeit erlangen. Es ist also eine theoretische Makroperspektive anzulegen, die es erlaubt, gesellschaftliche Praxisfelder auf die ihnen zugrunde liegenden Prinzipien räumlicher Herstellung hin zu untersuchen, ihre gesellschaftliche Bedeutung herauszuarbeiten, um sie dann in Verbindung mit „neuen" und widersprüchlichen Deutungen und Zielvorstellungen diskutieren zu können.

Aufbau: ein Zwiegespräch

Wo aber bleibt nun die Empirie? Der übliche Aufbau wäre, eine Analyse des Falles Ostdeutschland an die Theorieentwicklung anzuschließen. Wenn aber – so die Ausgangsüberlegung – die „Mauer in den Köpfen" als konkretes Beispiel und als Leitfaden für das skizzierte *theoretische* Problem verstanden werden soll, würde eine strikte Trennung dem nicht gerecht werden. Die geforderte Beachtung einer wechselseitigen Bezogenheit von Gegenständen und ihrer (wissenschaftlichen) Herstellung würde nicht eingelöst werden.

Im Gegensatz zu üblichen Vorgehensweisen wird daher ein Zwiegespräch zwischen theoretischer Entwicklung und ihrem alltagsweltlichen Bezug angelegt. Schritt für Schritt wird dabei durch die zu konzipierenden drei theoretischen „Brillen" auf den Fall „Ostdeutschland" geschaut und mit dieser Vorgehensweise ein direkter Bezug zu der allgemeinen, der mikroperspektivischen und der makroperspektivischen Theorieentwicklung hergestellt. Die Alltagswelt somit nicht zum Gegenstand wissenschaftlicher Kritik, der alltagsweltliche Gebrauch von Sprache wird vielmehr zum Ausgangspunkt einer theoretischen Perspektive, die zu sehen vermag, inwiefern auch wissenschaftlich alltäglich von Raum geredet und Raum vergegenständlicht und verwirklicht wird. Wenn grundsätzlich ein Zusammenhang zwischen räumlicher, sprachlicher und gesellschaftlicher Dimension angenommen wird und wenn dies tatsächlich wissenschaftliche Abstraktionsebenen *einer* alltagsweltlichen Wirklichkeit sind, dann muß es zudem möglich sein, die theoretischen Entwicklungen und ihre „Blicke" anhand *ein und derselben* empirischen Grundlage beispielhaft nachzuvollziehen. Gleichzeitig muß anhand dieser Grundlage zu zeigen sein, daß der implizite Einsatz räumlicher Begriffe nicht abhängig von den persönlichen Einstellungen und Hintergründen einzelner Autoren oder einer von ihnen verfolgten Strategie ist, sondern allgegenwärtigen, selbstverständlichen Prinzipien folgen.

Der vorangestellten Text „Waren wir endlich im Osten zu Hause?" ist die Grundlage der Untersuchung und soll im Verlauf der Arbeit noch dreimal theoretisch gerichtet „gelesen" werden (s. Grafik unten). Doch schon beim „ahnungslosen" und „ungerichteten" Lesen läßt er zumindest die Selbstverständlichkeit räumlicher Sprache erahnen. Die Aufmerksamkeit des unvorbereiteten Lesers gilt primär einzelnen Aussagen und Meinungen über „die Ostdeutschen" oder „den Westen", nicht aber den räumlichen Kategorien selbst. Dies wird sich im Verlauf der Arbeit grundlegend ändern. Die gewählte Form der Collage[1] folgt der

---

1 Ausgangsmaterial ist eine Sammlung der Berichterstattung zur deutschen Einheit zweier deutscher bundesweiter Wochenzeitungen/-zeitschriften (DIE ZEIT, DER SPIEGEL) und einer bundesweiten Tageszeitung (Süddeutsche Zeitung [SZ]) zu zwei zeitlichen Höhepunkten der Berichterstattung (Herbst 1999: 10 Jahre Mauerfall und Herbst 2000: 10 Jahre Wiedervereinigung). Die Artikel wurden zunächst entlang von Praxisfeldern thematisch grob geordnet (kulturelle Integration; Aufbau/Abriß Ost; politische Wiedervereinigung und Wahlkampf; Konsum und Lifestyle; ostdeutsche Lebensart/Ostalgie). Daraufhin wurden einzelne Sequenzen selektiert. Es handelt sich durchweg um unveränderte, wörtliche Zitate von „mindestens 28 Autoren" (zum einen handelt es sich auch um Autorenkollektive, zum anderen ist unklar,

Ausgangshypothese, daß die selbstverständliche Rede vom Raum kein individuelles Phänomen ist, sondern ihre Regelhaftigkeit sprecher- und themenübergreifend exemplarisch nachzuweisen ist. In jeder Hinsicht ist auch „unerheblich", *woher die Autoren kommen*. Weder ist entscheidbar, ob es sich um west- oder ostdeutsche Journalisten handelt – denn welches Identitäts-Kriterium sollte angelegt werden? Und warum sollte vorab davon ausgegangen werden, daß sich die alltägliche Redeweise vom Raum in eine typisch ostdeutsche und typisch westdeutsche teilt? Dies gilt auch für die Differenzierung von „Ost-Journalen" und „West-Blättern". Die „normale" Praxis, Menschen oder Medien räumlich zu verorten, ist hier eben nicht methodologisches Hilfsmittel, sondern der Gegenstand der erfolgenden theoretischen Auseinandersetzung.

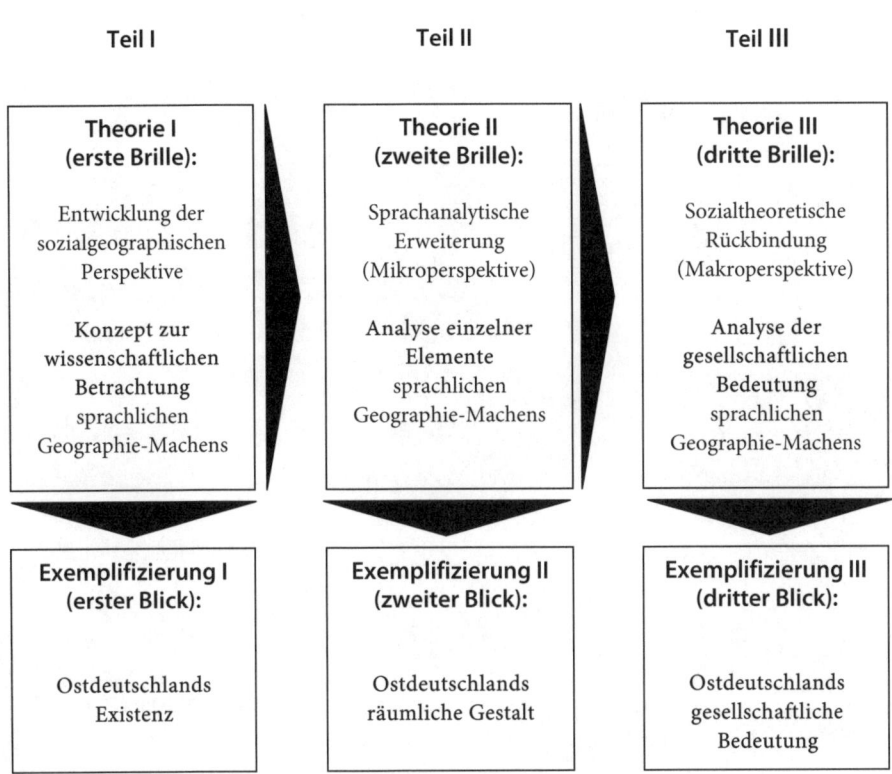

---

wie viele „Sprechhandelnde" tatsächlich an der Erstellung der Texte mitgewirkt haben). Zusätzlich wurde ein Abschnitt aus einem journalistischen Sammelband aufgenommen (Simon et al. 2000). Die Sequenzselektion anhand der Abdeckung der Themenbereiche.

Teil I:
Wissenschaftliche Betrachtung sprachlichen „Geographie-Machens"

„Wir leben im Zeitalter der Globalisierung", heißt es heute allenthalben, in einer spät- oder gar postmodernen Welt. Mit diesem zunehmenden Bewußtsein geht der Eindruck einher, traditionelle Handlungsvollzüge wären aus dem alltäglichen Leben nahezu verschwunden. Allenfalls scheinen sie als künstliche Inszenierungen in Form von Trachtengruppen oder Verlobungsritualen ewig Gestriger aufzutreten. In Bezug auf den Raum wächst ein Bewußtsein von Prozessen zunehmender Distanzverringerung und einer damit verbundenen fortschreitenden „Entgrenzung" oder gar „Enträumlichung"[1] Der kritisch-intellektuelle Blick ist dabei gen Zukunft gerichtet, weil dort die Probleme der neuen Entwicklungen und ihre Lösung zu liegen scheinen.[2] Doch wie neu ist die *Art und Weise*, in der die Welt und ihre Zukunft sinnhaft strukturiert wird, in der sogenannten „Spätmoderne" tatsächlich? Welche selbstverständlichen Sicht- und Strukturierungsweisen verbergen sich in der tagtäglichen Auseinandersetzung mit der räumlichen Umwelt und in ihrer Repräsentation? Wie weit geht der intellektuelle, oder wissenschaftlich-reflexive Blick zurück auf die geistigen Ursprünge des heutigen Bewußtseins von einer veränderten Welt und was könnte er wert sein?

Die zentrale These in diesem ersten Teil ist, daß die zeitgenössische Sprache vom Raum viele „traditionelle" Elemente der Weltdeutung enthält. Allerdings ist zu deren „Entdeckung" dert Gemeinplatz „Globalisierung" einer kritischen Betrachtung zu unterziehen. Für eine Perspektive, die selbstverständliche Raumkategorien aufzuspüren vermag, ist zunächst die Verführung aufzudecken, die sich in einer allgegenwärtigen, essentialisierenden und realistischen zeitgenössischen Weltsicht versteckt. Dann erst kann gesehen werden, daß sich ein Widerspruch auftut zwischen alltäglichen „konservativen" Sprachpraktiken und einem neuen, spätmodernen Weltbild „in Zeiten der Globalisierung".

---

1   S. u.a. Cairncross (1997); Werlen (2000b) oder C. Neidhardt zum Thema „Das Ende der Geographie" in der Weltwoche vom 21.03.1996.
2   So im Diskurs europäischer und amerikanischer Intellektueller, wie Jürgen Habermas, Jaques Derrida und Richard Rorty zur Zukunft „Kerneuropas", einer „europäischen Identität" und einer „künftigen Politik der Zähmung des Kapitalismus in entgrenzten Räumen" (FAZ; SZ; NZZ alle vom 31.05.2003).

Das Konzept der „signifikativen Regionalisierung" (Werlen 1997b) nimmt für sich in Anspruch, sprachliches „Geographie-Machen" betrachten zu können. Doch wie soll dabei mit der „Unsichtbarkeit" der Selbstverständlichkeiten zeitgenössischer Raumsprache umgegangen werden? Wie können diese reflexiv in das theoretische Konzept einbezogen werden? Anhand der Begriffe von „Spätmoderne" und „Tradition" ist in konstruktiver Auseinandersetzung mit den Theorien von Werlen (1997b; 1999a) und Giddens (1997a,b) in einem *ersten* Abschnitt dieses ersten Teiles zu zeigen, vor welchen erkenntnistheoretischen Herausforderungen eine handlungstheoretische Sozialgeographie steht, wenn sie selbstverständliche Elemente der Sprache vom Raum untersuchen will. Anspruch und Wirklichkeit „alter" und „neuer" Ontologien von Gesellschaft und Raum sind kritisch zu reflektieren. In einem *zweiten* Abschnitt wird ein konstruktiver Vorschlag zu machen sein, wie zumindest einigen der aufgeworfenen erkenntnistheoretischen Probleme im Sinne einer konsequent reflexiven Theorie alltäglicher Regionalisierung begegnet werden kann. Eine erste theoretische Skizze zum Betrachten des **Geographie-Machens** ist zu erstellen. In einem *dritten* Abschnitt wird die Bedeutung der Sprache für die Konstitution gesellschaftlicher Tatsachen zu erörtern sein. Die „signifikative Regionalisierung" wird fokussiert. Eine neue Lesart „spätmoderner" oder „globalisierter" Verhältnisse führt dann zu einem bislang kaum beachteten Widerspruch in wissenschaftlichem Diskurs und gesellschaftlicher Praxis. Anschließend an eine erste theoretische Zwischenbilanz ist dann in einem *vierten* Abschnitt zu zeigen, was die Konzeption für den Fall Ostdeutschland bedeutet und welche Konsequenzen sich für die weitere Theorieentwicklung ergeben.

1 „Alte" und „neue" Ontologien von Gesellschaft und Raum

Nicht erst mit dem *cultural turn* wird in der Humangeographie eine Diskussion um die „Seinsweise" von Gesellschaft und Raum geführt. Mit der „Ablösung" von länderkundlichen und raumwissenschaftlichen Denkweisen wurde bereits mit der „neuen Regionalgeographie" (u.a. Oßenbrügge 1984; Danielzyk/Wiegand 1987; Danielzyk/Krüger 1990; Danielzyk/Oßenbrügge 1993) für eine „adäquate" geographische Abbildung und Methode argumentiert. In der „Regionalbewußtseinsforschung" sollte nicht mehr der Erdraum im Mittelpunkt der Forschung stehen, sondern die intersubjektiven/kollektiven Raumvorstellungen der Individuen (Blotevogel/Heinritz/Popp 1986; s.a. Pohl 1993). Im Grunde schien hiermit eine Abwendung von „substantialistischen Raumbegriffen" vollzogen, im Zentrum stehen die Subjekte und deren beobachterrelative Wahrnehmung räumlicher Wirklichkeit. Das Konzept wurde aber gerade ob seiner inadäquaten Anwendung eines gegenständlichen Raumbegriffes kritisiert. Denn die sozialen Phänomene der Welt zeichnen sich – so beispielsweise Hard (1987:128, m. Hvh.) – dahingehend aus, „daß sie im Gegensatz zu den Gegenständen der physischen Welt *überhaupt keine* räumliche Existenz besitzen". Daher sei es inadäquat, sie in einer Raumsprache, mit einem choristischen Ansatz, abzubilden (ebd.:129). Werlen

(1999a) liefert mit der „Ontologie von Gesellschaft und Raum" eine umfassende Auseinandersetzung dieses Arguments auf der Grundlage des „Drei-Welten-Modells" von Popper und bekräftigt noch einmal, daß diese „Neuorientierung" abzulehnen ist, weil sie einer „traditionellen Betrachtungsweise" verhaftet bleibt, die Soziales nicht „richtig" einordnet (nämlich in die soziale Welt), sondern „hypostasiert" (1997b:74-75).

Die Theorie-Diskussion bezieht sich soweit – legt man eine Differenzierung von Searle (1997:18) zugrunde – auf einen *ontologischen Sinn* von Objektivität und Subjektivität, also um die Zuschreibung von *Existenzweisen* in ihrer Abhängigkeit von einem Beobachter. Diskutiert wird, wie der Raum beschaffen ist und mit welchen Mitteln diese Beschaffenheit angemessen zu repräsentieren sei. Dabei kommen aber auch die Vertreter der nicht-essentiellen Position nicht daran vorbei, ein ontologisches Postulat zur Essenz des Raumes zu erstellen. Wie ist dieser Widerspruch zu betrachten oder gar zu lösen? Neben dem *ontologischen Sinn* konstatiert Searle (1997:18) einen *epistemischen Sinn* von Objektivität und Subjektivität, der sich auf „Prädikate von Urteilen" bezieht, also auf Aussagen über den *Wahrheitsgehalt* eines Sachverhalts, die grundsätzlich von einer bestimmten Haltung, Meinung oder Einstellung von Beobachtern abhängig – ergo ontologisch subjektiv – sind (ebd.). Im Prinzip ist dies die argumentative Position der Kritiker: „Raum" ist lediglich im *epistemischen* Sinne als eine objektive Tatsache anzusehen. Und doch gelingt es ihnen nicht, diese Erkenntnis konsequent umzusetzen und sich von ontologischen Aussagen darüber, wie die Welt ist (oder nicht ist) zu verabschieden.

So ist im Folgenden an eine Problematik heranzugehen, die sich aus der Schwierigkeit ergibt, eine Argumentation für eine nicht-essentielle Ontologie von „Raum" respektive „Gesellschaft" zu führen, ohne sich dabei einer Sprache zu bedienen, die einen Geltungsanspruch auf eine gesellschaftsexterne Realität erzeugt und sich dabei ontologisch objektiver Raumbegrifflichkeit bedienen *muß*. In einem *ersten* Kapitel wird daher gezeigt, inwiefern die Diskussion einer „richtigen" Ontologie von Raum in der Spätmoderne problematisch ist. In einem *zweiten* Kapitel wird ein Begriff der „Tradition" vorgeschlagen, der die gegenwärtigen räumlichen Selbstverständlichkeiten sichtbar zu machen vermag. In einem *dritten* Kapitel wird das Dilemma von ontologisierender Bezugnahme und dem Erfordernis reflexiver Theoriebildung noch einmal zusammengefaßt und diskutiert.

1.1 „Ist" Raum ein gesellschaftliches Phänomen?

Der Kern des wissenschaftlich-geographischen Selbstverständnis in der „Ontologie von Gesellschaft und Raum" (Werlen 1999a) ist die Abkehr vom substantialistischen Raumbegriff und dem darauf aufbauenden raumwissenschaftlichen Ansatz. Das Resümee lautet:

> „Man kann (...) nicht davon ausgehen, daß ‚Raum' oder Materialität ‚an sich' bereits eine Bedeutung hätte, die für soziale Gegebenheiten konstitutiv wäre. Sie werden erst in

Handlungsvollzügen unter bestimmten sozialen Bedingungen bedeutsam" (Werlen 1999a:223).

Die vorausgehende Argumentation kann verkürzt wiedergegeben werden als Zurückweisung des raumwissenschaftlichen Ansatzes aufgrund mangelnder Angemessenheit/Kompatibilität mit der „neuen" Ontologie des Raumes unter globalisierten Bedingungen (Werlen 1999a:139). Die alten deskriptiven sozialgeographischen Zugänge zur Erdoberfläche und dem Leben darauf werden als überholte Perspektiven betrachtet. Sie wurden in historischen Kontexten entwickelt, in denen traditionelle Gesellschaften noch ihre räumlichen Bindungen hatten, das gesellschaftliche Leben lokalisiert oder in Giddens' (1997b) Worten „*embedded*" (eingebettet/verankert) war. Diese Ansätze – so wird nahegelegt – passen heute nicht mehr zu den Gesellschaften der sogenannten „Spätmoderne"[3], weil der Raum heute nicht mehr der determinierende Faktor für menschliches Handeln sein kann. Raum (oder die Geographie der Dinge) existiert und wird erschaffen und erhält soziale Bedeutung in den Handlungen. In der Spätmoderne ist daher eine Beschreibung und Erklärung sozialer Phänomene in physisch-räumlichen Kategorien nicht mehr sinnvoll, weil sie nichts über die Rolle des Raumes in den „Lebenswelten" (Schütz/Luckmann 1988) der Individuen sagen kann.

Die sozialgeographische Forschung – so die abgeleitete Forderung Werlens – soll nun den sozialontologischen Bedingungen spät-moderner Gesellschaftsformen gerecht werden (Werlen 1999a:132f.). Die Spät-Moderne ist derweil nicht länger von Raum als „sozial sinnkonstitutivem" Element geprägt (wie es die traditionelle Gesellschaft gemäß dieser Argumentation noch gewesen sein muß). Von der geographischen Raumforschung ist die Perspektive somit auf eine „Erforschung der Bedeutung räumlicher Bedingungen für das Handeln der Subjekte" zu verlegen (Werlen 1999a:133). In dieser Argumentation ist nun das folgende Problem in Bezug auf eine – zwar nicht zwingende, aber naheliegende – ontologisch objektive Lesart ersichtlich: Die Handlungen gesellschaftlicher Akteure sind zum Zentrum der geographischen Forschung zu machen, weil sie – so der argumentative Bogen – heutzutage das Zentrum der Geographie *sind*. Das Gesellschaft-Raum Verhältnis ist heute von Seiten der Gesellschaft aus zu betrachten, weil es heutzutage von dort aus bestimmt *wird*, soll heißen, weil spät-moderne Gesellschaften räumlich „entankert" *sind* (Werlen 1999a:127). Obwohl Werlen seine „Ontologie" explizit nicht essentialistisch verstanden wissen will (1997b:10), son-

---

3 Werlen nimmt in seiner Argumentation Bezug auf Giddens' (1997b:185-186) Ablehnung der sozialwissenschaftlichen Konstruktion der „Post-Moderne" als „Gesellschaftsform, in der kein Zentrum und keine Einheit mehr auszumachen sind". Diese soll den Vertretern postmoderner Theorie gemäß mit einer schwindenden „Gültigkeit des gewußten Wissens" einhergehen, „weil sich alle früheren epistemologischen Annahmen über die Grundlagen menschlichen Erkennens in jüngster Zeit als unzuverlässig erwiesen hätten" (Werlen 1999a:86). Da sie einen solchen gesellschaftlichen Bruch selber nicht erkennen und damit nicht akzeptieren, prägen beide Autoren den Begriff der „spät-modernen" Gesellschaftsform (bei Giddens auch: „radikalisierte Moderne"), die es weniger in Abgrenzung zur modernen denn in Abgrenzung zu einer *prä-modernen* ontologisch zu klären gilt (Werlen 1999a:87).

dern als „*bewußtseinsmäßige* Seinsweise der ,Dinge' ,Gesellschaft' und ,Raum'" (1997b:11, m. Hvh.), drängt sich hier scheinbar doch ein real-ontologischer Raumbegriff in die Argumentationslogik. Plädiert wird für eine bewußtseins- bzw. bedeutungszentrierte Raumforschung, argumentiert wird indes mit geo-sozialen *Ist*-Zuständen: Die spät-moderne Sozialontologie *ist* subjektzentriert und vom Raum gelöst (und darum nur mit einem subjektzentrierten Raumbegriff zu verstehen), die Prä-Moderne war es nicht (und darum ist/war es angemessen, sie raumzentriert zu betrachten!?).[4]

Die Problematik, auf die es hier ankommt, läßt sich anderweitig noch einmal verdeutlichen: „Aufgrund der technologischen Folgen dieser Neuzentrierung des Weltverständnisses leben wir heute nicht mehr nur in regional bestimmten bzw. beschreibbaren Verhältnissen" konstatiert Werlen (1997b:1). Wenn aber die *bewußtseinsmäßige* Seinsweise von Gesellschaft und Raum als ontologisches Kriterium konsequent angelegt wird, ist eine „regional gekammerte" oder „verankerte" frühere Gesellschaft schwerlich nachvollziehbar. „Regional" oder „verankert" hätte aus dem ihr eigenen „bewußtseinsmäßigen Raumverständnis" gar keinen Sinn, solange keine andersartige Gesellschaftsform als Maßstab hinzugezogen wird. Eine Ontologie vormoderner Verankerung trägt den Begriff spätmoderner Entankerung immer schon in sich, ist somit *re*konstruiert. Ein räumlich gekammertes Selbstverständnis von Gesellschaften wird erst vor dem Hintergrund eines heute differenten raumbezogenen Selbstverständnisses *ex post* zugeschrieben.[5]

Wenn also Raum konsequent als subjektzentrierter formal-klassifikatorischer Begriff gedacht würde, der „erst in Handlungsvollzügen unter bestimmten sozialen Bedingungen bedeutsam wird" (Werlen 1999a:221), dürften eigentlich nicht „regional bestimmte Verhältnisse" zur Abgrenzung herangezogen werden. Sonst wird das „Regionale" der Praxis enthoben und zu einem externen Kriterium von Gesellschaftsformen und Handlungen, also zum Zwecke der Deskription von *Seinsweisen* außerhalb des sinngebenden Vollzugs gestellt. Ein ontologischer „Gesellschaft-Raum-Begriff" („verankert", nicht: „verankertes Bewußtsein") soll dann erklärend herleiten, warum *heute* ein anderes (spät-modernes) Raum-Verständnis nötig ist. Weil sich nämlich die Ontologie verändert hat („entankert", nicht: „entankertes Bewußtsein"), soll man sich nunmehr einem neuen, adäquaten, (handlungszentrierten) Raum-Begriff zuwenden.

Daß bei der Abgrenzung der Gesellschaftsontologien eine der Praxis äußerliche Raumkonzeption zum tragen kommt, die sich essentiell darauf beruft, wie die Welt und ihr Gesellschaft-Raum-Verhältnis heute *ist* und damals *war*, scheint nun

---

4 Vgl. auch Honer (1999:51-67), die Luckmann folgend ein Bild vormoderner Sicherheit und eingeschränkter Wahlmöglichkeiten zeichnet. Moderne Gesellschaften sind dagegen „typischerweise" von Orientierungslosigkeit und sozialer Disparität und heterogenen Deutungsschemata gekennzeichnet und "keines der bereitstehenden Weltdeutungsangebote kann *allgemeine* soziale Verbindlichkeit beanspruchen" (ebd.:63).

5 Werlen (1999a:137) greift diesen Gedankengang implizit auf bzgl. seiner Bemerkung, daß was heute „als Reifikation von Begriffen bezeichnet wird, (...) im Rahmen von Realdefinitionen substantialistischer Art durchaus das Normalverständnis" wiedergab. Reifikation ist insofern ein Produkt einer nachträglichen Betrachtung.

auf den ersten Blick ein kritischer Punkt der Theorie Werlens zu sein (vgl. Hard 1999; Sahr 1999). Doch handelt es sich wirklich um ein *spezifisches* Problem? Oder zeigt sich hier nicht vielmehr, welchen fundamentalen erkenntnistheoretischen Implikationen und Anforderungen sich das Projekt einer *anders* oder *neu* zu denkenden Sozialgeographie stellt?

Zunächst darf nicht übersehen werden, daß es Werlen um das Aufbrechen einer gängigen disziplinären Praxis geht. Zu diesem Zweck muß zwar einerseits radikal argumentiert werden, um das gängige Verständnis zu durchbrechen, andererseits ist es dabei aber auch notwendig, eine gängige Sprache zu sprechen, um die Neuartigkeit des Projekts und seine Notwendigkeit zu kommunizieren. Zudem zeichnet Werlen ein *idealtypisches Bild* unterschiedlicher Gesellschaftsformen, das durchaus plausibel ist. In der Tat kann heute reflektiert werden, daß es eine Zeit gab, in der Gesellschaften aufgrund ihres Entwicklungsstandes in ihrer Ausdehnung („Lebenswelt") mit physischen Gegebenheiten eher in Deckung standen als heute („Lebensraum"). Ein Tal z.B. – so kann man heute konstatieren – markierte tatsächlich auch die Reichweite gemeinschaftlichen Handelns, auch wenn man nicht weiß, ob diese „Begrenzung" (oder „Beengung") von den Mitgliedern der Talgemeinschaft bewußtseinsmäßig so gedeutet wurde. Werlen geht es also eher um eine rückblickend konstatierte „Koinzidenz" von physischen Raum-Einheiten und gesellschaftlichen Handlungsreichweiten, nicht um eine kausal-deterministische Beziehung. Vor diesem (reflexiv rekonstruierten) Hintergrund ist es möglich und sinnvoll, eine heutige „Entankerung" der Gesellschaft von physisch-räumlichen Gegebenheiten durch die distanzüberwindende Technologie festzustellen, deren Handlungen „nicht mehr an die unmittelbare körperliche Vermittlung gebunden ist" (Werlen 1997b:38).

Bei aller Plausibilität wird aber auch ersichtlich, daß die von Werlen kritisierte „verräumlichende" Denkweise von ihm selbst argumentativ eingesetzt und nicht radikal verlassen wird. Die „Überführung des geographischen Raumes in einen anderen ontologischen Aggregatzustand" (Hard 1999:134) stützt sich auf ein (essentialistisches) Korrespondenzpostulat einer ontologischen Wirklichkeit des Raumes. Raum wird der sozialen Welt zugesprochen und zur Abgrenzung der spätmodernen, entankerten, raum-konstruierenden Gesellschaft wird eine „altgeographische" kategorielle Raumsemantik („Choro-Logik") wieder herangezogen, die sich an ein allgemeines *Normalverständnis* anlehnt. Dies könnte aber nun gerade eine Antwort darauf sein, woher die Plausibilität des Arguments rührt. Und welche Alternativen bestehen denn überhaupt zu einer solchen „herkömmlichen" Repräsentationsweise? Ist nicht jede „neue" Theorie an eine zeitgenössische Perspektive gebunden, schreibt Geschichte von einem gegenwärtigen Ort aus und rekonstruiert den Ort der Geschichte als konstitutive Differenz zu sich selbst?[6]

---

6 Sebastian Haffner schreibt 1939, also einer Zeit, die heute sicher nicht zur „Postmoderne" gerechnet wird: Die Menschen Anfang der 30er Jahre sieht er „rettungslos eingespannt in ihren Beruf und ihren Tagesplan, abhängig von tausend Unübersehbarkeiten, Glieder eines unkontrollierbaren Mechanismus, auf Schienen laufend gleichsam und hilflos, wenn sie entgleisen! Nur in der täglichen Routine ist Sicherheit und Weiterbestehen – gleich daneben fängt der Dschungel an. Jeder europäische Mensch des 20. Jahrhunderts hat das mit dunkler Angst im

Allerdings steht sie damit vor dem Anspruch, diese Involviertheit zu reflektieren und theoretisch einzubinden.

Konsequenterweise dürfte mit diesem Anspruch, den die handlungszentrierte Sozialgeographie selbst einbringt, eigentlich für den Raum keine neue (gesellschaftlich) Existenzart, bzw. „neue geographische Ordnung der Dinge" (Werlen 2002) postuliert werden, womit – Hard (2002[1992]:236) folgend – die „magische Attitüde", Raum als konkrete Wirklichkeit oder als „das Ding an sich" zu denken, eingenommen wird. Aus diesem Grund könnte man – wie Sahr (1999:63) – konstatieren, daß es Werlen „ironischerweise" und „trotz heftiger Bemühungen" nicht gelingt, „den eigenen Vorwürfen an den deutschen geographischen Diskurs zu entfliehen". Doch scheint dem oben angeführten Argument eines kaum vermeidbaren Normalverständnisses folgend nicht allein Werlens Theorie, die im sozialgeographischen Feld durchaus als eine unkonventionelle Perspektive gelten muß, von einer essentialisierenden räumlichen Sprache durchdrungen. Schon die Frage, ob denn der Raum ein gesellschaftliches Phänomen „ist" (oder nicht), bedingt eine Essentialisierung. Auch all die „neuen" „nicht-essentialistischen" kulturwissenschaftlichen Ansätze, z.B. Appadurai (2000), sind bei der Suche nach neuen Raumkonzeptionen auf eine räumliche, vergegenständlichende „Sprache" angewiesen. Es ist also in der Auseinandersetzung tiefer gehend erkenntnistheoretisch zu fragen, inwiefern ein „Entfliehen" *überhaupt* möglich ist.

1.2 Essentialisierung und Verortung als Traditionen der Gegenwart

Traditionale und moderne Gesellschaftsontologie

Schauen wir uns also den „blinden Fleck", der sich aus der raumontologischen Argumentation ergibt, noch mal etwas genauer an. Giddens argumentiert, daß mit dem Anbruch der Moderne ein anderer Charakter der Reflexivität erreicht und damit die „wahre Tradition" abgelöst wurde, denn „eine gerechtfertigte Tradition ist eine kostümierte Tradition, die ihre Identität nur der Reflexivität der Moderne verdankt" (Giddens 1997b:54). Alles, was in der Moderne traditional verbleibt, ist ihm zufolge rückwirkend konstruiert, ein Produkt der Moderne selbst und damit keine Tradition im „eigentlichen Sinne" der Verbindung von Vergangenheit, Gegenwart und Zukunft. Die Moderne zeichnet sich darüber aus, daß „die routinemäßige Ausgestaltung des Alltagslebens (...) in gar keinem inneren Zusammenhang mit Vergangenheit [steht]" (Giddens 1997b:54), außer in einem rein

---

Gefühl. Daher sein Zögern, irgendetwas zu unternehmen, was ihn ‚entgleisen' lassen könnte – etwas Kühnes Unalltägliches, nur aus ihm selbst Kommendes" (Haffner 2001:134). Aspekte, die heute die Postmoderne oder Spätmoderne ausmachen (vgl. Habermas (1995:143) zur „objektiven Unübersichtlichkeit" an der Schwelle zum 21. Jahrhundert), und aufgrund derer die geographischen Konzepte z.B. der 30er Jahre heute nicht mehr greifen sollen, werden hier bereits für eine frühere Zeit beschrieben, und zwar ebenfalls auf der Basis der Abgrenzung zum Davorliegenden.

zufälligen Begründungszusammenhang, und den der „Trägheit der Gewohnheit" entstammenden traditionalen Aspekten räumt er eine nur geringe Bedeutung ein (ebd.). An dieser Argumentation ist verschiedenes bemerkenswert: Zunächst scheint es für Giddens wichtig, die traditionalen Elemente heutiger Gesellschaftsform als „nicht wirklich" traditional zu kennzeichnen, da sonst die für seine Argumentation grundlegenden „Diskontinuitäten, die zu einer scharfen Trennung des Modernen vom Traditionalen geführt haben" in Frage gestellt werden würden. In seiner zusammenfassenden tabellarischen Darstellung von Charakteristika der Vormoderne und der Moderne bleibt daher in der rechten, modernen, Spalte der Platz für die Entsprechung der Tradition einfach leer (Giddens 1997b:128). Damit bleibt aber unklar, warum es in heutiger Zeit keine Weise geben sollte, „(...) in der Überzeugungen und Praktiken – insbesondere im Verhältnis zur Zeit – organisiert sind", wie Giddens später Tradition definiert (Giddens 1997b:132). Die heute reflexiv bewußt gemachten „Routinen" müßten auch als „Traditionen" gelten, wenn sie doch weiterhin „in grundlegender Weise zur ontologischen Sicherheit bei[tragen], soweit sie das Vertrauen in die Kontinuität von Vergangenheit, Gegenwart und Zukunft aufrechterhalten und dieses Vertrauen mit routinemäßigen Praktiken verbinden" (Giddens 1997b:133). Werlens Rezeption von Giddens gibt einen Hinweis darauf, daß die Gegensätzlichkeit von Tradition und Moderne weniger dichotomisch verstanden werden sollte (Werlen 1999a:89):

> „Nach Giddens (...) können die Besonderheiten der Moderne mittels Kontrastierung zu ‚Tradition' herausgearbeitet werden. Das heißt aber nicht, daß gleichzeitig auch davon auszugehen ist, in zeitgenössischen Gesellschaften würde Tradition keine Rolle mehr spielen. Vielmehr sind unter konkreten gesellschaftlichen Bedingungen ‚viele Verbindungen des Modernen mit dem Traditionalen' (Giddens 1995[hier 1997b]:52) feststellbar".

Wie aber sollen diese Verbindungen feststellbar sein, wenn der Traditionsbegriff an eine ehemalige Gesellschaft in ihrem Bezug zum Raum geknüpft ist? Wie kann die Traditionalität, die dem Postulat einer neuen oder andersartigen Ontologie von Gesellschaft und Raum zugrundeliegt, reflexiv einbezogen werden? Wie ist es also möglich, die Repräsentationsweise zu reflektieren, die traditionelle Deutungsmuster heute als selbstverständlich erscheinen läßt und dazu verleitet, Traditionen als „Vergangenes" anzusehen?

Herkunft der „Grammatik der Weltdeutung"

Was nun also interessiert ist weniger die – vielfach vollzogene – wissenschaftsgeschichtliche Aufarbeitung einer „vergangenen" Geographie-Epoche[7], sondern die

---

7 Für den deutschsprachigen Diskurs s. insbes. die Arbeiten von Schultz (1989; 1997a,b; 1998; 1999), Wardenga (1995), Werlen (2000a), Brogiato 2005; für eine Übersicht des diskursiven Wandels Miggelbrink (2002). Im englischsprachigen Diskurs s. Gregory (1978; 1994a,b) und Thrift (1983), für einen Überblick der aktuellen Publikationen zur „Geschichte und Philosophie der Geographie" s. Ryan (2002). Zur Rekonstruktion der Institutionalisierung geographischer (Aus-)bildung s. Paasi (1986b).

Frage, was passiert, wenn der Begriff der „Tradition" konsequent epistemologisch auf die *zeitgenössische* Weltbild-Konstruktion angewendet wird, etwa im Sinne von Thompson (1995:184, m.Hvh.):

> „One way of understanding tradition is to view it as a *set of background assumptions* that are *taken for granted* by individuals in the conduct of their daily lives, and transmitted by them from one generation to the next. In this respect, tradition is not a normative guide for action but rather *an interpretative scheme*, a framework for understanding the world".

In Giddens Sinne wären das „intensive Regeln", „Formeln, die in den Prozeß des Alltagshandelns dauernd einbegriffen sind, die also für die Strukturierung eines großen Ausschnittes des Alltagslebens verantwortlich sind" (Giddens 1997a:74).

Bei dieser Konzeption ergibt sich allerdings zunächst ein fundamentales erkenntnistheoretisches Problem. Wenn die „Hintergrundannahmen" einer zeitgenössischen Perspektive betrachtet werden sollen, dann steht dem entgegen, daß es sich *per definitionem* eben nicht um direkt erschließbare, sondern um selbstverständliche, hintergründig wirksame Annahmen und Muster handelt. Die früh geäußerten Bedenken von Thrift (1983:25)[8] zeigen die epistemologischen Grenzen des Unterfangens:

> „Most social theory is not reflexive. It does not consider its own origin in the theoretical and practical thought of a period, as this is determined by the prevailing social and economic conditions. (...). Yet no social theorist can, other than very partially, escape thinking in terms of the society she is socialized into."

Andererseits, wenn wie Hard (1999:143) bemerkt, „der *common sense* voll von traditioneller Geographie" steckt, dann scheint es notwendig und lohnend, sich mit diesem Hintergrund der Weltdeutung zu beschäftigen, also den Blick konsequent auf die selbstverständlichen Modi, die dem zeitgenössischen Gesellschafts- und Raumverständnis zugrunde liegen, zu richten. Wenn Werlens idealtypische Darstellung der Spätmoderne als wissenschaftliches Konstrukt verstanden wird, das selbst ein verräumlichendes Normalverständnis in sich trägt und tragen muß, ermöglicht dies, nach den „Traditionen in der Spätmoderne" zu suchen. Wenn unter der Spätmoderne konsequent nicht ein ontologischer Zustand, sondern ein spätmodernes Bewußtsein verstanden wird, dann scheint es möglich, die diesem Bewußtsein inhärenten „überlieferten" Kategorien in Betracht zu ziehen, statt sie nur zu verwenden. Dann wird auch sichtbar, inwiefern die „traditionellen Raumsemantiken" (Hard 1999) nicht nur Einschränkung, sondern auch Ermöglichung eines „neuen" spät- oder postmodernen Selbst- und Weltverständnisses bilden.

Bei der Suche nach der Herkunft der zeitgenössischen „Grammatik der Weltdeutung" (Anderson 1998:159) mit dem angelegten Traditionsbegriff können vorläufig zwei Hauptlinien der geographischen „Weltbildung" vermutet werden: *Erstens* die sogenannte „Aufklärung" und *zweitens* die länderkundliche „Verortung" und die raumwissenschaftliche „Choro-Logik". Anhand dieser „Traditio-

---

8   Thrift ist hier insofern seiner Zeit voraus, als daß erst Jahre später im „postmodernen" und „poststrukturalistischen" Diskurs die von ihm eingeforderte Reflexivität zum Universalanspruch humangeographischer Forschung avancierte.

nen" ist nun herzuleiten, welche der zu ihrer Zeit „neuen" Raumkonzeptionen heute als Selbstverständlichkeiten in Bewußtsein und Sprache eingelagert sind. Dies ermöglicht dann zu diskutieren, inwiefern eine Überwindung dieser Konzepte möglich ist und welche theoretischen Implikationen ein hoch-reflexiver Anspruch, wie ihn das Konzept der „alltäglichen Regionalisierung" einfordert, für die Betrachtung des Geographie-Machens allgemein und die des *sprachlichen* Geographie-Machens im Besonderen mit sich bringt.

Die Aufklärung der Gegenwart

Thompson zufolge hat die Aufklärung nicht mit „der" Tradition gebrochen. Vielmehr wurde eine traditionelle Denkart durch eine andere Tradition ersetzt:

> „(...) the Enlightenment thinkers were not dispensing with tradition as such but rather were articulating a set of assumptions and methods which formed the core of another tradition, that of the Enlightenment itself (...), that is, a set of taken-for-granted assumptions which provide a framework for understanding the world" (Thompson 1995:185).

In Fortführung dieses Gedankens muß angenommen werden, daß auch die aufklärerischen Traditionen nicht von einer „neuen" Epoche gekappt wurden. Als allgemeines Beispiel kann dienen, daß viele der heutigen Werte und Normen den Anspruch tragen, vernunftbegründet zu sein und nicht einem rituellen Glauben zu entspringen. Dieser Anspruch auf Vernunftsbezogenheit verweist seinerseits aber auf eine Tradition, insofern diese Rationalität als Wert nicht in sich selbst begründbar ist, ergo – der eigenen Differenz zufolge – „rituell" sein müßte. Die Vernunftsbezogenheit ist den Repräsentationen von der Welt ganz vielfältig und vor allem *selbstverständlich* inhärent und muß damit selbst ein instrumentaler Teil der erweiterten Reflexivität sein, durch die sich die Moderne nach Giddens (1997b) auszeichnet.

Das andersartige Raster, bzw. die andersartige Sicht auf die Welt und ihre Geschichte kann dann nachträglich ontologisierend als eine Diskontinuität von zeitlich aufeinanderfolgenden Epochen unterschiedlicher gesellschaftlicher Seinsweise thematisiert (konstruiert) werden. Entlang einer epistemologisch-reflexiven Betrachtung muß dagegen angenommen werden, daß diese „Epochen" sich direkt gegenseitig bedingen und in einem dialektischen Sinne auseinander hervorgehen (und zwar chronologisch als auch anti-chronologisch: das zeitlich Vorhergehende ist die Bedingung für die Entwicklung des Andersartigen, zeitlich Nachfolgenden, und aus diesem wird wieder das zeitlich Zurückliegende re-konstruiert), und daß es also insofern nicht zu einem vollständigen praxisbezogenen und schon gar nicht ontologischen Bruch gekommen ist. Dieser Bruch, das Ende oder die Grenzen der Epoche, werden vielmehr nachträglich konstruiert – unter der Bedingung eines neuen Reflexionsanspruches, der die ihm inhärenten traditionellen Elemente und Schemata für selbstverständlich hält.[9] Diese Betrachtung leitet den Blick von

---

9 Laut Joas ist dies, einer praxisbezogenen, temporalisierten Selbstreflexion gemäß, die „Reflexion des Handelns auf künftige Möglichkeiten unter von Vergangenheit geformten Bedin-

einer ontologischen Transformation auf die epistemologische Transformation des reflexiven Bewußtseins und thematisiert gleichzeitig die Grenzen, die diesem Bewußtsein gesetzt sind.

Mannheim (zit. in Jones III und Natter 1999:240) führt die Trennung von Raum und Repräsentation auf den auf Aristoteles' Konzeptionen beruhenden europäischen Rationalismus im Zuge der Aufklärung zurück. Insbesondere geht es dabei um den Ansatz, das Besondere auf der Grundlage *allgemeingültiger Ursachen und Gesetzmäßigkeiten* zu erklären und die Welt als Fläche physikalischer Massen und Kräfte zu betrachten. Jones/Natter gehen noch einen Schritt weiter, indem sie konstatieren:

> „The force of abstract, quantitative and teleological thinking marshalled during the Enlightenment not only transformed *how* social phenomena were approached, it overturned the very character of what was thought to be a social object. From community to society, from family to contract, from spiritualism to materialism, and more, the Enlightenment reworked the categories through which social life was to be understood" (Jones III/Natter 1999:240).

So sorgte der aufklärerische Gedanke einer objektiven Darstellung allen Seins dafür, daß die Dialektik von Repräsentiertem (in diesem Falle „Raum") und Repräsentation negiert wurde. Jones III/Natter argumentieren, daß Raum in der Theorie (nach Kant) lange Zeit nicht im Verhältnis zu seiner Repräsentation diskutiert wurde, sondern die Konnotation einer selbstverständlichen Grundlage erhielt:

> „the word ‚space' continued to hold a geometric meaning, evoking the idea of an empty area, waiting to be filled with meaningful objects" (Jones/Natter 1999:241).

Janich (1989:127-128) argumentiert, daß dieser dreidimensionale Raumbegriff als euklidisches Erbe aufbauend auf der flächenbezogenen (planimetrischen) Geometrie auf ein geometrisches Grundvokabular hinweist, das in der Alltagssprache unproblematisch verwendet wird. Es ist also anzunehmen, daß obwohl dieses Verhältnis unter anderem von Seiten der kritischen Theorie reformuliert wurde, die aufklärerische „Logik", beispielsweise die von Raum als zu füllendem Behälter, auch heute im Umgang mit Raum und in der Sprache vom Raum enthalten ist.

„Verortung" und „Choro-Logik" in der Spätmoderne

Bei einer konkreter auf die räumliche Perspektive bezogenen Betrachtung ist somit zu fragen, inwiefern die in der historischen Rekonstruktion herausgearbeiteten Denkweisen wiederum eine Grundlage für die reflexive Rekonstruktion und „Neuordnung" des Verhältnisses von Gesellschaft und Raum darstellen. Inwiefern hat die (Human-)Geographie als wissenschaftliche Disziplin zur Festigung und Verbreitung der aufgezeigten „Logiken" beigetragen, die heute nicht nur in selbstverständlicher Art und Weise den Umgang mit Raum und die daran geknüpfte

---

> gungen" (Joas 1999:219). Geschichtliche Rekonstruktion ist dann als „der kollektive Versuch zu denken, die Vergangenheit im Licht einer vorentworfenen Zukunft zum Zweck der Interpretation und Kontrolle der Gegenwart zu deuten" (ebd.).

Praxis der Verortung prägen, sondern die auch konstitutiv für das „neue" reflexive Weltbild in Abgrenzung von der „traditionellen Geographie" sind? Für die Betrachtung lassen sich zwei „Traditionen" herausheben, die sich in „Geschichtsbüchern der Geographie" (z.B. Werlen 2000a; Johnston 2001) leicht als überwundene Stadien der Geographie-Entwicklung lesen lassen: *Erstens* die „Länderkunde", bzw. das länderkundliche Schema und *zweitens* die „Raumwissenschaft". Diese Betrachtung sollte ermöglichen, Hinweise auf heute selbstverständliche Annahmen bezüglich der Existenzweise des Raumes und seiner Einheiten zu erhalten, die einen Teil des aufgezeigten Widerspruches ausmachen.

Die **Länderkunde** ist Teil dessen, was Werlen (1997b:43ff.; 2000a:92ff.) „traditionelle Geographie" nennt und beinhaltet die Zusammenfassung von Landschaften zu einem homogenen Ganzen, zu einer „Landesnatur" (Werlen 2000a:105). Ratzel machte die Natur zum kausalen Faktor kultureller Lebens- und Ausprägungsformen, die im Rahmen der allgemeinen Geographie beschrieben werden sollten. Die Erdkunde beschreibt

> „die Vertheilung der Völker über die Erde, die Lage und Größe ihrer Staaten und Städte und herkömmlicherweise sogar ihren allgemeinen Zustand, vorzüglich soweit er sich statistisch darstellen läßt" (Ratzel 1881:378).

Damit stellt Ratzel die Geographie explizit über die Geschichte, weil sie „die ganze Erde umfaßt" und nicht nur die „vom Menschen und seinem Geist durchdrungenen Sphären" (ebd.). Seine Haltung ist geprägt von dem unerschütterlichen Glauben an die geographische Welt da draußen, die es wahrheitsgemäß zu *beschreiben* gilt bis in den letzten Winkel und „daß man diesen Zweck nur erreichen kann, wenn man zeigt, wie der Boden und das Volk zusammengehören" (Ratzel 1898:Vorbemerkung). Es liegt seinem „aufgeklärten" Raumverständnis in Zusammenhang mit der strikten Trennung von Natur und Geist so gesehen nichts ferner, als die Idee, daß objektive Länderdaten auch eine Art der „geistigen Durchdringung" darstellen und „ein menschliches Ding" sein könnten (ebd.). Ratzels Schüler Hettner wendet sich dann in seinen „Grundzügen zur Länderkunde" gegen den statistischen Ballast in der geographischen Literatur: „Klare Auffassung räumlicher Verhältnisse kann nur aus kartographischen Darstellungen entnommen werden" (Hettner 1925:a). Die Wissenschaft der Geographie besteht zunächst eben in der Vermessung und Beschreibung, aber dann auch in der „Auffassung der Landesnatur". Hettner fordert insofern eine „ursächliche Verknüpfung" des Beschriebenen (ebd.).[10]

Mit der Verschiebung des Selbstverständnisses einer rational zu durchdringenden und insofern beherrschbaren Welt, entwickelt sich das Prinzip der Kate-

---

10 Wie Ratzel in seinem Buch zu „Deutschland" erst ein letztes Kapitel dem Menschen widmet, ist auch Hettners Länderkunde zu Europa im Aufbau quasi evolutionsgeschichtlich von Territorien über die in ihnen enthaltene Tierwelt bis zur Menschheit geordnet. Der von ihm durchaus bemerkte relationale Charakter der räumlichen Klassifizierung bezieht sich lediglich auf die *Selektion* der Kategorien, die seines Erachtens der komplexeren, multikategoriellen Wirklichkeit niemals gerecht werden kann. Doch der Anspruch theoretischer Selbstbezüglichkeit stellte sich zu Hettners Zeit auch kaum (vgl. Wardenga 1995).

gorisierung, Systematik und Klassifizierung. So wie die Pflanzen (Linné)[11] und die Tiere (Häckel) systematisch und taxonomisch geordnet wurden, wurden mit dem länderkundlichen Schema auch die Erdräume in ihrer Eigenart erfaßt und geordnet. So zeichnet sich ein *Prinzip der „Verortung"* ab: Die anhand dieser Kategorien etikettierten Räume und „ihre" Kulturen wurden gleichsam morphologisch betrachtet und systematisiert.[12] Das Ziel war jeweils eine systematische, vollständige und vor allem *eindeutige* Ordnung von Teilen eines angenommenen Ganzen.[13]

Die **Raumwissenschaft** ist in der deutschsprachigen Sozialgeographie von Bartels geprägt. Der entwirft den „raumwissenschaftlichen Ansatz" (Bartels 1968, 1970), welcher sich an die sogenannte *spatial science* im englischsprachigen Raum anlehnt (insbes. Hagget 1965). In dieser neuen Betrachtungsweise wird der Raum zum formalen Charakteristikum von Gegebenheiten. Diese Konzentration auf räumliche Organisation und Regelhaftigkeiten

> „(...) depended on a conception of order that was produced by and resided in a structure that was supposed to be somehow separate from what it structured: a framework that seemed to precede and exist apart from the objects it enframed" (Gregory 1994b:84).

Somit wird die Installation einer Beobachterperspektive im raumwissenschaftlichen Ansatz zentral. Im Vergleich zum länderkundlichen Schema wird jedoch nicht von einem „inneren Wesen" räumlicher Einheiten ausgegangen, sondern von deren relationalen Charakter und Definitionsabhängigkeit (Werlen 1997b:59; 2000a:215ff.; s. Haggett 1973:5). Statt Naturdeterminismus wird „Distanzdeterminismus" propagiert und dabei ein starker Anspruch auf wissenschaftliche Objektivität ins Forschungsprogramm eingebaut und von einer prinzipiellen Regionalisierbarkeit aller sozialweltlichen Sachverhalte (bzw. deren Spuren auf der Registrierplatte Landschaft) ausgegangen. Im Verborgenen schlummernde Raumgesetze sollen aufgedeckt werden. Motive des raumwissenschaftlichen Ansatzes sind also eine grundsätzliche (technisch bzw. naturwissenschaftlich ausgerichtete) Machbarkeit in positivistischem Sinne, die rationale und technische Beherrschung der Natur, und als Ausgangsbasis die Idee der Aufdeckung allgemeiner Gesetzmäßigkeiten und Regelhaftigkeiten (und deren Vorhandensein).

Obwohl der Schritt der „Rationalisierung" vom länderkundlichen Schema der Beschreibung des Wesens von räumlichen Einheiten weg zu weisen scheint, ist die

---

11 S.a. Foucault (1994 [1972]) über den Einfluß Linnéscher Klassifikation in Zusammenhang mit der Entwicklung moderner Sozialwissenschaften.
12 Eine Parallele in der historisch-komparativen Untersuchung von Sprache zeigt Öhman (1996). Mit dieser Entwicklung entstand die moderne Sprachwissenschaft als Suche nach Ordnungen und allgemeinen Gesetzen in der Sprache. Vgl. auch das Werk von Osthoff/Brugmann (1878-1890).
13 Wie Anderson anhand der Einführung von Volkszählungen deutlich macht, handelte es sich hierbei nicht nur um die Konstruktion von Klassifikationen, sondern auch um eine systematische Quantifizierung (Anderson 1998:145). Es wurde zählbar gemacht, was vorher nicht als zählbar zu verstehen war. Es wurden Grenzen gezogen, die nun – auf einem Blatt Papier mit dem Wissen um die Anwendung einer Projektion – erst vorstellbar wurden und die es erlaubten, einzelne Stücke dieses Puzzles aus ihrem Kontext auszugliedern (s. Anderson 1998:149, 151).

Kohärenz der beiden Ansätze beträchtlich. Dies sollte nicht verwundern, insofern auch der raumwissenschaftliche Ansatz sich nicht aus dem Nichts entwickelte, sondern die damalige Tradition der Länderkunde (bzw. insgesamt der Regionalen Geographie in Abgrenzung zur Allgemeinen Geographie) mit sich trug. Ein Indiz dafür ist die Überzeugung der Kartographierbarkeit jeglichen sozialen oder physischen Sachverhaltes und das Festhalten an der Identifizierung flächenhaft projizierbarer Einheiten. Die als Methode abgelehnte Beschreibung wurde insofern als ungefragte Grundlage ins Programm aufgenommen. Auch wenn sich das Selbstverständnis der Geographen und Geographinnen mit der raumwissenschaftlichen Periode änderte (Werlen 2000a:205), es war kein Schritt heraus aus der geographischen Denktradition: Aus Erdbeschreibern, die implizit an der Konstruktion eines (kolonialistisch motivierten) Weltbildes arbeiteten, wurden Raummanager, deren explizites Anliegen die räumliche Ordnung war und die sich selbst dafür – im Dienste der „objektiven Wissenschaft" – Legitimation und Verfügungsgewalt zuschrieben. Dabei wird aber mit den geo-sozialen Einheiten der beschreibenden Geographie bereits ungefragt gearbeitet, während allein die Fragestellung verändert wird: Nicht Naturgesetze (bzw. natürliche Grenzen) sind zu erforschen, sondern Raumgesetze, die zu Einheiten führen. Eine Einheit („Areal") ist aber per raumwissenschaftlicher Definition genau dann vorhanden, wenn sich die *Grenzen von Ausbreitungsflächen* „räumlicher" und „sachlicher" Kriterien und ihrer Beziehungen decken (Werlen 2000a:218). Diese Logik ist nicht neu, insofern man weiterhin von der prinzipiellen Existenz und Erschließbarkeit dieser Einheiten ausgeht, die nun eine rationale Begründung erhalten. Chorographie wird zur Chorologie, aber auf der Grundlage, daß ein kausaler Zusammenhang von Boden und Volk, von Natur und Kultur schon vorher implizit angenommen wurde. Nachdem Kant die Erd*beschreibung* zur „Propädeutik in der Erkenntnis der Welt" erklärt hat (zit. in Werlen 1999a:210), ist sie dies auch geworden und hat im Zuge der Raumwissenschaft aber ihren rein beschreibenden Anspruch verloren und durch einen erklärenden ersetzt.

„Raum-Logiken" gegenwärtiger Weltdeutung

Die gängige Kritik am Raumverständnis „früherer" Epochen der Disziplin sollte hier nicht einfach wiederholt werden. Die Konsequenz der Überlegungen ist vielmehr, daß sich – wenn man das „Hineinreichen" der Tradition in gegenwärtige Weltdeutungen ernst nimmt – zumindest Teile dieses Verständnisses in Form von impliziten Herstellungs- und Umgangsweisen weiterhin finden lassen müßten. Aus der Betrachtung der länderkundlichen und raumwissenschaftlichen „Tradition" heraus können nun grob einige der „Logiken" und „geometrischen Bedeutungen" abgeleitet werden, nach deren Fortführung in der gegenwärtigen (geographischen) Aneignung von Welt („die Welt auf sich Beziehen") und einer zeitgenössischen „Weltsicht" zu suchen ist. Diese „Logiken" überschneiden sich und es muß davon ausgegangen werden, daß sie kontextabhängig zum Einsatz kommen. Dennoch bilden sie in ihrer Gesamtheit die allgemeine Grundlage eines gegenwärtigen traditionellen Raumverständnisses:

1. **Objektivität und Objekthaftigkeit:** Der Raum erhält eine beobachterunabhängige Seinsweise. „Er" wird als Gegenstand behandelt, dessen Existenzart es „richtig" zu bestimmen gilt. „Raum" ist ein oppositioneller Begriff zum „Gesellschaftlichen".
2. **Kategorie-Haftigkeit und Disparatheit:** Der Raum ist – neben der Zeit – eine grundlegende Kategorie der Einordnung bzw. Zuordnung. Jegliches hat seine Zeit und seinen Ort. Auf dieser Basis werden Ungleichheiten kategoriell erfaßt.[14] Indem Raumausschnitte als Projektionsflächen für Sachverhalte dienen, bekommen auch die eingeordneten Gegenstände („Menschen"; „Kultur"; „Artefakte" etc.) die gleichen Qualitäten: Teilbarkeit, Unterscheidbarkeit auf der Grundlage ausschließender Grenzen („jeder Mensch / jedes Bauwerk gehört auf einer Ebene *genau einer* Kategorie an") und Vollständigkeit in der Summe („Deutschland ist die Summe der deutschen Teil-Staaten").
3. **Diskretheit und Additivität:** Raum ist etwas, das sich abgrenzen und in Einheiten zerlegen läßt, die sich nicht überschneiden und in ihrer Summe eine endliche Ganzheit ergeben. Die räumliche (territoriale) Welt ist die Summe ihrer diskret begrenzten Raumausschnitte.
4. **Diskontinuität, Distinktion und Kontinuität / Homogenität:** In einer räumlichen Dimension sind die diskreten Einheiten diskontinuierlich im Sinne einer Unterschiedlichkeit („distinkt"). Innerhalb der Kategorien wird von einem lückenlosen, kontinuierlichen Zusammenhang und einer Gleichartigkeit (Homogenität) ausgegangen.
5. **Endliche Extensität:** Raum und seine Einheiten haben ein Innen und ein Außen, werden als dreidimensional begrenzte Einheiten mit einer endlichen flächenhaften (planimetrischen) Ausdehnung aufgefaßt.
6. **Stabilität / Konstanz:** Raum ist – als Dimension neben der Zeit – in seiner Konnotation selbst zeitlos. Gegebenheiten sind durch ihre „Verortung" fixiert und erhalten in der räumlichen Repräsentation einen statischen Charakter.

Moderne Reflexivität entlang traditioneller Deutungen

Inwiefern sind „traditionellen" Raumbegriffe und ihre „Logiken" *heute* „überwunden"? Die Distanzierung von den länderkundlichen und raumwissenschaftlichen Denkweisen ist – so scheint es, wenn man heute einen deutschen Geographentag besucht – bereits *common sense*. Gregory (1994b:88) aber bemerkt (bezüglich der Raumwissenschaft):

> „these representations of the world were more than intellectual abstractions: they shaped the way in which those who accepted them and used them thought about, made sense of and acted in the world."

---

14 Das „Deutsche Universalwörterbuch" (Duden 2001) bietet als explizites Beispiel zum Begriff „Disparatheit": „Menschen disparater Herkunft".

Das hieße, diese Traditionen strukturieren hintergründig die heutige „spätmoderne" Weltsicht und sind „tief in das öffentliche Bewußtsein" eingedrungen (Anderson 1998:159), so tief, daß sie kaum noch auffallen. Zwar gibt es die optimistische Einstellung, auf unzulässige Verkürzungen ließe sich ohne weiteres verzichten, man müßte es nur wollen (Schultz 1998:110; Agnew 1993:268). Doch das scheint nicht der Fall zu sein. Werlen (1997b:207) beispielsweise reflektiert die Problematik von Container-Raum-Konzepten und einer räumlichen Sprache und muß sich doch auch dieser Sprache und ihrer „Logik" bedienen. Er ist sicher, „daß Regionen und Regionalisierungsprozesse unter keinen Umständen mehr als natürliche oder als räumliche Gegebenheiten (...) begriffen werden können, sondern ausschließlich als das, was sie schon immer waren: soziale Tatsachen und Ausdruck sozialer Verhältnisse" (Werlen 1997b:278). Die daran geknüpfte ontologische Argumentation gegen entsprechende Theorien und Diskurse impliziert jedoch selbst notwendig eine ontologische Setzung, die den „eigentlichen" Status bestimmt und immer auch die Differenz der „Reiche" (soziale Welt / physische Welt) in sich trägt. Konsequent mit Werlens Augen gesehen, ist auch diese Einteilung eine Regionalisierung, bei der „soziale" Tatsachen und Sachverhalte in Container eingeordnet werden.

Es muß also hinterfragt werden, ob die Besonderheit einer „damaligen Geographie", nämlich das Land zum „Gefäß von Volk und Staat" zu machen, heute *in der Tat* „absurd" ist (Schultz 1998:92-93), auch wenn man sich – wie Schultz an anderer Stelle bemerkt – im aktuellen wissenschaftlichen Diskurs schnell den „Vorwurf einer unzulässigen Verdinglichkeit" und Stereotypisierung einhandelt (ebd.:86). Diese Frage zielt dann aber nicht auf eine politisch-strategische oder alltäglich-unwissende „Containerisierung", sondern auf eine, die selbst hochgradig reflexiv angelegten und explizit nicht-essentialistischen Ansätzen wie dem von Werlen als strukturierender Hintergrund dienen muß. Was aber bedeutet diese Einsicht in erkenntnistheoretischer Hinsicht? Bezogen auf die raumwissenschaftliche Komponente zeitgenössischer Weltsicht bemerkt Gregory:

> „(...) this way of conceiving order is so much taken for granted, made to seem so natural, that we have lost sight of quite other ways of making the world intelligible" (Gregory 1994b:84).

Bereits das Erkennen einer Ordnung setzt eine Imagination voraus, deren Ausgangspunkt selbst nicht Teil des Betrachteten ist, sondern die von „außerhalb" auf die (gesellschaftliche) Welt schaut. Es ist eine Betrachtung, die mit kartographischen Projektionen und Bildern aus der Raumfahrt erst möglich wurde (s. Anderson 1998:151; Harley 2002).[15] Geographie ist „the way of seeing the world from a distance" (Gregory 1994b:85). Mit dieser Beobachterperspektive einher gehend entwickelte sich der Glaube an die „Objektivität" der Karte bzw. der kartographischen Darstellung, bis heute ein entscheidendes Instrument zur Darstellung und Lokalisierung sozio-kultureller „Sachverhalte" (Idvall 2000; Gugerli/Speich 2002) und ein grundsätzliches Vertrauen in das raumwissenschaftliche Instrumentarium

---

15 Fernsehprogramme wie „spacenight" oder Erdansichten via Internet zeigen anschaulich diese Perspektive.

und deren Repräsentationsweisen. Die Beobachterperspektive zeigt sich aber auch hintergründig in allen Postulaten darüber, wie die Welt (heute) ist, insbesondere auch dann, wenn es um die sogenannte „Globalisierung" geht. Bereits die Thematisierung des „Globalen" setzt die Abstraktion des externen Beobachters voraus. Schaut man den Einzug der Kartographie und die kategorisierende Tendenz der Aufklärung mit dem strukturationstheoretischen Machtbegriff an, also als das Vermögen unter bestimmten Bedingungen zu handeln, vermag man zu sehen, daß hiermit nicht nur Ermächtigung für einige wenige, sondern auch eine allgemeine Einschränkung des räumlichen Denkens verknüpft waren. Die Wirkung der Kategorisierung in „geographisch-demographische Klassifikationskästen" (Anderson 1998:160) beschreibt Anderson zunächst wie folgt:

> „Der ‚Leitfaden' dieses Denkens [des Kolonialstaates über seinen Herrschaftsbereich] bestand in einem auf Totalität ausgelegten Klassifikationsraster, das mit unendlicher Flexibilität aus alles angewendet werden konnte, was unter der tatsächlichen oder angestrebten Kontrolle des Staates stand: Völker, Regionen, Religionen, Sprachen, Produkte, Monumente usw. Die Wirkung dieses Rasters bestand darin, daß es dieses und nicht jenes ist, daß es hier an diese Stelle gehört, und nicht an jene" (ebd.:159).

Dies ist eine ganz entscheidende Bemerkung bezüglich des Prinzips der Verortung und seiner Etablierung. Anderson geht es hier vor allem darum, diese Praxis als ein Instrument der Kolonialmächte zur Reproduktion ihres Herrschaftsanspruchs aufzuweisen. Daß dabei auch der reflexiven Erkenntnis eine Grenze gesetzt wurde, wird nur implizit thematisiert. Doch geht mit dieser Neustrukturierung der Verlust der Möglichkeit, in einer prä-klassifikatorischen Art und Weise Dinge resp. Raum zu repräsentieren, einher. Insofern ist es ernst zu nehmen, daß die durch Landkarte und Zensus geprägte Grammatik „die zu gegebener Zeit ‚Burma' und ‚Burmesen', ‚Indonesier' und ‚Indonesien' hervorbrachte" (Anderson 1998:159) in der Tat ein Strukturelement beschreibt, das bis heute die Vorstellung von der Welt und den Umgang mit Raum und Räumlichkeit bestimmt.

Die Überlegung, eine gesellschaftliche Veränderung in Bezug auf die Möglichkeit der Reflexion zu sehen, führt tatsächlich zu der von Giddens herausgestellten „Reflexivität der Moderne" (Giddens 1997b:52ff.; Werlen 1999a:88). Das Charakteristische moderner Denk- und Lebensformen ist laut Giddens „die Voraussetzung einer in Bausch und Bogen angewandten Reflexivität, die natürlich auch die Reflexion über das Wesen der Reflexion selbst einschließt" (Giddens 1997b:55). So wird das Verhältnis von Repräsentation und Repräsentiertem in die Betrachtung des Verhältnisses von Gesellschaft und Raum heute mit einbezogen, was z.B. noch in der Sozialgeographie der 60er Jahre kaum thematisiert wurde (vgl. Storkebaum 1969). Dabei muß aber auch die „neue" reflexive Moderne als Selbstverständnis betrachtet werden, als „neues Bewußtsein", um sehen zu können, inwiefern sich der Modus der Bedeutungszuweisung und Welterzeugung tatsächlich verändert hat und verändern kann.

Anderson (1998) zeigt, wie die Landkarte und mit ihr die räumlichen Kategorien und ihre Grenzen im Zuge der Kolonialisierung (bzw. in Europa seit Beginn der Landvermessung) zu einem Teil ungefragter räumlicher Wirklichkeit wurden, einen „neuen kartographischen Diskurs" prägten (ebd.:151).[16] Neuerdings wird in der vom *cultural turn* beeinflußten Geographie versucht, sich von diesen Schemata zu distanzieren, indem eine entgrenzte, globalisierte Welt vorausgesetzt und folglich versucht wird, „andere Räume" zu schaffen, die quer zu den alten liegen. Aber auch dabei wird wiederum mit der „alten" Grammatik gearbeitet. Zeichen dafür sind die Präfixe *trans-, inter-, pluri-, multi-*, mit denen alte Einheiten (Nationen, Regionen etc.) zu neuen Räumen verbunden werden (s. Appadurai 2000; Beck 1997). Fokussiert wird dabei die scheinbar „neue" Realität, weniger die selbstverständlich gewordene, „alte" Konstruktionsweise.[17] Bemerkenswert ist, daß gegenwärtig bei jeglicher Thematisierung des „neuen" Weltbildes und eines „neuen" Gesellschaft-Raum-Verhältnisses eine ontologisierende und eine chorologische und verortende Sprache eingesetzt wird und sich die Forderung Werlens (1997b:207), „daß die Vorherrschaft der räumlichen Kategorien zur Typisierung sozialer Situationen aufzugeben ist" so einfach NICHT einlösen läßt. Festzuhalten ist, daß die Ontologie heutiger Gesellschaftsformen keineswegs als durchgehend „neuartig" deklariert werden kann, weder in Bezug zu deren neuer „Lage" im Raum oder ihrer Entgrenztheit, zumindest nicht, ohne dabei von einem sozialkonstruktivistischen, individuumszentrierten Raumbegriff zu einem quasi objektiven, chorologischen zu wechseln. Handlungstheoretisch ist für eine Abgrenzung von Epochen aufgrund des Verhältnisses von Gesellschaft und Raum nach der *Veränderung von Herstellungsweisen von Raum* zu fragen (Schlottmann 2005). Die bisherige Betrachtung liefert einige Argumente, warum in Bezug auf diese *Praxis* von einem einschneidenden Bruch, der das Ende der Moderne und den Anfang der Spätmoderne markieren würde, kaum auszugehen ist. Essentialisierung, räumliche Kategorisierung und die Verortung von Sachverhalten sprechen für ein langes Fortbestehen von traditionellen „Weisen der Welterzeugung".[18]

1.3 Das Dilemma von ontologisierender Bezugnahme und reflexivem Weltbild

Grundlegende Hindernisse

Die Diskussion der Konzepte von Werlen und Giddens verwies auf eine grundsätzliche erkenntnistheoretische Problematik, die sich bei der argumentativen sprachlichen Aufbereitung ontologischer Wirklichkeit stellt. Das Dilemma hat (mindestens) drei Dimensionen:

---

16 Michalsky (2002) zeigt jedoch, daß sich die Malerei bereits am Ende des 16. Jahrhunderts durchaus kritisch mit dem durch die Karte entstehenden „Weltbild" auseinandersetzte.
17 Bei Appadurai (2000:47) findet sich allerdings der Hinweis, daß dem Problem der alten Raumsemantik, mit der wir Wirklichkeit beschreiben und die uns damit unweigerlich in einen hermeneutischen Zirkel führt, nur mit wirklich neuen Repräsentationsweisen zu begegnen sei.
18 Der Begriff „Weisen der Welterzeugung" (ways of worldmaking) geht auf Goodman (1990) zurück.

Erstens berührt es die Frage nach der (Un-)Möglichkeit, Aussagen über die Wirklichkeit zu treffen, ohne dabei eine Form von Realismus vorauszusetzen, also ohne sich darauf zu beziehen, wie die Dinge (die Räume, die Welten etc.) *sind*. Folgt man Searle (1997:159ff.) kann diese Grundvoraussetzung der "zeitgenössischen Weltsicht" (1997:160) als "externer Realismus" bezeichnet werden, der als Annahme eine grundlegende, selbstverständliche Bedingung für die Verstehbarkeit von Diskursen („intelligibility of discourse") ist (Searle 1995:181; 1997:191). Die Annahme des externen Realismus und die ontologische Objektivität von Dingen ist somit eine Bedingung von Kommunikation, weil

> „Ausdrücke den Anspruch erheben, sich auf eine *öffentlich* zugängliche Wirklichkeit zu beziehen, auf eine Wirklichkeit, die ontologisch objektiv ist" (Searle 1997:196).

Zweitens berührt es die speziellere Frage nach der (Un-)Möglichkeit, Aussagen über einen konstruierten Raum zu treffen, ohne dabei eine ontologische Dichotomie von Gesellschaft und Raum (Kultur und Natur) vorauszusetzen. Was beispielhaft anhand von Giddens Argumentation gezeigt werden kann, ist die offensichtliche Schwierigkeit, die eigene Gesellschaftsform ohne ontologische (zeitliche und räumliche) Abgrenzung von anderen „neu" zu bestimmen und argumentativ einzusetzen. Dabei kommt es allerdings erst dann zu epistemologischen Widersprüchen, wenn gleichzeitig ein reflexives Weltbild postuliert wird, das die Abkehr von „traditionellen" kategoriellen verräumlichenden und essentialisierenden Denk- und Lebensformen beinhaltet. Denn erst im Verhältnis zu dieser „neuen Reflexivität", ergibt sich die theoretische Inkonsistenz zu den unreflektierten verortenden und abgrenzenden Handlungen der eigenen (Theorie-)Sprache.

Drittens, und dieser Aspekt ist der wichtigste, berührt es die Frage nach der (Un-)Möglichkeit, bei der Darstellung von Sachverhalten auf eine räumlich-kategorielle Begrifflichkeit zu verzichten. Auf der Basis der skizzierten Voraussetzungen und der Entwicklung der ontologisierenden „Sprache vom Raum" scheint das Propagandieren einer sprachlichen Säuberung als Lösung für die epistemologischen Probleme, die durch den reflexiven *„turn"* entstanden sind, erstens utopisch und zweitens sogar kontraproduktiv in Hinblick auf eine Theorie des alltäglichen Geographie-Machens.

Unvermeidbare Verortung

Nun sollen aber diese Überlegungen nicht zu einem Anspruch auf eine (infinite?) Reflexion über die Reflexion hinleiten. Eine Konsequenz der Argumentation ist ja gerade, daß es auch „wissenschaftlich" nicht möglich sein wird, dies in letzter Konsequenz zu tun. Einerseits im Sinne der wechselseitigen Bezogenheit von Handlung und Struktur (Giddens 1997a:77), weil jede Handlung auch als ein Produkt der einschränkenden und ermöglichenden Strukturen betrachtet werden muß und ein implizites „Sich darüber stellen" schon diesem grundsätzlichen Postulat radikal widersprechen würde. Andererseits, weil auch die Sonderstellung oder Einzigartigkeit wissenschaftlichen Reflexionsvermögens hier fraglich wird und im Sinne dessen, was Hitzler „selbstreflexive Wissenssoziologie" nennt, der Alltäglichkeit wissenschaftlicher Praxis Rechnung getragen werden muß: „Diesseits szientistischer Metaphysik gibt es nämlich keine Veranlassung, unser sozialwissenschaftliches Wissen über die Konstruiertheit dessen, was Menschen je als ‚real' definieren, als etwas anderes zu betrachten, denn als Konstruktionen nicht nur *zu* den, sondern als Konstruktionen *wie* die Konstruktionen aller anderen auch" (Hitzler 1999:304).[19] Gerade aus dieser Gleichartigkeit von Alltagswelt und Wissenschaft ergibt sich erst die prinzipielle Erkenntnisfähigkeit und epistemologische Kompetenz eines Akteurs bei der Betrachtung gesellschaftlicher Wirklichkeit in eben diesem gesellschaftlichen Kontext.

Castoriadis (1990) beschreibt dies in Bezug zur Geschichte: „Ebenso wie nur Wesen, die selbst auch Teil der Natur sind, das Problem einer Naturwissenschaft stellen können – weil allein Wesen aus Fleisch und Blut von der Natur Erfahrung besitzen können – so stellt sich auch das Problem der Geschichtserkenntnis nur geschichtlichen Wesen, weil ihnen die Geschichte als Gegenstand von Erfahrung zugänglich ist" (Castoriadis 1990:59-60). Daraus folgt für ihn unter anderem, „daß man die Geschichte zwangsläufig im Rahmen von Kategorien denken muß, die der eigenen Epoche und der eigenen Gesellschaft angehören und die selbst ein Produkt der geschichtlichen Entwicklung sind" (Castoriadis 1990:60). Diese Bedingung, die gleichzeitig Ermöglichung und Einschränkung ist, läßt sich ohne weiteres auch auf die Zukunft anwenden: Die gesellschaftliche Zukunft, bzw. deren Entwurf, entsteht immer aus den Kategorien der Gegenwart heraus. Wechselt man von der zeitlichen in die räumliche Dimension, läßt sich formulieren, daß die Geographie ebenfalls in Kategorien gedacht werden muß, die der eigenen Gesellschaft angehören, und insofern eine Handlungsfolge von Menschen ist, die in zeitlich vorhergehenden Gesellschaften lebten. Erkenntnistheoretisch verbietet sich somit ein Heraustreten aus den Kategorien der Geschichte wie aus der Geographie, ein solches Ansinnen würde – nach Castoriadis – sogar in einen naiven Rationalismus führen, wenn man sich vormachte, man könne sich diesen nachteiligen Trübungen der Vernunft entledigen (Castoriadis 1990:61). „Ernsthaftes Denken kann nur so vorgehen, daß es sich das Problem des Soziozentrismus bewußt macht und dessen Elemente, soweit es ihrer habhaft werden kann, abzubauen versucht" (ebd.).

Anscheinend muß man mit einer aus dem eigenen Verständnis konstruierten zweiten Ebene „gesellschaftlicher Tatsachen", die auch die historischen und geographischen Tatsachen mit einschließen, ohne weiteres (und alternativlos) arbeiten. Dabei ist nun aber entscheidend, inwiefern es möglich ist, diese Konstruktionsleistung reflexiv in die Theoriebildung einzubeziehen. Das hieße, ontologische

---

19 Daher rückt Hitzler (2000:461) in den Mittelpunkt sozialwissenschaftlicher Forschung, „all das, was sich warum auch immer bewährt hat, *nicht* in Frage zu stellen", in Frage zu stellen. Es ist zu betrachten, „wie Bedeutungen entstehen und fortbestehen, wann und warum sie ‚objektiv' *genannt* werden können, und wie sich Menschen die gesellschaftlich ‚objektivierten' Bedeutungen wiederum *deutend* aneignen, daraus ihre je ‚subjektive' Sinnhaftigkeit herausbrechen und darum wiederum an der Konstruktion der Wirklichkeit mitwirken" (Hitzler 2002[33]).

Differenzierungen zumindest ansatzweise auf ihre epistemologische Basis zurückzuführen, sich also der erweiterten Möglichkeiten der Reflexivität auch zu bedienen, anstatt die eigene Konstruktion unreflektiert zu lassen oder gar – in ignoranter Haltung – in gänzlich konventionellen theoretischen Strukturen zu verbleiben. Insofern ist Jones III/Natter zu folgen, wenn sie auf eine mangelnde reflexive Einbeziehung der eigenen theoretischen Konzeption und ihrer Folgen hinweisen:

> „(...) the work of various scholars (...) has motivated geographers to conceptualize space as socially and dialectically produced and mediated, but few adherents of ‚social space' take seriously the status and place of representations and represenational processes in their work" (JonesIII/Natter 1999:239).

Vermeidbare Verschleierung

Die angerissene Problematik der „unvermeidbaren Verortung", die mich weiterhin beschäftigen wird, ist somit nicht das Problem einer „Sozialgeographie alltäglicher Regionalisierungen". Im Gegenteil: die Handlungszentrierung und der Anspruch auf Reflexivität eröffnen erst den Blick auf „essentialisierende" Repräsentationen und ihre Geltungsansprüche, auch wenn sich die Theorie diesen nicht entziehen kann (s. Natter/Jones III 1997). Es scheint problematisch, die traditionellen Verräumlichungen einer „Umgangssprache" oder „Alltagsontologie" zuzuschlagen, wie es bei Hard (1999) anklingt, wenn damit angenommen werden kann, sie sei wissenschaftlich vermeidbar, wenn nur „richtig" gesprochen würde. Es ist darüber hinaus fragwürdig, „altgeographische" Konzepte moralisch zu diskreditieren, insofern essentialistische und verräumlichende Ansätze als „inadäquat" und „antiquiert" oder „unzulässig" zurückgewiesen werden, ohne daß die Frage nach der eigenen Involviertheit gestellt wird, geschweige denn ein theoretisches Konzept für deren Einbeziehung erstellt wird. Dies wird insbesondere dann problematisch, wenn eben das „alltägliche Geographie-Machen" im Zentrum der Theoriebildung stehen soll.

Wenn aber die Unvermeidbarkeit der räumlichen Kategorisierung und Essentialisierung hier anzuklingen scheint, warum ist dann diese Kritik bedeutend? Eine vorläufige Antwort ist zunächst, daß die *Verschleierung* dieser Problematik, die zu subtilen Widersprüchen führt, vermeidbar ist. Hindernisse, die den Blick auf die Ermöglichung und Einschränkung des „sich-mit-der-Welt-in-Beziehung-Setzens" verstellen, sind dabei *einerseits* die Konzepte von diskreten Gesellschaften in räumlicher und zeitlicher Dimension, wenn sie ontologisch verstanden werden, und *andererseits* die Suche nach der adäquaten Abbildung dieser Gesellschaften.

Die ontologische Konstruktion von Spät-Moderne und Prä-Moderne kann auf eine Traditionsblindheit und verminderte Reflexivität hinauslaufen, wenn auf ihrer Grundlage von einem „Voranschreiten" der Ontologie vor der wissenschaftlichen Beschreibung oder „Erforschung" ausgegangen wird. Daß der wissenschaftliche Blick selbst Teil dieser Sozialverhältnisse ist, und zwar in Vergangenheit und Zukunft, muß dabei systematisch ausgeblendet werden, denn eine ontologische Diskussion *muß* die postulierte Existenzart sprachlich als stabile, beobachter*un*abhängige Realität voraussetzen. Auch mögliche Konflikte zwischen einem postulierten „neuen" (spätmodernen) Zustand und routinierten und institutionalisierten „traditionellen" gesellschaftlichen Praktiken, werden dann einer Betrachtung kaum zugänglich. Eine „von oben" konstatierte neue gesellschaftliche Realität, eine andersartige („zweite", „späte", „hoch-" oder „post-") Moderne, (ver-)führt zur Suche nach „adäquateren" Konzepten und zur Formulierung „neuer Räume".[20] Bei Appadurai (2000) werden im Rahmen der Entwicklung seines „*scapes*-Konzepts" z.B. Chaos-Theorie oder polytome Klassenbildung genannt, um neue Wirklichkeit adäquat zu erfassen. Als Argument für das Ablösen von wissenschaftlichen Selbstverständlichkeiten ist das zusammen mit der Frage nach den Herstellungsweisen räumlicher Wirklichkeit, die Werlens Theorie der alltäglichen Regionalisierung eröffnet, ein entscheidender Schritt. Aber weder die Tatsache, daß die so erkannte Realität vom Blick auf sie mit gemacht ist, noch daß sich dieser Blick selbst verändert haben mag, wird dabei hinreichend konzeptionell eingebunden. Ein Verzicht auf eine kritische Reflexion der eigenen *geographical imagination* (Gregory 1994a), wie sie die Verwendung eines vermeintlich objektiven Kriterium für die Kategorisierung von Gesellschaften mit sich bringt, hat indes Konsequenzen. Mit dem Anspruch auf eine „richtige" Abbildung des neuen Gesellschaft-Raum-Verhältnisses rückt aus dem Gesichtsfeld der Theoriebildung, daß „traditionelle" Formen der Raumbindung und -deutung mit dem Ausrufen einer globalisierten, entankerten Welt weder überholt oder gar überwunden sind (und damit auch die Frage, ob und wie sie dies je sein können). Ein erster Weg aus dem Dilemma ist also das konsequente Offenlegen der eigenen Kategorien.

2 Geographie-Machen betrachten – eine Skizze

Was folgt aus den bisherigen Überlegungen? Gibt es Auswege aus dem Dilemma, oder ist nicht gerade die Ausweglosigkeit das, was ein Dilemma ausmacht? Vor dem Hintergrund der aufgezeigten Problematik wird es in diesem Abschnitt darum gehen, den theoretischen Rahmen einer handlungszentrierten Sozialgeographie, die – so die Ausgangsposition – grundsätzlich das Potential und vor allem auch den Anspruch dazu mitbringt, weitestgehend so anzulegen, daß sie konsequent auf sich selbst angewendet werden kann und dabei auch die selbstverständlich gewordenen Aspekte und Hintergrundannahmen der Herstellung von

---

20 Selbst Appadurai (2000), der einerseits die Gleichsetzung des Modernen und des Globalen als Konstruktion thematisiert (ebd.:10) und sich vom essentiellen Wahrheitsanspruch sozialwissenschaftlicher Modernisierungstheorie distanziert (ebd.:11), sieht sich auf dem Weg zu einer „social theory of postmodernity that is adequately global" (ebd.:47).

(räumlicher) Realität reflektiert werden können. Wenn schon die alltägliche „Verortung" unvermeidbar scheint, wie ist zumindest die Verschleierung der wissenschaftlichen Involviertheit in den Prozeß des alltäglichen Geographie-Machens konsequent zu vermeiden? Hierzu wird in einem *ersten* Kapitel in Frage gestellt, daß (noch) ein neues sozialgeographisches Weltbild nötig erscheint und der Begriff der „Tatsache" eingeführt. In einem *zweiten* Kapitel wird daraufhin eine konsequente reflexive Erweiterung des Konzepts der „alltäglichen Regionalisierung" skizziert und hierfür der zentrale Begriff der „Region *in suspenso*" vorgeschlagen und entwickelt.

2.1 (Noch) ein neues Weltbild?

Obwohl primär in der Humangeographie aktuell in vielfältiger Weise die Ontologie des Raumes und seiner Einheiten diskutiert wird, findet eine differenzierte Auseinandersetzung mit den Erkenntnisbedingungen „geographischer Objekte" und ihrer Abhängigkeit von menschlichen Handlungen und/oder geistigen Haltungen auch in (sprach-)philosophischen Kreisen statt (Thomasson 2001; Smith 2001; Varzi 2001). Sie sind als hilfreich für eine Vertiefung der erkenntnistheoretischen Problematik anzusehen. Es werden aus philosophischer Perspektive sogar explizit Implikationen für die Ontologie der *Geographie* als Wissenschaft abgeleitet (Thomasson 2001). Allerdings wird auch in diesem Diskurs vielfach der ontologische Status des Raumes und räumlicher Einheiten und damit ein adäquates Weltbild als analytischer Ausgangspunkt diskutiert. In dieser fundamentalontologischen und weittragenden Debatte kann und soll hier nicht noch ein Weltbild geliefert werden. Im Gegenteil scheint sich vor dem Hintergrund der angelegten Perspektive zu ergeben, daß sich die Erstellung einer neuen Ontologie der gleichen Problematik ausgesetzt sieht, die oben angerissen wurde. Dennoch und gerade deswegen soll aufgezeigt werden, welche der ontologischen Grundprämissen der handlungstheoretischen Konzeption des Geographie-Machens einer konsequenten Weiterentwicklung zu unterziehen sind. Auf dieser Grundlage soll ein Vorschlag für eine andere *Perspektive* gemacht werden. Die bereits angedeutete Problematik bezieht sich vorrangig auf die ontologische Einteilung von Welten im Zusammenhang mit einem relationalen, konstruktivistischen Weltbild und der argumentative Weg führt über die Problematik der „wissenschaftlichen Regionalisierung".

Drei Welten – oder eine?

Die von Werlen beschriebene „wissenschaftliche Regionalisierung" (1997b:41-67) bezieht sich in seiner Perspektive auf wissenschaftliche, namentlich geographische Verfahren, die unter der Neutralitäts-Legitimation wissenschaftlicher Erkenntnis weniger die Konstitution von räumlichen Einheiten beleuchten, sondern im Gegenteil diese – in Form eines geographischen Auftrages oder implizit – konstruieren oder reproduzieren. Die Länderkunde und die Raumwissenschaft dienen dabei als Beispiele. Die wissenschaftliche Regionalisierung geschieht – so Werlen – im ersten Fall vor dem Hintergrund geodeterministischer Grundhaltungen und einem damit verbundenen „Kausalismus", im zweiten vor dem einer allgemeinen Verräumlichung von immateriellen Gegebenheiten.

Vor dem Hintergrund dieser Prämissen erlangt die wissenschaftliche Regionalisierung aber auch ihre relative Plausibilität: Wenn der Raum und seine Ausgestaltung als gesellschaftsexterne Gegebenheit angenommen werden, kann in der Tat (und eigentlich ausschließlich) nach der „richtigen" Abbildung seiner Einheiten gesucht werden. Nun müßte aber auf der Grundlage der herausgearbeiteten zeitgenössischen selbstverständlichen Traditionen weiter gefragt werden, wie denn diese Prämissen begründet sind und inwieweit sich ein neues Konzept von ihnen frei machen kann. Dabei ist Werlens Argumentation, *daß* die zugrundeliegenden Annahmen dieser Vorgehensweise schlichtweg *nicht gegeben seien*, ein Ausgangspunkt:

> „Hinter diesem impliziten Natur- und Geodeterminismus versteckt sich letztlich eine Art vulgärer Materialismus. Dessen Gültigkeit würde voraussetzen, daß der ‚Raum' tatsächlich als Forschungsobjekt besteht und daß eine angemessene Darstellung sozialkultureller Gegebenheiten in räumlichen Kategorien ebenso möglich ist. Wie (...) gezeigt, sind beide Voraussetzungen nicht gegeben, und das entsprechende geographische Selbstverständnis ist fragwürdig" (Werlen 1997b:45).

Diese Argumentation zielt darauf ab, daß eine geodeterministische Grundhaltung in Zeiten, „als die zu untersuchenden sozialen Verhältnisse durch traditionelle Verankerungsmechanismen geprägt waren" (ebd.:46) sinnvoll erschienen, bzw. eine „relative Plausibilität" erlangten (ebd.:44).

Zwei weiterführende Einwände scheinen jedoch wert, bedacht zu werden. Der *erste* Einwand wurde weiter oben bereits ausführlich behandelt und bezieht sich auf die Grundhaltung, daß die Handlungen von (wissenschaftlichen) Akteuren – der doppelten Hermeneutik (Giddens 1997a:47) zufolge – in die Wirklichkeit hinein reichen, die wissenschaftlichen Regionalisierungen also in erheblichem Maße in Vergangenheit und Gegenwart zur Erschaffung dieser Wirklichkeit beitrugen und beitragen. Damit müßte sich auch heute noch „relative Plausibilität" dieser Ansätze ergeben. Weil die Raumplanung z.B. gesellschaftliche Einheiten unter anderem auf der Basis sichtbarer Begrenzungen erzeugt, ergibt sich eine Korrespondenz der raum-zeitlichen Kategorien zu sozial-kulturellen Differenzierungen. Es sind in der Tat unterschiedliche Gesellschaftsausprägungen territorial oder landschaftlich abzugrenzen. Dies ist aber kein Gegenargument zu einem handlungszentrierten Ansatz, denn diese Korrespondenz ist im konsequent ausgelegten Sinne Werlens eine Handlungs*folge* und keine gegebene Kausalität. Sie ist eine Koinzidenz, die nicht auf einer kausalen Verknüpfung von physisch-räumlicher und gesellschaftlicher Wirklichkeit aufbaut. *Weil* auf natürlicher (visuell erfahrbarer) Grundlage begrenzt wurde und regionalpolitisch aufgrund dieser Grenzen gehandelt wurde, ergibt sich eine relative Deckungsgleichheit gesellschaftlicher und natürlicher Einheiten – heute wie früher. Zentral wird dann allerdings, die Folgen heutiger und früherer wissenschaftlicher Regionalisierung zu bedenken, statt diese Praxis einfach als „falsche" oder nicht mehr zeitgemäße abzuhandeln. Wenn Werlen (1997b:48) also bezüglich des Status' einer Region bemerkt:

> „Ähnlich wird heute noch in der Alltagssprache oder auch in ethnisch-territorialen Diskursen der Ausdruck ‚Region' oft so verwendet, als ob es sich dabei um eine klar identifizierbare Gegebenheit handeln würde. Man kann aber davon ausgehen, daß dieser Eindruck wohl nur dann entstehen kann, wenn man ‚Region' vergegenständlicht, hypostasiert",

dann ist diese vergegenständlichende Handlungsweise, auf die Werlen hinweist, ein ganz zentrales und ernstzunehmendes Faktum der Weltdeutung. „Hypostasierung" ist dem Regionenbegriff so gesehen inhärent. Dieses Normalverständnis von Region wird nicht nur in anderen wissenschaftlichen Disziplinen – namentlich in den Geschichtswissenschaften – selbstverständlich verwendet, sondern reicht auch in allerlei andere Praktiken und wird *verwirklicht*. Die Inadäquanz dieser Weltdeutung kann also lediglich darin bestehen, daß sie mit einer handlungszentrierten Sicht und einem damit verbundenen reflexiven Anspruch inkompatibel ist. Sie besteht aber, so die weiter zu verfolgende These, *nicht* darin, daß eine „Hypostasierung" oder „Reifizierung" als alltägliche Handlungspraxis inadäquat, realitäts-verkürzend oder überwunden sei. Noch einmal stößt man hier auf die Verschränkung wissenschaftlicher und alltagsweltlicher Praxis, auf einen altgeographischen, plausiblen *common sense*, der beiden Handlungsfeldern zugrunde liegt.

Dies leitet über zu einem *zweiten* möglichen Einwand. Wissenschaftliche Regionalisierung wird von Werlen kritisiert als problematische Verknüpfung nicht verstehbarer (lokaler, natürlicher Bedingungen) und „im Prinzip – unter Bezugnahme auf die Herstellungsakte – verstehbare[r] Gegebenheiten (materielle Artefakte) zu einer Einheit ‚Region'" (Werlen 1997b:49). Diese „fragwürdige Komposition" wird, so die weitere Kritik Werlens, als eine „besondere Wesenheit" und dazu noch als „verstehbare Totalität" behandelt. Für Werlen sind „Regionen" dagegen in ihrer Gänze der sozialen Welt zuzuordnen und es ist daher unzulässig, sozial-kulturelle immaterielle Gegebenheiten – in raumwissenschaftlicher Manier – wissenschaftlich zu verräumlichen, da sie „keine materielle Existenz aufweisen" (Werlen 1997b:51). Wenn aber – ganz im Sinne der Regionalisierung als raumbindender Tätigkeit – von entsprechenden Vertretern Regionen derart erzeugt und vergegenständlicht werden, dann müßte ihnen, gemäß dem Herstellungsparadigma, eine solche Existenz auch zugestanden werden. Der springende und interessante Punkt aus handlungszentrierter Sicht ist also nicht, daß dies „sinnvoll" nicht gemacht werden kann, sondern *daß* es gemacht wird und wie. Daher muß – als Weiterführung des Arguments – nicht nur eine unreflektierte „wissenschaftliche Regionalisierung" weitestgehend vermieden werden. Thema muß auch sein, inwiefern sich die Wissenschaft überhaupt von den alltagsweltlichen Regionalisierungen distanzieren kann, die sie zu betrachten sucht. Das heißt, sie muß ihre eigene Alltagsweltlichkeit und deren Plausibilität in Bezug auf gesellschaftliche, z.B. regionalplanerische Praktiken reflektieren. Dabei wird ganz zentral, daß die gestaltete Umwelt als Erfahrungstatsache ein inhärenter Teil von konzeptuellen Einheiten wie „Regionen" ist. Wenn eine räumliche Einheit mit einer Hecke gesäumt wird, ist diese Hecke Teil der Erklärung, der Bedeutung und der empirischen Wirklichkeit der begrenzten Einheit; sie ist Handlungsfolge und Handlungsbegründung räumlicher Bezugnahme zugleich.

Wie aber ist dieser Zusammenhang theoretisch faßbar? Daß materielle Gegebenheiten und „räumliche Ausschnitte" mit Bedeutungen belegt werden, ist für das Konzept der Regionalisierung zentral, insbesondere in Bezug auf die „symbolische Aneignung" (Werlen 1997b:402). Die Art und Weise, wie diese Verknüpfungen erstellt werden, ist aber mit der kompletten theoretischen Verschiebung von „Regionen" in die soziale Welt (also vor dem Hintergrund, daß es noch eine andere, nämlich die physische, gäbe und damit vor dem Hintergrund eines Geist-Materie-Dualismus) nicht zu erfassen. Dann entsteht der Eindruck, als „seien" die Raum-Konstrukte einer materiellen Welt völlig enthoben, ein wie auch immer gearteter „realer" Raum dagegen „sei" ausschließlich in dieser materiellen Welt aufgehoben. Diese ontologische Aufspaltung führt zu Gegenargumenten, etwa bei Blotevogel (1999a:12):

> „Zwar stimme ich Werlen darin zu, daß ein rigoroser raumwissenschaftlicher Reduktionismus (...) zu insgesamt wenig überzeugenden Ergebnissen geführt hat. Aber muß deshalb die Verwendung räumlicher bzw. raumbezogener Kategorien *notwendig* zu *inadäquaten* Verkürzungen führen? „Reduktionen" im Sinne einer methodisch kontrollierten Abstraktion (...) sind bekanntlich in jedem wissenschaftlichen Erkenntnisprozeß nicht nur unvermeidlich, sondern notwendig. Entscheidend ist ihre Zweckmäßigkeit. Ich habe jedoch Zweifel, ob man die Adäquanz bzw. Inadäquanz von Reduktionen aus ontologischen Prämissen ableiten kann."

Dem Argument, in einer wie auch immer angelegten konstruktivistischen Perspektive sei keine ontologische Adäquanz kompatibel und schlüssig zu begründen, ist vor dem Hintergrund der hier angelegten Perspektive zuzustimmen (s.a. Zierhofer 1999).[21] Das Argument läßt sich insofern noch erweitern, als daß die notwendige Komplexitätsreduktion, die auch eine Überführung kontingenter Mehrdeutigkeit in intersubjektiv resp. „öffentlich" zugängliche Eindeutigkeit beinhaltet, nicht nur einem genuin wissenschaftlichen Erkenntnisprozeß, sondern eben jeglicher Konzeptualisierung zugrundeliegt und daher auch die Relevanz einer so erkannten physisch-materiellen Welt berührt. Mit solcherart Kritik und dem Hinweis auf einen theorie-immanenten Widerspruch ist es dann aber nicht getan. Es ist dann zwar in der Tat nicht sinnvoll, diese „hybride Raumverschmutzung" eliminieren zu wollen, wie Blotevogel (1999a:14) kritisch anmerkt, aber das zwingt auch nicht, Raumabstraktionen und -semantiken – wie sie in der Umgangssprache zuhauf vorkommen – stillschweigend hinzunehmen resp. unreflektiert zu benutzen. Ebensowenig zwingt dieses Argument, Regionen als handlungs*un*abhängige Wirklichkeit vorauszusetzen. Wenn die Frage gerade auf das

---

21 Bei Kant liest sich dieses Argument wie folgt: „Möglichkeit, Dasein und Notwendigkeit hat noch niemand anders als durch offenbare Tautologie erklären können, wenn man ihre Definition lediglich aus dem reinen Verstande schöpfen wollte. Denn das Blendwerk, die logische Möglichkeit des Begriffs (da er sich selbst nicht widerspricht) der transzendentalen Möglichkeit der Dinge (da dem Begriff ein Gegenstand korrespondiert) zu untersuchen, kann nur Unversuchte hintergehen und zufriedenstellen" (KrV B302/A 244).

2 Eine Skizze

Verhältnis handlungsabhängiger und -unabhängiger Eigenschaften der Welt gerichtet ist, ist mit einem Verlassen raumwissenschaftlicher Argumentationsmuster in der sozialgeographischen Theoriebildung keineswegs unweigerlich ein „inadäquater" (sic!) „Raum-Exorzismus" (Blotevogel 1999a:13) verbunden.

In der Tat verlangt also die Theorie Werlens ein Herauswerfen des Raumes als gegebenem, selbstverständlichem Faktum, bzw. als determinierende Bedingung menschlichen Handelns *auf der Theorieebene*. Eine Wissenschaft, die sich mit der *Herstellung* von Raum befaßt, ist nicht auf einem impliziten *bestimmten* Raumverständnis, bzw. einer *speziellen* Raum-Semantik aufzubauen. Sie kann konsequenterweise auch nicht „den Raum" oder „die Region" als ontologisch objektive Tatsachen voraussetzen, sondern – der Subjektzentrierung folgend – nur als ontologisch subjektive Tatsache, die aber im epistemischen Sinne Objektivität erlangen kann (vgl. Searle 1997:17-19). Ansonsten handelt man sich einen Bruch ein, den Hard an anderem Beispiel aufdeckt: Wenn über einen gesellschaftsexternen Raum gesellschaftsintern kommuniziert wird, dann hat man es eben nicht mehr mit einem gesellschaftsexternen Raum zu tun (Hard 1999:150-151). Die Sozialgeographie, so sie mit einem Raumbegriff als „Konzept von Raumkonzepten, die im Handeln konstituiert werden" arbeitet (ebd.:152), sollte wie Werlen einfordert „wissenschaftliche Regionalisierung" in den Blick nehmen, anstatt sie zu betreiben.[22] Sie interessiert sich dafür, wie die objektive (essentialistische, containerisierende) Konnotation von Raum in die Herstellung von Wirklichkeit eingelagert ist, darf sich selbst davon aber nicht auszunehmen. Auf dieser doppelt reflexiven Ebene, welche die Wissenschaft auch der von ihr zu untersuchenden Alltagswelt zuschlägt, wird dann – entgegen der Argumentation Blotevogels – der Raum keineswegs hinausgeworfen, sondern findet sich im (kommunikativen) Handlungsvollzug wieder. In der gesellschaftlichen Kommunikation – auch moderner Gesellschaften, wie Hard (1999:155) sich etwas erstaunt hat überzeugen lassen – spielt die Raumsemantik eine (funktionale) Rolle, und zwar keine geringere „als irgendwann früher ‚in einfachen Gesellschaften'".[23]

So wird die handlungszentrierte Sozialgeographie um den selbstreflexiven Blick erweitert. Es läßt sich dann nämlich fragen, warum sie selbst – sprachlich bzw. bildlich – in der Konstruktion der Welten auf ein räumliches Verständnis von Schachteln, *in* die etwas einzuordnen ist, zurückgreift, ohne dies als problematisch zu betrachten. Denn kommunikativ ist es normal und selbstverständlich, auf ontologisch objektive Eigenschaften der Welt zu rekurrieren, wie auch auf epistemisch objektive, bzw. werden diese Ebenen miteinander verwoben. Hard (1999:151) spricht bei dieser „Verkleisterung" von der Dualität von Deutungen des Raumes im Sinne gesellschaftsexterner und -interner Raumbegriffe. „Raum"

---

22 Blotevogel (1999a:18) ist insofern zu folgen, als daß dann die handlungszentrierte Sozialgeographie nicht die einzig mögliche und sinnvolle Art ist, Sozialgeographie zu betreiben. Darüber hinaus scheint aber die Diskussion um eine sinnvolle Art, Sozialgeographie zu betreiben, müßig, wenn „sinnvoll" ein Kriterium der ontologischen Adäquanz sein soll.

23 Bemerkenswert sind die Gänsefüßchen für die „einfachen Gesellschaften"! Es ist nämlich in der Tat so, daß dies ein unterminierendes Argument der Trennung „einfacher" und „moderner" Gesellschaften ist.

kann sowohl als außergesellschaftliche, realontologische Tatsache *gedeutet* werden, wie auch als innergesellschaftliche, handlungsabhängige. Wenn mit dieser Art von *Bedeutungszuweisung* an die Eigenschaften der Welt argumentiert wird, wird das Herstellungsparadigma konsistent und tragfähig. Dann kann zum Beispiel auch die Trennung von Natur und Kultur oder die „Naturwissenschaft" als gesellschaftliche Praxis der Weltdeutung gesehen werden.[24]

Unter diesem Anspruch muß man in der Tat aber zu einer Vorstellung ontologisch unterschiedlicher Welten, der sozialen, mentalen und der physischen, der die Teile der Wirklichkeit bzw. „Sorten von Gegenständen" (Hard 2002[1992]:238) mengenlehremäßig zuzuweisen sind, reflexive Distanz bewahren. Und zwar nicht aus Gründen der (Nicht-)Adäquanz, sondern weil etwas vorweggenommen wird (z.B. das Einteilen und Ontologisieren), was dem Anspruch der entwickelten Perspektive gemäß eigentlich erst rekonstruiert werden soll.[25] Das heißt aber auch, daß eine kausalistische Denkweise nach dem Schema „physische bestimmt die soziale Welt" – wie sie im Behaviorismus gefunden werden kann –, oder „physische ist inskribierte soziale Welt" – wie sie der Landschaftsforschung zugrundeliegt – verlassen werden muß, weil sie diese Ontologie implizieren. Es kann aber auch davon abgesehen werden, „neue Raumkonzepte" zu suchen (s. Weichhart 1999a), die mit einem ontologischen Wahrheitsanspruch daherkommen. So ist die Alternative nicht ein anderes Raumkonzept resp. Weltbild, sondern – im ontologischen Sinne – gar keines. Es geht vielmehr um eine konsequente Fortführung und Ausrichtung der Perspektive auf das Geographie-Machen, weg von den „Objekten" und hin zu den „Tatsachen".

Von Objekten zu „Tatsachen"

Zierhofer (1997:84) folgend kann „ohne etwas zu verlieren darauf verzichtet werden, sie [die soziale Welt] als ontologische Welt im strengen Sinne zu betrachten." Weil ihm aber daran gelegen ist, die soziale Welt dennoch anderweitig zu definieren und insofern abzugrenzen (ebd.), muß er konstatieren, daß sprachpragmati-

---

24 „Wissenschaftliche Regionalisierung" ist aber dann ein Paradox, wenn sich Wissenschaftlichkeit in der Sozialgeographie über die Abwesenheit alltäglicher Regionalisierungen definiert.

25 Mit der Aufgabe einer strikten „Welten-Ontologie" verschwindet allerdings auch das Argument der „Zuständigkeitsbereiche". Nach Werlen ist Raum *per se* – als formal-klassifikatorischer Begriff – an den Zuständigkeitsbereich der physischen Welt gebunden (Werlen 1999a:222-223). Die alltagsweltliche und auch wissenschaftliche Problematik (er nennt Rassismus, Sexismus etc.) entsteht dann durch die nicht angemessene (inadäquate) Überschreitung dieses Zuständigkeitsbereiches (ebd.). Doch wie die physische Welt und die „in ihr angeordneten Dinge" (Werlen 1999a:220, auch 1997b:258 Fußnote) unabhängig von einer sozialen konzeptualisieren, wenn Raum doch grundsätzlich erst in sozialen Handlungsvollzügen bedeutsam wird. Auch Hard (2002 [1992]:238) kann die drei „unterschiedlichen Gegenstandswelten" nicht konsequent mit einer Idee der Gegenstands*erzeugung* konfrontieren. Er postuliert, die Sozialgeographie hätte sich von einem für die 1. Welt zuständigen Raumbegriff zu lösen (ebd.:239), wie aber ist auf dieser Grundlage mit sozio-geometrischen Raumkonstruktionen und -semantiken umzugehen, die auf die erst-, zweit- oder drittweltliche Ambivalenz ihrer „Gegenstände" verweisen?

sche Analysen (für die er argumentiert) nichts „über die Bedeutung der materiellen Infrastruktur für die Strukturierung der Gesellschaft" aussagen können (Zierhofer 1997:89). Es muß aber ein zentrales Anliegen einer handlungszentrierten Sozialgeographie sein, Die Bedeutung von „Raum oder Materialität", von denen ausgegangen wird, daß sie nicht „an sich" Bedeutung tragen, zu rekonstruieren (Werlen 1999a:223). Das heißt aber auch, daß die Verbindung zwischen materiellen Gegebenheiten und Bedeutungen, auch wenn sie nicht kausalistisch herzuleiten ist, irgendwie konzeptualisiert werden muß. Insofern scheint es zunächst hilfreich, die Frage nach einer wie auch immer gearteten sozialen Welt ganz aus dem Blick zu nehmen, um ihre Definition und Abgrenzung selbst als einen Strukturierungsprozeß betrachten zu können.

Eine grundlegende Hilfestellung für eine Blickverschiebung, scheint zudem die Ablösung von einer kategorialen ontologischen Trennung handelnder Subjekte und nicht-handelnder Objekte zu sein, ein Unterfangen, das gerade – so Zierhofer (1997:82) – die Handlungstheorie in Schwierigkeiten bringt. Denn das erkennende und urteilende Subjekt ist der „begriffliche Boden, von dem aus die traditionelle anthropozentrische Weltsicht gegen die junge ökologische Kritik verteidigt wird" (ebd.). Ein „relationales Weltbild" scheint vor diesem Hintergrund, „Subjekte" und, hier interessanter, „Objekte" in ihrer Konstitution zu betrachten, fruchtbarer. Zierhofer (1997:93) beschreibt die wesentlichen Züge eines relationalen Weltbildes wie folgt: „Die Welt besteht nicht nur aus Dingen, sondern Dinge bestehen in der Welt nur, indem sie zugleich Unterschiede und Verbindungen untereinander aufweisen."[26] In Bezug auf die *Objekte*, und vor allem zu untersuchende „geographischen Objekte" wie Regionen oder Nationalstaaten, ist damit ein Perspektivenwechsel verbunden. Wenn Objekte unter anderem deswegen als solche betrachtet werden können, weil sie als solche *behandelt* werden, wenn Essentialisierungen nicht als inadäquate Verkürzungen der Wirklichkeit, sondern als konstitutive Handlungen betrachtet werden sollen, dann ist mit einem Objekt-Begriff, der sich auf die Unabhängigkeit von Handlungen stützt und damit die Begrenzung als Objekt (Einheit) bereits vorwegnimmt, nichts anzufangen. Diesbezüglich scheint es also vielversprechender, für eine handlungszentrierte Betrachtung eine Differenzierung aufgrund der Handlungsabhängigkeit und -*un*abhängigkeit anzulegen und statt von Objekten von „Tatsachen" zu sprechen. Dies ermöglicht die Betrachtung von Objekten als Einheiten, denen ein bestimmter Status zugeschrieben wird. Es ermöglicht auch die Perspektive, daß es keine

---

26 Fraglich ist allerdings, ob damit grundsätzlich ein anthropozentrisches Weltbild verlassen werden kann, insofern auch die Behauptung einer relationalen oder „vagen" Seinsweise der Dinge (Varzi 2001) in formaler Hinsicht anthropozentrisch einzustufen ist. Auch das Subjekt als „isolierte Existenz" ist bei einem Aufgeben der Ontologie von Welten eine kaum haltbare Setzung und steht im Widerspruch mit dem Begriff der Sozialisation (Zierhofer 1997:94). Somit ist das relationale Weltbild weniger als neues ontologisches Postulat, sondern als eine *ermöglichende Perspektive* zu konzipieren, aus der vorrangig andere Fragen entstehen können, z.B. die nach den Möglichkeiten der Konzeptualisierung von Subjekten, oder nach dem Zusammenhang subjektiver Handlungen und intersubjektiver Tatsachen. Zur differenzierten Erarbeitung eines relationalen Rasters geographischer „Weltbildung" vgl. Sack (1997).

Objekte an sich, sondern – relational – nur Objekte unter verschiedenen Beschreibungen gibt.

Bezüglich der „geographischen Objekte" werden aktuell in der Philosophie in Zusammenhang mit kognitionswissenschaftlichen Ansätzen die epistemologischen Zugänge und die Abhängigkeit von Entitäten und ihren Grenzen vom menschlichen Geist diskutiert (Thomasson 2001; Varzi 2001; Smith 2001). Smith (2001) geht dabei allgemein von im Raum ausgedehnten Objekten aus und unterscheidet darunter *fiat objects* von *genuine (bona fide) objects*. Erstere sind gegebene Objekte mit einer vorgegebenen Begrenzung und Smith nennt als Beispiele „you and me, tennis balls, the planet earth" (Smith 2001:134). Dagegen sind Beispiele für *fiat objects* alle nicht natürlich begrenzten geographischen Einheiten (ebd.). Auch Mischformen sind möglich, wie im Fall von Territorialstaaten, die teilweise durch eine Küstenlinie begrenzt sind (*bona fide*). Diese ontologische Klassifikation setzt Smith sowohl solchen Ansätzen entgegen, die eine komplette Abhängigkeit der Objekte vom Geist, bzw. kognitiven Zuständen, postulieren (insbes. Lakoff 1990) als auch solchen, die – seines Erachtens – „soziale Objekte" als Aktivitäten verstehen wollen und dabei die „natürliche" Realität von Begrenzungen negieren (insbes. Searle 1997; vgl. Smith/Searle 2003). Searle wendet dagegen ein, und dies ist ein zentraler Kritikpunkt, daß bereits die Frage nach einer Ontologie „sozialer Objekte" problematisch ist, weil sie eine Klasse sozialer Objekte in Unterschied zu einer Klasse nicht-sozialer Objekte impliziert und dabei die Abhängigkeit eines Objekts von unterschiedlicher und vielfältig möglicher Beschreibung vernachlässigt (Smith/Searle 2003). Insofern sind Searle zufolge Objekte als solche kontingent, ambivalent und beobachterrelativ.

Der Ausweg aus dieser Begrifflichkeit ist entsprechend Searle, nicht von Objekten zu sprechen, sondern von Tatsachen (*facts*)[27] und damit auch die Frage nach der Zugehörigkeit zu und die Existenz von verschiedenartigen Welten zu umgehen. Die Objekthaftigkeit von Tatsachen ist bei Searle eine Unschärfe, zu welcher der Sprachgebrauch verleitet.[28]

Auch Thomasson (2001), die sich näher mit der Klassifikation von Smith beschäftigt, spricht von geographischen Tatsachen, die immer in einem gewissen Sinne abhängig von menschlicher (kollektiver) Intentionalität angesehen werden müssen, und zwar nicht nur in Bezug auf ihre Grenzen, sondern auch in Bezug auf ihren „sozialen Status", also die Bedeutung, die sie erlangen (ebd.:151). In anderer

---

27 *Tatsache* bezieht sich bei Searle (1995) auf das englische Wort „*fact*", im Deutschen *Faktum*, das sich vom Lateinischen Verb *facere: tun, machen* herleitet (Kluge 1999:246). *Faktum* ist das passive Partizip Perfekt: *das Gemachte* und verweist in dieser Form – im Gegensatz zu „Objekt" oder „Gegenstand" (*entity*) – noch direkt auf die Tätigkeit, die Konstruktionsleistung (*Tat*-sache). In einer allgemeinen sinnbildlichen Bedeutung steht das Faktum in Verbindung mit einer externen Realität, als Unumstößliches, (natürlich) Gegebenes (s.a. Mondana/Racine 1999:267). Die Autoren sehen den Prozeß der Objektwerdung von einer Aussage (1) über die Trennung der Aussage von dem, was es aussagt (2), zur Autonomisierung des Ausgesagten (3). Dieses Objekt wird dann (nachträglich) zum Grund der Aussage (ebd.).

28 „Weil ‚Tatsache' ein Nomen ist und Nomina Objekte nennen, glauben wir, daß Tatsachen deshalb komplizierte Arten von Objekten sein müssen" (Searle 1997:222).

Hinsicht aber haben diese Tatsachen Eigenschaften, von denen *angenommen werden muß*, daß sie auch unabhängig von einer Einstellung zu ihnen existieren. Sie verweist auf ein Kernproblem der Diskussion, insofern oftmals eine simple Dichotomie von unabhängigen Entitäten der Natur und imaginierten Objekten des Geistes angenommen wird (Thomasson 2001:157). Ein gemäßigter realistischer Ansatz, der vorrangig in Bezug auf die sprachlichen Geltungsansprüche davon ausgeht, daß bestimmte Eigenschaften der Welt unabhängig von Beobachtern existieren, schließt nicht die Abhängigkeit von Tatsachen von geistigen Fähigkeiten und menschlichen Handlungen aus (Thomasson 2001:157, vgl. Zierhofer 1997:88). Diese Ausgangsposition soll hier vorerst aufgegriffen werden.

Räumliche Einheiten als Tatsachen

Wenn von Tatsachen gesprochen wird, sind diese also primär als Objekte zu verstehen, von denen angenommen wird, sie *seien* Objekte. In Anlehnung an Searle (1997:66) wird dabei ein „Primat der Handlung gegenüber dem Objekt" vertreten. Institutionelle Tatsachen, das primäre Interesse Searles, „sind" nur durch ihren Gebrauch und von „der Fortdauer bestimmter Tätigkeiten und der Schaffung der Möglichkeit weiterer kontinuierlicher Tätigkeiten" abhängig (ebd.:66f.). „Was wir uns als gesellschaftliche *Gegenstände* vorstellen, sind tatsächlich einfach Platzhalter für *Tätigkeits*strukturen." Deshalb „richtet sich unser Interesse nicht auf das Objekt, sondern auf die Prozesse und Ereignisse, in denen sich die Funktionen manifestieren" (Searle 1997:67).[29] Dabei argumentiert Searle dennoch für einen „externen Realismus", insbesondere auf der Grundlage, daß für Repräsentation ganz allgemein, sei sie auch antirealistisch gewendet, ein externer Realismus konstitutiv ist. Was bei Searle nicht inkompatibel mit der Tatsache ist, daß Repräsentation der vielfach variierende und begriffsrelative Zugang zu aller Wirklichkeit ist (Searle 1997:160ff.) und damit also ein beobachterunabhängiger Zugang zur Welt nicht möglich ist.[30] Abgesehen von der fundamentalontologischen Konzeption Searles, die hier nicht aufgearbeitet werden soll, wird diese grundlegende Perspektive auf Tatsachen im folgenden eingenommen, um den Blick auf die Handlungsabhängigkeit von „Objekten" zu richten, ohne dabei ontologische Klassifizierungen im Stile von „Regionen sind soziale Objekte" vornehmen zu müssen.

---

29 Im Sinne von Harvey läßt sich dies sogar auf alle Objekte übertragen, auch solche, die sich uns als (physische) „permanences" darstellen. Seine Folgerung aus dem dialektischen Denken zielt aber in genau die gleiche Richtung: „to ask the question of every ‚thing' or ‚event' that we encounter: by what process was it constituted and how is it sustained?" (Harvey 1996:50). Der angesprochene Funktionsbegriff wird detailliert in Teil II behandelt.

30 Folgt man Krämers Ausarbeitung (2001:171ff.) kann man hier eine Übereinstimmung mit Luhmann entdecken, trotz der unterschiedlichen Prämissen und obwohl Searle nicht auf den Medienbegriff rekurriert. So wie Luhmann die Welt nur durch das Medium Sinn zugänglich sieht, ist bei Searle die Repräsentation das Medium, das in keinem logischen Zusammenhang mit der Welt steht. Dennoch: „Die Welt selbst bleibt als stets mitgeführte Seite aller Sinnformen unbeobachtbar" (Luhmann zit. ebd.:171). Diese mitgeführte Seite ist bei Searle der externe Realismus.

Die Frage, ob bestimmte Phänomene resp. Eigenschaften der Welt tatsächlich immanent *sind* oder nicht (bei Werlen (1999a:212) „rein natürlich"), ob sie geistesabhängig (ontologisch subjektiv) oder geistesunabhängig (ontologisch objektiv) *sind*, wird dann nebensächlich. Wichtig ist, daß die vor-repräsentative Existenz von Dingen, das Existieren der Welt „unabhängig von unseren Repräsentationen von ihr" eine Voraussetzung der zeitgenössischen Weltsicht ist (Searle 1997:160). Es ist also zentral, ob Tatsachen – seien sie von immaterieller oder materieller Substanz – in der Praxis als immanent und ontologisch objektiv *betrachtet* werden oder nicht. Damit wird z.B. auch die distinkte Kategorisierung von „Natur" und „Kultur" von „Physischem" und „Sozialem" als Konstruktionsleistung faßbar.

Es ist zu beachten, daß über Objekte sowohl in ontologischem Sinne als auch in epistemischem Sinne Aussagen getroffen werden *können*.[31] Es ist aber keine Frage der Ontologie, sondern eine Frage der (kollektiven) Anerkennung, welche Sichtweise sich als (epistemisch) objektiv durchsetzt, eine Problematik, die von der Diskurstheorie aufgegriffen wird (worauf noch zurückzukommen sein wird). Zunächst ist festzuhalten, dass im Blickfeld der geographische „*common sense*"[32] steht, also das „geographische Normalverständnis" der Behandlung von *Tatsachen* als „geographische Objekte", und es muß jetzt darum gehen, die entwickelte allgemeine theoretische Perspektive und ihre Implikationen für die Theorie der „Regionalisierung" konzeptuell konsequent umzusetzen.

2.2 Regionalisierung konsequent

Eine handlungszentrierte Perspektive, die es ermöglicht, „hinter" die strukturierenden räumlichen Kategorien zu treten, steht entlang der bisherigen Überlegungen vor zwei zentralen konzeptuellen Ansprüchen. *Erstens* muß sie in hohem Maße reflexiv angelegt sein, *zweitens* muß sie ontologische Setzungen weitestgehend vermeiden. Eine Konsequenz war, daß der Raum auf der geographischen Theorieebene nicht als Objekt vorkommen sollte, sondern als „Tat-Sache". Gleichzeitig ist aber einzubeziehen, daß in Wissenschaft und Alltag Räume einen *Status* als objekthafte, realontologische Gebilde erlangen können. Normalerweise ist hiervon, wie oben gezeigt, sogar auszugehen. Wie also kann ein Konzept erstellt werden, das sich theoretisch von Raumobjekten distanziert, aber die (eigenen)

---

31 Der Unterschied wird deutlich, wenn man die Aussagen „Deutschland ist schön" (ontologisch und epistemisch subjektiv), „Deutschland hat eine Fläche von y Quadratkilometern" (ontologisch subjektiv und epistemisch objektiv) oder „Deutschland ist eine Einheit" (ontologisch und epistemisch objektiv) betrachtet. Was die Unterscheidung von Searle hier jedoch nicht explizit macht, ist, daß der dritte Geltungsanspruch, Deutschland als ontologisch objektive Einheit zu betrachten, auch den anderen Aussagen zugrundeliegt. In jedem Fall wird die Existenz von einer Einheit „Deutschland" vorausgesetzt.

32 In der Übersetzung wird Searles „contemporary commonsense scientific world" (Searle 1995:150) zur „wissenschaftlichen Weltsicht des gesunden Menschenverstandes unserer Zeit" (Searle 1997:159). Was bei der Übersetzung ins Deutsche verloren geht, ist die Konnotation des Gemeinschaftlichen oder Kollektiven (im Englischen „common") zu Gunsten einer Konnotation des echten, vernünftigen („gesund") Verstandes / Verständnisses im Deutschen.

Verräumlichungen und Essentialisierungen, die selbst im Zuge dieser Distanzierung notwendig zum Einsatz kommen, seiner Forschung reflexiv zugänglich macht? Der Weg führt über ein Geographie-Verständnis, wie es Werlen anlegt, das aber rezeptiv selten so konsequent ausgelegt wird, wie es den Ansprüchen entsprechend notwendig wäre.

Die Wissenschaft vom Geographie-Machen

Mit der theoretischen Verschiebung von Raum von einer gesellschaftsexternen Bedingung in die Handlung der Subjekte als „Ergebnis einer intersubjektiv gleichmäßig erzielten Bedeutungskonstitution" (Werlen 1997b:217) und der Fokussierung auf die Frage, „wie ‚Raum' sozial konstituiert wird" (ebd.) ergeben sich in Werlens Konzept einer Sozialgeographie alltäglicher Regionalisierung zwei Begriffsverwendungen. „Geographie" erscheint *einerseits* im Sinne des „alltäglichen Geographie-Machen" als Produkt der Praxis der Weltdeutung und -bindung, somit als Gesamtprodukt der Regionalisierung. Darunter ist hier auch die Objektivierung und Institutionalisierung von Raum und räumlichen Einheiten zu verstehen. „Geographie" bezieht sich hier auf ein *Normalverständnis* des Wortes, also auf eine räumliche Ordnung und Etikettierung von Sachverhalten oder materiellen Gegebenheiten. „Geographie-Machen" bezieht sich dann auf die Konstruktion dieser – im Normalverständnis – ontologisch objektiv gedeuteten Wirklichkeit: die Berge, die Länder, das Städtenetz etc. „Raum" ist in diesem Normalverständnis ein essentialistisch konnotierter Begriff. *Andererseits* wird bei Werlen Geographie auch als *wissenschaftliche Disziplin* verstanden, wenn auch nicht mehr im raumwissenschaftlichen, erdbeschreibenden und erdkundlichen Sinne. „Geographie" trägt hier ganz allgemein die Bedeutung einer Wissenschaft, die sich mit Raum befaßt, *ohne* dabei ein theorie-inhärentes essentialistisches Raumparadigma zu tragen. Im Gegenteil, sie ist in Werlens Konzeption eine *Gesellschafts*wissenschaft, die sich vom objektivierten Normalverständnis von Raum und Räumlichkeit distanziert, allerdings die alte, „normalverständliche" Begrifflichkeit „Geo-Graphie" beibehält. So entsteht eine Doppeldeutigkeit. Das neue disziplinäre Geographie-Verständnis steht einem Normalverständnis von Geographie gegenüber. Gleichzeitig ist dieses Normalverständnis aber ein Untersuchungsgegenstand der neuen Geographie.

Diese Verschachtelung erzeugt Verwirrung. Wenn man aber die unterschiedliche Geographie-Semantik nicht auseinanderhält und scharf umreißt, bekommt man bereits beim Begriff „Sozialgeographie alltäglicher Regionalisierung" (tautologische) Schwierigkeiten. Kann es sich hier um eine „räumliche Verortung des Geographie-Machens" handeln? Oder etwa um ein „Produkt der alltäglichen Regionalisierung (=Geographie) der alltäglichen Regionalisierung"? Diese Sprachspielerei erzeugt auf den ersten Blick Unsinn, der aber für die Rezeption des Konzeptes nicht unerheblich ist. In der ersten „unsinnigen" Lesart würde man zwar den Gegenstand der Untersuchung vom Raum zur Handlung verlagern (im Sinne von Geographie-Machen). Bezüglich des wissenschaftlichen Auftrages wird aber die alte Raumbegrifflichkeit (das beschreibende Verorten *im* Raum) beibehalten. Daraus ergibt sich eine Inkonsistenz in der Konzeption, wie sie z.B. auch bei der „regionalen Bewußtseinsforschung" nachzuvollziehen ist. Gegenstand ist ein dem chorologischen Raumverständnis entbundenes „Objekt" (z.B. Bewußtsein), Forschungsauftrag ist dessen Einordnung in einem (chorologischen) Raum. Die zweite „unsinnige Lesart" ist dagegen zwar die konsequente Anwendung eines dem raumwissenschaftlichen Raumverständnis entbundenen, handlungszentrierten Raumbegriffes, führt aber in einen selbstreflexiven infiniten Regreß, insofern die „neue" Geographie der alltäglichen Regionalisierung selbst als ein Produkt der alltäglichen Regionalisierung reflektiert werden müßte. Konsequent weil konsistent ist jedoch nur die zweite Position. Um sehen zu können, wie sie ihrem Anspruch gerecht werden kann, hilft zunächst nur ein Kunstgriff.

Zu einer angemessenen Lektüre der „Sozialgeographie alltäglicher Regionalisierung" ist unter *Geographie I* die objektive Wirklichkeit von Raum zu verstehen, wie sie in Handlungen (vor allem auch sprachlichen Handlungen) konstruiert, resp. rekonstruiert wird. Unter *Geographie II* ist eine Disziplin zu verstehen, die sich mit der analytischen Rekonstruktion der Geographie I befaßt, mit der reflexiven Frage, *wie* diese Geographien gemacht werden und ihre Objektivität erlangen. Die Sozialgeographie alltäglicher Regionalisierungen ist also eine „Gesellschaftswissenschaft der Verwendung und Erzeugung von Raum". Auf die an Werlens Konzept viel gestellte Frage „ist das noch Geographie?" ergeben sich in dieser Konzeption zwei Antworten: Nein, wenn man die Disziplin Geographie weiterhin als Raumwissenschaft versteht. Es geht nicht mehr um das Verorten von Gegebenheiten oder um das Erkennen von handlungsunabhängigen Gesetzmäßigkeiten. Ja, wenn eine gemachte Geographie nunmehr als Gegenstand der Forschung betrachtet wird, die sich dabei selbst aber nicht ausnehmen darf. Sie ist konsequent auch auf sich selbst zu beziehen. Damit wird klar, daß Geographie I und II, Alltag und Wissenschaft, in gewisser Weise zusammenfallen. Die Frage ist also: Inwiefern kann ein Unterschied zwischen einer neuen Disziplin und einer alten, traditionellen (raumwissenschaftlichen) Praxis gemacht werden? Dieser Unterschied – so die bereits mehrfach angedeutete Antwort – muß im Reflexionsvermögen der verwendeten Begriffe liegen und in der klaren Definition der kompatiblen Ansprüche der jeweiligen Geographie. Werlen schreibt wie folgt:

> „Nicht der reifizierte ‚Raum' bildet die zentrale Untersuchungseinheit, sondern der alltagsweltliche und der raumwissenschaftliche Reifikationsprozeß von ‚Raum'; und die sozialen Folgen davon sind Gegebenheiten, die dann untersucht werden sollen. Ebenfalls soll keine Verräumlichung vorgenommen werden, vielmehr sind die problematischen sozialen Konsequenzen dieser Vorgehensweise zu untersuchen" (Werlen 1997b:63).

Doch aus der angelegten Perspektive heraus bildet der „reifizierte Raum" in gewissem Sinne auch den Gegenstand der Untersuchung, weil er in dieser selbstverständlichen Gestalt an den Wissenschaftler herantritt und von ihm verwendet wird. Daher ist die Unterscheidung einer privilegierten neuen wissenschaftlichen Sicht und einer unwissenden alltäglichen oder raumwissenschaftlichen Position nicht unproblematisch. Der konsequente Einbezug der doppelten Hermeneutik birgt die Einsicht, daß der Geograph als Wissenschaftler gleichsam Geograph des

Alltags auf der zweiten Ebene ist und damit ist sein Erkenntnishorizont prinzipiell den gleichen Unüberschaubarkeiten und Selbstverständlichkeiten unterzogen. So darf die Geographie II nicht für sich beanspruchen, sie könne im Sinne einer funktionalistischen Theorie *objektive* Aussagen über die Geographie I machen. Die Geographin II ist immer *teilnehmende* Beobachterin und ihre (wissenschaftliche) Selbstreflexion über die Voraussetzungen des Geographie-Machens entsteht prinzipiell unter eben diesen Voraussetzungen und kann daher niemals eine vollständige Thematisierung sein.[33] Die leitende Frage ist dann nicht, welche objektiven autonomen Strukturen und -funktionen gesellschaftliches Handeln leiten, sondern „wie aus dem Geflecht normativer Traditionen und alltäglicher Handlungen, konkreter historischer Situationen und Aktionen und angesichts immer neu produzierter widerständiger Potentiale verselbständigte gesellschaftliche Verhältnisse überhaupt hervorgehen können" Joas (1999:203). Unter den verselbständigten gesellschaftlichen Verhältnissen sind dann handlungstheoretisch allgemein Strukturen zu verstehen, die nicht aus sich selbst entstehen und autonom „handeln", sondern zu ihrem Bestehen der Handlung der Individuen bedürfen und damit *prinzipiell* auch durchbrochen werden können. Zu Ergebnissen im herkömmlichen Sinne, also zu objektiven Aussagen kann die Geographie II nur in Bezug auf formale Kriterien, etwa dem Verständnis allgemeiner Regeln der Praxis oder einer aus der Praxis hervorgehenden Struktur gelangen, nicht aber zu allgemeingültigen, objektiven Aussagen darüber, wie Raum (eine Region) oder die Gesellschaft oder deren Zusammenhang *ist*. Hier offenbaren sich gleichzeitig Ermöglichung und Einschränkung einer handlungszentrierten Wissenschaft, und dies läuft wieder auf die Frage zu, wie denn der Unterschied geographischer Theoriebildung und geographischer Praxis hergeleitet werden kann, wenn nicht über die Dichotomie von Wissenschaft und Alltag. Wenn dem handlungszentrierten Anspruch nachgekommen werden soll, wenn also Struktur nicht nur als Bedingung, sondern auch als Folge gesellschaftlicher Prozesse und zudem die damit einher gehende Dynamik und Wechselwirkung konzeptualisiert werden sollen, muß die Theorie sich dem ontologisch objektiven Raumbegriff entledigen und auch ihre eigene Leistung bei der Herstellung von Geographien bedenken. Das ist der Punkt, der die Distanzierung vom eigenen Normalverständnis verlangt, die in letzter Konsequenz *de facto* nicht möglich ist, ohne dabei von einer Teilnehmer- zu einer Beobachterperspektive zu wechseln. Eine erste notwendige Konsequenz ist jedoch, die eigene geographische Imagination, nicht als *das*, sondern als *ein* mögliches Verständnis von der Welt zu problematisieren. Eine weitere ist, den handlungszentrierten Ansatz nicht als ontologisches Postulat, sondern als eine Zugangsperspektive zu verstehen. Das heißt aber eben nicht, daß „raumwissen-

---

33 Vgl. Joas (1999:171-204) bzgl. einer Kritik an Habermas' Theorie kommunikativen Handelns und zwar insbes. der von Habermas als notwendig erachteten Objektivierung des Lebensweltkonzeptes, um zu einer Überwindung der erkenntnistheoretischen Bedingtheit zu gelangen. Habermas versucht damit den Anschluß an den strukturellen Funktionalismus, der von Joas als inkonsistent erkannt wird bzgl. des Schrittes von einer allgemeinen Einsicht in strukturelle Komponenten zu Annahmen über „objektive" Ausdifferenzierung und strukturelle Rationalisierung der Lebenswelt (ebd.:201).

schaftliche Reifikationsprozesse" *grosso modo* als verwerflich anzusehen sind, bzw. die gesamte Geographie als Disziplin in diesem Sinne umgedeutet werden muß (und kann). Das ist eine Frage des Anspruches. Räumliche Strukturanalysen besitzen Aussagekraft, wenn sie bei einem deskriptiven (propädeutischen) Anspruch bleiben und sind kohärent und plausibel, weil sie theoretisch gar nicht aus einem raumwissenschaftlich angelegten Verständnis heraustreten, weil vorausgesetzte Wirklichkeit und Ergebnis der Forschung – in einem aus Sicht des kritischen Betrachters beunruhigendem Höchstmaß – konvergieren. Die Analysen haben einen direkten praktischen Nutzen, *weil* sie sich im Normalverständnis bewegen. Insofern liefern sie objektivierte Aussagen über die strukturellen Bedingungen gesellschaftlichen Handelns, eine abstrahierte Momentaufnahme einer gegebenen räumlichen Wirklichkeit, eine Landkarte von Objekten, die im epistemischen Sinne durchaus objektiv, also „wahr" und von (organisatorischem) Nutzen sein kann. Als Theorien sind sie nur dann inkonsistent, wenn sie den Anspruch hegen, die gesellschaftliche *Entstehung* und *Bedeutung* dieser Raumstrukturen verstehen oder gar erklären zu wollen, weil sie bereits ihrer Theorie einen gesellschaftsunabhängigen Raumbegriff zugrundelegen. Tabelle I-1 faßt diese *anspruchsrelativen* Konsistenzen und Inkonsistenzen der sozialgeographischen Ansätze noch einmal zusammen.

Tab. I-1: Anspruchsrelative Konsistenz raum- und handlungszentrierter Sozialgeographie

Sozialgeographischer Ansatz	Konzeption von Raum / Perspektive	Forschungsgegenstand	Kompatibler Anspruch	*Nicht* kompatibler Anspruch	Ergebnis (Idealfall)
Raumzentriert	ontologisch objektiver Raumbegriff, („Normalverständnis") Beobachterperspektive, nicht reflexiv	Raumstrukturen, Raumordnung, Raumgesetze *Geographie I*	Beschreiben epistemisch objektiver Wirklichkeit („Strukturanalyse")	Verstehen / Erklären von Raumstrukturen als handlungsabhängige Tatsachen	*Repräsentation* des „Normalverständnisses", praktische Relevanz für Entscheidungsträger und Planer
Handlungszentriert *Geographie II*	ontologisch subjektiver Raumbegriff, „Raum" als „Tatsache" Teilnehmerperspektive, reflexiv	Herstellung der Geographie I („Geographie-Machen")	Rekonstruktion formaler Herstellungsprinzipien epistemisch objektiver Wirklichkeit	Erkennen ontologisch objektiver Strukturen / Gesetze des Gesellschaft-Raum-Verhältnisses	*Rekonstruktion* des Normalverständnisses, *Dekonstruktion* der objektivierten Wirklichkeit von Gesellschaft *im* Raum

(Eigener Entwurf)

2 Eine Skizze

Region in suspenso

Aus dem Anspruch handlungszentrierter Geographie läßt sich nun ein Konzept ableiten, das einerseits auf eine konsequente(re) theoretische Konzeptualisierung, andererseits aber auch im Hinblick auf eine möglichst widerspruchsfreie methodologische Umsetzung bei der Betrachtung von räumlichen Einheiten und ihrer (sprachlichen) Entstehung ausgerichtet ist.

Als eine Problematik im Konzept der „Sozialgeographie alltäglicher Regionalisierung" erscheint zunächst die sprachliche Ähnlichkeit des Regionen-Begriffes mit dem von Giddens (und dessen „Regionalisierung") im Konzept der Strukturationstheorie. „,Regionalisierung' sollte *nicht bloß* als Lokalisierung im Raum verstanden werden, sondern als Begriff, der sich auf das Aufteilen von Raum und Zeit in Zonen und zwar im Verhältnis zu routinisierten sozialen Praktiken bezieht" schreibt Giddens (1997a:171, m. Hvh.). Werlen geht auf dieser Grundlage, obwohl er den inhärenten objektivistischen Containerraum Giddens durchaus kritisiert und eine „Reorganisation" von Giddens Argumentation fordert (Werlen 1997b:206-207), direkt zu seiner eigenen Theorie über, die sich aber – im Gegensatz zu Giddens' Ansatz – sehr wohl mit der Konstitution von Raum und dessen ontologischen Status beschäftigen soll, und er folgert:

> Alltägliche Regionalisierungen sind demgemäß als soziale Prozesse zu begreifen, die eine hohe *soziale*, nicht aber eine räumliche Relevanz aufweisen. Daraus folgt, daß alltägliche Regionalisierungen in handlungs- und nicht in raumwissenschaftlicher Hinsicht zu erforschen sind (ebd.: 201-209).

In Giddens Lesart ist diese Aussage durchaus kompatibel und sogar trivial: Es geht Giddens nicht um die räumliche Relevanz und auch nicht um die Betrachtung raumwissenschaftlicher Bezugnahme auf die Welt. Daher benutzt er ein Normalverständnis von Raum und Region, das ihm ermöglicht, die ontologische Raumproblematik beiseite zu schieben. Der räumliche Container selbst interessiert in seiner Regionalisierungskonzeption nicht, weil er – gleich einer Konstanten – eine stabile Rahmenbedingung ist und deshalb haben alltägliche Regionalisierungen bei ihm auch keine räumliche Relevanz. Was Joas (1999:218) für die Zeit in Giddens Konzept bemerkt, kann damit nahtlos auf den Raum übertragen werden: auch das Thema ‚Raum' beschränkt sich bei Giddens auf ein bloßes Plädoyer für eine zusätzliche *Dimension* der Sozialforschung.

In Werlens sozial*geographischem* Anliegen, auch die Konstitution von *Raum* (nicht allein die Konstitution von Gesellschaft) einer Betrachtung zugänglich zu machen, ist hier aber der entscheidende Punkt, an dem der Regionalisierungsbegriff (und der Raumbegriff) als solcher komplett seiner räumlichen *common-sense*-Semantik entbunden und eine Teilnehmerperspektive eingenommen werden müßte. Werlen tut das, indem er unter „Regionalisierung" eine allgemeine Praxis der Weltbindung versteht. Es führt jedoch zu Mißverständnissen, daß der gleiche wortwörtliche Begriff der „Region" (resp. „Regionalisierung") bei Werlen und bei Giddens auftaucht, dabei aber einen unterschiedlichen *theoretischen Begriff* meint. Giddens Regionalisierung ist Praxis *im* Raum, die Region ist die raum-zeitliche Struktur dieser Praxis. Auch seine strukturierenden Raumwirkungen sind Wirkungen *im* Raum. Werlens Perspektive der „Regionalisierung" ist dagegen (sozial-)raumbindende und raumkonstituierende Praxis. Raum ist als Dimension gesellschafts*intern* angelegt.

So gesehen sind die grundlegenden Raum-Konzeptionen von Giddens Soziologie und Werlens Sozialgeographie schwerlich kompatibel.[34] Rein konzeptuell sind die unterschiedlichen Bedeutungen zwar trennbar, aber das ist – im Gewirr der scheinbar synonymen Begrifflichkeit – eine Quelle von *misreadings*. Methodologisch aber ist diese Problematik folgenschwer. Das zeigt sich dann z.B. in Ansätzen, die auf Werlens Theorie alltäglicher Regionalisierung rekurrieren und dann doch fertige Raumbezüge als Ausgangspunkt ihrer sozialen Analyse der Interaktionen *in* diesen Regionen zu nehmen.[35] Das geht vielleicht in Giddens' Konzept (und auch dort nicht, wenn man die handlungszentrierte Konzeptualisierung ernst nimmt), keinesfalls aber in Werlens, denn hier ist eine Region außerhalb der Praxis, die den Rahmen für einen Untersuchungsgegenstand bilden könnte, schwerlich haltbar und verstellt den Blick auf die zentralen Konstitutionsmodi („Regionalisierungen"). Der theoretische Zugang bedingt, daß es keine Maßstabsgebundenheit oder bereits gedachten territoriale Grenzen als präskriptive Kriterien der Praxis geben kann. Eine Region muß nicht regional sein.[36] „Die Welt auf sich Beziehen" (Werlen 1997b:253) heißt dann nicht, generell auf mittlerer Maßstabsebene zu denken und schon gar nicht, auf dieser Ebene in präskriptiv bestimmten Grenzen zu handeln.

Parallel zu den beiden Geographie-Begriffen kann im Konzept der alltäglichen Regionalisierung zwischen einer theoretischen (konzeptuellen) Ebene und der Betrachtungsebene unterschieden werden. Auf der Theorieebene ist die Region ein formaler Begriff und kann nur als Tätigkeit, mit der die Subjekte die Welt auf sich beziehen, verstanden werden. Dieser Begriff der Regionalisierung soll in der Konzeption nichts mit einem normalen Verständnis räumlicher Wirklichkeit zu tun haben, er soll raumentbunden und damit nicht präskriptiv chorischen oder chorologischen Dimensionen unterworfen sein. Streng genommen kann es also auf der theoretischen Konzeptebene „Region" gar nicht geben, weder als stabile, objektive Prämisse der Forschung noch als analytisches Instrument, noch als gewünschtes Ergebnis der Forschung. Eine Region „existiert" nur abstrakt auf der Betrachtungsebene des praktischen Gebrauches, als eine zu erklärende epistemisch objektive Tatsache im permanenten Werden. Auf dieser Ebene ist sie von

---

34 Paradoxerweise ist es der Soziologe, der einen klassich-geographischen, gesellschaftsexternen Raumbegriff verwendet und der Geograph, der den Raum der Gesellschaftstheorie zuzuführen versucht. Ähnliches spielt sich mit den bereits einleitend angesprochenen verschiedenen wissenschaftlichen „turns" ab. Zu hoffen bleibt, das man sich auf dem Wege trifft.

35 Mehr oder weniger läßt sich dieses Problem bei Wollersheim et al. (1998), Freis/Jopp (2001) oder Pfaffenbach (2002) nachvollziehen.

36 Vgl. Thrift (1983) zur gleichen Aussage bzgl. Giddens Begriff des „locale" als „settings for interactions": bemerkenswert das Spiel mit der wissenschaftlichen und der alltagsweltlichen begrifflichen Verwendung. Thrift (1983:40) konstatiert: „The region initially at least, must not be seen as a place; that is a matter of investigation", fährt dann aber selbst fort: „*In Bali*, for example..." (ebd., m.Hvh.).

einem Normalverständnis geprägt, das auch den (epistemisch) objektiven Gebrauch angibt (s. Tab.I-2.).

Was heißt eine solche „nicht-essentialistische" Konzeption von Raum (Natter/ JonesIII 1997) aber nun für den theoretischen *Begriff* einer Region? Auf der Theorieebene sind räumliche Einheiten damit allenfalls eine Hypothese, eine Möglichkeit, das *zu Erklärende*. Eine konsequente Behandlung dieser Gebilde, sollen sie nicht vorweg genommen werden, ist daher – will man nicht behaupten der wissenschaftliche, beobachtende Blick sei frei von Regionalisierungen und nicht auf ein Normalverständnis angewiesen – sie, frei nach Kant „in suspenso" zu halten. Kant unterscheidet in seinen „Modi des Fürwahrhaltens" (Meinen, Glauben, Wissen) den praktischen Gebrauch vom auf Erkenntnis gerichteten:

> „Im Handeln muß man sich an ‚etwas' orientieren, das man damit selbst für wahr hält, auch wenn man einräumt, daß andere es anders sehen mögen. –Wenn man dagegen etwas ‚weiß', kann man sich nicht denken, daß andere es anders sehen könnten. – In diesen Modi des Fürwahrhaltens spiegelt sich der genuin kommunikative Bezug der Begriffs- und Urteilsbildung im praktischen ‚Redegebrauch'. '
>
> ‚Ohne noth' [also ohne praktische, alltagsweltliche Ausrichtung] sollte man sich nach Kant überhaupt nicht in Urteilen festlegen, sondern sein Urteil ‚in suspenso' halten" .(...). Dem ‚Fürwahrhalten sind also keineswegs Gegenstände vorgegeben, auf die es sich dann in einem seiner Modi nachträglich beziehen könnte. (...). Der Modus konstituiert vielmehr den Gegenstand" (Simon 1996:240).

Was mit dem Begriff der „Region *in suspenso*"[37] betont werden soll, ist die Vorläufigkeit, mit der theoretisch an räumliche Einheiten und überhaupt an Kategorien herangegangen werden muß, wenn die Kategorisierung selbst zum Gegenstand der Betrachtung werden soll und Repräsentation eine wirklichkeitskonstitutive Rolle zugeschrieben wird. Sobald theoretisch Handlung und Sprache konstitutiv in die Strukturierung der Welt eingreifen, ist die Gewißheit räumlicher Gegebenheiten zwar als Faktum interessant, aber kein geeigneter Ausgangspunkt der Untersuchung. Die Selbstverständlichkeit und die scheinbare Gegebenheit einer räumlichen Einheit sind darum als Anzeichen einer Manifestation ihrer „*Be*-Handlung" als Region (Nationalstaat, Landschaft, Stadt) etc. zu begreifen. Sie verweisen auf einen Prozeß der Reproduktion als Bezugsgegenstand in der Praxis.[38] Tabelle I-2 stellt die unterschiedlichen Abstraktionsebenen des Begriffes der „Region" zusammen: Auf der Theorie-Ebene ist sie *in suspenso* zu halten, auf der Forschungsgegenstands-Ebene ist davon auszugehen, daß sie „ist", weil sie gemacht wird und im Normalverständnis hat sie eine spezifische Bedeutung und wird als ontologisch objektive, essentielle Gegebenheit behandelt.

---

37 Nach Kluge (1999:810) lat. *suspendere (suspensum)* = „in der Schwebe halten"; „in Ungewißheit" halten.

38 Der These von Luutz (2002:30), in der Region stecke im Gegensatz zur Nation von vornherein ein „relationaler und insofern antiessentialistischer Zug" ist hier nicht zu folgen (zur „kontinuierlichen" Begriffsgeschichte der Region siehe auch Strubelt 2000). Analytisch sind administrativ begrenzte Nationalstaaten oder nicht formale Territorien Regionen *in suspenso*. Von ihnen wird angenommen, daß sie im im Zuge ihrer „Beschreibung" (vgl. Bahrenberg/Kuhm 2000:624), stets einer Essentialisierung unterliegen.

Tab. I-2: Konzeption der „Region *in suspenso*"

	in der Theorie der „Regionalisierung"	als Forschungsgegenstand	*zum Vergleich:* Normalverständnis „Region"
„Region" / „Räumliche Einheit"	• als ontologisches Objekt nicht existent (kein a-priori), somit *in suspenso* • vorläufige Hypothese • Produkt der Weltbindung, Handlungsfolge • maßstabslos, dimensionslos	• objektivierte Handlungsfolge • epistemisch objektive, ontologisch subjektive Tatsache • Teil eines Normalverständnisses (Verständigungsgrundlage) • (institutionalisierte) Handlungsorientierung	• essentielle ontologisch objektive Tatsache • geographische Einheit mittlerer Maßstabsebene • Hierarchisch zwischen Kommune und Bundesland • Teilraum eines Bundeslandes • nicht administrativ begrenztes Gebiet gleicher Prägung • konkreter Natur- und Kulturraum mit spezifischer Eigenart („Gegend")

(Eigener Entwurf)

Institutionalisierung von Region(alisierungsweisen)

Die Frage, die das Konzept der *Region in suspenso* ermöglicht, ist die nach dem Entwicklungsprozeß und -status von räumlichen Einheiten und „geographischen Objekten". Ein Geograph, der sich ganz explizit mit dem Prozeß des Werdens von Regionen (allgemein: räumlichen Einheiten) befaßt, ist Anssi Paasi (1986a; 1986b; 1991; 1992; 1995; 1996; 1999). Er macht die Region explizit zum „object of investigation" (1986b:15) und scheint damit ein detailliertes Konzept vorzulegen, das sich mit der Herstellung räumlicher Einheiten befaßt. In Bezug auf die Frage nach der Konstitution räumlicher Einheiten verspricht es vor allem an zwei Punkten Erweiterung: *Erstens* ist der Begriff der Institutionalisierung wichtig, wenn er weit im Sinne einer Institutionalisierung von Herstellungsweisen gefaßt wird. *Zweitens* ist Paasis Theorie in Zusammenhang mit Searles Theorie „institutioneller Tatsachen" (1997; 2001) interessant, insofern die Notwendigkeit der Imagination von Kollektivität betont wird. Dabei spielt in beiden Konzeptionen die Sprache eine tragende Rolle für die Konstitution und Institutionalisierung von (räumlichen) Einheiten als Bezugsbegriff von Handlungen. Das Konzept von Paasi ist jedoch bezüglich seiner Vorannahmen und Anschlußfähigkeit kritisch zu prüfen.

Paasi lehnt seine Theorie an Pred (1986) an, kritisiert jedoch die bei Pred unzureichend ausgearbeitete Unterscheidung von „*region*" und „*place*", und auch das eigentliche Kernkonzept der Region erscheint ihm in Preds Neuentwurf einer Regionalgeographie zu wenig scharf definiert (Paasi 1986a:108). Paasi selbst betont derweil immer wieder die Bedeutung der historischen resp. biographischen Forschung für die Frage nach der Bildung von Regionen (1986a:107;1991:241) und rückt die historische Konstitution von Regionen in den Mittelpunkt (Paasi 1991:240).

Das Konzept der Region versteht Paasi als eine Abstraktion, die in der Beziehung zwischen individuellem Handeln und sozialer Struktur – im Prozeß der Strukturation – wirklich wird. Im Gegensatz zur individuumszentrierten Kategorie *place* hat die *region* explizit eine kollektive Dimension, welche institutionelle Praktiken und auch die Geschichte einer Region repräsentiert (Paasi 1986a:113f.).

> „A region is mediated in our everyday life in the form of various symbols, which are the same for all individuals *in one region*..." (Paasi 1986a:114, m.Hvh.).

Die Beziehung zum alltäglichen Leben des Individuums wird somit zum Unterscheidungskriterium zwischen ‚region' und ‚place' (Paasi 1986a:112). Hier zeigt sich jedoch ein erstes Problem. Die Annahme einer gleichartigen Perzeption „*in einer Region*" (s.o.) stimmt nicht mit der subjektbezogenen Position überein, insofern eine präskriptive räumliche Klammer Auskunft über die Erwartungen und Wahrnehmungen von Subjekten geben soll. Paasi räumt zwar ein, daß jeweils unterschiedliche individuelle Bezüge aufgrund unterschiedlicher persönlicher Kontexte entstehen können. Dann aber wird seine Trennung von *region* und *place* unklar, weil er sie an der Reichweite (Distanz!) der Erfahrung aufhängt. Diese Problematik bedarf einer näheren Auseinandersetzung. Paasi geht es – wie er mit Verweis auf Pred ausführt – darum, daß die symbolische Konstruktion der Region, vielleicht als „regionaler Code" zu bezeichnen, nicht direkt von der individuellen Konstruktion abhängig ist, sondern über Institutionen vermittelt wird und damit einen anderen Zeithorizont als der individuelle *place* aufweist (Paasi 1986a:114). Die „Region" wird durchaus auch in lokaler face-to-face Kommunikation, also an den alltagsweltlichen kommunikativen Schnittstellen reproduziert. Die zugewiesenen Bedeutungen können aber, so Paasi, nicht komplett auf die individuelle Ebene zurückgeführt werden (ebd.). Das „regionale Bewußtsein" wird – als Folge der Arbeitsteilung – von einigen Akteuren mehr, von anderen weniger, aktiv gestaltet. Hier wäre also nach den Machtverhältnissen im Diskurs und Symbolmanagement zu fragen (ebd.), was Paasi aber bei dieser Feststellung auch bewenden läßt. *Place* ist also der Ort der individuellen Reproduktion der Existenz, der personalen Wirklichkeit durch die Interaktion mit anderen Personen und Institutionen. *Region* ist eine dynamische soziale Kategorie (Paasi 1991:243), eine institutionelle Sphäre (Verweis auf Giddens' Begriff von der *longue durée*), die eine spezifische Dimension der räumlichen Struktur der Gesellschaft repräsentiert und die im Vergleich mit dem *place* eine permanentere Anlage hat (ebd.:114, 115). Sie kann – so Paasi – daher *nicht* auf gegebene administrative Einheiten, eine bestimmte Maßstabsebene oder auf eine empirische Tatsache reduziert werden (Paasi 1991:243). Ausgehend von der Frage nach der Entstehung eines regionalen Bewußtseins und dessen Reproduktion und unter dem grundlegenden Konzept von *region* als Resultat eines Prozesses der Interaktion zwischen Akteuren und Institutionen, zielt Paasi auf die Konzeptualisierung dieses Prozesses und die Entstehung regionalen Bewußtseins als spezielle Reflexion von sozialem Raum (Paasi 1986a:119). Ganz explizit bestimmt er dabei später auch das Ziel:

„to examine how the traditional outlines of this categories have constituted limits to the *language* geographers employ to explain and interpret the spatiality of the social worlds (Paasi 1991:240).

Inwieweit läßt sich diesem Anspruch aber auf der Basis seiner Theoriekonzeption nachkommen? Die Frage nach der Ontologie einer Region kann aus rein logischer Argumentation – so Paasi – nicht beantwortet werden. Aus handlungszentrierter Perspektive müßte es aber heißen, daß die Frage nach der *ontologischen* Objektivität von Regionen überhaupt nicht beantwortet werden kann. Es bedarf der zeitlichen gesellschaftlichen Kontextualisierung, der Frage nach dem Entstehen, der Entwicklung und dem Verschwinden von Regionen, ihrer *Transformation*. Regionalforschung müßte handlungsorientiert zur Forschung der Herstellung und Wandlung – im Sinne von Werlen zur (historischen) Regionalisierungsforschung werden. Allerdings – wie dies auch Werlen (1997b:352) bemerkt – hält Paasi diese Handlungsbezogenheit nicht konsequent durch. Werlen argumentiert, daß die *region* bei Paasi auch immer wieder den Status einer objekthaften Gegebenheit annimmt (ebd.). Ein allgemeiner Grund für die Schwierigkeit des Unterfangens, gänzlich auf die Objektivierung von Tatsachen zu verzichten, wurde bereits angeführt. Unter der Voraussetzung, daß dies nicht „konsequent" möglich ist, scheint also ein Teil des Problems darin zu liegen, daß die Region bei Paasi eben nicht „*in suspenso*" gehalten wird. Für die Untersuchung des (traditionellen) Normalverständnisses der Kategorie und seiner Institutionalisierung (s.o.) wird eben dieses Normalverständnis von „Region" als einer präskriptiv begrenzten räumlichen Einheit mittleren Maßstabs operativ und argumentativ in Anschlag gebracht.[39]

Eine wesentliche Quelle für diese Problematik im Konzept von Paasi scheint zudem die inhärente Verbindung einer grundsätzlich handlungs- und subjektorientierten (Teilnehmer-)Perspektive mit der Beobachterperspektive der Theorie der Zeitgeographie (Hägerstrand 1975; Pred 1977) zu sein. Bezüglich des Regionenbegriffes treten dann weitere Inkompatibilitäten auf. Einerseits wird Region als soziale Kategorie betont, ein dynamisches Gebilde, das Änderungen unterliegt und vom Handeln der Subjekte, bzw. deren Institutionen abhängt. Andererseits wird im zeitgeographischen Sinne dann wieder die Region als – wenn auch institutionalisierte – Raum-Zeit-Struktur mit ebensolchen Grenzen konstruiert. Sie wird sozusagen zu einem permanenteren überindividuellen Raum-Zeit-Pfad, zu einer Maßeinheit für menschliches Handeln und gesellschaftliche Struktur. Über eine Räumlichkeit, die dann keine beobachterrelative, sondern eine „objektive" ist, wird dann „Innen und Außen" definiert, wie bei der konzeptuellen Trennung zwischen Bewohnern *in* und *außerhalb* der Region sowie einer „external and internal identity of regions" (Paasi 1986a:129) zum Ausdruck kommt. Hierbei geht es nicht um die Zugehörigkeit oder das subjektiv wahrgenommene Eingebundensein

---

39 Paasi hält vielfach an diesem maßstabsbezogenen Ebenen-System fest (1991:243; 1989a:152). Auch seine empirischen Analysen beziehen sich auf maßstabsähnliche, zwischen Nationalstaat und Kommune eingeordnete „Provinzen" (Paasi 1986b).

in Institutionen, sondern um einen topographischen Standort als Instrument der Analyse.

Abseits dieser problematischen Konstruktion scheint jedoch die Idee der Institutionalisierung eine fruchtbare Perspektive zu eröffnen. Paasi entwirft ein Modell von vier Phasen im Prozeß der Institutionalisierung von Regionen, die nicht aufeinanderfolgen müssen, simultan bzw. überlappend ablaufen können. Insofern ist es als ein synergetisches Modell gedacht, das nur analytisch zu begrenzende Phasen aufzeichnet. Als Basis der Entwicklung des Prozesses geht er von Erwartungsstrukturen aus, den vorstrukturierten Mustern und verinnerlichten kollektiven Ordnungs- und Klassifikationsstrukturen, die eine längerfristige Permanenz, also eine geschichtliche Dimension aufweisen. Die vier von Paasi (1986a:121,124ff.; 1991) beschriebenen Phasen sind:

1. Bildung der territorialen Form (*assumption of territorial awareness and shape*)
2. Entwicklung der symbolischen Form (*development of conceptual (symbolic) shape*)
3. Entwicklung der institutionellen Sphäre (*development of the sphere of institutions*)
4. Etablierung als Teil des regionalen Systems und regionalen Bewußtseins (*establishment as part of the regional system and regional consciousness of the society concerned*)

Konsequent handlungstheoretisch im Sinne der „Regionalisierung" konzipiert, bietet sich dabei jedoch eine dem Normalverständnis enthobene Lesart von „Institutionalisierung" und „Institution" an, wie sie Searle (1997) in seiner Theorie institutioneller Tatsachen anlegt. Institution, normal verstanden als „einem bestimmten Bereich zugeordnete gesellschaftliche, staatliche, kirchliche Einrichtung, die dem Wohl und dem Nutzen des Einzelnen oder der Allgemeinheit dient" (Duden 2001), ist dann konsequent als etablierte, formierte Handlungsweise zu betrachten, womit auch die Sprache als Institution, bzw. als Komplex von Institutionen, anzusehen ist (Searle 1997:37). Institutionelle Tatsachen können dann solche Tatsachen genannt werden, die zu ihrem Bestehen einer Institution bedürfen, und zwar nicht nur der Sprache als Abbildung, sondern als konstitutives Element.[40] Der Zugang zu solchen Tatsachen, unter die viele räumliche Einheiten und auch die von Paasi untersuchten finnischen Regionen fallen, ergibt sich aber somit nicht über deren Beschreibung, sondern über einen handlungstheoretischen Begriff der „Institutionalisierung", die dann nicht als „Schaffung von Einrichtungen" (die oftmals zudem materiell, als Amtsgebäude etwa verstanden werden), sondern als Elemente von wiederkehrenden Handlungsweisen und *Be*handlungen von Ei-

---

40 Searle baut dies auf seiner Fundamentalontologie von „rohen" und „institutionellen" Tatsachen auf, die interessante Möglichkeiten in Bezug auf die aktuelle Natur-Kultur-Debatte liefert. Sie kann hier jedoch nicht diskutiert werden, auch weil sie als „neues" Weltbild umfassende neue Probleme mit sich führt. Handlungstheoretisch konzipiert geht es hier primär um einen kompatiblen Begriff der „Institution" als fortlaufend „Gemachtes" und die Bedeutung der Sprache in diesem Prozeß.

genschaften der Welt als Tatsachen (oder Objekten) zu begreifen ist. Der Zugang ist somit nicht die ontologische Frage nach der Institutionalisierung von Regionen als sozialen Objekten, der immer schon die (räumliche) Existenz solcher Objekte als Annahme vorausgehen muß, sondern die nach der Institutionalisierung von *Regionalisierungsweisen*. Im Sinne der kritischen Betrachtung bezüglich der räumlichen Vor-Konstruktion von Regionen, können somit aus Paasis 4-Phasen-Konzept lediglich Anknüpfungspunkte für eine Konzeptualisierung herausgehoben werden, die einer konsequenten Ausrichtung auf die Regionalisierung entsprechen und somit einen Zugang zum Verständnis des Regionen*verständnis* bieten.

Ein *erster* Ansatzpunkt ist die Betrachtung der **Formgebung**. Dies ist nicht unbedingt nur in Bezug auf die „territoriale Form" zu verstehen. Zwar ist die Frage nach der Begrenzung zentral und auch danach, inwiefern diese Begrenzung identifiziert, akzeptiert und reproduziert wird (Paasi 1986a:124; 1991:244). Dies ist jedoch nur eine Dimension der institutionalisierten Handlungsweisen, die eine manifestierte Vorstellung davon erzeugen, wie räumliche Einheiten *sind*. Somit ist also die „Entwicklung der symbolischen Form", welche die kommunikative Handlung fokussiert, die eigentlich zentrale Ansatzstelle. Die von Paasi hervorgehobene Namengebung z.B. scheint ein wesentlicher Teil des (zeitgenössischen) Umgangs mit räumlichen Einheiten zu sein und bedarf daher der näheren Betrachtung. Paasi macht hier auf den Punkt aufmerksam, daß die Namensverwendung in der Geschichtsschreibung (also *ex post*) eine wesentliches Element der Institutionalisierung ist. Dabei ist jedoch nicht mit Paasi von regionalen *insidern* und *outsidern* bei der Formgebung auszugehen (Paasi 1986a:125), wenn nicht eine Verortung von „Regionenbildnern" betrieben, sondern das Prinzip der Verortung selbst betrachtet werden soll.[41]

Eine *zweite* Ansatzstelle bietet die von Paasi betonte Konzeptualisierung von **Natur**, bzw. der „natürlichen Eigenschaft einer Region", die im Prozeß der Symbolisierung von der materiellen Lebensgrundlage zur Landschaft transformiert wird und dann mit ihren transportierten Werten und Bedeutungen einen zentralen Teil der Erwartungsstrukturen der Gesellschaft resp. der einzelnen Individuen ausmacht (Paasi 1986a:128). Folgt man jedoch dem Begriff der institutionellen Tatsache, ist der symbolische Schritt der Funktionszuweisung („stehen für", „gelten als") als konstitutive Bedingung für alle weiteren Prozesse der Institutionalisierung zu betrachten. Dabei muß dann vornehmlich interessieren, inwiefern das Normalverständnis von „Natur" (als unumstößliche, handlungsunabhängige Tatsache) eine konstitutive Rolle für einen Prozeß spielt, der auch von wissenschaftlicher Seite forciert wird.

Die Betrachtung der **Rolle von Medien** im Prozeß der Entwicklung und Manifestation eines allgemeinen Normalverständnisses von räumlichen Einheiten ist

---

41 So entsteht auch der Widerspruch, daß im Zuge der Entwicklung einer noch nicht bestehenden Region die Handlungen der Bewohner einer gegebenen Region eine konstitutive Rolle spielen sollen, also die Unterscheidung von innerhalb und außerhalb der Region schon vorhanden sein muß und dieser erdräumliche Standort irgendwie im Sinne der Institutionalisierung wirksam werden soll.

eine *dritte* von Paasi herausgehobene Dimension. Allerdings sind die von Paasi genannten Kategorien *Events*, Massenmedien, regionale Literatur und Handlungen der Bewohner einer „gegebenen Region" (1986a:129) weder ein aussichtsreicher noch ein konsequenter analytischer Ausgangspunkt, insbesondere in Verbindung mit der nicht begründeten Annahme, daß die Reichweite der Produkte, die „mit dem Raum" verkauft werden, einen Indikator für regionales Bewußtsein und seine Grenzen abgibt (Paasi 1986a:129f.). Das kollektive Element ist handlungstheoretisch nicht über räumliche Abgrenzungen zu bestimmen, sondern muß in den Handlungen selbst, z.B. als Ausdruck imaginierter Kollektivität, konzeptualisiert werden. Alle „Medien", die Paasi für die Etablierung eines kollektiven Bewußtseins für wichtig erachtet sind dann durchaus plausibel als Vermittler von Kollektivität und spezifischen Symbolismen, die eine räumliche Einheit als Tatsache manifestieren können.

Ein *vierter* zentraler Punkt ist die von Paasi in die Phase der „Etablierung einer Region" gerückte **Statusbildung**. Er verbindet diesen Status mit dem Begriff der „Identität der Region", die sich dann unabhängig von den Menschen, resp. dem „regionalen Bewußtsein der Bewohner" ausbildet (1986a:130f.). Dieser Identitätsbegriff und seine duale Konzeption ist jedoch aus bereits genannten Gründen untauglich für einen handlungstheoretischen Zugang. Inwiefern aber der Übergang einer beliebig möglichen Bedeutungszuweisung zu einer (epistemisch) objektiven und objekthaften Tatsache mit der Zuweisung eines (neuen) anzuerkennenden Status einher geht, scheint eine wichtige Frage, die Aufschluß über daran anschließende Handlungen verheißt.

Schließlich, und *fünftens*, ergibt sich mit dem Zugriff der Institutionalisierung als handlungsbezogenem Prozeß auch der in theoretischem Sinne gegenläufige Prozeß einer **De-Institutionalisierung**. Etablierte institutionelle Tatsachen weisen ein hohes Maß an Reproduktivität und Persistenz auf, das heißt dann aber nicht, sie seien keiner Transformation mehr zugänglich. In dieser Hinsicht muß Paasis Unterscheidung zwischen nationaler, regionaler und lokaler Ebene konsequent aufgelöst werden. Nationalstaaten sind ebenso Regionen im Sinne der Regionalisierung wie Gemeinden, sie unterscheiden sich allenfalls über den *Grad der Institutionalisierung* und einen unterschiedlichen Status. Wenn die Ontologie von räumlichen Einheiten derart konsequent über den Prozeß der Institutionalisierung konzipiert wird, erhält man einen analytischen Zugang, der ein hohes Maß der Differenzierung zuläßt. So muß z.B. das Verschwinden administrativer Strukturen einer räumlichen Einheit z.B. nicht zwingend heißen, daß diese Einheit als Bedeutungsträger (im Zuge symbolischer Aneignung) nicht mehr in Anschlag gebracht wird (z.B. im Sinne von „das ehemalige Jugoslawien"). In historischer Betrachtung kann so die Institutionalisierung in ganz verschiedenen Sphären nachvollzogen werden, ohne daß nach der Geschichte einer *gegebenen* Region gefragt werden muß, womit dann unweigerlich Erklärungsnöte verbunden sind, wenn sich das zugrundegelegte Territorium oder dessen Name verändert haben sollte. Der Vorteil dabei, Regionen als institutionelle Tatsache anzusehen, liegt genau darin, daß damit (symbolische) Funktionen interessant werden, die nicht aufgrund irgendwelcher physischer Eigenschaften, sondern nur kraft menschlicher Übereinkunft bestehen können und daß diese Kollektivität als ein Mittel zu betrachten ist, um eine Tatsache über die Funktionsträger (das Bezeichnete resp. Bedeutete) hinaus und sogar unabhängig von einem bestimmten Kontext existieren zu lassen (vgl. Smith/Searle 2003).

3 „Signifikative Regionalisierung"

Wie ist vor dem angelegten Hintergrund nun also die allgemeine Perspektive zur Betrachtung des Geographie-Machens anzulegen? Die Auseinandersetzung mit den Konzepten von Giddens, Werlen und Paasi läuft grundsätzlich auf eine sprachzentrierte Untersuchung des Zusammenhangs von Raum und Gesellschaft hinaus. Ein konsequenter Ansatz, der die ontologische Verschleierung vermeidet und die Verortungspraxis fokussiert, ohne sich selbst auszunehmen, wäre einer, der die Beschäftigung mit Sprechakten ins Zentrum stellt und dabei fragt, wie Tatsachen ihren Status als solche erlangen und dabei den Blick „auf die ‚Verbindlichkeiten'" von Handlungskoordinationen lenkt (Zierhofer 1997:91; 1999). Nicht wie Dinge, Objekte, Einheiten *sind*, sondern wie über sie *gesprochen* wird steht dann im Zentrum des Interesses und dies impliziert einerseits die Frage nach den „Bedingungen der Möglichkeit" von Beziehungen (Zierhofer 1997:89) und andererseits die Frage nach dem hergestellten Zusammenhang von als materiell (physisch/natürlich), geistig (mental) und sozial (kultürlich) angesprochenen Bedingungen und Eigenschaften der Welt.

In diesem letzten theoretischen Abschnitt des ersten Teils sollen noch einmal Grundlegungen anhand der behandelten Konzeptionen erarbeitet werden. Zunächst ist in einem *ersten* Kapitel anhand der Theorien von Paasi und Werlen zusammenzuführen, warum der Sprache eine so besondere Rolle bei der Herstellung von gesellschaftlicher Wirklichkeit zukommt und warum der „signifikativen Regionalisierung" ein prominenter Stellenwert einzuräumen ist. In einem *zweiten* Kapitel wird in Form einer Zwischenbilanz für diesen Teil argumentativ ein sprachzentrierter Ansatz herzuleiten sein. Als Konsequenz ergibt sich, inwiefern auch das „neue Weltbild", z.B. die „Globalisierung", dann auch als eine signifikative *Regionalisierung* begriffen und so die oben angerissene Problematik einer „neuen Ontologie" konsequent handlungstheoretisch aufgelöst werden kann.

3.1 Sprache und gesellschaftliche Wirklichkeit

Die Konzeption von Paasi

Das Konzept der Erwartungsstrukturen betrachtet Paasi als grundlegend für sein Phasenmodell der Institutionalisierung von Regionen. Er betont die Notwendigkeit eines kollektiven Hintergrundes, der die unbewußte Voraussetzung und das Sediment von kollektiver Erfahrung ist, eine relativ permanente vor-praktische

Struktur der Lebenswelt. Während aber der Hintergrund kein räumlich dimensioniertes Konzept sein soll, erscheint die von Paasi geführte anschließende Verbindung mit einer zeit-räumlichen Dimension von Erwartungsstrukturen, also deren Anbindung an eine ganz spezifische Region wie Nordkarelien, eher problematisch. Paasi will den Begriff der Erwartungsstruktur dann in der Tat ausweiten auf „both, the physical and the cultural character of a region" (Paasi 1986a:122). Die Unterscheidung von „real, imagined or even mythical features of a region" (ebd.) kann dann jedoch nur so verstanden werden, daß mit „realen" Eigenschaften die physisch-materiellen Eigenschaften gemeint sind, mit imaginierten die „nicht wirklichen", mental ersonnenen Eigenschaften. Ausgehend von Erwartungsstrukturen müßte die Unterscheidung von real, imaginiert und mythisch aber jedenfalls eine subjektbezogene sein. Die physischen Eigenschaften der Region können zwar insofern als beobachterunabhängige Eigenschaften betrachtet werden, sie sind aber *per se* nicht realer als die „imaginierten" und können „als solche" (also in physischer Form) auch nicht den Erwartungsstrukturen oder einem Habitus zugrundeliegen. Denn die Basis dieser Erwartungsstrukturen – wie Paasi weiter ausführt – liegt im Prozeß der Sozialisation, nach Giddens also im Teilnehmen an institutionellen Praktiken durch die familiäre und staatliche Erziehung und Ausbildung, aber auch über die Massenmedien (ebd.). Regionen haben also im Gegensatz zu den individuellen ‚places' eine kollektive Dimension, die sich in den Erwartungsstrukturen ausdrückt (Paasi 1986a:123). Diese gründen sich auf dem Glauben an bestimmte historische und kulturelle Muster einer (als gegeben angenommenen) Region, die in der Gesellschaft reproduziert werden und über verschiedenste Medien verbreitet werden. Gesondert – so Paasi weiter – ist dabei das Medium Sprache zu betrachten, weil es die Grundlegung für alle Abgrenzung, Unterscheidung und Erwartung darstellt und im weiteren Sinne – hier lehnt sich Paasi an Habermas und Berger/Luckmann an – die Grundlage des alltäglichen Handelns bildet (ebd.). Diese Sonderstellung der Sprache wird aber nicht genauer ausgeführt bzw. argumentativ gestützt und auch nicht konsequent umgesetzt.[42]

Die Konzeption von Werlen

Werlen (1997b) schlägt vor, wie das entstehende Forschungsfeld einer subjektzentrierten, handlungsorientierten Sozialgeographie aufgeteilt werden könnte und orientiert sich dabei an den klassischen Handlungstheorien und ihren Zuständig-

---

42 Paasi baut den Gedanken der sprachlichen Verknüpfung mit Regionen im Sinne der Zeitgeographie aus: Die sprachlichen Möglichkeiten einer Population bestimmen nach Pred auch den Radius der persönlichen *places* und vice versa (Paasi 1986a:123). Hier scheint es nun weniger um eine dem Konstitutionsprozeß unterliegende Bedingung zu gehen, sondern um räumlich verortbare „Sprachen", z.B. Dialekte. Beim „Verlassen" einer Region – so Paasis Weiterführung – kommt es daher zu Konflikten, die von der sprachlich-dialektalisch notwendigen Neuabgrenzung des Ichs gegenüber den Anderen herrühren, wobei den alten Erwartungsstrukturen die Basis entzogen wird. Die Region wird damit quasi zum erdräumlichen Boden einer Erwartungsstruktur, beim Überschreiten der erdräumlichen Grenze führt das zu „menschlichen Krisen" (vgl. Paasi 1995).

keiten und „Sensibilitäten" (Werlen 1997b:255ff.). So kommt er zur Unterscheidung von zweckrationalen, normorientierten und verständigunsorientierten Ansätzen, die mit dem räumlichen Fokus zu verbinden sind (ebd.:258ff.; Werlen 1999b:260). Auf der Grundlage der Typen des Handelns entstehen „Typen von Regionalisierungen", und zwar der produktiv-konsumtive, der normativ-politische und der informativ-signifikative Typ (Übersicht s. Werlen 1997b:272). Beachtenswert ist, daß es sich hierbei um analytische Idealtypen handeln soll, nicht um inhaltlich begrenzte bzw. unterscheidbare Klassen. Es sind „Dimensionen der Alltagspraxis" (ebd.:271) oder „Aspekte des Handelns" (ebd.:255), die dem wissenschaftlich-analytischen Blick entspringen. Oberstes Kriterium der Einteilung dieser „Zugriffe" soll die Interpretation der Subjekte selbst sein (ebd.:255, 271), bzw. deren handlungsbezogene Zielsetzung (ebd.:256). Die Ausrichtungen überlappen sich im konkreten Handlungsvollzug und sind also relativ zu einer bestimmten Betrachtung zu begreifen (z.B. kann die produktiv-konsumtive Dimension eines Autokaufs die subjektspezifischen Kosten-Nutzen Überlegungen ansprechen). Auf die gleiche Art können sich also z.B. produktive, normative und signifikative Bezüge überlagern. Insofern scheint die Konzeption dieser Felder nicht problematisch, wenn man sie denn als „Zentrierungen des wissenschaftlichen Interesses an alltäglicher Praxis" (Werlen 1997b:258) betrachtet. Inwiefern aber sind die drei analytischen Bereiche auf der gleichen Abstraktionsebene anzusiedeln, wenn – wie oben skizziert – ein hochgradig reflexiver, konsequent handlungstheoretischer Anspruch besteht? Diese Frage ist in Zusammenhang mit dem an den Handlungsbegriff gekoppeltem Postulat der Zielorientierung zu beantworten. Ein wesentliches Kriterium allen Handelns ist bei Werlen die Zielausrichtung – auch wenn mit dem Giddensschen Begriff der unbeabsichtigten Handlungsfolgen kein kausaler Zusammenhang zwischen Zielsetzung und Ergebnis unterstellt wird. Diese Setzung von den Handlungen vorgelagerten Absichten hängt mit einem – auf Schütz basierendem – Anspruch der wissenschaftlichen Forschung auf Sinnadäquanz (Werlen 1997b:221; 280) zusammen:

> „Denn es ist tatsächlich so, daß wir einen ersten Zugang zur Tätigkeitserklärung erlangen, wenn wir auf die Intentionen von Handlungen verweisen. Die entsprechenden intentionalen Erklärungen können häufig sogar unentbehrlich sein. Denn um sinnadäquat beschreiben und erklären zu können, ist es unabdingbar zu wissen, was Akteure mit ihren Aktivitäten beabsichtigen zu erreichen. Ohne diese Kenntnis ist verstehendes Erklären nicht möglich" (Werlen 1997b:266).

Mit dieser Annahme kommen die Regeln und Ressourcen („Strukturen") der Strukturationstheorie sinnvoll ins Spiel: sie sind ein Maß, das angibt, inwiefern den subjektiven Zielen nachgekommen werden kann, also inwieweit die Durchsetzung von subjektspezifischen Regionalisierungen erfolgen kann – bei Werlen das Maß der Verwirklichung, die unterschiedlichen Grade und Spannweiten der Weltbindung (1997b:254). Diese Strukturen sind als Bezugsobjekte des Handelns ein subjektspezifisches Maß für Ermöglichung und Einschränkung. Dabei verfolgt Werlen den Anspruch, Macht als handlungsinhärente Komponente, als „Vermögensgrade der Transformation" (ebd.:254) zu integrieren. Mit Bezug auf die Strukturationstheorie wird jedoch explizit ein handlungstheoretischer Ansatz verfolgt. Das theoretisch wechselseitige Verhältnis von Handlung und Struktur wird also methodologisch klar an die Handlung gebunden, schon gar nicht sollen strukturelle Erklärungen zur Analyse hinzugezogen werden (ebd.:267).[43] Es geht also primär um die Erklärung von Strukturen über das Handeln von Subjekten, nicht um die Erklärung des Handelns über Strukturen. Strukturen werden zu *Erklärungen*, nur indem sie durch den Handelnden gedeutet und in der Handlung in Anschlag gebracht werden. Unter diesem Anspruch erweist sich das Postulat der Zielorientierung allerdings an zwei Stellen als problematisch.

Wenn *erstens* die von den Subjekten gedeuteten Strukturen beinhalten, daß sie als objektive Tatsachen angenommen werden und nicht reflexiv hinterfragt werden, wird eine Erklärung der Herstellung dieser Objektivität mit Blick auf die Zielorientierungen schwierig. Insofern wird es z.B. keine sinnadäquaten teleologischen Erklärungen eines Subjektes dafür geben, warum es bei der Grenzüberschreitung nach Polen seinen Paß zeigt. Es befolgt eine Regel, es bringt eine Ressource in Anschlag, ohne notwendig nach der (strategischen) Begründung zu fragen. Erst wenn es dazu befragt wird, wird ggf. die Selbstverständlichkeit der Sinngebung *ex post* zu einer intentionalen Zielsetzung.[44] Die könnte in der Tat lauten: „Um nach Polen einreisen zu dürfen, habe ich meinen Paß gezeigt". Eine solche Erklärung ist wohl „alltagsweltlich sinnadäquat", aber weniger erklärend denn tautologisch. Denn sie gibt ein um-zu-Motiv an, das sich erst aus dem selbstverständlichen Hinnehmen von (institutionellen) Strukturelementen wie „Polen", „Einreise" und „Paß" ergibt, bzw. deren selbstverständliche Akzeptanz konstitutiv für die Zielformulierung ist. Nun soll aber ja gerade auch gefragt werden, vor welchem Hintergrund und wie das Subjekt selbstverständlich von „Polen" reden kann.

Daran schließt ein *zweites* Problem an. Eine auf Zielorientierung angelegte Handlungstheorie wird Schwierigkeiten haben, die von ihr als zentral erachteten Deutungen selbst begründend herzuleiten und damit die Entstehung, Reproduktion und Persistenz von „Strukturen", die als real existent repräsentiert werden, zu erklären. Das Subjekt wird keine Gründe dafür angeben können, daß es Polen als räumliche Einheit identifiziert und konzeptualisiert und den Paß als reproduktives Mittel der Institution Grenze einsetzt. Will man die subjektzentrierte Ansatzweise konsequent beibehalten und gleichzeitig mit der Dualität von Handlung und Struktur argumentieren, und will man darüber hinaus die (geographische) Forschung auf die „Produktion und Reproduktion der ‚Raum-' und ‚Regionskonstitution'" beziehen (Werlen 1997b:279), wird ein theoretischer Zugriff nötig, mit dem objektive Deutung handlungstheoretisch konzeptualisierbar wäre. Dieses Anliegen liegt zwar Werlens Argumentation für den *methodologischen* Individualismus, der durchaus kollektive resp. überindividuelle Tatsachen zuläßt (Werlen 1989b), zugrunde, ist jedoch weiter auszuarbeiten.

---

43 An anderer Stelle führt Werlen sein Plädoyer für den methodologischen Individualismus aus und verteidigt ihn (resp. seine reformulierte Fassung) gegen Giddens' Einwände als Ansatz für eine angemessene Erforschung der Dualität von Struktur (Werlen 1989b).

44 Dieses nachträgliche sinnhafte Deuten wird in der neueren Hirn- und Kognitionsforschung als ein grundsätzliches Prinzip menschlichen Bewußtseins diskutiert (Eccles 2000).

Zierhofer (1997:87) folgend, bleibt der Handlungsbegriff bei Werlen bewußtseinsphilosophisch gebunden. Statt auf die Äußerung („Repräsentation") zu fokussieren, wird das „innere" Bewußtsein zum zentralen Konzept, jedoch ohne die (nicht-sprachlichen?) Zugangsmöglichkeiten zu erörtern. Obwohl dann einerseits den (Welt-)Deutungen eine prominente Rolle bei der Regionalisierung als Weltbezug eingeräumt wird, bleibt die theoretische Ausrichtung auf sprachliche Bezüge und Repräsentationen gering. Als Folge wird es *erstens* problematisch, der Herstellung von Objektivität und objektiven Tatsachen nachzugehen, denn dies würde ein Konzept erfordern, das gerade auf die wiederholte *B*ehandlung von Objekten als solche eingerichtet ist und somit nicht Ziele, sondern die performativen Äußerungen und die damit verbundene Herstellung kollektiv anerkannter, institutionalisierter Wirklichkeit fokussiert. *Zweitens* müßten Abstriche bezüglich der konsequenten Anwendbarkeit der Theorie auf sich selbst hingenommen werden, denn die Sprache bleibt das unreflektierte, „quasi-neutrale" Mittel der Zielverwirklichung, auch der „wissenschaftlichen" Analyse, ohne wirklichkeitserzeugende Effekte. Die eigene Beteiligung an der Konstitution von Wirklichkeit bleibt diesbezüglich daher tendenziell ausgeblendet. Wie aber ist dies zu vermeiden?

Sprachliche Performativität fällt bei Werlen in den Bereich der „Geographien der symbolischen Aneignung", welche „die Bedeutungszuweisungen zu und Aneignungen von bestimmten räumlichen alltagsweltlichen Ausschnitten durch die handelnden Subjekte" (Werlen 1997b:276) umfassen. Mit dem Bereich der „informativ-signifikativen Regionalisierung" ist bei Werlen explizit die sprachliche Dimension der Wirklichkeitserzeugung („Weltbindung") benannt und die Bedeutungszuweisungen sind ein umfassender Aspekt der Wirklichkeitserzeugung. Dennoch müßte die hervorragende Rolle der Sprache noch stärker betont werden. Denn eine zu schwache Konzeption hat Folgen für den eigenen Anspruch auf die Erklärung von „sozialen Tatsachen" (Werlen 1997b:278), wenn diese in einem *konstitutiven* Sinne auf sprachlicher Performanz beruhen. „Region" ist entsprechend Werlen (1997b:279) als soziale Konstruktion zu betrachten, „die sich auf einen natürlichen Kontext als Medium der Symbolisierung bzw. Repräsentation richtet", und weiter:

> „Der traditionelle geographische Tatsachenblick thematisiert (...) vorrangig das materielle Objekt ‚Raum' oder die Anordnung materieller Objekte, die Vehikel der Symbolisierung, als Forschungsgegenstand, aber weder den Prozeß der Symbolisierung noch das Symbolisierte und dessen Bedeutung für die Konstitution des Gesellschaftlichen. Die über die handlungskompatible Raumkonzeption thematisierbaren Relationierungen von ‚Sinn' und ‚Materie' sollten demgegenüber offensichtlich machen, daß ‚Räumliches' erst in dieser Bedeutungskonstitution handlungsrelevant werden und sein kann" (ebd.).

Diese Passage betont die signifikativen Bezüge als *notwendige Bedingung* der Weltbindung und der Konstruktion von Raum überhaupt. Sie dürfen nicht lediglich als ein möglicher Aspekt der Wirklichkeit verstanden werden, denn damit würde implizit die Möglichkeit ihrer deutungs- und sprachneutralen Betrachtung eingeräumt. So würde *erstens* die Frage nach der Konstitution von Tatsachen, denen eine grundlegende Sprachabhängigkeit zugesprochen wird, einer konsequenten handlungstheoretischen Betrachtung entzogen. Konkret auf die Beschäftigung mit der Konstitution räumlicher Einheiten bezogen heißt das, daß diese als beobachter- und handlungsunabhängige (strukturelle?) Gegebenheiten erscheinen würden, als Tatsachen, die auch ohne Bedeutungszuweisungen und Repräsentationen existierten, eine Annahme, die mit dem handlungszentrierten Ansatz ja gerade vermieden werden soll. *Zweitens* würde damit wiederum der Blick auf das eigene Involviertsein in diesen Prozeß verschleiert. Damit würde aber *drittens* auch auf die Möglichkeit verzichtet, die (potentielle) Transformation von Geographie-Machen in Bezug auf die damit verbundenen institutionalisierten Repräsentationsweisen (Kategorisierung, Essentialisierung, Verortung etc.) zu betrachten. Daher ist die räumliche Sprache in ihrer Bedeutung in der Theoriebildung zu stärken. Die „signifikative Regionalisierung" Werlens verdient gegenüber den anderen Typen der Regionalisierung eine besondere Aufmerksamkeit und eine konsequente Weiterentwicklung.

3.2 Zwischenbilanz: Konsequenzen der Theorieentwicklung

Argumente für einen sprachzentrierten Ansatz

Unter der Bedingung, daß die Konstitution von räumlicher Wirklichkeit aus einer handlungszentrierten Perspektive betrachtet werden soll, ist somit – als ein erstes theoretisches Fazit – der besonderen Rolle der Sprache im Prozeß der Aneignung von Raum Rechnung zu tragen. Das heißt, der signifikativen Regionalisierung im Sinne Werlens ist eine zentrale Stellung einzuräumen, als sie dort innehat. Die Betrachtung von Sprechakten im Sinne einer sprachzentrierten Version der Handlungstheorie bietet hier eine vielversprechende Möglichkeit. Das heißt nicht unbedingt, daß Sprechakte generell zu einem „*blueprint*" der Analyse von Interaktionen, menschlicher Kommunikation, nicht-menschlicher Einheiten und physischen Bedingungen werden müssen, wie Zierhofer (2002:2) nahelegt. Der sprachbezogene Zugriff ist – so eine vorsichtigere Behauptung – in Bezug auf bestimmte Forschungsansprüche interessant:

Erstens bietet er die Möglichkeit der handlungstheoretischen Betrachtung der Herstellung objektiver, selbstverständlicher Tatsachen, die ihrer Konstitution nach als beobachterabhängig angesehen werden. Er erlaubt, handlungszentriert zu fragen, wie räumliche Einheiten ihren Status als Bezugsobjekte erhalten, ohne sie bereits als solche voraussetzen zu müssen.

Zweitens bietet er die mit dem Herstellungsparadigma konsistenterweise notwendige Möglichkeit der Betrachtung von theorieinhärenten Selbstverständlichkeiten bei der Konzeption räumlicher Wirklichkeit. Das betrachtete „institutionalisierte Geographie-Machen" und das herrschende „geographische Normalverständnis" wird auch auf die Geographie als Disziplin handlungstheoretisch anwendbar, ohne daß die Trennung wissenschaftlicher Praxis von einer Alltagspraxis notwendig und daher begründet werden müßte.

Drittens bietet er die Möglichkeit, die ermöglichenden und einschränkenden Faktoren bei der Herstellung von (räumlicher) Wirklichkeit zu betrachten, um so zu Aussagen über eine mögliche Transformation zu gelangen. So können Widersprüche zwischen einer vordergründigen „Überwindung" von „traditionellen Deutungsmustern" und einer hintergründigen traditionellen Praxis der Weltdeutung begriffen werden.

Viertens bietet er die Möglichkeit der handlungszentrierten Betrachtung der Erzeugung von Tatsachen, ohne dabei selbst auf ontologische Setzungen in Zusammenhang mit dem problematischen Begriff der Adäquanz von *R*epräsentationen zurückgreifen zu müssen. Mit der Betrachtung von Sprechakten und deren Wahrheitsansprüchen ist das möglich, ohne in der Argumentation implizit von der (handlungstheoretisch konsistenten) Teilnehmerperspektive zu einer (nicht konsistenten) Beobachterperspektive zu wechseln.

Globalisierung als (signifikative) Regionalisierung

Anknüpfend an die eröffneten Perspektiven ergibt sich eine wichtige Ableitung für die konsequente Konzeptualisierung des „neuen Weltbildes", namentlich der sogenannten „Globalisierung". Diese Weltdeutungen und ihr Wahrheitsanspruch sind dann – ebenso wie die „Regionen" – (lediglich) als epistemologische Kategorien zu begreifen, als Beschreibungen, wie die Welt von Subjekten unter Zuhilfenahme einer Beobachterperspektive *ist*. „Globalisierung" ist aus der konsequenten Subjektperspektive, wie Werlen sie einfordert – zunächst eine Artikulation, in der wahrgenommene Zusammenhänge in traditioneller Weise repräsentiert werden. Anders gesagt, „Globalisierung" ist dann kein räumlicher Gegenbegriff zur Regionalisierung, sondern eine (besondere) Form der Regionalisierung als Praxis der Weltaneignung. Das ist etwas anderes, als eine globalisierte Gesellschaft als ontologischen Status anzunehmen und argumentativ einzusetzen. Eine solche Gesellschaft würde sich („bewußtseinsmäßig") wohl auch anderweitig selbst definieren, als in einem „entgrenzten" Status seiend. Es ist aber bereits zu vermuten, daß die jetzige Globalisierungs-Zuschreibung die Welt der Grenzen (und damit eine traditionelle „Vergangenheit" oder ein traditionelles Anderswo) als konstitutive Differenz benötigt und insofern – in Bezug auf die Herstellungs*weisen* – durchaus traditional argumentiert. Giddens' an Lévi-Strauss' „umkehrbare Zeit" angelehnte Formulierung: „die für die Tradition kennzeichnende Vergangenheitsorientierung unterscheidet sich von der Einstellung der Moderne (...) insofern, als sie nicht nach vorn, sondern zurückblickt" (Giddens 1997b:132-133) wird damit hinfällig, auch seine anschließende Verfeinerung, daß es in vormoderner Einstellung keine diskrete „Vergangenheit" und „Zukunft" gegeben habe, sondern eine „kontinuierliche Gegenwart". Wenn der Blick auf die Welt als eine Objektivierung angesehen wird, deren Konstitution auf bereits Gemachtem beruht, dann wird in dieser Praxis, wie auch in der objektivierten und ontologisierten Deutung, der Einbezug der Vergangenheit erkennbar (s. Giddens 1997b:133), und die Abgrenzung des

„Heute" (der „Moderne" oder „Postmoderne") von der Vergangenheit wird zu einem Aspekt dieser strukturierenden Deutung.

In dieser Hinsicht spielen dann die im Rahmen der Globalisierungsdebatte oftmals ontologisch gebrauchten Argumente erweiterter Kommunikationsmöglichkeiten und Mobilität sowie das „Handeln über Distanz" (Werlen 1997b:234) eine konstitutive Rolle auf der reflexiven, epistemologischen Ebene: Die – wie auch immer signifikativ vereinheitlichte (moderne, spät-moderne, post-moderne) – heutige Gesellschaftsformen unterscheidet sich aus dieser Perspektive nicht *a priori* deshalb von vorherigen, weil sie simultaner und komplexer *sind* (diese Erkenntnis entspringt einem retrospektiven Beobachterwinkel), sondern primär deswegen, weil Simultaneität und Komplexität (heute) reflexiv wahrgenommen wird, weil die Bezogenheit des Handelns über Zeit und Raum (heute) eine Bedeutung erlangt hat und dies einen Blick eröffnet, der sich erst aus der *Re*-flexion, der diachronischen Abgrenzung vom Vorherigen ergibt. Wie Anderson (1998) die Bedeutung der Zeitung für die Entwicklung eines Sinnes für Komplexität und Simultaneität hervorhebt, der die Imagination von Nationen im 19. Jahrhundert erlaubte, ist also nach den Bedingungen zu fragen, die es heute möglich machen, sich als „globalisiert" oder „entankert" wahrzunehmen bzw. – im wissenschaftlichen Diskurs – die Gesellschaft als entankerte und den Raum als geschrumpften zu konzeptualisieren. Mit Giddens kann dabei in gewisser Weise von einer „zum Verständnis ihrer selbst gelangten Moderne" (Giddens 1997b:66) gesprochen werden. Es ist eine Moderne, die dieses Verständnis ihrer selbst in den Mittelpunkt rückt, als ihre Seinsweise (re-)konstruiert und sich dabei vom Traditionellen (Rituellen, Irrationalen und Raumwissenschaftlichen) abgrenzt. Gleichzeitig ist aber genau diese erweiterte Reflexivität (und es wäre problematisch, sie als irgendeinen aufklärerischen Endpunkt zu deklarieren) von traditionellen Strukturierungen geprägt, die jedoch entweder als folkloristische Kompensation in einer modernen Welt gehandelt werden, oder – der Zukunft zugewandt – nicht wahrgenommen werden. Mit der hier angelegten theoretischen Perspektive ist es dagegen möglich, die Verankerungen nicht kompensatorisch-reliktisch (als „Wieder-Verankerungen") sondern als zu den „neuen" Deutungen komplementäre und manchmal widersprüchliche Regionalisierungen zu betrachten.

4 Ostdeutschlands Existenz

Was sieht man nun durch die theoretische „Brille" im Text zur deutschen Einheit? In einem *ersten* Kapitel dieses Abschnittes wird der angelegte Perspektivenwechsel noch einmal anhand der Literatur zum Thema der „Mauer in den Köpfen" dargestellt. In einem *zweiten* Kapitel wird dann anhand der Collage betrachtet, inwiefern Ostdeutschland im Text al real und existent erscheint. In einem abschließenden *dritten* Kapitel werden erste Zwischenergebnisse zusammengestellt und weiterführende Fragen abgeleitet.

4.1 Perspektivenwechsel

Aus der konsequent angelegten Theorie der Regionalisierung ergibt sich für eine erste Betrachtung Ostdeutschlands, daß die Region nicht als Untersuchungsraum fungieren kann. Das hieße immer schon vorauszusetzen, daß dieser Raum in seiner Abgeschlossenheit, Einheitlichkeit und Spezifität beobachterunabhängig gegeben ist. Die Voraussetzung seiner Realität ist zwar notwendige Bedingung der Kommunikation *über* einen Gegenstand, wenn aber die Herstellungsweisen von Raum betrachtet werden sollen, dann geht es darum, wodurch der Raum seine Objektivität erlangt. Daher ist Ostdeutschland – so weit wie möglich – *in suspenso* zu halten und ostdeutsche Seinsweise empirisch darüber nachzuvollziehen, inwiefern Ostdeutschland diese Seinsweise zugesprochen wird.

Die Empirie aber ist wiederum angewiesen auf Texte, die Ostdeutschland in einer bestimmten Form repräsentieren und vorwegnehmen. Wenn davon ausgegangen wird, daß damit auch das *in suspenso*-Halten eingeschränkt wird („unvermeidbare Verortung"), wird deutlich, welche Grenzen der wissenschaftlichen Erkenntnis gesetzt sind. Andererseits haben die Texte aber auch ermöglichenden Charakter, weil sie Zugang zu einem Phänomen erlauben, das anderweitig gar nicht „begreifbar" wäre. In dieser Hinsicht *ist* Ostdeutschland selbst ein Text und *wird* im gelesenen Text erzeugt. Die Berichterstattung zur deutschen Einheit impliziert das „über Ostdeutschland Schreiben" und objektiviert dabei die Region. In der Pluralität der möglichen Beschreibungen wird jedoch auch offenbar, daß hier ein Objekt gemacht wird, das in letzter Konsequenz nicht abschließend und endgültig wissenschaftlich zu erfassen ist.

Genau auf eine solche abschließende Beschreibung und Erklärung scheinen jedoch viele der einleitend zitierten wissenschaftlichen Publikationen zum Thema „deutsche Einheit" oder „Wiedervereinigung" hinauszulaufen. Es scheint um die Klärung der Unterschiede zwischen einem ostdeutschen und einem westdeutschen Raum und „seiner" disparaten „Gesellschaften" zu gehen und um eine (teleologisch diachrone) Herleitung, wie es zu diesen Unterschieden kommen konnte. Diese Art von Transformationsforschung ist auch viele Jahre nach dem Akt der Wiedervereinigung hochgradig aktuell. Ob dabei das „Fernsehen in Ostdeutschland" (Früh/Stiehler 2002) oder generell „die Ostdeutschen" (Engler 2000) das zentrale Thema sind, der Erkenntnisanspruch scheint gleichermaßen in die Richtung einer adäquaten Beschreibung des Raumes und seines Inhalts (der Gesellschaft, der Kultur, der Befindlichkeit) zu zielen. Das „Schreiben über" wird gleichgesetzt mit einem neutralen Beobachterstandpunkt, der eine solche objektive Beschreibung erlaubt. Die eigene Beteiligung an der Konstitution ostdeutscher Wirklichkeit im Sinne einer doppelten Hermeneutik, die sich nicht nur auf genuin wissenschaftliche Beiträge beziehen kann, wird systematisch ausgeblendet.

Obwohl viele Publikationen die Konstitution von Ost und West explizit zum Thema machen, bedienen sie sich gleichzeitig ganz selbstverständlich einer alltagssprachlichen Raumsemantik, welche die „Logiken" der Stabilität, Zeitlosigkeit, Kategorisierung und Distinktion unreflektiert in Anschlag bringt. Engler (2000) kann als Beispiel für diesen Punkt dienen, der den Perspektivenwechsel verdeutlicht, auf den es hier jetzt ankommt. In seinem Vorwort (ebd.:7-9) schreibt er zunächst:

> „Was mich interessierte, war gerade nicht die Gesellschaft als ein von außen Geschaffenes, sondern als sich selbst Schaffendes, nicht als *natura naturata*, um mit dem großen Spinoza zu sprechen, sondern als *natura naturans*. (...) Wer eine Gesellschaft von innen verstehen will, muß sich hüten, Maßstäbe und Urteile an sie heranzutragen, die von außen vorgenommen sind. Er muß auf starre begriffliche Muster verzichten, allen Denk- und Sprachmitteln mißtrauen, die etwas beweisen wollen, was schon vorher feststeht."

Soweit ist dies das Anliegen, die Region und eine damit verknüpfte Gemeinschaft *in suspenso* zu halten und eine Teilnehmerperspektive hinsichtlich ihrer Konstruktion anzulegen. Dann aber folgt:

> „Ich habe mich bemüht, *die Ostdeutschen* und *ihre Gesellschaft* ohne Voreingenommenheit zu schildern; so, als hätte sich dieser Abschnitt deutscher Geschichte in einer weit zurückliegenden Zeit und an einem schwer zugänglichen Ort ereignet" (ebd.:9, m.Hvh.).

Engler fragt nach Deutungen, die eine bestimmte Qualität der Ostdeutschen (der Gesellschaft in Ostdeutschland, bzw. in der DDR) als allgemein gültig beschreiben. In der Tat bietet das Buch diesbezüglich eine Fülle von Perspektiven und originellen Zugängen. Doch die „Denk- und Sprachmittel", die sich auf „Ostdeutschland" als territoriale Einheit und die Verortung einer ostdeutschen Kollektivgemeinschaft in einen bestimmten, begrenzten Raum beziehen, lösen diesen Anspruch nicht ein. Ob es nun darum geht „wie die Ostdeutschen die Nachkriegszeit erlebten" (ebd.:11) oder „warum die These von der sexuellen Liberalisierung für Ostdeutschland nur von begrenztem Erklärungswert ist" (ebd.:255), die ontologische Objektivität des Raumes und seiner Gesellschaft wird selbstverständlich vorausgesetzt und zielt auf ein Normalverständnis des Gebrauches räumlicher Gegebenheiten. Selbst die anderweitig aufschlußreichen Erläuterungen zur Entwicklung eines unterschiedlichen Raumverständnisses verlieren dabei an Schärfe und beweisen dann, was schon vorher feststeht: „im Osten Deutschlands erlebte man Räume anders als im Westen" (ebd.:47). Die Fragen, inwiefern der Osten Deutschlands als territorial-klassifikatorische Einheit, als Projektionsfläche oder gar als Erdraum mit diesen Wahrnehmungen zusammenhängt und inwiefern damit dem Osten eine gesellschaftliche Qualität zugeschrieben wird, bleiben unklar.

Ein wichtiger Aspekt der zitierten Passage Englers und der nun im Mittelpunkt stehenden Textcollage ist, daß sie durchaus verstehbar und „sinnhaft" sind. Der Theorieentwicklung zufolge ist diese Verstehbarkeit genau darum möglich, weil die tradierten raumbezogenen Deutungsmuster Selbstverständlichkeit erlangt haben, bzw. sich auf eine sprechergemeinschaftliche Ebene des „common sense" beziehen. Dabei ist es unwesentlich, ob ein Westdeutscher oder ein Ostdeutscher spricht und auch, ob von „Ostdeutschland", dem „Osten", der „ehemaligen DDR" oder den „neuen Ländern" gesprochen wird. In Bezug auf die allgemeine Verstehbarkeit hinsichtlich der Raumbindung sind diese Termini austauschbar.[45] Die

---

45 Zur Geschichte der sprachlichen Zuschreibung vom Gründungsmythos „DDR" zu den „neuen Bundesländern" s. Münkler (2000).

scheinbare Eindeutigkeit der allgemeinen Prinzipien der Raumsprache und -deutung ist aber eigentlich werde selbstverständlich noch „natürlich". Es kann sich nicht um universelle, vorsprachliche Regeln der Raumkonzeption, schon gar nicht um eine universelle Ostdeutschland-Grammatik handeln. Dennoch sollte bei der einleitenden „ungerichteten" Lektüre der Textcollage deutlich geworden sein, daß es selbstverständlich ist, von der Berichterstattung zur deutschen Einheit Informationen zu Ostdeutschland und Westdeutschland zu erwarten und die entsprechenden Begriffe nicht in Frage zu stellen. Nicht selbstverständlich wäre dagegen eine Berichterstattung, welche die räumlichen „Gegebenheiten", über die Bericht erstattet wird, konsequent in Frage stellt, weil damit auch die Berichterstattung selbst in Frage gestellt würde (worüber würde dann Bericht erstattet?).

Doch erst wenn man das Objekt als handlungsunabhängige Voraussetzung in Frage stellt, also *in suspenso* hält, wird es möglich, die Art und Weise wie es behandelt und beschrieben wird in Bezug zu seiner Objekthaftigkeit zu setzen. Ostdeutschland wird vielfältig „gemacht", und von allen Aspekten dieser kontingenten, aber nicht beliebigen Herstellung der Region interessieren hier nun diejenigen, welche Ostdeutschlands „Raumhaftigkeit" betreffen.

Das betrifft auch die Betrachtung der Transformation Ostdeutschlands. In ökonomischen und soziologischen Untersuchungen wird die räumliche Festschreibung zum ermöglichenden Faktor der Untersuchung. Aus der Fixierung, indem implizit der Raum als Konstante gesetzt wird, entsteht jedoch schnell die Vorstellung, Ostdeutschlands Existenz („die Mauer in den Köpfen") als Differenz zum Westen sei etwa ein *time-lag* und damit eine Frage der Zeit. Sein Ende ist mit dem Ziel der Wiedervereinigung bereits vorweggenommen und einer territorialen Wiedervereinigung muß – wenn auch zeitlich verzögert – die strukturelle oder mentale Einheit folgen. Mit dieser Voraussetzung einer möglichen „adäquaten" Repräsentation eines „neuen" Zustands erklärt sich zwar die *Verwunderung*, daß dies auch nach vielen Jahren nicht geschehen ist. So erklärt sich auch, warum im Sinne einer „nachholenden Entwicklung" ein struktureller Abbau der „Mauer in den Köpfen" erfolgen soll (Probst 1999:18). Gerhardt Schröder z.B. redete von einer Sicherung der „ausreichenden Ausstattung der ostdeutschen Länder"[46]. Warum aber trotz aller strukturanpassender Maßnahmen „Ostdeutschland" Wirklichkeit – oder eine „Realität eigener Art" (Korngiebel/Link 1992) – besitzt, kann so nicht begriffen werden, weil dieses eigentlich verschwundene, oder – s. Engler (2000) – „verlorene" Land damit zur (mentalen) Fiktion oder zum Irrtum degradiert wird.

Die namentlich von Wolfgang Thierse in einer Bundestagsrede im September 2000 angeregte Debatte über die wirtschaftliche Lage Ostdeutschlands führte zwar zu einer Kritik solcher „Pauschalurteile" (Kajo Schommer zit. in der FAZ vom 06.01.2001). Dabei ging es aber lediglich um die Frage, ob sich nun das vergegenständlichte Ostdeutschland als Sozialraumcontainer am Anfang, oder auf hal-

---

46 Zitiert in Marianne Heuwagen: „Schröder verspricht neuen Ländern Solidarpakt II", Süddeutsche Zeitung vom 30.9./01.10.2000. Vgl. auch Steffen Uhlmanns Beitrag in der Süddeutsche Zeitung vom 28.09.2000: „Der Osten bleibt noch länger industrielles Entwicklungsland".

bem Wege zum Angleich an den Westen befände. Die Kategorien des Westens und des Ostens wurden dahingestellt. In einer auf Angleichung und nachholende (Raum-)Entwicklung angelegten Debatte entziehen sich die Grundlagen, auf denen die Thematisierung des „Problems" aufgebaut ist, der Verhandlung. Selbstverständlich wird dann davon ausgegangen, daß es so kommen mußte, wie es ist (Ostdeutschland ist nach 40 Jahren DDR modernisierungsbedürftig), und daß mit dieser Entwicklung das Ziel („echte" Wiedervereinigung als Angleichung; „innere Einheit") erreichbar ist und erreicht werden wird – früher oder später. Aus dieser zielorientierten und monokausalistischen Perspektive können gegenläufige Tendenzen nur als Rückschläge erfaßt werden („Ostdeutschland ist noch nicht so weit") und das Fortbestehen der Differenz von West und Ost wird eine Sache struktureller Maßnahmen, die schließlich auch die rückwärts gerichteten „Ostalgiker" von der Inadäquanz ihres Blickes überzeugen wird. Inwiefern die weiterhin „gemachte Geographie" der Differenz von Ost und West jedoch in die Wirklichkeit eingreift, gerät so aus dem Blickfeld.

Zusätzlich zur Blickverschiebung vom Objekt zur Tatsache wird daher noch ein Perspektivenwechsel in Bezug auf die Institutionalisierung von Regionen und ihrer Geschichtlichkeit interessant. Es ist der Wechsel zum Prinzip der Dualität, der die Gegenwart immer in die Geschichte eingreifen läßt. Und es ist ein Perspektivenwechsel in Bezug auf den ungerichteten prozessualen Charakter der Produktion, Reproduktion und Persistenz von räumlichen Einheiten. Selbst bei Paasi scheint die Institutionalisierung auf ein „Entwicklungsziel" hinauszulaufen: Die fertige Region. Es ist insofern nicht verwunderlich, daß Paasi (1986b) solche „fertigen" Regionen zum Ausgangspunkt seiner *ex-post*-Untersuchungen macht. Nimmt man den dualitären Charakter des Institutionalisierungsgedankens jedoch ernst, sollten diverse (resp. unendlich viele) Zwischenstadien dieses Prozesses zu finden sein. Regionen – davon ist auszugehen – werden nicht zum Leben erweckt oder sterben plötzlich, wie es eine evolutionistische Vorstellung nahelegen würde. Dies tun sie erst, wenn wir sie *wie* handlungsunabhängig existierende Organismen betrachten, was nicht weiterhilft bei Fragen nach der *gesellschaftlichen* Herstellung solcher Kategorien. „Ostdeutschland" und sein Pendant „Westdeutschland" werden in verschiedensten Handlungsvollzügen wirklich, in anderen nicht. Entscheidend ist, *wie* sie wirklich werden und welche Prinzipien dem zugrunde liegen.

Werlen (1997b) betrachtet den Prozeß der Institutionalisierung in drei Dimensionen, der politisch-normativen, der produktiv-konsumtiven und der informativ-signifikativen. Nun kann – mit Blick auf die Jahre vor 1989 – von einer Verwirklichung der Region (Regionalisierung) in allen Dimensionen gesprochen werden. Nach 1989 jedoch geht ein zentraler Teil verloren. Ostdeutschland und damit Westdeutschland verlieren ihre administrative Grenze. Die Mauer wird abgerissen. Der Prozeß der Institutionalisierung scheint sich umzukehren, es kann von einer „De-Institutionalisierung" Ostdeutschlands gesprochen werden, und die ist eng verbunden mit dem Schlagwort der „Mauer in den Köpfen". Denn nur wenn vorausgesetzt wird, daß sich mit dem alleinigen Abbau der (physischen) Grenze auch die gesamte Region abbauen ließe, wird eine quasi „posthum" noch existente Region zum rätselhaften Phänomen: Die Mauer ist irgendwie in den

Köpfen, existiert weiter – in einer Art irrealer, „untoter" Gestalt. Dies ähnelt der theoretischen Annahme, mit der Eliminierung der materiellen Dimension von Artefakten müßte auch deren Bedeutung verschwinden. Wenn aber die signifikativen Herstellungsweisen als zentrales Moment der Konstitution betrachtet werden, wird klar, daß „Ostdeutschland" weiterhin Objektivität zugeschrieben wird, und es muß genauer geschaut werden, warum sich offensichtlich bestimmte *Herstellungsweisen* mit dem physischen Fall der Mauer *nicht* verändert haben.

Zusammengefaßt eröffnen diese Perspektivenwechsel die folgenden Fragen an den Text:

Ausgehend von einer Verschiebung vom Objekt zur Tatsache unter Berücksichtigung des „Primats der Handlung vorm Objekt" kann *erstens* gefragt werden, inwiefern Ostdeutschland Objektivität erlangt, also in gegenwärtigen (sprachlichen) Handlungen von seiner Existenz fraglos ausgegangen wird.

Ausgehend von einer Verschiebung vom gegebenen Raum zur „Verräumlichung" unter Berücksichtigung des Herstellungsparadigmas in Bezug auf räumliche Einheiten und Verortungen, kann *zweitens* gefragt werden, inwiefern Ostdeutschland eine räumliche Wirklichkeit zugesprochen wird.

Ausgehend von einer Verschiebung von der teleologischen Entwicklung von Regionen zur mehrdimensionalen institutionellen Verwirklichung kann *drittens* gefragt werden, inwiefern es ein Ostdeutschland jenseits des Mauerfalls gibt.

4.2 Ostdeutschland „ist"...

Mit derart eingestelltem Blick für die Modi der Herstellung ostdeutscher Wirklichkeit ist nun die Textcollage gefiltert zu „lesen":

...im Osten zu Hause?
...aus den beiden deutschen Staaten einer... was den Osten überhaupt vom Westen unterscheidet. ... „Mauer in den Köpfen" des Ostens ... in den neuen Ländern, während der Osten den Westen inzwischen gut kennt. ...1000 ostdeutsche Erwachsene ... 15 Prozent der Ostdeutschen ...Nur fünf Prozent der Ostler glauben... ...im Osten weiter verbreitet als im Westen. ... nicht alle im Osten so wie im Buch ...Viele Ostdeutsche hätten ihm geschrieben, ...zeigt sich aber, dass die Westdeutschen schon die Ostdeutschen, ...schwer ertragen. (...). Wahrscheinlich sind die Ostdeutschen den Westdeutschen zu ähnlich, ... Wie lernen Westdeutsche ostdeutsche Befindlichkeiten, Wünsche und Begehrlichkeiten kennen und umgekehrt? (...)....der vereinten Deutschen. ...ein Westdeutscher ...Unbefangenheit der Ostdeutschen, wenn sie sich in westlichen Bundesländern aufhalten...von Ost nach West und von West nach Ost....

...Probleme...der Einheit gelöst. (...)....„Keinesfalls Osten! ..." Der Aufschwung Ost ...der Abriss Ost. ...zwei Millionen Ostler ...nach Westdeutschland ...immer weniger junge Ostler. ...im Osten ... „Manche wählen sogar bewusst die neuen Bundesländer, ...Vorbehalte gegen den Osten... ...hat sich der Osten dem Westen weit angenähert..., Studenten im Osten ... Ostdeutscher zu sein.... Rückkehr in den Westen.

Produkte aus Ostdeutschland ...zum Leid vieler Ostdeutscher, ...die alten Bundesländer ... ...„Die Förderung Ost ... ...aus Ost- oder Westdeutschland stammt. (...). Dennoch ist Ostdeutschland, ... Der Osten sei zwar reif ... ...der Osten ...auf die Finanztransfers aus dem Westen angewiesen.... 1 500 000 000 000 Mark an Zuschüssen ...in den Osten geflossen.

...Was der Osten vom Westen hat. Was der Westen vom Osten haben kann... ...die besten Konzepte für den Osten. ...die neuen Länder „riechen, schmecken, fühlen" ...wenn er mal die neuen Bundesländer bereist hätte ...und meinte natürlich den Westen. ...Aufschwung in den neuen Ländern ... im Osten sehen lassen, ...dort, wohin es den westdeutschen Normalbürger nicht verschlägt.... Vorurteil, dass der Osten hinterherläuft. ...im Gespräch über den Osten. ...Und *der Westen* existiert so wenig wie *der Osten*. (...)...."...richtige Ostlerin" oder ‚Bei Dir merkt man gar nicht, daß du aus dem Osten kommst!"

In dieser Lesart wird zunächst einmal deutlich, daß Ostdeutschland irgend eine Form von Wirklichkeit besitzt, daß es „ist". Anschließend kann betrachtet werden, inwiefern auf ein Objekt, einen Raum oder einen Teilraum verwiesen wird.

... ein Objekt

Übergreifend wird auf „Ostdeutschland" und „den Osten" als real existierende Objekte Bezug genommen. *Über* etwas wird hier berichtet, womit bereits eine Beobachterperspektive zum Gegenstand eingenommen ist. Der Osten wird zum Objekt. Diese „Objektivierung" ermöglicht zum Beispiel, daß man „Vorbehalte gegen den Osten" haben kann und daß dieser Tatbestand öffentlich verständlich wird. Dabei wird selbstverständlich sogar dann vorausgesetzt, daß *der Osten* genauso wie *der Westen* existiert, wenn die Differenz dieser beiden Objekte, über die berichtet wird, in Frage gestellt wird. Selbst wenn man offenbar nicht weiß, was „den Westen vom Osten unterscheidet", wird doch deutlich, daß es einen Westen und einen Osten gibt. Und selbst wenn postuliert wird, „der Westen" existiere so wenig wie „der Osten" ist auch dieses scheinbar die Objektivität unterminierende Postulat erst verständlich, wenn die Objekte zunächst akzeptiert wurden. Auch für den Begriff der Unterscheidung ist es nötig, *den* Osten und *den* Westen als fixe Tatbestände bereits vorauszusetzen. In einer Aussage über die (fehlende) Differenz von Ost und West ist das Postulat einer Welt, in der es ein Ostdeutschland und ein Westdeutschland gibt, bereits enthalten. So wird sogar bei der Thematisierung der „eigentlichen" Einheit die Objekthaftigkeit und Essentialität von Ost und West zur notwendigen Bedingung.

Der Osten und der Westen werden wie Entitäten behandelt, deren Abgeschlossenheit vorausgesetzt wird. Es sind Objekte, denen zwar auch menschliche Eigenschaften und Handlungsfähigkeit zugesprochen werden kann, die aber selbst – und das ist entscheidend – als handlungsunabhängig (und damit ontologisch objektiv) erscheinen. So werden Sätze wie „Der Osten kennt den Westen"; „der

Osten hat etwas vom Westen" sinnhaft. Unabhängig vom spezifischen Wahrheitsgehalt dieser Aussagen, ist deren Wahrheitsgehalt nur zu diskutieren, wenn „der Osten" und „der Westen" in ihrer Existenz angenommen werden. Sie werden erst begreifbar, indem ihre beobachterunabhängige Seinsweise akzeptiert wird.

... ein Raum

Die essentielle *Be*handlung des Ostens ist auch grundlegende Bedingung für den Begriff von Ostdeutschen und Westdeutschen, es bedarf einer allgemein gültigen räumlichen Vorstellung, auf deren Grundlage eine ungefragte Sinnhaftigkeit entsteht, die selbst die unterbestimmten Satzfragmente der Collage verstehbar macht.

Zunächst können nur allgemeine Vermutungen zu der Verbindung der Begriffe mit einem raumbezogenen traditionellen Normalverständnis angestellt werden. „Ost" und „West" sind Begriffe, die bereits durch ihre Verbindung mit der allgemeingültigen Orientierung als Himmelsrichtungen eine Vorstellung von Räumlichkeit bedingen. Es ist auf dieser Grundlage selbstverständlich, daß man von Ost nach West gehen oder aus dem Osten kommen kann. Irgendwie scheint damit auch verständlich, daß man aus Ostdeutschland stammen kann. Damit sich dieses Verständnis ergibt, ist es darüber hinaus notwendig, eine Extension anzunehmen, die begrenzt ist. So ist es möglich, sich im Osten aufzuhalten. Während die Himmelsrichtung selbst ein relationales Kriterium ist, wird mit „Ostdeutschland" bereits ein ausgedehnter, aber auch spezifisch begrenzter Raum angesprochen, und auch der Begriff „im Osten" wird in diesem Zusammenhang scheinbar territorial eindeutig. Die Kategorie-Haftigkeit erzeugt dabei die nötige Schärfe: sich im Osten aufzuhalten, heißt, sich nicht im Westen aufzuhalten. Ähnliches gilt für „die Ostdeutschen", die auf dieser Basis eindeutig keine Westdeutschen sind. Offenbar wird Ostdeutschland als extensives Verbreitungsgebiet für etwas konzipiert, ob dieses zugeordnete „Etwas" nun „Produkte" oder „Menschen" sind. Dabei ist ebenso vorweggenommen, daß sich die Gruppe der Menschen oder Produkte über ihre Lokalisierung als homogen und eigen- bzw. einzigartig darstellt. Gleichzeitig muß davon ausgegangen werden, daß die Grundlage der Zuordnung keine Perspektivität und Ambivalenz aufweist, weil unter solchen Voraussetzungen keine eindeutige Verständigungsebene geschaffen werden könnte. An einem Versuch, die Textcollage zu verstehen, ohne dabei die Räumlichkeit der Gegebenheiten als stabile, konstante Grundlage bereits vorwegzunehmen, würde man zweifelsohne scheitern. Sobald allein angenommen wird, es könnte sich bei Ost- und Westdeutschen um relationale, situativ und kontextuell variierende Geisteshaltungen handeln, werden die Kategorien als solche außer Kraft gesetzt. Die Pointe der räumlichen Kategorie scheint hier gerade, daß sie ermöglicht und bedingt, Differenzen zeitlos festzuschreiben und damit Relationalität begreifbar und hantierbar zu machen. Mit anderen Worten: der Bezug auf eine räumliche Grundlage erweist sich als konstitutive Bedingung für die Bezugsgegenstände „Ostdeutsche" oder „Westdeutsche". Notwendig wird dabei eine Statik vorausgesetzt, die es den vielen verschiedenen Autoren ermöglicht, sich hinsichtlich ihres Bezugsgegenstandes öffentlich verständlich zu machen.

... ein Teil-Raum

Die im Text präsentierte räumliche Differenz ist offenbar binärer Art. Auf den ersten Blick wird kein weiteres Element der „deutschen Einheit" (etwa „Süddeutschland" oder „Norddeutschland") relevant. Es gibt nur den Westen und den Osten, und alles weist darauf hin, daß diese Einheiten komplementär in Bezug auf die große Einheit „Deutschland" sind: „vor zehn Jahren wurde aus den beiden deutschen Staaten einer". [*Deutschland = Ost + West* (Deutschland = alte + neue Länder)] ist die Kurzformel dieser Vorstellung, welche die Kontingenz der Einteilung ebenso verschleiert, wie eine Überschneidung der beiden Teilmengen.

Offensichtlich gibt es also eine Differenz, und damit muß es eine Grenze geben. Weil man diese offenbar überschreiten kann, von West nach Ost („rüber") gehen kann und andersherum, ist in dieser Beziehung wieder der Verweis auf eine (flächen-)räumliche Grundlage gegeben. Es muß sich um Gegebenheiten handeln, die in Beziehung zu menschlicher Bewegung gesetzt werden können – was wiederum impliziert, daß die Grundlage selbst stetig gedacht werden muß. Die Teilräume sind in ihrer „Logik" additiv, komplementär und disparat. *Entweder* im Osten *oder* im Westen; *entweder* Ostdeutscher *oder* Westdeutscher. Die Wiedervereinigung oder „innere Einheit" erscheint somit als Summierung, die erreicht ist, wenn Ost und West keine echten Kategorien mehr sind (gleiche Eigenschaften) und sich die Homogenität der Teilräume aufs Ganze bezieht, wenn also aus den beiden deutschen Staaten eine Kategorie „Gesamtdeutschland" wird. Interessant ist der Passus der „Mauer in den Köpfen des Ostens". Einerseits wird hier mit der „Mauer in den Köpfen" auf die Unwirklichkeit der Grenze rekurriert. Dann aber wird auch diese geistig-abstrakte Mauer, welche die objektive Selbstverständlichkeit der Teilräume Deutschlands angreift, wieder „im Osten" verortet. Offenbar ist selbst bei dem Infragestellen der Grenze und einer gegebenen Differenz der Kategorien eine Raumvorstellung angebracht, um dem Bezugsobjekt wieder eine stabile und eindeutige Basis zu geben.

So werden erste Probleme sichtbar: *Einerseits* scheint die Einheit bereits vollzogen („vor zehn Jahren..."), *andererseits* ist das Thema „deutsche Einheit" offenbar direkt an die Differenzierung der Teilräume und ihre inhärente räumliche „Vorstellungs-Logik" gebunden. Der Osten, so ihm eine Existenz zugeschrieben wird, und das heißt: so von *ihm* gesprochen wird, ist nicht tot. In diesem Sinne steht er aber gewissermaßen im Widerspruch zu der angeblich vor vielen Jahren vollzogenen Einheit. Stabilisierend wirkt dabei, daß es offensichtlich nach wie vor möglich ist, sich im Osten Deutschlands aufzuhalten. Die traditionell vorgestellte Konstanz des Raumes als Bezugsfläche scheint die *Kategorien* unabhängig von administrativen Neuordnungen und physischem Grenzabbau überdauern zu lassen. Die Institutionalisierung von „Ostdeutschland" als Region hat offensichtlich in dieser sprachbezogenen Dimension kaum graduell abgenommen. Gemessen an der großen Anzahl an Publikationen zu Ostdeutschland allein in den letzten drei Jahren muß eher von einer Zunahme ausgegangen werden.

Mit dieser Raum-Beharrung verbleiben die Westdeutschen und die Ostdeutschen – so scheint es zumindest zunächst – ebenfalls als fixe selbstverständliche Einheiten. Der Text stellt auf den ersten Blick ganz unproblematische Bezüge zu diesen räumlichen Kollektiven her. Von „ostdeutschen Erwachsenen" ist die Rede, wie auch von „Ostdeutschen in Westdeutschland". Das Pendant zum Gesamt-Raum Deutschland auf der Ebene der Individuen sind die „vereinten Deutschen", die wiederum disparat und komplementär in Westdeutsche und Ostdeutsche zerfallen. Auch hier schränkt die unterliegende räumliche „Logik" Ambivalenz und Kontingenz ein. Ostdeutsche können zwar „weniger werden" oder „abwandern", sie bleiben aber Ostdeutsche. Ein weiterer Widerspruch scheint sich hier abzuzeichnen: Einerseits sind die Ostdeutschen in ihrer „Logik" an die räumliche Vorstellung geknüpft, auf deren Grundlage von ihnen gesprochen wird. Andererseits ist der Kategorie „Ostdeutsche" selbst eine Konstanz immanent, die offensichtlich unabhängig vom flächenräumlichen Bezug Bestand hat.

4.3 Zwischenergebnisse und weiterführende Fragen

Die „Mauer in den Köpfen" als sprachliches Prinzip

Übergreifend wurde durch das Absehen von räumlichem Vorwiesen sichtbar, daß von der Existenz der Region ausgegangen wird. Ostdeutschland erscheint als handlungs*un*abhängiges Objekt und existiert in Differenz zu Westdeutschland. Diese Bezugnahme und (sprachliche) Handlung, von der angenommen wird, daß sie nicht allein beschreibend, sondern – entlang des Herstellungsparadigmas – auch konstitutiv für die Wirklichkeit der räumlichen Einheit ist, ist in der Berichterstattung zehn Jahre nach der sogenannten „Wiedervereinigung" nicht verschwunden. Begreift man Ostdeutschland in diesem Sinne als Teil der gemachten Geographie, und bedenkt, daß kaum zusätzliche Information nötig ist, um den räumlichen Bezugsgegenstand des Texts verstehen zu können, kann von den Regionen „Ostdeutschland" und „Westdeutschland" als institutionellen Tatsachen gesprochen werden. Zumindest in der signifikativen Dimension erscheint Ostdeutschland als selbstverständliche *common sense*-Kategorie und realer Gegenstand.

In dieser allgemeinen Betrachtung wird aber auch deutlich, daß die Signifikation, durch die Ostdeutschland (wie Westdeutschland oder „Gesamtdeutschland") Existenz, Objekthaftigkeit, Begrenzung und Spezifität erhält, kein typisch deutsches Phänomen sein kann. *Erstens* würden sich damit eklatante Inkonsistenzen ergeben: Auch das „typisch Deutsche", rückgebunden an den Raum-Begriff Deutschland, kann im Sinne der Theorie der Regionalisierung kaum als Analysekategorie dienen, sondern müßte durch die selbe „Brille" betrachtet werden. *Zweitens* – und dies ist kein theorie-internes, sondern ein intuitives und prospektives Argument – scheint doch die aufgezeigte Art und Weise der Raum-*Be*handlung auf fundamentale Bedingungen hinzuweisen, die allgemeinerer Art sind, insofern sie für die Konstitution von „Baden" oder „Bayern" ebenso zentral sein müßten, wie für die Rede von einem „vereinten Europa".

So gesehen ist die „Mauer in den Köpfen" als ein sprachliches Prinzip zu verstehen, das die Ontologisierung von Objekten ebenso einschließt, wie die Differenzierung und Grenzbildung. Ostdeutschland und Westdeutschland, deren artikulierte Differenz konstitutiv für die Regionen ist, werden zu einem Fallbeispiel raumbezogener signifikativer Praxis, die repräsentiert, was „ist", und dabei strukturierend Einfluß auf die Welt nimmt. Insofern kann – aus handlungszentrierter Perspektive – von einem ganz „alltäglichen Mauerbau" gesprochen werden, womit dann auch die Ost-West-Differenzierung – ähnlich wie Ahbe/Gibas (2000:23) fordern – nicht als „Anomalie" oder „Störung" oder „ungelöste Aufgabe" Deutschlands begriffen werden müßte.

So ist zunächst *erstens* festzuhalten, daß kaum von einer „Region" wie Ostdeutschland geredet werden kann, ohne diese zum Bezugs-*Objekt* herzustellen. „Ostdeutschland" ist eine essentielle Kategorie und ein Objekt. Es ist *zweitens* festzuhalten, daß offensichtlich kaum die „deutsche Einheit" thematisiert werden kann, ohne dabei die differenten und komplementären Sub-Einheiten Ost und West am Leben zu halten. *Drittens* ist mit der öffentlichen Bezugnahme eine implizite, öffentlich verständliche Raumlogik verbunden, welche das Verständnis weiterer Begriffe wie „die Ostdeutschen", ermöglicht, welche aber die Möglichkeit, anders zu sprechen (und damit andere Raumbegriffe zu formulieren) auch einschränkt. Dies ist vor allem interessant in Bezug auf den scheinbaren Gegenbegriff zur deutschen Trennung: die „deutsche Einheit".

„Wiedervereinigung" als Gegenbegriff zum alltäglichen Mauerbau

Aus der angelegten Perspektive ist es kaum möglich zu entscheiden, was denn nun „wahr" oder „wahrer" ist: das Postulat der Wiedervereinigung oder die Realität einer ostdeutschen und einer westdeutschen Region mit einer wie auch immer gearteten Mauer dazwischen. In konsequenter Anwendung des Herstellungsparadigmas muß davon ausgegangen werden, daß alle diese signifikativen Bezugsgegenstände wirklich sind. Eine erste Parallele zeichnet sich ab zwischen dem Begriff der „Wiedervereinigung" und dem der „Globalisierung", die oben als epistemologische Kategorie skizziert wurde. In gewisser Weise erscheint auch die deutsche Einheit als bereits vollzogener Ist-Zustand. Von den „vereinten Deutschen" wird gesprochen, von „Deutschland" und der „BRD" als realen „Einheiten". In Bezug auf die alltägliche Differenzierung von Ost und West und die zugrunde liegende räumliche „Logik" kann aber offensichtlich (noch?) nicht in einheitlicher Art und Weise von Deutschland gesprochen werden. So zeichnet sich die Spannung, die zwischen regionalisierender Praxis und globaler Weltdeutung theoretisch hergeleitet wurde, konkret zwischen der Herstellung ost- und westdeutscher Differenz und dem Einheits-Gedanken ab.

Sieht man auch die Vereinigung zunächst als *eine* Möglichkeit an, die Welt auf sich zu beziehen, besteht also offenbar *erstens* eine gewisse Reibung zwischen den unterschiedlichen signifikativen Konzeptionen (Ost-West-Einheit). *Zweitens* zeichnet sich aber auch ab, daß in gewisser Weise die Thematisierung des Prozesses der Vereinigung direkt mit der Artikulation der beiden Unter-Einheiten zusammenhängt. *Drittens* erscheint damit auf einer abstrakten Ebene die „Wiedervereinigung" als ein ähnliches Konzept wie das der „Globalisierung", insofern in beider Hinsicht die „Überwindung" von Regionalisierungsweisen angesprochen sind und sich diese implizite Forderung gegen traditionelle selbstverständliche Weisen der Welterzeugung, wie sie im Text aufzufinden waren, zu wenden scheint.

Mögliche Einwände

Nun könnte gegen die bisherige Darstellung allerhand eingewendet werden. Denkbare Kritikpunkte beziehen sich einerseits auf die hier ins Zentrum gerückte Sprachlichkeit der Konstitution von (raumbezogener) Wirklichkeit. Zum anderen beziehen sie sich auf die Bedeutung einer solchen Analyse. Darüber hinaus beziehen sie sich auf die Aussagekraft der bisherigen Untersuchung. Diese Einwände sind somit als ein Maß für die weitere theoretische Erschließung und Operationalisierung zu betrachten.

In Bezug auf die Fokussierung der sprachlichen Konstitution von Wirklichkeit als signifikativer Dimension des „Geographie-Machens" könnte *erstens* im Rahmen einer grundsätzlichen Kritik eingewendet werden, daß es natürlich den Unterschied von Ostdeutschland und Westdeutschland *gibt* und die Konstruiertheit dieser Regionen eine Schimäre ist, die sich daran widerlegt, daß man sich von der Existenz der Region überzeugen kann, wenn man z.B. in den Osten fährt. Die Bedeutung von Ost- und Westdeutschland, so könnte man meinen, mag jedem selbst überlassen sein, hat aber mit der Realität wenig zu tun. Neben einem solchen allgemeinen realistischen Einspruchs gegen die hier angelegte konstruktivistische Grundhaltung wäre ein gemäßigterer möglicher Einwand, daß die Berichterstattung über Ostdeutschland (die Repräsentationen) doch zumindest zunächst mit der ostdeutschen Wirklichkeit (dem Signifikat) abzugleichen ist, wenn zu validen Aussagen über die Konstitution der Region gelangt werden soll.

Ein anderer möglicher Einwand ist *zweitens*, daß sich die Betrachtung mit unbedeutenden Nebeneffekten einer im Kern strategischen Berichterstattung aufhält. Wichtig und interessant ist doch, *wie* über Ostdeutschland Bericht erstattet wird, ob z.B. verkürzt oder nicht, ob einseitig oder pluralistisch. Relevant ist doch, so könnte weiterhin eingewendet werden, welche *spezifischen Inhalte* Ostdeutschland zugesprochen werden, z.B. von Ost-Journalisten oder von West-Journalisten. Eine damit verbundene Frage wäre, wer die (Medien-)Macht zur Falschdarstellung besitzt und welche Ressourcen in Anschlag gebracht werden, um ein bestimmtes Bild von Ostdeutschland (oder Westdeutschland) zu erzeugen (dies alles sind Fragen im Bereich des strategischen „Symbolmanagements"). Wenn dabei der Gegenstand als Ist-Zustand, als Mittel der Darstellung bereits vorausgesetzt werden muß, dann – so könnte man meinen – ist das vielleicht eine notwendige, aber auch vernachlässigbare Bedingung, der alle sprachlichen Akteure gleichermaßen unterworfen sind. Die von mir vollzogene Betrachtung des Vorkommens von Begriffen und ihres ontologischen Wirklichkeitsstatus – so ein anschließender Punkt – sagt zudem nichts darüber aus, was tatsächlich *gemeint* ist. Es wäre doch notwendig, den Autor und den Kontext zu befragen, was diesen Begriffsverwendungen für eine Intention zugrunde liegt. Erst dann kann aus den Absichten und der verwendeten Rhetorik auf die Relevanz der Konzepte geschlossen werden.

Ein *dritter* denkbarer Komplex von Einwänden könnte darauf zielen, daß bislang äußerst unklar ist, welche spezifischen Wirkungen von den sprachlichen Bezügen, die Ostdeutschland zum Objekt und zum Raum machen, abzuleiten sind. Die allgemeine Betrachtung liefert keine Hinweise auf eine mögliche Differenzierung von sprachlichen Raumbezügen und kann damit auch keine diskutablen Aussagen zum Verhältnis von Sprech-Handelnden und Ostdeutschland liefern. Es kann damit auch nicht betrachtet werden, inwiefern einzelne Bezüge sich individuell unterscheiden oder variieren und inwiefern ich von meiner Lesart auf ein allgemeines Normalverständnis schließen kann. Zudem könnte es sein, daß die Widersprüchlichkeit, die aus der Alltäglichkeit und Selbstverständlichkeit der signifikativen Regionalisierung und den „entgrenzten" Deutungen hergeleitet wurde, gar kein relevantes Problem darstellt, weil die sprachliche Welterzeugung letztlich beliebig ist und ein wiedervereinigtes Deutschland ganz problemlos neben einem geteilten Deutschland bestehen kann.

Weiterführende Fragen

Während auf einige dieser kritischen Punkte bereits argumentativ eingegangen wurde, ergeben sich aus diesen möglichen Einwänden wichtige neue Fragen und Ansprüche hinsichtlich der weitergehenden Untersuchung und der damit verbundenen theoretischen Entwicklung.

Insbesondere ist *erstens* näher auszuführen, warum die sprachlichen *B*ehandlungen von Regionen (Ostdeutschland) wirklichkeitskonstitutiv sind, bzw. als Teil der räumlichen (ostdeutschen) Wirklichkeit zu betrachten sind. Daran muß sich zeigen lassen, daß die genauere Untersuchung dieser Weltbezüge für ein Verständnis der Konstitution von Wirklichkeit im Beziehungsgefüge von Sprache, Gesellschaft und Raum relevant ist.

Zweitens ist näher zu klären, inwiefern die signifikative Regionalisierung als Einsatz strategischer Ressourcen betrachtet werden kann, bzw. inwiefern die Bezugnahme nicht frei wählbar oder beliebig ist. Wenn nicht von universellen Regeln ausgegangen werden soll, wie ist dann ein öffentliches Verständnis trotzdem möglich? Dabei ist auch die Rolle der Medien in diesem Prozeß zu klären. Es muß sich zeigen lassen, warum die traditionellen „Raum-Logiken" auch im „medialen Zeitalter" relevant sind und warum die Unterscheidung ostdeutscher und westdeutscher Medien in Bezug auf die Regionalisierungsweisen nicht greift, aber problematisch ist.

Näher zu differenzieren ist *drittens*, welche *spezifische* Ausformung eine Region (Ostdeutschland) in signifikativen Bezügen erhält, und inwiefern man in gewisser Weise (intersubjektiv) auf diese Raumbezüge festgelegt ist. Was hat es mit dem raumbezogenen Normalverständnis auf sich? Wie ist die sich abzeichnende Verbindung zwischen Bezugnahme und erfahrbarer „Realität" beschaffen? Aus einer solchen Betrachtung muß sich ein Anhaltspunkt ergeben, ob und inwieweit auf diese Regionalisierungselemente verzichtet werden kann, bzw. welche Funktion ihnen bei der Strukturierung der Welt zukommt.

Schließlich muß näher geklärt werden, wie der Zusammenhang von designierten starren, konstanten räumlichen Gegebenheiten (Ostdeutschland als Flächenausschnitt) und variablen, mobilen Gegebenheiten (die Ostdeutschen) beschaffen ist, wenn die Kategorien nicht als natürliche Gegebenheiten, sondern als handlungsabhängige Tatsachen betrachtet werden sollen. Daran muß sich letztlich zeigen, warum der sich andeutende Widerspruch zwischen regionalisierender Praxis und globaler Weltdeutung zunehmend Probleme bereitet und warum auch „die Mauer in den Köpfen" zu einem Problem geworden ist.

Das Zwiegespräch von alltagsweltlicher Grundlage und Theorie ist also fortzuführen und nun ist wieder die Theorie gefragt. Die weiterführenden Fragen weisen den Weg zu einer theoretischen Erweiterung, die einzelne Elemente der Rede vom Raum und ihre Wirkung aufzuschlüsseln vermag.

Teil II:
Elemente sprachlichen „Geographie-Machens"

Ob nun als Gegenstand, Raum oder Teilraum, folgt man den sprachlichen Bezügen, besteht kein Zweifel an Ostdeutschlands Existenz. Wie aber funktioniert die sprachliche Praxis der Verräumlichung, Verortung und Vergegenständlichung? Welche Prinzipien und Regelmäßigkeiten lassen sich erkennen und was hat das Sprechen vom Raum mit einer räumlichen Wirklichkeit zu tun? Das Anliegen dieses zweiten Teils ist es, einzelne Elemente signifikativer Regionalisierung theoretisch zu erschließen.[1] Übergeordnetes Ziel ist dabei, eine Einschätzung der ermöglichenden und einschränkenden Dimensionen räumlicher Sprache vorzunehmen, um damit die Notwendigkeit resp. Verzichtbarkeit dieser „konservierenden Praxis" diskutieren zu können. Das spezifischere Ziel ist, über die „nähere" Auseinandersetzung mit Sprechakt-Elementen aus einer „Mikroperspektive" zu erkennen, wie über sie Räumlichkeit und räumliche Einheiten verwirklicht werden. Dazu ist die Konzeption eines spezifischen analytischen Rahmens nötig.[2]

In einem *ersten* Abschnitt erfolgt die theoretische Auseinandersetzung mit dem **Verhältnis von Sprache und Raum** und den handlungstheoretischen Optionen, diese Beziehung zu konzeptualisieren. Daraufhin wird ein Weg aufgezeigt, wie das theoretische Instrumentarium kompatibel durch sprachanalytische Ansätze erweitert werden kann. Die wirklichkeitserzeugende Kraft der Sprache ist dabei konsequent zu berücksichtigen und für eine Betrachtung zu operationalisieren, und der Vorschlag ist, Teile der sprachphilosophischen Theorie von Searle

---

1 „Elemente" werden hierbei in einem allgemeinen Sinne verstanden als „grundlegende Eigenarten", die aus einer Mikroperspektive sichtbar werden. Dabei wird von der mathematischen Systemdefinition (System = Summe seiner Elemente und der Beziehungen zwischen ihnen) insofern etwas abgerückt, als daß die Beziehungen (als sprachliche „Bezugnahmen") hier auch unter den Begriff der „Elemente" fallen, unter diesen also nicht abgegrenzte „Teilchen" zu verstehen sind.

2 „Analyse" ist heute zum selbstverständlichen Begriff wissenschaftlichen Handelns geworden. Im Griechischen noch ein Terminus der mathematischen und philosophischen Methodenlehre im Sinne von „zergliedern", „auflösen", „etwas auf die Bestandteile zurückführen, aus denen es zusammengesetzt ist", erfolgt in der Neuzeit die Ausweitung der Bedeutung von „Analyse" auf „wissenschaftliche Untersuchung" (Kluge 1999:36). Hier ist die Analyse jedoch nicht als „Zerlegung", sondern als „perspektivische Betrachtung" zu verstehen.

(insbes. 1991; 1997; 2001) für die „signifikative Regionalisierung" fruchtbar zu machen. Ein anschließender *zweiter* Abschnitt befaßt sich mit der **Rolle der Medien** im Prozeß der sprachlichen Raum-Bindung. Kann davon ausgegangen werden, daß die Medien die traditionellen Elemente signifikativer Regionalisierung in den letzten Jahrzehnten grundlegend verändert hat? In einem *dritten* Abschnitt sind vor diesem Hintergrund dann einzelne **Elemente der signifikativen Regionalisierung** herauszuarbeiten. Welche formalen Prinzipien und allgemeinen Vorstellungen in Bezug auf Raum und Räumlichkeit sind aus den sprachlichen Umgangsweisen ersichtlich? Wie „funktionieren" sie in Bezug auf das räumliche Normalverständnis und welche Funktionen erfüllen sie für den alltäglichen Weltbezug? Es geht darum, allgemeine Typen der „Verortung" und die ihnen zugehörigen imaginativen Effekte abzuleiten.

Mit dieser neu gefertigten „Brille" ist dann in einem *vierten* Abschnitt erneut der Blick auf die Berichterstattung zur deutschen Einheit zu richten. Es gilt, die Elemente signifikativer Regionalisierung im Text nachzuvollziehen und resultierende Vorstellungen bezüglich der räumlichen Wirklichkeit Ostdeutschlands herzuleiten.

1 Sprache und Raum

Was haben Sprache und Raum miteinander zu tun? Wird Sprache und Sprechen durch Räume beeinflußt, ähnlich wie der Startenor Luciano Pavarotti einmal erklärt haben soll, seine Sangeskunst rühre daher, daß über Italien der Himmel so blau sei? Oder ist nicht doch auch „Italien" – ähnlich wie „Ostdeutschland" – ein sprachliches Etikett, das dem Land nicht nur seinen Namen gibt, sondern „es" als Vorstellung auch erst hervorbringt und formt? Kann nicht erst über die Sprache „Italien" als Verbreitungsgebiet eines blauen Himmels erscheinen? Diese scheinbar naiven Fragen geben Anlaß zu fortlaufender wissenschaftlicher Auseinandersetzung. Theoretische Zugänge zum Verhältnis von Sprache und Raum erfolgen daher auch auf sehr unterschiedliche Weise. Sprache kann – folgt man z.B. Wenz (1997) – *erstens* im Sinne einer „Raumsprache" als verbaler Ausdruck einer bestehenden Räumlichkeit konzeptualisiert werden. Sie kann *zweitens* im Sinne eines „Sprachraumes" selbst räumlich begriffen und analysiert werden, entweder als „Sprache im Raum" oder „Sprache als Raum". Sprache kann *drittens* als Instrument oder Mittel betrachtet werden, durch das Raum und Räumlichkeit erst entstehen. Eine Verschränkung aller dieser Ansätze ist in den unterschiedlichsten Disziplinen beobachtbar, eine Synthese jedoch kaum. Nicht alle Ansätze scheinen darüber hinaus anschlußfähig an die Prämissen eines handlungszentrierten Ansatzes. Dieser Abschnitt wendet sich somit in einem *ersten* Kapitel der Frage zu, welche Theorien und Zugänge aus dem weiten Feld für eine Weiterentwicklung und Operationalisierung der Theorie der signifikativen Regionalisierung dienlich sein könnten. In einem *zweiten* Kapitel wird daran anknüpfend eine Konzeption erstellt, die zunächst einmal den strukturationstheoretischen Grundlagen der Arbeit entspricht. In einem *dritten* Kapitel wird darauf aufbauend eine speziellere sozialgeographische Konzeption hergeleitet. Dazu werden Elemente der sprachphilosophischen Theorie von Searle eingeführt, welche die Theoriegrundlage von Werlen für den Zweck der Betrachtung der Rede vom Raum zu differenzieren vermögen.

1.1 Theorien und Zugänge

Geographie

Die Human-Geographie besitzt in ihrer klassischen länderkundlichen Prägung einen deskriptiven Zugang zu Raum und Sprache. Er besteht z.B. in der erdräumlichen Abgrenzung von Sprach- oder Dialekträumen.[3] Dagegen stehen in „modernen" Verbindungen von Geographie und Kommunikationswissenschaft (Hillis 1998) vornehmlich technischstrukturelle Aspekte der Informationsübermittlung im Mittelpunkt. Sie sind vielfach mit der Frage beschäftigt, wie Kommunikation *im* Raum vor sich geht, wobei meist ein physikalisches, distanzbezogenes Raumverständnis in Anschlag gebracht wird (vgl. Maier-Rabler 1992; Ronneberger 1992). Es wird von „Kommunikationsräumen" gesprochen, die auf Verbreitungen von Medien, auf Sendegebiete und Netzabdeckungen beruhen (vgl. Brunn/Leinbach 1991; Gräf 1992; Hepworth 1989).[4] Das Raumschema selbst, seine Konstitution und Institutionalisierung, steht dabei weniger zur Diskussion. Vielmehr handelt es sich bei diesen Konzepten um eine Art Strukturanalyse, sozusagen um eine Bestandsaufnahme der vorhandenen Kommunikations-Technik und -Infrastruktur, die ein konventionelles Raumschema abgrenzend zu Hilfe nimmt.

Eine disziplinär geographisch einzuordnende Forschungsströmung, die dagegen eine Subjekt- oder Teilnehmerperspektive anlegt, ist die Auseinandersetzung mit kognitiven Raum-Repräsentationen („mental maps") (Downs/Stea 1973, 1977; Gold 1980; Tzschaschel 1986). Forschungsgegenstand sind die individuellen oder gruppenspezifischen Perzeptionen („images") von räumlicher Distanz und Nähe als Grundlage von Entscheidungs- und Bewertungsverhalten. Dabei werden auf empirischer Basis subjektive Raumwahrnehmungen sichtbar gemacht und mit den „wahren" Distanzverhältnissen und erdräumlichen Strukturen, wie sie die Karten zeigen, abgeglichen. Raum bekommt einen dualen Charakter: unterschieden werden die „objektive Umwelt" und die „Verhaltenswelt" des Geistes, die nur mittelbar, indirekt, aber doch – so scheint es zumindest – vollständig zu untersuchen ist. Eine zentrale Rolle spielen räumliche Stereotype als mentale Ordnungskategorien. Das Individuum wird in einer Doppelrolle betrachtet: als Teil einer (bild-)empfangenden Masse wie auch als Kommunikator. „..., individuals can

---

[3] Vgl. den „Bayrischen Sprachatlas" (Hinderling 1996). Für die Verbindung von Sprache, Sprachraum und Raumsprache in der Wissenschaft auch Osthoff/Brugmann (1878-1890).

[4] Auch das Konzept der „Geographien der Information" von Werlen kann so aufgefaßt werden, insofern als daß es z.B. auf die deskriptive Erfassung der „Informationsverbreitung" als Grundlage für weitere Untersuchungen abzielt (Werlen 1997b:387-388).

participate in the process by which stereotypes evolve, are communicated and reinforced" (Gold 1980:129). Die Region wird als bedeutungstragendes mentales Konstrukt konzeptualisiert, die Regionalisierung der wissenschaftlichen Geographie als „a systematic version of the everyday process by which we come to terms with spatial complexity" (Gold 1980:131). Diese Ansätze, die nach einem zunächst großen Zuspruch heute eher ein Randgebiet der Humangeographie ausmachen, weisen grundsätzlich ein hohes Erklärungspotential für die kognitiven Voraussetzungen des „Geographie-Machens" auf. Während aber die Wahl der Subjektperspektive dem Aufbrechen konventioneller tradierter Raumvorstellungen und dem Infragestellen der Beobachterperspektive dient, wird, indem von einer „objektiven" oder „realen" Ordnung und Entfernung der Dinge ausgegangen wird, die vorherrschende Projektionsweise und Symbolik, also auch die Herstellung dieses „objektiven" Raumes durch kognitive und sprachliche Prozesse, selten in die Reflexion mit einbezogen. Der angelegte, scheinbar nur von Wissenschaftlern erkennbare, „reale" Maßstab für das Maß der Abweichung der individuellen Wahrnehmung wird selbst nicht theoretisiert. Der Raum an sich, bzw. die räumliche Umwelt, bleiben dadurch Ausgangspunkt der Erklärung menschlichen Verhaltens resp. signifikativer Zuschreibung.

Ein als *linguistic turn* beschriebener Paradigmenwechsel in der Philosophie (ausgehend von Wittgensteins (1984 [1953]) Untersuchungen), der Sprache und Text zum *primären* Ausgangspunkt der Erkenntnis macht und eine erkennbare ontologische Objektivität verneint, durchzieht auch die Humangeographie und wird in Verbindung mit dem sogenannten *cultural turn* vor allem des englischsprachigen Diskurses verstärkt (Johnston 2001:295). Die Konstruktion verschiedener Realitäten durch Sprache und „signifying practises" im weiteren Sinne (Barker 1999; Smith 1996)[5] und die Auseinandersetzung mit „Raum und Repräsentation" wird – auch unter dekonstruktivistischen Einflüssen – zum zentralen Thema (vgl. Barnes/Duncan 1992a; JonesIII/Natter 1999) und eng mit dem Aufbrechen verborgener Autoritäten und der politisch motivierten Anwendung von signifikativen Ressourcen im Prozeß des „Schreibens" (von Texten oder Karten) verbunden (z.B. Dalby 1991; Pickles 1992; Häkli 2001). Das Verhältnis von Sprache und Raum wird zugunsten der Sprache aufgelöst. Die Schlußfolgerung ist oftmals radikal:

> „(...) to deny identification of an unimpeachable presence, (...) there can only ever be the flux of meaning and no constant presence" (Barnes 1996 zit. in Johnston 2001:298).

In der deutschsprachigen Humangeographie ist die Beschäftigung mit Sprache und Repräsentation dagegen zwar auffindbar, aber weniger etabliert. Einen systemtheoretischen Zugang zum Verhältnis von Raum und Kommunikation legte Klüter (1986) vor. In handlungstheoretischer Orientierung wird ein gemäßigterer sprachpragmatischer Ansatz insbesondere von Zierhofer (1997; 1999; 2002) vertreten. Angelehnt an Habermas' Theorie kommunikativen Handelns (1995a,b)

---

5 „(...) cultural studies can be understood as the study of culture as the signifying practices of representation and their relationship with concrete human beings" (Barker 1999:13).

und die Sprechakttheorie von Austin (1962) und ihrer Weiterführung von Searle (1974; 1982; 1997) werden dabei weniger (absolute) Behauptungen über eine essentielle (gesellschaftsexterne) oder nicht-essentielle (gesellschaftliche) Wirklichkeit zentral. Vielmehr wird eine handlungszentrierte Perspektive eingenommen, die auch die Beziehung der traditionell so genannten „physischen" und „sozialen" Phänomene erklären können soll (Zierhofer 2002:7).[6]

(kognitive) Linguistik

Das Verhältnis von räumlicher Wirklichkeit und bedeutender Praxis ist dagegen Thema linguistischer Untersuchungen (s. Wunderlich 1982a,b; Vater 1997; Wenz 1997; Pütz/Dirven 1996). Dabei gehen die Grundprämissen bezüglich der anzunehmenden „Übersetzungsrichtung" stark auseinander. Insbesondere betrifft das die kontroversen Positionen, Sprache als „Spiegel" einer räumlichen Außenwelt, oder aber umgekehrt als Konstitutivum („Performativ") von räumlicher Wahrnehmung aufzufassen. Grundlegend einig sind die Vertreter aktuell dennoch in der Annahme, daß Raum kein Phänomen der „Welt an sich" ist, sondern bereits irgend eine Form der Kognition beinhaltet, die sich – wenn auch kontextbezogen – in der Sprache wiederfindet (vgl. Wenz 1997; Hess-Lüttich et al. 1998; Bouissac 1986, 1998).

Sprachliche Raumbegriffe stehen auch im Mittelpunkt linguistisch-analytischer Ansätze. Zum Untersuchungsfeld gehören, aufbauend z.B. auf Pierce' Konzept der „Ikonizität", Zeichen des Raumes und indexikalische Verweise[7] (Wenz 1997:4). Diese werden in unterschiedlichen Textsorten wie auch in unterschiedlichen Sprachen vergleichend untersucht. Allgemeine Ausrichtung ist vielfach die Frage nach der semantischen Übersetzung der Räumlichkeit von Objekten resp. ihrer Lage „im Raum", also danach, wie diese Räumlichkeit sich in spezifischen Raumausdrücken widerspiegelt (Wunderlich 1982a,b). Während im „klassischen Fall" von den Objekteigenschaften selbst als bestimmender Größe ausgegangen wird, arbeiten neuere Ansätze mit der Annahme, daß der Bezug zum Sprecher (dem Nullpunkt der Kommunikation, dem „Origo") und der Kontext, in dem eine Äußerung und deren Aufnahme stattfindet („Hörerabhängigkeit"), viel entscheidendere Variablen für die emergierende Raumauffassung sind (s. Carstensen 2001).[8] Dies wird auch von sprachphilosophischen Untersuchungen gestützt (Wyller 1994).

---

6   Auch im angloamerikanischen Diskurs sind, insbesondere angeregt von Massey (1999) andere Modelle von physischer Geographie und Humangeographie und eine Annäherung der Disziplinen wieder verstärkt im Gespräch (vgl. auch den „Exchange" der *Transactions* of the Institute of British Geographers 26 und Raper/Livingston 2001).

7   Dazu zählen sprecherrelative „deiktische Begriffe" wie „oben/unten", „vor/hinter", „links/rechts", bzw. „primäre Deiktika": „hier", „da", „dort". Auf sie wird weiter unten [sic!] näher eingegangen.

8   Auf dem Gebiet der kognitiven Linguistik stehen „lokalistische" den „konnektionistischen" resp. interaktionistischen Modellen gegenüber (zusammenfassend vgl. Wenz 1997:39-56; La-

Phänomenologie: Geist und Sprache

Insgesamt strittig scheint die theoretische Konzeption des Beziehungsgefüges von Sprache, Wahrnehmung und Geist. Gegenüber den stark textbezogenen linguistischen Ansätzen wird aus einer phänomenologischen Position – in Anlehnung an Merleau-Ponty (1962) und Plessner (1980) – ein prä-semiotischer, „gelebter" Raum konzeptualisiert, der nicht aus der Verwendung von Zeichen oder Sprache hervorgeht oder mit Hilfe der Semiotik zu untersuchen wäre, sondern der seinerseits – in einem anthropologischen Sinne – gerade die Basis für Begriffe der Welt darstellt (Münch 1998). Cassirer spricht z.B. von „geistigen Urworten" (Münch 1998:39).[9] Diese Grundhaltung der Ableitung der Raumbegrifflichkeit aus der (wiederkehrenden) Erfahrung findet sich aber auch in kognitionswissenschaftlich orientierten linguistischen Ansätzen. Bei Lakoff/Johnson (1998:22) z.B. werden *orientational metaphors* als kognitive Organisationsprinzipien angesehen, die sich aus der alltäglichen Erfahrung ergeben, „aus dem Umstand, daß der Körper eines Menschen so beschaffen ist, wie er es ist, und daß dieser Körper so funktioniert, wie er in unserer physischen Umgebung funktioniert". Raumbezüge werden nicht als bloße sprachliche Stilmittel betrachtet, sondern als aus der sinnlichen Erfahrung emergierende Konzepte (Wenz 1997:33). Auf der Grundlage von Erfahrungen und deren kognitiver Verarbeitung werden – so Lakoff/Johnson (1998) – Muster gebildet, die durch Abstraktionsfähigkeit auf weite Lebensbereiche projiziert werden. Bei einer semiotischen Untersuchung solcher Raumerfahrung wird dann aber dennoch – so wendet Bouissac kritisch ein – der „Raum an sich" oftmals implizit vorausgesetzt. Die untersuchte Raumsprache wird nur als Ausdruck einer kognitiv verarbeiteten räumlichen Welt angesehen, sei es die „reale" Welt der Gegenstände oder die „virtuelle" Welt des Hypertexts (vgl. Wenz 1997; Hillis 1999).

Germanistik / Literaturwissenschaft

Im Bereich der Literaturwissenschaft finden sich schließlich Ansätze, deren Interesse auf Texte und andere Medien *als* Räume ausgerichtet ist. Hierfür kann der

---

koff 1990; Debatin 1995:106-111). Dabei geht es vornehmlich um die Frage, ob räumliche Wahrnehmung eine lokale physiologische Basis hat, oder aber in der alltäglichen Interaktion emergiert. Letzteres hieße, daß die Wahrhaftigkeit, die wir den Sinnesdaten zuweisen, nicht einer biologischen Notwendigkeit, sondern der gesellschaftlichen Bewertung entspringt. Diese Position fragt auch, ob das „sehende Auge", respektive der „Okularzentrismus", ein kulturelles Konstrukt ist (vgl. Krämer 1998; 1999).

9   Wenn die philosophische Anthropologie die „Unangemessenheit von Dingkategorien, die große Teile auch der Humanwissenschaften eingenommen haben" erweisen und eine angemessenere Begrifflichkeit zur Erfassung menschlicher Intentionalität leisten soll (Münch 1998:34), so ist die Richtung angezeigt: Einerseits soll eine Brücke zur kognitiven Linguistik geschlagen werden, andererseits wird aber auf der Grundlage eines anthropomorphen Geistes eine ihm angemessene Kategorisierung gesucht. Das erfolgt z.B. durch Setzungen, der Kulturalität oder „Künstlichkeit" des Menschen als „irreduzibel".

Begriff der „Sprachräume" angelegt werden. Der literarische Raum z.B. wird als veranschaulichender Raum thematisiert, Bedeutungen sind in diesem Raum verortet und erzeugen eine eigene Orientierungsstruktur.[10] Raum wird als Gestaltungsmittel für die Erzeugung von mythischen Entwürfen der Welt hinterfragt. Raumbeschreibungen interessieren in ihrer narrativen Verflechtung mit literarischen Elementen.[11] Ein anderer Strang der Ausrichtung auf „Sprachräume" beschäftigt sich mit der Abbildung und Erzeugung von Raum in Romanen oder Reiseführern durch verschiedene Stilmittel (vgl. Wenz 1997). In Erweiterung werden dann auch Hypertexte oder virtuelle Welten auf ihre räumliche Organisation hin beleuchtet. Dabei wird jedoch selten betrachtet, welche Analogien in der Konzeption dieser „neuen Räume" mit vorherrschenden Raummustern oder -metaphern bestehen. (Virtuelle) Strukturen werden an und für sich, ohne Rückgriff auf (konventionelle) Herstellungsweisen, erkundet.

1.2 Allgemeine strukturationstheoretische Konzeption

Zur wechselseitigen Beziehung von Sprache und Raum

Aus dem weiten Feld der Untersuchungsrichtungen sind für die Weiterentwicklung und Operationalisierung einer Theorie der signifikativen Regionalisierung vorrangig diejenigen Ansätze interessant, die sich handlungsorientiert mit Raumbedeutungen und Raumsemantiken in Texten auseinandersetzen und dabei ontologische (Raum-)Setzungen vermeiden. Damit werden Konzepte der „Raumsprache", die gleichzeitig Sprache als Mittel der Raumerzeugung betrachten, zentral. Auf die grundsätzliche Bedeutung eines sprachzentrierten Ansatzes wurde bereits verwiesen (vgl. Teil I, Kap. 3.1). Er eröffnet vor allem die Möglichkeit, Handlung und Interaktion gleichzeitig zu thematisieren, um damit eine Dichotomisierung von Mikro- und Makroprozessen und entsprechenden Ansätzen aufzulösen (vgl. Giddens 1997a:192ff.). Eine abschließende Klärung der Beziehung von räumlicher Außenwelt, räumlicher Wahrnehmung (Perzeption) und performativer (Raum-)Sprache scheint dabei fraglich. Ausgehend von einem komplexen Zusammenspiel kognitiver, rezipierender und expressiver Prozesse ist eine

---

10 Der Text wird dabei selbst zum Gebäude und dann – unter Adaption des Imagebegriffes bei Lynch (1960) – bezüglich seiner imaginären Tauglichkeit analysiert oder beschrieben (zu einer Position der inadäquaten Rezeption von Lynch vgl. Phillips 1993). Das Ergebnis gibt dann Auskunft darüber, in welcher räumlichen Beziehung Raumbewertungen stehen, ohne zu beachten, daß diese Art der Projektion eine ebensolche Raumbewertung darstellt. Empirische Untersuchungen zum globalen Dorf z.B. (also zu einer distanzverringernden Wirkung des Fernsehens in der kognitiven Landkarte der Konsumenten, s. Winterhoff-Spurk 1992) müssen daher für die Untersuchung der signifikativen Herstellung von Raum und Räumlichkeit unbefriedigend bleiben.

11 Auch Landkarten können auf diese Art als Texte aufgefaßt und einer hermeneutischen Dekonstruktion unterzogen werden (s. Harley 2002).

sprachliche Äußerung als Bedingung *und* Folge, als Spiegel *und* Motor der Strukturierung der Welt anzunehmen. Sie wird somit lediglich als *ein* möglicher Ansatzpunkt und als ein Strukturierungsmoment des dynamischen Herstellungsprozesses aufgefaßt. Die Verbindung von Raum, seiner Repräsentation und Vorstellbarkeit, wie sie hier angelegt wird, formulieren JonesIII/Natter (1999:245) wie folgt:

> „(...) space, text and image are all part of a signifying materiality whose historical separation has worked to set epistemological limits on our capacity to theorize them as thoroughly interconnected."

Soll ein solches Beziehungsgefüge strukturationstheoretisch betrachtet werden, sind auch konstruktivistisch angelegte kognitionswissenschaftliche Ansätze (Bouissac 1998; Lakoff 1990; Lakoff/Johnson 1998) beachtenswert. Sie können – in Verbindung mit phänomenologischen Ansätzen – Erklärungen bezüglich des Zusammenspiels von Wahrnehmung (Anschauung) und Sprach-Handlung liefern. Es besteht dabei jedoch der Bedarf einer theoretischen Verknüpfung mit der (klassisch „sozialwissenschaftlichen") Ebene der intersubjektiven Interaktion, eine Theorie, die Strukturierung und Struktur verbindet und weder von passiven Rezipienten ausgeht, noch Sprache aus dem Bereich des Sozialen ausklammert. Ein sprachphilosophischer Ansatz wie die Theorie der Konstitution gesellschaftlicher Wirklichkeit (Searle 1997; auch 1991; 1992; 2001) bietet hier mögliche Anknüpfungspunkte nicht zuletzt, weil Searle grundsätzlich Sprache als soziales Phänomen betrachtet (vgl. Nelson 1992:115). Handlungstheoretisch kompatibel kann der Brückenschlag grundsätzlich aber nur gelingen, wenn das Zusammenspiel von Handlung und Strukturen (im Sinne von Ermöglichung und Einschränkung) in den einzelnen Sprechakten und ihren Bezügen selbst gefunden wird, wenn also die Sprachleistung als produktive (performative) *und* als bedingte Handlung analysierbar wird. In dieser Hinsicht erhalten auch linguistisch orientierte, sprachanalytische resp. semiotische Ansätze Bedeutung (Debatin 1995; Searle 1982; Wenz 1997; Wyller 1994). Sie können helfen, die Objektivierungen und Selbstverständlichkeiten von Sprechakten, ihren intersubjektiv geteilten Hintergrund („*common sense*") und das „Normalverständnis" räumlicher Bezugnahme differenziert zu betrachten, bedürfen dann aber einer Erweiterung hinsichtlich ihrer gesellschaftlichen Einbindung (s. Teil III). Den linguistisch-sprachanalytischen Ansätzen ist aber auch deshalb ein besonderer Stellenwert zuzuschreiben, weil die Grundlage der sozialgeographischen Betrachtung im weitesten Sinne Texte (schriftliche Dokumente, verbale Äußerungen, Karten, Bilder) sind (vgl. Hitzler 2000:462). Eine zentrale Forderung in strukturationstheoretischer Hinsicht ist dann allerdings, Texte lediglich als Möglichkeiten mit interpretativer Offenheit anzusehen, als zwar bestimmten Einschränkungen unterworfene Gebilde, nicht aber als abgeschlossene und kontextlose „Produkte". Erst durch das subjektive Handeln (Lesen) werden sie zu Texten (Stetter 1999:625). [12] Weder Texte noch Karten als Artefakte

---

12 Eine prominente Ausgangsbasis hierfür sind die Ausführungen de Certeaus (1988) zur „Kunst des Handelns".

eines Herstellungsprozesses sind demzufolge bloße Vermittler der ihnen eingeschriebenen rhetorischen Strategien der Wirklichkeitserzeugung, die der Wissenschaftler (sprachanalytisch oder hermeneutisch) nur zu dekonstruieren braucht, um z.B. ihre „Inadäquanz" zur Realität bzw. ihre „Täuschungsmanöver" zu entlarven. Texte als „mediated and mediating products" (Jones III/Natter 1999:240) können einer strukturationstheoretischen Ausrichtung folgend nicht als wahr oder falsch in einem ontologischen Sinne bewertet werden. Zu fragen ist, wie sie in einem epistemischen Sinne Wahrheit repräsentieren (oder eine verbindliche Wahrheit konterkarieren) und gleichzeitig die Welt strukturieren. Weder sind dann Texte – wie auch Harley (2002:282) insistiert – allein „Spiegel der Natur", noch sind Wahrnehmung oder Erfahrung originäre Ausgangspunkte einer *genau so* strukturierten sprachlichen Artikulation, sondern Sprache/Begrifflichkeit ist gleichermaßen ein strukturierender Faktor der Wahrnehmung, Anschauung und Erfahrung (vgl. Forschungsstränge der Ethnologie, zusammenfassend in Ronneberger 1992:341; Lakoff/Johnson 1998; Mondana/Racine 1999). Texte und Sprache können dann konsistenterweise aber auch nicht in ihrem (ganzen) Wesen, also in einem ontologischen Sinne, *unnatürlich* („sozial" oder „kultürlich") sein, weil die Kategorisierung von Natur und Kultur als ein Teil der strukturierenden sprachlichen Handlung von Subjekten anerkannt werden muß. Darum scheint es so vielversprechend, anstatt kausale und ontologische Bedingungen zu suchen, sich auf die ermöglichenden und einschränkenden Dimensionen der Herstellung einer räumlich strukturierten Welt zu konzentrieren.

Analytisch können nun zunächst zwei Ebenen raumkonstituierender Sprechhandlungen unterschieden werden, die im Folgenden weiter auszuarbeiten sind:
1. Eine strukturale, unthematische Dimension impliziter formaler Prinzipien und „Logiken"
2. Eine dynamische, thematische Dimension stetig aktualisierter und kreativer expliziter Raumsemantik

Die *strukturale Dimension* ist nicht in einem strukturalistischen Sinne als (dem Handelnden unzugängliches und dem wissenschaftlichen Betrachter zugängliches) „ursprüngliches" Kausal-Prinzip zu verstehen. Vielmehr ist sie als tradierte und selbstverständlich gewordene Art und Weise der signifikativen Praxis aufzufassen, die im alltäglichen Handeln im Kontext einer Sprechergemeinschaft Verständigung zwar einschränkt (im Sinne von „leitet") aber auch erst ermöglicht. Diese Prinzipien einer „Grammatik der Raumsprache" sind somit in wissenschaftlicher Einstellung zwar bedingt (in Bezug auf formale Eigenschaften) einer Beschreibung zugänglich, aber ihre Reflexion ist für die kommunikative Praxis keine Bedingung, stärker formuliert eher hinderlich. Zentral ist, daß diese Dimension Regionalisierungen begreift, die tendenziell *implizit* erfolgen und kaum diskursiv verhandelt werden. Sie betont somit die tradierten und manifestierten Einschränkungen sprachlichen Handelns, jedoch ohne dabei deren ermöglichende Bedeutung zu vernachlässigen.

Die *dynamische Dimension* bezeichnet den Prozeß der spezifischen thematischen Bedeutungszuweisung in kommunikativen Kontexten. Dabei wird von einer stetigen Aktualisierung und Revision von Raumbezügen ausgegangen und damit auch die prinzipielle Möglichkeit anerkannt, mit tradierten hintergründigen Rahmen und Mustern zu brechen, diese zu variieren oder innovative Bedeutungszusammenhänge zu schaffen. Mit dieser Dimension werden Elemente signifikativer Regionalisierungen begriffen, die in *expliziter* Form vorliegen und diskursiv verhandelt werden. Sie betont tendenziell die innovativen und variablen Möglichkeiten sprachlichen Handelns, ohne dabei die einschränkende Bedeutung des Normalverständnisses und der hintergründigen impliziten „Weisen der Welterzeugung" aus dem Auge zu verlieren.

Zur Beziehung von Handlung und Kommunikation

In welchem Verhältnis stehen Handlung und Kommunikation? Diese (ontologische) Frage ist vielfach und unter unterschiedlichen Fragestellungen behandelt worden. Im soziologischen Theorieangebot lassen sich z.B. nach Schneider (1994:12), der hier als ein Kritiker handlungstheoretischer Positionen angeführt werden kann, zwei Grundpositionen unterscheiden. *Erstens* solche, die Kommunikation als spezifische Form des Handelns betrachten (hierzu zählt er u.a. Habermas' Theorie kommunikativen Handelns (1995a,b) und Austins resp. Searles Sprechakttheorie (Searle 1974, Austin 1962)). *Zweitens* solche, die Handlungen als Produkt von Kommunikationsprozessen (als Ergebnis retrospektiver Bedeutungszuweisung) zu analysieren suchen. Dieser Ansatz findet sich seines Erachtens in Meads Gestenkommunikation (vgl. Mead 1975), der Ethnomethodologie (Garfinkel 1967; Patzelt 1987), dem symbolischen Interaktionismus oder – und prominent – in Luhmanns Theorie sozialer Systeme (vgl. Luhmann 1984). Die erste Position – so Schneider – weist dem Handlungsbegriff, die zweite dem Kommunikationsbegriff die fundierende Rolle zu (Schneider 1994:12).

Bei Habermas – als Beispiel für Schneiders Unterscheidung – ist Kommunikation nicht Selbstzweck, sondern wird erst durch die persönlichen Ziele, Motive und Intentionen der Kommunizierenden veranlaßt. Ihre Funktion ist die Koordination von unterschiedlichen Handlungsplänen der Teilnehmer, also die Verknüpfung individuell konzipierter, zielgerichteter Handlungen. Dabei wird wechselseitiges Verstehen als Regelfall vorausgesetzt durch die Referenz auf ein gemeinsames Bezugssystem.[13]

Luhmann konzeptualisiert dagegen Kommunikation als emergentes System, das dem psychischen vorgelagert ist:

> "Die Position des Eigeninteresses ergibt sich erst sekundär aus der Art, wie der Partner auf einen Sinnvorschlag reagiert. Die Verfolgung eigenen Nutzens ist eine viel zu anspruchsvolle Voraussetzung, als daß man sie generell voraussetzen könnte" (Luhmann 1984:160).

---

13 Eine differenziertere Interpretation bzgl. der „Idealisierungsstrategie" Habermas' bietet Krämer (2001:74ff.).

Kommunikation muß dabei ihre Struktur in ihrem Ablauf mit erzeugen, da davon ausgegangen wird, daß außer der Differenz Ablehnung/Annahme der Kommunikation keine vorgelagerten Faktoren notwendig sind bzw. eintreten müssen, um über die Kommunikation ein soziales System zu erzeugen. Kommunikation erzeugt Handlung und darüber hinaus auch sich selbst. Aus diesem Ansatz ergibt sich, daß Kommunikation auf einer Prozeßebene betrachtet werden muß und somit nicht individualistisch aufzulösen ist.

Mit der unterschiedlich erfolgenden Entscheidung des Primats von Handlung oder Kommunikation sind jedoch auch jeweils unterschiedliche Fragestellungen verbunden. Während die handlungszentrierte Position nach der kommunikativen Herstellung gesellschaftlicher Wirklichkeit fragt, und Bedeutungszuweisungen als Akte unter anderen erscheinen, fragt die zweite Position nach der sozialen Konstitution von „Handlungen". Für den Komplex Handlung, Kommunikation und „Raum" ergeben sich daraus folgende Zugangsperspektiven: Im Sinne der *ersten* Position wird kommunikatives Handeln als (ein) raumkonstituierender Akt unter anderen thematisiert. Sinnhafte Deutung und Ziel- und Zweckausrichtung von Handlungen aller Art (und somit auch dem Kommunikationsakt) werden den einzelnen Subjekten unterstellt. Bedeutungszuweisungen zu räumlichen Ausschnitten finden auf der Handlungsebene statt und können prinzipiell individualistisch aufgelöst werden. Eine Leitfrage wäre: wie werden Raumbezüge und räumliche Einheiten durch Kommunikation – als einer möglichen Handlungsweise – von den Subjekten hergestellt? Als problematisch erweist sich bezüglich der Raumkonstitution dann allerdings das Postulat des „kompetenten Akteurs", dem eine explizite Ausrichtung seiner kommunikativen Handlung auf das „Geographie-Machen" unterstellt werden muß. Vor dem Hintergrund der *zweiten* Position, die Kommunikation nicht als eine mögliche Art des Handelns, sondern als dessen Konstitutivum voraussetzt, wird auch Raum (oder werden räumliche Einheiten) nicht originär durch intentionale Handlung konstituiert, sondern rückwirkend durch die kommunikative *Zuschreibung als* raumkonstituierende Handlung. Das Verhältnis von Kommunikation, Handlung und Raum wird damit – zugespitzt formuliert – konzeptionell primär auf das Verhältnis Kommunikation und Raum reduziert. Eine Leitfrage wäre: wie entstehen Raumbezüge oder raumbezogenes Handeln in einem Kommunikationssystem? Problematisch ist hier die epistemologische Frage nach einer dann noch möglichen Erkenntnis raumkonstituierender Prozesse, die eine Beobachterperspektive und damit ein willentliches, kompetentes Heraustreten aus dem sinnkonstituierenden Prozeß bedingen müßte.

Inwieweit muß aber eine grundsätzliche Entscheidung zwischen den Ansätzen erfolgen? Der Zirkel von sprachlicher Einzel-Handlung und dem sozialen Begriff der Kommunikation als strukturellem, interaktionistischem Phänomen ist nur dann ein wirkliches (also wirkungsvolles) „Problem", wenn im Prinzip kausaldeterministischer (naturalistischer) Verursachung gedacht wird. Dann muß die Frage gestellt werden, wie denn die jeweilige „letzte Einheit" – ob nun Handlung oder Kommunikation – selbst erzeugt wird, bzw. sie muß gesetzt werden, um einem infiniten Regreß zu entgehen. Auf der einen Seite wäre dieser Anfangspunkt (die generative Instanz) wohl das Individuum (resp. das individuelle Bewußtsein[14]), auf der anderen das – autopoeitische – kommunikative System. Konsequent strukturationstheoretisch gedacht könnte dagegen einfach formuliert werden, daß Handlung kommunikativ ist und gleichzeitig Kommunikation eine Form der Handlung, ohne daß dabei notwendig die „kommunikative Absicht" (Habermas 1995a:384) als universelle bewußte Orientierung unterstellt werden muß. Giddens (1997:82) dazu:

> „Einige Philosophen haben versucht, umfassende Theorien des Sinns bzw. der Kommunikation aus der kommunikativen Absicht herzuleiten; andere nehmen hingegen an, daß der kommunikativen Absicht für die Konstitution der sinnhaften Eigenschaften der Interaktion bestenfalls marginale Bedeutung zukommt und ‚Sinn' durch die strukturelle Ordnung der Zeichensysteme beherrscht wird. In der Theorie der Strukturierung werden beide jedoch als gleichermaßen interessant und wichtig betrachtet, eher als Aspekte einer Dualität denn als ein sich ausschließender Dualismus".

Das allerdings klärt noch nicht die Bedingungen der Beziehung selbst. Ein Vorschlag, der auf Searle (1991:146-169; 2001:127-130) zurückgeht, wäre hier, den Begriff der Verursachung anders zu konzipieren, als im Sinne eines kausal-deterministischen, mechanistischen Zusammenhang, der „Handlung" und „Struktur" als zwei Gegenstände konzipieren würde. Verursachung wird gedacht als „rohes" Prinzip, das zwar sprachunabhängig existiert, aber erst unter einer *Beschreibung* seine kausale Bedeutung erhält (z.B. als Funktion oder Regel). Grundsätzlich fallen Verursachung, Repräsentation und Wirkung aber zusammen. Dann kann gesagt werden, daß es unter menschlichen Tätigkeiten Sprechakte gibt, die (Sinn-)Strukturen erzeugen (im Sinne von „realisieren") und unter den erzeugten Strukturen sind unter anderem auch solche, die Handlungen als „Handlungen" beschreiben. Gleichzeitig wird aufgrund von Repräsentationen gehandelt, ohne daß diese ein passives Reagieren auf eine *genau so* geartete und funktionierende Außenwelt wären. Dieses Gefüge ist lediglich willentlich analytisch trennbar und – wenn man will – in bestimmte funktionale oder teleologische Beziehungen zerlegbar. Von welcher Seite die Beschreibung ansetzen sollte, scheint dann keine Grundsatzfrage der Ontologie von Handlungen, wie Schneider (1994:110) es formuliert, sondern eher eine des Forschungsinteresses und der zugehörigen Modellierung.[15] Entweder können mögliche Herstellungsprozesse durch die Handlung von Individuen unter Berücksichtigung struktureller Bedingungen betrachtet werden, oder aber strukturelle Bedingungen unter Berücksichtigung dessen, was handelnde Individuen aus bzw. mit ihnen machen. Was den radikal handlungstheoretischen wie auch den radikal systemtheoretischen Ansätzen zu fehlen scheint, ist eine theoretische Verbindung dieser beiden analytisch getrennten Komponenten.

---

14 Zum Problem des „Epiphänomenalismus" des Bewußtseins s. Searle (2001:75).
15 Radikaler könnte gesagt werden, daß die Frage nach der unabhängigen Variablen in diesem System, vielmehr eine Frage ist, die eben aus der teleologischen Idee monolinearer kausaler Verursachung erst entsteht.

1.3 Spezielle sozialgeographische Konzeption

Eine Theorie signifikativer Regionalisierung soll in ihrer theoretischen Reichweite nicht lediglich zur hermeneutischen Analyse eines spezifischen Diskurses führen. Sie soll ebensowenig allein der Erschließung biologisch-kognitiver Muster oder Denkweisen dienen. Sie soll vielmehr die Konstitution gesellschaftlicher Wirklichkeit in ihrem räumlichen Bezug handlungstheoretisch erschließen (s. Werlen 1997b:410). Die Analyse dessen, wie über Raum geredet wird und wie die Subjekte die Welt auf sich Beziehen, ist dann allerdings umfangreich. Sie führt in einem weiten Bogen von einzelnen Sprechakten zu institutionalisierten Regionalisierungen von Sprecher-Gemeinschaften und damit (Teil III) zu einer Analyse von gesellschaftlichen Praktiken, deren Begründungen auf „Logiken" der herrschenden Raumauffassung rekurrieren.

Wenn dabei nicht ein gesellschaftsexterner, sprachunabhängiger Raum konzipiert werden soll, sondern die *sprachliche Konstitution* und Umgangsweise mit Räumlichkeit und deren Konsequenzen betrachtet werden sollen, muß sich die Theoriebildung mit einigen spezifischen Fragen im Zusammenhang von Bewußtsein, Repräsentation und Materialität auseinandersetzen. Übergreifend ist die Frage leitend, inwiefern eine vorherrschende Raumsprache (und damit die aus ihr hervorgehende Wirklichkeit) tatsächlich unvermeidbar ist, wenn doch kein gesellschaftsexterner Determinismus angenommen werden soll. Inwiefern sind also Transformationen und Alternativen möglich? Als allgemeine Hypothese kann gelten, daß – jenseits aller Inhalte – die Art und Weise, wie durch die Sprache Raum strukturiert und damit konstituiert wird, eine reproduktiv selbstbezügliche und in diesem Sinne hochgradig stabile und konservative Praxis der Welterzeugung ist. Infolge ihrer institutionellen Einlagerung in verschiedenste soziale Handlungsfelder, wie auch in das „Wissen von der Welt" ist sie damit weniger als Beschreibung, denn als integraler, selbstverständlicher Bestandteil räumlicher Wirklichkeit aufzufassen (die „strukturale" Dimension der räumlichen Sprache). Somit scheint ein „Entfliehen" (vgl. Teil I, Kap. 1) oder „Hinaustreten" (vgl. Cassirer 1985:13) höchstens in eingeschränktem Maße möglich. Soll es im Folgenden dennoch darum gehen, diese „konservativen" tradierten und nicht hinterfragten Elemente der symbolischen Weltbezüge und Klassifikationen sichtbar zu machen, ist in Rechnung zu stellen, daß selbst dabei die Raumsprache nicht verlassen werden kann. Insofern wird es nicht darum gehen können, diese Bezüge zu vermeiden.[16] Im Gegenteil ist der oberste Anspruch, statt einer Verschleierung ein hohes Maß an Reflexivität in die Theorie der signifikativen Regionalisierung einfließen zu lassen. Diesbezüglich sind nun drei „Problembereiche" zu diskutieren. Sie betreffen die Rolle der Sprache in Bezug auf:

---

16 Es ist vielmehr die Frage aufzuwerfen, inwiefern ein „Verräumlichungsverbot" in der humangeographischen Wissenschaftssprache letztlich nur der Konstruktion einer rationalen, objektiven Wissenschaft und damit einer Verschleierung der eigenen (raumbezogenen) Herstellungsleistungen dient.

1. die Zielorientierung resp. Zweckrationalität der sprachlich handelnden Akteure
2. das Verhältnis materieller („natürlicher"), geistiger und gesellschaftlicher Tatsachen
3. den Anschluß subjektiver Handlungen an intersubjektive Strukturen

Der Vorschlag ist, für eine Operationalisierung den Theorie-Entwurf von Searle (1982; 1991; 1997; 2001), an den sich verschiedene sprachpragmatische Ansätze anlehnen, zu berücksichtigen, und zwar selektiv bezüglich dreier theoretischer Begriffe:[17]

1. Einführung des Begriffs der „Intentionalität"
2. Fokussierung der Rolle symbolischer „Funktionszuweisungen"
3. Einführung und Ausbau einer „Hintergrund-These"

Intention und Intentionalität

Die Zielorientierung als stabiler Ausgangspunkt menschlichen Handelns stößt im Bereich der signifikativen Dimension der Regionalisierung an die Grenzen ihres Leistungsvermögens. Wozu wird die Welt in räumliche Einheiten eingeteilt? Welchem individuellen Zweck dient der Gebrauch von geographischen Eigennamen? Welche Strategie steckt hinter Anthropomorphisierungen, wie sie in Sätzen wie „Ostdeutschland hat ein Strukturproblem" zum Ausdruck kommen? Solche Begründungs-Fragen führen entweder zu einem nicht oder nur biologistisch begründbaren universellen Kommunikationsziel. Oder aber sie führen zu rhetorischen Spekulationen, indem sie sprachlicher Handlung generell eine strategische Ausrichtung unterstellen.[18] Die Variabilität von Anschlußdeutungen und Konsensbildung sowie die Kontextgebundenheit sprachlicher Handlungen werden dabei ausgeblendet.[19]

---

17 Es gibt keine ausführliche Diskussion der Sprechakttheorie oder ein detaillierter Vergleich mit anderen Konzepten der Sprachphilosophie und -soziologie. Für eine Übersicht s. z.B. Borsche (1996). Für kritische Diskussionen von Searles Werk s. insbes. Burkhardt (1990), auch Krämer (2001); für eine mögliche Erweiterung s. Debatin (1995); für eine aktuelle Diskussion Smith/Searle (2003), auch Marcoulatos (2003).

18 Diese implizite Unterstellung findet sich z.B. bei Luutz (2002:69), der „Naturalisierung" und „Personalisierung" als strategisch eingesetzte Instrumente zur Bildung von Raum-Einheiten darstellt. Im theoriegeleiteten Hinblick auf explizite Wahlkampfziele z.B. mag diese Unterstellung begründet sein, doch reicht sie nicht für eine differenzierte Untersuchung selbstverständlicher (alltäglicher) Regionalisierungen. Für einen modifizierten Strategiebegriff im Sinne von linguistischen Konzepten des „frame" oder „script" vgl. Wodak et al. (1998:75). Allerdings wird dort nicht die handlungstheoretische Einbindung diskutiert, lediglich auf Bourdieu verwiesen: „Strategie" als „unbewußtes Verhältnis zwischen einem Habitus und einem Feld" (Bourdieu 1993:74).

19 Zur Diskussion des zweckrationalen Handlungsmodells von Weber und seine Anschlußfähigkeit an die verständigungsorientierte Theorie kommunikativen Handelns s. Habermas

Wenn nun aber – wie Werlen (1997b:401) betont – kein „Selbstzweck" symbolischen Geographie-Machens angenommen werden soll, heißt das jedoch noch nicht, daß Regionalisierungen in der „Strukturierungsdimension der Signifikation" (ebd.:403) vollständig auf individuell rational erschließbare Intentionen rückführbar sein müssen. Bei der Frage nach der Konstitution des raumbezogenen Wissensvorrates von Subjekten (Werlen 1997b:263), ist einzubeziehen, daß dieses Wissen *durch* und *in* eben den signifikativen Praktiken auch erzeugt wird, und zwar als verfügbares, jedoch nicht verhandelbares Wissen. Gerade dieser *common sense*, besser: die „*common places*" sprachlichen Handelns können aber mit einer apodiktischen Konzeption durchgängig kompetenter Akteure, die ihr Wissen „in Anschlag bringen", kaum erfasst werden. Sie ist vor allem unbrauchbar für die Frage nach den tradierten, selbstverständlichen Dimensionen alltäglicher Raumbezüge in und durch die Sprache.

In der Theorie alltäglicher Regionalisierungen wird von Werlen in dieser Hinsicht explizit auf verständigungsorientierte Handlungstheorien (vor allem die sozialphänomenologische Konzeption von Schütz) verwiesen (Werlen 1997b:262-265). Die Verständigungsorientierung ist als ein zentraler Ausgangspunkt zu betrachten. Folgt man Zierhofer (1997:87), muß dieser für eine sprachanalytische Herangehensweise operationalisiert werden. Dabei ist jedoch der Begriff der Handlung von dem der „Intention" als einer dem Handeln rational vorgelagerter Absicht zu lösen (vgl. Werlen 1997b:266).[20] Er darf der Strukturierungsdimension nicht entgegengesetzt bleiben, sondern ist als integraler Bestandteil derselben zu konzeptualisieren.[21] Wie aber können ermöglichende und einschränkende Aspekte in *Handlungen* sichtbar gemacht werden, ohne dabei auf individuelle Zielsetzungen zu rekurrieren?

Einen Zugang bietet hier der Begriff der „Intentionalität", wie ihn Searle (1991; 1997; 2001) im Rahmen seiner „philosophy of mind" entwickelt hat.[22]

(1995a:377-388). Habermas führt die Unterscheidung von erfolgsorientiertem und verständigungsorientiertem Handeln ein, die in einer sozialen Handlungssituation strategisches von kommunikativem Handeln unterscheidet (ebd.:384). Dabei geht er von der Möglichkeit aus, daß das intuitive Wissen, welche Einstellung jeweils vorliegt, anhand kommunikativer Akte und deren sprachlicher Struktur analysierbar ist (ebd.:386).

20 Letztlich ist damit auch die Verständigungsorientierung als zweckrationale Tätigkeit gedacht, ähnlich wie bei Habermas der Begriff des kommunikativen Handelns zwar interaktionistisch angelegt ist, „Interaktion" sich dabei aber wiederum nur in Relation zu den individuellen Zielen definiert (Habermas 1995a:385).

21 Vgl. hierzu Werlens Kritik an Giddens Begriff von *intentionality as process* (Werlen 1997b:150).

22 Searles „Theorie des Geistes" spielt hier eine untergeordnete Rolle. Intentionalität wird hier – in Verbindung mit einem gemäßigten Realismus – als vielversprechendes Konzept des Zusammenspiels von Repräsentation und Raum angesehen (vgl. Raper/Livingstone 2001). Als intentionales Netzwerk und in Verbindung mit einem gesellschaftlich formierten Hintergrund betrachtet (Searle 1991:39) wird ein handlungstheoretisch kompatibler Brückenschlag zur „gesellschaftlichen Ebene" möglich.

Intentionalität ist bei Searle nicht synonym zum Begriff der Intention.[23] Intentionalität bezeichnet die basale Fähigkeit des Bewußtseins, sich auf einen Gegenstand[24] zu richten, schlicht: etwas zu (re)präsentieren.

> „Intentionalität ist Gerichtetheit; die Absicht, etwas zu tun, ist nur eine Art der Intentionalität unter vielen andern" (...) „Die intentionalen Zustände oder Ereignisse sind justament dies: Zustände und Ereignisse; sie sind keine geistigen Akte" (Searle 1991:18).[25]

Es gibt Searle zufolge also keine Absicht, die der Intentionalität noch wieder vorgelagert ist. Intentionale Zustände sind auch keine bloßen Spiegelbilder einer bestimmten (bereits klassifizierten und strukturierten) Außenwelt. Sie sind wirklichkeits-konstitutiv, ohne daß dabei die Existenz einer „rohen" Außenwelt (als notwendige Bedingung des sprachlichen „sich-auf-die-Welt-Beziehens") in Frage gestellt wird.[26] Dieser Begriff unterscheidet sich somit von einer „bewußten Zielgerichtetheit" von Handlungen, wie sie bei Giddens (1997a:59) anklingt. Die für die Handlung notwendigen Absichten gehen der Handlung nicht mental voraus, sondern sind „justament der intentionale Gehalt der Handlung; die Handlung und die Absicht sind (...) voneinander untrennbar" (Searle 1991:114).[27]

Ein Vorteil dieses Intentionalitätsbegriffes ist somit, daß mit ihm analytisch zwischen *vorausgehender Absicht* und *Handlungsabsicht* unterschieden werden kann.[28] Der Vorsatz „ich habe vor H zu tun" ist eine vorausgehende Absicht, die wohl einem Normalverständnis von „Intention" entspricht und auf die auch Giddens (1997a:61) rekurriert. Die charakteristische „Form" der Handlungsabsicht bei Searle dagegen ist „ich tue H" (Searle 1991:114) und in diesem Sinne ist dann

---

23 Vgl. Krämer (2001:60).
24 „Gegenstände" meint Searle in einem nicht materiellen Sinn jenseits des Dualismus von „Geist" und „Materie", die er für veraltete Kategorien hält (Searle 2001:61-62). „Gesellschaftliche Gegenstände" sind bei Searle (1997:67) letztlich Tätigkeitsstrukturen, „intentionale Gegenstände" sind solche, auf die sich ein intentionaler Zustand bezieht (1991:34). In der englischen Originalfassung ist der dem Gegenstand entsprechende Begriff „entity" (Searle 1995).
25 Dieses „Gerichtetsein" ähnelt durchaus dem Intentionalitätsbegriff der Phänomenologie zurückgehend auf Husserl (vgl. Werlen 1997a:111).
26 Vgl. Varela (1990:90, s. a. Weingarten 1998:32), der den Begriff der Repräsentation selbst in seiner Zentralität in Frage stellt. Im Sinne von Searle ist er bedingt zu erhalten, wenn er als die bestimmte (und insofern konstruktive) geistige Abbildung einer an sich unbestimmten (vieldeutigen) Umwelt verstanden wird: „Wenn ich beispielsweise sage, daß eine Überzeugung eine Repräsentation ist, dann sage ich damit gerade nicht (und das muß betont werden), daß eine Überzeugung eine Art Bild ist (...), ich sage damit auch nicht, daß die Überzeugung etwas repräsentiere, daß zuvor schon präsentiert gewesen ist..." (Searle 1991:28).
27 Die Hirnforschung erkennt Aktivitäten (elektrische Potentiale) etwa 60 Sekunden vor jeder Handlung, es ist jedoch problematisch, dabei von realisierten Absichten zu sprechen. Sie werden „Bereitschaftspotentiale" genannt (vgl. Eccles 2000:144). Es herrscht bislang keine Einigkeit über die Frage, wo diese (vielleicht quantenmechanisch ablaufenden) Potentiale ihren Ursprung nehmen. Das Modell einer zirkulären Kausalität (Wechselwirkung zwischen materiellen Strukturen und immateriellen Ordnern) scheint jedoch vielversprechender als das einer linearen Verursachung.
28 Diese Unterscheidung wird häufig als zu starr kritisiert. Debatin (1995:284) plädiert dafür, sie als „nur kontextrelative Differenz" zu lesen.

auch jedes Handeln notwendig mit einer Absicht verbunden. Die *vorausgehende Absicht*, das „ich habe vor H zu tun", ist jedoch – entgegen der Handlungsabsicht – keineswegs prinzipiell allen Handlungen zu eigen. So gibt es spontanes Handeln, das aber nicht „unbewußt" oder ungerichtet abläuft, insofern es eine *Handlungsabsicht* schon beinhaltet.[29] Eine *Zuschreibung* zu einer Handlung, das „gelten als" bewußte Handlung kann dann in Bezug auf Zurechnungsfähigkeit und Verantwortung (s. Searle 1991:142) durchaus abweichend sein. So wird ein „Hinzudichten des Täters zum Tun" – wie es kognitionswissenschaftlich oder systemtheoretisch (Luhmann 1984:160) erfaßt wird – weder widerlegt noch ausgeschlossen. Für solche Zuschreibungen gibt es Searle zufolge lediglich keine logische oder kausale Begründung. Verkürzt kann dann gelten, daß bezüglich der *vorausgehenden Absicht* unbeabsichtigtes Handeln tagtäglich in komplexen Verschränkungen vollzogen wird, daß aber bezüglich der *Handlungsabsicht* es in der Tat kein unbeabsichtigtes Handeln gibt, weil es keine Handlung ohne Handlungsabsicht geben kann. Diese Handlungsabsicht ist aber der Handlung nicht vorgelagert, sondern dieser inhärent (s. Searle 1991:125). Damit wird das Schema Absicht-Handlung resp. Absicht-Äußerung zwar in gewissem Sinne kausal (im Sinne der *intentionalen Verursachung*), keineswegs aber deterministisch oder im Sinne eines reinen Psychologismus konzipiert.[30] Allein mit diesem anderen Verständnis der Verursachung kann dann gesagt werden, daß eine vorausgehende Absicht Handlung *verursacht*.[31]

Um nicht bei einem radikalen theoretischen Individualismus zu verharren, der so viele Welten suggeriert, wie es Individuen gibt, führt Searle den Begriff der „kollektiven Intentionalität" ein (Searle 1997:34ff.). Dabei wird die Rolle der „Imagination" im gegenseitigen Verstehen nicht eliminiert. Hier ist ein Berührungspunkt mit Schütz in Bezug auf die „Reziprozität der Perspektive" (Schütz/Luckmann 1988:27; Schütz/Luckmann 1984:203; s.a. Schröer 1999) und eine verständigungsorientierte Kommunikation, wie sie Söffner (1999) entwirft. Die Imagination des Anderen und seiner/ihrer Gleichgesinntheit oder seines/ihres

---

29 Searles Theorie läßt durchaus auch „unbeabsichtigtes Handeln" in Bezug auf die Handlungsabsicht zu, allerdings nur insofern es Aspekte einer Handlung geben kann, die nicht repräsentiert wurden. Dieses unabsichtliche Handeln ist insofern nicht ohne jegliche Handlungsabsicht. Es kann auch als prinzipiell mögliches absichtliches Handeln verstanden werden (1991:133-135).

30 Searle (1991:125) richtet sich explizit gegen die Gleichbehandlung von Kausalität und Determinierung im behavioristischen Sinne. Zur Auseinandersetzung des Begriffes der Kausalität und seiner „orthodoxen Auffassung" sowie zur Entwicklung seines Begriffes „intentionaler Verursachung" s. Searle (1991:146ff.); vgl. a. Nelson (1992).

31 Searles nicht-deterministische Auffassung von Kausalität liegt ihm zufolge ebenso seiner Auffassung des Verhältnisses von Sprache und Sprechen wie seiner Auffassung von „Regeln" zugrunde. Krämer dagegen konstatiert, daß bei Searle „Absichten und Sprecherintentionen zu einer Art von Gegenständen werden, welche vor den und unabhängig von Sprachäußerungen existieren" (Krämer 2001:60). Dem kann auf dieser Grundlage nicht gefolgt werden. Ebensowenig wird ersichtlich, daß Searle so strikt zwischen Sprache und Nicht-Sprache, zwischen Regeln und deren Anwendung unterscheidet, wie Krämer es nahelegt (2001:134).

Verständnisses, also Kollektivität als solche, bekommt bei Searle jedoch als Fähigkeit des Geistes subjektbezogene Konturen und wird nicht an einen konkreten Ort gebunden.[32] Kollektive Intentionalität („Wir-Intentionalität") ist bei Searle die subjektbezogene Grundlage für alle gesellschaftlichen Tatsachen und Tätigkeiten (Searle 2001:144, s.a. Schütz/Luckmann 1984:202 zur „Wir-Beziehung"). Der Begriff der „kollektiven Intentionalität" ist bei Searle allerdings problematisch, insofern er als Letztbegründung gesellschaftlicher Praxis aufzutreten scheint. Solange er als Grundlage für einen gesellschafts*internen* Kollektivitätsbegriff dient, der den Zugang zu einem „Wir" *auch* in der subjektbezogenen *Handlung* sieht, ist er für die hier zu entwickelnde Perspektive jedoch dienlich.[33]

Was ermöglicht nun die *theoretische* Verschiebung von den Intentionen als Zweckausrichtungen zum Begriff der Intentionalität, die eine vorausgehende Absicht und eine Handlungsabsicht unterscheidet? *Erstens* ergibt sich die Möglichkeit, das handlungstheoretische Paradigma zu erhalten, ohne dabei strukturelle Komponenten zu externalisieren oder gar zu eliminieren. Die einschränkenden Aspekte werden – ganz im Sinne einer konsequenten Strukturationstheorie – nicht aus der Handlung ausgelagert und als die Handlung determinierende „Rahmenbedingungen" konzipiert. Dies wäre insbesondere dann problematisch, wenn die Konstitution von Raumstrukturen einerseits untersucht werden soll, andererseits zu diesem Zweck auf selbstverständliche (Raum-) Strukturen erklärend zurückgegriffen wird. So aber kann auch die strukturale Dimension sprachlicher Wirklichkeitserzeugung (s.o.) als subjektgebundene Handlungsabsicht mit konstitutiven Folgen analysiert werden. Weil eine vorausgehende Absicht nicht universell angenommen wird, besteht auf dieser strukturalen Ebene bezüglich der Performativität sprachlichen Handelns kein Klärungsbedarf, ob die Elemente räumlicher Sprache absichtlich eingesetzt wurden. Damit werden rhetorische Spekulationen und problematische Brüche vermieden. Obwohl Elemente der Rede vom Raum also nicht notwendig (aber möglicherweise) bewußt eingesetzt werden, sind sie jedenfalls als wirklichkeitserzeugend anzusehen. Eine hermeneutische Erschließung des Gemeinten ist in Bezug auf die regionalisierende Wirkung nur untergeordnet relevant. *Zweitens* wird in Rechnung gestellt, daß ein Rückschluß auf das vom Sprecher Gemeinte (bei Searle die „Äußerungsbedeutung") textanalytisch nicht möglich ist, ohne daß der intentionale Leser (und Analytiker) auf ein „Normalverständnis" zurückgreift, von dem anzunehmen ist, daß es ähnlichen Bedingungen unterliegt, wie das zu untersuchende. Damit wird die Involviertheit des Wissenschaftlers (also seiner Intentionalität) nicht nur transparent, sie wird auch als analytischer Zugang angesehen. *Drittens* kann auch Zweckrationalität als *Zuschreibung* einer Handlung konzeptualisiert werden, ohne dabei – folgt man

---

32 Vgl. Halbwachs' (1967) Konzeption des „kollektiven Gedächtnisses".
33 Gleichzeitig ist jedoch auch nach den kollektiven Abstraktionsebenen der *Handlungen* zu fragen, welche ebenfalls als kollektivierte Formen gesellschaftlicher Wirklichkeit gelten müssen, und damit ist der Gesellschaftsbegriff anders als bei Searle zu konzipieren.

Kaulbach (1986:78) – „systemischen Akteuren" eine vom Individuum gelöste Zwecksetzung wieder zuzuschreiben.

Methodisch ist für die Analyse von Texten diese Konzeption also insofern bedeutend, als daß ein Text in Bezug auf seinen konstruktiven Charakter unabhängig von subjektiv vorausgehenden Absichten auf manifeste Strukturen hin untersucht werden kann, er dabei aber an die nicht-reduzierbare Handlungsabsicht (produktive Strukturierung) gebunden bleibt. Es ergibt sich zudem die Möglichkeit, Regelmäßigkeiten des Raumbezuges innertextlich nachzuvollziehen, ohne dabei von vorgelagerten kausal-deterministischen Regeln ausgehen zu müssen. Ermöglichungen und Einschränkungen sind jeder Äußerung inhärent. Im Sinne der Intentionalität bleibt zudem das generelle Postulat einer kontingenten Lesart erhalten, insofern Rückschlüsse auf das Gemeinte (vorausgehende Absicht) nur über ein Normalverständnis möglich sind, das Sprecher (Autor) und Hörer (Leser) teilen. Umso wichtiger wird bei der Betrachtung daher eben dieses *Normalverständnis*.

Mit der analytischen (!) Trennung von vorausgehender Absicht und Handlungsabsicht wird es also möglich, implizite Strukturen der Raumsprache zu erschließen und ihre Performativität unabhängig von vorfindbaren expliziten Inhalten zu berücksichtigen. Ein – zugegeben sehr plakatives und vereinfachtes – Beispiel mag diesen Zugang noch einmal verdeutlichen. Wenn ein Autor folgende Äußerung zu Papier bringt: „Deutschland ist grenzenlos" kann dies in dem einen oder anderen Sinne gemeint sein (oder nicht). Die Äußerung selbst beinhaltet aber (mindestens) eine Handlungsabsicht und ihre Erfüllungsbedingungen. Sie kann also – vorausgehende Absicht hin oder her – durchaus als wirklichkeits-konstitutiv betrachtet werden (*de facto* wurde z.B. der Begriff „Deutschland", mit dem auf eine im Normalverständnis *begrenzte* Einheit rekurriert wird, geäußert und damit auch „verwirklicht").[34] So zeichnet sich hier bereits ein Zugang zu Widersprüchen zwischen formaler Strukturierung (Deutschland als *begrenzte* Einheit) und inhaltlicher Aussage und ihrem Wahrheitsanspruch (Deutschland ist *grenzenlos*) in der sprachlichen Bezugnahme auf räumliche Wirklichkeit ab.

Funktionen und Funktionszuweisungen

In der Theorie signifikativer Regionalisierung wird im Zusammenhang von materiellen Eigenschaften von Räumen und ihrer Bedeutung der Begriff der „Funktion" zentral:

---

34 Weiterführend entwickelt Searle die Unterscheidung von Kommunikationsabsicht und Repräsentationsabsicht als zwei Aspekte der Bedeutung eines Sprechaktes (Searle 1991:210). Entfernte Parallelen können zu Husserls (1992 [1922]) Begriffen des Kundgebens und des Sinngebens gezogen werden. Während eine Kommunikationsabsicht nicht allen Sprechakten inhärent ist, ist die Repräsentationsabsicht jedenfalls mit der Sprechhandlung verwirklicht und kann bezüglich ihrer Folgen diskutiert werden.

„Symbolisch codierte räumliche Ausschnitte bzw. deren begriffliche Benennung erlangen in kommunikativen Kontexten die ‚Funktion' zugewiesen, etwas Spezifisches zu bedeuten, das mit den materiellen Eigenschaften nicht die geringste Konnotation aufzuweisen braucht" (Werlen 1997b:402).

Ein erster wichtiger Punkt dabei ist, daß „Bedeutungen" als zugewiesene Funktionen aufgefaßt werden können. Ein zweiter wichtiger Punkt ist, daß die zugewiesene Bedeutung in gewisser Weise unabhängig von den materiellen Eigenschaften der räumlichen Ausschnitte ist, daß also – um noch einmal das einleitende Beispiel aufzugreifen – der Begriff „Italien" und seine Bedeutung (z.B. als Pavarottis Heimat) nichts mit dem blauen Himmel oder sonstigen Eigenschaften des räumlichen Ausschnitts zu tun haben, zumindest in keinem kausal-deterministischen Sinne. Die Verbindung zwischen den materiellen Eigenschaften von räumlichen Ausschnitten und ihrer Bedeutung ist also nicht vorgegeben, sie wird – und dies ist ein starkes handlungstheoretisches Argument – *hergestellt*. Doch wie „funktioniert" diese Herstellung? Auf welche Weise werden Materielles und Geistiges (die Bedeutungen) zusammengebracht? Und hat nicht – auf die Raum-Problematik bezogen – der blaue Himmel nicht doch etwas mit „Italien" zu tun, insofern „Italien" den Ort angibt, an dem die Eigenschaften des räumlichen Ausschnitts zu finden sind – man braucht schließlich nur dort hinzufahren, um sie zu „erfahren".

Für diese Fragen ist der von Werlen verwendete Funktionsbegriff von einem cartesianischen Dualismus von Materialität und Geist abzusetzen. Sonst entsteht das Problem, daß Funktionen selbst entweder geistiger oder materieller Art sein müßten. Das hieße, entweder würden materielle Gegebenheiten ihre Funktion „in sich" tragen bzw. zwingend vorgeben. Dann wäre nicht erklärbar, warum es durchaus alternative Bedeutungsmöglichkeiten von räumlichen Ausschnitten gibt. Dieser Ansatz würde also dem handlungstheoretischen Paradigma gänzlich zuwider laufen. Im anderen Fall aber müßte es sich bei einer Erfahrung von Eigenschaften eines räumlichen Ausschnittes, die mit der Bedeutung übereinstimmen, nur um reine Koinzidenzen handeln. Wie läßt sich diese „Koinzidenz" aber von einem kausal-deterministischen Zusammenhang unterscheiden? Dann kann nicht der Erfahrungstatsache Rechnung getragen werden, daß z.B. die Schlagbäume an der italienischen Grenze ein Hindurchgehen *de facto* verhindern können und welche Rolle dies bei ihrer Grenzfunktion und somit auch der Erfahrung des Raumausschnittes spielt („...endlich *in Italien!*" mag man nach dem Passieren der Grenze ausrufen und dann auch den italienischen blauen Himmel bemerken).

Wie also ist genau der Zusammenhang zwischen dem Ort, seinen materiellen und seinen zugeschriebenen Eigenschaften beschaffen? Eine Theorie auf der Grundlage des Dualismus materieller und geistiger Welten kann dazu kaum Antworten geben, außer der, daß die „Reifikation" oder „Hypostasierung" in der Sprache, die eigentlich nicht-materielle Gegebenheiten als Gegenstände erscheinen lassen, mehr oder weniger repräsentionale Irrtümer sind. Damit aber wird der Sprache implizit nur eine passive Rolle bei der Konstitution von Wirklichkeit zugeschrieben: entweder sie ist angemessen oder nicht. Aber von welchem (vorsprachlichen) Standort aus erfolgt die Beurteilung der „Angemessenheit" der Repräsentation? Begriffe wie „Reifikation" und „Hypostasierung" und vor allem auch

„Naturalisierung" werden hierbei implizit zu einer Erklärung eines „falschen" Weltbildes, auf der Grundlage der (ontologisch postulierten) Determiniertheit „natürlicher" und Indeterminiertheit „geistiger" Gegebenheiten.[35] Will man aber das sprachliche Geographie-Machen betrachten, dann scheint es nötig, den Blick genau auf diese „Verwirklichungen" zu richten. Dann erst könnte sich auch ein Blick auf die Verzichtbarkeit und Alternativen einer „hypostasierenden" Weltdeutung eröffnen.

Übergreifend muß also ein handlungstheoretisch kompatibler theoretischer Anschluß gefunden werden, der das Verhältnis von materiellen und nicht-materiellen Tatsachen näher aufschlüsselt, ohne dabei bereits von präskriptiv begrenzten Territorien ausgehen zu müssen. *Einerseits* ist dabei der Herstellungscharakter von Bedeutungen auch in Bezug auf räumliche Einheiten und ihre Etiketten zu verstehen. *Andererseits* ist aber die hergestellte Verbindung zwischen den Eigenschaften und ihren Funktionen nicht als völlig voluntaristisch zu verstehen. Die speziellere Frage, die im Rahmen dieser Arbeit interessiert, ist aber, wie schließlich handlungstheoretisch kompatibel begriffen werden kann, *daß, wie und mit welchen Konsequenzen* „räumliche Ausschnitte" als („natürliche") Gegebenheiten mit bestimmten Eigenschaften, also als objektive *Tatsachen*, aufgefaßt und „gedeutet" werden, ohne dabei von einer „falschen" Deutung ausgehen zu müssen. Wenn in einfachen Sätzen wie „Deutschland ist grenzlos" nicht nur Deutschlands beobachterunabhängige Existenz vorausgesetzt wird, sondern diesem Deutschland auch eine Eigenschaft zugeschrieben wird sowie eine Angabe über den Ort dieser Eigenschaft enthalten ist, dann scheint kaum ein Weg daran vorbei zu führen, daß beide Wirklichkeitsbezüge (begrenzt/entgrenzt) in gewisser Weise Bedeutung haben.

Die Theorie Searles zur Konstruktion gesellschaftlicher Wirklichkeit (Searle 1997) bietet hier einen vielversprechenden Anknüpfungspunkt für eine genauere Betrachtung. Zunächst wird auch von ihm jegliche Funktion als *beobachterrelativ* konzeptualisiert. Funktionen sind nach Searle „niemals der Physik eines beliebigen Phänomens immanent (...), sondern ihm von außen von bewußten Beobachtern und Benutzern zugewiesen" (1997:24, s.a. 2001:146). In dieser Hinsicht ist sein Funktionsbegriff gut mit dem von Werlen zu vereinbaren und paßt sich in die Theorie der signifikativen Regionalisierung ein. Nach Searle weist erst die menschliche Intentionalität bestimmten Verursachungen einen Wert zu, in Bezug auf den sie „funktionieren", oder eben nicht. Das Auferlegen von Funktionen ist ihm zufolge daher immer an ein bestehendes Wertesystem geknüpft:

> „(...) was Funktion zur Verursachung hinzufügt, ist Normativität oder Teleologie (...). Man bettet die kausalen Beziehungen, indem man ihnen eine Funktion zuschreibt, in eine vorausgesetzte Teleologie ein" (Searle 2001:147).[36]

---

35 So begründet sich die Trennung von exakten Natur- und nicht exakten Geisteswissenschaften.
36 Das gilt rückbezüglich gleichsam auch für Bereiche der wissenschaftlichen Neurobiologie, die verschiedenen, lokalisierbaren Hirnarealen eine Funktion zuweisen.

Searles analytische Unterscheidung von Verwendungsfunktionen (vom Gebrauch abhängige Funktionen mit praktischer Ausrichtung – Bsp.: Stück Metall als „Schraubendreher") und Nicht-Verwendungsfunktionen (für eine theoretische Erklärung irgendwelchen Kausalprozessen zugewiesene Funktionen – Bsp.: Herz als „Blutpumpe") (Searle 1997:30f.) ist nun insofern interessant, als daß damit Funktionszuweisungen nicht generell rein sprachabhängig, aber dennoch als grundsätzlich handlungsabhängig betrachtet werden können. Gleichzeitig wird aber auch denkbar, daß aufgrund bestimmter beobachterunabhängiger Eigenschaften ein Gegenstand in Beziehung zu einer Funktionszuweisung stehen kann und daß es einen graduellen Unterschied gibt, zwischen völlig beliebigen Zuweisungen und solchen, die auf gewissen „rohen" Verursachungen beruhen. Wichtig ist dabei aber das generelle Primat der Handlung vor dem Objekt (Searle 1997:46, vgl. Teil I), das den Anschluß zur Sozialgeographie alltäglicher Regionalisierung markiert. Die Zuweisung und *Be*handlung *schafft* das Objekt und weist ihm eine Funktion zu – allerdings eben nicht *völlig* unabhängig von rohen Verursachungen.[37]

Eine besondere Kategorie der Verwendungsfunktionen sind laut Searle (1997:33) diejenigen, deren zugewiesene Funktion die Intentionalität ist. Sie bezeichnen Gegenstände, deren Verwendungsfunktion es ist, zu symbolisieren, zu repräsentieren, für etwas zu stehen, also etwas zu bedeuten (ebd.). „Das Ergebnis dieser Art von Funktionszuschreibung nennen wir ‚Bedeutung' oder ‚Symbolismus'" (Searle 1997:32). Entscheidend ist für die sozialgeographische Theoriebildung, daß die Funktionszuweisungen also immer eine Brücke zwischen „rohen", unstrukturierten Gegebenheiten und gesellschaftlichen, strukturierten Tatsachen darstellt und daß damit bereits die *Einteilung* von Objekten oder räumlichen Ausschnitten eine Funktionszuweisung beinhaltet. Die daraus entstehenden „Entitäten" können dann *sowohl* materielle, beobachterunabhängige *als auch* immaterielle beobachterabhängige Eigenschaften aufweisen. Übertragen auf den Gegenstand einer „Region *in suspenso*" (vgl. Teil I, Kap. 2.2.2) heißt das, daß eine Tatsache wie „Deutschland" eine rohe Grundlage bedingt, auf der die Funktionszuweisung beruht (das Papier der Karte, die Erdoberfläche etc.), daß aber die verwendeten Symbolismen im Sinne von kollektiv akzeptierten Bedeutungszuweisungen und deren Iterierung[38] konstitutiv für die Tatsache „Deutschland" sind. Das wiederum heißt, daß „Deutschland" deswegen „existiert", weil die zugehörigen Zuweisungen fortlaufend getätigt werden und sein „Status" akzeptiert wird (vgl. Searle 2001:150f.), nicht weil die „rohe" Grundlage es genau so vorschriebe.

---

37 Folgt man Searle gibt es keine Badewannen jenseits von Sprache und Handlung, sondern der „Gebrauch als" Badewanne erzeugt die Kategorie (daher gibt es verschiedene Gegenstände, die als Badewanne gelten). Aber die Funktionszuweisung erfolgt gewöhnlich an Gegenstände, in denen man baden kann, und daher gelten Bäume gewöhnlich nicht als Badewannen.

38 Unter „Iterierung" ist die Zuweisung von Funktionen an andere Funktionen zu verstehen (vgl. Searle 1997:89ff.). Im Beispiel: Wer einen deutschen Paß hat, gilt als Deutscher. „Deutscher" beinhaltet bereits die akzeptierte Funktionszuweisung „Deutschland" an ein Gebiet und seine Eingrenzung.

Über den symbolischen Schritt wird jedoch eine objektive und stabile Verbindung zwischen dem Ort Deutschland und seinen Eigenschaften hergestellt.

Der Dualismus von Natur und Kultur wird unter diesem Zugriff nicht ontologisch zugunsten verschiedener Reiche aufgelöst, die den bedeutenden Zeichen bzw. der Symbolik noch einen besonderen (dritten) Platz in der Welt zuordnen würden. Im Sinne von Bassett (1999) wird ein „pragmatischer Realismus" angelegt, der weder in einem linguistischen Idealismus endet (mit dem unzulässigen Schluß, daß die soziale Bedingtheit von Weltbildern und Wahrheiten zu einer Eliminierung von jeglicher Essentialität führen müßte), noch in einen „vulgären Realismus" mündet, also in eine radikale naturdeterministische Position[39] (Bassett 1999:34-35; vgl. Raper/Livingstone 2001). Searles Realismus erlaubt durchaus ein hohes Maß an Kontingenz (vgl. Agnew 1999:92). So erfolgt auch die Aufhebung eines Dualismus von (quasi neutralem) geometrisch-natürlichem Raum und (quasi „ideologisch belastetem") symbolischem, bedeutetem oder metaphorischem Raum und seiner Repräsentation. Mit der These, daß der Übergang von „rohen" zu gesellschaftlichen Tatsachen ein sprachlicher ist, der auf die Intentionalität zurückgeht, und daß sich letztlich aber alles in *einer* Welt abspielt und insofern selbst Sprache „rohe" Eigenschaften aufweist und auch die Natur, wie sie sich uns sprachlich darstellt, eine „Kultur"leistung ist, rückt die Frage nach der Zusammenführung genauso wie der Differenzierung von Tatsachen in „Natur" und „Kultur" als *sprachliche* Leistung in den Mittelpunkt. Diese theoretische Grundlage verhindert anzunehmen, eine wissenschaftliche Betrachtung könne sich sprachlichen „Essentialisierungen", „Naturalisierungen" und „Verräumlichungen" allgemein komplett entziehen, genauso wie sie erlaubt, das Zusammenspiel materieller und symbolischer Organisationsformen differenziert zu betrachten. Einem Schlagbaum zum Beispiel werden tatsächlich Eigenschaften zuerkannt, die im Sinne einer kausalen Verursachung auf Handlungen einschränkend wirken können. Dennoch beruht auch die Grenze als institutionelle Tatsache nicht *allein* auf dieser Verursachung. Die Funktionszuweisung als Grenze ist ein *sprachlicher* Schritt und die Grenze als „Tatsache" ist insofern handlungsabhängig. Unter der Bedingung, daß man einen Schlagbaum gewaltsam durchbrechen kann, bedarf es der kollektiven Akzeptanz ihres funktionalen *Status* als Grenze (vgl. Teil I, Kap. 2.2.3) und ggf. weiterer Institutionen, um die Grenzfunktion zu sichern (vgl. Searle 1997:61). Wenn die Funktion in Frage gestellt wird, kann die „Grenze" (und auch eine begrenzte räumliche Einheit) verschwinden – unabhängig von der weiterhin erfahrbaren Materialität des Schlagbaumes. Wenn der abgebaut wird, kann dagegen die „Grenze" auch anderweitig weiter bestehen, denn die *Funktion* hängt – im Gegensatz zur Verursachung – zwar notwendig von kollektiver Ak-

---

39 Der radikale Naturdeterminismus, so Bassett (1999), wird heute ohnehin mehr als Gegenposition zu konstruktivistischen Ansätzen aufgebaut wird, als daß er tatsächlich – zumindest zeitgenössisch – vertreten würde.

zeptanz („Statusfunktion"), niemals aber, wie auch Werlen betont – von einer spezifischen Materialität ab.[40]

Die *theoretische* Bedeutung des Begriffs der Funktionszuweisung liegt somit vor allem in der daraus abzuleitenden *konstitutiven Bedeutung* der Sprache (resp. symbolischer Mittel) für die Herstellung gesellschaftlicher respektive institutioneller Tatsachen. Dabei wird auch der signifikativen Handlung eine zentrale Rolle bei deren Betrachtung zugewiesen. Für eine strukturationstheoretische Grundhaltung ist er bedeutend, weil er einen Weg eröffnet, die Dualität von Handlung und Struktur sowie von Bedeutung und „Materialität" aus *einer* Perspektive zu betrachten (vgl. Zierhofer 2002:17-21).[41]

Methodisch eröffnet sich mit dem Begriff der Funktionszuweisung *erstens* die Möglichkeit, die (traditionell) gebräuchlichen sprachlichen Raumbezüge als Verweise auf institutionalisierte Funktionszuweisungen herauszustellen, die maßgeblich an der Konstitution von (räumlicher) Wirklichkeit beteiligt sind. Zwischen radikalen Formen des Sozialkonstruktivismus einerseits und Naturdeterminismus andererseits wird so *zweitens* eine andere *Sichtweise* auf Handlungen wie „Reifikation" oder „Naturalisierung" eröffnet. Sie werden als Prinzipien der Strukturierung und „Aneignung" von Welt erkennbar.[42] Dabei wird aber nicht völlig ausgeschlossen, daß „rohe" Eigenschaften und Verursachungen existieren. So kann *drittens* analytisch einbezogen werden, inwiefern materielle und nicht-materielle Eigenschaften der fortlaufend gemachten „Räume" („Regionen", „Territorien") in

---

40 Hier liegt ein entscheidender Punkt, insofern die „Statusfunktion" von Searle eben nicht an die „rohen Eigenschaften" kausal gebunden wird. Seine „Regel" *x gilt als y im Kontext k* (s. Searle 1997) ist lediglich als „hilfreiches" beschreibendes Instrument zu verstehen (vgl. Smith/Searle 2003). Der Begriff der Statusfunktion beinhaltet bereits notwendig die Bedingung, daß die „rohen Eigenschaften" nicht ausreichen, die Funktion zu sichern, und dies wiederum beinhaltet, daß bei Verschwinden der „rohen Grundlage" die Tatsache „Grenze" weiterbestehen kann (vgl. zur Diskussion Smith/Searle 2003, zur Gegenposition zumindest teilweise „natürlicher" (*bona fide*) Grenzen Smith (2001) oder Thomasson (2001).

41 Während funktionalistische geographische Ansätze – zurückgehend auf Bobek (1969 [1948]) – natürlich vorfindbare Funktionen zur Basisprämisse und zum Erklärungsgrundlage gesellschaftlicher Wirklichkeit machen, werden hier die Funktions*zuweisungen* als Handlungen zum Ansatzpunkt, um die Funktionen selbst zu erklären. Dies ist eine notwendige Bedingung, um nicht, wie Bobek (1969 [1948]:48) von bereits (natürlicherweise) eingeteilten „regional begrenzten menschlichen Gesellschaften" ausgehen zu müssen, sondern deren Konstitution betrachten zu können. Die konstitutive Zuschreibung von Zwecken durch Handlung (und zwar nicht allein sprachlicher Handlung) und damit entstehende kollektive Erwartungsstrukturen werden zentral. Essentialisierende und verräumlichende Begriffe können von dieser Warte aus als Mittel der Organisation und Klassifikation betrachtet werden, ohne von Kategorien *a priori* ausgehen oder die Kategorisierung selbst als „Fehlleistung" ansehen zu müssen.

42 Es kann im Sinne Searles nichts grundlegend „Falsches" an einer „Vergegenständlichung" sein, gerade *weil* die Materialität selbst keine Bestimmung oder Funktion vorgibt, nicht einmal die, dem Menschen als Gegenstand (oder als „Region") zu dienen. Der „Fehler" in Searles Sinne läge also allein darin, die Rolle der Sprache bei der Konstitution von solchen „Gegenständen" nicht zu bedenken.

Einklang stehen, inwiefern also verwirklichte Strukturen und verwirklichende Strukturierungen zueinander *passen*. Dabei kann wiederum auf Widersprüchlichkeiten mit „neuen" Bedeutungszuweisungen gestoßen werden. Ein wichtiger Aspekt ist dabei, daß mit Funktionszuweisungen Erwartungsstrukturen einhergehen, die den selbstverständlichen Umgang mit etablierten Vorstellungen räumlicher Wirklichkeit repräsentieren und gleichzeitig herstellen.

Der „Hintergrund" und die Unterscheidung impliziter und expliziter Regionalisierungen

Die Gestalt eines „Hintergrundes" taucht in der sozialwissenschaftlichen Theoriebildung vielfach auf. Bei Habermas (1995a,b) wird unter Rückgriff auf Wittgenstein, Weber und Schütz die „Lebenswelt" als präreflexiver Hintergrund thematisiert (Habermas 1995a:376ff.)[43]; Garfinkel erstellt einen Katalog von „Hintergrunderwartungen" (Garfinkel 1967:55-56); Thompson (1995:41) spricht von „background assumptions"; Werlen (1997a:403) setzt einen „biographischen Wissensvorrat" ein. Bei aller Unterschiedlichkeit der Entwürfe, kommt der Gestalt eine gemeinsame theoretische Stellung zu, und zwar als Verbindungsglied zwischen der subjektiven und der kontextuellen, gesellschaftlichen Ebene (vgl. Habermas 1995a:377). Daher mag es nicht überraschen, daß gerade handlungstheoretische Konzepte bemüht sind, diese Gestalt herauszuarbeiten.[44] Aus systemtheoretischer oder strukturalistischer Perspektive stellt sich nicht die Frage, wie trotz einzeln kompetent handelnder Akteure doch so etwas wie eine intersubjektive, kollektiv geteilte, „objektive" gesellschaftliche Wirklichkeit als Handlungsbezug entstehen und auch handlungsleitend sein kann.[45] Ein Problem, das vielen der handlungstheoretischen Konzeptionen anhaftet, ist jedoch, daß die entsprechende Verbindung als – sei es durch analytische oder psychoanalytische Methoden – rational erschließbar und vor allem abbildbar gehandhabt wird.[46] Eine hand-

---

43 Lebenswelt als der „unthematisch mitgegebene Horizont, innerhalb dessen sich die Kommunikationsteilnehmer gemeinsam bewegen, wenn sie sich thematisch auf etwas in der Welt beziehen" (Habermas 1995a:123). Den Kommunikationsteilnehmern ist die Lebenswelt „im Rücken" und nur in der „präreflexiven Form von selbstverständlichen Hintergrundannahmen und naiv beherrschten Fähigkeiten präsent" (ebd.:449).

44 Inwieweit aber auch in nicht explizit handlungstheoretischen Ansätzen, z.B. in der sog. „Diskurstheorie" dem „Diskurs" eine Hintergrund- Funktion zukommt, wird in Teil III ausgeführt.

45 Gelegentlich wird gerade die Absurdität dieses Unterfangens als Argument gegen den handlungstheoretischen Ansatz vorgebracht (Luhmann 1984:160).

46 Giddens führt hierfür die Kategorien „Unbewußtes" und „praktisches Bewußtsein" ein (Giddens 1997a:91-95), vgl. Werlen 1997b:153). Habermas (1995a:123) entwirft mit der Lebenswelt eine ähnliche Gestalt und will sie – so die Kritik Joas' – zum funktionalen Träger von kultureller Reproduktion, sozialer Integration und Sozialisation erheben, der grundsätzlich objektiv analysierbar ist, nicht aber von den agierenden Subjekten, für welche die jeweilige Lebenswelt ein unerkennbarer Hintergrund ist. Joas wendet ein, daß in dieser Konzeptualisie-

lungstheoretische Position steht damit, vor allem wenn sie die sprachliche Welt-Erzeugung in Rechnung stellen will, vor zwei Schwierigkeiten. *Erstens* geht es um eine Möglichkeit, die transsubjektiv resp. intersubjektiv geteilten Vorannahmen erfassen zu können, ohne dabei zu behaupten, quasi „von außen" auf diese (resp. in die Köpfe der Menschen) schauen zu können. Wenn manifestierte, institutionalisierte sprachliche Herstellungsweisen und Weltbezüge betrachtet werden sollen, ist die Bedingung von deren Darstellung – konsequent gedacht – die Repräsentation selbst. Wie und was kann dann „erkannt" werden? *Zweitens* scheint es aber auch unter dieser Einschränkung notwendig, Anhaltspunkte für die Konstitution dieser intersubjektiven Ebene finden zu können. Eine gewisse Modellierung würde erst ermöglichen, differenzierte Aussagen zu Stabilität und Variabilität von manifestierten, gebräuchlichen Herstellungsweisen treffen zu können. Handlungstheoretisch kompatibel kann dies aber nur gelingen, wenn vom Subjekt aus eine Verbindung zum „Gesellschaftlichen" hypothetisch erstellt wird. Das bedeutet wiederum, daß sprachliche Handlungen nicht generell als subjektive Einzelhandlungen gelten können, sondern daß eine Möglichkeit geschaffen werden muß, auch das Subjekt reflexiv als „Gemachtes" zu konzeptualisieren.

Welche Möglichkeiten bietet hier der Entwurf von Searle? Sprechakte werden zunächst nicht als (wörtliche) Einzelhandlungen betrachtet, im Gegenteil ist seine „Relativitätsthese", und auf diese rekurriert auch Habermas (1995a:450), daß die wörtliche Bedeutung immer „relativ ist zu einem Hintergrund veränderlichen impliziten Wissens" (ebd.:451). Der Hintergrund ist ein Set an *Fähigkeiten und Voraussetzungen*, „die mich in die Lage versetzen, mit der Welt zurechtzukommen" (Searle 1991:39). Diese Fähigkeiten sind – folgt man Searle – aber nicht analog repräsentierbar. Der Hintergrund wird nicht als ideal erkennbar bzw. durchdringbar konzipiert.[47] Die „Unsichtbarkeit" dieses Hintergrundes rührt Habermas zufolge dagegen vor allem von der Selbstverständlichkeit her, mit der die Strukturierungen in die alltägliche Praxis eingelagert sind:

> „Die wörtlichen Bedeutungen sind also relativ zu einem tiefverankerten, impliziten Wissen *von* dem wir normalerweise nichts wissen, weil es schlechthin unproblematisch ist und in den Bereich kommunikativer Äußerungen, die gültig oder ungültig sein können, nicht hineinreicht" (Habermas 1995a:451).

Diese Selbstverständlichkeit kann als ein (wichtiger) Ansatzpunkt gelten, der aber nicht notwendig impliziert, eine vollständige Repräsentierbarkeit sei („aus wissenschaftlicher Perspektive") möglich. Zum Hintergrund gehören dann auch

---

rung eine solche Abstraktion nicht möglich ist, weil das erkennende Subjekt immer den eigenen Hintergundbedingungen unterliegt (Joas 1999:200).

47 Das aber muß kein Gegenbeweis seiner Existenz sein und sagt nichts darüber aus, daß man nicht *wissen* kann, daß es diese Fähigkeiten gibt, auf eine ähnliche Weise, wie wir einfach wissen, wenn wir Hunger haben (s.a. Wittgenstein PhU §246, 1984 [1953]:357). Searle argumentiert mit der Fähigkeit zum Verständnis „radikal unterbestimmter Sätze": „Das einfachste Argument für die Hintergrundthese lautet, daß die buchstäbliche Bedeutung eines beliebigen Satzes seine Wahrheitsbedingungen (...) nur vor einem Hintergrund von Fähigkeiten (...) haben kann, die selbst nicht Teil des semantischen Inhalts des Satzes sind" (Searle 1997:140).

nicht-sprachliche Fähigkeiten wie Wahrnehmungen, körperliche Geschicklichkeit oder Verhaltensweisen. Der Umgang mit der Schwerkraft oder „Schwimmen" sind Beispiele für nicht-sprachliche Fertigkeiten, die zwar in Regeln ausgedrückt und auf formale Merkmale hin betrachtet werden können, deren Abläufe aber nicht das Befolgen dieser Regeln und formalen Kriterien, sondern eben einfach „selbstverständlich" sind.[48]

Searle (1997:151) betrachtet den Hintergrund nicht linear-kausal, sondern konnektionistisch. „Er" ist kein subjektiv isoliertes Phänomen, sondern steht mit der Welt in Verbindung und wird – im Sozialisationsprozeß – geschaffen und gestaltet (strukturiert). Der Hintergrund strukturiert andersherum aber auch das Bewußtsein und die Erfahrung durch die Fähigkeit, Dinge oder Aspekte der Welt in Kategorien einzuordnen (Searle 1997:143). Damit verbunden sind Erwartungsszenarien, die sich kategoriell entwickeln und manifestieren. Diese Erwartungen sind nicht nur das Resultat, sondern gleichzeitig wieder die Bedingung von strukturierenden Handlungen. Auf dieser theoretischen Grundlage zeichnen sich verschiedene Hintergrund-Dimensionen des Weltbezuges ab: *erstens* eine grundsätzliche „tiefe" Ebene der allgemeinen Vorstellung, daß die Welt so und so beschaffen ist, und *zweitens* eine „flache", individuelle Ebene der persönlichen Wünsche und Überzeugungen, unter denen die Welt subjektiv-perspektivisch (auch: selektiv) wahrgenommen und strukturiert wird (Searle 1997:145-146). Der Hintergrund weist aber – und das interessiert für die weitere Untersuchung – Searle folgend neben seiner „tiefen" und „flachen" auch eine mittlere „kulturelle" Schicht auf.[49]

Die (lediglich als Abstraktion vorstellbare) Schichtung des Hintergrundes besteht in Bezug auf die prinzipielle Variabilität bzw. Nicht-Ersetzbarkeit von Strukturierungen. So schreibt Searle:

> „Gegenstände sind uns nicht vor unserem Repräsentationssystem gegeben; was als *ein* und derselbe Gegenstand zählt, hängt davon ab, wie wir die Welt aufteilen. Die Welt kommt uns nicht bereits in Gegenstände aufgeteilt entgegen; wir müssen sie aufteilen; und es liegt an unserem Repräsentationssystem – und ist insofern unsere Sache –, wie

---

48 Parallel zu Wittgenstein (PhU §202, 1984 [1953]:345): „Darum ist ‚der Regel folgen' eine Praxis. Und der Regel folgen glauben ist nicht, der Regel folgen. Und darum kann man nicht der Regel ‚privatim' folgen, weil sonst der Regel zu folgen glauben das selbe wäre, wie der Regel folgen".

49 „Kulturell" ist hier ein problematischer Begriff, da Searle die ontologischen Kategorien „Natur" und „Kultur" zu hintergehen sucht. Am ehesten ist er als intersubjektiv geteilte Einstellung (Verfahrens- und Verhaltensregeln und Wissensvorräte) der Angehörigen einer Sprechergemeinschaft zu begreifen. Diesbezüglich unterscheidet Searle einen „tiefen" transsubjektiven Hintergrund von (weniger tiefen) intersubjektiv verfestigten „Kultur-Praktiken" (2001:132). Während z.B. die Fähigkeit, sich Nahrung in den Mund zu schieben, transsubjektiv gilt, ist die Einstellung, *was* als eßbar gilt, (Milch, Grashüpfer, Maden, roher Fisch) in unterschiedlichen Gemeinschaften verschieden. In jeder dieser Hintergrund-Arten ist dann noch einmal grundsätzlich zwischen Fähigkeiten (wie man Dinge macht) und Einstellungen oder Anschauungen (wie die Dinge sind) zu unterscheiden (Searle 1991:197).

wir die Welt aufteilen, auch wenn die Form des Systems von biologischen, kulturellen und sprachlichen Umständen bestimmt ist" (Searle 1991:288).

Zu unterscheiden ist also zwischen der Tatsache, *daß* die Welt eingeteilt wird und *wie* sie eingeteilt wird. *Daß* die Welt eingeteilt wird, ist eine alternativlose Voraussetzung. *Wie* sie eingeteilt wird, ist grundsätzlich kontingent, wenn auch nicht beliebig, weil konventionell bedingt.[50] Eine gewisse Vergegenständlichung („Reifikation", „Hypostasierung") und Objektivierung der eingeteilten Einheiten ist aber – Searle zufolge – sprachlich unvermeidbar, weil dies erst die Voraussetzung für einen gemeinsamen Bezug darstellt. Im Gegensatz zu radikal kulturrelativistischen Ansätzen setzt Searle mit dem „tiefen Hintergrund" somit eine universelle Dimension von Handlungsweisen. Während Wittgenstein schreibt, der Hintergrund – bei ihm gleichbedeutend mit der „Lebensform" – sei der „harte Fels", der feste irrationale, ja sogar natürliche Grund unserer Handlungsweise (Wittgenstein PhU §217, 1984 [1953]:350), betont Searle aber dessen *prinzipielle* Wandelbarkeit, Relationalität und Kontextabhängigkeit, die um so größer wird, je „flacher" die betreffende Hintergrundschicht ist. Auch ein „Oben" und „Unten", das sich unter den Bedingungen der Schwerkraft transsubjektiv ergibt, besteht beispielsweise nur relativ in Bezug auf das Gravitationsfeld der Erde.[51] Ein „Brechen" mit dem Hintergrund ist zwar unwahrscheinlich, aber nicht unmöglich. Auch das „Normalverständnis" und der Wissensvorrat in der mittleren Schicht garantieren sich nicht selbst und immer können neue Entdeckungen das, was bislang als gesichert galt, in Frage stellen. Wahrheit dagegen entsteht über Erfüllungsbedingungen, die durch (sprachliche) Handlungen erzeugt werden, aber inhärent immer voraussetzen, daß „die Wahrheit und Falschheit der Aussage durch die Art und Weise festgelegt ist, wie die Welt ist" (Searle 1997:198). Die einzige Annahme, von der man sich – so Searle (1997:205) – daher nicht trennen kann, ist der „externe Realismus" als Bedingung der intersubjektiven *Verstehbarkeit*, also die Annahme, daß es Dinge in der Welt gibt, die völlig unabhängig von jeder Repräsentation existieren, weil sie jeder Äußerung zugrunde liegt.[52]

Dieses Konzept wäre für eine vollständige Übernahme tiefgehender zu problematisieren. Die *theoretische* Bedeutung der Hintergrundthese bezieht sich in der vorliegenden Arbeit jedoch vor allem auf die Betrachtung der einschrän-

---

50 Zur Kontingenz der Einteilung s. Lakoff (1990:94) in Bezug auf unterschiedliche Kategoriensysteme, Goodman (1990) leitet hieraus seine „Weisen der Welterzeugung" ab. Leach (1978:45) betont eine Doppelfunktion der Sprache: „Wir verwenden die Sprache, um das Kontinuum des Sichtbaren in Objekte mit Bedeutung und in Personen mit distinkten Rollen zu zerlegen. Aber wir verwenden Sprache auch, um die so gewonnenen Einzelkomponenten wieder miteinander zu verknüpfen, um Dinge und Personen in Beziehung zu setzen".
51 Die Schichtung ist nur als idealtypisches Modell zu verstehen, ausgegangen wird, von einem Konnexionismus, der jedoch – aufgrund der Repräsentationsbedingungen – nicht analog abbildbar ist.
52 Sprechakte beinhalten immer einen Verweis auf die wirkliche Welt, denn auch die Frage „Gibt es die wirkliche Welt?" setzt schon den Hintergrund voraus, ohne daß dieser aber jemals bewiesen werden könnte und ohne daß damit erkennbar wäre, wie diese wirkliche Welt in wahrer Weise aussieht (Searle 1991:201f.).

kenden und ermöglichenden Dimensionen kulturellen Vorwissens. So ist mit dem Hintergrundmodell die Möglichkeit gegeben abzuschätzen, inwiefern Elemente der räumlichen Sprache kulturbedingte Selbstverständlichkeiten oder transsubjektive Notwendigkeiten sind. Bislang gehen die Blickwinkel des kulturell geprägten Hintergrundes und seiner Leistung im Umgang mit Raum und Räumlichkeit weit auseinander. Es gibt Ansätze, die eine starre oder in sich selbst prozessierende (autopoietische) neuronale Struktur annehmen, welche ein individuell geschlossenes Bild der Welt unter Verneinung irgend einer stabilen Außenwelt liefert (Maturana 1982; Harrison/Dunham 1998). Dem gegenüber stehen Ansätze, die ein bloßes Aufnehmen von vorhandener räumlicher Information im Sinne eines klassischen Behaviorismus vertreten (s.o.). Mit dem Rückgriff auf den Hintergrund als Set individuellen Vermögens, das sich aus einem intersubjektiven Prozeß herleitet, läßt sich dagegen das handelnde Subjekt erhalten, ohne seine Beziehung zur Umwelt, seine gesellschaftliche Einbindung und Konstitution, in Frage zu stellen oder mit einer zweiten Perspektive betrachten zu müssen.[53] Auch kulturrelativistische Erkenntnisse bezüglich einer keineswegs transsubjektiv universell festgelegten Raumwahrnehmung und -begrifflichkeit (prominent durch Benjamin Lee Whorf 1963), werden nicht ignoriert. Gleichzeitig muß aber – im Gegensatz zu Whorf – nicht die starke These einer einseitigen kognitiven Konstruktion und Strukturierung der Welt angelegt werden.[54] Ein Modell, das vorläufig für den Hintergrund (als Set von *Fähigkeiten*) in Bezug auf die Raumkonstitution formulieren läßt, ist in Abb. II-1 zusammengefaßt.[55]

---

53 Vgl. hierzu Giddens' Theorie, in der, entgegen der Netzwerktheorie Searles, für die institutionelle Analyse und die Analyse (strategischer) Handlungen zwei exklusive, sich ausschließende methodologische Perspektiven erzeugt werden (Zierhofer 2002:17).

54 Zur Kritik dieser Position vgl. Roschs Untersuchungen zu konzeptuellen Farbkategorien in Lakoff 1990:39).

55 Die Auffassungen über die „Einordnung" gehen weit auseinander. Allgemein könnten verschiedene Disziplinen zugeordnet werden. Neuro-/Kognitions-Wissenschaften beschäftigen sich mit dem „tiefen Hintergrund", der „kulturelle" Hintergrund ist Sache der Sozial-/Kulturwissenschaften und das „individuelle Netzwerk" wird im Rahmen von Biographienforschung und Psychoanalyse betrachtet. Dennoch – der Hintergrund ist nicht vorwissenschaftlich bereits eingeteilt und somit „Sache" einer bestimmten Wissenschaft.

```
                                                      (eigener Entwurf nach Searle 1997)
┌─────────────────────────────────────────────────────────────────────────────┐
│                             TIEFER Hintergrund                              │
│    (transsubjektive Ebene der Aneignung und Herstellung: Navigation (Orientierung), │
│   Indexikalität, Metaphorizität, „primary patterns", unspezifische Strukturierung und Einteilung) │
│                                     ⇓⇑                                      │
│                        (tradierter) „KULTURELLER" Hintergrund               │
│     (intersubjektive Ebene manifestierter Strukturierungen: Raumabstraktionen, -projektionen und │
│        Perspektiven (Kartenbild, Euklidik, Geometrik), „secondary patterns"; „Territorialität", │
│                       spezifische Strukturierung und Einteilung)            │
│                                     ⇓⇑                                      │
│                            INDIVIDUELLES Netzwerk                           │
│    (Raumbezogene Affinität, emotionale Bindung, selektive Wahrnehmung, private Deutungen) │
│   ⇒ eine individuelle intentionale HANDLUNG (Sprechakt) beinhaltet immer alle Schichten │
│                                     ⇓⇑                                      │
│                      INTERAKTIONS-KONTEXT, SITUATION                        │
└─────────────────────────────────────────────────────────────────────────────┘
```

Abb. II-1: Analytische Hintergrund-Ebenen der Raumkonstitution

Ein solches Raster, so diskutabel es bezüglich der einzelnen „Einordnungen" sein mag, ermöglicht, differenziert zwischen Konflikten respektive Differenzen zu unterscheiden, welche die Vereinbarung von (neuen, im Sinne von unstrukturierten) Erfahrungen mit einem formierten Hintergrund betreffen. So ist die Einstellung, daß Dinge zu Boden fallen erst mit der „außerirdischen" Erfahrung der Schwerelosigkeit kontextbezogen aussetzbar und ein „Umlernen" wird nötig. Genauso war die Einstellung, daß die Welt aus fünf Kontinenten besteht, mit einem Lernprozeß verbunden, der den Hintergrund (neu) strukturierte. Was ist der Unterschied zwischen diesen Diskontinuitäten? Einerseits handelt es sich um eine körperliche Erfahrung, die alle Menschen universell gleich betrifft. Im anderen Fall aber geht es um eine Vorstellung, die grundsätzlich beobachterrelativ ist, weil sie einen symbolischen Zwischenschritt als entscheidendes Konstitutionsmerkmal enthält. Zwar kann eine gewisse Land-Wasser-Verteilung (basierend auf der physiologisch erfahrbaren Unterscheidung fester und flüssiger Stoffe) als „rohe", noch nicht bedeutete Tatsache gedacht werden. Die Einteilung der Welt in fünf zählbare, benennbare Kontinente aber ist kontingent einzustufen (verbunden mit der Perspektive, daß andere Gemeinschaften, die Erde ganz anders eingeteilt vorstellen mögen). Die transsubjektiven Bedingungen der Welt, zu denen nach Searle auch die erfahrenen körperlichen Übereinstimmungen gehören, können daher in einer Regelmäßigkeit und mit einem objektiven, gesellschafts*externen* Geltungsanspruch beschrieben werden, für die es bei den sprach- und handlungsabhängigen Tatsachen keine Grundlage gibt.[56]

---

56 Allerdings muß die (naturwissenschaftliche) regelhafte Beschreibung auch wieder als Strukturierungsleistung angesehen werden. Judith Butler (1995) radikalisiert dies insofern, als daß sie die Körper und ihre Materialität bereits als diskursive Konstrukte behandelt. Allerdings wird auch bei ihr die Materialität deswegen nicht negiert oder eliminiert, sie geht nicht

Für den Anspruch, Geographie-Machen betrachten zu wollen und den damit verbundenen Anspruch auf Reflexivität, ist die Idee weiterführend, daß aus dem Hintergrund nicht herausgetreten werden kann, um ihn von außen etwa als Container zu beschreiben. Damit werden Inkonsistenzen vermieden, die aus der theoretischen Grundprämisse eines konstruierten Raumes einerseits und der gleichzeitigen Übertragung selbstverständlicher Raum-Repräsentationen und -Strukturierungen auf den zu betrachteten Gegenstand andererseits herrühren. So verstanden entzieht sich der Hintergrund der Beobachterperspektive und ermöglicht und bedingt damit – über die Erschließung des Normalverständnisses – eine theoretische *Teilnehmerperspektive*. Die Reflexion der Beschaffenheit des Hintergrundes, ergo eines „Normalverständnisses" der Raumerzeugung, muß den Hintergrund des Reflektierenden immer mit einbeziehen und ist daher lediglich formal möglich. Struktur und Handlung werden über den Hintergrund synchronistisch konzeptualisiert, der Handelnde, also auch die Wissenschaftlerin, steht so gesehen über den Hintergrund bei jeder Äußerung in Auseinandersetzung mit Institutionen von Kultur und Gesellschaft, bzw. ihren ermöglichenden und einschränkenden Strukturen.

So kann anhand einer Äußerung unter Bezug auf das Normalverständnis (was muß angenommen werden, um die raumbezogene Äußerung als sinnvoll zu verstehen) auf tradierte *implizite* Strukturationsmomente geschlossen werden, was dann als Hinweis auf die „Grammatik der (zeitgenössischen) Weltdeutung" einer Sprechergemeinschaft angesehen werden kann. Entgegen vielen Studien zur (diskursiven) Konstitution von Regionen (Luutz 2002; Freis/Jopp 2001) stehen somit die selbstverständlichen Strukturierungen im Vordergrund.

Unter Bezugnahme auf die Aussage selbst, ihre Semantik, können zudem weniger manifestierte (explizite) Bedeutungszuweisungen erschlossen werden, die aber gegebenenfalls mit Dimensionen des Normalverständnisses im Widerspruch stehen. Diese Brüche zwischen impliziten Vor-Annahmen und expliziten Deutungen erkennen zu können, verspricht differenzierte Einsichten bezüglich der Verbindung räumlicher Sprache und gesellschaftlicher Wirklichkeit. Wichtig ist dabei, daß es nicht um Brüche zwischen einer ontologisch gesetzten Wirklichkeit und ihrer sprachlichen Beschreibung handelt. Die Relation, die betrachtet wird, besteht zwischen den tradierten Selbstverständlichkeiten der Weltdeutung und ihrer jeweiligen aktuellen Be-Deutung im performativen Handlungsvollzug. Um sie sichtbar zu machen, bedarf es eines Instruments, das allgemeine (intersubjektive) von spezifischen (subjektiven) Deutungen unterscheidet. Diese Möglichkeit eröffnet sich *methodisch* über das Befragen des hintergründigen Normalverständnisses. Das heißt, man kann einen Text auf seine selbstverständlichen raumstrukturierenden Eigenschaften einerseits und auf seine spezifischen qualifizie-

---

vollständig im Diskurs auf. Ihr zufolge gibt es aber keine von der symbolischen Ordnung unberührte Materialität. Entlang dem Theorem der Performativität der sprachlichen Handlungen verweist Searle auf die wirklichkeitserzeugende Annahme des externen Realismus in der Sprache, ohne dabei einen Determinismus zu postulieren.

renden Bedeutungszuweisungen an Raum andererseits prüfen.[57] Mit dem Modell des Hintergrunds kann dann in Bezug auf das raumkonstitutive Sprechen von weniger oder mehr verfestigten Strukturierungsweisen ausgegangen werden, also von *expliziten* und *impliziten* signifikativen Regionalisierungen, die sich über das Normalverständnis erschließen lassen.[58] Während die expliziten signifikativen Zuweisungen spezifische Zusammenhänge und Qualifikationen schaffen, wie etwa in dem Satz „In Deutschland haben wir ein Ausländerproblem" „Deutschland" mit Ausländern „qualifiziert" und in semantische Nähe gerückt wird, beziehen sich die impliziten signifikativen Regionalisierungen auf die allgemeine Formgebung räumlicher Imaginationen, im Beispielsatz also auf die Vorstellung vom Gegenstand „Deutschland" als einem Behälter. Dabei können durchaus Ambivalenzen und Gegenläufigkeiten auftreten. Explizit kann z.B. im Satz „in Europa gibt es kaum noch Grenzen" von einer zunehmenden Entgrenzung gesprochen werden, während implizit eine bestimmte räumliche Vorstellung mit „Europa" verbunden ist: die eines begrenzten Gefäßes mit homogenem Inhalt. Der Unterschied dieser beiden analytischen Ebenen ist, daß sich die Verhandelbarkeit auf die explizite, selten aber auf die implizite Ebene bezieht. Ob wir „in Deutschland" ein Ausländerproblem haben, scheint diskutabel, nicht aber, daß Deutschland als Kategorie verwendet und wie ein Behälter vorgestellt wird. Die Alternativen der Verhandlung sind so gesehen eingeschränkt: *in Deutschland* haben wir ein Ausländerproblem, oder wir haben *in Deutschland* keines. Daran anknüpfend ist davon auszugehen – und diese Überlegung ist für weitergehende empirische Forschung relevant (Felgenhauer et al. 2005) – daß die impliziten Regionalisierungen z.B. in Interviewsituationen nicht im Sinne von Absichtserklärungen formuliert werden und insofern nicht einfach abgefragt werden können. Sie sind nicht als vorausgehende Absichten zu erfassen, sondern als hintergründige Handlungsabsichten. Daher muß immer auch die Konstitution der *eigenen* Lesart reflektiert werden (welche Alternativen gibt es dazu, Europa als begrenzte Einheit zu verstehen und warum ist es möglich, diese Frage zu stellen?).

Zwischenfazit: Sprechen als regionalisierende Praxis

Die vorangegangene Diskussion und theoretische Entwicklung bedarf aufgrund ihrer Komplexität einerseits und ihrer hervorragenden Bedeutung für die nachfolgenden Entwicklung andererseits an dieser Stelle eines Zwischenfazits.

---

57 Dabei müssen keine universell vorhandenen „latenten Sinnstrukturen" (Oevermann et al. 1979) postuliert werden, was die Problematik mitbrächte, daß diese einerseits „unbewußt", andererseits einer beobachtenden Erschließung dennoch vollständig zugänglich sein sollen. Das hieße anzunehmen, man könnte (wissenschaftlich) aus der Sprache und dem Hintergrund heraustreten und einen objektiven Blick ins Unbewußte Anderer werfen.

58 Die Ausarbeitung des methodologischen Analyserahmens im Sinne von expliziten und impliziten signifikativen Regionalisierungen erfolgte in der Projektgruppe „Mitteldeutschland" (vgl. Felgenhauer et al. 2003).

Übergreifend wurde *erstens* die konstitutive Rolle der Sprache, d.h. ihre Performativität in Bezug auf die Herstellung von selbstverständlicher Wirklichkeit betont. Sprechen (und hier sind jegliche Äußerungsformen einbezogen) wurde argumentativ als eine wesentliche Voraussetzung der Strukturierung und damit der Aneignung von „Welt" hergeleitet. Gleichzeitig wurde offenbar, daß die sprachliche Bezugnahme auf einen Gegenstand bereits die Voraussetzung einer (externen) Wirklichkeit impliziert, und zwar unabhängig von der expliziten Intention des Sprechers.

Die gesellschaftliche Wirklichkeitskonstitution kann *zweitens* über symbolische Funktionszuweisungen konzeptualisiert werden: Sprechen ist damit immer ein Hervorbringen und eine regionalisierende Praxis. Funktionszuweisungen sind dabei – gemäß einer konsistenten handlungstheoretischen Theoriebildung – aber weder als individuell beliebig noch als zweckrational vollständig erschließbar (im Sinne einer vorausgehenden Absicht einsetzbar) anzusehen.

Über das Modell des Hintergrunds – so wurde *drittens* argumentiert – kann die kollektiv geteilte, institutionalisierte und selbstverständliche Dimension der manifestierten Weisen der Welterzeugung in den Sprechakten erschlossen werden. Das geschichtete Hintergrundmodell für räumliche Bezüge erlaubt damit einen theoretischen Brückenschlag zu einer überindividuellen gesellschaftlichen Ebene der sprachlichen „Welteinteilung" und gibt Anhaltspunkte zur Einschränkung der ontologischen Beliebigkeit, bzw. zum „Rahmen" einer bestimmten Weltauslegung.

Viertens konnten allgemein formuliert drei analytische Ebenen in Bezug auf die Verhandelbarkeit von Weltbezügen und -strukturierungen herausgearbeitet werden: *daß* die Welt eingeteilt wird, erscheint als eine nicht hintergehbare Bedingung („tiefer Hintergrund"); *wie* die Welt eingeteilt wird, erscheint als eine innerhalb einer Sprechergemeinschaft relativ stabile, wenig verhandelbare Dimension („kulturell disponierter Hintergrund"); mit welchen spezifischen Sinngehalten die Welt belegt wird, erscheint als eine relativ variable und verhandelbare Dimension der Bezugnahme („individuelles Netzwerk").

Schließlich wurde eine analytische Unterscheidung von einer impliziten (strukturalen) und einer expliziten (dynamischen) Dimension der räumlichen Sprache entwickelt. Mit ihr steht ein Instrument bereit, um anhand eines Textes auf Widersprüche zwischen verfestigten Regionalisierungsweisen und spezifischen Weltdeutungen aufmerksam machen zu können.

Ein wesentlicher Punkt ist abschließend, daß sprachliche Objektivierungen und Essentialisierungen als Bezugnahme auf eine räumliche Wirklichkeit *nicht* präskriptiv als Fehlleistungen behandelt werden können, will man handlungstheoretisch konsistent sein. Wenn die Strukturierungen Bedingungen darstellen, um überhaupt „die Welt auf sich beziehen" zu können, und wenn damit angenommen wird, daß sie damit auch „realisiert" werden, dann erscheinen sie auch als grundlegende Ermöglichungen der (gesellschaftlichen) Praxis. Damit wird eine gewisse Alternativlosigkeit unterstellt. Das Identifizieren, Orientieren und Organisieren von „Welt" scheint eine sprachliche Voraussetzung dafür zu sein, sich mit der Welt in Beziehung setzen zu können. Um zu klären, wie weit man auf diese

„Funktionen" der räumlichen Sprache verzichten kann, ist die Auseinandersetzung mit den Hintergrundschichten vielversprechend. Der Grad der hintergründigen Manifestation von signifikativen Regionalisierungsweisen – und das heißt, der Grad ihrer Selbstverständlichkeit – wird daher zum zentralen Untersuchungsgegenstand. Er verweist nicht nur auf die Alltäglichkeit von raum-realisierenden Elementen in der sprachlichen Praxis, sondern auch auf ihre *gesellschaftliche* Einbindung und Institutionalisierung.

2 Zur Rolle der (Massen)medien

Wenn die Institutionalisierung signifikativer Regionalisierung als Manifestation der sprachlichen Weisen der Weltbindung einer Betrachtung unterzogen werden soll, stellt sich nicht nur die Frage nach der (theoretischen) Rolle der Medien in diesem Prozeß. Man könnte auch fragen, inwiefern die (elektronischen) Massenmedien eine Untersuchung traditioneller Raumsprache nicht sogar obsolet machen. Denn die Medien gelten im Zusammenhang mit dem Globalisierungsparadigma in theoretischer Hinsicht als „Entankerungsmaschinen" *par excellence*. Das durch sie erzeugte globale Dorf scheint die traditionellen Weltbindungen aufzulösen (vgl. Werlen 1997b:398; Thompson 1995; Barker 1999) und dazu führen, daß althergebrachte Selbstverständlichkeiten im kulturellen Hintergrund von Sprechergemeinschaften aufgebrochen werden. In diesem Abschnitt wird beleuchtet, inwiefern dem so ist. Gibt es eine neue mediale Raumsprache? Oder ist es gerade die Rede von Neuartigkeit und Transformation, die den Blick auf die Traditionalität im Neuen verschleiert? Und welche Rolle spielt dabei eine im Hintergrund manifestierte Beobachterperspektive, die vor lauter Globalität die Dimension der Bedeutung aus den Augen verliert?

Diesbezüglich ist an die Argumentation in Teil I anzuknüpfen, insbesondere an den Vorschlag, „Globalisierung" als *eine* Form der Regionalisierung zu betrachten. In einem *ersten* Kapitel sind gängige Perspektiven zum Verhältnis von Medien und Raum zu problematisieren. In einem *zweiten* Kapitel ist daraufhin eine strukturationstheoretische Ansatzweise anzulegen. In einem *dritten* Kapitel ist dann ausführlich die spezielle sozialgeographische Konzeption der Rolle der Medien im Sinne der konsequenten Fortführung der bisherigen Theorieentwicklung argumentativ herzuleiten.

2.1 Medien und Raum

Der Diskurs der Globalisierung in Bezug auf die Massenmedien ist geprägt von räumlicher Thematik: „Entankerung", „Distanzüberwindung", „Transgression" (Grenzüberschreitung), „dislocation", „distanciation" etc. scheinen in vielen Bereichen bereits selbstverständliche Begriffe zur Beschreibung eines „neuen" Phänomens zu sein, das die Gesellschaft erfaßt hat. Schmidt (1998:173) spricht von einem „Truismus mit der Feststellung, daß wir in einer Mediengesellschaft globalen Ausmaßes leben". Der ausgedehnte Flächen-Raum wird dabei zu einem Maß der Veränderung, zu einem Mittel, diese Veränderung, die uns von früheren Zeitaltern zu trennen scheint, zu quantifizieren: „activities take place in an arena which is *global* or nearly so (rather than *merely regional*, for example)" (Thompson 1995:150, m. Hvh.). Die Tatsache der Globalisierung, wie auch ihr Bemessen, wird dabei kaum in Frage gestellt. In kritischer Betrachtung steht mehr die Frage im Mittelpunkt, ob denn die Medien als Spiegel, bloße Übermittler (Anbieter) oder Akteure im Geschehen zu begreifen sind.[59]

Mehr oder weniger einig sind sich die diskursiv Tätigen darüber, *daß* durch die Medien eine Veränderung stattgefunden hat und alte Ordnungen durchbrochen werden, die Welt neu geordnet wird (vgl. Großklaus 1995). Einigkeit besteht auch darüber, daß daher alte Ordnungsschemata nicht mehr taugen, um die veränderte Welt zu beschreiben oder gar zu erklären: „(...) our traditional theoretical frameworks for understanding these processes are, in many respects, woefully inadequate" (Thompson 1995:9). Aus den Reihen der *cultural studies*, die sich explizit mehr mit den diskursiven Inhalten denn mit technisch-strukturierenden Aspekten der Medien befassen, wird betont, daß der Globalisierungsdiskurs ein hegemoniales Element enthält, insofern „westliche" Vorstellungen von Entwicklung und Fortschritt auf eine globale Ebene gehoben werden, oder so getan wird, als seien alle Menschen in gleicher Weise Teilhaber an diesem Prozeß (Hall 1994a,b; Barker 1999; Bhabha 2000). In Folge dieser Kritik haben Begriffe wie „Kontingenz" und „Hybridität" Konjunktur (Werbner/Modood 2000). Die sollen aber – und dies gilt es zu beachten – nicht allein darauf hinweisen, daß es keine *per se*, sondern nur eine *gesellschaftlich* festgeschriebene Art und Weise von Kulturen, Räumen oder Kulturräumen gibt. Sie sollen *auch* benutzt werden, um die Welt in Zukunft neu, „adäquater" zu beschreiben, denn: „it is clear that sociospatial transformations in the late twentieth century call for new orientations and new forms of bonding" (Morley/Robins 1995:40; vgl. a. Großklaus 1995, Appadurai 2000:47, Bhabha 2000; Castells 1996). In der wissenschaftlichen Auseinandersetzung werden somit zwei Argumentationslinien sichtbar, die unterschiedlichen Gebrauch von Raum und Räumlichkeit machen, selten aber konsequent auseinandergehalten werden. Im Gegenteil: vielfach baut die zweite Position argumentativ auf der selbstverständlichen Annahme der ersten auf:

1. Eine konstatierte Veränderung der Welt (der Gesellschaft, des Gesellschaft-Raum-Bezuges) durch Medien macht von einem geometrischen, flächenhaften Raumbegriff Gebrauch („globales Ausmaß"). Dabei wird eine gebräuchliche Projektion benutzt, um den Zustand der gesellschaftlichen Wirklichkeit zu beschreiben und zu ermessen.

2. Eine dekonstruktivistische Kritik der herkömmlichen oder traditionellen Beschreibung der Welt, stellt ein *altes* Raumverständnis in Frage und plädiert dafür, *heute* eine neue Beschreibungsweise einzuführen und von nunmehr

---

59 Z.B. Thompson (1995:4); Barker (1999:35-59), für eine Übersicht s. McQuail (2000:88-89).

„neuen Räumen" – seien es polythetische, perspektivische *scapes* (Appadurai 2000:33,46) oder transnationale (Beck 1997:55ff.), virtuelle oder „dritte" Räume (Bhabha 2000) – auszugehen.

Zwei Punkte sind in dieser Konstruktion problematisch. Wenn *erstens* die zweite, von der ersten abgeleitete Position, konsequent reflexiv auf die erste angewendet würde, entzieht sie sich selbst ihre Basis. Wenn das Raumverständnis als „Gemachtes" dekonstruiert wird, ist fraglich, inwiefern ein „Blick von oben", wie ihn die Globalperspektive und die Messung unterschiedlicher Reichweiten (*scales*) anlegen, zum Ausgangspunkt der Argumentation werden kann. Wenn von *lokaler, regionaler* oder *globaler* Vernetzung gesprochen wird, von (Aktions-)Räumen, die sich *erweitert* haben, oder von Distanzen, die *schrumpfen*, ist dies in der Tat eine Sichtweise, die ebenfalls von einer Projektionsweise herrührt, die als „gemachte" angesehen werden müßte. Aus einer Beobachterperspektive wird auf die Welt geschaut in einer Art und Weise, wie es z.B. erst durch die kartographische Projektionsweise möglich wird.[60] Zugleich wird dabei ein technokratischer Blick angelegt, der von den (medialen) Strukturen (Vernetzung, Verdrahtung, Verkabelung) auf die gesellschaftliche Befindlichkeit („globalisiert") schließt.

Gleich wie die sozialgeographische Blickverschiebung von *gegebener* Region zu *getätigter* Regionalisierung und einer „Region *in suspenso*" eine Vermeidung von wissenschaftlicher Regionalisierung einfordert, scheint es konsequent. auch die herkömmliche Rede vom Raum zu reflektieren, will man nicht die zu dekonstruierenden Räume gleichsam reproduzieren. Doch dürfte – so der *zweite* Punkt – bei der Betrachtung der Umgangsweise mit Raum und Räumlichkeit und bei analytischen Fragen nach dem „wie" der Welterzeugung (Einteilung, Objektivierung, Essentialisierung) nicht mehr auf der Basis von essentiellen Postulaten für eine neue, „adäquatere" Weltbeschreibung argumentiert werden. Die selbstverständliche Umgangsweise mit Raum, die eigentlich als *produktiv* und für eine „globalisierte" gesellschaftliche Wirklichkeit *konstitutiv* betrachtet werden müßte (der Ausgangspunkt der dekonstruktivistischen Kritik), wird dann vernachlässigt und unsichtbar – eben „verschleiert" (s. Teil I).

2.2 Allgemeine strukturationstheoretische Konzeption

Für die Entwicklung eines strukturationstheoretisch konsistenten Ansatzes kann also nicht rigoros von einer Inadäquanz gesprochen werden, etwa wie bei Großklaus (1995). Er diagnostiziert eine Ablösung der kognitiven „Körperkarte" (innen/außen) von einer zeitbezogenen „Geist-Karte" (nicht-gleichzeitig/gleichzeitig) und meint bezüglich der veränderten (beschleunigten und enträumlichten) „Medien-Realität":

---

60 Krämer (1998:28) macht diesbezüglich auf die toposbildende Funktion der Zentralperspektive aufmerksam: „Etwas gilt genau dann ‚als ob es real sei', wenn es aus der Perspektive eines externen Beobachters symbolisch konstruiert ist".

„Der Tendenz nach entsteht ein *Welt-Innenraum*, in dem die kommunikativen Distanzen mit Lichtgeschwindigkeit zum Verschwinden gebracht werden. Das Transporttempo von Informationen, Botschaften, Gütern, Waffen und Menschen hat sich dermaßen beschleunigt, daß *Grenz*-Überschreitung – wie sie anhand der alten Karten in ‚langsamen Gesellschaften' möglich waren – einfach nicht mehr vorkommen. Um den Erdball kreisen dieselben transkulturellen Botschaften, die *zeitgleich* an unterschiedlichen Stellen *ent-räumlicht* abgenommen werden können" (Großklaus 1995:107).

Intuitiv kann gegen solche „death-of-distance"-Szenarien (vgl. Cairncross 1997) eingewendet werden, daß bei aller postulierten Grenzüberschreitung, Enträumlichung und Transkulturalisierung Phänomene wie Nationalismus oder Regionalismus keineswegs der Vergangenheit angehören. Auch wenn dies einem gewissen *time-lag* zuzuschreiben wäre: Folgt man solchen Modellen von einer Welt, wie sie heute *ist*, sind diese Phänomene tatsächlich lediglich als inadäquat oder „überholt" anzusehen, mit der Gefahr, sie in ihrer wirklichkeits-konstitutiven Kraft zu unterschätzen. Um die Persistenz von nationalistischen oder regionalistischen Bewegungen dennoch erklären zu können, wird daher oftmals das Postulat der „*Wieder*-Verankerung" erhoben, aufbauend auf einem konstatierten „desire to reproduce the nation that has died and the moral and social certainties which have vanished with it...to fudge and forge a false unity based on faded images of the nation" (MacCabe zit. in Morley/Robins 1995:31). Die unterschwellig anklingende „Falschheit" der (alten) Repräsentation in Bezug auf eine gegebene Wirklichkeit bleibt jedoch auch mit dem Wiederverankerungs-Postulat bestehen.

2.3 Spezielle sozialgeographische Konzeption

Hat in einer vermeintlichen Medienrealität wirklich nichts mehr „seinen Ort" (Großklaus 1995:112; Meyrowitz 1990a,b; Castells 1996)? Im Gegenteil: Auch in massenhaft vermittelter Semantik und gerade auch im Bildmedium Fernsehen – so meine These – erhält nahezu alles seinen Ort. Die herkömmliche kognitive Raum-Karte hat keineswegs ausgedient, sondern findet sich vielfältig in medialer Semantik und Grammatik wieder.[61]

Für die Entwicklung dieser Argumentation sind zunächst zwei analytische Schritte notwendig, die aufdecken, warum handlungstheoretisch betrachtet keine neuartige Konstitution der Welt von den Medien herzuleiten ist, wohl aber Widersprüche entstehen:

1. Es muß analytisch unterschieden werden zwischen einer Beschreibungsebene, mit der auf materielle Aspekte der Medien (Kabel resp. Apparate in räumlicher Projektion) Bezug genommen wird, und der den Medien zugewiesenen Bedeutung und Funktion, unter anderem, daß sie als „Globalisierungsmaschinen" oder „Weltapparate" betrachtet werden.

---

61 Daß auch technisch-strukturell von einer „Raumwirksamkeit" statt einer „Raumlosigkeit" der „neuen" Informations- und Kommunikationstechnologien gesprochen werden kann, bestärkt Wersig (2000).

2. Es muß (vorläufig) analytisch differenziert werden zwischen einer „neuen" (wissenschaftlich etablierten) *expliziten* signifikativen Praxis, in der auch die Welt als neu*artig* konzeptualisiert wird, und einer „alten" (traditionellen) „alltäglichen" (im Sinne von selbstverständlichen) *impliziten* signifikativen Praxis, die auch medial verbreitet wird.

„Rohe" und zugewiesene Eigenschaften

Die Trennung von Physis, Geist und dem Sozialen ist der angelegten handlungstheoretischen Perspektive zufolge als eine hergestellte zu betrachten. Der entscheidende Punkt der kritischen Sprachanalyse ist also nicht, *daß* diese Trennung in der Konzeptualisierung der Welt vollzogen wird, sondern vielmehr, *wie* die Verbindung zwischen diesen scheinbar unterschiedlichen Reichen mit ihren unterstellten eigenen Gesetzmäßigkeiten sprachlich hergestellt wird und welche Folgen daraus resultieren. Flusser bemerkt:

> „Zwar kann man alles humanisieren (beispielsweise Wolken) und alles naturalisieren (beispielsweise die Ursache von Büchern aufdecken). Aber man muß sich dabei bewußt sein, daß das untersuchte Phänomen bei jeder dieser Vorgehensweisen andere Aspekte aufweisen wird und es daher wenig Sinn hat, vom gleichen Phänomen zu sprechen" (Flusser1998:11).

Dabei setzt Flusser aber in gewisser Weise eine Trennung von Natur und Kultur („naturalisieren" und „humanisieren") bereits voraus. Zieht man dagegen die *Funktionszuweisungen* in Betracht, wird zentral, daß die Bedeutungszuweisung auch sein kann, daß etwas als „physisch-materiell" oder „natürlich" angesehen wird, als ontologisch unumstößlich handlungsunabhängig „seiend" oder „existierend", und daß diese Zuweisung – im Sinne Flussers – den Gegenstand bestimmt. So gesehen leitet dies weniger auf die Behauptung hin, daß es natürliche und kulturelle Gegenstände gibt, sondern, daß Gegenstände als natürlich oder nicht-natürlich konzipiert werden. Was aber passiert, wenn (theoretisch) das eine Phänomen aufgrund des anderen *erklärt* wird? Geht man einem gemäßigten Realismus folgend davon aus, daß bestimmte (bedeutungslose) Eigenschaften der Welt existieren, ist dennoch zu beachten, daß diese kausal logisch nicht determinieren, wie sie die gesellschaftliche Wirklichkeit verändern. „Physische" Eigenschaften sind insofern auch eine gedankliche Abstraktion (vgl. Bourdieu 1991) und es ist nicht möglich, ihre bloße Existenz zu beweisen. Es kann nur darauf hingewiesen werden, daß ihre Existenz (sprachlich) unvermeidlich vorausgesetzt wird. Wichtig ist aber, daß auch ihre Funktion vielfach als natur-immanente Tatsache angesehen wird und diesen Schritt gilt es in einem dem handlungszentrierten Paradigma folgenden theoretischen Konzept von Medien als *analytische Prämisse* zu vermeiden, insbesondere im Hinblick auf den Diskurs der Globalisierung. Wenn aus einer naturalistischen *Beschreibung* der Medien in einem deterministischen Sinne *Ursachen* für gesellschaftliche Veränderungen abgeleitet werden, werden aus den Medien Akteure mit einer ihnen eigenen Intentionalität, wird Kabeln ein Bewußtsein zugeschrieben, wird immanenten *Verursachungen* eine Rationalität unterstellt. „Die Medien verändern die Welt", heißt es, oder „die Medien bauen Grenzen ab". Solche Personifizierungen sind zwar selbstverständlich etablierte Weltdeutung, werden aber problematisch, wenn sie in eine handlungstheoretische Perspektive einfließen. Konsequent wäre anzunehmen, daß nicht die Materialität der Kabel und Apparate die gesellschaftliche Wirklichkeit verändert, sondern der Umgang mit ihnen und die ihnen zugeschriebene Bedeutung (die dann aber durchaus strukturierende Konsequenzen haben können).

Daß rohe Eigenschaften der Medien in ihrer *gesellschaftlichen Bedeutung* zu Veränderungen der gesellschaftlichen Wirklichkeit, von Interaktionsmustern und Rollenverhalten geführt haben, hat Meyrowitz für das Fernsehen gezeigt (Meyrowitz 1990a; 1990b; vgl. a. Winterhoff-Spurk 1989 sowie Gräf 1992). Auch Thompson (1995) argumentiert mit der Veränderung von menschlicher Interaktion durch die Medien. Was genau sind aber die Kausalitäten dieses Wandels? Handlungstheoretisch betrachtet muß niemand einen Fernseher haben oder kann ihn abschalten, wenn er oder sie will.[62] Dennoch macht Meyrowitz auf Aspekte aufmerksam, die eine spezifische Wirkung *vermittelter* Information auch aus handlungszentrierter Perspektive plausibel erscheinen lassen. Besondere Beachtung verdient dabei das Element der imaginierten Kollektivität, die mit der Öffentlichkeit der vermittelten Information einher geht. Insbesondere das Fernsehen ist geeignet, ein Gruppenzugehörigkeitsgefühl zu schaffen, allein durch die Tatsache, daß man weiß, „daß gleichzeitig viele Menschen das Gleiche verfolgen wie ich" (Meyrowitz 1990a:176).[63]

Meyrowitz macht somit das Argument „the media is the message" (McLuhan 2001; 1995) stark. „Für die Art, wie elektronische Medien ihre Botschaften präsentieren, gibt es kein Äquivalent in unserer linguistischen Grammatik oder syllogistischen Logik" (ebd:202). Die expressiven Botschaften des TV sind nicht auf ihren Wahrheitsgehalt hin zu überprüfen. Der Wahrheitsanspruch entsteht allein durch die Form des Mediums. So bekommt das Fernsehen eine Wahrhaftigkeit – „Das Fernsehen bietet eine Arena für die Proklamation und Bestätigung, daß Ereignisse ‚wirklich' sind" (Meyrowitz 1990a:185-186). Heißt das aber, daß ein universeller formaler Unterschied in der Produktion und Konsumtion von Fernsehinhalten und Erzählungen bezüglich der verwendeten „Grammatik der Weltdeutung" (s. Teil I, Kap. 1.2.2) besteht? Dagegen ist die These zu setzen, daß – im Zuge einer (expliziten) Neu*bewertung* der (medialen) Wirklichkeit – die (im-

---

62 Systemtheoretisch betrachtet kann man dagegen durchaus sagen, daß man sich den Medien nicht entziehen kann (Luhmann 1996:9).

63 Meyrowitz verweist auf eine Studie von Murray (Meyrowitz 1990a:182f.), die herausstellte, daß Bücherlesen häufig etwas mit der persönlichen Identität zu tun hat, also der Bestärkung und Herausarbeitung der eigenen Realität, während Fernsehen eingesetzt wird, um externe Realität (was machen die Anderen, was ist los in etc.) widerzuspiegeln. Demzufolge dient das Medium TV viel eher der Entstehung eines kollektiven WIRs bzw. der Identifikation mit einer großen (anonymen) Masse, als das Medium Buch.

pliziten) alten Muster der Weltbindung nicht gänzlich verschwinden, sondern nur aus dem Blickfeld geraten, obwohl sie selbst der Neubewertung inhärent sind.[64]

Über die Entwicklung technischer Hilfsmittel, sowohl im Printbereich, als auch über elektronische Massenmedien, wurde ein anderes Bewußtsein „des Anderen" und die Vorstellung von weit entfernten Kollektiven möglich. Das ist der Punkt, auf den Anderson (1998) mit seinem Begriff der „vorgestellten Gemeinschaft" abzielt.[65] Fragwürdig wäre aber, diesen Befund kausal-deterministisch aus der Technik oder ihrer projizierten Verbreitung auf dem Globus herzuleiten. Das Wissen um das globale Anderswo, um die Gemeinschaft der Zuschauer, Zuhörer und Leser, um die öffentliche Welt – all dies sind Bedeutungszuweisungen *an* eine mediale Wirklichkeit. Sie können handlungstheoretisch als *Bedingungen der Möglichkeit* einer spezifischen Auffassung von der Welt betrachtet werden, nicht aber als ontologische Seinsweisen der Welt, aus denen sich direkt „neue Räume" ableiten lassen. Daher sind eben Erscheinungen wie „Nationalismus" nicht direkt auf technische Entwicklungen im Printbereich zurückzuführen.[66]

Dementsprechend interessieren die technischen Aspekte der Medien sowie ihre Verteilung „im Raum" für die sozialgeographische Konzeption nur, insofern sie *erstens* Vorstellungen von einem „kollektiven Anderen", einem „Anderswo" oder einer „globalen Weltgemeinschaft" ermöglichen, und *zweitens,* insofern sie infolge von Bedeutungszuweisungen nicht nur den ontologischen Status einer vernetzten Welt erhalten, sondern auch zu dessen Beleg angeführt werden. Doch die Bedeutung der Medien und ihre wirklichkeitskonstitutiven Folgen sind aus dem gesellschaftlichen Umgang mit den Medien zu erschließen. Sie resultieren nicht kausal deterministisch aus der Verbreitung von Verlagshäusern oder der räumlichen Ausdehnung von Sendegebieten oder der Eröffnung neuer virtueller Welten. Medien-Räume sind so gesehen zwar neue Vorstellungen, werden aber auf der Basis alter, traditioneller Raum-Karten gegenständlich entworfen.

Die Informationsübertragung (auch: Vernetzung) erscheint dann als eine gesellschaftliche (Verwendungs-)Funktion, die immanenten Eigenschaften der Medien zugewiesen wird. Sie ist mit einer Normativität verbunden, insofern sie vor dem Bewertungshintergrund besteht, *daß* Information wichtig ist. Daher sind Telefone „dazu da", Gespräche zu übermitteln. Diese Zuweisung ist nicht vollständig beliebig. Gewisse immanente Eigenschaften (Leitfähigkeit von Metall/Halbleitern, Bedruckbarkeit von Papier, auch: die Ausdehnung des Körpers, der gekleidet wird) sind aus dieser Perspektive – entgegen einer radikal konstruktivistischen Haltung – an der Weltbildung als ermöglichende und einschränkende

---

64 Zum (Nicht-)Zusammenhang roher und imaginativer Eigenschaften von Kommunikationsmitteln vgl. a. Holtorf (2001), der anhand des ersten Transatlantik-Telegrafenkabels sowohl die frühe Euphorie einer „Überwindung von Raum und Zeit" anhand geschichtlicher Quellen belegt, als auch die Ambivalenz der materiell-technischen und imaginativen Verbindung zwischen den Kontinenten aufzeigt.
65 Vgl. Morley/Robins (1995:66) zum „magic carpet of broadcasting technologies".
66 Vgl. Thompsons (1995:62f.) kritische Reflexion von Anderson (1998).

Bedingungen beteiligt.⁶⁷ Aus Lehm läßt sich kein Wellenempfänger bauen. Daß mehrere Menschen gleichzeitig über Distanz miteinander reden können, ist ebenfalls eine Möglichkeit, die auf bestimmte rohe Eigenschaften der Medien zurückgeht, genauso wie die Möglichkeit, symbolische Gehalte zu „speichern", bzw. wiederholt und an viele Menschen gleichzeitig wiederzugeben (vgl. Thompson 1995:19). An diesem Punkt würde dann die Zeit-Geographie (Hägerstrand 1975, Pred 1977, s.a. Adams 1995) ansetzen, um Veränderungen der Gesellschaft unter Zuhilfenahme raum-zeitlich gegebener Einschränkungen zu beschreiben.⁶⁸ Wie aber diese Eigenschaften von den Subjekten genutzt werden und welche Bedeutung dieser Nutzung gesellschaftlich zukommt, sind von der Bedingung der Möglichkeit entbundene Fragen.

Noch eine Bemerkung zur Unterscheidung von medialer und kopräsenter Kommunikationssituationen und ihrer unterschiedlichen Wirkungsweise, die oftmals als entscheidende Indikatoren für die Globalisierung der Kommunikation herangezogen werden (vgl. Thompson 1995:81ff.; Werlen 1997b:231-237): Der Zugang zur Konstitution der „Medien" führt über die Betrachtung von Bedeutungszuweisungen und es wurden Gründe aufgezeigt, warum die „Neuartigkeit" der medialen Welt aufgrund ihrer distanzüberwindenden „rohen" Eigenschaften nicht direkt mit einer Bedeutungszuweisung *an* die Medien als distanzüberwindende Entankerungsmaschinen gleichgesetzt werden sollte. Die Bedeutungszuweisung *an* Medien wird ihrerseits sowohl in medialen als auch in face-to-face Situationen vollzogen. Eine Bedeutungszuweisung hat so gesehen nichts damit zu tun, ob sie *durch* ein Kabelwerk kommt (oder nicht), oder gar, ob sie von „weit her" oder „aus nächster Nähe" kommt. Die Differenzierung in mediale und kopräsente Kommunikation stellt sich in dieser Hinsicht für die Erklärung einer veränderten Ontologie von Gesellschaft und Raum als irreführend heraus, weil sie bezüglich der subjektbezogenen Herstellungsweisen, resp. der Bedeutungszuweisungen, keine haltbaren Kategorien liefert. Das hieße nämlich, auf distanzlogischer Basis einen *wesentlichen* formalen Unterschied zwischen medial vermittelten und nichtmedial vermittelten Bedeutungen herzuleiten. Dabei wäre schon die Kategorie „nicht-medial" in Bezug auf Bedeutungen ein Problem. Welche Bedeutung existiert ohne Medium? Young (1990:314) spricht daher von der „metaphysischen Illusion nicht-mediatisierter Kopräsenz".⁶⁹ Für das Betrachten vom (sprachlichen)

---

67 Krämer (1998:33-34) kritisiert wie folgt: „die Pointe des Erklärungsmodells des Radikalen Konstruktivismus ist es, ein für die neuzeitliche Wissenschaft klassisches Beschreibungsschema umzukehren: Nicht mehr sollen die sogenannten sekundären, also phänomenalen Eigenschaften von Objekten zurückgeführt werden auf deren primäre, also physischen Eigenschaften (...). Sondern umgekehrt: Phänomenale Eigenschaften werden zum Standard auch für die Erklärung der sogenannten primären Qualitäten". Der „Transformation eines Mediums in ein Realitätskonstrukt" wird damit paradoxerweise Vorschub geleistet (ebd.:34).

68 Vgl. zu diesem Ansatz auch die von Weichhart (2002) entworfene Theorie der „action-settings".

69 Vgl. hierzu auch Massey (1994:164), die mit dem gleichen Argument das „zu Hause" als authentischen Ort der Kopräsenz dekonstruiert. (Physische) Nähe wird erst durch die (moralische resp. nostalgische) Bedeutung zum Indikator für „authentische" Kommunikation.

Geographie-Machen sollte also eine objektivierte, essentielle Geographie der Medien, bzw. die Distanz zwischen Kommunizierenden, keine Erklärungs-Grundlage sein. Wohl aber ist eine interessante Frage, welche Bedeutung der „medialen Kommunikation", wie auch der „face-to-face-Kommunikation" zeitgenössisch *zugewiesen* wird.

Bedeutung der Medien und von Medien vermittelte Bedeutung

Die zweite analytische Differenzierung liegt nun allein auf der symbolischen Ebene. Zu unterscheiden ist *erstens* eine *explizite* Bedeutung der Medien z.B. als „Globalisierungsmaschinen", die verleitet, ein mediales Zeitalter auszurufen und einen „vernetzten" oder „entankerten" Ist-Zustand der heutigen Welt zu begründen. *Zweitens* die *implizite* signifikative Praxis des räumlichen Kategorisierens, des „Einbringens von Dingen in Raum und Zeit", die Giddens (1997b:33) eine für die Moderne typische Verfahrensweise genannt hat. Sie ist in der selbstverständlichen, traditionell geprägten Redeweise von der Welt und den Dingen zu sehen. Die These ist nun, daß sich die letztere signifikative Verfahrensweise formal nicht parallel mit der Bedeutungszuweisung *an* Medien, resp. mit der reflexiven Betrachtung der Welt als nunmehr „global vernetzter", grundlegend geändert hat, daß sich hier aber ein grundlegender Widerspruch verbirgt, der Konsequenzen mit sich bringt. Thompson zum Beispiel redet von einer zunehmenden *globalen* Vernetzung und traditionell *lokalen* Aneignungen (Thompson 1995:173ff.). Dabei wird jedoch einmal abstrakt aus der Beobachterperspektive auf den Globus geschaut, bezüglich der „Aneignungen" aber eine teilnehmende Subjektperspektive eingenommen. Problematisch ist das allein schon deshalb, weil aus Subjektperspektive die „Vernetzung" lediglich als symbolischer Gehalt, als Abstraktion zu betrachten ist (man kann über das räumliche Überall reden, es aber nicht ohne Abstraktion in seiner Ontologie erfahren). Andersherum können in dem abstrahierten Blick von oben Subjektperspektiven nicht sichtbar werden.[70]

Die Widersprüchlichkeit ergibt sich aber auch ohne Perspektivenwechsel. Sowohl das Globale, Enträumlichte, Entgrenzte als auch das Lokale, Verräumlichte, Begrenzte können als Bedeutungszuweisungen an die Welt, respektive imaginative Konzepte von der Welt betrachtet werden (s. Teil I). Hier die Vorstellung des grenzenlosen „Überall", dort die Einteilung dieses Überalls in räumliche Container. In welcher Weise besteht aber ein Unterschied, wenn man auf die Herstellungsweisen schaut? Beide Deutungen müßten dann – und das ist ein entscheidender Punkt – zeitgenössisch in genau derselben formalen „Sprache" formuliert werden. Ausgehend davon, daß Subjekte vor einem kulturell strukturierten Hintergrund sprechen, der bezüglich traditioneller institutionalisierter Regeln wenig flexibel ist, und davon, daß der „Akt der Deutung" in den meisten Fällen ein routinisiertes alltägliches Tun ist (Searle 1997:142), dann kommt „über" die Medien

---

70 Was bei dem Versuch herauskommt, diese Perspektiven zu verbinden, sind z.B. Karten räumlichen Bewußtseins, wie sie Blotevogel et al. (1986; 1987) zu zeichnen suchten.

kein originär neues semantisches Strukturierungsmoment hinzu, weil die Medien selbst kein Eigenleben haben, sondern durch die Intentionalität von Subjekten (nennen wir einige davon „Medienmacher") hergestellt werden.

Nun muß das Argument „the media is the message" als Einwand betrachtet werden. Von Seiten der *media-studies* wird sich auf seiner Grundlage ausgiebig mit der spezifischen Wirkung der unterschiedlichen Medien auf die transportierten Inhalte wie auf die Rezeption befaßt.[71] Mit der Hintergrundthese ist jedoch in Bezug auf die allgemeinen sprachlichen Herstellungsweisen Folgendes zu bemerken: Die Form der Kommunikation sowie ihre kontextuelle Einbettung haben sicherlich Einfluß auf die Einordnung von Bedeutungsgehalten, vor allem auch bezüglich der Abwägung der Relevanz und der damit verbundenen Selektion von Information. Auch Meyrowitz räumt jedoch ein, daß z.B. das Fernsehen alle Altersgruppen, Bildungsschichten, Geschlechter, Religionen, Einkommensgruppen etc. in eine „relativ ähnliche Informations-Welt" (Meyrowitz 1990a:190) einschließt. Eine allgemeine Stabilität der Strukturierung ergibt sich dabei allein schon deswegen, weil eine lineare Sprache nach wie vor das universelle Medium ist. Krämer (1998:34) geht sogar noch einen Schritt weiter:

> „Der Computer, der auf den ersten Blick die kulturelle Fixierung auf die Schriftlichkeit zu überwinden scheint, steht im Zusammenhang einer subtilen Aufwertung der Schrift, indem diese zum Inkrement des Realen selbst wird."

Der springende Punkt der analytischen Differenzierung von Bedeutungszuweisungen *durch* und *an* die Medien, ist also folgender: Der Unterschied, den das Medium für seinen Inhalt macht, ist nicht ursächlich auf „rohe" Eigenschaften der Medien zurückzuführen, sondern geht auf eine Bedeutungszuweisung *an* diese Medien zurück. Diese Bedeutungszuweisung folgt aber wiederum einem Schema, das dem der alltäglichen verortenden Signifikation *durch* die Medien gleicht. Das Raum-Schema wird dabei gar nicht aufgelöst oder verlassen. Darum wird auch über die enträumlichenden Medien nicht in a-räumlicher Begrifflichkeit geredet: Begriffe wie „Medien-Welt" und Medien-Raum" werden geprägt, „virtuelle Räume" werden thematisiert, in die man eintreten („enter") und austreten („leave") kann. Daß diese virtuelle Realität nichts mit einer vermeintlich wahren, wirklichen Welt zu tun hat, erweist sich zumindest in Bezug auf die formale Strukturierungsleistung als nicht haltbar. Die virtuelle Welt ist alltäglich verstehbar. Aus Subjektperspektive, auch im Rahmen eines „Lebenswelt-Konzeptes", wie es Schütz (Schütz/Luckmann 1988) entwirft, ist der Umgang mit Medien ein Teil der strukturierten und strukturierenden intersubjektiv manifestierten „Weltbindung". Der gesellschaftsdiagnostische Blick von außen, der eine *Vergrößerung* der Lebenswelten durch die Medien feststellen könnte, ein Vordringen in neue, unwirkliche Räume und ihre Zeichen, eine Entankerung, ein fragmentiertes Subjekt, ist aus Subjektperspektive nur als räumliche Abstraktion denkbar. Diese fordert

---

71 Einen Überblick gibt Faulstich 1991, vgl. auch: Flusser 1998 zu einer phänomenologischen Analyse.

genau wie das Vernetzungsparadigma eine extrinsische Perspektive ein und ist wiederum auf eine traditionelle Projektionsweise zurückzuführen.

Die Rolle der Medien, die sich aus dieser Betrachtung ergibt, trägt nun weniger die Züge einer fremden Macht, der die Menschen auf einen unbestimmten neuen Weg folgen müssen, die sie beherrscht, ohne daß sie es ahnen – ein schwarzmalerisches Motiv, das sich z.B. bei Flusser (1998) durch die gesamte Argumentation zieht (vgl. auch Postman 1999). Vielmehr können sie als stabilisierende Institutionen alltäglicher Strukturierung betrachtet werden, die einer klassischen „Verortung von Kultur" Vorschub leisten, weil sie aus eben dieser Praxis *bestehen*. Daß die Medien dabei reflexiv als (quasi autonome) Enträumlichungs- oder Entgrenzungs- oder Beschleunigungs-Maschinen bezeichnet werden, ist dann nur ein Beleg für die Persistenz dieser Praxis, mit der wir Dinge „in Raum und Zeit einbringen". Wohl aber bleibt ein Widerspruch erhalten, und zwar der zwischen der *expliziten* „entankernden" Deutung und der *impliziten* strukturierenden und „verankernden" signifikativen Praxis.

Die totale Entgrenzung und Enträumlichung findet (bislang) jedenfalls nicht statt, schon gar nicht in den Medieninhalten. „Regionen" finden sich als objektivierte Einheiten auf allen Ebenen kommunikativer Praxis, in Dokumentationen, Briefen und Kaffeepausengesprächen. Sie erhalten Stabilität über Routinen der Verständigung und – folgt man Meyrowitz oder Anderson – auch darüber, daß sie über die Bedeutung der Medien als Vermittler einer kollektiven Wirklichkeit nicht nur „normal" sondern auch „real" erscheinen. Was dagegen stattfindet, ist eine explizite Rede von der Globalisierung – Habermeier (1999:121-122) spricht von einer „Globalisierungspropaganda" auf der Basis einer „vulgären Anbetung der leeren Quantität" –, die wirtschaftlich erfolgreich ist und die impliziten konservativen Modi der Strukturierung und Begrenzung vergessen läßt.

Methodisch ergibt sich aus diesen Betrachtungen, daß Inhaltsanalysen von Texten oder Bildern, die medial verbreitet werden, für eine Analyse gesellschaftlicher Wirklichkeit keineswegs so unzureichend sind, wie das bei Meyrowitz anklingt (Meyrowitz 1990b:78-79). Wenn vorausgesetzt wird, daß sich die impliziten Strukturierungen in der Sprache zeigen und daß auch die wissenschaftlich objektivierten Strukturen aus Bedeutungszuweisungen hervorgehen, wird eine Textanalyse zu einer exemplarischen Analyse signifikativ erzeugter gesellschaftlicher Wirklichkeit.

Was heißt das aber für die Analyse *„real-räumlicher"* Wirklichkeit? In Bezug auf die Orte (Kontexte, Situationen), die Meyrowitz durch die Medien neu strukturiert wissen will, ist der entscheidende Punkt der, daß ein impliziter Dualismus (physischer) Struktur und a-physischer (geistiger) Semantik sich dem Herstellungsaspekt der Bedeutung der Orte für die handelnden Subjekte verschließt. Dies ist durch den Beobachter-Standpunkt der strukturellen Betrachtung bedingt, die dann in einem unzulässigen Sprung zur Semantik führen soll. Die Bedeutung wird fraglos und kausal aus der strukturellen Analyse hergeleitet. Meyrowitz (1990a:45) spricht von Veränderungen, die durch Medienwirkungen entstehen, von Umwelten, die durch elektronische Medien geschaffen werden. Dabei wird die eigene Prämisse, daß Veränderungen in menschlicher Aktion und Reaktion Gestalt annehmen müssen, um „wirklich" zu werden, verlassen. Entscheidend ist doch, daß bei aller konstatierter Veränderung des Verhältnisses von Ort und Situation und einer Zerstörung der traditionellen Beziehungen zwischen „physischen und sozialen Umgebungen" (Meyrowitz 1990a:33) die Bedeutung von Orten, von Nähe und kopräsenter Interaktion dieselbe bleiben kann (wenn auch nicht muß, dies ergibt sich aus der prinzipiellen *Unabhängigkeit* von symbolischen Funktionszuweisungen). Wenn man sich dies im Hinblick auf emotionale wie geschäftliche Beziehungen vergegenwärtigt, im Hinblick auf die ungeschmälerte Popularität von Kino-„*dates*", wie auch die Bedeutung von runden Tischen und Gipfeltreffen, wird die fortfahrende *gesellschaftliche Bedeutung* der physischen Eigenschaften von Orten und Distanzen offensichtlich. Um diese Bedeutung zu erklären, muß kein menschlicher Urtrieb oder gar eine Wirkung des Raumes, eine Aura von Schauplätzen o.ä. postuliert werden. Es muß auch nicht von einem *time-lag* nicht mehr adäquater Bedeutungszuweisungen ausgegangen werden. Der springende Punkt ist, daß es sich um Zuweisungen handelt, die durch mediale Möglichkeiten oder technische Strukturen *nicht* determiniert werden. In Bezug auf das *Wie* Subjekte einer Sprechergemeinschaft – jeder Einzelne, jeden Tag – über Raum reden ist also keine spezifische mediale Neuartigkeit der raumbezogenen Information, keine enträumlichte Sprache, kein entscheidendes „Brechen" mit den traditionellen verräumlichenden Herstellungsweisen als analytische Prämisse haltbar.

Exkurs: Medien und Macht

Die geführte Argumentation scheint ein wenig auf eine Verharmlosung der Medien hinauszulaufen. Das ist einerseits – richtig verstanden – intendiert, andererseits – falsch verstanden – nicht. Warum hier gegen eine grundsätzliche Medien-Macht argumentiert wird, ergibt sich aus dem handlungszentrierten Standpunkt, daß diese Machtverhältnisse nicht von den Medien selbst (sei es als Akteure oder Maschinen) ausgehen. Insofern ist es irreführend von einem „Medienimperialismus" zu sprechen, ein Wort, das auch bei McQuail (2000:222) kritisch diskutiert wird, aber sogar im „*word*-Schatz" liegt. Es soll dagegen nicht in Frage gestellt werden, daß von institutionalisierten (signifikativen) Strukturen Einschränkungen ausgehen, bzw. auch nicht, daß diskursive Strukturen von Akteuren absichtlich genutzt werden können, um spezifische Handlungsstrategien durchzusetzen. So ist die Verharmlosung lediglich in Bezug auf die von ihrer Bedeutung abstrahierten „rohen" Strukturen zu verstehen, nicht in Bezug auf das „wie" wer mit welchen Ressourcen diesen Strukturen welche Bedeutung zuweist, also auch nicht bezogen auf „what people do with the media" (Katz in Werlen 1997b:383).

Wenn nun im Rahmen der signifikativen Regionalisierung aus angelegter Subjektperspektive von Macht gesprochen werden soll, bzw. die Beziehung zwischen signifikativer Regionalisierung und gesellschaftlichen Zwangsmomenten thematisiert werden soll, ist dies im hier entwickelten Zusammenhang in einem anderen Sinn zu tun, als auf eine subtile Herrschaft der Technik über die Gesellschaft hinzuweisen. Zwei Machtkonzepte bieten sich an, die unter Einbezug des entwickelten Medien-Konzeptes an die Frage nach der signifikativen Regionalisierung anzuschließen sind. Dies ist *erstens* ein im Handlungskonzept selbst liegender Machtbegriff, der auf die mit signifikativen Prozessen einher gehende Handlungs-Ermöglichung verweist, und *zweitens* eine von der Institutionalisierung *spezifischer* Strukturierungsformen ausgehende Form des Imperialismus.

Macht in der signifikativen Handlung und institutionalisierte signifikative Macht

Ausgangspunkt des handlungstheoretischen Zugriffes auf gesellschaftliche Wirklichkeit ist ein allgemeiner Machtbegriff, wie ihn Giddens (1997a:65) konzipiert, als das grundsätzliche Vermögen – auch bei aller gleichzeitigen Einschränkung – „in die Welt einzugreifen". Dabei wird der Machtbegriff von dem der individuellen Strategie entkoppelt. „Macht ist nicht wesentlich mit der Erreichung von partikularen Interessen verbunden" führt Giddens (1997a:67) im Sinne seines Konzepts der Strukturierung aus (ohne dabei allerdings auf das zweckrationale Argument zu verzichten). Macht ist strukturell in den konventionalisierten, „routinierten" Handlungen und geregelten Beziehungen realisiert und somit nicht als Ressource zu verstehen (ebd.). In Bezug auf die Institution der Medien sind – bei Verwendung dieses Konzeptes – Medienmacher und -empfänger prinzipiell gleichermaßen „mächtig". Es bedarf für diese Betrachtung gar nicht zwingend der Auflösung des klassischen Sender-Empfänger-Modells (Shannon/Weaver 1998 [1949]). Um diese Form der Macht nachzuvollziehen, bietet es sich jedoch an, Sender und Empfänger nicht individuumsbezogen, sondern im Sinne von Rollen zu verstehen. Dann wird die gemeinsame Basis, also der geteilte Hintergrund, vor dem Information erst zu solcher wird und vor dem Verständigung funktioniert, zum Bindeglied in verschiedensten kommunikativen Kontexten. Hintergrundbedingungen werden immer von beiden Seiten in Anschlag gebracht, und Sinngehalte müssen in einer dem Hintergrund angemessenen Sprache vermittelt werden, damit sie überhaupt verstanden werden können (oder besser: als verständlich verstanden werden können).

Folgt man Searle (1997), liegen signifikative Bedeutungszuweisungen an der Basis aller konventionellen Macht, insofern über Funktionszuweisungen Bedeutung und Status fixiert und reproduziert werden. Bereits die Schaffung konventioneller Bedeutung ermächtigt Sprecher, Sprechakte zu vollziehen (Searle 1997:119) und zu deuten. Die Einschränkungen, die damit einher gehen, sind einerseits kontextuell gegeben, andererseits im spezifischen Hintergrund, den eine Sprechergemeinschaft teilt, manifestiert. Bezüglich der über Medien vollzogenen Sprechakte ist also grundsätzlich mit einer Reproduktion von basalen, Verständigung ermöglichenden Strukturierungen zu rechnen. Der Macht der Medienmacher bei der (strategischen) Nutzung von Mustern ist – bei einem nicht deterministischen Modell von Sendern und Empfängern als situativ bedingten Rollen – die Macht der kreativen Aneignung und Deutung auf Seiten der Konsumenten entgegenzusetzen. Die Variationsbreite hängt zwar von der spezifischen Situation und dem sozio-historischen Kontext der Individuen ab, und insofern kann in der

Tat von Rezeption als einer situierten Aktivität gesprochen werden (Thompson 1995:39). Aber bezüglich der Deutungsmöglichkeiten ergibt sich über die Routinen (erinnert sei an Searle: der *Akt* der Deutung ist ein Ausnahmefall) bezüglich der strukturierenden Grammatik ein enger Rahmen. So ist Thompson zu widersprechen, wenn er konstatiert:

> „Even if individuals may have little control over the content of the symbolic materials made available to them, they can use this materials, rework and elaborate them in ways that are quite alien to the aims and intentions of the producers" (Thompson 1995:39).

Daß also die Deutungen andere sein *können*, als die vorausgehenden Absichten der „Produzenten" (Zielsetzungen, welche schwer genug empirisch zu fassen sind) kann nicht in Frage gestellt werden, wohl aber die Behauptung, daß die *Weisen, wie* symbolisches Material angeeignet und verarbeitet wird ganz „fremde" sein können. Wo immer es um signifikative Vermittlung geht, wird sich im Handlungsvollzug eines hintergrundbedingten Normalverständnisses bedient. Ein „Hinaustreten" hieße Verständigung zu gefährden.

Allerdings muß die Entscheidungsmöglichkeit bedacht werden, einen Durchbrechen des Normalverständnisses zu versuchen. Beispiele hierzu sind meistens im Bereich der „Kunst" zu finden. Verschiedentlich wird versucht, neue Formen der Berichterstattung und der inhaltlichen Auseinandersetzung zu finden (der „Surrealismus" ist ein Beispiel, ebenso wie experimentelle Musik oder der Dadaismus). Dann besteht aber die Gefahr des „Mißverstehens" und einer geringen gesellschaftlichen Akzeptanz. Eine Tageszeitung in dadaistischem Stil verkauft sich schlecht, die Einschaltquoten einer Dokumentation, die sich der Experimentalmusik als Sprache bedient, bleibt niedrig, und surrealistischen „Bildern vom Tage" wird kein Informationsgehalt zugesprochen.

Eine andere prinzipielle Möglichkeit, „aus der Sprache zu treten" sind unerwartete „regelwidrige" Äußerungen in einer „normalen" Gesprächssituation. Dann besteht die latente Gefahr, daß das Gegenüber verwirrt, gar beleidigt ist oder das Gespräch abbricht. Die „Krisenexperimente" von Garfinkel (1967) geben über diese „Störfälle" Auskunft. „Normalerweise" werden solche Brüche also selten auftreten, und sie sind auch nur bedingt im wissenschaftlichen Diskurs zu finden – schon allein deshalb, weil solchen Experimenten dann der Status der „Wissenschaftlichkeit" entzogen wird, sie also nicht mehr als „wissenschaftlich" *gelten*, sondern allenfalls noch als Kunst oder Poesie.[72] So hat die individuelle signifikative Macht im Sinne der Ermöglichung kreativer Aneignung der Welt durch Medien einen untergeordneten Charakter im routinisierten und einschränkenden grammatikalischen Raster der Verräumlichung, gleichwohl die konventionellen Regionalisierungen, Weltbilder und Räumlichkeiten (Regionalismen) alle wesentlich *handlungsabhängig* sind.

Verortungen haben in vielen Fällen formal einen neutralen objektiven, aber auch einen zeitgenössisch selbstverständlichen Charakter. Die ihnen verliehene Intentionalität bezieht sich also meist nicht auf vorgelagerte Handlungsabsichten.

---

72 Als eine Ausnahme im deutschsprachigen Bereich kann Reichert (1998) gelten.

Daher ist es problematisch, aus der gängigen Praxis der Weltaneignung strategische Machtpotentiale herauszulesen. Andererseits ist es jedoch immer möglich, die vermeintlichen „Logiken" und daran anknüpfenden Funktionszuweisungen moralisch kritisch zu betrachten, und zwar genau aus dem Grund, daß keine dieser Funktionen als „gegeben" angesehen werden muß, auch wenn sie so erscheinen. Das Potential zum strategischen Einsatz von diskursiven Ressourcen ist vorhanden und kritisch zu beobachten, aber nicht aus den medialen Strukturen bzw. einer *implizit* essentialisierenden, verräumlichenden Sprache ableitbar.

Doch auch explizite Bedeutungszuweisung *an* die Medien sind von Macht durchdrungen. Signifikative Zuweisungen an Medien sind wirklichkeitsbildend und stehen einem strategischen Einsatz prinzipiell offen. Es ist – so betrachtet – nicht nur der wissenschaftliche Diskurs, der von den Paradigmen der Medien als Globalisierungsmaschinen gekennzeichnet ist, von neuen Medienwelten und -zeitaltern. Die Medienindustrie bedient sich derselben Bedeutungszuweisungen. Firmen wie Microsoft® oder AOL® forcieren beispielsweise die gesellschaftliche Bedeutung von (von ihnen vertriebenen) Apparaten und Programmen. „Der Computer (das Handy, der Fernseher) ist heute das wichtigste oder unabdingbare Arbeitsmittel, das wichtigste Gerät zur Teilnahme an der vernetzten Gesellschaft" wird dann gesagt. Nicht gesagt wird, daß genau diese Rede die Geräte auch erst dazu macht. Normativ zeigt sich der institutionalisierte Stellenwert dann anhand der rechtlichen Regelungen, daß Fernsehgeräte nicht pfändbar sind („Grundbedarf"), oder daß Computer steuerlich absetzbar sind. Die symbolische Institutionalisierung zeigt sich auch in der heutigen Selbstverständlichkeit der Begriffe „Internet"[73] oder „Fernseher"[74].

Macht als Institutionalisierung eines spezifischen Hintergrundes

Daß von einer Verbreitung von (neuen) Bedürfnissen durch die Einführung von Medien in kulturelle Zusammenhänge ausgegangen werden kann, ist vielfach dargestellt worden (s. Barker 1999; Hannerz 1998). Insbesondere durch die Werbung, aber auch über die Versendung von Lebensentwürfen und -stilen werden ökonomische Interessen vertreten und wird Informationspolitik betrieben. Allokative und autoritative Ressourcen (Giddens 1997a:315ff.) werden strategisch eingesetzt, um die Verbrauchergewohnheiten zu steuern und Produkte aller Art zu vermarkten. Dennoch ist hierbei nicht von einer direkten Wirkungsweise medialer Botschaften auszugehen, wie auch Marketingbeauftragte wissen. Und je offener das Medium (insbesondere das Internet), desto vielfältiger wird das Angebot an Symbolen. Der Punkt der folgenden Betrachtung ist jedoch ein anderer. Es geht um die Diskussion einer subtileren symbolischen Machtausübung, also nicht um eine Ausbreitung von Symbolen im Raum, sondern um den machtdurchdrungenen Prozeß der Institutionalisierung der *strukturellen* Grundlagen von Weltbetrach-

---
73 Selbstverständlich kennt Microsofts *Word* dieses Wort.
74 Scheinbar ist das Gerät ist selbst der „Seher".

tungen und *Lesarten des Raumes,* um die Vormacht *spezifischer Weisen* der Welterzeugung.

Medien, insbesondere Massenmedien, werden in der (kritischen) Theoriebildung seit langem im Zusammenhang mit dem Begriff des Kulturimperialismus diskutiert. In neueren Betrachtungen werden die starken Thesen einer Kultur bedrohenden Wirkung und einer vom westlichen Kulturkreis, namentlich den USA, ausgehenden kulturellen Übernahme abgeschwächter formuliert (Thompson 1995:164ff.; s.a. McQuail 2000:221ff.).

> „It would be better to accept that, in the sphere of information and communication as well as in the domain of economic activity, the global patterns and relations of power do not fit neatly into the framework of unrivalled American dominance" (Thompson 1995:169).

Diese Abschwächung mag auch geschehen, da eine Homogenisierung der Kultur nicht im befürchteten Ausmaß um sich gegriffen hat, und die teilweise apokalyptischen Vorhersagen von Medientheoretikern resp. -philosophen (Flusser 1998; Postman 1999) bislang zumindest auf den ersten Blick nicht eingetroffen sind. Dazu tritt bei Thompson, der Schillers (1969) Thesen kritisch revidiert, das Argument, daß eine plötzliche elektronische Invasion von „reinen" traditionellen Kulturen zu schablonenhaft sei, weil sowohl die Reinkultur selbst, als auch die kulturelle Determinierung „von außen" idealtypische Konstruktionen sind (Thompson 1995:170). Thompson setzt gegen die alten Modelle einerseits die Forderung nach der historischen Rekonstruktion des Globalisierungsprozesses (Thomson 1995:173). Andererseits sind ihmzufolge die strukturierten Muster globaler Kommunikation und lokale Verhältnisse, unter denen Medienprodukte angeeignet werden, in ihrem Verhältnis zueinander zu klären. Dieses Verhältnis soll sich heute durch eine Gegenläufigkeit von räumlichen Reichweiten auszeichnen:

> „(...) the circulation of information and communication has become increasingly global while, at the same time, the process of appropriation remains inherently contextual and hermeneutic" (Thompson 1995:174).

Diese Kontradiktion überrascht allerdings genau dann nicht, bzw. ist genau dann kein gegenläufiger Prozeß wie im Entankerung-Wiederverankerungs-Theorem postuliert, wenn klar wird, daß es sich erneut um zwei unterschiedliche Perspektiven handelt, die (wie Äpfel und Birnen) miteinander verglichen werden. Global ist die Zirkulation von Kommunikation nur, bzw. sie kann es nur sein, wenn aus einer Beobachterperspektive abstrakt und in physisch-räumlicher Projektion auf die Welt geschaut wird (vgl. auch Barker 1999:59). Kontextuell und hermeneutisch ist die Aneignung von Information aus der Teilnehmerperspektive, und so betrachtet war sie es schon immer und wird es immer sein. Der Bruch wird beim Wechsel dieser Ebenen thematisiert und ist insofern nicht wirklich eine gesellschaftsimmanente Diskontinuität, sondern ein Wechsel der Perspektive.[75]

Was aber ist zu erkennen, wenn man die subjektbezogene Perspektive beibehält und die globale Ausbreitung von Kommunikation im Raum als Abstraktion und letztlich als eine Bedeutung von vielen möglichen auffaßt? Die Tradition ist in den zeitgenössischen Hintergrundstrukturen als Fähigkeit die Welt zu begreifen, zu sehen, einzuteilen und zu deuten bereits vorhanden. Um die Welt, resp. Teile der Welt mit (neuer) Bedeutung zu belegen, muß sie bereits strukturierend gedeutet sein. *Neue* Deutungen im Sinne von variierten Gehalten sind daher immer noch solche, die diachronisch auf vorhergehende Denk- oder Sprach-Strukturen zurückgehen. Die entscheidende Frage ist dann, in welcher Form die Globalität ihre Bedeutung als solche erlangt. Wie können die „axis of globalized diffusion" oder „globalisierte Medienprodukte" (Thompson 1995:175) begriffen werden? Es sind immer Tatsachen, die ihren Status darüber erhalten, daß sie als solche wahrgenommen werden. Dabei ist die Differenzierung zwischen „traditionellen" und „modernen" Gesellschaftsformen problematisch, solange sie nicht auf einem nachweislichen Bruch in diesen traditionellen Herstellungsweisen aufbaut (empirisch ist mit jedem Satz, den ich schreibe, das Gegenteil nachzuweisen).

Die Frage kann aber sein, mit welcher Legitimation bestimmte Projektionsweisen oder Sichtweisen installiert bzw. institutionalisiert werden, indem sie ungefragter Boden der Verständigung („Gemeinplätze") werden und diejenigen, die diese Sichtweisen nicht beherrschen, als „rückschrittlich" (de-)klassiert werden. „Medien" sind dabei weit gefaßt: Sie umschließen den Entwicklungshelfer wie den Fernseher, aber auch das GIS (GPS) oder, grundlegender für heutige Hintergrundstrukturierungen, die flächenräumlichen Projektionen und die Karte als maßgebliche Abbildungsform (s. Idvall 2000, Harley 2002, Gugerli/Speich 2002).[76] Diese Dimension der Medienmacht im Sinne eines „Hintergrund-Imperialismus" wird vielleicht deswegen oft vernachlässigt, weil primär die Waren- und Informationsströme betrachtet werden, wenn Abhängigkeiten und Einflußnahmen thematisiert werden. Die formalen und signifikativen Grundlagen, die „Warenströme" erst zu solchen machen und ihnen eine Bedeutung verleihen, rücken dabei schnell aus dem Blickfeld.

Wie steht es also dann mit den kulturellen Brüchen, die durch eine Überwindung der lokalen Kontextualität durch Medien denkbar ist? Bewirken sie globale Multi-Kulturalität? Oder führen sie doch zur Durchsetzung einer universellen homogenen Einheitskultur? McQuail (2000) weist auf die transformativen Wege

---

75 Thompson spricht auch von einer Verstärkung der Tradition durch ihre globale Verbreitung (Thompson 1995:188). Hier aber findet sich immer noch der Perspektivenwechsel von der flächenräumlich betrachteten Verbreitung zu einer vertikal (kulturell oder gemeinschaftsspezifisch) begriffenen Tradition der Weltdeutung.

76 Ein kritischer Beitrag zur möglichen Verbindung eines nicht-analytischen Wissenschaftsverständnisses mit der anwendungsorientierten Geographie (GIS) und ihres analytischen Wahrheits- und Erklärungsanspruches kommt bemerkenswerter Weise von Seiten der Geoinformatik (Macmillan 1997).

hin, die Informationen von einer Kultur zur anderen durchlaufen, so daß kulturell differenter Geschmack, Eigenart und Erwartung kaum „ankommt": „The chance of „cultural-clash" is diminished" (ebd.:225). Zu unterscheiden sind auch hier die nur analytisch trennbaren Ebenen der (formalen) Strukturierung und der Inhalte von Kommunikation. Die strukturelle Ebene ist gleichzusetzen mit der Projektionsweise (daß und wie die Welt eingeteilt wird, Verwendung von Orientierungsmetaphern, Karten etc.). Die inhaltliche Ebene der Bedeutungen wird durch symbolische Funktionszuweisung erzeugt und damit ergibt sich ein vordergründiger Diskurs darüber, welche Bedeutung die Einteilung der Welt erlangt. Ein Beispiel mag sein, daß bezüglich der Frage der Diskriminierung von sogenannten „ethnischen Minderheiten" viel mehr diskutiert wird, inwiefern sie bei einer Bewerbung besonders zu berücksichtigen seien, als daß ihre Kategorisierung als solche, die meist auf der Grundlage räumlicher Herkunft vollzogen wird, in Frage gestellt wird. Indem sie Projektionsmittel sind, bzw. mit solchen arbeiten, indem sie von Menschen mit einem kulturspezifischen Hintergrund gemacht werden, unterstützen und reproduzieren auch Medienmacher die Installation eines *spezifischen* Hintergrundes respektive einer bestimmten Projektionsweise, einer bestimmten Grammatik der Weltdeutung. Medien sind insofern Institutionen signifikativer Regionalisierung. Der Kulturimperialismus ist hinter der Promotion von Coca Cola oder BMW dann in der *spezifischen* Strukturierung der Welt zu sehen. Zu fragen ist dann, wer mit welchen vertrauten, subtilen, selbstverständlichen Mitteln an der Institutionalisierung von Regionalisierungsweisen oder „Weisen der Welterzeugung" mitwirkt, ohne dabei eine Zweckrationalität unterstellen zu müssen. Die Überzeugung, daß die Welt natürlich *genau so und nicht anders* ist, wird dann als treibende Kraft erkennbar. So kann durchaus diskutiert werden, inwiefern die Wetterkarte der Tagesschau mehr Städte „aus dem Ostdeutschland" aufweisen sollte. Bedeutsamer und verborgener ist aber die Macht, die davon ausgeht, daß hier ein Orientierungsschema vorliegt, das die Welt als Raumbezug vermittelt und die Unterscheidung von Ost und West in Deutschland und damit auch die Diskussion um die „gerechte" Verteilung der abgebildeten Städte erst denkbar macht.

Zwischenfazit: Medien als Institutionen signifikativer Regionalisierung

Bezüglich des Verhältnisses von signifikativen Regionalisierungsweisen, ihrer wirklichkeitsstrukturierenden und -erzeugenden Rolle und der Rolle der Medien in diesem Zusammenhang, sind zusammenfassend folgende Punkte festzuhalten:

Es wurde *erstens* argumentativ hergeleitet, warum aus handlungszentrierter Sicht grundsätzlich von keiner strukturellen Wirkungsweise „der Medien" ausgegangen werden kann. Weder die „rohen Eigenschaften" der Massenmedien und die Projektion ihrer distanzräumlichen Verbreitung, noch ihre Bedeutung als Vernetzungsmaschinen können als hinreichende Ursachen einer „neuen" (globalisierten) Ontologie von Gesellschaft und/oder Raum angesehen werden.

Ein entscheidender Punkt der Argumentation war *zweitens*, daß die Strukturierungsweisen aus einer handlungstheoretischen Konzeption der Medien im

Sinne einer Übermittlung, die auf intentional handelnde Akteure zurückgeht, nicht verändert haben kann. Die sogenannten Inhalte müssen auf ein traditionelles Normalverständnis rekurrieren und darauf, daß wenn diese Regionalisierungen tatsächlich medial vollzogen werden, auch von deren weltbildendem Einfluß auszugehen ist.

Drittens werden traditionelle signifikative „Verortungspraktiken" so gesehen „in" den Medien genauso vollzogen, wie sie in face-to-face-Situationen in Anschlag gebracht werden. Ein Argument dafür war, daß es handlungstheoretisch kompatibel nicht gelingen kann, Kategorien medialer und nicht-medialer Sprechweisen einzuführen, insbesondere dann nicht, wenn implizite und selbstverständliche signifikative Strukturierungen fokussiert werden sollen. Ein weiteres Argument war, daß selbst die explizite Thematisierung eines „neuen", „entankerten", weil medial durchdrungenen Weltbildes von eben diesen „Verräumlichungen" und Essentialisierungen durchdrungen ist.

Die Macht der Deutungen ist – so wurde *viertens* argumentiert – bezüglich der impliziten signifikativen Strukturierungsweisen somit weniger als eine verfügbare Ressource anzusehen, mit der *spezifische* und verhandelbare Bedeutungen durchgesetzt werden. Sie liegt vielmehr in eben jener Selbstverständlichkeit, mit der die in einer Sprechergemeinschaft institutionalisierten raumbezogenen Deutungs*weisen* angewendet und als „natürlich" und nicht verhandelbar angesehen werden, weil sie den spezifischen Bedeutungen bereits ungefragt vorausgehen.

Mit der analytischen Differenzierung impliziter und expliziter Dimensionen der Regionalisierung war es darüber hinaus *fünftens* möglich, einen grundsätzlichen Widerspruch in der diskursiven Bezugnahme auf die Medien herauszustellen. Eine proklamierte explizite Bedeutungszuweisung im Sinne des „Truismus einer Mediengesellschaft globalen Ausmaßes" (Schmidt 1998:173), die insbesondere im wissenschaftlichen Diskurs, aber auch in anderen kommunikativen Kontexten nachvollziehbar ist, steht einer verräumlichenden, „verankernden" Sprache entgegen. Auf imaginierte Kulturräume, Nationen, Regionen, Städte etc. wird *selbstverständlich* Bezug genommen, gleichzeitig stehen sie in diskursiver Konfrontation mit Bildern der „Entgrenzung" oder „Globalisierung".

3 Elemente signifikativer Regionalisierung

Wie sind nun die „Gemeinplätze", die nicht hinterfragten alltäglichen räumlichen Strukturierungsleistungen der Sprache, analytisch aus ihrer Selbstverständlichkeit zu heben? Übergreifendes Interesse muß hierbei – sozialgeographisch gesehen – der in der Sprache erkennbaren Verbindung von „Raum" und „seinen" kulturellen Eigenschaften gelten. Diese Verbindung („*dort* ist es *so*") weist einen beobachterabhängigen Status auf, sie wird als „gemachte" Verbindung angesehen. Im alltäglichen Sprachgebrauch aber ist dagegen davon auszugehen, daß die entstehenden Kulturräume eben nicht wie ontologisch kontingente, *gesellschaftliche* (handlungsabhängige) Tatsachen *b*ehandelt werden. Die bedeutungsvollen Raumeinheiten erhalten den *ontologischen* Status ihrer bedeutungslosen rohen Grundlagen und werden zu objektiven Bezugspunkten. Das ist auch dann der Fall, wenn z.B. Sozialwissenschaftler einen Gegenstand, z.B. „die deutsche Gesellschaft", in den Blick nehmen und dabei von dessen ontologischer Existenz ausgehen (müssen). Daher kann der konsequent reflexive theoretische Zugriff nur über ein *in-suspenso*-Halten der Einheiten geschehen (s. Teil I, Kap. 2.2.2). Durch die Unmöglichkeit, vollständig aus der Sprache „hinauszutreten", können zudem lediglich *formale Eigenschaften und Regelmäßigkeiten* der Herstellungs*weisen* fokussiert und formuliert werden.

Eine aus der Diskussion der Rolle der Medien abgeleitete Konsequenz war, daß die grundlegenden Arten und Weisen der Strukturierung im Sinne eines Normalverständnisses einer Sprechergemeinschaft in einem „fiktiven" Roman genauso nachvollzogen werden können, wie in einem Fernseh-Bericht von einer Hochwasserkatastrophe oder auch im wissenschaftlich-geographischen Diskurs (vgl. Smith 1996). Daher sind die „diskursiven Begrenztheiten" von Alternativentwürfen im Rahmen einer eingeschränkten signifikativen Offenheit und Flexibilität sehr genau zu bedenken. Wenn sich bestätigt, daß tradierte, kulturell konventionalisierte signifikative Strukturierungen einer Sprechergemeinschaft die Möglichkeiten einschränken, die Welt beliebig zu konzipieren, zu repräsentieren und anzueignen, weist dies darauf hin, daß „neue" Gesellschaft-Raum-Konzepte zur Beschreibung „neuer" gesellschaftlicher Wirklichkeit zu kurz greifen. Es weist auch darauf hin, daß „Vergegenständlichungen" oder „Verräumlichungen" keine „falschen" sprachlichen Leistungen sind. Es ist vielmehr zu vermuten, daß sich weniger die *Art und Weise* der signifikativen Bedeutungszuweisung verändert hat oder heute „falsch" ist, sondern ihre *Bedeutung* einen Wandel durchlaufen hat, insofern sie früher als „richtig" und heute als „falsch" bewertet werden.

Wie aber können nun einzelne Elemente der impliziten Ebene signifikativer Regionalisierung sichtbar gemacht und ob ihrer wirklichkeitsformenden Leistung befragt werden? Ein Weg scheint über raumbezogene sprachanalytische Begriffe zu führen. In einem *ersten* Kapitel werden „indexikalische Begriffe", also Verweise, wie „dort" und „hier", in einem *zweiten* Kapitel „Toponyme", also geographische Eigennamen wie „Deutschland", und in einem *dritten* Kapitel raumbezogene „Metaphern" und „Metonymien" einer Betrachtung zugänglich gemacht. Dabei ist eine analytische Unterscheidung zwischen einzelnen „Elementen" und ihren vorstellungsleitenden „Effekten" vorzunehmen. In einer abschließenden Zwischenbilanz ist das Wechselspiel beider Ebenen jedoch als *ein* „Prinzip" der Verortung zu begreifen, weil diese Ebenen im praktischen Vollzug untrennbar werden.

3.1 Indexikalität: vom „Wiewo" und „Dortso"

Weltbezüge werden – so sie über sensuelle Erlebnisse hinausgehen – sprachlich respektive „gedanklich" hergestellt.[77] In linguistischer Hinsicht sind hierbei

---

77 Abgesehen von der Unterstellung einer „magischen Kraft" kann mit Cassirer (zit. in Mersch 1998:90) gesagt werden: „Und so ist es überall die Freiheit des geistigen Tuns, durch die sich

„indexikalische Ausdrücke" zentral.[78] Wie aber wird die der raumbezogenen Indexikalität zugrunde liegende Subjektivität in eine verständigungskonstitutive Objektivität überführt? Wie wird aus einem grundsätzlich egozentrischem Bezug eine intersubjektive, in Raum und Zeit invariable Bedeutung?

Wyller (1994) geht davon aus, daß die Intersubjektivität von (objektiven) Lokalisationen grundsätzlich auf der Fähigkeit zur Imagination des Standpunkts des Anderen beruht und darauf, den Anderen imaginativ als zielbewußt handelnd beobachten und verstehen zu können (ebd.:120).

> „Raum und Zeit sind für dich genau so egozentrische Größen wie für mich. Wir sind aber beide fähig, *virtuell* den Standpunkt des anderen einzunehmen" (Wyller 1994:143).

Diese Fähigkeit – bei Schütz (Schütz/Luckmann 1988:26) die Annahme eines „prinzipiell ähnlichen Bewußtseins" der anderen und der damit verbundene Perspektivenwechsel als Ausgangsbasis einer intersubjektiven Lebenswelt – ist im Sinne Searles eine Hintergrundfähigkeit, die im Sozialisationsprozeß in spezifischer Art und Weise ausgestaltet wird. Folgt man der phänomenologischen Betrachtungsweise Cassirers, vollzieht sich dieser Erwerb eines sprachinhärenten Referenzbereiches „*innerhalb* der natürlichen Welt raumzeitlicher Gegenstände, die durch das Grundgerüst der objektiven Anschauung bereits vorgegeben ist" (1996:360). Lakoff/Johnson (1998:53), auf deren Konzept der Metaphorik noch zurückzukommen ist, sprechen von „kohärenten Systemen", nach denen Menschen ihre Erfahrungen („pre-conceptual experiences") strukturieren (Lakoff 1990:267), und die einem spezifischen Gebrauch vorgelagert sind. So unterschiedlich die einzelnen Ansätze in ihren Ausrichtungen und Basisprämissen auch sein mögen, jeweils wird zwischen einer *grundlegenden konzeptuellen Komponente* und einer *variableren semantischen Komponente* unterschieden.

Bei der sprachlichen Herstellung von Weltbezügen ist nach Wyller in dieser Hinsicht zwischen der indexikalischen Angabe (also dem *Situationsbezug*) und dem *Gegenstandsbezug* einer Äußerung zu unterscheiden. Während der propositionale Gehalt des Gegenstandsbezugs eigene Wahrheitsbedingungen trägt, ist die Indexikalität von Äußerungen unabhängig von dessen Wahrheit verständlich respektive endgültig wahr oder falsch. Die Äußerung „Da hinten liegt ein Boot" kann wahr oder falsch sein (je nach dem ob an der gezeigten Stelle zum Zeitpunkt der Äußerung ein Boot liegt), aber die Raum-Zeit-Stelle „da hinten" ist intersub-

---

das Chaos der sinnlichen Erfahrung erst lichtet und durch die es für uns feste Gestalt anzunehmen beginnt". Bei Cassirer führt das zur Verneinung jeglicher „Natürlichkeit" von Geist und Sprache.

[78] Indexikalischer Ausdruck wird definiert als „An expression whose reference on an occasion is dependent upon the context: either who utters it, or when or where it is uttered, or what object is pointed out at the time of utterance" (Oxford Dictionary of Philosophy 1994:190). Indexikalische oder deiktische Wörter sind demnach solche, „die nur und gerade aus der raumzeitlichen Perspektive des Denkenden und Redenden verstanden werden können" (Wyller 1994:16; vgl. a. Newen 1996:48ff.; für einen allgemeinen Überblick des Themenfeldes Vater 1997; Pütz/Dirven 1996). Die Ethnomethodologie weitet den Begriff auf „indexical actions" aus (Patzelt 1997:632) und betont die soziale Allgegenwärtigkeit der Indexikalität, wie sie hier für die Sprache / sprachlichen Handlungen vorausgesetzt wird.

jektiv zugänglich, die Äußerung ist verständlich und öffentlich, ganz unabhängig von ihrem Wahrheitsgehalt. Das ist – so Wyller (1994:135) – deshalb der Fall, weil der Sinn einer Raumzeitangabe genau darin besteht, eine Referenz intentional eindeutig festzulegen und sie darum gegenstandsunabhängig und „unfehlbar" ist (Wyller 1994:134). Somit ist die Pointe seiner Analyse, daß subjektiv indexikalische Gedanken tatsächlich einen absoluten, situationsübergreifenden Wahrheitswert haben, nicht aber, weil sie mit einer objektiv raumzeitlichen Außenwelt verbunden wären (korrespondieren), sondern weil alle Sätze über objektive, raumzeitliche Gegenstände selbst auch indexikalisch sind (Wyller 1994:174). „Dadurch kann ein objektiver *Gehalt* auch unmittelbar subjektiv zugänglich sein. Die Objektivität wird durch Raumzeithinweise gewährleistet, die selber (inter-)subjektiven Charakters sind" (ebd.:14, m. Hvh.). Entgegen aller kausaltheoretischen Modelle des Weltbezugs stellt Wyller auch für den räumlichen Bezug fest, daß

> „unseren raumzeitlich lokalisierenden Gedanken *keinerlei* physische Grenzen gesetzt sind; daß wir wirklich an alle möglichen Raumzeitpunkte denken können auf eine Weise, die durch Kausalketten prinzipiell unerklärbar ist. Unsere gedanklichen Raumzeitbeziehungspunkte reichen doch so weit, wie unsere ganze ‚raumzeitliche Phantasie', was man über die Kausalverbindungen unserer eigenen Körper natürlich nicht sagen kann" (Wyller 1994:159).

Dies ist vor allem deswegen der Fall, weil Raumzeithinweise nach Wyller rein intentionaler Natur sind, obgleich sie einen objektiven Charakter haben. Raum ist – wie Zeit – damit ein (erlerntes) objektives Bezugssystem („objektiv" in einem imaginierten intersubjektiven Sinne), das gleichsam einen singulären Charakter hat, weil alle Lokalisierungen erst aus dem Bezug zum eigenen Standort hervorgehen (Wyller 1994:148).

Zu einer ähnlichen Unterscheidung kommt Bouissac (1998) auf der Grundlage kognitiver Gedächtnisfunktionen. Er trennt zwischen grundsätzlich nicht konditionierbaren „starren" räumlichen Mustern und solchen, die „parasitär" benutzt werden können. Seine Kritik an der raumbezogenen Semiotik ist, daß Zeit und Raum bereits als distinkte Kategorien akzeptiert werden:

> „ ... it seems ‚natural' that they also provide distinct semiotic discourse. It is not absolutely clear, however, what semiotics of space should mean beyond the trivial sense of what spatial relations can mean and how they can be used to indicate more than physical distances or geometrical configurations" (Bouissac 1998:16).

Die Zusammenführung so verstandener Räumlichkeit mit kommunikativen und sozialen Modellen und die darauf aufbauenden Ansätze hält Bouissac für wenig erfolgreich, im Gegenteil: sie beschreiben und erklären in trivialer Weise das, was als Grundannahme bereits vorausgesetzt wird, noch einmal: Hierarchische Strukturen spiegeln sich in der Architektur wider, Türen zeigen Kommunikation zwischen Räumen an etc. (Bouissac 1998:16; 1986). Das ist ihmzufolge wenig aussagekräftig, weil etablierte semiotische Nomenklaturen und die traditionellen epistemologischen Kategorien gar nicht verlassen werden (Bouissac 1998:17). Die eigentlich zur Hinterfragung der selbstverständlichen Kategorien geeignete, kontraintuitive Semiotik wurde zur Reproduktionsquelle eben dieser traditionellen kulturellen „common sense" Kategorien.

> „Perhaps the most striking feature of the works which now set the standards for research in the semiotic of space, both in its ethological and representational versions, is that everything is described as happening in an Euclidean geometric world. Space is laid out and its ‚natural' properties are ordered into oppositional categories. But the real problem is that this space which is assumed to be a natural object endowed with properties which can be used to signify and communicate a variety of messages, is actually a cultural artifact derived from a small number of assertions considered to be self-evident. (Bouissac 1998:17-18).

Bouissac geht dann aus kognitionswissenschaftlicher Perspektive an die Frage heran, welche Variabilität räumliche Strukturierungen aufweisen und warum sie die Welt dennoch als Set „objektiver" Gegebenheiten erscheinen lassen. Ausgehend von einem räumlichen Gedächtnis betont er die Unterscheidung einer *grundlegenden „spatial ability"*, die sich aus der „navigational adaptation" (der Erfahrung des Sich-Orientierens und die damit einher gehenden kognitiven Muster) herleitet einerseits, und einer *semiotischen Komponente* andererseits (Bouissac 1998:18). Somit spielen ein implizites nicht-deklaratives Gedächtnis (die grundlegende Fähigkeit der Navigation, assoziatives Lernen etc.) und ein episodisches explizites Gedächtnis (auch: *personal memory*), in dem erlebte Orte mit personellen Narrativen assoziiert werden, zusammen (s. Abb. II-1). Analog zu Wyller wird also auf die Unterscheidung von raumzeitlicher, intersubjektiv zugänglicher *Ordnung* einerseits und ihrem semantischen *Gehalt* andererseits verwiesen. Interessant ist dabei das Ergebnis, daß in Verknüpfung einer empirischen „Raum-Logik" mit Konzeptionen der Welt, die sich nicht direkt erfahren lassen, diese Konzeptionen ähnlich „geometrisch" oder „topologisch" strukturiert und unumstößlich behandelt werden. Die Einteilung der Welt in fünf Kontinente z.B. ist eine typische semiotische Konstruktion und diese Semiotik ist im Unterschied zu der des *navigational space* („dort, ungefähr 10 km von hier") offen für alle Arten von (symbolischer und sozialer) Konditionierung (Bouissac 1998:21). Die Einteilung der Welt in fünf Kontinente ist keine immanente, transsubjektiv erfahrbare Eigenschaft der Welt, doch wird sie so behandelt.

Während Muster von Bouissac generell nicht einer in ontologischem Sinne objektiven Welt zugeschrieben werden (das „wie wir die Welt einteilen" als Thema des kulturellen Hintergrunds), ist es s. E. dennoch wichtig, biologisch unmittelbare Muster (*immediately meaningful* oder *primary patterns*, der Herzschlag, ein Gesicht, verbunden mit dem Begriff der *pregnance*) von mittelbaren Mustern (*mediated* oder *secondary patterns*, verbunden mit dem Begriff der *salience*) zu unterscheiden. Diese Muster spielen im Prozeß von Verhalten und Handeln zusammen, sekundäre Muster müssen zu primären „passen", um verarbeitet werden zu können (Bouissac 1998:22). Entscheidend aber ist, daß *mediated patterns* manipuliert und parasitär benutzt werden können.[79] Solch „informative"

---

79 Bei Tieren wird dieses Phänomen als Mimese bezeichnet, vor allem in der Werbung wird mit solchen Mustern gearbeitet. Zur Umdeutung des Begriffes der Mimesis aufgrund des *konstitutiven* Charakters nachahmender Repräsentation vgl. Wenz (1998:34-35).

Muster können dann einen gewissen Grad der *pregnance* erhalten und in Bezug auf den Raum bemerkt Bouissac (1998:23):

> „The hypothesis which I would like to propose is that many of the artifacts which we uncritically categorize as space representations consists actually of parasitic patterns having little to do with empirical space".

Ohne die starke evolutionistische Komponente des Parasitären unterstreichen zu müssen, wird eine prinzipielle Beeinflußbarkeit von vermittelten Mustern und der hergestellte Charakter von sogenannten Raumrepräsentationen, die kausal nicht mit beobachterunabhängigen („physischen") Raumeigenschaften zusammenhängen, auf der anderen Seite aber auch keine biologisch determinierte Muster sind, plausibel. Bouissac nennt hier explizit die Grenzen von Nationalstaaten als Beispiel. Außer vielleicht bei Inselstaaten hat die Grenzziehung keinerlei (zumindest keine systematische) Verbindung mit der navigatorischen Raumerfahrung. Dennoch ist die „nationale Karte" als „Artefakt" im Hintergrund verankert. Ihre Objektivität erhält sie zudem, weil sie in ein Netzwerk von Symbolen (Flaggen, Logos etc.) eingebunden ist (vgl. Guibernau 1996).

Auf der Basis von kognitionswissenschaftlichen Ergebnissen stellt Bouissac daraufhin eine These auf, die zur Revision des Globalisierungsbegriffes in einer Richtung führt, wie sie oben bereits angedeutet wurde. Die parasitären Muster – so Bouissac – sind weniger gefährdet von anderen komplementären Mustern, welche die „alten" ablösen könnten. Eine „Gefährdung" (im Sinne eines Aufbrechens) geht vor allem von solchen Mustern aus, welche das Potential haben, die „alten" Muster ganz und gar überflüssig zu machen. Ob die Welt in fünf oder sechs Kontinente eingeteilt wird, gefährdet nicht das Prinzip der räumlichen Strukturierung. Es wäre aber gefährdet durch eine generelle Infragestellung einer Einteilung („Entgrenzung"). Sind alte Ordnungen solchermaßen gefährdet, werden sie – so Bouissac weiter – zu einer Quelle von Unsicherheit und Abwehrverhalten. Dies ist eine mögliche Begründung für eine destruktive Spannung zwischen einer „entgrenzten Weltdeutung" (Globalisierung) und dem System von Nationalstaaten. Die Resistenz und das „Aufbäumen der Nationalstaaten"[80] ist insofern „better understood as a competition between logos" (Bouissac 1998:24).

Daß „räumliche Einheiten" persistent sind, hängt so gesehen auch davon ab, daß sie als *objektive Raumkarten behandelt* werden. Dabei wird ein qualifizierendes *„so"* an ein unqualifiziertes *„dort"* geheftet. Doch diese Raumkarten sind auf der anderen Seite genau deswegen prinzipiell variabel, weil keine *kausal-deterministische* Verbindung zwischen dem „navigational space" und dem „semiotic space", dem *dort* und dem *so*, besteht. Der „soziale Raum" ist in der semiotischen Untersuchung daher von einem euklidischen Raumverständnis zu lösen. Gleichzeitig aber besteht eine Verbindung zwischen den primären und den sekundären Mustern derart, daß sekundäre Muster wirksamer sind, je besser sie in die primären „passen". Dann entsteht der Eindruck von Plausibilität und „Logik". Das *so*,

---

80 Verstanden als die Konjunktur von Heimatgefühlen, konservativen, rückwärtsgerichteten Traditionsgebaren oder auch die „Wiederverankerung" als mehr oder weniger „irrationale" Flucht vor einer immer komplexer werdenden Welt (Weichhart 1999b:27; vgl. Teil I, Kap. 1).

das indexikalisch an ein *dort* geknüpft wird, scheint der gleichen (euklidischen) Logik zu unterliegen, wie die transsubjektiv zugängliche Raum-Zeit-Stelle.

Eine Problematik kann gemäß Wyllers und Bouissacs Analysen nun darin erkannt werden, daß die Unterscheidung von objektiven Raumzeitangaben und nur empirisch feststellbaren Vorkommnissen von Gegenständen und Ereignissen *an* bestimmten Orten nicht getroffen wird. Eine sich anschließende These ist dann aber, daß es im alltagsweltlichen Bezug eine hervorragende Rolle spielt, *daß* die objektive Eigenschaft der Indexikalität auf die propositionalen Gehalte von Aussagen über den Gegenstand (z.B. ein erdräumlicher Ausschnitt) übergeht, *obwohl* keine kausale Verbindung besteht. Cassirer formuliert dieses metonymische Grundprinzip andersherum:

> „Das reine ‚Ist' des prädikativen Aussagesatzes wird von den meisten, auch von hochentwickelten fortgeschrittenen Sprachen, derart bezeichnet, daß ihm ein anschaulicher Nebensinn anhaftet – das logische ‚Sein' wird durch ein räumliches, durch ein Da- oder Dort-Sein (...) ersetzt. In solcher Art der Stellvertretung prägt sich ein Grundcharakter der Sprache aus, den sie nicht verlassen kann, ohne (...) sich selbst aufzugeben" (Cassirer 1985:13).

Als Fazit dieser Überlegungen kann also gelten, daß bereits mit einfachen Verweisen auf den Raum eine Objektivierung von Sachverhalten *im* Raum (*dort* ist es *so*) einhergeht und man dabei – oft noch durch selbstverständlich gewordene Verkürzungen gestützt – diesen verweisenden Herstellungsakt als ontologische Gegebenheit annimmt.[81] Diese selbstverständliche Übertragung zeigt sich im alltäglichen Sprachgebrauch selten als Problem. Im Gegenteil: sie ist in Bezug auf die Verständigung primär *ermöglichend*, denn Unbestimmtheit und Vielschichtigkeit sind als kommunikative Bezugspunkte schwer zu handhaben. Es ist kommunikativ wichtig, Verläßlichkeit und Eindeutigkeit zu erzeugen. Daß es sich um eine „scheinbare" Objektivität handelt, wird unkenntlich.

Die Problematik der Übersetzung zeigt sich aber *erstens*, wenn mit derselben Sprache und ihren impliziten „Verortungslogiken" wissenschaftliche Erklärungen der Entstehung von Räumlichkeit und räumlichen Mustern etc. geleistet werden sollen. Die objektive Räumlichkeit, die den indexikalischen Bezügen zugrundeliegt, hat ihre Erklärungsgrenzen, wo sie auf die mit ihnen verknüpften propositionalen Gehalte übertragen wird. Vereinfacht gesagt, wenn also nicht die Raum-Zeit-Stelle (das *Dort*), sondern die dieser Raum-Zeit-Stelle symbolisch zugewiesenen Eigenschaften (das *So*) zum Gegenstand einer „raumwissenschaftlichen" Betrachtung werden. Dann wird man meinen, die Befindlichkeit des „Deutschen" könne auch nur *in* Deutschland (*dort*, „vor Ort" und innerhalb seiner territorialen Grenzen) erforscht werden. Der Bezug der symbolischen Zuweisung [Erdraum steht für „Region" mit ihren spezifischen Eigenschaften] wird quasi rückübersetzt,

---

81 Ein herausragendes, weil selbstbezügliches Beispiel für dieses Prinzip ist der Begriff des „Topos". Topos, von griech. *topoi* für Ort, Stelle, bezeichnet heute ein festes Schema, eine feste Formel oder ein festes Bild (Kluge 1999:828). Zunächst aber wurden damit tatsächlich Orte bezeichnet, „an denen man bestimmten Redeschmuck finden kann" (ebd.). Aus der bereits bestehenden Verknüpfung von indexikalischem Bezug (*dort*, *so*) wurde später die metonymische Verkürzung „topos" zur Bezeichnung für die Redefiguren selbst.

aber in einer deterministischen Art und Weise. Obwohl die symbolische Funktionszuweisung gerade ermöglicht, auf die zugewiesenen Gehalte unabhängig von materiellen Grundlagen zu verweisen, wird in diesem (quasi-logischen) Rückschluß der Erdraum wieder kausal an die Eigenschaften gebunden und zum Indikator für „das deutsche Bewußtsein", oder – als kompliziertere, aber ebenso problematische Variante – zum flächenräumlich gedachten Ort der Konstruktion von Deutschland. Diese „Logik" beinhaltet aber auch eine gewisse Plausibilität. Das ist deswegen der Fall, weil sich die Problematik dieser Rückübersetzung auf den ersten Blick nicht erschließt. Im Gegenteil ergibt sich eine „Passung" *durch* die selbstreferentielle Logik: *weil* imaginativ angenommen wird, Deutschsein hinge mit der als Deutschland bezeichneten Raum-Zeit-Stelle in kausal-deterministischer Weise zusammen, wird die Suche nach Deutschsein *in* Deutschland plausibel. Auch wenn in neuerer, konstruktivistischer Manier der Fokus auf (symbolische) Herstellungsprozesse gelegt wird und explizit von einer konstruierten Welt ausgegangen wird, führt diese Plausibilität immer wieder dazu, implizit anzunehmen, die Konstruktion von Regionen vollzöge sich *in* diesen Regionen, womit dann kein sprach- und handlungsabhängiges Gebilde, sondern der euklidisch gefaßte Erdraum gemeint ist.

Zweitens kann sich, folgt man Bouissac (1998), eine Durchbrechung der plausiblen Passung aber auch zeigen, wenn die selbstverständlichen *Dortsos (oder Wiewos)* mit der Behauptung eines entgegengesetzten Zustands („Entgrenzung", „Multikulturalität", „Transnationalität", „Entankerung", „Globalisierung") konfrontiert werden. Es ist – entgegen einer stark behavioristischen Sichtweise – jedoch zu bedenken, daß eine solche Widersprüchlichkeit auf *signifikativer* Ebene nicht notwendig zum „Störfall" werden muß. Das zugehörige Argument ist empirischer Art: Es ist offenbar durchaus möglich, den Satz zu äußern „Die Globalisierung ist an Afrika vorbeigegangen" (zu hören auf einer Geographentagung, wie auch in der Zeitung zu finden). Es scheint auch nicht schwierig, damit „Verständnis" zu erzielen, obwohl der Globalisierungsbegriff eigentlich auch die Auflösung der Kategorie Afrika beinhaltet oder diese zumindest in Frage stellt. Die Widersprüchlichkeit wird gelöst, unter anderem deswegen, weil in Bezug auf die Strukturierungsweise sich „die Globalisierung" gar nicht als der Territorialisierung („Regionalisierung") gegenläufiger Prozeß darstellt, sondern wieder – dem traditionellen Abbildungsmuster folgend – als personifizierte Einheit, bzw. als Körper im Raum vorgestellt wird. Sie kann dann „draußen" stattfinden (zum Beispiel außerhalb der Grenzen Europas), oder eben „vorbeigehen". Diese Strukturierung macht keine Schwierigkeiten, sie paßt zum allgemeinen Prinzip. Konsequenzen aber hat sie, wenn von ihr Handlungs*begründungen* abgeleitet werden, die sich z.B. so äußern, daß mit einer Infrastrukturentwicklung oder Telefonverteilung *dort* die Anbindung *Afrikas* (als Stellvertreter der *dort* verorteten Menschen) an die „erste" resp. globalisierte Welt gewährleistet werden soll. Denn dann wird man sich wundern müssen, wenn trotz „erfolgreichem" Transfer aus scheinbar unerklärlichen Gründen diese „Raum-Logik" nicht zu den gewünschten Ergebnissen führt (vgl. Schlottmann 1998).

Auf diese Konsequenzen wird zurückzukommen sein. Festzuhalten ist zunächst, daß allein über die Verwendung indexikalischer Ausdrücke eine Verortung von „Gegenständen" oder Sachverhalten, insbesondere auch „Kultur", erfolgt (s.a. Schlottmann 2003).

3.2 Geographische Eigennamen (Toponyme)

Um über Dinge reden zu können, gibt man ihnen einen Namen. Bei Regionen sind dies sogenannte „Toponyme" beispielsweise – um bei „klassischen" Beispielen des sozialgeographischen Diskurses zu bleiben – das „Fichtelgebirge" (Hard 1987) oder das „Ruhrgebiet" (Blotevogel 1999b). Aber auch „Berlin" oder „Ostdeutschland" sind Toponyme und es wird klar, daß die Größe des bezeichneten Gebietes keinerlei Rolle für das toponymische Prinzip spielt.

Der primäre Zweck der Namensgebung ist – folgt man Searle (1991:311) – einfach der, über „Gegenstände" sprechen zu können und nicht, diese zu beschreiben.[82] Zwischen Kausaltheorie und Deskriptivismus argumentiert Searle gegen eine äußere kausale Verständigungskette der Bezüge von der „Taufe" an, die einen Namen unweigerlich an eine „richtige" Bedeutung kettet und in kommunikativen Prozessen den gemeinsamen Bezug sichert, sondern für eine Bezugssicherung aufgrund des jeweiligen intentionalen Gehaltes (Searle 1991:310ff., vgl. auch Wyller 1994:181ff., Newen 1996:64-66). Dabei unterscheidet Searle einen „intentionalen Gehalt erster Stufe" von einer „parasitären Verwendung". Obwohl der intentionale Gehalt bei Searle zentral ist, scheint aber bei Eigennamen etwas anders zu sein. In alltäglicher (auch alltäglicher wissenschaftlicher) Praxis ist es Usus, über Gegenstände und Etiketten zu reden, *ohne* selbst eine „vollständige" Repräsentation des Bezeichneten zu haben außer der, daß das Wort von jemandem anderen in bestimmter Art und Weise benutzt wurde.[83]

Wyller stützt diese Annahme vor dem Hintergrund seiner Untersuchungen zu dem fundamentalen Status der Indikatoren (Wyller 1994:184-185). Er argumentiert dabei so, daß der starre Bezug von Namen keine kausale, sondern eine regulative Grundlage hat. Schließlich geht es darum,

---

82 Zur anhaltenden Kontroverse über Indexikalität und Eigennamen, ihres Bezuges zur Wirklichkeit und ihre „Bedeutung" s. Nelson (1992) und Wolf (1993). Die verschiedenen Positionen von Kripke, Donellan, Russel, Strawson – um nur einige der Hauptakteure zu nennen – können hier nicht erörtert werden (s. Nelson 1992:26ff.). Die Position von Searle wurde gewählt, weil sie explizit eine Verbindung zu einer gemäßigt konstruktivistischen sozialwissenschaftlichen Theorie aufweist, deren Tragweite jedoch zu diskutieren ist.

83 So räumt Searle für das praktische Sprechhandeln Folgendes ein: „Das Körnchen Wahrheit in der Kausaltheorie scheint mir dies zu sein: Bei Namen von Gegenständen, die uns nicht unmittelbar bekannt sind, geben wir dem parasitären intentionalen Gehalt häufig den Vorrang" (1991:311). Das ist – so Searle – deswegen der Fall, weil wir „der Ansicht zuneigen", daß es bei Eigennamen auf die Rückführung zum Täufer (z.B. über Zitation) ankommt. Diese Äußerung bleibt aber bei Searle eine intuitive Hypothese, höchstens eine Erfahrungstatsache (s. Nelson 1992:114-118).

> „Gegenstände auch außerhalb einer Wahrnehmungssituation ‚festzuhalten', und zwar so, daß man sich bei allen Wandlungen eines und desselben Gegenstandes sowie unserer eigenen mehr oder weniger korrekten Auffassung darüber, auf denselben Gegenstand bezieht" (ebd.:185).

Diese Leistung hat seines Erachtens pragmatische Gründe, und die Namen verweisen selbst auf dieses „regulative Prinzip". Hier wird die Hörerabhängigkeit von Äußerungen relevant: das vom Sprecher gewählte Beschreibungsschema muß dem Hörer die Rekonstruktion der Raumkonfiguration ermöglichen. „Perspektivenkonstanz ist damit das deutlich überlegene Prinzip für den Aufbau eines einheitlichen Diskursschemas" betont auch Ehrich (zit. in Wenz 1998:53). Dieses Prinzip – so Wyller – können wir aber nur deswegen anwenden, weil wir schon wissen, was diese Art und Weise des Bezugs zur Welt beinhaltet, wie sie (gesellschaftlich) „funktioniert". „Wir können versuchen, Namen so zu verwenden, weil wir die Indikatoren, für deren Sinn der direkte Weltbezug *konstitutiv* ist, schon beherrschen" (Wyller 1994:187).

Searle würde dem weitgehend zustimmen, zumindest solange diese Fähigkeit nicht als vorgelagerte Regel („Konversationspostulat") betrachtet wird (Searle 1982:188ff.). Seines Erachtens ist Indexikalität (s.o.) ein grundlegendes Prinzip, und die Fähigkeit sie anzuwenden eine tiefe Hintergrundfähigkeit: Selbst im Falle von solchen Sätzen, die keine offensichtliche Indexikalität beinhalten, ordnet der Hintergrund dem Satz eine indexikalische Interpretation zu, z.B. ein „relativ zu unserem Sonnensystem gilt" oder „relativ zu meinem Standort gilt" (Searle 1991:276). Der grundlegende Witz von indexikalischen Ausdrücken – so Searle entgegen Frege – ist aber eine Selbstbezüglichkeit, die anzeigt, wie der intentionale Gegenstand zur Äußerung selbst steht. „Hier" bezieht sich zum Beispiel auf den Ort der Ausdrucksäußerung zur Zeit der Ausdrucksäußerung. Eigennamen sind nun Substitute für diesen Selbstbezug, sie erhalten die pragmatische Funktion, diese Relativität zu transzendieren, können dies aber nicht aus sich selbst heraus oder aufgrund irgendeiner natürlichen Beschaffenheit des bezeichneten Gegenstandes leisten. Sie bleiben diesbezüglich variabel, ihre Stabilität – und dies ist für die handlungstheoretische Perspektive interessant – ergibt sich aus Regelhaftigkeit und Permanenz der Verwendung, sei sie primär-intentional oder parasitär.

Akzeptiert man nun einfach, daß eine parasitäre Verwendung von Eigennamen häufig vorkommt, hilft aber eine starke Einschränkung des Begriffs der Eigennamen auf Etiketten ohne weiteren Gehalt wenig weiter. Hier geht es ja gerade um die subtilen Raum-Gegenstand-Verknüpfungen, die mit der Namensverwendung einher gehen. Searle macht hierzu nur eine vage Andeutung:

> „...es gibt einige Feststellungen, in denen der Beitrag des Namens nicht (oder nicht allein) darin besteht, daß mit ihm über einen Gegenstand gesprochen wird; dies gilt für Identitäts- und Existenzfeststellungen sowie für Feststellungen über intentionale Zustände" (Searle 1991:320-321).

Die Frage, inwiefern die Verwendung von Namen den Gegenstand als solchen erst erschafft, wird von Searle nicht wirklich beantwortet, obwohl er davon ausgeht, daß gesellschaftliche Tatsachen – zu denen bei ihm auch die Regionen, zumindest die Staaten zählen müssen – über Sprechakte und damit verbundene symbolische

Funktionszuweisungen entstehen (Searle 1997). Festgehalten werden kann, daß der Name als Mittel der Identifizierung gleichzeitig mit einem intentionalen Gehalt verbunden ist, der auch Bestandteil von Feststellungen über den Gegenstand sein kann, „obgleich es nicht seine normale und primäre Funktion ist, intentionalen Gehalt zum Ausdruck zu bringen, (...) und obgleich der mit ihm verbundene intentionale Gehalt kein Definitionsbestandteil des Namens ist" (Searle 1991:322). Eine Doppelrolle kündigt sich an: Namen sind „starre Designatoren" einerseits, werden aber *gleichzeitig* mit einem intentionalen Gehalt eingeführt, der *kein* starrer Designator ist. Die analytische Unterscheidung, wie eine verständigungssichernde Bezugnahme erfolgt, hängt dann nicht an äußeren Kausalketten, sondern an der Reichhaltigkeit der individuellen Intentionalität. Hier unterscheidet Searle drei Familien „unterschiedlicher Fälle":

Erstens diejenigen Bezüge, die durch *alltägliches Erleben* gesichert sind: der Name der Straße, in der man wohnt, die Namen der Menschen, mit denen man verkehrt. Sie sind – nach dem Erlernen – „sofort mit einer so reichhaltigen Ansammlung intentionaler Gehalte im Netzwerk verbunden", so daß eine Identifikation völlig unabhängig von jeder anderen Person und ihrer Verwendung der Namen erscheint (Searle 1991:323).

Namen mit einer „*Prominenz-Verwendung*" beruhen dagegen *zweitens* nicht auf einer „Bekanntschaft mit dem Gegenstand" (ebd.). Dabei bleibt unklar, inwiefern der Gegenstand hier anscheinend bereits präskriptiv existiert. Searle fügt hinzu: „Der mit diesen Namen verbundene intentionale Gehalt leitet sich meistenteils von anderen Leuten her, ist aber reichhaltig genug, um als *Kenntnis* des Gegenstands zu gelten" (ebd.). Hieran schließt sich sicherlich die Frage nach der Instanz, die dieses „als Kenntnis gelten" bestimmt, eine Frage, die Searle nicht beantwortet. Von Seiten des Subjekts betrachtet wird aber deutlich, daß es individuelle Bezüge (Erinnerungen, Erfahrungen) geben kann, die einen (persönlichen) intentionalen Gehalt erfüllen: die Eindrücke einer Reise bei der Verwendung des Namens „Japan", die Bekanntschaft mit einem Japaner als Repräsentant dieser Einheit etc. Die so an die Verwendung des Namens geknüpften „Auflagen" schränken die Beliebigkeit des Bezuges ein.

Erst die *dritte* Familie umfaßt dann die *reinen parasitären Namenverwendungen*, „bei denen man fast völlig auf die vorgängige Verwendungsweise anderer Leute angewiesen ist, um Bezug zu sichern" (Searle 1991:324). Sie scheinen zunächst am wenigsten beschränkt in ihrem intentionalen Bezug, weil der Sprecher kaum intentionalen Gehalt („Kenntnis") vom betreffenden Gegenstand hat und beliebige Verknüpfungen erfolgen könnten. Die Begriffsverwendung basiert auf „Hörensagen" und insofern kann z.B. alles mit dem Wort „Jena" bezeichnet sein: Eine Stadt, ein Supermarkt, ein Land, eine Pflanze, ein chemisches Element, ein Viertel, eine Katze. Sie unterliegen aber – so Searle (ebd.) gewissen Restriktionen in Bezug auf den bezeichneten Typ, bzw. das „sortale Prädikat" (Wolf 1993:33). Diese Restriktionen sind kontextuell erschließbar. Wenn ich, nachdem wir uns lange über die Schönheit Jenas unterhalten haben, schließlich sage, ich wohne in Jena, ist klar, daß ich *nicht* über eine Katze spreche. Wenn Du aber sagst, Jena hat jetzt ihren ersten Zahn bekommen, ist klar, daß Du *nicht* über eine Stadt redest.

Doch was ist der „wahre" Gegenstand? Hier kann nur eine epistemische Objektivität der Namensverwendung gelten, und es zeichnet sich eine Anschlußstelle zu sozialwissenschaftlicher Theoriebildung ab. Richtig ist, was allgemein als richtig gilt. Die richtige Verwendung des Toponyms „Deutschland" ergibt sich aus der institutionalisierten, in einer Gemeinschaft selbstverständlich gewordenen Verwendung, nicht aber als gesellschaftsexterne Objektivität. Die besteht allein in Bezug auf die bezeichnete, an sich bedeutungslose Raum-Zeit-Stelle.

Die oben skizzierten kommunikativen Brüche versucht Searle zunächst vom intentionalen Gehalt respektive dem „Gemeinten" her zu begründen. Damit ergibt sich ein mögliches „Mißverstehen" als Diskontinuität unterschiedlicher Intentionalität, auch wenn sich diese kommunikativ nicht offen zeigen muß. Im Gegenteil: Über die Komponente des starren Designator – nach Wyller die objektive Eigenschaft der Indexikalität – wird auch Verständigung über die abweichenden Gehalte hinaus imaginativ gesichert und – was es noch zu zeigen gilt – sogar stabilisiert.[84] So können wir uns auch lange über die *Stadt* Jena unterhalten, bis sich herausstellt, daß wir ein ganz unterschiedliches Jena „im Kopf haben", daß also auch der Eigenname in Bezug auf seine assoziative Verknüpfung mit einem Gehalt vieldeutig ist: eine hübsche Altstadt oder eine häßliche Plattenbau-Siedlung. So vielschichtig die Bedeutungen sein mögen, die erst im Kontext präzisiert werden (vgl. Weinrich 1976:318), die „Klasse" oder Kategorie erscheint eindeutig. Auch nach Offenlegung der intentionalen Bedeutungs-Diskrepanzen werden wir „Jena" als Namen für eine Stadt oder eine erdräumliche Einheit nicht in Frage stellen. Die Persistenz der Kategorienbildung wird kommunikativ gesichert durch die Gleichsetzung des Namens mit der Objektivität der Raum-Zeit-Stelle. Die intentionalen Netzwerke der Subjekte müssen sich also keineswegs entsprechen, wenn nur die mittlere Hintergrundschicht der „normalen" Kategorienbildung kohärent ist, wird Verständigung gesichert. Die Namens-Zuweisung muß also intersubjektiv anerkannt werden, um zu funktionieren. Es bedarf einer Konvention sowie des ständigen (kontextuellen) Gebrauches „als", um zu sichern, daß – so Searle (1991:295) – mit „Madagaskar" eine Insel an einer bestimmten Raum-Zeit-Stelle gemeint ist, und nicht ein Teil des afrikanischen Kontinents (andere Raum-Zeit-Stelle).

Über diese kollektive Anerkennung konstituiert sich das „Wissen" von der Welt. „Wissen besteht in wahren Repräsentationen, für die wir bestimmte Arten von Rechtfertigungen oder Belegen geben können. Wissen ist so *per definitionem* objektiv im epistemischen Sinne, weil die Erkenntniskriterien nicht willkürlich und weil sie unpersönlich sind" schreibt Searle (1997:161). Und doch tritt es als ontologische Vernagelung auf. Geographisches Wissen reduziert sich daher in seinem öffentlichen Verständnis – z.B. in den heute wieder beliebten Fernseh-Quiz-Sendungen wie „Wer wird Millionär?"– auf die Kenntnis von Namen (der Flüsse, der Berge, der Länder und ihrer Hauptstädte). Diese werden als „harte

---

84 Das Normalverständnis, bei Schütz (Schütz/Luckmann 1988:32) die „natürliche Einstellung", sichert die Verständigung und in der alltäglichen Kommunikation wird eine Verständigungs-„Krise" (Garfinkel 1967:42ff.) damit möglichst vermieden, auch Ungewöhnliches wird durch Auslegung „passend gemacht".

Fakten" angesehen und dabei mit beobachterunabhängigen Eigenschaften der Welt gleichgesetzt. In Bezug auf geographisches Wissen sind z.B. Landkarten, auf denen die Namen und Grenzen der räumlichen Einheiten verzeichnet sind, Mittel, mit deren Hilfe vor-repräsentativen, unbedeutenden Eigenschaften signifikativ eine (Status-)Funktion verliehen wird. Ohne alltägliche signifikative Bezüge – davon ist auszugehen – gibt es keinen Gegenstand „Deutschland" und schon gar keine daraus abgeleitete deutsche Seinsweise von Subjekten. Dennoch beziehen sich diese Namen im alltäglichen Gebrauch auf eine objektive (räumliche) Wirklichkeit. In sozialer Hinsicht sind sie dagegen keineswegs willkürlich (Millionär wird man nur, wenn man ihren „richtigen" Gebrauch beherrscht).

Entsprechend dieser Betrachtung – auch wenn keine „Lösungen" des viel diskutierten Problems der Referenz in Sicht ist – kann für das Prinzip der geographischen Eigennamen davon ausgegangen werden, daß über ihre alltägliche Verwendung bereits eine Objektivierung („Reifikation") und eine „Verortung" von Sachverhalten stattfindet, die noch dazu Eindeutigkeit erzeugt. Die Verbindung von objektiver, transsubjektiv geltender Raum-Zeit-Stellen mit prinzipiell variablen Gehalten manifestiert sich durch die sprachliche Praxis als ein räumliches Stereotyp. „Deutschland" und seine Grenzen werden durch dieses Verortungsprinzip zu einer selbstverständlichen, nicht verhandelbaren Tatsache.

3.3 Raumbezogene Metaphern und Metapherntraditionen

Metaphern, besser gesagt: metaphorische Sprechweisen, sind sprachlicher Ausdruck allgemeiner regionalisierender Konzepte.[85] Viele der Bezüge oder Referenzen (engl. *references*), die in der alltäglichen Kommunikation hergestellt werden, sind in einer Weise, die es noch zu klären gilt, raumbezogene und „verräumlichende" Metaphern.

Es wird dabei erneut weniger um den konkreten Sachbezug einzelner Äußerungen, sondern um den Sinnbezug gehen, um die impliziten, verräumlichenden Prinzipien metaphorischer Rede.[86] Ähnlich wie es Maeder (2002[6]) für eine „ethnographische Semantik" fordert, steht hier die Qualifikation von Dingen und Ereignissen, die durch die Bezeichnungen geleistet werden, nicht die Definition oder die Bedeutungen der Bezeichnungen selbst im Mittelpunkt. Das Anliegen ist, die selbstverständlichen Dimensionen von metaphorischen Raumbezügen als *sprachlich* konstituierte Bezüge und Vergleiche sichtbar zu machen. Die Operationalisierung des weiten Feldes der Metaphorizität für die Theorie signifikativer

---

85 „Konzept" wird hier gemäß der etymologischen Grundlage als „Konkretum", also als verfestigtes Muster der Weltdeutung verstanden (abstrakter Gegenbegriff ist „Konzeption") (s. Kluge 1999:476). Lakoff/Johnson (1998:11) sprechen von Konzepten, „die unser Denken strukturieren" und referieren somit auf kognitive Konzepte. Konzeptsysteme sind bei ihnen größere Einheiten in denen verschiedene Konzepte aufeinander verweisen.

86 Mit Sinnbezug ist dabei die spezifische Darstellungsform, „die Form, in der die Dinge dargestellt werden", gemeint (Debatin 1995:305).

Regionalisierung bedarf aber – aufgrund der vielfältigen Zugangsperspektiven – zunächst der Unterscheidung dreier analytischer Ebenen:

1. Die Betrachtung *allgemeiner (formalpragmatischer) Prinzipien* von Metaphern: Hier geht es maßgeblich um die Frage, inwiefern von einer „Raummetaphorik" gesprochen werden kann, ohne dabei Raum bereits als ontologische Kategorie vorauszusetzen, bzw. bereits auf einer Strukturierungsleistung aufzubauen und die eigentlich zu betrachtende Praxis bereits vorwegzunehmen.

2. Die Betrachtung *spezifischer raumbezogener Metaphorik und Metapherntraditionen*: Hier geht es primär um die Herausstellung von Territorialität, Containerisierung und Distanzkonzepten als zeitgenössisch verwendete metaphorische Prinzipien, die in Bezug auf die Imagination und Strukturierung von Räumlichkeit bestimmte Wirkungen erzeugen.

3. Die Betrachtung der *Effekte von raumkonstitutiven Metaphern*. Hier geht es um die Frage, wie raumbezogene Metaphern die Wirklichkeit strukturieren, und welche imaginativen Wirkungen sie erzeugen.

Das Prinzip der Metapher: Theorien und Typologien

Der Begriff der Metapher bezieht sich allgemein auf eine Übertragung (eines Wortes / einer Wortgruppe / eines Begriffes / eines Konzeptes) aus einem Bedeutungszusammenhang in einen anderen. „Das Wesen der Metapher besteht darin, daß wir durch sie eine Sache oder einen Vorgang in Begriffen einer anderen Sache bzw. eines anderen Vorgangs verstehen und erfahren können" schreiben zum Beispiel Lakoff/Johnson (1998:13). Von geographischer Seite geht Smith (1996:12) über diese allgemeine Definition hinaus: „Metaphoric representations describe the remote in terms of the immediate, the exotic in terms of the domestic, the abstract in terms of the concrete, and the complex in terms of the simple". Zentraler Punkt des metaphorischen Prinzips ist, daß mit der „Übertragung" eigentlich unzusammenhängende Bereiche semantisch verbunden werden. Im Gegensatz dazu wird die Metonymie (griech. *Umbenennung*) als „die Ersetzung des ‚eigentlichen' Wortes durch ein anderes, das in einer nachbarschaftlichen geistigen oder sachlichen Beziehung zu ihm steht" (Wodak et al. 1998:95 unter Verweis auf Plett und weitere) verstanden. Meyers großes Taschenlexikon (1990) nennt übrigens zur geistigen und sachlichen noch die enge *räumliche* Beziehung als Grundlage der Metonymie.

Eine Problematik dieser Unterscheidung, wie auch des so definierten metaphorischen Prinzips (in Abgrenzung zu einer nicht-metaphorischen Rede), ist die Frage nach dem (ontologischen) Zusammenhang der Bedeutungsträger. Die muß präskriptiv entschieden sein, will man die Metapher als Prinzip der Übertragung von Ähnlichem, aber Unzusammenhängendem und deren Abgrenzung von der Metonymie erhalten. Es muß z.B. etwas als „nah" oder „unmittelbar" kategorisiert sein, um es auf etwas „Entferntes" metaphorisch übertragen zu können (vgl. Smith 1996). Es muß z.B. auch bereits ein Zusammenhang zwischen Deutschland und den Deutschen manifestiert sein, um den Ausdruck „ganz Deutschland feiert" als metonymisches Konzept „Ort für Personen" verstehen zu können. Eine zweite Problematik berührt den Begriff der Rationalität und die Frage, ob die (romantische, ornamentale, uneigentliche oder übertragene) metaphorische Rede von einer („eigentlichen", „wörtlichen" oder „rationalen") nicht-metaphorischen abgegrenzt werden kann, oder ob nicht ausgehend von einer „prinzipiellen Metaphorizität der Sprache" der Rationalitätsbegriff selbst einem sprachlichen Relativismus weichen muß (s. Blumenberg 1996[1960]:288; Debatin 1995:2-51; vgl. Radman 1997:3; Barnes/Duncan 1992b:10; Haverkamp 1996).

Metapherntheorien lassen sich bezüglich dieser Problematik grob in zwei Hauptstränge unterscheiden. Einerseits wird mit der *Ähnlichkeits- oder Vergleichstheorie* eine ontologische Beziehung zwischen dem Satzsubjekt (Primärgegenstand) und der metaphorischen Prädikation (Sekundärgegenstand) vorausgesetzt. Implizit wird dabei von einer primären ontologisch objektiven Seinsweise von Gegenständen (oder, wie bei Lakoff/Johnson, Erfahrungen) ausgegangen, von der aus eine sekundäre „Übertragung" als Metapher konzeptualisiert wird. Dieser Zugriff birgt für die Frage nach der Herstellung von Raum im Sinne der Theorie alltäglicher Regionalisierung einen fundamentalen Widerspruch, weil bereits von einem bestehenden Raum und seinen Eigenschaften ausgegangen werden muß. Die Metapher wird lediglich zum Zierrat der Vermittlung von Ist-Zuständen, oder, wie bei Smith (1996) zum „Augen-öffnenden" didaktischen Stilmittel (vgl. Agnew 1993). Die *Interaktionstheorie*, zurückgehend u.a. auf Black, betont dagegen, daß die Ähnlichkeit zwischen Primär- und Sekundärgegenstand kognitiv (erst) geschaffen wird.[87] Anstelle einer bestehenden Ähnlichkeit rückt der Begriff „intentional gesetzter Ähnlichkeit" und damit die heuristische, kognitive und kreative Dimension des metaphorischen Prozesses ins Zentrum der Betrachtung (Debatin 1995:99). Betont wird diesem Strang folgend nicht nur die *Erzeugung* von Ähnlichkeiten, sondern auch die Kreation der Kategorien selbst, vor denen sich Identität und Differenz als solche konstituiert (s. Cassirer 1962:88). Mary Hesse (1988) entwarf in Weiterführung der Interaktionstheorie ihre „Netzwerktheorie der Bedeutung". Sie negiert dabei jede in der Natur vorfindbare Ähnlichkeitsklassifikation und ontologisch vorgegebene Klassenbildung. Diese wird – Hesse zufolge – in der Interaktion semantischer Felder erst geschaffen, ihre Akzeptanz ist eine Frage der inneren Kohärenz im sprachlichen Netzwerk (vgl. Debatin 1995:107-109). Diese Kontextabhängigkeit findet sich auch bereits bei Weinrich (1976:311), der die Metapher als „ein Wort in einem Kontext, durch den es so determiniert wird, daß es etwas anderes meint, als es bedeutet" definiert.[88] Für ein sozialgeographisches Anliegen scheint dieser Zugriff prinzipiell geeigneter zu sein. Seine Problematik zeigt sich jedoch in der Gefahr, in einen radikalen Relativismus

---

87   Vgl. hierzu auch Black (1962; 1996[1954]).
88   Für die Weiterführung der Kontextabhängigkeit in der „interpersonellen Kommunikation" s. Scheschy (1997).

abzudriften, der das Konzept der Metapher als Ganzes in Frage stellt, weil die Differenz von wörtlicher und übertragener Bedeutung komplett eliminiert wird.[89]

Um dies zu vermeiden, ist – Debatins Entwurf zufolge – zunächst der Wahrheitsgehalt von Metaphern zu erhalten. Er mißt sich dementsprechend aber nicht am „richtig" (wörtlich) dargestellten *Gegenstand*, sondern am herrschenden *Normalverständnis* und an ihrem (konventionalisierten) *Gebrauch*: „Eine Metapher ist genau dann wahr, wenn es sinnvoll und angemessen ist, den Gegenstand auf genau diese Weise zu präsentieren, wogegen eine andere Präsentationsform als falsch, schief oder oberflächlich gelten kann" (Debatin 1995:123).[90] Typologisch können so in Bezug auf ihre „Passung" oder Kohärenz

1. innovative (lebendige) (starke) Metaphern von
2. konventionellen (schwachen) Metaphern und
3. lexikalisierten (erloschenen oder toten) Metaphern

unterschieden werden (Debatin 1995:101-102). Dabei wird von einer Provokation gängiger Kategorien durch neue Metaphern ausgegangen, nicht mehr von der Rechtfertigung einer Analogie durch ihren Wahrheitsgehalt (Debatin 1995:105). Metaphern sind unter diesem Zugriff keine „Fehlleistungen" oder (un-wissenschaftlicher) Redeschmuck respektive „Poesie", sondern alltäglich, wirklichkeits-konstitutiv und unabdingbar.[91]

Die pragmatische Frage, die sich dann anschließt, ist die nach der gemeinsamen Bezugsbasis, vor der eine Metapher als solche erkannt und verstanden werden kann. Hier läßt sich zunächst die Sprechakttheorie in einer von Debatin (1995:284) vorgeschlagenen „schwachen Lesart" beifügen. Die Sprechakttheorie trennt eine wörtliche Bedeutung oder Satzbedeutung (was der Sprecher sagt) von

---

89 Dieses Problem ergibt sich auch bei einer starken Ausrichtung auf die rhetorische Funktion von Metaphern wie bei Barnes/Duncan (1992b:11): „(...) the purpose of using metaphors is rhetorical, to persuade the reader that the writer's view is correct". Zwar wird die weltbildende Kraft der Metapher betont, der Zugriff erlaubt aber nicht die Unterscheidung von nicht (mehr) metaphorischer (konventionalisierter) resp. nicht-strategischer Äußerung. Damit stellen sie auch ihre eigenen Aussagen wie „representations *are not* a mirror copy of some external reality (1992:4, m. Hvh.); oder „They [dead metaphors] *are* socially and culturally constructed entities" (1992:11, m. Hvh.) in Frage.

90 Demgegenüber wird bei Barnes/Duncan (1992b:12) der Metaphernbegriff insgesamt gefährdet: „More generally, one should not see metaphor as right or wrong, or static in any sense. Metaphors are tasteful or tasteless (Davidson 1979), appropriate or inappropriate (Arib and Hesse 1986), useful or a hindrance (Rorty 1989)". Dieser Rundumschlag betont die Kontextabhängigkeit und Dynamik metaphorischer Bedeutung, verleitet aber dazu – s. Weinrich (1976:317) – Metaphern als komplett relationale Gebilde ohne eigenen Wahrheitswert aufzufassen. Der Preis ist die Metapher selbst (s. a. Haverkamp 1996:6).

91 Zu einer Diskussion des „Metaphernverbots" in der Wissenschaftssprache und der These, daß mit diesem erst die „Eigentlichkeit" des rationalistischen Diskurses erzeugt und untermauert wird, vgl. Debatin (1995:218-219). Er stellt heraus, daß es damit erst zu einer Abgrenzung von Wissenschafts- und Umgangssprache im Sinne der „Eigentlichkeit" kommt und ein scheinbar nicht-metaphorischer wissenschaftlicher Diskurs erzeugt wird. Zur Kritik der prinzipiellen Metaphorizität der Wissenschaftssprache, insbesondere bezüglich der Abgrenzung von Sozialwissenschaften und Naturwissenschaften, s. Habermas (1995a:161).

einer Äußerungsbedeutung (was der Sprecher meint), wobei vorausgesetzt wird, daß der Hörer über die Satzbedeutung hinaus dahinterkommen muß, was der Sprecher meint (Searle 1982:106). Die strikte Trennung von Satzbedeutung und Äußerungsbedeutung vernachlässigt – so Debatin – die dynamischen Eigenschaften der Sprache und ihrer Entwicklung und erzeugt wieder eine Trennung zwischen „eigentlicher" und „uneigentlicher" (metaphorischer) Rede. Eine schwache Lesart impliziert dagegen, daß die Trennung von wörtlicher und Äußerungsbedeutung eine kontextrelative Differenz darstellt. In dieser Lesart ist die Trennung lediglich eine analytische und erklärt die *Verwendung* von metaphorischen Ausdrücken, während die Interaktionstheorien sich der *Erzeugung* metaphorischer Bedeutung widmen (Debatin 1996:283-284).[92]

Searle leistet – „schwach" gelesen – einen Brückenschlag zwischen Sprachanalytik und Hermeneutik. „Sinn" ergibt sich aus einer zwar kontextabhängigen aber in sich stabilen wörtlichen Satzbedeutung (auch: Bildbedeutung) *und* einer Äußerungsbedeutung, welche die Satzbedeutung enthält und mit dieser in Beziehung steht, sie aber nicht abdeckt. Aus der Dialektik dieser Komponenten konstituiert sich die Unterscheidung von „wörtlichem" (Sagen/Schreiben) und „übertragenem" Sinn (Meinen). Die metaphorische Bedeutung ist aber immer eine Äußerungsbedeutung (Searle 1982:99), sie ergibt sich kontextuell und interaktiv und ist somit nicht paraphrasierbar (mit Ausnahme der toten Metapher, bei der per definitionem wörtliche und metaphorische Bedeutung deckungsgleich sind). Der entscheidende Punkt von Metaphern ist dann, daß die Äußerung eine andere Bedeutung hat, als die Wörter und Sätze, „aber nicht wegen eines Bedeutungswandels bei den lexikalischen Elementen, sondern weil der Sprecher mit ihnen etwas anderes meint. Äußerungsbedeutung und Satz- bzw. Wortbedeutung fallen nicht zusammen" (Searle 1982:108). Die wörtliche Bedeutung wird in der metaphorischen Rede nicht verändert.

> „Im Gegensatz dazu möchte ich sagen, daß sich bei metaphorischen Äußerungen genaugenommen niemals etwas an der Bedeutung ändert; diachronisch gesehen, setzen Metaphern tatsächlich semantische Veränderungen in Gang, aber in genau dem Maße, in dem ein echter Bedeutungswandel vorliegt – so daß ein Wort oder ein Ausdruck nicht mehr dasselbe bedeutet wie zuvor – ist die Redewendung nicht länger metaphorisch" (Searle 1982:108).

So erst kann man von „toten Metaphern"[93] sprechen, die einen tatsächlichen Bedeutungswandel erlebt haben und in diesem Sinne „nie gestorben sind" (Searle 1982:105).

---

92 Mit der später entwickelten Hintergrund-These ist bei Searle auch die interaktionistische Dimension in seinen Theoriekomlex integriert. Die diachrone Dimension der Metaphorik erhält Anschluß, insofern die Intentionalität hier keine voluntaristische Konnotation, sondern konventionalistische Züge erhält.

93 Tote Metaphern sind metaphorische Ausdrücke, deren Satz- oder Wortbedeutung (s. Searle 1982:137) mit der Zeit tatsächlich eine Umdeutung erfahren haben, so daß sie nun – oftmals im Lexikon verankert – keine Metaphern mehr sind, sondern wörtliche Ausdrücke (Beispiel: „Derby" für das harte Duell zweier benachbarter (Fußball-)Vereine, ehemals von Derby in

Metaphern (und darunter ordnet Searle in dieser Beziehung formal auch Metonymien und Synekdochen) haben eine systematische Seite, insofern sie kraft eines Systems von Prinzipien mitteilbar sind, über das Sprecher und Hörer verfügen (Searle 1982:125-126). Dabei handelt es sich nicht um *ein* Generalprinzip, sondern eine ganze Reihe verschiedener (ebd.:ff.). Entscheidend ist, daß zum Verständnis von Metaphern auf einen außerhalb der wörtlichen Semantik liegenden Gehalt zurückgegriffen werden muß. Für das Verständnis von Metaphern gilt: „Der Hörer muß dahinterkommen, was der Sprecher meint – er muß zur Verständigung mehr beitragen als bloß passives Aufnehmen – und er muß das dadurch tun, daß er den Weg über einen verwandten semantischen Gehalt nimmt, der sich vom mitgeteilten unterscheidet" (Searle 1982:138). Dabei können durchaus beide Bedeutungen „lebendig" sein (Beispiel: „in Moskau herrscht ein rauhes Klima").

Wie wird nun die Verbindung von konventionalisierten (tradierten) Klassifikationssystemen und deren Aktivierung und Erneuerung im sprachlichen Handeln vollzogen? Aufbauend auf die aufgestellte These einer prinzipiellen Traditionalität des Raumverständnisses (Teil I, Kap. 1.2) wird der Begriff der „Metapherntraditionen" zentral. Die einzelne Metapher – so Debatin (1995:169) – entsteht stets vor dem Hintergrund eines Sprachsystems und wird auch in Relation zu diesem verwendet und „verstanden". Die Sprechergemeinschaft oder „Bildfeldgemeinschaft" kann dabei nach Weinrich (1976) als Gemeinschaft mit einem relativ stabilen Hintergrund mit geschichtlicher (historisch-diachroner) und kultureller (semantisch-synchroner) Bedeutungskonstanz betrachtet werden (s. Debatin 1995:204).[94] In Zusammenhang mit dem Begriff der „Lebenswelt" wird die Metapher nicht nur als Ausdruck jeweiliger Selbst- und Weltverständnisse, sondern auch – in einem absoluten Sinne – als deren konstitutionelle Grundlage begriffen:

> „Die absoluten Metaphern der Lebenswelt stellen als unhintergehbare *Daseinsmetaphern* das notwendige Deutungs- und Orientierungspotential bereit, mit dessen Hilfe die Kontingenz des menschlichen Daseins in einem vor- und umgreifenden Sinnzusammenhang eingefügt und so als selbstverständliche Gegebenheit hingenommen werden kann" (Debatin 1995:215).[95]

Diese Konzeptualisierung von Metaphern kann nun in die sprachliche Strukturierung (und Konstitution) räumlicher Wirklichkeit eingepasst werden, die gleichzeitig wieder den konzeptuellen Hintergrund für die Erfahrung von Wirklichkeit bildet. Hier schließt sich nun auch das kognitionstheoretische Konzept der Metaphorik von Lakoff/Johnson (1998) respektive Johnson (1990) als ein Aspekt dieses

---

England, wo diese Kämpfe besonders hart waren. Das Verständnis ergibt sich nun nicht mehr über den Umweg des Vergleiches, aus einem *„wie* in Derby" wurde ein „Derby").

94 Dieser Hintergrund wird in Bezug auf die Metapherntradition auch als „topisches Horizontwissen" thematisiert (Debatin 1995:205).

95 Debatin folgt hier maßgeblich Blumenberg (1996[1960]).

Gefüges an, wenn auch in modifizierter Form. Nach Lakoff/Johnson (1980; 1998)[96] ist das normale Konzeptsystem des Menschen zum größten Teil metaphorisch strukturiert und reicht somit weit in die alltägliche Wirklichkeit von Subjekten hinein.

> „If we are right in suggesting that our conceptual system is largely metaphorical, then the way we think, what we experience, and what we do every day is very much a matter of metaphor" (Lakoff/Johnson 1980:3).

Metaphern sind somit Ausdruck eines angeeigneten kategoriellen Bezugssystems und strukturieren gleichzeitig im alltäglichen Vollzug das Bewußtsein von der Welt. Gleichzeitig dienen die Metaphern der Organisation von Realitätskonzepten und damit der Konzeptualisierung von Erfahrung. Faßt man die Metaphorik dermaßen weit, so sind auch indexikalische Begriffe Teile metaphorischer Konzepte.[97]

Zwei kritische Punkte sind für die Arbeit mit dieser Theorie jedoch noch zu diskutieren. *Erstens* die universelle Setzung der „direkten Erfahrung" als Ausgangsbasis aller Metaphorik und *zweitens* die dabei kaum beachtete intersubjektive (gesellschaftliche) Dimension signifikativer Praxis.

Lakoff/Johnson schreiben oft von „direkter Erfahrung", von der sich das metaphorische Konzeptsystem herleitet. Gleichzeitig wollen sie ihre Ausführungen so verstanden wissen, daß es keine Erfahrung unabhängig von kultureller Prägung gibt (1998:71). „Es wäre korrekter zu sagen, daß alle Erfahrung durch und durch kulturabhängig ist, daß wir unsere ‚Welt' in einer Weise erfahren, derzufolge die Erfahrung selbst unsere Kultur schon in sich trägt" (Lakoff/Johnson 1998:71). Die hier in Anschlag gebrachte Erfahrung ist – so die Autoren – also keine direkte und „reine" physische Erfahrung, sondern immer *gleichzeitig* auch eine kulturelle. Diese Parallelität ist auch der Grund, warum viele Metaphern gar nicht (mehr) als solche erscheinen, sondern vielmehr als fraglose, wörtliche Beschreibung. Sie passen auf triviale Art zu den Konzepten, weil sie selbst aus diesen hervorgehen und umgekehrt, weil diese Konzepte durch sie strukturiert sind.

Mit dieser Wendung bringen die Autoren allerdings ihr Modell von Physis („Natur") und Kultur ins Wanken, das auf einem (metaphorischen) Dualismus beruht. Wenn alle Erfahrung kulturell in ihrem Sinne ist, kann eine der Kultur

---

96 Aufgrund der in Bezug auf einen Transfer in eine andere Sprache sehr sensiblen, für Unklarheiten anfälligen Thematik wird im Folgenden sowohl auf die Originalausgabe (1980) als auch auf die deutsche Übersetzung (1998) zurückgegriffen.

97 Allerdings liegt mit der von Lakoff/Johnson vorgelegten „flachen Auffassung von Metaphern" (Debatin 1995:243) nahe, alles Sprechen universell als metaphorisches zu begreifen. Sie begründen dies damit, daß die menschlichen Denkprozesse „weitgehend metaphorisch ablaufen" (Lakoff/Johnson 1998:14) und dieses Konzeptsystem sich aus der direkten (nicht-metaphorischen) Erfahrung herleitet. Gleichzeitig postulieren sie aber, daß sich auch die Erfahrung entlang desselben Konzeptsystems strukturiert (1980:3). Dieser von Mac Cormac kritisierte naturalistische Fehlschluß, der – wie Debatin (1995:247) bemerkt – zu einem unhistorischen und überkulturellen Universalitätsanspruch des metaphorischen Prinzips führt, ist zu relativieren. Metaphorische Konzepte sind grundsätzlich als kulturell variabel aufzufassen, wobei dann zwischen innerhalb einer Sprechergemeinschaft dominanten und weniger dominanten Konzepten unterschieden werden kann (Debatin 1995:248).

voranschreitende „direkte Erfahrung" nicht konsistent zum Ausgangspunkt des metaphorischen Prinzips gemacht werden, das ja unter anderem darauf beruht, daß „physische" Erfahrungen auf „nicht-physische" (Lakoff/Johnson 1998:73) übertragen werden. Andersherum: Wie soll bei einer angenommenen Durchdringung des Physischen vom Kulturellen die ontologische Trennung von Physis und Kultur konzeptuell aufrechterhalten werden? Die Autoren behelfen sich hier mit Unschärfe und unterscheiden zwischen den „Erfahrungen, die ‚eher' physischer Natur sind, wenn wir z.B. aufstehen, und den Erfahrungen, die ‚eher' kultureller Natur sind, wenn wir z.B. an einer Hochzeitsfeier teilnehmen" (ebd.). Ausgehend von Searles Konzeption muß diese Unschärfe revidiert werden. Das Aufstehen wie auch die Hochzeitsfeier haben eine rohe wie eine gesellschaftliche Beschreibungsebene. Auch auf einer Hochzeitsfeier wird man den eigenen Körper in Relation zur Umwelt „direkt" (im Sinne von nicht-repräsentiert) erfahren. Auch beim Aufstehen erfährt man sich über strukturierte kulturelle Konzepte. Die Frage ist doch, welche der analytischen Ebenen betrachtet wird. Zweitens kann man zwar annehmen, daß es bestimmte Eigenschaften der Welt oder des eigenen Körpers gibt, die sprach- resp. handlungsunabhängig sind, und solche, die sprach- resp. handlungsabhängig sind. Gleichzeitig ist aber zu akzeptieren, daß auch die sprach- resp. handlungsunabhängigen Tatsachen oder Eigenschaften durch sprachliche Bezugnahme gesellschaftlich strukturiert sind.[98] So betrachtet kann als ein basales Konzept der Erfahrung „Räumlichkeit" (resp. „Zeitlichkeit") akzeptiert werden (zumindest im Kontext des irdischen Gravitationsfeldes). Die sprachlich nichtrepräsentativen „direkten" Erfahrungen von „Nähe/Ferne", „Innen/Außen", „Oben/Unten" bilden aufgrund ihrer transsubjektiven Gültigkeit eine relativ stabile Grundlage für die Strukturierung der Wirklichkeit, in sprachlicher Hinsicht für das auch Sprechergemeinschaften übergreifende „Funktionieren" bestimmter metaphorischer Äußerungen in kommunikativen Prozessen. Demgegenüber gibt es aber Konzepte, deren Grundlage bereits eine „übertragene" Strukturierung ist. Diese Differenzierung kommt bei Lakoff/Johnson jedoch häufig zu kurz.[99]

---

98 Emily Martin zeigt dies eindrücklich anhand der körperlichen Selbstwahrnehmung von Frauen (Martin 1989).

99 Lakoff/Johnsons (1998:15ff.; 75; 93ff.) oft angeführtes Beispiel der Strukturmetapher „Argumentieren ist Krieg" ist so ein Fall. Zwar kann die Erfahrung des rohen körperlichen Kampfes zur Überlebenssicherung dem Konzept „Krieg" zugrundegelegt werden. Das Verständnis von Ausdrücken wie „ich bekam die volle Breitseite" oder „die Fronten verhärteten sich" oder „das Kanzlerduell ging in die heiße Phase" funktionieren jedoch zu einem großen Teil über einen spezifischen Hintergrund einer Sprechergemeinschaft, die ein Kriegskonzept teilt, in dem es Seeschlachten, Fronten und Feuerwaffen gibt. Die iterierte Bedeutungszuweisung muß daher nicht kohärent mit anderen aus der grundlegenden Erfahrung abgeleiteten Konzepten oder mit den grundlegenden Erfahrungen selbst sein. Der „kalte Krieg" z.B. widerspricht der „heißen Phase" und die Bedrohung durch *cruise missiles* dem Konzept [Bedrohung/Angriff = physische Nähe]. Ist diese spezifische Art von Krieg in einer Sprechergemeinschaft institutionalisiert, kann der Kalte Krieg wieder als Konzept für weitere Strukturierungen verwendet werden, z.B. des Phänomens „Beziehung": „Unsere Beziehung war ein ständiges Wettrüsten", „zwischen uns war ein eiserner Vorhang" etc.

Mit der Schichtung des Hintergrunds ist dagegen zu postulieren, daß es metaphorische Redeweisen gibt, deren Verständnis („Übertragung") auf eine tiefere Basis des Hintergrunds zurückgreift, und die insofern *trans*subjektiver Art sind. Dies sind dann aber weniger „unsere Erfahrungen mit Räumen" (Lakoff/Johnson 1998:70), sondern z.B. die vor-repräsentative Erfahrung der Schwerkraft im Falle einer oben-unten Orientierung. Dann wieder gibt es solche Metaphern, die auf eine weniger basale, gesellschaftlich resp. gemeinschaftlich konditionierte Ebene des Hintergrunds zugreifen und deren Normalverständnis insofern *inter*subjektiv – bzw. Schmitt (2000[7]) zufolge „kulturspezifisch" – diachronisch tradiert und synchronisch selbstverständlich ist. Hier ergeben sich Reibungsflächen, wenn das Konzept zwischen den Kommunizierenden nicht geteilt wird. Solche Schwierigkeiten werden oftmals im Feld der sogenannten „interkulturellen Kommunikation" thematisiert. Über individuelle Ebenen können schließlich neue, „lebendige" oder „innovative" Metaphern evoziert werden, die nur zunächst nicht „verstanden" werden.[100] Sinnvoller erscheint es also, mit dieser Differenzierung das, was Lakoff/Johnson „Raumkonzepte" oder „Räume" nennen, mit „Räumlichkeit" zu übersetzen, um deutlich zu machen, daß nicht die Erfahrung mit Raum oder Räumen an sich, sondern allein die körperliche Erfahrung, relativ zu einem bestehenden physikalischen Umfeld, transsubjektiver Art ist. Die Einteilung der Welt in Räume, wie sie einem Normalverständnis folgend (metaphorisch) konstruiert wird, also auch Territorien, ist dagegen als eine intersubjektive, oder in ihrer Terminologie „kulturelle" Wirklichkeit zu thematisieren.

Lakoff/Johnson belassen es in ihrer Analyse bei der Dimension der individuellen Erfahrung und den kognitiven Konzepten als Ursprung metaphorischen Denkens und Handelns. Auch Schmitt (2000[16]) betont, daß insgesamt die Entwicklung metaphernanalytischer Methoden für die Sozialwissenschaften „kaum noch begonnen" hat. Hierzu wäre vor allem ein theoretischer Anschluß der kognitiven Linguistik und Sprachanalytik an sozial- und kulturwissenschaftliche Konzepte zu eröffnen. Die Erweiterung auf gesellschaftliches Handeln und die Bildung von Institutionen über metaphorische Strukturprinzipien, die wieder auf die Strukturierung von Denken und Handeln zurückwirken, wird in der vorliegenden Arbeit jedoch als starke These vertreten. Aus der erfahrenen Räumlichkeit entlehnte Konzepte – so ist dann zu formulieren – bedingen die Strukturierung gesellschaftlicher Tatsachen und sind in der gesellschaftlichen Wirklichkeit wie auch im individuellen Hintergrund selbstverständlich resp. institutionell verankert.

Dem metaphorischen Prinzip kommt somit – als allgemeine Hypothese – grundsätzlich die Funktion der Strukturierung zu. Die Metapher ist „die Begrifflichkeit orientierendes und strukturierendes Leitbild" (Debatin 1995:215), das aber nicht in repräsentierbarer Form vor der Begrifflichkeit liegt, sondern diese – im Sinne einer intentionalen Verursachung (Searle 1991:146ff.) – gleichsam ausmacht. Metaphorizität erzeugt eine Vorstellung von der Welt, indem sie hilft,

---

100 Vgl. Debatin (1995:105) zur „Logik des Unerhörten": „Die lebendige Metapher ist unerhört, da sie im Moment ihres Erscheinens rätselhaft und *noch nicht ‚erhört'*, noch unverstanden ist".

3 Elemente signifikativer Regionalisierung

Teile von ihr zu identifizieren, zu orientieren und zu organisieren, und sie ist dabei gleichzeitig ein Ausdruck dieser Einteilung. Weil sie Erwartungen und somit Erfahrungen strukturiert, greift die Metaphorizität konstruktiv in die Wirklichkeit ein. Durch ihren konstitutiven und regulativen Vorgriff kommt Metaphern nicht nur eine vorstellungsleitende, sondern auch eine handlungsorientierende und -begründende Rolle zu.

In dieser Arbeit wird die Ausrichtung des Blickes auf die „Hintergrundmetaphorik" als Teil einer „Paradigmatik der Weltdeutung" vollzogen. Entlang Blumenberg (1996[1960]) ist mit der Hintergrundmetaphorik die *Typik* der Darstellung, die „uns bei unserer Weltsicht gleichsam ‚im Rücken'" steht (ebd.:291) angesprochen.[101] Mit Searles Intentionalitätsbegriff kann von der Autonomie von Texten bezüglich ihrer (perlokutionären) Wirkung beim Hörer und deren auf die Unabhängigkeit von den *Intentionen* des Sprechers gearbeitet werden (vgl. Ricoeur 1996:356), nicht aber auf die Unabhängigkeit von dessen *Intentionalität*, insofern diese sich letztere nicht voluntaristisch, sondern in konventioneller Weise vor dem in einer Sprechergemeinschaft geteilten Hintergrund konfiguriert (s. Teil II, Kap.1.3).

Die Metapher (auch Metonymie) kann somit als welterzeugendes Moment betrachtet werden, das – bezogen auf einen Text – auf das von Autor und Leser geteilte hintergründige Wissen im Sinne des Normalverständnisses verweist.[102] Laut Debatin (1995:307) evozieren lexikalisierte, konventionelle und innovative Metaphern implizites Hintergrundwissen. Bezüglich ihrer Resonanz, also dem Grad der Einschränkung von Deutungsmöglichkeiten, sind die drei Typen dem Hintergrundmodell folgend geschichtet. Lexikalisierte Metaphern sind am stärksten mit unbefragtem Hintergrundwissen „verhakt", konventionelle Metaphern weisen bereits einen flexibleren Bezug zu „lebensweltlich tief verwurzelten Bildfeldtraditionen" auf und innovative Metaphern ermöglichen neue Bezüge und Kontexte (Debatin 1995:307). Besonderes Interesse gilt hier den lexikalisierten („toten") und den konventionellen Metaphern, die auf stabile, selbstverständlich gewordene Bildfeldtraditionen einer Kommunikationsgemeinschaft verweisen. Von ihnen wird angenommen, daß sie zwar stark emphatisch (im Sinne Blacks nicht austauschbar), aber wenig resonant (im Sinne Blacks begrenzt neu interpretierbar) sind (Black 1996 [1954]).

Mit Lakoff/Johnson (1998) wird vorausgesetzt, daß die metaphorischen Konzepte Erfahrung strukturieren, dabei wird hier aber nicht die starke These der uni-

---

[101] Daß er diese „Typik" nicht dem tiefen, weitgehend nicht variablen Hintergrund zurechnet, zeigt sich in folgender Erklärung Blumenbergs: „Aussagen, die sich auf sinnlich Anschauliches beziehen, setzen ja auch voraus, daß im Verstehen des Gemeinten derartiges im Spielraum einer Typik vorstellig gemacht wird: die Reiseberichte, die die ersten Mondfahrer uns mitbringen oder funken werden, könnten uns in die Verlegenheit versetzen, zuerst gründlicher amerikanische oder russische Geographie zu treiben, um der selektiven Typik der Darstellung entsprechend der (voraussichtlichen) Herkunft der Zeugen gewachsen zu sein" (Blumenberg 1996 [1960]:290).

[102] Duncan/Ley (1993:9) sprechen in diesem Sinne von einem „extra-textual field of reference", ohne jedoch näher zu klären, wie die kommunikative Schnittstelle der Referenz beschaffen ist.

versellen „Ursprünglichkeit" von irgendwelchen „basalen" metaphorischen Konzepte vertreten. Zwar kann auch mit Searle von transsubjektiven Komponenten des Hintergrunds ausgegangen werden, auf die auch die Metaphorizität zurückgreift. Diese „basalen Fähigkeiten" beziehen sich nach Searle aber eher auf das, was Debatin z.B. „intuitive Sprachkompetenz" nennt, oder was als kontingenter Erfahrungshorizont des „In-der-Welt-Seins" allenfalls hypothetisch angenommen, aber sprachlich nicht repräsentiert werden kann. Auch die „direkte Erfahrung" bei Lakoff/Johnson kann allenfalls eine prä-repräsentative, kontingente Wahrnehmung (Sinnesdaten) sein, die aber bereits im Wahrnehmen (metaphorisch) strukturiert wird (Debatin 1995:246). Ein konkret benanntes und ausdifferenziertes Konzept wie „Territorialität" muß somit prinzipiell als intersubjektive, gemeinschaftlich konditionierte, kulturell variable (wenn auch nicht zufällige) Form der Weltbindung betrachtet werden (vgl. Sack 1986). Deren „Lebendigkeit" im Sinne einer Verhandelbarkeit hängt vom Grad ihrer Institutionalisierung ab.

Raumbezogene metaphorische Konzepte

Bei Lakoff/Johnson (1998) wird die Metapher nicht auf ein rein sprachliches Phänomen oder zweckrational rhetorisches Mittel reduziert. Sie wird darüber hinaus nicht nur der „gewöhnlichen Sprache" zugeordnet, sondern auch dem Alltagsleben und seinen Handlungen (Lakoff/Johnson 1998:11). Wichtig ist aber, den bei Lakoff/Johnson anklingenden biologischen Determinismus in eine gesellschaftliche „Wirksamkeit" zu übersetzen und dabei die Wechselwirkung zwischen den metaphorisch verglichenen „Gegenständen" (vgl. Debatin 1995:243) sowie zwischen strukturierter Erfahrung, strukturiertem Bewußtsein und strukturierender Handlung zuzulassen.

Die von Lakoff/Johnson gewählte Systematisierung von Metaphern unterscheidet Konzepte der Orientierung, ontologische Konzepte und strukturelle Konzepte. Sie ist grundsätzlich als analytische Unterscheidung anzusehen. Wie noch zu zeigen ist, stützen sich die einzelnen Typen in einem Netzwerk gegenseitig. In vielen Äußerungen sind Überlappungen, vor allem auch mit indexikalischen Begriffen und Eigennamen (s.o.), zu identifizieren. Grob kann gelten, daß Orientierungskonzepte unter Zuhilfenahme räumlicher Begriffe der Untergliederung und Ausrichtung dienen, ontologische Konzepte die Identifizierung von (wesentlichen) Einheiten ermöglichen und Strukturkonzepte auf Übertragungen von strukturellen Ähnlichkeiten abzielen und damit allgemein der Organisation dienen (Lakoff/Johnson 1998, vgl. Debatin 1995:243).

Die nachfolgend getätigte Auswahl von „Orientierungskonzepten" und „ontologischen Metaphern" orientiert sich an ihrem Sinn-Bezug zur Räumlichkeit und erhebt keinen Anspruch auf Vollständigkeit. Sie verweisen in ihrer sprachlichen Form auf gemeinschaftlich geteilte Raumauffassungen und -vorstellungen und daran direkt anschließende Praktiken. Sie verweisen aber auch auf entferntere regionalisierende Handlungen und deren institutionalisierte Begründungszusammenhänge. Das Verständnis der signifikativen Konstitution von strukturierenden Konzepten ist somit auch ein Anhaltspunkt für ihre Einlagerung in der gesellschaftlichen (Handlungs-)Wirklichkeit. Mit Schmitt (2000[1]) gesprochen: sie können über die gesellschaftliche Relevanz „sprachimmanenter Strukturen" Auskunft geben.

Orientierungskonzepte und ihre Metaphorik

Orientierungsmetaphern beschreiben nach Lakoff/Johnson (1998:22) „Fälle, bei denen nicht ein Konzept von einem anderen her strukturiert wird, sondern bei dem ein ganzes System von Konzepten in ihrer wechselseitigen Bezogenheit organisiert wird".

> „Human spatial concepts (...) include UP-DOWN, FRONT-BACK, IN-OUT, NEAR-FAR etc. It is these that are relevant to our continual everyday bodily functioning, and this gives them priority over other possible structurings of space–for us. (...). Concepts that emerge in this way are concepts that we live by in the most fundamental way (Lakoff/Johnson 1980:56-57).[103]

Die aus diesen Konzepten hervorgehende Metaphorik, also deren Übertragung auf weniger scharf begrenzte Konzepte wie Gefühle, Karriere, Ökonomie, Kultur[104] etc. äußert sich in Figuren wie „sie ist in die hinterste Ecke ihrer Seele vorgedrungen", „Emporkömmling", „die Wirtschaft ist am Boden" oder „er kehrte sein Innerstes nach Außen", „Seine Denk- und Handlungsweise liegt mir fern". Besondere Beachtung für die signifikative Regionalisierung verdienen die Gegensatzpaare IN-OUT (innen-außen) und NEAR-FAR (nah-fern).

INNEN-AUSSEN ist ein Konzept, das bei der Konstitution räumlicher Einheiten wie Staaten, Ländern oder auch Landschaften eine hervorragende Rolle spielt. Komplexe, vieldimensionale Gebilde wie Nationalstaaten erhalten über eine Innen-Außen-Orientierung räumliche Konturen, bzw. lassen sich über diese organisieren. Diese Übertragung äußert sich in Begriffen wie „Inland", „Ausland", „innere Einheit", „Minister für Inneres", „Außenpolitik", „Landesinneres" etc. Metaphorisch weitergehende Konzepte sind solche wie z.B. SICHERHEIT/GEBORGENHEIT IST INNEN und GEFAHR/UNSICHERHEIT IST AUSSEN.[105] Sprachlich sind die in Ausdrücken wie „die Familie (Gemeinde) ist ein

---

103 Großklaus (1995:103) spricht von der Relation: außen-innen als „kultureller Invariante", als einem binären Grundbaustein einer Sprache des Raumes. Hier dagegen soll gezeigt werden, daß diese Relation in ihrer Bedeutung zeitgenössisch in Frage gestellt ist und sich gerade darüber ihre prinzipielle Varianz, bzw. die Grenze ihrer Gültigkeit zeigt.

104 Eine Verbindung kann hier zu Taylors Begriffen der „moralischen Landkarte" oder „kulturellen Topographie" gezogen werden. Nicht nur ist die Landkarte hier bereits eine metaphorische Strukturierung des sozialen Feldes. Er macht die Orientierungen im moralischen Raum und die „webs of interlocution" zur konstitutiven Grundlage geschichtlicher und kultureller Gemeinschaften, welche die Orientierung des Subjekts und seine Selbst-Deutung erst ermöglichen (Rosa 1998:80-81).

105 Hier deutet sich im Hinblick auf die Terroristischen Anschläge bereits der 70er Jahre, aber auch neuerdings (11. September) eine erste Diskontinuität an. Weil der Feind „von innen"

Haus", „sich in sich zurückziehen", „aus sich herauskommen", „sich verbarrikadieren", „Politik der Abschottung" zu finden. Die INNEN-AUSSEN-Orientierung und ihre Metaphorik wird weiter unten mit der Container-Metapher weitergehend behandelt.

NAH-FERN ist eine ebenso wichtige Orientierung für die Konstitution räumlicher Einheiten und für die Vorstellung von Regionen wie auch von räumlich vorgestellten Gemeinschaften. Es sind verschiedene metaphorische Erweiterungen zu identifizieren, die aber nun – entgegen dem zunächst bedeutungslosen Konzept selbst – bereits als Bedeutungen zu thematisieren sind:

ÄHNLICH ist NAH. Physische Nähe oder das physisch Nahe ist das Ähnliche, das Ferne das Differente, oder Andersartige. Das Nahe ist das Gleichartige, sich physisch nahe Menschen sind von einer Art, kulturell gleichartig, bilden eine Gemeinschaft oder „nähern sich einander an" („Ost und West kommen sich näher"). Viele Metonymische Stereotypisierungen enthalten in ihrer Sphäre das Konzept Nähe ist Gleichartigkeit.[106] Somit besteht auch das Konzept räumliche Nähe ist Identität, Einheitlichkeit. Meist formieren sich diese Stereotypen aus einer Außen- bzw. Beobachterperspektive. Weitergehende Übertragungen sind dann „ein naher Verwandter", „in Zeiten der Not rücken wir näher zusammen". In Bezug auf die Verortung werden dann darauf aufbauend Menschen aus einer sich räumlich nahen Gemeinschaft als gleichartig betrachtet, dabei wird der Ort zum maßgeblichen Indikator der Ähnlichkeit.

VERTRAUT ist NAH. Physische oder räumliche Nähe wird darüber hinaus gleichgesetzt mit Vertrautheit und/oder mit Verständnis. „Ich war ihm sehr *nah*" oder „wir haben uns voneinander *entfernt*", „wir haben uns *auseinander* gelebt", „jemanden von sich *fern* halten", „jemanden nicht an sich *heran* lassen" sind sprachliche Umsetzungen dieses Schemas. Bezüglich der Vorstellungen, die an diesem Konzept hängen, werden physisch nahe Menschen als „mit sich vertraute" Gemeinschaften imaginiert. Metonymisch wird daraufhin angenommen, ein Deutscher müsse (als „Experte") über die Deutschen Auskunft geben können.[107]

KENNTNIS ist NAH: Nähe wird zum Indikator für ein tieferes Verständnis bzw. eine bessere Kenntnis. „Das müssen wir *näher* betrachten", „Eine *nähere* Untersuchung/Beschreibung" sind geläufige Ausdrücke. Im weiteren Sinne ist auch der imaginative Begriff des „vor-Ort-Seins" als auf diese Metaphorik zurückgehend einzuordnen. Wer vor Ort war, respektive „dabei" war, ist vielfach als Experte ausgewiesen, unabhängig davon, was er oder sie „vor Ort" tatsächlich getan /

---

kam, ist die Hilf- und Ratlosigkeit entsprechend groß, sie widerspricht dem traditionellen, konsolidierten Muster des metaphorischen Konzepts.

106 Wie oben bereits angeführt, beruht die Trope „Metonymie" in Abgrenzung zu der „Metapher" *per definitionem* sogar selbst auf dem Konzept „Nähe ist Gleichartigkeit".

107 Bei diesen NAH-FERN-Konzepten spielt in Bezug auf die Vorstellung von Gemeinschaften jeweils noch ein indexikalischer Teil eine Rolle. Die untereinander nahen Menschen, die als Gemeinschaft imaginiert werden, sind fern/fremdartig. Wenn ich über die Argentinier rede, konstruiere ich somit eine gemeinschaftliche, untereinander gleichartige Andersartigkeit im Verhältnis zu mir.

gesehen / erlebt hat. Eine direkte Verbindung ergibt sich über den Begriff der „Erfahrung": Die raumzeitliche Bewegung („fahren") wird gleichgesetzt mit der Kenntnis des „Erfahrenen".

EXISTENZ ist NAH. Nähe wird zum Indikator für Wirklichkeit und Realität. „Things that exist exist in locations. To be is to be located. Moreover, we know that something exists if it is in our presence; otherwise, we cannot be sure. These common facts form the basis of a widespread metaphor: EXISTENCE IS LOCATION HERE; NONEXISTENCE IS LOCATION AWAY" (Lakoff 1990:518). Eine weitergehende metaphorische Übertragung findet sich in Begriffen wie „Eine Einigung ist in weite Ferne gerückt" (d.h., sie ist unrealistisch).

Das ZENTRUM-PERIPHERIE Schema erlaubt die Einteilung von „Gegenständen". Es impliziert die Abgrenzung einer wichtigeren, „inneren" Einheit von weniger wichtigen, „äußeren" Einheiten. Als Konzept der räumlichen Orientierung kann es gelten, weil es eng mit einer Innen-Außen-Orientierung (Innen ist wichtig / Außen relativ unwichtig) zusammenhängt. Gleichzeitig werden mit ihm aber auch funktionale Verhältnisse beschrieben (das Zentrum versorgt die Peripherie). Metaphorische Umsetzung erfährt das Schema in Äußerungen wie „das berührt mich nur am Rande", „ein zentraler Punkt ist,...", „das wirtschaftliche Zentrum", „die Kernidee ist, ...", aber auch in vielfältiger Verwendung der Herz-Metapher als dem zentralen Organ einer von ihm versorgten (abhängigen) Umgebung: „das Herzstück", „im Herzen Deutschlands". Die Übertragung auf räumliche Einheiten wird symbolisch häufig in der Touristikwerbung benutzt: „Thüringen, das grüne Herz Deutschlands" oder auch zum Unterstreichen politischer Bedeutung wie auf der Homepage der Thüringer Landesregierung mit dem Slogan „Deutschlands starke Mitte", wobei das Zentrum-Konzept (Mitte) über die Prädikation „stark" noch eine Doppelung erfährt (http://www.thueringen.de/de/).

Das Zentrum-Peripherie-Schema leitet sich nach Lakoff (1990:274) aus der Erfahrung des Körpers (einer Einheit) mit einer Mitte und Extremitäten ab. Wiederum geht Lakoff von einer „ursprünglichen" Erfahrung aus, die nicht unproblematisch ist (s.o.). Jedenfalls kann aber von einem grundlegendem Strukturierungs-Konzept gesprochen werden, weil es zu so vielen Erfahrungen „paßt". Das Wahrnehmen der Gestalt von Pflanzen z.B., auch wenn nicht von einem aller Erfahrung und Bedeutung vorangehendem Konzept ausgegangen wird, „paßt" in dieses Schema: Unterschieden werden Stamm und Äste bzw. Zweige. Übertragungen auf andere Bereiche sind vielfältig, der „Stammbaum" ist die offensichtlichste bezüglich der Analogie mit „natürlichen" Gegenständen. Eine sich daraus ableitende Bedeutung ist, daß Verletzungen des Zentrums gefährlicher sind als solche der Peripherie. So erhält das Zentrum die größere (lebens-)wichtigere Bedeutung zugewiesen, als die Peripherie. Die grundlegende Logik ist dabei eine Abhängigkeit der Peripherie vom Zentrum, aber nicht andersherum (Lakoff 1990:275). Agnew (1993:256) bemerkt, daß in der sozialwissenschaftlichen Forschungstradition eine geographische Definition des Zentrum-Peripherie-Schemas vorherrscht, die eine raumwissenschaftliche Neutralität vorspiegelt, *obwohl* vielfältige Bewertungen mit ihm verbunden ist:

> „However, centrality is not merely locational. Clearly, the designation of a place as a center or part of a core implies a relatively dominant position for that place *vis-à-vis* all other places".

Die strukturationstheoretisch daran anzuknüpfende These ist, daß sich die geographische Definition des Zentrum-Peripherie-Schemas aus dem Prinzip und der „Logik" der Verortung ergibt. So betrachtet ist die Ordnung dann keineswegs „natürlich" im Sinne von ontologisch vorgegeben und aller Erfahrung und Handlung voranschreitend. Zentralität wird vielmehr räumlich übersetzt und sprachlich wie planerisch verwirklicht („Verkehrsknotenpunkte", „Zentrale Orte" etc.). Die damit verbundene gebaute und „geformte" Materialität kann aber auch erfahren werden, Wenn Zentren als Zentren erfahren werden, „paßt" die Erfahrung scheinbar natürlich zum strukturierenden Konzept.

Ontologische Konzepte: Die Container-Metapher

Grundlegende (den Autoren nach „direkt emergierende") ontologische Konzepte sind nach Lakoff/Johnson (1998:72; 1980:58) „Objekt" (*entity*), „Materie" (*substance*) und „Gefäß" (*container*). Alle die sich daraus ableitenden „ontologischen Metaphern" spielen für die signifikative Regionalisierung eine Rolle bzw. sind an der sprachlichen/symbolischen Dimension der Institutionalisierung von Regionen beteiligt. Von besonderer Bedeutung ist dabei das Konzept „Container", nach Lakoff/Johnson die Projektion der eigenen Innen-Außen-Orientierung auf physische Objekte, die damit zu Gefäßen mit einer Innen- und einer Außenseite werden (Lakoff 1990:272; Lakoff/Johnson 1998:39). Wie alle „Metaphern der Entität und der Materie" (Lakoff/Johnson 1998:35) dient auch das Container-Schema grundsätzlich der Identifizierung, Quantifizierung und Zusammenfassung von Erfahrungen und damit auch der Reflexion über sie. Die dazu passende Logik kann angelehnt an Lakoff (1990:272) beschrieben werden wie folgt[108]:

1.	Alles ist entweder innerhalb des Containers oder außerhalb (P oder ~P)
2.	Wenn Container A in Container B und X ist in A, dann ist X in B (wie modus ponens)

Später ist zu betrachten, inwieweit die institutionelle Wirklichkeit insgesamt von der Container-Metapher und dem Territorialitäts-Prinzip geprägt ist. In Frage zu stellen ist zuvor aber die Behauptung, daß das Territorialitäts-Konzept universell und unvermeidbar ist. Die direkte Bezogenheit der Container-Metapher auf die Erfahrung des Körpers scheint die These der „Ursprünglichkeit von Territorialität" zu stützen. Lakoff/Johnson (1998:39f.) postulieren die Emergenz von Container-Metaphern aus der Erfahrung des körperlichen Konzeptes von Innen und Außen und führen dann wie folgt aus:

---

108 Lakoff (1990:273) möchte es so verstanden wissen, daß diese „Logik" nicht erst die Bedeutung der Schemata erzeugt: „the container-schema is inherently meaningful to people by virtue of their bodily experience". Demgegenüber werden logische Postulate erst verständlich durch die direkt bedeutungsvollen Erfahrungen.

„There are few human instincts more basic than territoriality. And such defining a territory, putting a boundary around it, is an act of quantification. Bounded objects, whether human beings, rocks or land areas, have sizes. This allows them to be quantified in terms of the amount of substances they contain. Kansas, for example, is a bounded area – a CONTAINER – which is why we can say, ‚There is a lot of land *in* Kansas'" (Lakoff/Johnson 1980:29-30).

Von einer grundlegenden Übertragung des Orientierungs- und Quantifizierungsprinzips Innen/Außen ist – auch in Bezug auf das subjektbezogene Blickfeld, das Menschen permanent eine Grenze und einen „Inhalt" erfahren läßt – auszugehen. Das Konzept der Territorialität und die damit einhergehende Metaphorik sind aber näher zu spezifizieren. Denn die Art und Weise, wie Menschen mit Territorien wie dem Bundesstaat Kansas heute umgehen, also auch, wie sie ihn repräsentieren, hängt maßgeblich von anderen Institutionen und sprachlichen Interaktionen ab, Faktoren, die wiederum Konzepte eines gemeinschafts-spezifischen Hintergrundes bilden.

Container-Metaphern sind in der Form, wie wir sie heute für flächenräumliche Einheiten verwenden, unter anderem erst im Zuge der Entwicklung von Medien wie dem der Landkarte entstanden (Anderson 1998, Gugerli/Speich 2002). Sie verweisen auf die Universalperspektive, die es dem Auge erst ermöglicht, ihre flächenräumliche Gestalt als Entität mit einem Innen und einem Außen zu erfassen. Transsubjektive Grundlage dafür ist die Erfahrung von Nähe und Ferne und von Innen und Außen, von materieller Offenheit und Begrenzung, Einschränkung und Ermöglichung von Bewegung etc. (das Prinzip, das zwei feste Körper nicht dieselbe Raum-Zeit-Stelle einnehmen können), oder auch das Erkennen und kognitive Verarbeiten von Mustern. Zum Verständnis benötigen wir zeitgenössisch aber zudem nicht nur die Universalperspektive, sondern auch das Verständnis der gesellschaftlichen Institutionen Grenze und Staat. In diesem Sinne ist Territorialität kein „urmenschliches", sondern ein intersubjektives gesellschaftliches Konzept, eine Übertragung von bereits vorgenommenen Strukturierungen.[109]

Das transsubjektive, Fundamentale an Container-Metaphern und einfachen Orientierungsmetaphern ist nach der Theorie der Intentionalität die vorsprachliche Kognition von Sinnesdaten oder eine vorsprachliche Strukturierung von Erfahrungen (s. auch Lakoff 1990:273; Borneto 1996:376). Dieser Aspekt der Territorialität könnte als „urmenschlich" bezeichnet werden, ist aber nicht repräsentierbar. Das Container-Schema wird sprachlich auf die Umgebung übertragen (La-

---

[109] Die Argumentation ist folgende: Lakoff/Johnson konstatieren selbst, daß auch im Fall von nicht mit irgendeinem Sinn erfahrbaren Grenzen wir diese Grenzen ziehen: „Wenn Dinge nicht eindeutig Einzelgebilde sind oder scharfe Grenzen haben, dann kategorisieren wir sie so, als ob sie diese Eigenschaften besäßen, z.B. Gebirge, Nachbarschaft, Hecke usw." (Lakoff/Johnson 1998:35). Sie liegen also nicht „in der Natur" einer erfahrenen äußeren Natur. Die zweidimensionale Projektion auf der Landkarte und die damit verbundene Abstraktion, die scharfe Begrenzung zweier Gebiete durch eine abstrakte Linie sind aber auch nicht in einem transsubjektiven, universalen Sinne menschlicher (kognitiver) Natur, denn es gibt genügend Beispiele von Kulturen, die diese Konzepte nicht teilen, was z.B. im Rahmen einer entwicklungspolitisch verordneten Landnutzungsplanung immer wieder zu Kommunikations- und Handlungskrisen führt (s. Schlottmann 1998).

koff/Johnson sprechen daher von einem *metaphorischen* Konzept). Nach gleichem Muster werden andere Gegenstände oder Einheiten erst gebildet und strukturiert („Kansas"). Der Schritt der Übertragung aber ist ein symbolischer, eine symbolische Funktionszuweisung. Das Konzept der Territorialität hat unweigerlich eine kulturelle Komponente, denn die Funktions*zuweisung* emergiert nicht direkt aus der „Containerhaftigkeit" von Territorien. Sie macht aus dem nicht repräsentierbaren unbegrenzten Uneinheitlichem erst Territorien und Container.

Festzuhalten bleibt, daß in der Sprechergemeinschaft, innerhalb derer ich dieses schreibe, die Container-Metapher ein ebenso wichtiges wie alltägliches, allgegenwärtiges Konzept ist, das den sprachlichen Umgang mit Raum und Räumlichkeit prägt und in verschiedenste gesellschaftliche Institutionen eingelagert ist. Es ist dadurch auf so vielfältige Weise „erfahrbar", daß es weitgehend selbstverständlich plausibel erscheint.

Lakoff/Johnson bemerken nun weiterhin: „Wenn etwas als GEFÄSSOBJEKT mit einer INNEN-AUSSEN-Orientierung betrachtet wird, sagt das noch nicht viel über das Objekt aus" (1998:75) und weisen den ontologischen Metaphern, wie auch den Orientierungsmetaphern eine geringe Bedeutung zu. Im Sinne der analytischen Aufarbeitung der signifikativen Regionalisierung kann dagegen das Container-Schema als das wohl grundlegendste Schema einer zeitgenössischen geographischen Weltsicht überhaupt bezeichnet werden. Der wissenschaftliche Diskurs der letzten Jahre, der eine Infragestellung des Container-Prinzips, also den Versuch eines „Brechens mit dem (containerisierenden) Hintergrund" mit sich brachte, zeigte neben vielen Neuentwürfen auch die Stabilität dieses „alten" Prinzips und damit die Schwierigkeit seiner „Überwindung".[110] Inwiefern es gesellschaftlich in vielfältiger Weise institutionalisiert ist (und auch darum eine so enorme Stabilität aufweist), wird im nächsten Teil der Arbeit thematisiert. Bei aller gesellschaftlicher Konstitution der auf ihm aufbauenden Wirklichkeit ist aber die These zu formulieren, daß es sich letztlich um eine Strukturierungsfähigkeit handelt, die in der Tat einen Umgang mit der (zeitgenössischen) Welt auch erst ermöglicht. *Wie* aber mit ihm umgegangen, und welche gesellschaftliche Bedeutung die aus dem Prinzip abgeleiteten Funktionen und Metaphern erlangen, ist nicht als biologische Determinierung anzusehen (sonst *könnte* der Geist es kaum reflektieren und in Frage stellen). Eine Überwindung – so wenig sie sich derzeit abzeichnet und so wenig sie vielleicht im Hinblick auf die gesellschaftliche Einlagerung möglich erscheint – ist *prinzipiell* kein widernatürliches und damit unmögliches Unterfangen.

Regionen – so die hier angebrachte These – werden als räumliche Einheiten generell als Container vorgestellt. Sprachlich verankert ist das Container-Schema in allen orientierenden INNEN-AUSSEN Bezügen auf Regionen: „sich *in* Deutschland aufhalten", „*aus* Deutschland *aus*reisen", auch Städte sind Container (früher waren sie baulich analog gestaltet, mit der Stadtmauer als Begrenzung):

---

110 Zum Überblick s. insbes. Meusburger (1999) und Blotevogel (2000) für die deutschsprachige, Crang/Thrift (2000) und Dear/Flusty (2002) sowie Allen et al. (1998) für die englischsprachige Debatte.

„ich ziehe *in* die Stadt", „muss i denn zum Städele *hinaus*". Die vielfältigen Erweiterungen dieses metaphorischen Konzepts können hier nur angedeutet werden: „Thüringen *liegt in* Deutschland", „die Elbe fließt *durch* Deutschland *hindurch*", „*Ein*wanderer", „*Zu*wanderer", „*Aus*länder", „wir müssen die Grenzen *dicht* machen", „Leben *in* Deutschland", „Im Westen nichts Neues", „*Aus* welchem Land kommst Du?", „Deutschland ist *voll*", etc.

Raumbezogene Metonymien

Korrelationen zwischen Erfahrungen und Konzepten, wie sie für die metaphorische Strukturierung grundlegend sind, kennzeichnen – so Lakoff / Johnson (1998:73) – auch die Metonymie. Metonymien sind Konzepte, in denen eine (bekannte) Entität für eine (mit dieser zusammenhängende) andere steht (s. o.). Metonymien dienen also nicht der Strukturierung im engeren Sinne, sondern sind Verkürzungen. Insofern aber der bestehende Zusammenhang keineswegs natürlich vorgegeben ist und ein Herausheben von relevanteren gegenüber nicht so relevanten Eigenschaften oder eine Generalisierung erfolgt, sind sie im weiteren Sinne durchaus als produktiv strukturierend anzusehen und ihre Abgrenzung zur Metapher ist nicht unproblematisch.

Lakoff (1990:77) konstatiert: „Metonymy is one of the basic characteristics of cognition". Ihre Konzepte „funktionieren" nach der gleichen Systematik wie die metaphorischen (Lakoff/Johnson 1998:50). Sie organisieren resp. strukturieren das Bewußtsein, Einstellungen und Handlungen. Sie sind Bindeglieder zwischen der Alltagserfahrung und den kohärenten metaphorischen Systemen, weil sie helfen, diese im Einzelnen verstehbar zu machen, indem sie sie untergliedern und organisieren. Andersherum liefern sie wichtige Verweise auf bereits manifestierte („tote") metaphorische Konzepte. Wenn wir im Radio hören „Deutschland führt mit 1:0" erschließen wir (ohne daß dies als „bewußter Akt" gesehen werden müßte) über das metonymische Konzept „Land steht für Personen", in diesem Falle z.B. die Fußballspieler der deutschen Nationalmannschaft, einen Aspekt des metaphorischen Territorialitäts- und des damit verbundenen Nationen-Konzeptes.

Die wichtigsten raum- resp. ortsbezogenen Metonymien sind:

1. Der Teil steht für das Ganze (Synekdoche): „Der Kopf der Institution"; auch: Person steht für eine orts- resp. territoriumbezogene Gruppe: „der (Ost-)Deutsche an sich"
2. Ort steht für Personen (Region für Personen): „Ganz Jena feiert"; „Frankreich war bei den Verhandlungen zurückhaltend";
3. Ort steht für Ereignis: „Tschernobyl darf sich nicht wiederholen"

Aus den Beispielen sollte jedoch klar werden, daß sich die Typisierung von Metonymien eng daran ausrichtet, was im Normalverständnis als „gegeben zusammenhängend" betrachtet wird (woraus sich dann auch erst die Differenz zur Metapher ergibt). Die Verweise sind wechselseitig. Der Ausdruck „Deutschland hat die WM gewonnen" kann als „Ort für Personen" (die Spieler) gedeutet werden. Gleichzeitig kann aber auch ein Anthropomorphismus der räumlichen Kategorie „Deutschland" ausgemacht werden (Deutschland wird wie eine handelnde Person behandelt). Noch dazu verweist der Ausdruck nicht nur auf die Spieler, sondern auf das Kollektiv „die Deutschen", womit metonymisch einige wenige Personen für eine einheitliche Gruppe stehen. In dieser Hinsicht ist auch die metonymische Figur „Person steht für ortsbezogene Gruppe" enthalten. Die Bezüge sind daher rekursiv konstitutiv und kohärent. In interaktionistischer Betrachtung sind die Metonymien somit nicht nur Ausdruck von „bestehenden" Zusammenhängen, sondern erzeugen diese Zusammenhänge auch.[111] Für die Betrachtung signifikativer Regionalisierung und ihrer Effekte können daher metonymische Prinzipien insbesondere in Bezug auf die impliziten Strukturierungen als Metaphern angesehen werden, und es wird keine weitere Kategorie notwendig, weil der Ortsbezug meist über ein Toponym hergestellt wird, das seinerseits an der Erzeugung der Verbindung von Ort und Gehalt (*dort so*) Anteil hat.

3.4 Zwischenbilanz: Funktionen und vorstellungsleitende Effekte

Wie kann die Diskussion der verschiedenen sprachanalytischen Begriffe und der Theorien zu ihrer Wirkungsweise im Verhältnis Raum-Gegenstand nun operationalisiert werden? Es lassen sich zunächst vier Bereiche ableiten, welche die Wirkungsweise und Funktion dieser Prinzipien verdeutlichen. Dabei ist von einer ermöglichenden und einer einschränkenden Dimension der Strukturierungen auszugehen.

---

111 Dies verweist noch einmal auf den Schwachpunkt der kognitionswissenschaftlichen Theorie. Auch wenn sie die körperliche Erfahrung als bereits kulturell überformte betrachten, machen Lakoff/Johnson (1998) sie doch zum Ausgangspunkt aller Metaphorik. Wie wechselseitig aber das Verhältnis von transsubjektiver körperlicher Erfahrung und intersubjektiv geprägter Anschauung ist, und wie diffizil eine klare Trennung ist, erkennt man am Beispiel des TEIL-GANZES-Schema (Lakoff 1990:273). Lakoff schreibt zur körperlichen Erfahrung: „We are whole beings with parts that we can manipulate. Our entire lives are spent with an awareness of both our wholeness and our parts. We experience our bodies as WHOLES with PARTS. (...). In fact, we have evolved so that our basic-level perception can distinguish the fundamental PART-WHOLE structure that we need in order to function in our physical environment" (ebd.). Philosophische Holisten oder auch Vertreter der ganzheitlichen Medizin werden hier deutlich widersprechen und gerade die Auffassung des Körpers (und des Geistes) als Summe von Teilen als eine *kulturelle* (Fehl-)Leistung ansehen. In zeitgenössischer Ethikdiskussion wird ebenfalls der „Mensch als Ersatzteillager" oder die „Maschine Mensch" zum Streitpunkt. Und sind nicht erst durch die anatomischen Lehren (1543 veröffentlichte Vesalius „Über die Struktur des menschlichen Körpers") die Organe als solche „entdeckt" und benannt worden? Funktionalistische Ansätze haben dargestellt, was das eine oder andere Organ „tut", wie es dem Körper „dient" und damit nicht nur Funktionen, sondern auch funktionale Einheiten erst geschaffen, und zwar unter Zuhilfenahme etablierter metaphorischer Konzepte. Die Trennung von „*basic-level*" und „*subordinate-level*" *categories* erweist sich somit als außerordentlich schwierig, gerade weil aus dem spezifisch strukturierten Hintergrund nicht herausgetreten kann und er sich auch in der Ordnung der Geschichte findet.

Ermöglichende Dimension der Strukturierung

Tab. II-1: Allgemeine Ermöglichungen signifikativer Regionalisierung

Identifizierung	Signifikative Regionalisierung ist mit einer Identifizierung von „Tatsachen" verbunden. Distinkte Gebilde werden „objektiviert" und unverhandelbar.
Allgemein die Distinktion von „Einheiten" gegenüber anderen. Darunter fallen: • Die indexikalische Bezugnahme auf eine Raum-Zeit-Stelle. • Die symbolische Funktionszuweisung eines Namens, der für einen erdräumlichen Ausschnitt steht. • Die Be und Abgrenzung durch metaphorische Strukturierungen	Ermöglicht eindeutige Identifizierung über die Logik der Ausschließlichkeit von Gegenständen oder Subjekten in einem Raum (nicht gleichzeitig in einem anderen). Ermöglicht Quantifizierung und Skalierung, Größe und Volumen werden vorstell-, berechen- und vergleichbar.
Orientierung	Signifikative Regionalisierung dient der Orientierung von Gegenständen, die es ermöglicht, diese zueinander und zu sich selbst in Beziehung zu setzen.
Allgemein die Ordnung der Dinge („Entitäten") in ihrer Lage „im Raum" und zueinander. Präpositionale Bezüge und die Konzepte NAH-FERN und INNEN-AUSSEN. Indexikalische Bezüge orientieren Gegenstände im Verhältnis zum Sprecher.	Ermöglicht die Vorstellung von Ferne und Nähe und ist tragend für die Beobachterperspektive und das traditionelle „geographische Weltbild". Über metaphorische Erweiterungen werden räumliche Orientierungen zum Indikator für gesellschaftliche Einstellungen.
Organisation (Funktionalisierung)	Signifikative Regionalisierung erlaubt die Funktionalisierung von Entitäten, über (metaphorische) Bezüge wird die Funktion eines Teiles für ein anderes (oder ein größeres Ganzes) zugewiesen.
Allgemein die Beziehung der geordneten Entitäten zueinander. Funktionszuweisungen wie „Zentrum-Peripherie-Schema".	Erlaubt die Modellierung z.B. von Versorgung, oder die Richtungsweisung für Ressourcen.
(Handlungsbegründung)	Die Wirkungen signifikativer Regionalisierung als Vorstellungsweisen von der Welt und ihrer Räumlichkeit sind handlungsleitend.
Allgemein die Bezugnahme auf räumliche „Logiken" und als Fakten konzeptualisierte Räumlichkeit zur Begründung von Anschlusshandlungen resp. Strukturierungen.	Sind handlungs*ermöglichend*, insofern sie bestimmte Erwartungen erzeugen und abei begründend auf ein Normalverständnis Bezug nehmen. Elemente signifikativer Regionalisierung finden sich daher nicht nur als sprachliche „Topoi". Sie sind gesellschaftlich akzeptierte Gemeinplätze und Hintergrund einer tradierten Weltsicht.

(eigener Entwurf)

Die Ermöglichungen, welche die Verortungsprinzipien für das „sich-in-Beziehung-Setzen" zur Welt bereithalten, lassen sich in einem Überblick zusammenfassen (Tab. II-1). In der Tabelle ist zu beachten, daß zwischen den Zeilen auch wieder Iterierungen auftreten, daß also jeweils durch einen Schritt wiederum der nächste ermöglicht wird. Zugegebenermaßen handelt es sich um eine grobe Vereinfachung, die Verflechtungen sind vielfältig. Als Beispiel: In der zeitgenössischen Weltsicht wäre eine räumliche Funktionalisierung, wie sie z.B. aus dem System der zentralen Orte bekannt ist, nicht denkbar, ohne bereits eine Vorstellung von begrenzten räumlichen Einheiten („Orten") zu haben und diese als real existierende Behälter (z.B. von Dienstleistungen) vorauszusetzen. Das Identifizieren solcher Orte als Container mit spezifischem Inhalt ist insofern eine Ermöglichung des Orientierens und des Organisierens von Gegenständen. Übergreifend ist das Essentialisieren eine Ermöglichung der Verständigung und Koordination von Handlungen. Der letzte Punkt in der Tabelle, die Handlungsbegründung, wird hier nur vorläufig angeführt. Die begründende Dimension der Verortungsprinzipien ist das hypothetische Bindeglied zur gesellschaftlichen Ebene der Praxis, die näher über die (organisatorische, funktionelle, ethisch-moralische) Bedeutung der einzelnen Strukturierungen Auskunft geben kann.

Übersetzt man diese Wirkungen in konventionelle geographische Terminologie können wiederum drei ermöglichende Stränge signifikativer Regionalisierung herausgestellt werden, die in der hier angelegten Betrachtung damit weniger als rhetorische, propagandistische oder aber auch „überholte" (länderkundliche oder raumwissenschaftliche) Kategorisierungen verstanden werden müssen (Tab. II-2). Sie erscheinen nun nicht als genuin „wissenschaftliche" Konzepte, sondern als ganz alltägliche sprachliche Strukturierungen.

Tab. II-2: „Alltägliches Geographie-Machen" in geographischer Terminologie

Chorologisierung	Die alltägliche Identifizierung und Differenzierung von distinkten räumlichen Einheiten über ontologische Konzepte, insbesondere die Container-Metapher. Ermöglicht über Begrenzung die Vorstellung von Verteilungen und Zugehörigkeit.
Topographisierung	Alltägliche Verortung von abstrakten Eigenschaften in Verbindung mit der Verwendung von Toponymen, ermöglicht indexikalische Bezugnahmen und wird durch diese wiederum erzeugt. Ermöglicht die Identifizierung von Individuen und Artefakten aufgrund ihrer Herkunft (Zuordnung zu einer bestimmten Raumstelle).
Topologisierung	Alltägliche Herstellung von „Nachbarschaftsbeziehungen", Vorstellung der „relativen Lage geographischer Objekte" (Brunotte et al. 2002), ermöglicht die Präsentation und Organisation von Bewegungen. Durch Konzepte wie „NAH-FERN" oder „Zentrum-Peripherie" werden funktionale Bewertungen möglich.

(eigener Entwurf)

3 Elemente signifikativer Regionalisierung

Einschränkende Effekte

Aus den bisherigen Betrachtungen lassen sich auch einschränkende Wirkungen von signifikativen Welt-Bezügen in Zusammenhang für die Vorstellung („Präsentation") von Räumlichkeit ableiten. Allgemein dienen sprachliche Raumbezüge, wie sie hier konzeptualisiert wurden, der Strukturierung von vor-repräsentativen kontingenten, kontinuierlichen und komplexen (und insofern „unstrukturierten") Erfahrungen. Die Konzeptsysteme stehen jedoch nicht „vor" der Erfahrung oder „vor" den Tatsachen, sondern sind sowohl strukturierend, als auch bereits über die im Hintergrund manifestierten Strukturierungen eines Sprachsystems strukturiert. Erfahrene „Wirklichkeit" wird somit zur Begründung wie auch zum Ergebnis signifikativer Praxis (vgl. Werlen 1997b:383). Somit ist es grundsätzlich fraglich, ob in Bezug auf die Problematik der Raumkonstitution allein von einer (abbildenden) „*Repräsentation*" (von Räumen, Landschaften etc.) gesprochen werden sollte (vgl. Agnew 1993; Jones/Natter 1999; Barnes/Duncan 1992a,b; Paasi 1999; Pickles 1992). Gleichzeitig ist – folgt man den Autoren – von einer „Präsentation" auszugehen, die nicht nur Vorstellungen erlaubt, sondern auch strukturierend resp. „formgebend" auf diese wirkt.

In Bezug auf die entstehenden Raumvorstellungen sind im Hinblick auf den Grad der metaphorischen Konsolidierung allgemeine wenig vermeidbare Effekte von gemeinschaftsspezifisch festgelegten (manifestierten) und schließlich von stark variablen individuellen Deutungen zu unterscheiden. So ist irgendeine Form der Strukturierung („daß wir die Welt einteilen") als transsubjektiv irreduzibel anzusehen. Um über die Welt reden zu können, muß sie in Entitäten eingeteilt und diese damit auch verdinglicht und damit wiederum begrenzt werden. Über die Erfüllungsbedingungen von Aussagen wird dabei immer eine öffentliche, „reale" Welt (und damit auch eine öffentliche Raum-Realität) vorausgesetzt. *Wie* im Einzelnen dann die Teile der Welt mit Bedeutung belegt werden, ist dagegen variabel und kann durchaus widersprüchlich sein. Barnes (2001:561-562) zeigt z.B. die „visuellen Metaphern" der Wirtschaftsgeographie auf. Dabei werden einmal das Teil-Ganzes Schema, einmal das neuronale Netzwerk, die Blutzirkulation oder die DNA-Struktur auf räumliche Gegebenheiten „übertragen". Alle diese Metaphern erzeugen eigene Vorstellungen. Gemeinsam ist ihnen, daß sie Vorstellungen der Welt „wie sie ist" herstellen und diese Konstruktionen handlungsleitende Konsequenzen haben. Die Essentialisierung von Raum (und – folgt man Natter/Jones III 1997 – Identität) kann somit als übergreifender sozial notwendiger Effekt sprachlichen Handelns angesehen werden.

„Vergegenständlichung", „Hypostasierung", „Essentialisierung" oder „Naturalisierung", so wird dann deutlich, können in diesem Sinne keine „falschen" sprachlichen Leistungen sein, ihnen geht keine bewußte Wahl zwischen einem falschen und einem richtigen Weg voraus. Essentialisierung ist *ermöglichend* im kommunikativen Sinne. Gleichzeitig hat sie *einschränkende* Wirkung, insofern mit ihr bestimmte Strukturierungsweisen institutionalisiert bzw. machtvoll durchgesetzt werden und eine Alternativlosigkeit erzeugt wird, welche die Variabilität von spezifischen Deutungen verschleiert.

Nun liegt noch der Einwand nahe, daß wenn Essentialisierungen und Hypostasierungen Notwendigkeiten des „sich-in-Beziehung-Setzens" mit der Welt sind, diese Begriffe leer werden. Irgendeine analytische Differenzierung scheint unvermeidbar, soll einem unterschiedlichen Status von Tatsachen Rechnung getragen werden, sollen also Begriffe wie „Hypostasierung", „Reifikation" und „Essentialisierung" überhaupt einen Sinn haben. Sich dabei jedoch auf die traditionelle Kategorisierung („Natur"/"Kultur"; „Körper"/"Geist") zu stützen, wurde als problematisch erkannt. Wenn es „falsch" sein soll, „Geistiges" wie „Materielles" zu behandeln, bleibt immer offen, wo die Kategorien *dieser* Einteilung herkommen und wie sich entscheidet, welche „Richtung" des Vergleichs die „richtige" ist.

Soll an dem Herstellungsparadigma gesellschaftlicher Wirklichkeit konsistent festgehalten werden, ist daher die Füllung der Begriffe, die eine Vergegenständlichung bezeichnen, nur in Bezug auf die Handlungsabhängigkeit möglich. „Reifikation" kann als übergeordneter Begriff für die (sprachliche) Vernachlässigung der Unterscheidung von Tatsachen in Bezug auf ihre inhärente symbolische Funktionszuweisung bzw. allgemeine Handlungsabhängigkeit und damit auch in Bezug auf ihre *Verhandelbarkeit* begriffen werden. Das Nicht-Bedeutete, in seiner prä-strukturierten Komplexität, Kontingenz und Kontinuität ist nur als Abstraktion denkbar, macht aber als solche die „rohe Basis" aller Funktionszuweisungen aus. Alle strukturierten Tatsachen und Eigenschaften der Welt sind dagegen – Searle zufolge – grundsätzlich gesellschaftlicher Art und die allgemeinste und am stärksten emphatische (nicht-austauschbare)[112] Strukturierungsleistung ist dabei die Ontologisierung oder Essentialisierung, also die (manifestierende) Identifizierung von Entitäten. Dennoch kann sie problematisiert werden – z.B. im Sinne des *in suspenso*-Haltens, oder – Natter/Jones III (1997:158) zufolge – im Sinne einer „disidentification". Wenn unter dieser Voraussetzung überhaupt von „Übertragungen" (Metaphorizität) gesprochen werden soll, sind dies Vergleiche von unterschiedlichen Strukturierungsweisen, die vormals als different Konzeptualisiertes über die Herstellung von Ähnlichkeiten wieder zusammenführen. Nicht wird genuin Geistiges (Kultürliches) wie genuin Physisches (Natürliches) behandelt, sondern etwas traditionell und „normalerweise" einem geistigen Reich Zugeordnetes wird wie etwas traditionell einem natürlichen Reich Zugeordnetes strukturiert (und vice versa). Darunter können dann spezifische Dimensionen wie die „Containerisierung", „Anthropomorphisierung" oder „Organismusanalogie" als analytische Sub-Kategorien betrachtet werden (Tab. II-3). Eine Containerisierung räumlicher Einheiten ist die Übertragung einer spezifischen Strukturierung, die gewöhnlich an geometrische „Körper" angelegt wird und an das Konzept von Regionen oder Territorien herangeführt wird. Ein Anthropomorphismus ist die Zuschreibung von Eigenschaften an abstrakt-räumliche Einheiten, die gewöhnlich dem Begriff menschlicher Individuen oder „Subjekten" dient. Organismusanalogien als eine Form der „Naturalisierung" beziehen sich dann auf die Übertragung

---

112 Der Begriff der Emphase als relatives Maß der Nicht-Ersetzbarkeit (resp. Nicht-Paraphrasierbarkeit) von Metaphern stammt von Black und wendet sich gegen die Annahme, alle metaphorischen Begriffe seien durch „eigentliche" ersetzbar (s. Debatin 1995:100).

von traditionellen Funktionszuweisungen an „Gewächse" oder „lebendige Körper" auf räumlich abgegrenzte Entitäten. Dabei ist bemerkenswert, daß die zunächst in Natur und Kultur getrennte Welt durch Organismusanalogien wieder konvergiert. Als „Naturalisierung" kann dieser Vorgang nur begriffen werden, weil die disparaten Einheiten von Natur und Kultur ontologisch hergestellt und gesellschaftlich manifestiert wurden. Aus dieser „implizit gewußten" Differenz heraus, aus dem Wissen, wie die Dinge wirklich *sind* (daß z.B. Räume *eigentlich* nicht handeln oder wachsen können), ist auch erst eine „Adäquanz" der Übertragung beurteilbar. Aus dieser Position heraus wird „Reifikation" zum negativ belegten Begriff eines vermeidbaren Irrtums. Folgt man dagegen der Dialektik der Strukturierung, gibt es hier keine ontologische Adäquanz, sondern lediglich eine epistemische in Bezug auf die konventionellen räumlichen Deutungsmuster. Gleichzeitig muß angenommen werden, daß durch die „Übertragung" nicht nur mit Hilfe des einen Konzepts ein anderes Phänomen strukturiert wird, sondern auch das Ausgangsphänomen eine Strukturierung erfährt. Die „Repräsentation" ist dabei immer auch „Präsentation".

Tab. II-3: Einschränkende (formende) Wirkungen der Konzepte von „Raum"

Ontologisierung / Essentialisierung: Kontingenz, Komplexität und Kontinuität wird vereinfacht (strukturiert). Die entstehenden Einheiten („Objekte"; „Entitäten") werden als handlungs- resp. beobachterunabhängig, *eindeutig* und damit unverhandelbar („natürlich") begriffen.	Containerisierung: Räumliche Einheiten werden wie Behälter strukturiert vorgestellt (und werden damit in der Behandlung zu Behältern).
	Anthropomorphisierung: Räumliche Einheiten werden wie intentional handelnde Subjekte strukturiert vorgestellt (und werden damit in der Behandlung zu Subjekten).
Übergreifende notwendige Bedingung der signifikativen Praxis und der „Rede vom Raum". Geht mit allen sprachlichen Raumbezügen (Indices, Toponyme, Metaphern, Metonymien) einher.	Naturalisierung: Räumliche Einheiten werden wie Organismen strukturiert vorgestellt (und werden damit in der Behandlung zu Organismen).

(eigener Entwurf)

Die subkategorialen Konzepte Containerisierung, Anthropomorphismus oder Naturalisierung sind nicht ausschließlich, sie können einander überlappen, bzw. sie verweisen aufeinander. Daher kann eher von Derivationen allgemeiner Strukturierungen (hier speziell dem allgemeinen Prinzip der Verortung) als von unterschiedlichen Konzepten gesprochen werden. So ist z.B. eine Containerisierung mit einem Anthropomorphismus und einer Naturalisierung verbunden, wenn vom „Innenleben" einer räumlichen Einheit („Deutschlands Befindlichkeit") gesprochen wird. Zusammengefaßt entsteht das folgende allgemeine Schema der einschränkenden Wirkungen der signifikativen Regionalisierung. Einschränkend sind sie insofern, als daß durch die Strukturierung alternative Konzeptionen unwahrscheinlich werden und eine verständigungsorientierte signifikative Bezugnahme auf Raum in einer Sprechergemeinschaft auf diese formgebenden Konzeptionen gewissermaßen festgelegt ist.

Verortungsprinzipien

Konkreter auf ihre „Logiken" resp. Effekte bezogen, lassen sich nun die Herstellungsweisen, die mit den betrachteten impliziten sprachlichen Elementen einhergehen, zusammenfassen und anhand von Beispielen formulieren. Mit all diesen „Verortungsprinzipien" (Tab. II-4) erfolgt eine Verknüpfung traditionell „kulturell" und traditionell „räumlich" bezeichneter Gegebenheiten. Während sie alle auf eine Essentialisierung hinauslaufen, ermöglichen signifikative Elemente Formgebungen und deren verständigungsleitende und organisatorische Vorteile. Deutschland z.B. kann als handelnde Person, als Behälter oder als Organismus *behandelt* werden. In jedem Fall aber ist sicher, daß Deutschland „ist".

Anschließend geht es nun darum, anhand des konkreten Falles die einzelnen Regionalisierungsweisen und ihre einschränkenden, weil formgebenden „Effekte" nachzuvollziehen, die entgegen Ricoeurs (1996 [1972]) Standpunkt, eben nicht an *ein* Werk und *einen* Kontext, sondern an ein kollektives Verständnis gebunden sind.

Tab. II-4: Prinzipien der Verortung

sign. Element	strukturierende „Logik"	strukturierende Effekte
Indexikalischer Begriff	Raumzeit-Angabe = Gehalt, (*dort* steht für *so*)	*Kultur-Raum-Einheit*: Verbindung und Objektivierung von Eigenschaften an einer Raum-Zeit-Stelle durch die Bezugnahme
Toponym	Raumzeit-Etikett = Gehalt, (*Toponym* steht für *so*)	
Orientierungsmetapher NAH-FERN	(physische) Nähe = Gleichartigkeit, Kenntnis Vertrautheit und Existenz, je näher zusammen, je ähnlicher je näher dran, je klarer	*Distanzbewertung*: Verbindung von einander Nahem zu einer Einheit (Ähnlichkeit, je näher desto ähnlicher); Distanz zum Gegenstand wird Maß seiner Kenntnis (je näher an einem Ort, desto mehr Kenntnis der Gegenstände *dort*)
Container-Metapher / INNEN-AUSSEN-Konzept	Flächenausschnitt = Container 1. Alles ist entweder innerhalb des Containers oder außerhalb (P oder ~P) 2. Wenn Container A in Container B und X ist in A, dann ist X in B (wie modus ponens)	*Grenzbildung*: Innen und Außen, räumlich fixierter Behälter bestimmt Inhalt, Eigenschaften sind einem begrenzten Behälter zugeordnet; Kultur-Raum-Einheit: alles im Behälter ist *so*, nicht anders.

(eigener Entwurf)

4 Ostdeutschlands räumliche Gestalt

Wie wird Ostdeutschland sprachlich als Raum „geformt"? Anhand der Textcollage ist nun exemplarisch nachzuvollziehen, inwiefern die allgemeinen Verortungsprinzipien, -logiken und Effekte sich in einer beliebigen Berichterstattung auffinden lassen und dabei „Regionen" nicht nur existent, sondern auch in spezifischer, regelhafter Art und Weise ausgestaltet werden. Doch es geht nicht nur um die „Strukturierung von Raum" über sprachliche Verbindungen mit (kulturellen, sozialen, materiellen) Sachverhalten, sondern auch um die „Verräumlichung" und „Verortung" von normalerweise nicht als „räumlich" geltenden Sachverhalten. In einem *ersten* Kapitel ist hierzu wiederum ein Perspektivenwechsel anhand der gängigen Literatur vorzunehmen. In einem *zweiten* Kapitel wird nachzuvollzogen, welche spezifische Gestalt Ostdeutschland zugesprochen wird. In einem *dritten* Kapitel werden Zwischenergebnisse und weiterführenden Fragen formuliert.

4.1 Perspektivenwechsel (Mikroperspektive)

Gemäß der theoretischen Ausrichtung auf die Verbindungen von (alltäglichen) Sprechakten und räumlicher Wirklichkeit geht es nun primär um die subtilen *impliziten* signifikativen Regionalisierungs-Elemente. Dagegen befaßt sich ein großer Teil der wissenschaftlichen Literatur zur deutschen Einheit aufbauend auf Diskurs- resp. Fernsehanalysen mit *expliziten* Deutungen (Hacker et al. 1995; Kapitza 1997; Müller 1992; Häußermann/Gerdes 2000 et al.; Ahbe/Gibas 2000 u.v.a.). Diese Dimension der spezifischen Bedeutungszuweisung (z.B. „Ostdeutschland ist Verlierer der Wende") wird hier zunächst ausgeblendet, um die selbstverständlichen Elemente der Ost-West-Differenz (Ostdeutschland ist eine Person/ein Sammel-Behälter/der Ort der Ostdeutschen) betrachten zu können. Dabei wird davon ausgegangen, daß diese implizite Art und Weise der Wirklichkeitskonstitution ein Normalverständnis beschreibt, das über den Hintergrund intentional (aber nicht notwendig beabsichtigt, sondern vielmehr selbstverständlich) in Anschlag gebracht wird. Diese sprachliche *Be*handlung ist nicht abgekoppelt von einem „realen Raum" als signifikative „Fiktion" oder repräsentativer „Irrtum" zu sehen. Die symbolischen Funktionszuweisungen ermöglichen erst die Identifizierung, Orientierung und Organisierung dessen, was durchaus als natürliche räumliche Gegebenheit angesehen (*be*handelt) werden kann, wenn z.B. in der Vorstellung „zusammenwächst, was zusammen gehört", wie Willy Brandt am 10.11.1989 bemerkte. Schon das Bild des „Zusammenwachsens" bedarf nicht nur zweier getrennter Einheiten, sondern auch der *einen*, die für den eigentlichen „Naturzustand" steht. Und durchaus läßt sich das zusammengewachsene Deutschland *erfahren* – allerdings nicht ohne signifikative Zuweisungen und nicht ohne daß bereits ein Begriff der „Einheit" vorhanden ist.

Dieser „Einheits-Begriff" – so die These – konstruiert implizit die alten Grenzen immer mit und eine neue (oder alte) Einheit in Abgrenzung zu anderen dazu. Die Berichterstattung zur Wiedervereinigung bewegt sich damit selbst im chorologischen, topologischen und topographischen Abbildungsschema. Besonders deutlich wird dies in kartographischen Illustrationen zum Thema „Einheit", in denen die „alte" Grenze nicht fehlen darf und nicht fehlen kann, und die „neue" Gesamtbegrenzung (Außengrenze BRD) den zu erreichenden gleichwie den „eigentlichen" Zustand symbolisiert. In einer Darstellung im SPIEGEL zum Beispiel (s. Abb. II-2) ist die deutsche Befindlichkeit – so die „Logik" – eben dort erfahrbar, wo die Grenze war und ggf. immer noch „ist". Auf der Abbildung II-2 erhält die alte Grenze Bedeutung, weil sie den „Vereinigungsfluß" Elbe und das Thema „Wiedervereinigung" erst konzeptualisierbar macht.

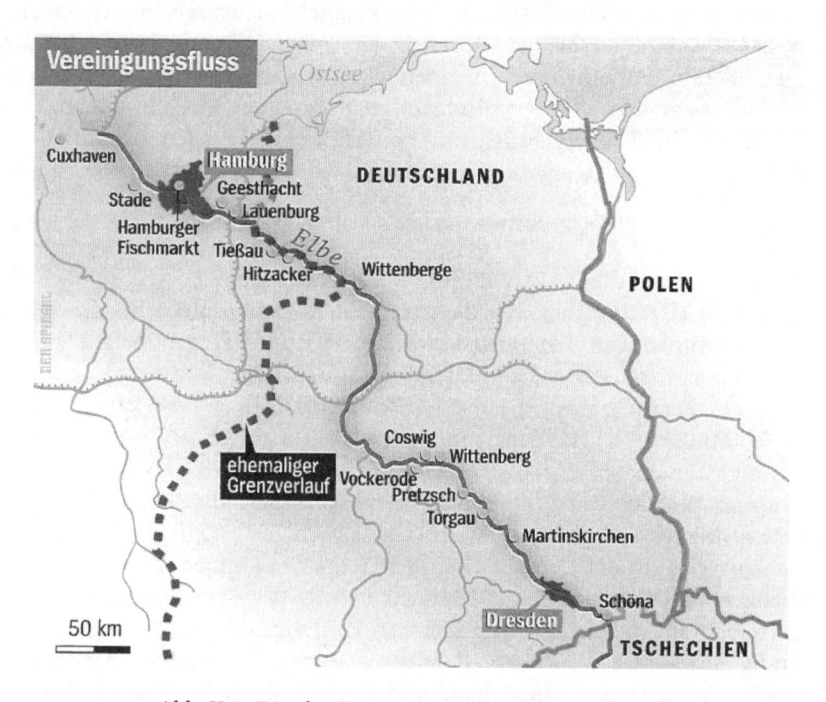

Abb. II-2: Die alte Grenze im vereinten Deutschland[113]

Doch die Verräumlichung und Raumbindung zeigt sich nicht nur im „typischen" Medium Karte, sondern auch in der allgemeinen sprachlichen *Be*handlung, die sichtbar zu machen hier im Mittelpunkt steht. Dafür ist es notwendig, das raumbezogene implizite Normalverständnis zu *problematisieren* und sich zunächst nicht von expliziten Argumentationen oder Behauptungen zu Ostdeutschlands spezifischer Geschichte, Kultur oder politischer Ökonomie ablenken zu lassen – wie aufschlußreich diese für andere Fragestellungen auch sein mögen.

Die damit verbundene Notwendigkeit, von einer prinzipiellen Unabhängigkeit der impliziten „Logiken" von expliziten Deutungen (spezifische Begriffsverwendungen; spezifische Bewertungen) ausgehen zu müssen, läßt sich anhand der

---

113 Aus DER SPIEGEL 40/2000:47, Abdruck mit freundlicher Genehmigung, besten Dank!

toponymischen Begriffswechsel illustrieren: aus der „DDR" wurde zunächst „Ostdeutschland", dann „der Osten Deutschlands" und schließlich die „neuen Bundesländer" und der deutsche Bundeskanzler Gerhardt Schröder redete im Wahlkampf gerne von „den Leuten im Osten". In Bezug auf die impliziten Regionalisierungen dienen diese unterschiedlichen Etiketten *immer* der Vorstellung begrenzter Gemeinschaften (Münkler 2000), auch wenn explizit verschiedene Begriffe und Konnotationen angesprochen werden. Sie alle implizieren eine vergegenständlichende, verortende „Logik". Die „Realität" dieser Regionen also darin zu suchen, was selbstverständlich als „real" oder „objektiv" gilt. Das *Wo?* der imaginierten Gemeinschaft der Ostdeutschen entsteht durch die implizite signifikative Regionalisierung und ist keine vorgelagerte Naturgegebenheit. Will man Ostdeutschlands Konstitution begreifen, ist zu betrachten, wie es durch diese unterliegende „Raum-Logik" seine Form erhält und zu einem „eigentlichen" Raum-Objekt mit spezifischer Qualität wird.[114]

In Bezug auf die explizite Sinnhaftigkeit der Berichterstattung ist in der hier gewählten Einstellung also keine Bewertung angestrebt. Eine Hermeneutik des spezifischen Ost-West-Einheits-Diskurses mag ideologiekritisch interessant sein, wendet den Blick aber ab von den impliziten „Raum-Logiken" und Raum-Begriffen, die hier so zentral sind. Welche Seite (Ost oder West?) Gewinner und welche Verlierer der Wende ist, ist im Hinblick auf die raumbezogene Konstitution von Ostdeutschland eine „falsche Frage". Die impliziten Regionalisierungsweisen, die aufgezeigt werden sollen, gehen der Frage nach den „Gewinnern" und „Verlierern" in Ost und West bereits voraus. Wollte man herausfinden, was der jeweilige Autor nun genau mit seinem Text über *Ostdeutschland* meint und wie er oder sie *den Osten* sieht oder bewertet, wäre eine komplette Inhaltsanalyse der einzelnen Artikel sicher notwendig. Viele der Artikel sind öffentlich äußerst kontrovers diskutiert worden. Doch für die Frage nach der Herstellung und Formierung von Ostdeutschland als Raum sind selbst in der Kontroverse (*so ist der Osten / falsch, der Osten ist nicht so*) die Gemeinsamkeiten ersichtlich. Darum ist es auch so problematisch, bereits vorauszusetzen, daß diese Bezugnahme selbst raumabhängig sei, daß also Journalisten west- oder ostdeutscher Herkunft über jeweils eine spezifische formale Raum-Sprache verfügten.

Eine räumliche Vorwegnahme wird jedoch auch dann vollzogen, wenn in der (wissenschaftlichen) Thematisierung von Ostdeutschen und Westdeutschen Medien und ihren Sendegebieten ausgegangen wird (vgl. Freis/Jopp 2001). Ohne Zweifel erhalten diese Begriffe im Diskurs eine spezifische Bedeutung und damit auch eine Wirklichkeit. Auf einer „physischen" Beschreibungsebene der Medien

---

114 So wurde z.B. die „sowjetische Besatzungszone" (SBZ), die dann den Namen „DDR" bekam, zunächst als das „eigentliche Deutschland" propagiert (Grotewohl zit. in Münkler 2000:45), eine „Eigentlichkeit", zu der durchaus Deutungs-Alternativen bestanden. Entsprechend kann auch die Rede von den „neuen Bundesländern" ein „uneigentliches Deutschland" transportieren, wenn die alten Bundesländer mit dem eigentlichen Deutschland gleichgesetzt werden. Die Sprachwahl von Gerhardt Schröder versucht zwar, die Problematik einer solchen Bewertung zu umgehen und einen „neuen" Begriff zu schaffen, ist in ihrer Container-Logik jedoch wiederum direkt auf das „alte" DDR-Territorium bezogen.

ist ihre Verortung plausibel. Die von Freis/Jopp hergestellten Verbindungen von räumlichem Bezug (wo steht der Sender?; woher kommen die Journalisten?) und Bedeutung (hat der Osten oder der Westen die Deutungshoheit? Ist die ostdeutsche Presse am Ende?) gehören aber, was die Prinzipien und „Logiken" angeht, hier zum Untersuchungsgegenstand. Denn eine unterliegende Generalthese solcher Differenz ist, daß ostdeutsche Journalisten eine spezifische Art der Berichterstattung betreiben, bzw. Experten für „ihr" Territorium sind. Eine andere ist die, daß „der Westen" als Kategorie für einen Akteur taugt, oder auch, daß im Westen die (und nur die) Westdeutschen leben. In der hier angelegten Perspektive sind „die Medien" keine Akteure. Das (medial) vermittelte Weltbild (inklusive der territorialen Wirklichkeit) ergibt sich aus dem verfestigten Normalverständnis der Medienmacher und aus einer traditionellen „Sprache vom Raum". Insofern wird nicht angenommen, daß es sich bei den konservierten Sprechakten um vorausgehende Absichten der berichterstattenden Journalisten handelt. Da sie aber eine Handlungsabsicht (s. Teil II, Kap. 1.3.1) beinhalten, sind sie als wirklichkeitskonstitutiv zu betrachten.

Eine ähnliche Abgrenzung muß zu Studien erfolgen, welche sich auf die Fernsehrezeption „in Ostdeutschland" in Verbindung mit der Untersuchung raumbezogener Identität beziehen (Früh/Stiehler 2002; Frey-Vor 1999). „Sehen Ostdeutsche anders fern?" fragt beispielsweise Gerlinde Frey-Vor (1999) und präsentiert die Ergebnisse einer Umfrage „wie stark man sich als Deutscher, Ostdeutscher, Bewohner seines Bundeslandes, Bewohner seiner Region oder als Einwohner seines Wohnorts fühlt" (ebd.:172). Dieser empirischen Untersuchung kultureller Identität gehen die Kategorien „Ostdeutschland", „Deutschland" oder des jeweiligen Bundeslandes bereits voraus, *erstens*, indem lediglich raumbezogene Kategorien zur Wahl gestellt werden und *zweitens*, insofern nur *in* Ostdeutschland (hier explizit: Thüringen, Sachsen, Sachsen-Anhalt) gefragt wurde. Das Ergebnis sind Ostdeutsche mit „Ostempfindung", mit deutschem Zugehörigkeitsgefühl oder Wohnortsidentität – in jedem Falle aber Ostdeutsche. Daß von einem Teil der „Probanden" diese „Ostempfindungen auch als eher negativ bewertet und als eigentlich schon überholt charakterisiert" wurden (Frey-Vor 1999:173), führt dann auch nicht zu Überlegungen, inwiefern diese Untersuchungskategorie sinnvoll ist, sondern zu dem Ergebnis, „daß ostdeutsche Identität ganz verschiedene Dimensionen hat" (ebd.). Für den Blick auf die „Mikroebene" signifikativer Raumbezüge ist keine territoriale Untersuchungskategorie anzulegen, will man nicht in Bezug auf die Raumkonstitution einer *„self-fulfilling prophecy"* unterliegen.

Zusammengefaßt eröffnen sich folgende Fragen an den Text:

Ausgehend von der Verschiebung von zweckrationaler Verräumlichung zu einer intentionalen, aber selbstverständlichen „Rede vom Raum" kann *erstens* gefragt werden, wie in impliziten Bezügen eine normalverständliche Formgebung der Region *in suspenso* (Ostdeutschland) über indexikalische, toponymische und metaphorische/metonymische Elemente erfolgt und welche „Effekte" hinsichtlich der Vorstellungsweise dabei zum Tragen kommen.

Ausgehend von der Verschiebung von repräsentativen naturalistischen Fehlschlüssen (Reifikation, Naturalisierung, Vergegenständlichung) zu wirklichkeitskonstitutiven symbolischen Funktionszuweisungen kann *zweitens* gefragt werden, wie die Elemente signifikativer Regionalisierung im Sinne von alltäglicher Strukturierung und Aneignung (*Behandlung*) auf die räumliche Verwirklichung der Region verweisen, inwiefern also über sie das Bild entsteht, Ostdeutschland weise „natürlich" spezifische Eigenarten auf, und wie die Verbindungen von einer abstrakten „rohen" Grundlage („ostdeutsche Raumstrukturen") zu gesellschaftlichen Qualitäten (ostdeutsche Seinsweise) im Sinne von Verortungsprinzipien hergestellt wird.

Ausgehend von der Verschiebung von den Medien als Akteuren zu einer intersubjektiven Ebene vermittelter Raumdeutungen („*common places*") kann *drittens* gefragt werden, inwiefern auch die „Entankerungsmaschinen" diese Verortungen transportieren, also in der medialen Berichterstattung zur deutschen Einheit (dem „Text") Ostdeutschland Konturen erhält, die einer traditionellen Umgangsweise mit Raum und Räumlichkeit entsprechen.

4.2 Ostdeutschland „ist"...

Nun ist der Text ein zweites Mal selektiv zu lesen. Diese zweite Lesart, die nun den theoretisch aufgeschlüsselten Verortungsprinzipien ihre Aufmerksamkeit schenkt, läßt sich wiederum in einer visualisierten Fassung darstellen.[115]

```
Indexikalische Begriffe

Toponyme

Orientierungsmetapher NAH-FERN

Containermetapher / INNEN-AUSSEN-Konzept

Sonstige raumbezogene Begriffe
```

Waren wir endlich im Osten zu Hause [1]?

Vor zehn Jahren wurde aus den beiden deutschen Staaten einer.[2] 80 Millionen Menschen, die 40 Jahre lang in verschiedenen Gesellschaftssystemen gelebt hatten, gehörten plötzlich zusammen.[3] Einige kamen sich damals näher, aber viele blieben sich lange Zeit fremd.[4] Manche gingen von Ost nach West und kehrten dann doch wieder nach Hause zurück.[5] Ihre Kinder haben die Mauer nie gesehen und tun sich heute schwer zu erklären, was den Osten überhaupt vom Westen

---

115 Die Markierung folgt der Legende. Daß Abschnitte im Folgenden durchnummeriert sind, dient allein der Orientierung in der zusammenfassenden Darstellung. Einheiten von Quelltexten sind nicht länger relevant. Die Autorennachweise können der einführenden Darstellung der Textcollage entnommen werden.

unterscheidet.[6] Und doch irren all die, die von einer stabilen „Mauer in den Köpfen" des Ostens sprechen.[7] Nicht einmal die Hälfte aller Westdeutschen war in den zehn Jahren auch nur einmal in den neuen Ländern, während der Osten den Westen inzwischen gut kennt.[8] Wo steht also die Mauer?[9] Das Meinungsforschungsinstitut Infratest/dimap hat im Auftrag der ZEIT 1000 ostdeutsche Erwachsene telefonisch befragt – eine repräsentative Zufallsauswahl.[10] Ein Vergleich mit den Ergebnissen einer ähnlichen Studie von 1993 macht die Fortschritte im Einigungsprozess deutlich: 15 Prozent der Ostdeutschen sind heute noch dabei, sich einzugewöhnen – vor sieben Jahren waren es 21 Prozent.[11] Fast 80 Prozent haben nun keine Schwierigkeiten mehr.[12] Nur fünf Prozent der Ostler glauben, sie werden sich wohl „nie so richtig mit den neuen Lebensumständen zurechtfinden".[13] Rassismus und rechte Einstellungen sind im Osten weiter verbreitet als im Westen.[14] Die Gewalttäter haben ein feines Gespür und reagieren darauf: Ein *typisch* westdeutscher Angriff geschieht heimlich und versteckt – ein Brandsatz fliegt auf ein Asylheim am Stadtrand. Ein *typisch* ostdeutscher Angriff dagegen ist offen und öffentlich – auf dem Bahnhofsvorplatz wird ein Afrikaner zusammengeschlagen.[15] Wer davon spricht, Rechtsextremismus sei ein gesamtdeutsches Problem, leugnet die Besonderheiten und kann nicht mehr angemessen reagieren.[16]
Natürlich seien nicht alle im Osten so wie im Buch – also faul, anmaßend, initiativlos, risikoscheu, unfreundlich, verschlagen, rechtsradikal.[17] Viele Ostdeutsche hätten ihm geschrieben, sie wollten nicht alle über einen Kamm geschoren werden.[18] Roethe sagt: „Natürlich gibt es Ausnahmen!" ... „Aber um die geht's doch nicht! Und, mal ehrlich: Die anderen sind ja weit in der Überzahl!"[19] Bei genauem Hinsehen zeigt sich aber, dass die Westdeutschen schon die Ostdeutschen, die sich nur ein klein wenig von ihnen unterscheiden, schwer ertragen. (...).[20] Wahrscheinlich sind die Ostdeutschen den Westdeutschen zu ähnlich, um den Anspruch auf den ‚Toleranzbonus' erheben zu können.[21] Trügen die Menschen im Osten etwa Turban, würde es die „political correctness" gebieten, sie tolerant zu behandeln.[22] Doch das Wichtigste scheint mir: Wie lernen Westdeutsche ostdeutsche Befindlichkeiten, Wünsche und Begehrlichkeiten kennen und umgekehrt? (...).[23] Die Selbstverständlichkeit, mit der ein Westdeutscher sich in Mecklenburg-Vorpommern zu Hause fühlt, spiegelt sich in der Aufgeschlossenheit und Unbefangenheit der Ostdeutschen, wenn sie sich in westlichen Bundesländern aufhalten.[24] Junge Leute gehen, als sei es nie anders gewesen, von Ost nach West und von West nach Ost, um ihre Chance zu suchen.[25] Kaum irgendwo ist die deutsche Befindlichkeit besser zu ermitteln als am Elbufer.[26] Der Fluss quert auf 727 Kilometern acht Bundesländer, in seinem Einzugsgebiet wohnt knapp ein Viertel der vereinten Deutschen.[27] Nicht der alte Wessi-Rhein ist der deutsche Strom, sondern die Elbe.[28]
Zehn Jahre nach der Wiedervereinigung hat Deutschland laut Berlins Regierendem Bürgermeister Eberhard Diepgen (CDU) die „meisten technischen Probleme" der Einheit gelöst. (...).[29] Der Prenzlauer Berg: das populärste Viertel der Stadt (...) – wahnsinnig begehrt bei Wohnungssuchenden: „Keinesfalls Osten! Am liebsten Mitte oder Prenzlberg!"[30] Der Aufschwung Ost blieb aus, jetzt läuft der Abriss Ost.[31] Rund zwei Millionen Ostler sind seit 1990 nach Westdeutschland gezogen – etwa eine Million in die Gegenrichtung.[32] Die „neue Jugend im Osten" ist mobiler und leistungsbereiter, sie lernt und studiert schneller.[33] Vor allem fallen die Frauen auf: sie sind zielstrebiger und erfolgsorientierter.[34] (...). Allerdings gibt es immer weniger junge Ostler.[35] Die Abwanderung gen Westen ist in jüngster Zeit wieder gestiegen, und es gehen meist die Bestgebildeten und Aktivsten.[36] Dabei haben die neuen Länder in weiten Teilen die modernste Infrastruktur Europas – im Osten ist ja vieles noch keine zehn Jahre alt.[37] Nirgendwo

in Europa gibt es ein so gutes Telekommunikationsnetz, die meisten Krankenhäuser verfügen über neueste Technik, das Ilmenauer Institut für Medientechnik ist das beste seiner Art.[38] „Manche wählen sogar bewusst die neuen Bundesländer, weil sie um die Vorteile hier wissen", sagt Thüringens Wissenschaftsministerin Dagmar Schipanski.[39] Sie bestätigt aber auch, dass Vorbehalte gegen den Osten Abiturienten abschrecken.[40] In der Forschung hat sich der Osten dem Westen weit angenähert, was sich bei Drittmitteln oder den internationalen Publikationen zeigt. (...).[41] Bei aller Überlast ist die Zuwendung gegenüber den Studenten im Osten nach wie vor größer als im Westen.[42] Auch die Professoren, die aus dem Westen zu uns gekommen sind, haben gemerkt, daß dankbare Studentenaugen eine Menge wert sind.[43] Aktuelle Umfragen unter Nachwuchsforschern bestätigen seine Einschätzung: Ostdeutscher zu sein ist für junge Wissenschaftler heute kein Karrierehemmnis mehr.[44] Es gibt eher ein anderes Problem: Manche, die „rüber gegangen" sind, betrachten ihre Professur eher als Sprungbrett für die Rückkehr in den Westen.[45]

Produkte aus Ostdeutschland sind in westdeutschen Supermärkten beständige Mangelware – zum Leid vieler Ostdeutscher, die nach dem Mauerfall der Arbeit wegen in die alten Bundesländer gezogen sind und auf gewohnte Marken verzichten müssen.[46] Ansonsten aber gibt es eigentlich nur zwei Meinungen über die Wende: „Die Förderung Ost ist Irrsinn" sagen die Wirtin in Pressig, der Manager in Tettau und der Konditor in Lauenstein. „Sie erlauben der Konkurrenz Preise, bei denen wir nicht mithalten können. Und gejammert wird drüben trotzdem".[47] „Der Kapitalismus hat uns platt gemacht", meinen der Schlosser aus der Schiefergrube in Lehesten und der ehemalige Vorarbeiter der Lederfabrik in Hirschberg. „Die haben die Konkurrenz aus dem Weg geräumt. Und gemotzt wird drüben immer noch."[48]

Analysten sind sich einig, dass zehn Jahre nach der deutschen Einheit bei der Bewertung eines Unternehmens kaum noch eine Rolle spielt, ob es aus Ost- oder Westdeutschland stammt. (...). Dennoch ist Ostdeutschland, was Börsengänger betrifft, zweigeteilt – in Nord und Süd.[49] (...) Smend aber warnt vor allzu großer Euphorie. Der Osten sei zwar reif für „mehr Börse", doch der Weg dahin sei „kein Spaziergang", eher ein „langer Marsch".[50] „Die Transferleistungen sollten sich stärker am Wettbewerb der Regionen orientieren", sagte der Direktor des arbeitgebernahen Kölner Instituts, Gerhard Fels. (...).[51] Fels betonte, dass der Osten noch mehr als zehn Jahre auf die Finanztransfers aus dem Westen angewiesen sein wird.[52] 1 500 000 000 000 Mark an Zuschüssen sind in den vergangenen zehn Jahren in den Osten geflossen, Tag für Tag kommen zu diesen 1,5 Billionen 384 Millionen dazu.[53]

In einer Hinsicht sind die Deutschen zu wenig auf ihre Nation bedacht: Sie leben noch aneinander vorbei.[54] Was der Osten vom Westen hat, weiß man.[55] Und umgekehrt? (...) Was der Westen vom Osten haben kann, weiß er nicht genug, will es nicht wissen. Und das ist nicht normal.[56] Die Reise der Grünen-Spitze in den Süden Sachsen-Anhalts ist ein sehr ernsthafter Versuch, zehn Jahre nach der Vereinigung sich einer terra incognita der Partei zu nähern.[57] (...). Kurth tut nicht so, als müsse man den Wählern nur noch erklären, dass die Grünen die besten Konzepte für den Osten hätten.[58] Auf ihre Initiative geht die Reisetätigkeit des neuen Vorstands zurück.[59] Alle zwei Monate sollen ihre Vorstandskollegen die neuen Länder „riechen, schmecken, fühlen".[60] Möge der Herr Kanzler Schröder nur genau hinhören zwischen Bad Elster und Eggesin; er wird vieles erfahren, was er schon in den letzten Jahren hätte wissen können – wenn er mal die neuen Bundesländer bereist hätte...[61] Erst jüngst im Parlament outete sich Schröder aus Versehen wieder als Wessi.[62] Er bedauerte, die Wirtschaft wachse im Osten noch nicht so „wie bei uns" – und meinte natürlich den Westen.[63] Als Bundeskanzler aber, der den versprochenen Aufschwung in den neuen Ländern zur „Chefsache" erklärt hat, kann sich Schröder so viel Distanz nicht mehr leisten.[64] Er muss sich im Osten sehen lassen, vor allem dort, wohin es den westdeutschen Normalbürger nicht verschlägt.[65] Und es ist ja heute kaum noch zu erkennen, woher die Künstler kommen.[66] Sie reisen sehr viel oder leben zeitweilig im Ausland. Aber im Westen hält sich ungeachtet dessen immer noch das Vorurteil, dass der Osten hinterherläuft.[67]

    Drei alte Damen im Gespräch über den Osten.[68] Ihr macht euch keinen Begriff klagt Dame eins, die jüngst drüben gewesen.[69] Die Leute dort, so anders als wir, so völlig anders! (...).[70] So sind nicht *die Wessis*, nur diese drei Schwaben-Omis. Und *der Westen* existiert so wenig wie *der Osten*.[71] (...). Der Staat ist *eine* Wirklichkeit, es gibt so viele. Zunehmend auch im Osten.[72] Wer definiert ihn? Am Ende des Gesprächs habe ich das Gefühl, wir stehen uns gegenüber auf zwei verschiedenen Seiten, und nur alle Minuten dringt ein Wort des anderen herüber.[73] Der beiderseitige Monolog endet dann oft wahlweise mit dem Satz: „Du bist ja eine richtige Ostlerin" oder ‚Bei Dir merkt man gar nicht, daß du aus dem Osten kommst!'"[74]

Auf einen ersten Blick zeigt sich, wie sehr die „normale" Sprache von raumbezogenen Begriffen durchzogen ist. Bemerkenswert ist, daß sich die herausgestellten Elemente signifikativer Regionalisierung überlappen und in vielfältigen Verbindungen und wechselseitigen Bezügen auftreten (vgl. Teil II, Kap. 3). Sie sind kohärent und stützen sich in ihrer Plausibilität gegenseitig. Eine Untersuchung würde sonst schon allein daran scheitern, daß alle Sätze auch in einem anderen Modus formulierbar wären, ohne ihren normalverständlichen Sinn zu verlieren.[116]

    Vor diesem Hintergrund können nun anschließend die einzelnen Prinzipien genauer verfolgt und die sich bereits in der ersten Betrachtung abzeichnenden Widersprüche näher ausformuliert werden. Wie also wird nun Ostdeutschland zu einem Ort der Ostdeutschen, zu einem Gebilde, daß sich je näher desto ähnlicher darstellt und zu einem Behälter für allerlei Gegenstände und Sachverhalte?

... ein Ort der Ostdeutschen und des Ostdeutschen (Indices und Toponyme)

Toponymische Begriffe („Ostdeutschland", „die Ostdeutschen", „ostdeutsch") durchziehen die gesamte Textcollage und sind für ein Verständnis nicht wegzudenken. Der Gegenstand der Berichterstattung wäre ebenso wenig begreifbar, wie das von den Sprechern sinnhaft Gemeinte. Fraglich ist aber nun, wie das *Verständnis* der Dimensionshaftigkeit bzw. der „Objekthaftigkeit" von Raum und Räumen in der Verwendung der Toponyme und einer damit verbundenen Indexikalität zum Tragen kommt.

    Mit den Toponymen „Ostdeutschland" oder „der Osten" wird – der theoretischen Aufarbeitung folgend – eine bestimmte Raum-Zeit-Stelle etikettiert und mit

---

116 So kann z.B. „in den Osten Reisen" (Container-Konzept) auch mit „Ostdeutschland bereisen" (toponymisches Konzept) transkribiert werden, ohne daß sich ein maßgeblicher Sinnverlust ergibt. In Bezug auf den regionalisierenden Gehalt aber – und dies ist hier entscheidend – ergibt sich zwischen diesen analytisch getrennt behandelten Konzepten aufgrund ihrer Passung keine Differenz!

einem bestimmten Gehalt verknüpft. So kann dann z.B. von einer „Mauer in den Köpfen des Ostens" gesprochen werden [7], der Osten kann „reif für mehr Börse" sein [50]. Selbstverständlich werden auch Aussagen wie die, daß die „neuen Bundesländer Infrastruktur haben" [37] oder „was der Osten vom Westen hat weiß man"[55]. Ob nun vom Prinzip her der Raum für die Personen (aus dem Raum) steht (Metonymie), oder ob der Raum wie ein handelndes Subjekt (Anthropomorphisierung, Personifizierung) oder eine gesellschaftliche Einheit *behandelt* wird (Prinzip der Toponyme), ist lediglich eine Frage der Ansicht. Jedenfalls findet sich in den Begriffen eine Verortung und eine Verbindung resp. Verschmelzung einer abstrakten Raumbegrifflichkeit mit bestimmten (kulturellen, menschlichen) Eigenschaften.

Über diese Verbindung und im Zusammenhang mit indexikalischer Bezugnahmen wird Ostdeutschland auch zum Ort der Ostdeutschen. Der Begriff der Ostdeutschen erschließt sich über das Prinzip [Gebiet=Gehalt] resp. [Etikett=Gehalt] und wird verständlich, indem von der (homogenen) Raum-Zeit-Stelle aus gleichartige Personen identifiziert werden. „ostdeutsche Erwachsene"[10] z.B. können so als eine Kategorie verstanden werden. Das gleiche gilt auch für den „westdeutschen Normalbürger"[65] (oder auch für die „Schwaben-Omis"[71]). Und nicht nur Personen werden so begreifbar und abgrenzbar, auch andere Objekte, wie „westdeutsche Supermärkte"[46] entstehen als sinnhafte Gegenstände.

Die „Unbefangenheit der Ostdeutschen"[24] bezieht sich ganz selbstverständlich auf eine homogene Gruppe, die ihre Homogenität allein aufgrund einer abstrakt-räumlichen Einteilung erhalten kann. Auch die Begriffe „Aufschwung Ost", „Abriß Ost" [31] oder „Förderung Ost" [47] funktionieren so. Zwar ist keineswegs eindeutig, welche gesellschaftliche Dimension angesprochen ist (wer oder was genau „abgerissen" wird oder „aufschwingt" – auch hier können mit Lakoff/Johnson (1998) metaphorische Orientierungskonzepte vermutet werden), doch die räumliche Kategorie des Ostens erzeugt eine Eindeutigkeit, insofern über die Verknüpfung die Einheit von kulturellen resp. sozialen Gehalten bereits hergestellt ist. *Etwas* wird abgerissen, und zwar ein Etwas, was sich genau überall *dort* befindet. So werden die Begriffe normal verständlich, z.B. als Synonym dafür, daß es den Menschen *dort* gut geht oder nicht, daß materielle Strukturen *dort* abgerissen oder aufgebaut werden. Sie werden auch zum Begriff für das (indexikalische) sich-in-Beziehung-Setzen mit diesem in Ost und West eingeteilten Deutschland. Wer sich selbst im Osten meint, den betrifft der Abriß Ost, denn es passiert „hier bei uns". Obwohl hier weiter angeknüpft werden könnte, z.B. mit Konzepten, die aus dem Bereich „Gesundheit" entlehnt werden (dem Osten geht es gut), geht es an dieser Stelle lediglich darum festzuhalten, daß die Raum-Vorstellung und eine gewissen „Logik" des Umgangs mit Raum (Kategoriehaftigkeit, Disparatheit, Homogenität, endliche Extensität) ganz grundlegend für diese Begriffe sind und daß sie ermöglichen, so etwas wie den „Abriß Ost" formulierbar zu machen. Dabei spielt es keine Rolle, ob es wahr oder richtig ist, daß „die neuen Länder in weiten Teilen die modernste Infrastruktur Europas haben" [37]. Zentral ist, daß *sie* etwas *haben* resp. *nicht haben* können.

Diese Strukturierungen sind – dem Herstellungsparadigma folgend – nicht allein Repräsentationen einer strukturierten Außenwelt. Ein „ostdeutscher Angriff" [15] ist nicht notwendig ein Angriff, wie er von (allen) Personen *dort* verübt wird. Doch so wird der Terminus verstanden und überhaupt verstehbar, als Generalisierung, die über die strukturierenden Raumlogiken „funktioniert". Es handelt sich um eine Dimension der Strukturierung, die Sinnhaftigkeit ermöglicht. „Deutsche Befindlichkeit" [26] ist so gesehen auch kein „metaphorischer Begriff", der allein „im übertragenen Sinne" Sinnhaftigkeit erzeugt. Er wird nur verständlich über eine als gegeben angenommene Differenz, die sich wiederum auf der Basis einer als gegeben angenommenen räumlichen Differenzierung und Begrenzung erschließt. Und so werden Befindlichkeiten an einen Ort gebunden.

In der Verbindung mit den intersubjektiv zugänglichen, festgeschriebenen Gehalten ergeben sich auch die indexikalischen Begriffe „rüber"[45] „drüben"[47, 48], „hier"[39] „bei uns"[63] oder „dorthin"[65]. Sie fußen in gewisser Weise auch wieder auf der Diskretheit und Additivität der verbundenen Raumkonzepte. Wenn vom Osten aus gesprochen wird, ist „drüben" der Westen; wenn vom Westen aus gesprochen wird, ist „drüben" der Osten. „Wie bei uns" und „zu uns" bezeichnet *entweder* den Osten *oder* den Westen, je nach Perspektive, doch die Kategorien sind notwendig disparat und diskret vorzustellen. Es gibt kein dazwischen und kein „sowohl-als-auch". Ambiguität und Unvollständigkeit sind als Möglichkeiten nicht enthalten, soll die Äußerung Sinn ergeben. „Die Leute dort"[70] werden zu Ostdeutschen, weil die Schwaben-Omis über den Osten reden und ein Raum (dort) mit der Annahme einer homogenen Eigenart (samt dem dort lebenden Kollektiv) verknüpft wird und dem anderen Raum (hier) gegenüber gestellt wird. Dennoch gilt das Prinzip auch andersherum: Die Schwaben-Omis können über die „Leute dort" auch erst reden, bzw. kann der Autor des Texts die Schwaben-Omis über die „Leute dort" reden lassen, weil bereits vorausgesetzt ist, daß das *Dort* ein Zeiger für ein *So* ist, daß sich von einem anderen *Hier* abgrenzen läßt.

So können auch die „neuen Bundesländer", mit dem Begriff der „Vorteile hier" sinnhaft verbunden werden [39]. Diese Vorteile sind an den Raum geknüpft und zeugen von einem Raumverständnis, das die Verortung von Eigenschaften selbstverständlich macht. So wird auch der relationale und subjektive Begriff des „Vorteils" scheinbar beobachterunabhängig. *Hier* befinden sich die Vorteile. Der zeitlose Raum macht aus den perspektivischen Vorteilen eine manifeste Eigenschaft eines Gebietes, und es ist ab nun eine Frage der räumlichen Verlagerung (des Aufsuchens oder Meidens), ob von diesen Vorteilen Gebrauch gemacht werden kann.

Ein besonders interessanter Fall ist abschließend folgendes Zitat: „Keinesfalls Osten! Am liebsten Mitte oder Prenzlberg!" [30]. Was ist an diesem Zitat bemerkenswert oder gar amüsant? Anscheinend hat hier jemand nicht begriffen, daß der Prenzlberg im Osten Berlins liegt. Wie aber wirkt sich das auf den Wahrheitsanspruch des verwendeten Toponyms aus? Zunächst einmal gar nicht. Es gibt keinen fixen Zusammenhang der Raum-Zeit-Stelle und einem Gehalt. Es ist – dies zeigt das Zitat – auch offensichtlich *möglich,* den Prenzlberg als nicht im Osten liegend anzusehen. Es handelt sich bei Toponymen nicht um ontologische Wahrheiten, sondern um epistemisch objektive, normal-verständliche Prinzipien. Dem einen mag das Zitat widersprüchlich vorkommen, weil sein Normalverständnis auf die epistemisch objektive Tatsache Bezug nimmt, daß der Prenzlauer Berg ein Stadtteil auf dem Territorium des ehemaligen Ost-Berlins ist. Anderen scheint dieses Normalverständnis nicht präsent zu sein. Aber liegen sie einfach nur „falsch"? Sind sie einfach nur unwissend oder gar dumm? Entlang der theoretischen Grundlage kann gesagt werden: Sie nehmen eine *andere, nicht epistemisch objektive* Einteilung vor. Vielleicht, weil mit dem Prenzlauer Berg die „Westdeutschen" verbunden werden, die den Prenzlberg besiedeln oder die typisch prenzlbergische Kultur prägen. Doch wer hat Recht? Derjenige, der sich auf den Raum als identifikatorische Grundlage für das Kulturelle bezieht (Prenzlberg ist ostdeutsch, weil er in Ostdeutschland liegt), oder diejenige, der sich auf das Kulturelle als identifikatorische Grundlage für das Räumliche bezieht (Prenzlberg ist westdeutsch, weil dort Westdeutsche leben)? Diese Frage ist deswegen formal nicht zu beantworten, weil in den Toponymen schon immer eine prinzipielle Verbindung von Raum-Zeit-Stelle und Gehalt vorliegt, die das *Dort* mit einem *So* zum *Dortso* verknüpft. Welcher Art das *So* ist, ist verhandelbar, nicht aber *daß* dort ein *So* ist und *ein So immer auch ein Dort hat*. Und beide Argumentationslogiken bedürfen dieses Verortungsprinzips als Voraussetzung für ihren Wahrheitsanspruch.

... je näher, je ähnlicher und vertrauter (Orientierungsmetapher)

Elemente des NAH-FERN-Konzepts sind auf den ersten Blick hin nur wenige in der Textcollage auffindbar. „Näher kommen"[4], „angenähert"[41] und „sich nähern"[57] sind die offensichtlichsten sprachlichen Regionalisierungselemente. „Zusammen gehören"[3] und „Distanz"[64] sind als Begriffe mit aufgenommen, weil sie in noch nicht näher (sic!) bestimmter Weise mit dem Konzept etwas zu tun zu haben scheinen. Doch geht es im Folgenden auch darum, die impliziten Verweise auf die Logiken von [NÄHE=Ähnlichkeit/Identität, Vertrautheit, Kenntnis oder Existenz] zu beachten. Die Verbindungen zum toponymischen und indexikalischen Verortungs-Prinzip sind dabei vielfältig. Interessant ist darüber hinaus erneut die Frage, inwiefern ein physisch-materieller und ein formal-klassifikatorischer Raumbezug eine Verbindung mit Sinngehalten eingeht, die allgemein als „geistig" gelten. Aus dieser Differenz ergibt sich das Normalverständnis des „übertragenen Sinns", das als analytisches Instrument jedoch in Frage zu stellen ist, weil – wie oben (Teil II, Kap. 3.3) argumentativ ausgeführt – das Festlegen auf eine Übertragungsrichtung und eine damit verbundene ontologische Setzung der natürlichen Wirklichkeit, von der aus (kulturell) übertragen wird, problematisch ist. Was jedoch betrachtet werden kann, ist inwiefern die „Übersetzungsrichtung" normalerweise festgelegt ist. Der übertragene Sinn wird meist als weniger real konnotiert, und dies ist in vielen Fällen ein Sinn, der der Abstraktionsebene „geistig" („virtuell, fiktiv") zugeordnet wird.

„Sich näher kommen" [4] kann zunächst allgemein als Distanzverringerung verstanden werden. Im Fall des ersten Zitats wird konstatiert: „einige kamen sich damals näher". Liest man davor den Satz [3] und erkennt das Subjekt, weiß man, daß es sich um Menschen handelt, die sich näher kommen, doch das ist zunächst nicht ausschlaggebend für das Verständnis des Prinzips der Distanzverringerung. Etwas oder jemand kann etwas anderem oder jemand anderem näher kommen. Auch wenn zunächst offen bleibt, ob eine metrische Distanzverringerung oder eine „geistige" oder „soziale" Annäherung gemeint ist, Nähe steht für eine Ähnlichkeit, ob ähnlicher Ort oder ähnliche Geisteshaltung.

Bezieht man die 80 Millionen ehemals getrennten Menschen mit ein, die vor 10 Jahren „plötzlich zusammengehörten", wird diese Dimension des Prinzips erneut ersichtlich: Die Zusammengehörigkeit erschließt sich über eine ehemalige Trennung. Aus zwei Staaten wurde einer, aus Unähnlichem wurde Ähnliches, aus zwei unterschiedlichen Kategorien wurde eine. Hier wird vorausgesetzt, daß das *dort* einander Nahe gleichartig ist. Die ultimative Nähe wäre dann das Erreichen der vollständigen Vereinigung, das komplette „Ineinander Aufgehen". In dieser „Logik" gibt es mit Vollzug der Wiedervereinigung keine disparaten Kategorien von Ost- und Westdeutschland mehr.

Doch die Sache scheint komplizierter zu sein: „Einige kamen sich damals näher, aber viele blieben sich lange Zeit fremd"[4]. Offensichtlich scheint das Konzept [NÄHE = Ähnlichkeit, Vertrautheit oder Kenntnis] hier nicht richtig zu greifen, bzw. zumindest nicht konsistent zu sein. Dies kann nun daran liegen, daß einmal eine metrische Distanz und einmal eine „geistige" gemeint ist und damit zum Ausdruck gebracht werden soll, daß das eine mit dem anderen nicht zusammenhängen muß, bzw. – stärker – daß es differiert. Bemerkenswert ist dabei noch einmal, daß diese Differenz sich erst vor dem Hintergrund der Kategorien metrischer Raum / geistiger Raum ergibt. So gesehen kann das Zitat als Hinweis verstanden werden, daß im Normalverständnis diese Differenz verankert ist. Ein „übertragener Sinn" wird begreifbar (dies entspricht auch einem Normalverständnis von „metaphorischer Sprache"). So könnte man auch verstehen, wenn es hieße: „viele kamen sich damals näher und blieben sich doch fern". Normalerweise hieße das: viele kamen sich physisch näher und blieben sich geistig fremd, bzw. „leben aneinander vorbei" [54].

Schaut man genauer hin, scheint eine solche „Übertragung" in diesem speziellen Zitat allerdings gar nicht der Fall zu sein. *Einige* kamen sich näher, *viele* blieben sich fremd. Das kann auch so verstanden werden, daß diejenigen, die einander nicht näher kamen, einander fremd blieben. Die Passung zum Konzept [NÄHE = Kenntnis und Vertrautheit] läuft dann konsistent metrisch wie geistig: Wer sich nicht näher kommt, bleibt sich fremd. Das funktioniert sinnhaft innerhalb der Abstraktionen „Raum", „Soziales" oder „Geistiges", es werden nicht zwei Abstraktionen und eine „Übertragung" zwischen ihnen benötigt. Daß dabei jedoch eine physisch-räumliche Distanz-Bedeutung mit im Spiel ist, zeigt sich im nächsten Satz [5], insofern die Annäherung offensichtlich mit einer Grenzüberschreitung „von West nach Ost" verbunden ist oder war. Auch hier ist zwar nicht endgültig festgelegt, ob sich das „von West nach Ost Gehen" allein auf die physische Bewegung bezieht.[117] Doch wird die Plausibilität entscheidend gestützt durch die Raum-Zeit-Stelle, die mit dem Osten wie dem Westen verbunden ist und über die eine *Bewegung* von West nach Ost erst sinnhaft möglich wird. Dabei wird die „reale" Differenz von Ost und West erneut vorausgesetzt und verwirklicht. In jeder Hinsicht ist also die „Annäherung" wie auch die „Fremdheit" verständlich über eine Ausgangslage der Differenz, wobei die räumliche „Logik" eine wesentliche Rolle spielt, obwohl formal nicht zu entscheiden ist, in welche Richtung eine „Übertragung", ob von Natur(Raum) auf Kultur(Raum) oder von Kultur(Raum) auf Natur(Raum) stattfindet. Dies ist – der Thesen des Hintergrundmodells und eines konnektionistischen Ansatzes (vgl. Teil II, Kap. 1.3.3 und 3.3.1) zufolge – deswegen nicht zu entscheiden, weil die Differenz von Natur und Kultur nicht gegeben ist, sondern ebenso wie andere Strukturierungen genau in diesem Gebrauch liegt, der auf einen intersubjektiv geteilten Hintergrund zurückgreift. Festzuhalten ist, daß das Normalverständnis die räumlichen „Logiken" verwenden muß, um die „Annäherung" sinnhaft zu deuten, bzw. daß diese „Logiken" in der Deutung bereits enthalten sind. So wird auch plausibel, daß „der Osten den Westen inzwischen gut kennt"[8], wenn angenommen wird, daß eine Distanzverringerung (physisch oder mental) stattgefunden hat. Trotzdem aber ist für die Thematisierung eine Differenz des Ostens und des Westens unabdingbar.

Das wird umso klarer im nächsten Fall: „In der Forschung hat sich der Osten dem Westen weit angenähert"[41]. Die einheitlichen Kategorien des Ostens und des Westens sind bereits identifiziert, und je näher sie sich kommen, desto ähnlicher werden sie. Der Osten und der Westen können nur zu Subjekten respektive Objekten werden, weil die Verortung von homogen ähnlichen Gehalten diese Vorstellung ermöglicht. Die Kategorien fungieren dabei als Ausgangsbasis für die Abschätzung, wie nah sie einander sind, und diese Nähe wird somit auch zum Indikator für den Grad der Einheit. Es erfolgt eine Distanzbewertung. Zwar kommt das Verständnis dieser Einheit ohne eine physisch-räumliche Grundlage aus. Verstehbar ist, daß trotz faktischer Wiedervereinigung und physischem Grenzabbau weiterhin eine Differenz und Distanz besteht. Doch diese Distanz und der Weg der Annäherung kommt nicht ohne die räumliche „Logik" aus, die unter anderem den Osten erst zum Osten macht. Erst weil es *dort* anders ist, ergibt eine Annäherung an den Westen Sinn. Und so ergibt sich auch ein Verständnis der Behauptung, daß sich „Schröder so viel Distanz nicht mehr leisten kann"[64].

Im letzten Fall des Elements „sich nähern" wird noch einmal deutlich, daß die „Logik" des Konzepts auf beiden Abstraktions-Ebenen, einer physischen resp. metrischen wie „geistigen" funktioniert, bzw. diesen unterliegt: „Die Reise der Grünen-Spitze in den Süden Sachsen-Anhalts ist ein sehr ernsthafter Versuch, zehn Jahre nach der Vereinigung sich einer terra incognita der Partei zu nähern. (...)."[57] Offensichtlich soll sich jemand einem unbekannten Land annähern. Dies kann wiederum sowohl „mental" als auch metrisch-distanziell gemeint sein.

---

117 Der Begriff des „Grenzgängers" kann allerlei Abstraktionsebenen berühren, er kann „wörtlich" oder „übertragen" gemeint sein (wobei das „übertragene" normalerweise die geistige Ebene bezeichnet, das wörtliche die physische).

In jedem Fall aber ist die sinnhafte Konzeption die Gleichsetzung von Nähe mit Kenntnis, insofern das Ziel sein soll, aus einer „terra incognita" ein bekanntes Land zu machen. Und wieder wird dabei vorausgesetzt, daß dieses Land mit den Eigenschaften *dort* in Verbindung steht, die es kennenzulernen gilt und denen sich somit anzunähern ist, so daß man sie „riechen, schmecken, fühlen" kann[60]. Die Doppelseitigkeit und Kontingenz der „Übertragung" oder Übersetzung zeigt sich abschließend im Begriff der „Erfahrung" selbst („der Kanzler wird vieles erfahren" [61]), die sowohl in einem physisch-räumlichen, oder einem „geistigen" Sinn mit einer Distanzüberwindung gleichgesetzt werden kann. Dennoch sind es in einem traditionellen Sinne „Raumlogiken", die in Anschlag gebracht werden. Der Effekt ist, daß die *dort* vorfindbaren, erfahrbaren Gehalte gleichartig sind und die Kategorie Osten (resp. Westen), denen man sich annähern kann, plausibel erscheinen.

... ein Behälter (Container-Metapher)

Die in der theoretischen Aufarbeitung zentrale Behauptung, daß die Regionalisierungsweise, Räume als Behälter mit einem INNEN und einem AUSSEN zu *behandeln* ebenso selbstverständlich wie allgegenwärtig ist (Teil II, Kap.3.3.2), scheint sich auf den ersten Blick anhand der Häufigkeit der vorfindbaren sprachlichen Elemente im Text zu bestätigen: „Im Osten"[1, 17, 22, 33, 42, 63, 65, 72], „im Westen" [14, 42, 67], „im Ausland" resp. „in Europa" [67, 38], „in westlichen Bundesländern"[24], „in den neuen Ländern" [64], „aus dem Westen" resp. „in den Westen" [43, 45], „in die alten Bundesländer" [46], „aus Ost- oder Westdeutschland" [49], „aus dem Osten" [74] etc. All dies sind Begriffe, die erst über eine „Container-Logik" verständlich werden und die gleichzeitig produktive Regionalisierungen sind, insofern sie diese behälterhafte Vorstellung einem Gegenstand wie Ostdeutschland *zuschreiben*. Sie sind insofern auch konstitutiv für die Regionen, die dadurch die Form von Containern erhalten. Folgt man der theoretischen Entwicklung, *ermöglicht* diese Formgebung, die hier auch als Verortungsprinzip angesehen wird, weitere Operationalisierungen (so können wiederum Menschen in Ostdeutschland als Ostdeutsche identifiziert und gegenüber den Westdeutschen abgegrenzt werden). Sie *schränkt* aber die Vorstellungsmöglichkeiten auch *ein* (so ist eine alternative Formgebung, z.B. Ostdeutschland als Kugel, kaum vorstellbar, geschweige denn normalverständlich artikulierbar). Während die Konsequenzen dieser imaginativen Effekte hier noch nicht differenzierter diskutiert werden können, stehen nun zunächst wieder die einzelnen sprachlichen Bezüge im Mittelpunkt sowie die Frage, inwiefern sich daraus bestimmte „Funktionen" und Effekte der Vorstellung einer Region als Container, hier: „Ostdeutschland", ergeben. Dabei sind die Rückbezüge auf z.B. Toponyme klar ersichtlich: es bedarf eines Etikettes Ostdeutschland, um „Ostdeutschland" als Container zu konzipieren, obwohl die Etikettierung nicht als vorgelagert zu verstehen ist.

Eine erste Gruppe von Bezügen verweist auf die Angabe einer Befindlichkeit von Gegenständen „im Container". Sie beantworten die Frage nach dem *Wo?*. Die

Topoi „im Osten"[1, 17, 22, 33, 42, 63, 65, 72], „im Westen" [14, 42, 67], „im Ausland" resp. „in Europa" [67, 38], „in westlichen Bundesländern"[24], oder „in den neuen Ländern" [64] gehören dazu. Dabei ist es wichtig, daß für eine eindeutige Bestimmung der Raum selbst zeitlos und stabil gedacht wird, damit eine eindeutige Identifizierung möglich wird. Diese Verortung kann sich auf Personen beziehen. Man kann offensichtlich „in Ostdeutschland" sein, oder gewesen sein [8] bzw. sich *dort* aufhalten. Von den „Menschen im Osten" [22] kann so gesprochen werden und auch vom „Konditor in Lauenstein"[47]. Ostdeutsche können sich „in westlichen Bundesländern" aufhalten [24].

Die Verortung kann sich aber offenbar auch auf andere – konkrete oder abstrakte – „Gegenstände" beziehen: „Im Osten" kann man zu Hause sein [1], Rassismus kann im Osten verbreitet sein [14]. „Vieles" ist „im Osten" noch keine zehn Jahre alt [37]. Selbst so etwas wie „Zuwendung gegenüber Studenten" kann „im Osten" spezifisch, nämlich größer als im Westen, „sein" (hier wird ein Vergleich durch die Kategorien ermöglicht) und auch eine wachsende Wirtschaft befindet sich „im Osten" [63]. Bemerkenswert ist dabei gerade, daß in der sprachlichen *B*ehandlung zwischen mobilen und immobilen (oder gar „geistigen") Gegenständen kein Unterschied gemacht wird. In Bezug auf die Raumvorstellung ist in jedem Fall ein Behälter angesprochen, in dem etwas/jemand ist, bzw. in dem es so ist. So kann erst gesagt werden, daß alle „im Osten faul sind" (oder auch nicht) [17]. Dabei bezieht man sich immer auf ein homogenes Gebilde. Innerhalb des kategoriellen Containers sind zunächst alle/alles gleich. So kommt auch über das Container-Prinzip die feste Verbindung („Einheit") von den Ostdeutschen „dort", nämlich „in Ostdeutschland" zustande. Wer von den Ostdeutschen redet, zitiert auch das Behältnis als identifikatorische Grundlage für die imaginative kollektive Gemeinschaft, das einen kategoriellen Begriff der Ostdeutschen erst ermöglicht. Wer von Ostdeutschland redet, ermöglicht, über die Ostdeutschen zu reden, weil die sich dann – der räumlichen „Logik" nach – in Ostdeutschland befinden, bzw. ursächlich mit diesem Behälter verbunden sind, auch wenn die Ostdeutschen aus ihrem Container herausklettern können.

Eine zweite Gruppe von Topoi gibt Antwort auf die Frage nach dem *Wohin?* bzw. *Woher?* Sie ermöglichen vorrangig, Bewegung zu artikulieren und damit auch, Gegenstände zu organisieren. „Aus dem Westen" resp. „in den Westen" [43, 45], „in die alten Bundesländer" [46], „aus Ost- oder Westdeutschland" [49] „aus dem Osten" oder „aus dem Westen"[74, 43], gehören dazu und – in diesem Kontext – auch die Elemente „von Ost nach West" oder „von West nach Ost" [5, 25] oder „gen Westen" [36]. Wiederum kann es sich um Personen handeln [25, 32] oder auch um Finanzmittel [52], die sich bewegen, bzw. eine Richtung erhalten. Diese gerichtete Bewegung führt aus dem einen Container hinaus und in einen anderen hinein. Es gibt kein *dazwischen* bzw. *entweder oder*, abgesehen von dem Fall, daß sich ein Container in einem anderen befindet. Auch die grundsätzlich nicht containerhaften, sondern allein richtungsanzeigenden Topoi „gen Westen" [36] oder „von West nach Ost" [25] werden bezüglich der Räume diskret vorgestellt, sobald ein Ziel formuliert wird, bzw. die Bewegung abgeschlossen ist. Will man gen Westen abwandern, zieht man aus dem Osten heraus in den Westen;

jemand ist erfolgreich gen Westen abgewandert, wenn er nun „im Westen" und nicht mehr „im Osten" ist. Der Westen und der Osten müssen in ihrer Extensität endlich sein, wenn ein Aufenthalt in ihnen vorstellbar werden soll. Über diese „Logiken" und die stabil gehaltenen Raumbezüge werden aber eben auch Bewegungen vorstellbar. Es wird auch begreifbar, daß Unternehmen „aus Ost- oder Westdeutschland stammen" [49]. Die Herkunft verweist immer zurück auf die „eigentliche" räumliche Bindung resp. Verortung. Unabhängig davon, in welcher Hinsicht diese Herkunft „kaum noch eine Rolle spielt"[49], werden dabei doch die Kategorien von Ost- und Westdeutschland als solche zitiert, notwendig vorausgesetzt und damit auch wieder neu geschaffen und als Container „geformt".

Interessant werden dabei die „Ostler, die nach Westdeutschland ziehen" oder „gezogen sind" [32, 36] oder die Professoren, „die aus dem Westen zu uns gekommen sind" [43]. Diese Vorstellungen werden erst ermöglicht dadurch, daß im Begriff des Ostlers oder des Westdeutschen bereits das „Woher" angelegt und fixiert ist. Der starre Designator der Toponyme „Osten" oder „Westdeutschland" wird auf die Personen übertragen und fungiert „in der Fremde" als Indikator für die Herkunft (Abstammung) und die Bewegung, die irgendwann vollzogen wurde. Über die ausschließende Logik, das räumliche *entweder-oder*, ist dabei der Standort des Sprechers eindeutig festgelegt: „zu uns" muß in den Osten heißen, wenn die Professoren aus dem Westen kommen, und diese Professoren sind dann eindeutig Westdeutsche, die eine Bewegung in den Osten getätigt haben [43]. Die Identifizierung auf der räumlichen Grundlage bleibt dabei starr: Westdeutsche sind Westdeutsche, auch im Osten.

Abschließend ist noch ein Beispielsatz bemerkenswert, der zunächst gar nichts mit dem Osten oder Ostdeutschland zu tun zu haben scheint: „Nirgendwo in Europa gibt es ein so gutes Telekommunikationsnetz..."[38]. Zunächst kann hier noch einmal die Logik der Diskretheit und Additivität von Raum gesehen werden. Europa ist die Summe seiner Raum-Zeit-Stellen („Irgendwos"). Dabei ist Europa selbst ein begrenzter Behälter dieser kleineren Raumeinheiten. Weiterhin gibt der Satz Aufschluß darüber, wie über räumliche Bezüge Komparative und Superlative von Gegenständen erst möglich werden. Überall sonst in Europa nicht, *nur hier/dort* ist etwas auffindbar. Das *Hier* dieses Satzes – das „im Osten", wie kontextuell über den vorangehenden Satz [37] erschließbar wird, was für die „Logik" selbst aber keine Rolle spielt – wird zu einem Teil des Containers „Europa" und zwar zu einem ganz besonderen. Das „Nirgendwo in Europa" ermöglicht den Vergleich und die Einzigartigkeit („Exklusivität") eines Telefonnetzes, das ohne die Vorstellung einer flächenhaften Ausbreitung in einem bestimmten Raum gar nicht vorstellbar wäre. Die Raum-Zeit-Stelle des Telefonnetzes muß eine Fläche sein. Gleichzeitig wird der Vergleich der verschiedenen Flächen-Raum-Teile Europas ermöglicht, transskribiert: „hier" gibt es „das *beste* Telekommunikationsnetz". Die Verbindung mit einem Innen und einem Außen des *Hiers* erzeugt dann den Effekt, daß sich der Raum, in dem sich dieses Telekommunikationsnetz befindet, diskontinuierlich abgrenzt gegen die anderen Räume, in denen dies nicht der Fall ist. Der Behälter kann dann wieder zur eindeutigen Identifizierung herangezogen werden, insofern z.B. vom besonders guten „*ostdeutschen* Telekommunikationsnetz" gesprochen werden kann. Der Behälter bestimmt dabei seinen Inhalt, wie dies auch bei „den Ostdeutschen" der Fall ist.[118]

Der wichtigste Effekt, der mit der Containerisierung bzw. der INNEN-AUSSEN-Orientierung von räumlichen Einheiten (Regionen) einher geht, ist zusammenfassend die Grenzbildung und damit verbunden das Prinzip der Territorialität, das nun nicht biologistisch als „urmenschliches" zu begreifen ist (vgl. Teil II, Kap. 3.3), sondern als eine handlungsabhängige Ermöglichung vieler alltäglicher und selbstverständlicher Begriffe, die Gruppen von Menschen identifizieren oder Bewegungen vorstellbar machen. Mit der Ermöglichung sind gleichzeitig auch Einschränkungen verbunden. Die Grenze zwischen Ost und West wird gezogen, wenn von Ost- und Westdeutschland gesprochen wird. Sie *muß* gezogen werden, selbst wenn eine „Grenzüberschreitung" thematisiert wird. Die Ausschließlichkeit des Aufenthaltes von Subjekten *entweder* in einem *oder* in einem anderen Container wird zur Grundlage des sinnhaften Begriffes von Herkunft, Abstammung und Zugehörigkeit. Dabei fungieren die Grenzen, die das INNEN von AUSSEN trennen, als Mittel der Identifizierung der Personen. Ostdeutsche und Westdeutsche sind ohne die Begrenzung ihres Bezugsraumes nicht denkbar.

4.3 Zwischenergebnisse und weiterführende Fragestellung

Der zweite exemplarische Blick auf die Textcollage unter Verwendung der zweiten „theoretischen Brille" läßt nun zu, Zwischenergebnisse bezüglich der allgemeinen Formgebung von Regionen zu formulieren. Unter der Bedingung, daß die Region *in suspenso* gehalten wurde, war es möglich, die Konturen Ostdeutschlands zu erkennen, die ihm durch implizite regionalisierende Sprachpraxis zugeschrieben werden. Sowohl die toponymischen und indexikalischen Prinzipien wie auch das Element der Nähe und die Container Metapher sind erkennbar und alle verbinden einen bestimmten Gehalt mit einer räumlichen „Logik". Diese Formgebunden sind als verständigungsleitende Bezüge einschränkend. Gleichzeitig – so zeichnete sich ab – ermöglichen sie mit ihren vorstellungsleitenden Effekten eine Fülle von weiteren Begriffen und Thematisierungen. Vor dem Hintergrund der entwickelten theoretischen Perspektive heißt das, die identifizierten räumlichen Einheiten (wie Ostdeutschland) können über weitere symbolische Funktionszuweisungen wieder für etwas anderes stehen, bzw. für die Orientierung, Organisation und Funktionalisierung von Handlungen eingesetzt werden, gerade weil sie aus kontingenter Mehrdeutigkeit Eindeutigkeit erzeugen. Gleichzeitig sind die Bezugnahmen als Verwirklichungen anzusehen, insofern die Zuschreibung immer auch auf einen Hintergrund verweist, in dem diese Zuschreibung bereits getätigt ist, also als

---

[118] Hier zeigt sich, warum Theorien zur Konstruktion räumlicher Wirklichkeit so häufig selbst auf Container-Logiken aufbauen, anstatt diese zu hinterfragen. Die Logik, über Behälterräume ihren Inhalt festzulegen und zu verorten ist so selbstverständlich, daß etwa die Verbreitung von Medien *in* einer Region auch selbstverständlich zur Erklärungsgrundlage der Region selbst wird, oder daß selbstverständlich von einer „inneren" und einer „von außen zugeschriebenen" Identität einer Region gesprochen wird.

(selbstverständlich) geltende „Wirklichkeit" verankert ist. Das Normalverständnis ermöglicht nicht nur die Verständigung über den Gegenstand („Ostdeutschland ist"), es ermöglicht auch den Gegenstand selbst in seiner Existenz (s. Teil I), Abgrenzung und Gestalt. Diese Ermöglichung – so wurde dargestellt – ist eine Einschränkung, insofern das Normalverständnis und die repräsentierende und präsentierende Sprache darauf festgelegt sind. Auf dieser signifikativen Ebene konnte somit ein basaler Zusammenhang zwischen sprachlichem Bezug, wie er auch über die Medien verbreitet wird, und (selbstverständlicher) Wirklichkeit in der Deutung hergestellt werden.

Formierung des Ostdeutschen durch raumlogische Sprechakte

Schaut man nun auf die dargestellten formierenden und gleichsam verortenden Prinzipien, können zunächst die Elemente signifikativer Regionalisierung, ihre „Logiken" und Effekte in einem Überblick in Bezug auf den Fall Ostdeutschland zusammengefaßt dargestellt werden (Tab. II-5). Das Beispiel Ostdeutschland (mit seinem Pendant Westdeutschland) veranschaulicht implizite Aspekte der Art und Weise des Geographie-Machens, die allgemein der Rede von Räumen zugrundeliegt. Im Hinblick auf die allgemeine Metaphorizität der Sprache können diese als „tote Metaphern" (Teil II, Kap. 3.3.1) begriffen werden, deren Übertragungsrichtung nicht eindeutig festzulegen ist. Mit der „Verortung von Kultur" ist immer auch eine „Kulturalisierung von Raum" verbunden. Ostdeutschland gibt den Ostdeutschen einen Ort und wird gleichsam als Raum der Ostdeutschen begreifbar.

Der Container bestimmt die Grenzen der ostdeutschen Seinsweise und formt gleichsam den entstehenden Raum. Interessant ist, daß die abgeleiteten Logiken eine Mischform „physischer Übersetzung" (wie in dem Fall [physische Nähe = Kenntnis]) und „symbolischer Übersetzung" (z.B. [mentale Nähe = Gleichartigkeit]) beinhalten. Dennoch geht es bei den „strukturierenden Effekten" darum, daß eine Verortung und *Verräumlichung* von allgemein als „kulturell" oder „geistig" angesehenen Gehalten stattfindet, daß es also z.B. „das Ostdeutsche" ist, das über die abstrakt räumlichen „Logiken" Struktur und Form erhält, obwohl davon auszugehen ist, daß ein wechselseitiges Verhältnis besteht.

Bislang können noch keine Aussagen zur Relevanz dieser „Formgebungen" getroffen werden. Festzuhalten ist zunächst, daß Ostdeutschland (und sein Pendant Westdeutschland) nicht nur als Objekt vorgestellt wird und in der sprachlichen Bezugnahme damit eine Essentialisierung erfährt (s. Teil I, Kap. 4), sondern daß auch eine gewisse hintergründige Regelmäßigkeit der Konzeptualisierung erkennbar ist. *Erstens* erfolgt dies mit der allgemeinen Verbindung von variablen Gehalten und intersubjektiv zugänglichen, „starren" Raum-Zeit-Stellen. Diese Verbindung läßt sich in Form von „Kultur-Raum-Einheiten" erfassen und läßt nicht nur Ostdeutschland als Territorium, sondern auch die dort verorteten Ostdeutschen als ein Kollektiv erscheinen.

Tab. II-5: Verortungsprinzipien des Ostdeutschen

sign. Element	strukturierende „Logik"	strukturierende Effekte
Indexikalischer Begriff: „dort", „hier", „hier bei uns", „zu uns", „rüber", „drüben"	Raumzeit-Angabe = Gehalt *dort* = das Ostdeutsche; ostdeutsche Eigenart *hier* (bei uns) = das Ostdeutsche; ostdeutsche Eigenart	Kultur-Raum-Einheit: Dort *so*, hier *anders* (intersubjektive Eindeutigkeit, Objektivität): das Ostdeutsche / Ostdeutsche Eigenart wird an das Dort (resp. „Drüben") geknüpft und wie diese intersubjektiv zugängliche Raum-Zeit-Stelle *be*handelt.
Toponym: „Ostdeutschland", „Westdeutschland", „die neuen Länder", „der Osten"	Raumzeit-Etikett = Gehalt Ostdeutschland = das Ostdeutsche, ostdeutsche Eigenart, Ostdeutschland als geographisch lokalisierbare Einheit der Ostdeutschen	Kultur-Raum-Einheit: Ostdeutschland ist *so* (intersubjektive Eindeutigkeit, Ausschließlichkeit und Objektivität): das Ostdeutsche wird an die objektive Raum-Zeit-Stelle Ostdeutschland geknüpft und so (lokalisierbar, intersubjektiv zugänglich) *be*handelt.
Orientierungsmetapher NAH-FERN: „näher kommen", „annähern", „sich nähern", (zusammengehören; Distanz)	Nähe = Gleichartigkeit, Kenntnis und Vertrautheit und Existenz je näher an Ostdeutschland desto ostdeutscher der Osten nähert sich dem Westen an = Wiedervereinigung; Ostdeutsche reisen in den Westen = kennen den Westen gut	Verbindung von einander Nahem zu einer Einheit, Distanzbewertung: je näher desto ähnlicher/vertrauter: Die Annäherung von Ost und West wird zum Indikator für Ähnlichkeit, Grenzabbau wird mit Annäherung und Zusammengehörigkeit gleichgesetzt. Physische Annäherung und Nähe wird wie Ähnlichkeit, Kenntnisnahme und Interessensbekundung *be*handelt.
Container-Metapher / INNEN-AUSSEN-Konzept: „in Ostdeutschland", „in den neuen Ländern", „im Osten", „aus Ostdeutschland", „nach Ostdeutschland"	Flächenausschnitt = Container 1. Alles ist entweder innerhalb Ostdeutschland (= ostdeutsch) oder außerhalb (= *nicht* ostdeutsch) 2. Wenn Ostdeutschland in Deutschland, dann ist X, wenn es in Ostdeutschland ist, auch in Deutschland (deutsch)	Grenzbildung: Innen und Außen, Behälter bestimmt Inhalt; Homogenisierung, Diskretheit: Das Ostdeutsche wird in dem Behälter (*in Ostdeutschland*) verortet und wie in einem Behälter vorhanden seiend *be*handelt. Die Abgrenzung zwischen Ost und West (Mauer in den Köpfen) wird wie die Grenze zwischen zwei diskreten Räumen *be*-handelt. Ostdeutschland ist Teilraum von Deutschland, deutsche und „teildeutsche" Identität bestehen nebeneinander.

(eigener Entwurf)

Zweitens ist das Konzept der NÄHE entscheidend in der Unterstützung dieser Vorstellung, insofern das einander (räumlich) Nahe wiederum zu einer Einheit zusammengeführt werden kann. Gleichzeitig kann aber auch die räumliche Annäherung an dieses in sich Gleichartige („das Ostdeutsche") von außen (von

Westen her) mit einem Abbau von inhaltlicher Differenz („Distanz") gleichgesetzt werden. *Drittens* ist die zentrale Container-Metapher ein probates Konzept der Verortung von verschiedensten Sachverhalten. Ostdeutschland erhält mit ihm eine Behälter-Form und – dies wurde als wichtigster Effekt herausgestellt – vor allem seine Grenzen. Der Container macht es möglich, deutsche Wiedervereinigung und Nicht-Wiedervereinigung zu thematisieren, indem er den kategoriellen, diskreten, zeitlosen Raumbegriff strukturierend zugrundelegt.

Verortungsprinzipien vs. Vereinigung

Die Verortungsprinzipien laufen alle auf eine Manifestierung, Objektivierung und „Festschreibung" von Gehalten resp. Gegebenheiten hinaus. Gemäß der Theorie der nicht-linearen Gerichtetheit von „Übertragungen" konnte für diesen Prozeß keine (wertende) Aussage zu einer unzulässigen Verkürzung oder „Reifikation" von gesellschaftlichen Sachverhalten getroffen werden. Wohl aber konnte gezeigt werden, daß diese verständigungssichernden Festschreibungen mit entgegengesetzten Deutungen in ein widersprüchliches Verhältnis geraten können. Das ist z.B. der Fall, wenn von der Wiedervereinigung gesprochen wird und dabei die disparaten Einheiten von West- und Ostdeutschland zitiert und damit auch konstituiert werden. Das ist auch dann der Fall, wenn Ost- und Westdeutschland als Container vorgestellt werden, wobei die Grenze zwischen ihnen unweigerlich reproduziert wird, aber gleichzeitig postuliert wird, es gebe keinen Unterschied zwischen Ost und West in Deutschland mehr. Vor allem aber zeichnet sich dieses ambivalente Verhältnis von traditioneller Verortung und „neuer" Entortungsdeutung in Bereichen ab, in denen sich die Festschreibung auf etwas bezieht, das neuerdings gleichzeitig auch mobil und grenzüberschreitend (variabel und uneindeutig) gedacht wird. Wenn die Ostdeutschen in den Westen ziehen, scheint die verortende „Logik", die den Ostdeutschen zum Ostdeutschen macht, mit einer anderen Deutung in Konflikt zu geraten. Dieser Widerspruch kann hier noch nicht geklärt werden, er leitet über zu einer Zwischenkritik.

Mögliche Einwände

Kann jetzt von den Logiken und Effekten auf eine allgemeingültige Verbindung von Sprechakten und räumlicher Wirklichkeit geschlossen werden? Der Anspruch, die Effekte der Verortungen und Verräumlichungen allein aus dem sprachlichen Umgang abzuleiten, gibt Anlaß zu einer Vielzahl möglicher Einwände. Denkbare zentrale Kritikpunkte beziehen sich dabei *erstens* auf die soziologische Relevanz dieser „Sprachspielereien", *zweitens* auf die unzureichende oder gar verschleiernde Darstellung eines politisch und ideologisch durchsetzten Sprachgebrauches und *drittens* auf den Zusammenhang allgemeiner Sprechweisen mit dem „Phänomen der Mauer in den Köpfen" resp. der spezifischen ostdeutschen Wirklichkeit. Jeweils ergeben sich dabei erstens allgemeine Kritikpunkte, zweitens Kritikpunkte hinsichtlich der hinreichenden Durchleuchtung und der

Schlüssigkeit der Argumentation und drittens Einwände hinsichtlich der Zweckmäßigkeit der Untersuchung.

Unterstellt man eine prinzipielle Unabhängigkeit von existierenden Gegenständen und ihrer sprachlichen Darstellung könnte nun *erstens* erneut generell eingewendet werden, daß zwar die aus dem traditionellen (aufklärerischen) Umgang mit Räumlichkeit abgeleiteten Logiken und Effekte nachgezeichnet werden konnten, diese aber keine Relevanz für die Räumlichkeit selbst und ebensowenig Bedeutung für eine gesellschaftliche, intersubjektiv gültige Wirklichkeit aufweisen. Sicher liegt eine gewisse Plausibilität in der Argumentation, daß Räume „wie Container" vorgestellt werden. Dennoch könnte man meinen, daß diese Mikro-Untersuchung von Wörtern wie „in" oder „hier", die zum selbstverständlichen und vernachlässigbaren Repertoire der Sprache gehören, allenfalls als linguistische Feinanalyse interessant sind und an *sozial*geographischen Fragestellungen vorbeigehen. Oder aber könnte eingewendet werden, daß die herausgestellten Verortungsprinzipien entgegen raumwissenschaftlichen Ansätzen und ihren Strukturanalysen (vgl. Teil I, Kap. 1.2) keinerlei Relevanz für Planung und Umgang mit Raum haben und man ohne den Umweg über handlungstheoretische und konstruktivistische Theoriebildung im Hinblick auf die Erforschung und Erklärung räumlicher Strukturen viel weiter käme. Dieser Einwand läuft auf eine Kritik der kritischen Reflexivität hinaus und fragt – gerade vor dem Hintergrund einer „bloßen" Betrachtung von „Signifikationen" – nach dem praxisrelevanten „output" solch einer Untersuchung. Was bringt die Einsicht, daß das Ostdeutsche wie an einem Ort verankert vorgestellt wird und ihm raum-logische Eigenschaften zugesprochen werden? Ein weiterer Einwand im Zusammenhang „gesellschaftliche/räumliche Relevanz" dieser „Sprachspielereien" könnte abschließend sein, daß die gesellschaftliche Ebene doch viel mehr als nur sprachliche Handlungen beinhaltet, und diese aus dem Zusammenhang ausgeblendet werden, bzw. unklar bleibt, wie andere raumrelevante Handlungen aus den Feldern Politik, Wirtschaft oder Kultur mit diesen extrahierten sprachlichen Elementen der Verortung etwas zu tun haben könnten.

Wenn jedoch die konstruktivistische Grundhaltung prinzipiell akzeptiert wird; könnten sich *zweitens* Einwände ergeben, die darauf zielen, daß die Untersuchung der Sprache und Repräsentation in ideologiekritischer Hinsicht nicht weit genug geht, ja geradezu verschleiernd wirkt. Theoretisch wurde hergeleitet, daß eine ideologische oder moralische Diskussion der Verortungsprinzipien nicht möglich oder gar irreführend sei. Wenn aber damit eine quasi-Neutralität der Sprache unterstellt würde und sich auf die Alltäglichkeit (Selbstverständlichkeit) berufen wird, kann – wie z.B. Luutz (2002:25) konstruktivistischen Ansätzen vorwirft – eine Dekonstruktion rhetorischer, hegemonialer und ideologischer Strategien nicht vollzogen und der Machtdurchdrungenheit von Diskursen nicht Rechnung getragen werden. Interessant ist doch, so könnte eingewendet werden, wie und zu welchem Zweck diese Prinzipien eingesetzt werden. Mit dem Postulat, sie seien „selbstverständlich", wird suggeriert, sie ständen manipulativen Handlungen gar nicht als symbolische Ressourcen zur Verfügung. So könnte der Eindruck entstehen, die Untersuchung liefe auf die Entdeckung eines strukturellen Grundmusters aller Weltdeutung hinaus.

In Bezug auf das Phänomen der Mauer in den Köpfen, das ja Ausgangspunkt der Fragestellung war, könnte *drittens* eingewendet werden, daß diese allgemeinen impliziten Verortungsmodi mit diesem spezifischen Fall wenig zu tun haben und die Darstellung geradezu eine Reduzierung und Banalisierung des deutschen Wiedervereinigungs-Themas und seiner spezifischen Problematik mit sich bringt. Ein anderer Punkt könnte dann noch sein, daß das Reden in Ost-West-Gegensätzen letztlich ein reliktisches Phänomen resp. eine Frage der Zeit ist, daß im Generationenwechsel und mit den Kindern, die sich heute schon schwer tun, „zu erklären, was den Westen überhaupt vom Osten unterscheidet" [6] diese Differenzierung mit all ihrer verräumlichenden Symptomatik bald schon obsolet sein wird und damit auch die konstatierte Widersprüchlichkeit zu Deutungen wie der „Wiedervereinigung" oder einer überhaupt zunehmend „multikulturellen, entgrenzten Gesellschaft" über kurz oder lang irrelevant wird.

Neue Fragen

Einige der Einwände ergeben sich vor allem aus einer Position, welche entweder die konstruktivistische oder die realistische Grundhaltung der strukturationstheoretischen Theorie radikaler interpretiert, als sie hier verstanden werden sollte. Trotzdem scheint insbesondere die Frage nach der gesellschaftlichen Relevanz der Untersuchung berechtigt. Die Einwände, die auf eine Verwertbarkeit von wissenschaftlichen Untersuchungen zielen, beherbergen allerdings immer eine Problematik, wenn sie ohne Bezug gestellt werden: Die Frage „Was bringt's?" bedarf immer der Angabe des „für was oder wen?". So gesehen soll gar nicht beantworten werden, was die Untersuchung für jemanden bringt, der in Ostdeutschland ein Haus kaufen will. Wichtig dagegen scheint die Frage, was die angelegte Theorie und die Untersuchung der Elemente signifikativer Regionalisierung in der Berichterstattung zur Wiedervereinigung für die sozialgeographische Theoriebildung, ihren „Gegenstand" und ihr Erkenntnisinteresse „bringt" und wie diese Erkenntnisse für die Praxis der Planung, Koordination und Steuerung des Gesellschaft-Raum-Verhältnisses fruchtbar gemacht werden können.

So ist *erstens* in der Tat näher auszuführen, inwiefern die impliziten „Logiken der Herstellung kulturräumlicher Wirklichkeit" etwas über ihre gesellschaftliche Bedeutung aussagen; und auch, warum es sich bei den signifikativen Regionalisierungsweisen nicht um „bloße Imaginationen" handelt, sondern die Verortungslogiken und ihre „Produkte" auch auf einer materiell-räumlichen („physischen") Abstraktionsebene relevant werden und wichtige Elemente der Erfahrung „von Raum" sind. Es gilt zu zeigen, daß die Untersuchung dieser „Logiken" und ihrer Effekte auch dann äußerst „realitätsnah" ist, wenn mit der Realität allein die physische Umwelt, die beobachterunabhängig erscheint, angesprochen sein sollte (vgl. Teil II, Kap. 1.3.3). Entlang dieser Fragen muß es darum gehen, einen theoriekompatiblen Anschluß zur „materiellen Ebene" herzustellen und gleichzeitig zu zeigen, daß die Relevanz der Verortungsprinzipien verschiedenste Ebenen gesellschaftlicher Praxis berührt, vom Kaufen eines Zugtickets bis zu Strukturanpassungsmaßnahmen. Dabei ist näher zu betrachten, warum die Transformation der verräumlichenden Praktiken nicht analog zu Umdeutungen (Wiedervereinigung) und strukturell angleichenden Maßnahmen verläuft.

Dies ist dann gleichzeitig *zweitens* auch die Annäherung an den Einwand, daß eine Plausibilität der „Logiken" durchaus nicht von der Hand zu weisen ist, daß z.B. der ostdeutsche Raum spezifisch ostdeutsch *ist* und daß natürlich die Menschen, die *dort im Osten* leben, Ostdeutschland am besten kennen. Noch einmal: es geht nicht darum zu behaupten, die signifikativ erzeugte und repräsentierte Wirklichkeit sei verführerische Falschdarstellung. Es muß aber klarer werden, warum die Verortungen so plausibel und selbstverständlich „objektiv" erscheinen, obwohl sie *prinzipiell* nicht einfach als „gegeben" einzustufen sind. Woher rührt ihre unumstößlich reale Bedeutung? Daran kann dann die Frage nach ihrer Persistenz trotz eines gleichzeitig proklamierten Bedeutungsschwundes von räumlichen Einheiten angeschlossen werden. Dies müßte auch zu einer Einschätzung führen, inwiefern das Reden in Ost-West-Gegensätzen als „reliktisch" betrachtet werden kann, wenn doch der theoretischen Entwicklung zufolge Ostdeutschland und Westdeutschland in Handlungsvollzügen fortlaufend verwirklicht werden und – folgt man den sprachlichen Bezügen – anscheinend auch „reale" Unterschiede zwischen Ost- und Westdeutschland bestehen.

Schließlich ist mit einem Anschluß der „gesellschaftlichen Ebene" an die sprachanalytisch ausgerichtete Untersuchung auch die Verbindung zu einer ideologiekritischen Betrachtung herzustellen. Es sollte gelingen zu zeigen, wie die scheinbar neutralen, selbstverständlichen impliziten sprachlichen Bezüge, die eine Verortung und Verräumlichung erzeugen, mit einer normativen resp. moralischen Ebene in Verbindung stehen. Dies ist vor allem dann nachzuvollziehen, wenn die signifikativen Verortungen – entlang meiner theoretischen Argumentation – selbst grundsätzlich nicht als strategisch einsetzbare symbolische Ressourcen konzeptualisiert werden können. In gewisser Weise gilt es also nun, einen Brückenschlag zwischen impliziten und expliziten Regionalisierungen herzustellen und zu fragen, welche Verbindung z.B. zwischen dem Bezug „Ostdeutschland" und Äußerungen wie „Ostdeutsche sind rechtsradikal" [17] bestehen. Daraus erwächst der Anspruch theoretisch herzuleiten, auf welcher Ebene eine moralische und ideologiekritische Diskussion von Raumbezügen und „Verräumlichungen" sinnvoll sein kann. Wenn die gesellschaftliche Einbindung der Verortungsprinzipien einer Betrachtung zugänglich gemacht werden kann, wenn z.B. gezeigt werden kann, wie diese scheinbar neutralen „räumlichen" Prinzipien mit Themenkomplexen wie „Diskriminierung" oder „Rassismus" zusammenhängen, wird es auch möglich sein, ihre Verzichtbarkeit zu diskutieren, bzw. die Frage nach Alternativen zu stellen.

Erneut stellt also die alltagsweltliche Grundlage der theoretischen Entwicklung weiterführende Fragen. Diese laufen nun auf eine sozialtheoretische Rückbindung hinaus, insofern die gesellschaftliche Einbindung der Elemente signifikativer Regionalisierung herauszuarbeiten ist.

Teil III:
Gesellschaftliche Bedeutung sprachlichen „Geographie-Machens"

Können „die Ostdeutschen" ohne einen Raumbezug existieren? Gibt es eine Sprache ohne Geographie, also auch ohne Verortung? Die vorangegangene sprachanalytische Untersuchung scheint dies zu verneinen. Die „Rede vom Raum" hat ihre Prinzipien und ihre „Logiken" und wenn man sprachphilosophische Ansätze zu Rate zieht, scheint ein „Entfliehen" aus dieser traditionellen „Grammatik der Weltdeutung" (vgl. Teil I, Kap. 1.2.2) schwerlich möglich. Die Allgegenwärtigkeit von essentialisierenden, hypostasierenden, „raumbindenden" Bezügen und ihre vorstellungsleitenden Effekte lassen eine Unabdingbarkeit erkennen. Verständigung, so scheint es, ist notwendig angewiesen auf die „Verortungsprinzipien". Andererseits, würde man es bei diesem Fazit belassen, könnte der Eindruck entstehen, es handle sich doch um ein primär sprachliches, kommunikationsbezogenes Problem. Die herausgestellten Widersprüche würden dann auf eine Diskrepanz zwischen einer „neuen Wirklichkeit" und einer „nicht-adäquaten Repräsentation" hinauslaufen. Das hieße, es wird doch „fälschlicherweise" von „den Ostdeutschen" gesprochen, obwohl es „Ostdeutschland" eigentlich nicht mehr gibt und obwohl die Menschen in der Spätmoderne eigentlich gar nichts mehr mit „ihrem" Raum gemein haben (vgl. Teil I). Trotz aller sprach-internen Notwendigkeit könnte man dann meinen, der einzige Weg, um diese Widersprüche zu lösen, wäre, eine „neue" Sprache zu finden.

Die Herausarbeitung der konstitutiven Rolle der Sprache für die *gesellschaftliche* Wirklichkeit in Teil I und die Verweise auf die zentrale Rolle der Verortungsprinzipien für die *Praxis* des Identifizierens, Organisierens, Koordinierens und Funktionalisierens in Teil II führen zu entgegengesetzten Vermutungen. Die leitende These hierzu ist, daß die Selbstverständlichkeit des sprachlichen Umgangs mit Raum und Räumlichkeit eine gesellschaftliche Dimension hat und daß die Prinzipien in verschiedenste Felder gesellschaftlicher Praxis und Programmatik hineinreichen. Anders, in Anlehnung an Werlen (1997b:258-276) formuliert: sie sind nicht nur in verständigungsorientierender, sondern auch in politisch-normativer und produktiv-konsumtiver Hinsicht *bedeutsam*. Gleichzeitig ist aber das Argument zu beachten, daß symbolische Funktionszuweisungen prinzipiell kontingent sind (Teil II, Kap.1.3.2). Das heißt, ein „Funktionieren" *so, und nur so* kann keineswegs vorausgesetzt werden. Die Bedeutung, welche Verortungsprinzipien gesellschaftlich erhalten, kann also nicht als regelhaft „vorprogrammiert" bzw. kausal-deterministisch angesehen werden. Daher ist nun der analytische Bogen der Untersuchung mit einer Betrachtung der gesellschaftlichen Dimension sprachlicher Verortung zu schließen.

Dabei ist es allerdings nicht unproblematisch, von „der gesellschaftlichen Ebene" zu sprechen. In strukturationstheoretischer Einstellung ist diese „Ebene" gleichzeitig als Bedingung und Verwirklichung der alltäglichen signifikativen Praxis zu begreifen. Wie aber ist dann der „Zusammenhang" als solcher begreifbar? Diese Frage nach den möglichen **theoretischen Zugängen** ist in einem *ersten* Abschnitt dieses Teiles anhand der Konzepte von „Diskurs" und „Identität" zu klären. Doch ist aufgrund der bisherigen Betrachtung zu ideologiekritischen Diskurstheorien ebenso Distanz zu bewahren, wie zu konstruktivistischen Identitätstheorien. Wie also können der Diskursbegriff und der Identitätsbegriff für die Theorie der signifikativen Regionalisierung operationalisiert werden? Wie können sie für eine Ausrichtung auf die gesellschaftliche Einbindung der Verortungsprinzipien fruchtbar gemacht werden? Es gilt, einen nicht-deterministischen theoretischen Brückenschlag zwischen den einzelnen (Sprach-)Handlungen und gesellschaftlicher Praxis herzustellen.

In einem *zweiten* Abschnitt ist dann zu klären, inwiefern die in Teil II herausgestellten Konzepte Verweise auf ein Geflecht von Erfahrungen, Erwartungen und Handlungen darstellen, die über die signifikative Dimension des Handelns hinausgehen. Die Frage, inwiefern Praktiken verschiedenster Bereiche auf die signifikativen Konzepte und ihre „Raum-Logiken" begründend verweisen (vgl. Teil II, Kap.3.4.1), und wie sich daraus die **gesellschaftliche Bedeutung der Raumbedeutungen** ergibt, ist dafür ein zentraler Schlüssel. Dabei werden auch solche Verweise interessant, die auf eine materielle Verwirklichung der Verortungsprinzipien schließen lassen. Inwiefern läßt sich sprachlich strukturierte Räumlichkeit erfahren? Es ist also dem Rechnung zu tragen, was Natter/Jones III (1997:158) die Unzertrennlichkeit des dialektischen Objekt/Zeichen-Systems nennen, wobei die Materialität des Raumes weder kausalistisch konzipiert, noch eliminiert wird.

Mit der theoretisch und argumentativ hergeleiteten gesellschaftlichen Relevanz der Verortungsprinzipien ist jedoch noch nicht deren alltagsweltliche Bedeutung erwiesen. Es könnte empirisch ganz unerheblich sein, daß z.B. Territorien wie Container (re-)präsentiert werden. Daß dem nicht der Fall ist, ist in einem *dritten* Abschnitt über die Analyse[1] verschiedener **Felder gesellschaftlicher Praxis** zu erbringen, die intuitiv eine Verbindung mit Verortungsprinzipien vermuten lassen. In diesem Zusammenhang ist dann auch die Widersprüchlichkeit

---

1   Bereits die Frage nach der Wirkungsweise von sprachlichen Topoi und Tropen bezüglich der Konstitution räumlicher Wirklichkeit – „Formierung" und „Konfiguration" von (Re-)Präsentationen – war nicht in klassischem Sinne „analytisch" orientiert (vgl. Foucault 1994:57). Wenn hier davon ausgegangen wird, daß die signifikativen Zuweisungen weitere *gesellschaftliche Bedeutung* erhalten, die wiederum *prinzipiell* unabhängig von der „verortenden" und „verräumlichenden" Bedeutung ist, dann kann die nun folgende „Analyse" nur mehr als „entdeckende" hermeneutische Betrachtung verstanden werden.

der gesellschaftlich eingebetteten Regionalisierungsweisen zu neuerdings auftretenden „entankerten" oder „integrierten" Alternativentwürfen von Raum zu diskutieren. Diese Betrachtung eröffnet den Zugang zur allgemeinen praktischen Verwertbarkeit und Umsetzbarkeit der theoretischen Ergebnisse.

Zuvor ist aber in einem *vierten* Abschnitt noch ein letzter Blick auf das Fallbeispiel „Ostdeutschland" zu werfen. Es ist zu zeigen, welche Verweise auf die gesellschaftliche Verankerung der Verortungsprinzipien am Beispiel bestehen. Gesellschaftliche Bedeutung und Institutionalisierung der Räume von Ost und West werden in der Berichterstattung nachzuvollziehen sein. Dann wird ersichtlich, inwiefern das alltägliche signifikative „Ostdeutschland-Machen" dem Postulat der Wiedervereinigung gegenüber steht, und dabei auch die Widersprüchlichkeit zwischen regionalisierender Praxis und „entankerter" Weltdeutung erscheint.

1 Zugänge zum „Gesellschaftlichen"

> „A society is a group of people who live in a particular territory (...)."

So steht es im Glossar des Lehrbuchs „Sociology" (Giddens 1995:746) geschrieben. So selbstverständlich und kompakt diese Definition von Gesellschaft klingt – für das hier verfolgte Anliegen kann sie kaum dienlich sein. Im Gegenteil: Der Gegenstand der Betrachtung, das Räumliche und Verräumlichende, wird bei solcher Fassung zu einem fixen Ausgangspostulat und verschwindet mit der Verbindung zum Gesellschaftlichen *per definitionem* aus der Sicht. Der Begriff des Gesellschaftlichen kann also bei der Ausrichtung auf „signifikative Regionalisierungen" in räumlicher Hinsicht nur als abstrakte intersubjektive Ebene gedacht werden.[2] Noch einmal muß also versucht werden, „hinter" die Kategorien zu treten. Die von Lee in Johnston (1995:570) angeführte allgemeine Definition scheint da schon dienlicher:

> „Society is both a cluster of socially constructed institutions, relationships and forms of conduct that are reproduced and reconstructed across time and space, and the conditions under which such phenomena are formed."

Dieser Begriff ist vor allem deswegen kompatibel mit der Theorie alltäglicher Regionalisierungen, weil er auf das Konzept „space" rekurriert, das als Abstraktion, als allgemeine, nicht konstitutive Dimension des stetigen Wandels verstanden werden kann, und nicht auf das bereits gedeutete (eingeteilte, begrenzte und ontologisierte) „Territorium", *in* dem Mitglieder *einer* Gesellschaft leben. Gesellschaft kann nach Lees Vorschlag nicht als *eine* Gruppe *in* einem Raum, sondern als die räumlich nicht präskriptiv begrenzte institutionelle Sphäre der Beziehungen und Handlungsweisen und ihrer Bedingungen verstanden werden, die nur als

---

2 Zur Kritik des territorialen Gesellschaftskonzepts Giddens' vgl. auch Luhmann (1998:30f.), allerdings stützt der sich auch auf die problematische Argumentation der Adäquanz (vgl. Teil I, Kap.1.1) und setzt ein (spätmodernes) „Ausmaß, in dem die ‚Informationsgesellschaft' weltweit dezentral und konnexionistisch über Netzwerke kommuniziert" (ebd.:31).

Abstraktionen räumlich (synchronisch) und zeitlich (diachronisch) *begriffen* werden können.[3] Die analytische Untergliederung in Bezug auf die „Reichweite" von Typen signifikativer Regionalisierung bezieht sich somit auf Sprechergemeinschaften ohne konkreten Ortsbezug. Als Hypothese wird hier eingesetzt, daß innerhalb einer Sprechergemeinschaft in Bezug auf die impliziten Regionalisierungen Homogenität vorherrscht. Diese Perspektive ermöglicht einerseits der Frage nachzugehen, wie verortete Gemeinschaften als Produkt der Eigen- und Fremdzuschreibung erst als solche definiert und abgegrenzt werden. Andererseits wird so ein zu untersuchender Wandel von Raumbezügen vorrangig als gesellschaftliche Dimension relevant, nicht aber als räumliche.

Wenn nun also die gesellschaftliche Sphäre hier als die Abstraktion des kulturellen Kollektivs, bzw. des Intersubjektiven begriffen werden soll, die manifestierte und routinierte signifikative Raumbezüge und Weisen der Raumerzeugung beschreibt, bieten sich theoretisch zwei prominente Anknüpfungspunkte zur weiteren Betrachtung: Einerseits die **Diskurstheorie** und zum anderen Theorien der (kollektiven, sozialen) **Identität**. Geht man vom regionalisierenden Sprechakt aus, scheint der Begriff des „Diskurses" unter das zu fallen, was Lee „socially constructed institutions" nennt. Er ist dann als die abstrakte Ebene begreifbar, auf der einzelne individuelle Sprechakte eine allgemeine „institutionalisierte" Form aufweisen. Geht man vom „Identifizieren" als einer maßgeblichen Leistung signifikativer Regionalisierung aus (Teil II, Kap.3.4.1), ist die „Identität" die abstrakte Ebene der manifestierten und institutionalisierten Praxis des Identifizierens, aus der vorstellbare beständige und diskrete Einheiten und Gegenstände („Räume" oder „Regionen") hervorgehen. Diese beiden in der wissenschaftlichen Praxis sehr heterogen behandelten Konzepte gilt es nun in den zwei folgenden Kapiteln aufzubereiten, und zwar in allgemeiner theoretischer Hinsicht, als auch in Bezug auf die zentrale Frage nach der gesellschaftlichen Einbindung von signifikativen Regionalisierungen.

1.1 Diskurstheorie und Diskursanalyse

Das Spektrum des Begriffes „Diskurs" ist in wissenschaftlichem Zusammenhang weit gefaßt und – je nach Perspektive – mit unterschiedlichen theoretischen und forschungspraktischen Problemen behaftet.[4] Hier aber soll es um eine Betrachtung des Zusammenhangs des Diskursbegriffes mit den bisher eingeführten Bausteinen einer allgemeinen Theorie der signifikativen Regionalisierung gehen. So sehr sich der gesellschaftswissenschaftlich allgegenwärtige Diskursbegriff dazu aufzudringen scheint, so sehr bedarf es einer Klärung der mit ihm einhergehenden Proble-

---

3   Vorsicht ist hier angebracht, da die Definition implizit zu einer ontologischen Trennung von Gesellschaft und Raum verleiten könnte, die „Raum" zum *Maßstab* gesellschaftlichen Seins erhebt. Konsequent wäre, „Raum" wie auch „Gesellschaft" im Sinne von „constructed institutions" zu begreifen.
4   Einen Überblick theoretischer und methodischer Ansätze bietet die Zusammenstellung von Keller et. al. (2001).

matik in Bezug auf die Kompatibilität mit handlungstheoretischen und strukturationstheoretischen Paradigmen. Die Problematik berührt:

1. den analytischen Status des „Diskurses" als Ort, Agens oder Dimension
2. die Zuschreibung von Macht an den Diskurs
3. die Stellung des Diskursbegriffes zwischen linguistischer und soziologischer Betrachtung
4. die strukturale und inhaltliche Dimension von „Diskursen" und ihre forschungspraktischen Konsequenzen.

Zum analytischen Status von „Diskurs"

Die überindividuelle gesellschaftliche respektive politische Dimension der Wirklichkeit wird in den Humanwissenschaften – insbesondere in Zusammenhang mit der Rezeption der Werke von Foucault (1991 [1972]; 1980; 1994 [1966]) – mit dem Diskursbegriff als „regelgeleitete Praktiken" verknüpft, die eine Ebene *sui generis* bilden (Schwab-Trapp 2001:262; Bublitz 2001:230). Dabei steht die politische Dimension im Zentrum des Interesses, im Grunde wird der Diskurs, wie Donati (2001:147) bemerkt, gleichbedeutend mit „politischer Ideologie", die es zu analysieren gilt, verwendet. Mit dem machtbezogenen Diskursbegriff Foucaults erhält die Wirklichkeitserzeugung dabei nicht nur ihre Begründung, sondern auch ihren theoretischen „Ort", „an dem jene ideellen Elemente produziert werden, durch die die Realität sinnhaft verstanden und gestaltet wird" (ebd.). „Der" Diskurs, „seine" Texte und die verfestigte „Diskursformation" werden gleichermaßen zur Antwort auf das Wo? und auf das Wer? der Raumerzeugung. „Der Diskurs" wird dabei zum Agens bzw. Akteur und zum Medium, der Text zum Träger der Macht, wobei Lesern oder Hörern als Handelnden wenig Spielraum eingeräumt wird. Vielfach scheint es, als würde der Diskurs zu einem Substitut für eine konstatierte schwindende Autonomie des Subjekts, was für eine Vereinbarung mit handlungstheoretischen Konzepten zunächst ein Problem darstellen muß.[5]

Diskurs und Macht

Mit Foucaults Diskursbegriff kann ein fundamentaler epistemologischer Perspektivenwechsel herausgestellt werden, der für die Betrachtung der gesellschaftlichen Herstellung von Raum zentral wird. Das gesellschaftliche „So-Sein" wird nicht einfach durch den Diskursbegriff substituiert. Vielmehr wird ermöglicht, die Betrachtung des „So-Seins" und damit das „So-Werden" *als* eine diskursive Praxis zu theoretisieren, welche die (westliche) Weltsicht begleitet. So konstatiert Foucault für die klassische Periode:

---

5   Ein ähnliches Bild kann auch bei Harley (2002) oder Wodak (1998) entstehen.

> „the fundamental task of Classical ‚discourse' is *to ascribe a name to things, and in that name to name their being.* For two centuries, Western discourse was the locus of ontology" (Foucault 1994 [1966]:120).

Damit wird der Blick frei auf die Performativität der Sprache und ihre wirklichkeiterzeugende Kraft. Die Sprache resp. Sprechweise ist ihrerseits aber in Diskursen fixiert. Der Diskurs wird zur (machtdurchdrungenen) überindividuellen Ebene der Sprachpraxis. Bei Foucault kann allerdings der Eindruck entstehen, als bliebe dieser Diskurs als „externer Ort" den Handlungen der Subjekte in bezug auf die Machtverhältnisse *grundsätzlich* überlegen. Diese Konzeption führt zum konstatierten „Tod des Subjekts" bzw., gemäß Barthes, zum „Tod des Autors" (vgl. Natter/JonesIII 1997:141). Ein gewisser Widerspruch besteht dann darin, daß unklar bleibt, von welcher Position Foucault selbst (der Autor) spricht und seine Wahrheitsansprüche bezüglich einer machtdurchdrungenen Gesellschaft damit durch die eigene Theorie in Frage gestellt sind. Wenn der Diskursbegriff strukturationstheoretisch kompatibel sein soll, ist also eine schwächere Lesart angebracht, die eine Betonung der einschränkenden Dimensionen einer diskursiv strukturierten Welt, nicht aber den Ausschluß ihrer *ermöglichenden* Dimensionen beinhaltet.[6] Stuart Hall legt in Anlehnung an Foucaults Begriff von „Diskurs", bezogen auf die „Produktion von Wissen durch Sprache", konkretes Augenmerk auf die ermöglichende Dimension diskursiver Strukturen:

> „Ein Diskurs ist eine Gruppe von Aussagen, die eine Sprechweise zur Verfügung stellen, um über etwas zu sprechen – z.B. eine Art der Repräsentation –, eine besondere Art von Wissen über einen Gegenstand. Wenn innerhalb eines besonderen Diskurses Aussagen über ein Thema getroffen werden, ermöglicht es der Diskurs, das Thema in einer bestimmten Weise zu konstruieren. Er begrenzt ebenfalls die anderen Weisen, wie das Thema konstruiert werden kann" (Hall 1994a:150).

Diese Formulierung paßt sich in das strukturationstheoretische Konzept ein. Aber auch bei Hall tritt die ermöglichende Dimension hinter der einschränkenden zurück, insofern die konstitutive Kraft der einzelnen Sprechakte analytisch vernachlässigt wird. Obwohl Hall ausführt, daß die Sprechweise selbst, „die wir zur Beschreibung der sogenannten Tatsachen benutzen, [ein]greift in den Prozeß..., der endgültig über das, was wahr oder falsch ist, entscheiden soll" (Hall 1994a:152), ist sein Wahrheitsanspruch den Diskurs betreffend, daß der nicht nur Welt-verkürzend, sondern deswegen gar „zerstörerisch" ist (Hall 1994a:142). Hall setzt damit eine wahrheitsgemäße Realität gegen eine diskursiv verkürzte. Dann wird der Diskurs zum übermächtigen Übeltäter, der die Welt nicht nur „falsch" (indifferent, homogen, stereotyp etc.) darstellt, sondern sie uns „falsch" darstellen läßt (Machtkomponente).[7] Die Diskurs-Konzeption ist also in Bezug auf ihren Machtbegriff handlungstheoretisch nicht unproblematisch.

---

6   Vgl. deCerteau (1988:112), der in Auseinandersetzung mit Foucault die Taktiken vernachlässigt sieht, die „eine zahllose Aktivität zwischen den Maschen der institutionellen Technologien entfalten".

7   Wenn selbst mit der Äußerung „das Reale gibt es nicht" eine Realität behauptet wird, dann ist der springende Punkt der Performativität der Sprache, daß mit *allen* Äußerungen eine Form von Realität vorausgesetzt wird, auch mit radikal konstruktivistischen oder dekonstruktivisti-

1 Zugänge zum „Gesellschaftlichen"

Linguistische und soziologische Position

„Diskurs" ist in einer politisch-ideologischen Orientierung auch in seiner humangeographischen Adaption zu einem Zentralbegriff postmoderner und poststrukturalistischer und neuer kulturwissenschaftlicher Konzepte zur „Überwindung" essentialistischer Betrachtungsweisen des Gesellschaftlichen geworden.[8] Im Zuge des „cultural turn" und der sogenannten Postmoderne wird dabei ein Hauptaugenmerk auf Text – in einem weit gefaßten Sinne, unter den auch und insbesondere geopolitische Karten fallen (s. Pickles 1992) – und Sprache gelegt. Abrückend von einer universellen epistemologischen Wahrheit wird die Welterzeugung innerhalb der Texte selbst gesucht: „For what is true is made inside texts, not outside them" (Barnes/Duncan 1992b:3). Die soziologische Anschlußfähigkeit eines solchen „linguistisch" orientierten Konzeptes, das den „Wurzeln" des Diskursbegriffes im amerikanischen Strukturalismus folgt (Jung 2001:30), wird jedoch auch kritisch betrachtet, insofern die sozialen („externen") Produktionsbedingungen der Texte ausgeklammert würden (s. Chalaby in Schwab-Trapp 2002:265). Andererseits wurde gerade mit Foucaults Arbeiten explizit eine Anschlußmöglichkeit offenbar, insofern das Zusammenspiel von Diskurs und Macht im Zentrum des Interesses stand. Donati (2001:169) zufolge fehlt aber eine „angemessene Verknüpfung" bislang. Die theoretische Verbindung von Diskurs und Diskursanalyse mit dem hier zugrundegelegten strukturationstheoretischen Ansatz zeigt sich daher zumindest solange problematisch, wie in den diskreten und differenten Einheiten von signifikativer (oder symbolischer) und gesellschaftlicher (sozialer) Praxis gedacht wird und der Diskursbegriff entweder dem einen (linguistischen) oder dem anderen (soziologischen) Feld zugeordnet wird. Um so problematischer wird dann darüber hinaus eine Gegenüberstellung von „rhetorischer" oder „verschleiernder" Diskursivität, die eng mit einem strategischen Begriff der Sprachpraxis verbunden ist, und einer „harten" Realität sozialen Handelns, wenn also Diskurs und Handlungen als zwei getrennte Ebenen betrachtet werden (vgl. Donati 2001:169).

Inhaltliche und strukturale Dimension

Eine vierte Problematik der theoretischen und forschungspraktischen Variabilität des Diskursbegriffes besteht in Bezug auf die Betrachtung einer formal-sukturalen Dimension und einer thematisch-inhaltlichen. *Einerseits* werden Diskurse formal-strukturell als „(Deutungs-)Muster" oder „Rahmen" begriffen. In das „Dictionary of Human Geography" wurde die Definition von Barnes/Duncan (1992b:8) aufgenommen, die „Diskurs" lose bestimmt als:

---

schen. Wenn die gängige Strukturierung von Gesellschaft als (räumliche) Einheit erfolgt, dann muß diese Einheitlichkeit als eine (dirskursive) Wirklichkeit anerkannt werden, nicht als Irrtum, weil sich der Irrtum nur vor einem neuen ontologischen Postulat ergeben kann.

8 Vgl. White (1978); Barnes/Duncan (1992a); Pickles (1992); Wodak et al. (1998); Blotevogel (2000). Dabei ist zu beachten, daß sich der Diskursbegriff mal auf ein spezifisch wissenschaftliches Milieu bezieht (s. Jung 2002:32; Blotevogel 2000), dann wieder im foucaultschen Sinne allgemein für die (politisch) öffentliche Auseinandersetzung steht (Schwab-Trapp 2001:264).

„frameworks that embrace particular combinations of narratives, concepts, ideologies and signifying practices, each relevant to a particular realm of social action" (zit. in Johnston 1995:136, Johnston 2001:297).

Die Betonung liegt auch hier auf Handlungs*weisen* und nicht auf semantischen Ordnungskriterien. Gemeinsam ist den unterschiedlichen Handlungsbereichen („realms of social action"), daß die Diskursform eine Regelmäßigkeit der Arten von semantischen Verbindungen und assoziativen Kombinationsmöglichkeiten aufweist, die innerhalb einer Diskursgemeinschaft verständigungssichernd ist, aber zwischen unterschiedlichen „textual communities" zu Verständigungsschwierigkeiten führen kann:

„Between discourses words may have different connotations, causing people who ostensibly speak the same language to talk past one another, often without realizing it" (Barnes/Duncan 1992b:8).

Mit einem spezifischen semantischen Gehalt in Verbindung gebracht, werden dagegen *andererseits* vielfach thematische Diskurse präskriptiv als solche benannt: Der „Globalisierungs-Diskurs" z.B. steht dann nicht für eine bestimmte Kombination von allgemeinen Konzepten und signifikativen Praktiken, sondern für ein semantisches Feld voll mit „Finanzströmen", „Multi-Kulti", „Handys", „McDonald's", „Americanism" etc. Dieses Verständnis entspricht einer gängigen Methode, unterschiedliche Diskurse voneinander abzugrenzen. Hier wird der Text zentral, kommt man doch in der Praxis „nicht an Texten oder besser ‚Textstückchen' vorbei" (Jung 2001:41). Die Erfassung von thematisch geordneten Texten ist somit meist der erste Schritt der Diskursanalyse, unterstützt von den (neuen) Möglichkeiten digitaler Suchinstrumente. Hieraus resultiert ein Problem, wenn der Diskursbegriff selbst unthematisch konzipiert ist. Bublitz (2001:246) verweist nach Foucault darauf, daß Diskurse aufgrund einer Regelhaftigkeit, mit der sie gebildet werden, erkennbar sind, die Zuordnung von Aussagen zu Diskursen aber erst aus dem Material entlang dieser Regelhaftigkeit möglich ist. Interessiert aber wie hier die Art und Weise des alltäglichen Geographie-Machens, so ist klar zu trennen zwischen einer präskriptiven Abgrenzung inhaltlicher Diskurse, etwa dem „Globalisierungs-Diskurs", und der formal-strukturalen Komponente eines allgemeinen „Raum-Diskurs". Diese Problematik betrifft auch die inhaltlich-thematisch begründete Abgrenzung von „Diskursgemeinschaften" als Kollektive von Akteuren, denen zu einem Thema eine gemeinsame diskursive Haltung zugerechnet wird, etwa „Intellektuelle", „Gewerkschafter", „Wissenschaftler", die „öffentliche Linke" etc (ebd.).

Diskursbegriff und signifikative Regionalisierung

Wie also kann der Diskursbegriff entlang der vier aufgegriffenen Punkte operationalisiert werden? Welche theoretische Verbindung besteht zwischen subjektbezogener Sprachpraxis und der gesellschaftlichen Kategorie „Diskurs"?

Erstens ist der Diskurs, wenn er handlungstheoretisch konzipiert werden soll, nicht irgendwo außerhalb oder zwischen den Individuen und ihren Handlungen anzusiedeln. „Er" besitzt dann keinen externen Ort und kein eigenes Wesen mit entsprechender Intentionalität und Handlungsabsichten, wie es in ideolgisch ausgerichteten Ansätzen zuweilen anklingt. Ein Diskurs umfaßt dann die institutionalisierten „signifikativen Praktiken", wie sie Barnes/Duncan (s.o.) anführen, oder – so Jäger (2001:82): Der Diskurs ist „eine institutionell verfestigte Redeweise, insofern eine solche Redeweise schon Handeln bestimmt und verfestigt". In dieser Konzeption zielt der Diskursbegriff auf die intersubjektive Ebene des Hintergrundes ab. Insofern kann von einem allgemeinen Raum-Diskurs einer Sprechergemeinschaft gesprochen werden. Dennoch erscheint es sinnvoll, ein Modell des Ineinandergreifens verschiedener Diskurse und „Diskursgrößen" zugrundezulegen (vgl. Jung 2001:33-34). Die allgemeinen Typen signifikativer Praxis sind also gemäß Jung einem übergeordneten „Gesamtdiskurs" zuzuordnen, der aus einem Set von „Teildiskursen" (z.B. Raum als Container, Raum als Essenz, Raum als Ordnungskriterium) besteht. Sie alle beinhalten konstitutive Ordnungsstrukturen gesellschaftlicher Wirklichkeit. Diese formal-strukturale Dimension ist auf *implizite Regionalisierungen* ausgerichtet. Auf inhaltlich-thematischer Ebene sind *explizite Regionalisierungen* bestimmend, die spezifische Diskurse schaffen, etwa den „Sachsen-Diskurs" (vgl. Luutz 2002). Dieser kann aber wiederum auf seine Spezifik bezüglich der impliziten Regionalisierungen (Raum als Container etc.) untersucht werden (vgl. Felgenhauer et al. 2003; 2005), gerade auch um die Grenzen der „strategischen" Konstruktion von Regionen zu verdeutlichen und somit einem universellen Ideologie-Postulat zu entgehen.

Zweitens ist der Machtbegriff an den subjektgebundenen Begriff der Intentionalität zu binden. Bublitz (2001:255) macht darauf aufmerksam, daß auch Foucault genau diese Möglichkeit bietet, indem er die Unabgeschlossenheit und Diskontinuität diskursiver Prozesse aufgrund des performativen Handelns der Subjekte (die von Diskursen durchdrungen sind) einsetzt. Seine Gegenposition gegen ein Subjekt bezieht sich nach Bublitz (2001:254) lediglich auf ein vermeintlich diskursiv unberührtes Subjekt. Allerdings ist mit der Setzung der Intentionalität der diskursiven Konstruktion des (körperlichen) Subjektes, auf die Foucault abzielt, eine Grenze gesetzt. Zwar kann und soll auch bei Searle das Subjekt (wie auch die „Natur" oder eine „natürliche Ordnung") als Produkt einer differenzierenden Praxis, also als Zuschreibung, gedacht werden, die Individualität des intentionalen Bewußtseins ist bei Searle hingegen irreduzibel.[9]

Im Sinne des strukturationstheoretischen Paradigmas muß sich *drittens* der Verbindung der intentional-subjektiven und der gesellschaftlich-objektiven Ebene zugewandt werden und das bedeutet, die Hintergrund-Figur als Bindeglied zu setzen, und zwar in Bezug auf die intentionale und die geregelte, konventionelle Ebene sprachlicher Praxis. Die Konzeptualisierung der Hintergrund-Strukturierung als Ermöglichung und Einschränkung der Intentionalität setzt sich dann im

---

9 Die weitere Diskussion der Vereinbarkeit der Positionen eines solchen „ontologischen Intentionalismus" (Searle), der sich selbst nur über Indizienbeweise begründen läßt, und eines „ontologischen Kollektivismus" (Foucault), der das individuelle Sprechen nicht berücksichtigen kann, muß hier ausgeklammert werden.

Verhältnis von einzelnem Sprechakt und Diskurs fort.[10] Damit wird ein eindimensionaler struktureller Machtbegriff zugunsten des Konzepts von Ermöglichung und Einschränkung aufgegeben. Ein Diskurs umfaßt kulturell bedingte Hintergrundeigenschaften, die als „konstitutive Regeln" formuliert werden können, wobei aber die Regelhaftigkeit im einzelnen Vollzug liegt. Der Diskurs ermöglicht und bestimmt somit einzelne Sprachhandlungen, die ihrerseits aber den Diskurs (und seinen Gegenstand) erst konstituieren und reproduzieren. Sie haben eine tradierte, historische Komponente, sind aber nicht deterministisch gedacht. Ihre prinzipielle Wandelbarkeit ist mit der Möglichkeit des Brechens mit dem Hintergrund gegeben, jedoch ergibt sich eine immense Stabilität dieses Systems aus der interaktiven Wechselwirkung der Formierung von Sprache und Hintergrund. Im Sinne von Barnes/Duncan (1992b:8):

> „discourses are practices of signification, thereby providing a framework for understanding the world. As such, discourses are both enabling as well as constraining: they determine answers to questions, as well as the questions that can be asked. More generally, a discourse constitutes the limits within which ideas and practices are considered to be natural".

Während also von Seiten der Sprechakttheorie die individuelle, intentionale Seite der Konstruktivität und Performativität von Sprechakten betont werden kann, hebt die Diskurstheorie mehr auf die intersubjektive, einschränkende Dimension sprachlichen Handelns ab. Die Machtkomponente liegt dabei einmal im Handlungsbegriff, einmal im Institutionenbegriff begründet. Fraglich ist nun, wie diese beiden „Ebenen" konvergieren. Wenn tatsächlich eine dem strukturationstheoretischen Paradigma entsprechende wechselseitige konstitutive Beziehung angenommen wird und dabei berücksichtigt wird, daß Abgrenzungen von Individuum (Subjekt) und Kollektiv (Gesellschaft) unter diesen Voraussetzungen auch wieder Strukturierungsleistungen sein müßten, dann ist das eine vom anderen allenfalls analytisch zu trennen.[11] Das heißt, daß in den sprachlichen Äußerungen bereits der Diskurs (als institutionalisierte Praxis der Welterzeugung) zumindest teilweise angelegt ist und vice versa. Damit ergibt sich ein Brückenschlag zwischen linguis-

---

10 Während bei Giddens (1997a) das „diskursive Bewußtsein" genau jene Sphäre beschreibt, die dem Bewußtsein und einer sprachlichen Artikulation voll zugänglich ist, muß Searle folgend ein hintergrundäquivalenter Diskurs als strukturierende Matrix gedacht werden, die *per se* nicht abgebildet werden kann, weil sie zu einer solchen Abbildung wieder benützt werden müßte. Insofern ist sie *vor-repräsentativ*. Insofern diese Strukturierungen aber prinzipiell in jeder Äußerung enthalten sind, ist sie *repräsentativ*. Insofern über die performativen Äußerungen Wirklichkeit erzeugt wird, ist sie *präsentativ*. Kritiker halten dagegen, Searle würde seinen Hintergrund rein neurophysiologisch konzipieren und damit sozialwissenschaftlich gänzlich unzugänglich machen, wobei jene Kritiker in genau dem Dualismus von sozialer und physischer Welt, von Geist und Körper denken, den Searle ablehnt (s. Marcoulatos 2003).

11 Vgl. hierzu auch Charles Taylor bzgl. der Verbindung von Sprache und Kultur. „ (...) we can think of the institutions and practices of a society as a kind of language in which its fundamental ideas are expressed. But what is ‚said' in this language is not ideas which could be in the minds of certain individuals only, they are rather common to a society, because embedded in its collective life, in practices and institutions which are of the society indivisibly" (zit. in Rosa 1998:138).

tischer und soziologischer Fragestellung. Sprechakte konstituieren und beinhalten Diskurse gleichermaßen. Der methodische Anschluß an Foucaults Diskurstheorie ist gegeben, insofern deren Eigenart nach Bublitz (2001:133) genau darin besteht, „daß die Regeln der Ordnung von Gesellschaft im empirischen Material selbst vorliegen und im Akt der Forschung (re-)konstruiert werden". Das im Text enthaltene diskursive Normalverständnis wird niemals vollständig in Anschlag gebracht, sondern nur soweit, wie es die „passende" Imagination und Erwartung des „Lesers" (auch des Forschers) zuläßt.

Ein *vierter* Punkt betrifft die Abgrenzung von Diskursen und Diskursgemeinschaften. Die hier zu betrachtende Gemeinschaft ist die Sprechergemeinschaft, deren diachrone und synchrone Grenzen sich über Brüche in den Arten und Weisen der (signifikativen) Herstellung von Raum und Räumlichkeit nur abstrakt bestimmen lassen. Implizite Regionalisierungen sind keinem strategischen Bewußtsein zuzuordnen, das die Isolierung von spezifischen Interessengruppen rechtfertigen würde. Es ist nicht davon auszugehen, daß „Wissenschaftler", „Gewerkschafter" oder „Schornsteinfeger" unterschiedliche implizite Raumbegriffe und -konzepte in Anschlag bringen. In Bezug auf den thematisch-inhaltlichen Bereich expliziter Regionalisierungen ist die Abgrenzung von Diskursgemeinschaften eher möglich, in Bezug auf den Mitteldeutschland-Diskurs können etwa „Heimatschützer" und der „Mitteldeutsche Rundfunk" abgegrenzt werden, weil sie jeweils unterschiedliche Mitteldeutschland-Konzepte vertreten, auch wenn sie dabei die gleichen impliziten Raumvorstellungen zitieren.[12]

Unter diesen Bedingungen ist der Begriff des Diskurses im Sinne der Theorie der signifikativen Regionalisierung einsetzbar, und es kann, mit den Sprechakten als Ausgangspunkt, zur Betrachtung der „diskursiven Konstitution des Sozialen" gelangt werden (vgl. Zierhofer 2002:12), die dann zwei Perspektiven auf einen dialektischen Zusammenhang darstellen.

1.2 (Regionale) Identität und performatives Identifizieren (von Regionen)

Die strukturationstheoretische „Brücke", die zwischen (intentionalem) singulärem Sprechakt und Diskurs hergestellt wurde, ist nun auf das Thema „Identität" zu beziehen. Gibt es eine Möglichkeit, Identifizieren und Identität im gleichen Verhältnis wie Sprechen und Diskurs, also als Handlung *und* Struktur, zu konzeptualisieren?

Plastikwort Identität

Folgt man Niethammer (2000), ist kaum ein Begriff bezüglich seiner wissenschaftlichen Genesis und Performanz vielfältiger (und damit vielleicht auch problematischer) als der der „Identität". Dies bezieht sich zunächst auf die vielfältigen

---

12 Zur Problematik der Abgrenzung von „sozialen Akteuren" resp. „strategischen Gruppen" aufgrund geteilter Interessen oder Zielsetzungen s. Schlottmann (1998:61-65); Long (1993).

Konnotationen und damit die Verhandelbarkeit des Wortes.[13] Niethammer (2000:54) isoliert drei Hauptwidersprüche im semantischen „Identitäts-Gedusel", und bezieht sich dabei maßgeblich auf einen „wissenschaftlichen Diskurs":

1. Die Suggestion höchster Präzision bei gleichzeitiger Eröffnung eines Feldes von Bedeutungen, das alles Faßbare ersetzt;
2. Der Anschein eines von Inhalten und Werten freien Begriffes bei gleichzeitiger normativer Aufladung als etwas Gutes;
3. Die Suggestion der Wesensgleichheit eines Kollektivs und die Objektivierung zum Kollektivsubjekt bei gleichzeitig postulierter Kontinuität eines ausdifferenzierten einzigartigen Subjekts.

Damit beantwortet Niethammer die Frage, warum es keine ausgereifte Theorie der „kollektiven Identität" gibt: Als Plastikwort in einem diffusen semantischen Feld, das bei Beschäftigung entweder anstelle einer Theorie gesetzt wird, oder auf individuelle Identität verweist, entzieht es sich der Theoriebildung wie auch dem Diskurs (ebd.:55). Es kommt nunmehr darauf an „daß man auch zum unverstandenen Problem eine Haltung hat, und daß diese Haltung durch *indiskutable Bezüge* auf die Herkunft der jeweiligen Gruppe der Auseinandersetzung letztlich entzogen ist" (ebd., m.Hvh.). Zwar ist an seiner Kritik fraglich, ob es also akzeptabel ist, von einer „nüchternen Wahrnehmung" (Niethammer 2000:630) auszugehen, welche die nicht-vereinfachte Realität multipler komplexer Identität zeigen würde, ohne sie dem Diskurs zu entheben.[14] Festgehalten sei jedenfalls die von Niethammer (2000:55) hervorgehobene *Indiskutabilität* und *argumentative Unantastbarkeit* von Identitäten aufgrund ihres (notwendigen) kategoriellen Bezugs (vgl. Natter/Jones III 1997).

Raumbezogene Identität

Eine weitere Problematik des Begriffes der Identität besteht nun aber darin, daß sich in seinem Schatten so unterschiedlich ausgeformte und motivierte Konzepte wie „kulturelle Identität", „politische Identität", „soziale Identität", „europäische Identität", „nationale Identität", „regionale Identität", „personale Identität", „kol-

---

13 Von Pörksen (1988) als „Plastikwort" entlarvt, wird der Begriff bei Niethammer (2000) zu einem „konnotativen Stereotyp". Als solches verbirgt es die Unbestimmbarkeit der Sache unter dem Anschein wissenschaftlicher Bestimmtheit und entzieht ihre Wertimplikationen der Diskussion" (Niethammer 2000:37). Der Begriff „verbreitet sich als semantische Seuche, die alle Verständigung infiziert" (ebd.:38). Konnotative Stereotypen „übertragen, statt einer jederzeit assoziierbaren satzmäßigen Definition des Begriffs, seines ‚Inhalts', die Autorität der Wissenschaftlichkeit in die Umgangssprache: sie bringen sie zum Schweigen" (Pörksen zit. in Niethammer 2000:40).

14 Niethammer bemüht sich am Ende seiner Ausführungen um einen Lösungsvorschlag im Hinblick auf die Identitäts-Diskussion. Letztendlich sind es dann die Verständigungformen zwischen Ungleichen, die zu verbessern sind. „Wer die nüchterne Wahrnehmung der tatsächlichen Komplexität begrifflich verstellt, beraubt sich (und andere, die ihm oder ihr glauben) der Möglichkeit der Verständigung und des Handelns" (Niethammer 2000:630).

lektive Identität" etc. tummeln.¹⁵ Graumann (1999:60) bemerkt: „Ganz unabhängig davon, ob wir nun eine Identitätskrise haben (...) ist offenkundig, daß wir uns in einer Krise des Identitätsbegriff befinden, falls dieser Singular angesichts des seit den siebziger Jahren währenden multidisziplinären Identitätsdiskurses überhaupt zulässig ist".¹⁶ In dieser multidisziplinären Auslegbarkeit und Beschäftigung mit dem „Inflationsbegriff Nr. 1" (Brunner 1987 zit. in Keupp et al. 1999:7) bleibt mit der „regionalen Identität" auch ein Aufgabenfeld für die geographische Beschäftigung. Die „regionale Identität" wurde im deutschsprachigen Feld v.a. von Weichhart (1990) theoretisch-systematisch aufgegriffen und dabei – ihres „mittleren Maßstabes" entledigt – zunächst im Sinne einer „raumbezogenen Identität" relativiert. Auch bei Werlen (1989b; 1992; 1993a,b; 1997c) ist der Identitätsbegriff ein zentrales Thema, insbesondere in Verbindung mit einer Kritik an der „raumwissenschaftlichen Logik" und damit einhergehenden „Blut-und-Boden"-Ideologien (insbes. 1997c). Dabei muß er seine zentrale formale Frage: „can cultures be defined by means of territorial categories (...)?" (Werlen 1993a:302) verneinen. Im Sinne der bisherigen Entwicklung müßte hingegen geantwortet werden: Selbstverständlich *können* Kulturen territorial bestimmt werden, alltäglich *werden* sie es auch! Ob diese Bestimmung für eine wissenschaftliche Betrachtung sinnvoll ist, steht auf einem anderen Blatt.¹⁷

Paasi (1986a,b; 1992) dagegen übernimmt Konzepte aus der psychoanalytischen Beschäftigung mit dem Identitätsbegriff und unterscheidet kategoriell „Identity of the region" und „Regional Identity (Consciousness) of the Inhabitants" (Paasi 1986a:131ff.). Die regionale Identität ist als Zusammenspiel der beiden Ebenen zu betrachten:

> „the essence and history of a region is connected with the biographies of individuals through the agency of the sphere of institutions, which again is reproduced in the everyday practice of individuals" (Paasi 1986a:131).

---

15   Vgl. Giesen (1999); Giesen (1991); Viehoff/Seegers (1999); Keupp et al. (1999); Niethammer (2000); Spurk (1997); Wodak et al. (1998). Einen systematischen Überblick des Begriffes der „kollektiven Identität", seiner Problematik, Kritik und „Lösungen" in verschiedenen Erklärungsansätzen bietet Luutz (2002:14-26). Substantialisierung und Essentialisierung des Kollektivs (und seines Raumes) stehen an erster Stelle der Kritik. Auch Luutz argumentiert daraufhin für einen diskurstheoretischen Ansatz, ohne allerdings die Notwendigkeit der impliziten Essentialisierungen selbst explizit zum Thema zu machen. Dem hier vorgelegte Ansatz will dagegen , die Frage, ob Regionenkonstrukte gänzlich ohne Substantialisierungen auskommen, differenziert betrachten, anstatt sie als „offene Frage" (ebd.:26), beiseite zu legen.

16   Auch Stuart Hall (1994b:180) nimmt sich der „Krise der Identitäten" an und sympathisiert mit der Behauptung, „daß moderne Identitäten ‚dezentriert', ‚zerstreut' und fragmentiert sind"; er spricht dabei von einem „Verlust einer stabilen Selbstwahrnehmung" (ebd.:181).

17   An anderem Ort bindet Werlen den Begriff der „regionalen Identität" an den aktuellen Handlungskontext, einhergehend mit „der Identifizierung mit den Erinnerungen und emotionalen Bezügen an die dort gemachten Erfahrungen und Lebensformen" (Werlen 1993b:47). „Regionalismus" dahingegen beschreibt ihm zufolge den politischen Diskurs, verbunden mit einer sozialen Typisierung: „Das Ergebnis sind Stereotypen wie ‚Rheinländer sind fröhlich'" (1993b:48). Diese Unterscheidung wirft jedoch die Frage auf, auf welcher Grundlage es „gute" Regionalisierungen und „schlechte" (= „Regionalismen") geben kann.

Identität wird an die zeitgeographische Perspektive Preds geknüpft. Wie auch die von ihm entworfene *„place identity"* wird regionale Identität laut Paasi auf verschiedene Weise realisiert, abhängig von den historischen und zeit-raum-spezifischen Gebräuchen von Sprache und Ausdruck (ebd.). Der Geograph kann dann die zeit-raum-spezifischen Inhalte dieses Ausdrucks und deren Rolle im Bewußtsein der „Bewohner" interpretieren, wenn er sie als Manifestation des Konzepts von *region* und *place* ansieht und in den von Paasi vorgeschlagenen Analyserahmen eingliedert (ebd.). Damit wird „Raum" zur klassifizierenden Dimension von Identität (vgl. Teil I, Kap. 2.2.3) und es kommt zu problematischen Begriffen wie dem einer „local collective identity" (Paasi 1986a:134), eine Identität, die sich aus subjektiver Erfahrungen in räumlicher Nähe („alltägliche Raum-Zeit-Pfade"; Paasi 1986a:111) ergeben soll, wobei die „Lokalität" aber offensichtlich der wissenschaftlichen Beobachterperspektive entspringt. In Abgrenzung ist die „regional collective identity" bei Paasi von direkter Nähe entbunden, ergo symbolisch konstruiert – womit sich *erstens* die Frage stellt, inwiefern sich die „local collective identity" ohne den Prozeß der Symbolisierung konzeptualisieren läßt, und *zweitens*, ob nicht auch regionale Bezüge eine Rolle im alltäglichen Leben spielen können, was Paasi denn auch einräumt:

> „In everyday life different regions and localities may transform themselves to constitute a part of one's place" (ebd.:112).

Paasi selbst bekräftigt, daß Imagination, Symbolik und fortlaufende Verhandlung des „Wir" zu den „Anderen" für alle Identitätskonzeptionen konstitutiv sind (vgl. a. Graumann 1999:66; Eisenstadt 1991:37). Grundlage ist die von Schütz übernommene Argumentation, daß die alltägliche Welt eine kulturelle Welt ist, weil wir uns ihrer Historizität bewußt sind (dieses Bewußtsein findet Ausdruck in Tradition und Habitus), das Gegebene in dieser Welt wiederum entstand entweder durch unsere eigene Handlung, oder die anderer als „Sediment"[18] vergangener Handlungen (Paasi 1992:79). Das sozialräumliche Bewußtsein gründet sich auf verschiedene soziale Formen von Bewußtsein und Ideologie, die einerseits Raum bzw. Räumlichkeit und raumbezogene Identität konstituieren, andererseits aber auch aus diesen abgeleitet sind. Dieses Modell scheint strukturationstheoretisch angelehnt. Paasi unterscheidet aber Identitäten genau wie „Region" und *„place"* in

---

18 Der geologische Begriff des *Sediments* wurde von strukturalistischer Seite her gern bemüht, um ein Bild von kumulativ verfestigten Spuren zu geben, die dann vom Sozialwissenschaftler oder Ethnographen als Beobachter – ähnlich der Arbeit des Geologen, z.B. Lévi-Strauss (1978:49) – nachträglich rekonstruiert und erschlossen werden können. In Zusammenhang gesellschafts- und evolutionstheoretischer Ansätzen ist das „Sediment" Residuum vergangener Willenstendenzen (z.B. Tönnies, s. Bickel 2002:117) und erfüllt die Funktion des intersubjektiven Hintergrunds oder des kollektiven Gedächtnisses, wenn auch stark teleologisch und dem Rationalitätsprinzip folgend konzipiert. Problematisch an solchen der erdbeschreibenden Nomenklatur entspringenden Begriffen ist im Zusammenhang mit konstruktivistisch angelegten Arbeiten immer ihre neutrale, beobachter- und handlungsunabhängige Konnotation. Als Metaphern eingesetzt *müssen* sie aber nicht zwingend so verstanden werden, wie Foucault (1980:68) mit Hinweis auf die vielfältige Bedeutung von Begriffen wie „Feld" oder „Boden" bemerkt.

distanzlogischer Hinsicht (vgl. Teil I, Kap.2.2.3). Implizit wird damit symbolische Erfahrung von direkter Erfahrung durch das Kriterium der räumlichen Distanz getrennt, ohne hinreichend zu klären, inwiefern eine lokale Gemeinschaft ohne symbolische Mittel als solche „erfahren" werden kann. So ist festzuhalten, daß auch Paasis Identitäts-Konzept für die Entwicklung einer Theorie signifikativer Regionalisierung kaum fruchtbar gemacht werden kann, weil sie immer schon räumlich konstruiert ist. Die Unterscheidung von lokaler und regionaler Identität müßte konsequent mit einem unterschiedlichen Grad der Institutionalisierung und damit einem unterschiedlichen Grad an Kollektivität verbunden werden. Dann entscheidet nicht der räumliche Bezug (die Nähe) über den Wahrheitsgehalt einer „Region" und ihrer Identität, sondern inwiefern diese als selbstverständlich, ungefragt und nicht nachprüfbar in signifikativen Bezügen als „wahr" (epistemisch objektiv) vorausgesetzt und *identifiziert* wird.

Identität und Identifizieren

Im zweiten Teil (Kap.3.4.1) wurde das Identifizieren als eine grundlegende Strukturierungsleistung und damit unvermeidlich mit Prozessen der Komplexitätsreduktion einher gehend herausgestellt. Mit dem Postulat der Performativität erhält also ein – z.B. als Region – identifizierter Raum eine reduktionistische „Identität". Er erfährt damit aber im Sinne des Herstellungsparadigmas keine „falsche", sondern eine *konstitutive* Verkürzung („Stereotypisierung" und „Homogenisierung"). Von dieser Perspektive aus betrachtet, stellt sich das Hantieren mit dem Begriff der „Identität" als *wissenschaftlich-analytischer* Kategorie als ähnlich problematisch dar, wie das in Teil I dekonstruierte Konzept der „Region". Wenn es darum geht, raumbezogene Herstellungsprozesse zu betrachten, dann ist die Leistung eines Konzepts, das Abgeschlossenheit, Endgültigkeit, räumliche Konstanz und Eindeutigkeit suggeriert, beschränkt und in hohem Maße einer internen Selbstbestätigung verdächtig.

An diesem Punkt eröffnet Weichhart (1990; 1999b) einen handlungstheoretisch kompatiblen Ausweg über den Rückgriff auf die sozialpsychologischen reziproken Kategorien Graumanns (1983; 1999):

Identifikation I: „Identifying the environment" (Andere/s identifizieren)
Identifikation II: „being identified" (Von Anderen identifiziert werden)
Identifikation III: „Identifying with one's environment" (Sich selbst mit Anderen / Anderem identifizieren).

Was diese Zugangsperspektive für die Sozialgeographie alltäglicher Regionalisierungen interessant macht, ist die Betonung der *Tätigkeit* des Identifizierens, statt von einer (wie auch immer gearteten) fertigen Identität auszugehen, die – wenn man sie denn weniger abgeschlossen haben möchte – nur unscharf und widersprüchlich als „multiple" oder „hybride Identität" beschrieben werden kann. Dem Paradigma der Performativität der signifikativen Regionalisierung folgend, ergibt sich eine Verschiebung vom Identitätsbegriff zum (fortlaufenden) Identifizieren, dessen konventionalisierte und institutionalisierte Form dann als diskursiv verankert betrachtet werden kann (vgl. Luutz 2002). Im Sinne der handlungstheoretischen Konzeption ist dann „Identität" – wie die „Region" (s. Teil I) – ein *„in suspenso"* zu haltendes Artefakt, das „zu Erklärende".

„Regionale Identität" ist dann eine manifest vorgestellte Abstraktionsebene des Regionalisierens, denn jegliche räumliche Einheit als Gegenstand birgt notwendig bereits eine signifikative Identifizierung ihrer selbst. Dennoch ist der „Wertbezug" mit dem „Gegenstandsbezug" verbunden. Das „sich Identifizieren mit" dieser räumlichen Einheit ist aus dieser Perspektive dann ein weiterer symbolischer Schritt, bzw. eine „symbolische Funktion" (vgl. Graumann 1999:64) oder, Davy (1999:60) zufolge, eine „Zuordnung von Räumen zu Menschen" und von „Menschen zum Raum", die z.B. über die indexikalische Verortung manifestiert wird („dort, in meiner Heimat A, sind wir so"). Nach Graumann (ebd.): „Jede soziale Identität ist nicht nur interpersonal-interaktiv eingebunden; sie ist immer auch ortsbezogen (...)". Somit wird es nicht nötig sein zu belegen, daß Identitäten (heute) ablösbar von geographischen Räumen *sind* (von Thadden 1991:496-497, s.a. Giesen 1999:46; Keupp et al. 1999:76; Münch 1999), wobei *„die Identitäten"* wieder als existierende geschlossene Gebilde betrachtet werden würden. Die Frage ist, inwiefern die Verbindung von geographischen Räumen und kultureller oder ethnischer Eigenart signifikativ erzeugt und objektiviert wird und inwiefern es Alternativen zu diesen Komplexitätsreduktionen und Objektivationen gibt, indem eine implizite und eine explizite Ebene zu unterscheiden ist.[19] Daran anschließend wird es möglich zu betrachten, wie weit die dekonstruktivistische „postmoderne" Kritik an Identitätspolitik (s. Bauhardt 1999:175ff.; Bhabha 2000) und dem Gemeinschaftskonzept (s. Young 1990) in Bezug auf die gesellschaftliche und die wissenschaftliche Praktikabilität (s. Marcus 1992) tragfähig ist.

Die Arbeitshypothese zum Gefüge der Identifikationsprozesse, lautet daher entsprechend der Ergebnisse aus Teil II, daß die Identifikation (I) von räumlichen Einheiten über signifikative Verknüpfungen direkt mit der Identifizierung des „Anderen" und damit auch des „Eigenen" und seinem Kollektiv (das raumbezogene „wir", resp. „unser"), also mit der Identifikation III, dem „sich-selbst-mit-Anderen identifizieren" zusammenhängt. Identifikation II ist dann die von Anderen getätigte Identifikation I. Sie folgt damit dem gleichen formalen Schema, wenn auch entwicklungspsychologisch von einem (einschränkenden) gesellschaftlichen Voranschreiten der tradierten Kategorien vor der subjektiven Tätigkeit des Identifizierens ausgegangen werden muß. Diese voranschreitende Einschränkung manifestiert sich beim Individuum mit der Formierung des Hintergrundes (vgl. Graumann 1999:63). Das Identifizieren ist nur vor dem Hintergrund des bereits

---

19 In Anlehnung an Hoffmann (1996:162-163) kann hier von einer analytischen Unterscheidung von „Objektivationen" ausgegangen werden, wobei sich die *primären Objektivationen* auf das schon immer vorausgesetzte und nicht mehr thematisierte Grundverständnis räumlicher Einheiten, die *sekundären Objektivationen* auf ein zwar thematisiertes, aber kaum reflektiertes Vorverständnis der raumbezogenen Kategorien und die *tertiären Objektivationen* auf die bei Bedarf nachgelieferten theoretischen Begründungen und Legitimationen auf der Basis des institutionalisierten Raumverständnisses beziehen.

Identifizierten möglich. Wichtig ist aber, daß diese Vor-Strukturierung auch als Ermöglichung der Einordnung und des sich-in-Beziehung-Setzens mit der Welt überhaupt anzuerkennen ist. Wenn Davy (1999:61) bemerkt: „Identität ist eine Form von Ordnung und vermittelt Orientierungs- und Handlungssicherheit", dann ist dies nicht nur auf ein beruhigendes Gefühl zu beziehen, das, wenn auch ungern, verzichtbar wäre.

2   Bedeutung von Raum(be)deutungen

Wenn die kulturelle Differenzierung und Differenzbildung auf räumlicher Basis eine aus der signifikativen Praxis entspringende Notwendigkeit des Identifizierens ist, wie und in welcher Form kann es dann – wenn nicht außerhalb der strukturierenden Praxis – so etwas wie „kulturelle Integration" oder eine „Weltgemeinschaft" überhaupt geben? Der bereits in Teil I und Teil II aufgezeigte Widerspruch zwischen impliziten und expliziten Regionalisierungen, zwischen der Grammatik der Weltdeutung und neuen Weltdeutungen zeichnet sich hier zwischen den raumbezogenen Identitäten (als Manifestation der identifizierenden Praxis) und einem „neuen" Diskurs von hybriden, interkulturellen oder integrativen Gesellschaftsformen und -utopien ab. Ihn gilt es nun stärker für die gesellschaftliche Ebene herauszuarbeiten. Dabei ist die gesellschaftliche *Bedeutung* der impliziten Verortungsprinzipien als *Begründung* für regulierende Praktiken, Handlungskoordinationen und Institutionen menschlichen Handelns zu betrachten. In einem *ersten* Kapitel ist die strukturationstheoretische Konzeption anzulegen und die Idee der „Bedeutung von Bedeutungen" auszuführen. In einem *zweiten* Kapitel wird der Raumbezug zentral und eine speziellere sozialgeographische Konzeption ist gemäß der Theorie „signifikativer Regionalisierung", wie sie bislang entwickelt wurde, zu entwerfen. In einem *dritten* Kapitel ist dann noch einmal konkret auf die angesprochenen Widersprüche einzugehen.

2.1   Allgemeine strukturationstheoretische Konzeption

Die Bedeutung der Bedeutungen

Zunächst bedarf es eines theoretischen Rahmens, der die Verbindung von Sprechakten und Tatsachen differenziert zu fassen vermag. In strukturationstheoretischer Einstellung ist von der wechselseitigen Bezogenheit manifestierter Diskurse und alltäglichen signifikativen Praktiken auszugehen. Das heißt, daß mit dem alltäglich vollzogenen Identifizieren, welches gleichzeitig ein Organisieren und Funktionalisieren von Gegenständen aller Art (inklusive Subjekten) erlaubt, eine (konventionelle) Welterzeugung stattfindet.

Searles Funktionsbegriff folgend ergibt sich eine prinzipielle Unabhängigkeit von den bezeichneten Gegenständen und der ihnen symbolisch zugewiesenen Funktion. Aus den „Logiken" der alltäglichen Verortung, der Topologisierung,

Chorologisierung und Topographisierung läßt sich nicht deterministisch auf ihre gesellschaftliche Bewertung und Verwendung schließen. Die prinzipielle Verwobenheit (Verwiesenheit und Kohärenz) der alltäglichen individuellen Tätigkeiten mit einer intersubjektiven gesellschaftlichen Ebene erlaubt aber die Suche nach *Verweisen und Bezügen.* Der „Gesamtdiskurs" als abstrakte gesellschaftliche Ebene erscheint dabei als die institutionalisierte Fassung der signifikativen Tätigkeiten selbst und ist insofern auch in diesen eingelagert. Über den Hintergrund sind die handelnden Individuen (und darunter fallen auch die „Wissenschaftler") direkte Beteiligte – zugleich „Erzeuger" und „Gefangene" – der intersubjektiven Diskurse.

Was nun in Betracht gezogen werden muß, ist ein Zusammenhang, der als „Iterierung von Bedeutungszuweisungen" (vgl. Teil II, Kap.1.3.2) beschrieben werden kann. Die durch die signifikativen Regionalisierungsweisen vollzogenen Bedeutungen – so die nun zentrale Hypothese – erhalten als kausal-logische Begründungsverweise weitere Bedeutungen.[20] So ist also von der „Bedeutung der Bedeutungen" zu sprechen, und zwar nun weniger sprachbezogen (vgl. Putnam 1990), sondern gesellschaftsbezogen. Der Begriff der „Bedeutung" ist dabei in zwei Dimensionen zu verstehen. Bedeutung ist *erstens* im Sinne einer allgemeinen „Relevanz" aufzufassen. Welche Rolle spielt es im gesellschaftlichen Leben, daß mit einem indexikalischen Verweis eine Verortung vollzogen wird? Welche Rolle spielt es z.B. für politische oder konsumtive Entscheidungen, daß räumliche Einheiten wie Container imaginiert werden? Welche Rolle spielt es, daß über geographische Eigennamen bestimmte Eigenschaften signifikativ an einen fixierten Ort / eine begrenzte Raum-Zeit-Stelle gebunden werden? Und welche Rolle spielt es, daß die vorgestellte territoriale Einheit es ermöglicht, Menschen auf ihrer Grundlage zu klassifizieren? Es sind dies alles Fragen nach den Funktionen, welche die Vorstellungsweisen räumlicher Sachverhalte zugewiesen bekommen und die sie – institutionalisiert – unweigerlich in die Begründungszusammenhänge sozialen Handelns einbinden.

Zweitens aber bezieht sich „Bedeutung" auch auf eine moralische Bewertung von Handlungen, die sich über die räumliche „Logik" begründet. Allgemein formuliert wird dann die Frage eröffnet, inwiefern räumliche Bezüge als Begründung für eine moralische Bewertung zitiert werden. So kann – trotz konstruktivistischer Grundhaltung – auch eine Verbindung zur normativen, ggf. auch ideologischen Ebene hergestellt werden. Welche Rolle spielt z.B. das „vor Ort sein" für eine moralische Bewertung der Handlungen von Politikern? Wie wird in der Öffentlichkeit die (physische) Anwesenheit „im Container" bewertet? Welche Handlungsweisen ergeben sich wiederum aus diesen moralischen Bedeutungen? Dies sind Fragen nach der gesellschaftlichen Einbindung der Regionalisierungsweisen, die darauf hinleiten, daß es sich hier nicht um bloße und beliebige „Vorstellungen" handelt, sondern um Elemente, die auch in einen ideologischen Diskurs eingebunden sind.

---

20 Vgl. Teil II (Kap. 2.3.2) bzgl. der Bedeutung der Medien als „Globalisierungs- oder Beschleunigungsmaschinen".

Auf einer grundlegenderen Ebene wird bei so angelegter Reflexion ersichtlich, daß auch die Definition des „Natürlichen", bzw. einer *natürlichen* Ordnung der Dinge" auf die Identifikation, Orientierung und Organisation von (räumlichen) Einheiten verweist. Die Zuweisung „natürlich" ergibt sich aus der Selbstverständlichkeit, mit denen diese Ordnungen als indiskutable Tatsachen behandelt werden. Eisenstadt/Giesen (1995:77-79) zufolge kann dabei von einem „primordialen Code" gesprochen werden, der soziale Tatsachen, z.B. Grenzen, naturalisiert:

> „any attempt to question the validity of ‚natural boundaries' (and obligations) will fail because they are *by definition* exempted from social definition and alteration" (ebd.:79).

„Natürliche Ordnung" wird damit zu einem sozialen Produkt und zu einem Beobachtungsschema. Sie trägt die Abgrenzung zum „Kulturellen" und damit zum Verhandelbaren in sich, obwohl sie dieser Differenz zufolge selbst kulturelles Produkt sein müßte. „Natur" kann sich nicht begründet gesellschaftsextern symbolisch selbst erzeugen, doch liegt in ihrem Begriff die konstitutive Zuschreibung (konnotativ wie denotativ), beobachterunabhängig zu sein. In dieser selbstbezüglichen und gewissermaßen notwendigen Widersprüchlichkeit liegt der Zugang zur Frage, welche Bedingungen den Rekurs auf das „Natürliche" (und parallel damit auch auf das „Kultürliche") erlauben oder gar einfordern. Und diese Frage ist eng verbunden mit der, welche Bedeutung gegenwärtig bestimmte Weisen der Welt- bzw. Raumerzeugung erhalten. Auch die Bedeutung von identifizierter Einheit als „natürlicher Einheit", die im Begriffsfeld der (deutschen) „Wiedervereinigung" zentral wird, steht damit zur Diskussion.

Differenzbildung: allgemeines Prinzip mit moralischer Bedeutung

Neben dem alltäglichen Identifizieren von räumlichen Einheiten und der darin lebenden Menschen sind es nun also die „Rollen" und „Relevanzen" der sprachlichen Weisen der Welterzeugung, die einer Diskussion theoretisch zugänglich gemacht werden sollen. Bei der Auseinandersetzung mit bestehenden Theorien ist dabei klar zu trennen zwischen einer kritischen Reflexion und einer moralischen Kritik. Wissenschaftliche Auseinandersetzung mit Diskriminierungen erwecken bei der – zugegeben notwendig selektiv lesenden – Leserin folgenden Anschein: Auf *alltäglicher* Ebene wird Diskriminierung praktiziert, auf *wissenschaftlicher* Ebene wird diese Praxis reflexiv beobachtet, analysiert und diskutiert. Dabei spielt das normative Element der gerade aktuellen *„political correctness"* eine nicht unerhebliche Rolle. „Rassismus" z.B. ist heute grundsätzlich negativ konnotiert und wird wissenschaftlich mehr oder weniger moralisch anklagend z.B. in medialen Berichterstattungen nachvollzogen (s. Weiß et al. 1995). Weder wird in solchen Studien aber die Praxis des (räumlichen) Strukturierens als solche theoretisch belangt, noch wird der Anspruch erhoben, auch die in der sogenannten wissenschaftlichen Praxis inhärenten Differenzbildungen in die Reflexion einzubeziehen, sie offenzulegen und transparent zu machen. Letzteres brächte die Notwendigkeit zur Theoretisierung der Abgrenzung von Wissenschaft und Alltag in aller ihrer Problematik mit sich (s. Lippuner 2005). Was zudem fehlt, ist der Versuch, einen

Zusammenhang herzustellen zwischen den scheinbar „korrekten", unproblematischen (weil selbstverständlichen) Diskriminierungen, die bereits mit einer Untersuchung von „Rassismus *in* Deutschland" (gleichbedeutend mit dem daraus implizit hergestellten *„deutschen* Rassismus") einhergehen, und den vermeintlich „falschen", politisch unkorrekten Rassismen („Negerland"). Die These, die hier entlang der Aufbereitung des Begriffs des Identifizierens verfolgt wird, ist, daß beide Arten von Diskriminierung dieselbe begründende „Logik" beinhalten, insofern sie sich auf scheinbar „gegebene" Abgrenzungen berufen (Container Deutschland/kategorielle Verortung der Schwarzen). Der grundlegende Unterschied ergibt sich erst aus der unterschiedlichen *Bedeutung*, die der Abgrenzung zugewiesen wird (korrekt/nicht-korrekt). Der Anspruch, diesen Zusammenhang herauszustellen, ist jedoch nicht, ein Naturgesetz von Begründungszusammenhängen aufzudecken, sondern zu zeigen, daß über den Rückverweis auf scheinbar gegebene räumliche „Logiken" auch die daraus abgeleiteten Handlungen den Anschein einer „natürlichen", und damit indiskutablen Gesetzmäßigkeit erhalten, ein Prinzip, das auch den moralisch unkorrekten Rassismen zugrundeliegt und einen großen Teil ihrer gesellschaftlichen Problematik ausmacht.[21]

Wissenschaftlich wird im Zuge der aktuellen Kultur-Debatte allgemein ein Mangel an „Kontingenz-Denken" im Diskurs beklagt (vgl. u.a. Bhabha 2000; Appadurai 2000; Nassehi 1997; s.a. Bronfen et al. 1997; Werbner/Modood 2000). Dem ist im Sinne einer vermeidbaren unreflektierten Essentialisierung (s. Teil I) zuzustimmen. Dabei wird zuweilen aber auch ein (personifizierter) Vorwurf an die „Traditionalisten" hörbar, zu denen „das Bewußtsein von der historischen Kontingenz kultureller Phänomene offenbar nicht vorgedrungen" ist (Nassehi 1997:190). Unter der Voraussetzung, daß Essentialisierung (und Naturalisierung) als alltägliche signifikative Praxis der Konzeptualisierung von Kontingenz jedoch gewissermaßen zuwiderläuft, ist das Einfordern eines „adäquaten" Denkens jedoch fragwürdig. Es ist aber vor allem dann problematisch, wenn eine moralische Kritik an „traditionalistischen Theorie-Entwürfen" in Bezug auf die Raumkonzeption anklingt. An der Containerisierung oder der Stereotypisierung selbst, an diesen strukturierenden Momenten, kann kaum etwas „Falsches" oder „Schlechtes" sein. Sie entziehen sich als identifizierende, organisierende und funktionalisierende Bedingungen der Weltbindung einer moralischen Bewertung (nicht aber einer kritischen Reflexion, wie in Teil II gezeigt). Als allgemeine Grundprinzipien scheinen sie derzeit sogar unvermeidbar. Allenfalls könnte insofern moralisch diskutiert werden, ob die sich an die „Logiken" anschließenden Handlungen dem herrschenden Wertesystem einer Gemeinschaft entsprechen. Am Beispiel Ratzel wurde dies bereits in Teil I (Kap.1.2.4) angesprochen. Eine moralische, bzw. ideologiekritische Diskussion von Ratzels Verbindung von Blut und Boden in seinen wissenschaftlichen Arbeiten ist wenig erkenntnisreich, weil sich die moralische

---

21 Es sei betont, daß es nicht mein Anliegen ist, „Rassismen" und ihre Problematik zu verharmlosen. Im Gegenteil geht es darum, die vermeintlich „beobachtende" Rolle der (wissenschaftlichen) Nicht-Beteiligung an Diskriminierung (Differenzbildung) zu dekonstruieren, um einen Blick auf grundlegende Prinzipien zu erhalten – was dann auch die Frage berührt, wie extreme Formen dieser Weltbildung entstehen können (vgl. Schlottmann 2002).

Kritik erst mit den Anschlußdeutungen und -handlungen nationalsozialistischer Politik eröffnet.

Passung von (Re-)Präsentation, Erwartung und Struktur

Statt um eine moralische Diskussion geht es hier formal-analytisch um das, was mit den allgemeinen Strukturierungen „gemacht" wird, also *erstens*, wie sie benutzt werden. *Zweitens* wird gefragt, wie Regionalisierungsweisen als (politisch-normative) Entscheidungsinstrumente in Handlungen übersetzt werden und sich dabei in ein bestehendes konventionelles Bewertungsschema einpassen (oder nicht). Die Hypothese ist, daß die räumliche Festschreibung und „das stahlharte Gehäuse der Zugehörigkeit", wie es Nassehi (1997) beschreibt, in hohem Maße persistent sind. Damit gliche in Anlehnung an Nassehi (1997:192) die Rede von einer „enträumlichten" oder „transnationalen" Welt dem Begriff der „multikulturellen Gesellschaft", die gar nicht anders kann, als „jene Mauer zwischen vermeintlich geschlossenen Symbolwelten mitzuerrichten, gegen die zu oppponieren er sich anschickt". Die Verwendung von scheinbar a-räumlicher Begrifflichkeit bliebe folglich dem Denken in Räumen und Territorien (und den ihnen zugehörigen Kulturen) genauso eng verpflichtet, wie sich der Terminus der multikulturellen Gesellschaft an den Begriff von (diskreten) Kulturen anlehnt und diesen reproduziert (ebd.). Die Frage, unter welchen Bedingungen es möglich ist, ohne die Thematisierung räumlicher Zurechnungsindikatoren und Typisierungsrastern zu sprechen, zu denken und zu handeln, ist aber nicht nur eine philosophisch-linguistische. Es ist eine soziologische Frage, insofern das „Sprengen der fatalen Logik" (Nassehi 1997:199) eng geknüpft ist an die Einlagerung dieser Logik in gesellschaftliches und individuelles Handeln.

Die Reichweite signifikativer Regionalisierungsweisen ist bestimmbar, wenn erkannt werden kann, daß mit den Strukturierungen Handlungsmuster einhergehen, die zu ihnen „passen" und begründend auf eben diese „Logiken" verweisen. In diesen Relevanzsystemen ist die gesellschaftliche Einbindung der Rede vom Raum in die soziale Praxis zu verstehen, die dann nicht mehr nur die signifikative Dimension berührt, sondern – in Werlens (1997b:272) Analyseraster – auch die politisch-normative oder produktiv-konsumtive. In gewisser Weise fußen diese Typen aber immer auf dem signifikativen Aspekt, und zwar insofern für alle Institutionen die Sprache und die symbolische Funktionszuweisung unverzichtbare Bedingungen sind (vgl. Teil I, Kap.3; Teil II Kap.1.3). Wie bei allen gesellschaftlichen Tatsachen ist davon auszugehen, daß auch die routinisierte, selbstverständliche und damit verbindliche Bedeutung der Bedeutung eine Sache des Grades ihrer Institutionalisierung ist und vom fortlaufenden Vollzug oder „Zitieren" (auch im Sinne einer fortlaufenden Anerkennung) abhängt. Interessant ist dann die Konsequenz, daß aus den *so* begründeten Handlungen wiederum Strukturierungen resultieren, die rekursiv *eben so* auf die Erfahrung und die „Repräsentation zurückwirken. Abbildung III-1 zeigt das Prinzip dieser „Passung" am Beispiel des Konzepts „Deutschland". Wichtig ist zu beachten, daß die präsentative Strukturierung durch die signifikativen Sprechhandlungen in der Repräsentation „erfahrener" und insofern als „vorhanden" vorgestellten Strukturen ihre Entsprechung findet, und daß es sich insgesamt um verschiedene *Beschreibungsebenen* handelt.

(eigener Entwurf)

> Präsentation von strukturiertem Raum:
> „in Deutschland so" ⇒ Deutschland als Container spezifisch deutscher Eigenart
>
> ⇩⇧
>
> (physisch-materielle) räumliche „Struktur":
> Grenzen um Deutschland
>
> ⇩⇧
>
> Erfahrung räumlicher „Strukturen":
> wahrgenommene Grenze und Unterschiede bei ihrem Überqueren (hier so / dort anders)
>
> ⇩⇧
>
> Repräsentation von strukturiertem Raum:
> „in Deutschland so" ⇒ Deutschland als Container spezifisch deutscher Eigenart

Abb. III-1: (Re-)präsentative „Passung" am Beispiel des Konzepts „Deutschland"

Die iterierte *Bedeutung*, wie sie hier verstanden wird, äußert sich also in Erwartungen, Begründungen, Entscheidungen und materiellen Ausgestaltungen, die analog, also passend, zu der signifikativen Bedeutungszuweisungen, ihrer „Logik" und ihrer Vorstellungsprodukte läuft und die damit als Repräsentation von „objektiven" Gegebenheiten auch Plausibilität erlangt.

Methodisch eröffnet sich damit ein Zugang, vielmehr aber noch ein Anspruch. Die theoretische Konzeption behauptet, daß die Bezüge zur gesellschaftlichen Einbindung signifikativer Regionalisierungsweisen dort als Verweise (als hermeneutische Perspektive) auffindbar sind, wo auch die sprachlichen Verortungsprinzipien erkennbar sind. Es handelt sich insofern nicht um zwei unterschiedliche Gegenstände, sondern um zwei Lesarten des gleichen Texts. Die sprachlichen Elemente verweisen auf die institutionelle Ebene kollektiver Anerkennung, weil sie selbst ein maßgeblich konstitutiver Teil dieser Ebene sind. Sie stehen als relativ stabile Säulen in einem Netz von Bedeutungen, aber damit auch von Handlungsbezügen und -verwirklichungen. Das heißt aber nicht, daß ein störungsfreier reibungsloser Ablauf durch die gegenseitige Verwiesenheit von singulärer Handlung und institutionalisierter Handlungsweise jedenfalls gewährleistet ist. In diesem Netz können die manifestierten Bedeutungen der Bedeutungen (respektive die aus ihnen erzeugten Vorstellungen) durchaus mit Konzepten, die ihnen – zumindest scheinbar – de-strukturierend entgegengesetzt stehen, kollidieren bzw. müssen dann verhandelt werden. Die vorläufige These ist aber, daß in einer fortlaufenden interaktiven Verhandlung von Identitäten, wie sie u.a. Paasi (1986a,b) oder Graumann (1999) annehmen, zwar semantische Variablen und variante Zuordnungen auftauchen, die *Modi* der Kategorisierung aber kaum durchbrochen werden. Denn – so Graumann (1999:69) bezüglich der situativen Aushandlung: „der Typ nicht das Individuum ist gefragt; die Interaktion ist eine ‚kategoriale', und die Situation ist in dieser Hinsicht ‚definiert'".

2 Bedeutung von Raum(be)deutungen

Institutionalisierung von Strukturierungen = Strukturen

Die oben formulierten Thesen stehen in der Tat gänzlich quer zu Halls – auf Giddens Argumentation der *time-space-distanciation* aufbauendem – Postulat, daß moderne Institutionen „nach völlig neuen Strukturprinzipien organisiert werden" (Hall 1994b:184). Um die Thesen noch einmal zu fundieren, ist zunächst auf das Verhältnis von Strukturierung und Struktur einzugehen, das ein dialektisches, ja, geradezu ein derart konstitutives ist, daß an der Validität der klassischen Kategorien von „Individuum" und „Gesellschaft" zu zweifeln ist (vgl. Hall 1994b:192). Diese Dialektik ergibt sich, folgt man Searle oder Lakoff/Johnson (s. Teil II, Kap.3), grundsätzlich über die Wechselwirkung des strukturierten und strukturierenden Hintergrundes mit der erfahrenen Welt, wobei das Bildungssystem eine reproduktive Rolle spielt (vgl. Paasi 1999). Die schwache These ist dabei, daß der Grad der Instutionalisierung und die damit einhergehende scheinbare „Logik" der „Passung" von Konzepten eine kohärente Handlung nicht vorgibt, sie aber – aufgrund ihrer Plausibilität und Selbstverständlichkeit – wahrscheinlich macht.

Wenn institutionelle Tatsachen durch alltägliche Sprachpraxis erschaffen werden, dann sind Strukturen als die festgeschriebenen, als „verwirklicht" anerkannten Folgen dieser Tätigkeiten anzusehen (Abb. III-1). Die Institutionalisierung bezieht sich auf das manifestierende reproduktive Moment. Institutionen sind dann – auch entgegen der oftmals enger gefaßten Bedeutung bei Searle (1997) – nicht als „öffentliche Einrichtungen" (wie die Universität) oder „soziale Einrichtungen" (wie die Ehe) zu verstehen, sondern in einem weiteren prozeßhaften Sinne allgemein als strukturierte und strukturierende Verfestigungen von Handlungsmustern und -weisen. Die damit verbundenen Bedeutungen werden als bestehende, „objektiv gegebene Gegenstände" begriffen, behandelt und als „wirklich" vermittelt (Berger-Luckmann 1997; Zucker 1991). Tabelle III-1 zeigt die Abstraktionsebenen dieser handlungstheoretischen Konzeption bezüglich verschiedener Begriffe und nimmt dabei auch die Ausführungen zu Diskurs und Identität auf.

Tab. III-1: Abstraktionsebenen von Handlungen und Tatsachen

alltägliche Handlung	institutionalisierte Handlung („Weisen der Welterzeugung")	institutionelle Tatsache (= Erfahrungsgrundlage und Hintergrund der alltäglichen Handlung)
Strukturieren	wiederkehrende Strukturierungsweise	„Struktur"
Sprechakt	wiederkehrende Sprechweise	„Diskurs"
Identifizieren	wiederkehrende Identifikationsweise	„Identität"
Kategorisieren	wiederkehrende Kategorisierungsweise	„Kategorie"
Herstellen	wiederkehrende Herstellungsweise	„Produkt"
Regionalisieren	wiederkehrende Regionalisierungsweise	„Region"

(eigener Entwurf)

Strukturen (oder auch Regionen) erhalten eine doppelte Manifestation als „Fakten" oder identifizierte „Gegenstände": einmal in der konventionellen Sprache selbst und zudem – über den Weg als Handlungsbegründung (das reflexiv *ex-post* konstruierte „Motiv") und deren Verwirklichung in der belebten und unbelebten Mitwelt – auch wieder in der Erfahrung. So paßt z.B. die Vorstellung von räumlichen Einheiten als begrenzten Behältern zur Manifestation von Grenzen, nicht nur auf der Karte, sondern auch materiell z.B. als Mauern, Schlagbäume etc. Diese Manifestation geht aber als erfahrbare und erfahrene Wirklichkeit der Strukturierung auch wieder voraus bzw. „paßt" zu dieser (s. Abb. III-1). Die Stabilität der Konzepte ergibt sich also über die mannigfaltige „Bestätigung" und damit dem Zurücksetzen ihrer Kontingenz.

Handlungsbegründungen und Handlungsfolgen

Über die Iterierung der „Logik" von Strukturierungen werden Vorstellungen erzeugt, die sich rückbezüglich auf Erfahrungen gründen und wiederum mit bestimmten Erwartungen einhergehen. Die „Logiken" erscheinen somit als handlungsbegründend. Die auf die institutionellen Tatsachen abgestimmten Handlungen und ihre Folgen können z.B. Selektionen sein, die auf der Grundlage von Mustern der Deutung (hier: chorologisierenden, ortenden und verortenden Prinzipien) getätigt werden. Diese Selektionen sind – so ist zu erwarten – grundsätzlich reproduktiv in Bezug auf die zugrundegelegten Kategorien. Wenn eine Auswahl aufgrund einer bestimmten Herkunft, sagen wir ein Produkt aus Thüringen (vgl. Felgenhauer 2001), getroffen wird, wird damit nicht nur die „Logik der Verortung", sondern auch die Kategorie „Thüringen" als Container reproduziert. Dabei ist es für die (reproduktive) Handlungs*folge* zunächst unerheblich, ob die so betrachtete reproduktive Tätigkeit zweckrational bewußt oder „unbewußt" durchgeführt wird. Die Performativität der signifikativen Prinzipien ergibt sich grundsätzlich über die inhärente Handlungsabsicht, die „unbewußt" nur im Sinne von „unreflektiert" ist. Die Tätigkeit des *„Strukturierens"* ist eine der reflexiven Betrachtung entspringende „Handlung", ist also als notwendig *intentional* aber nicht notwendig *intendiert* anzusehen. Andererseits kann sie aber auch „gewußt" (oder intendiert) werden, denn sie folgt keinem „urmenschlichen" Prinzip.

2.2 Spezielle sozialgeographische Konzeption

Im Folgenden sind nun einige Bausteine der angelegten Theorie zusammenzuführen, um die Übertragung der allgemeinen Konzeption des Zusammenhangs von Handlung und Struktur auf die spezielle raumbezogene Fragestellung nach der Konstitution räumlicher Einheiten und den Zusammenhang von signifikativer Regionalisierung und ihrer gesellschaftlichen Einbindung zu verdeutlichen.

Konstitution von räumlichen Einheiten als Verortung von Kultur

Bezüglich der Entstehung von erdräumlichen Einheiten, wenn sie als institutionelle Tatsachen betrachtet werden, ist im Sinne der iterierten Funktionszuweisung (Teil II, Kap. 1.3.2) nun ein grobes analytisches Schema formulierbar. Zu unterscheiden ist zunächst eine anfängliche Schaffung von Regionen, ihre fortdauernde Existenz und ihre offizielle (gewöhnlich sprachliche) Repräsentation (Searle 1997:124).[22] Die grobe Skizze läßt sich – in Anlehnung an die in Teil II aufbereiteten Grundlagen – in die folgenden Schritte einteilen:

1. Aus der (*per se* bedeutungslosen, unbegrenzten, uneindeutigen) „Erdoberfläche" wird ein Ausschnitt mit Hilfe von Repräsentationsformen (Projektionen, Karten, Grenzsteinen) als Einheit eingeteilt und abgegrenzt.

2. Dieser Einheit wird ein Name (Toponym) zugewiesen. Allerdings muß dies nicht zwingend mit einer „Taufe" vollzogen werden, sondern kann sich auch über eine gewisse Zeit entwickeln. Der Übergang ist jedenfalls zwingend ein symbolischer, eine nicht-determinierte Zuweisung. Darum können später auch die Meinungen über die exakte Raum-Zeit-Stelle dieses Gegenstandes auseinandergehen.

3. Mit dem symbolischen Schritt, der einer Funktionszuweisung entspricht (x gilt als y in K) entsteht nicht nur der Gegenstand als solcher, es wird auch möglich, sich auf diesen Gegenstand zu beziehen, selbst in physischer Abwesenheit, also auch ohne direkten indexikalischen Verweis (zeigen auf...). Er kann nun unabhängig von seiner Grundlage bestehen und auch dann weiterbestehen, wenn sich die Grundlage selbst ändert. Das heißt, es kann nun Zugehörigkeit zu einer Fläche (Boden, Land etc.) markiert werden, ohne daß man diese physisch besetzen müßte.[23] Gleichzeitig wird der Gegenstand selbst in seiner Begrenzung, die entsprechende Region also, mit diesem Schritt auch erst als solche geschaffen. Häufig, aber nicht notwendig, wird eine Taufe mit einem Festakt performativ vollzogen, ein Beispiel ist das „aus der Taufe heben" der Öresundsregion (vgl. Berg et al. 2000).

4. Dieser symbolische Schritt scheint – in einer gegebenen Gemeinschaft – ganz selbstverständlich. Die Selbstverständlichkeit ergibt sich aber nicht aus der richtigen (ontologisch objektiven) Einteilung oder Benennung der vorgefundenen Welt, sondern daraus, daß ein zeitgenössischer kultureller Hintergrund den Umgang mit solchen Einteilungen (die räumliche Kategorisierung, die gedankliche Projektion etc.) bereitstellt. Darum werden auch „Phantasiereiche" so eingeteilt, wie man es aus dem Atlas gewohnt sind, wie z.B. im „Atlas der Erlebniswelten" (Klare/Swaji 2000).

5. Die fortdauernde Existenz der „Region" (Deutschland, Fichtelgebirge etc.) ist abhängig von der kollektiven Intentionalität (Thomasson 2001:150) und wird

---

22 Für eine Differenzierung und Diskussion vgl. Thomasson (2001).
23 Wenn diese Art von Konvention nicht gesellschaftlich anerkannt wird, die institutionelle Tatsache also instabil ist, wird wieder eine physische Markierung („Besetzung") notwendig.

darüber gewährleistet, daß „die direkt beteiligten Individuen und eine hinreichende Anzahl von Mitgliedern der relevanten Gemeinschaft" fortfahren, die Existenz anzuerkennen und zu akzeptieren (Searle 1997:126). Die damit verbundenen Handlungen (Sprechakte) sind ihrerseits konstitutiv für die Tatsache selbst.

6. Die signifikativ institutionalisierten „Regionen" sind gegebenenfalls eingebunden in ein Netz von weiteren Institutionen und Statusindikatoren, wie im Falle von Nationalstaaten (Innen-/Außenpolitik, Staatsbürgerschaft, Pässe, gesicherte Grenzen etc.). In anderen Fällen (der Übergang von gesellschaftlichen zu institutionellen Tatsachen ist, wie in Teil II ausgeführt, ein gradueller!) bestehen sie allein aufgrund der konstitutiven Funktionszuweisung an eine Lautfolge.[24] Es gibt jedoch keine Regionen, die ohne den symbolischen Schritt der Funktionszuweisung bestehen, weil dieser konstitutiv für deren Existenz ist.

7. Die Etablierung des Eigennamens als intersubjektiver Bezug auf eine Raum-Zeit-Stelle eröffnet die Möglichkeit zu weiteren Funktionszuweisungen (Iterierung). Dies ist die Grundlage für eine Anthropomorphisierung der Einheiten signifikativer Regionalisierung, die sich in Wendungen wie „Deutschland geht es schlecht" ausdrückt. Dieser Punkt wurde im Zusammenhang mit raumbezogenen Metaphern und Metonymien (Teil II) detailliert beleuchtet.

8. Die *gesellschaftliche Bedeutung* der grundlegenden Verortungsmodi kann jetzt als weitere Funktionszuweisung an regionalisierende Konzepte verstanden werden. So kann aus einem indizierten Gebiet ein Territorium werden und dieses wiederum zur Grundlage einer Nation. So kann dann auch aus einem Menschen, der *aus* dem entsprechend indizierten Gebiet kommt, z.B. ein „Deutscher" gemacht werden – bzw. anhand gewisser Indikatoren (Paß), als solcher identifiziert werden. Zentral ist, daß auch in den Fällen, in denen es keine öffentlichen Statusindikatoren gibt, sich die Zuordnung aus der Raumbindung herleitet: dem Wohn*ort*, dem Aufenthalts*ort* oder dem Geburts*ort*. Der Ort verweist auf die Zugehörigkeit zu einer bestimmten Kategorie, die ihrerseits mit kulturellen Eigenschaften verknüpft wird. Kultur oder kulturelle Eigenart *wird* auf diese Weise verortet.

Passung und Persistenz von Raum(be)deutungen

Das Individuum – so die starke These der handlungszentrierten Theorie – macht mit seiner Handlung einen Unterschied. Es sollte nun aber möglich sein differen-

---

24 Dies scheint bei „neuen" Regionen wie Mitteldeutschland der Fall zu sein, obwohl, wenn man genauer hinsieht, auch hier bereits weitere Institutionalisierungen bestehen. Auch die „Öresundsregion" (s. Berg et al. 2000) z.B. wurde bereits von Beginn an mit vielfältigen institutionellen Einbindungen versehen, z.B. einer „Öresund-Seite" in lokalen Tageszeitungen. Es gibt aber auch Regionen, die nur in bezug auf eine kleine „relevante Gemeinschaft" durch sprachliche Verwendung bestehen, z.B. „das Ländle".

2 Bedeutung von Raum(be)deutungen

zierter zu betrachten, welchen. Der Einfachheit halber kann von zwei möglichen Alternativen ausgegangen werden (in der Praxis sind diese aufgrund der Kombinationsmöglichkeiten von Iterationen und Verknüpfungen hoch komplex): Ein sozialisiertes Individuum mit einem entsprechenden Hintergrund kann in sprachlicher Interaktion (Kommunikation) die vorhandene Kategorie entweder reproduzieren oder aktualisieren[25] Anders gesagt: Ausgegangen von einer permanent vollzogenen alltäglichen signifikativen Regionalisierung können die erlernten Muster im jeweilgen sprachlichen Bezug entweder intentional in Anschlag gebracht werden, oder mit einem neuen intentionalen Gehalt versehen werden. Das scheint zunächst noch recht vage. Was aber passiert im jeweiligen Fall, legt man die Schichtung von tiefem Hintergrund, gemeinschaftlich manifestiertem Hintergrund und individueller Disposition zugrunde?

Ausgehend von folgender simpler weil plakativer Iteration von Funktionszuweisungen (die nicht linear, sondern parallel laufend vorzustellen ist) und unter Vernachlässigung des Kontextes (es sind verschiedene Kontexte denkbar und ein Kontext ist jedenfalls notwendige Bedingung) zeigt sich das grundlegende Prinzip der Verortung von Kultur als Iterierung von Funktionszuweisungen: **Deutschland** (das Wort „Deutschland" steht für eine Raum-Zeit-Stelle) – **Deutscher** (ein Bewohner von *Deutschland* zählt als Deutscher) – **ordentlich** (*Deutsche* gelten als ordentlich). Das Beispiel zeigt im Ergebnis einen einfachen Fall der Verortung von Kultur: eine Eigenschaft wird indexikalisch an einen erdräumlichen Ausschnitt gebunden: *Dort* (hier, an der und der Stelle der Erdoberfläche) ist man ordentlich, und daher auch: wer von *dort* (dito) kommt, ist ordentlich. Aus dem Modell der Schichtung des Hintergrunds ergibt sich, daß die Stabilität der angelegten Dispositionen unterschiedliche Grade ausweist. Das Einteilen selbst, wie auch die Indexikalität als solche (das navigatorische Prinzip), unterliegt in kommunikativer Interaktion keiner Aktualisierung, vielmehr erfolgt im Falle einer Aktualisierung „höherer" Schichten immer eine Reproduktion von bestehenden Strukturierungsweisen. Flexibler erscheint dagegen, mit welchen Verknüpfungen diese Muster einhergehen, bzw. *was* zusammengefaßt wird. Der kulturell disponierte Hintergrund kann sich in der Interaktion prinzipiell verändern, genauso wie der propositionale Gehalt eines indexikalischen Verweises sich ändern kann. Dann wird – nimmt man das banale Beispiel eines längeren Aufenthaltes in Amerika – ein neues „Hier" und „Wir" geschaffen, daß sich nun auf einen anderen Ort / eine andere Kultur bezieht, ohne daß sich die Verständlichkeit der Deixis verändert und ohne daß „Amerika" als Kategorie aufgelöst würde.

Der intentionale Gehalt ergibt sich nicht allein aus der Semantik, sondern in der Interaktion in einem Kontext, in dem die Perspektive geklärt wird. Wie aber ist es mit den unter Eigennamen zusammengefaßten Kategorien, deren Funktion ja genau ist, die Perspektivität zu transzendieren? Sie gehören zwar dem kulturell disponierten Hintergrund an, werden aber in der Interaktion – so ist zu vermuten

---

25 Es bestehen weiterhin die Möglichkeiten der Ambivalenz (Reproduktion *und* Aktualisierung) sowie der Gleichgültigkeit/Irrelevanz (*weder* Reproduktion *noch* Aktualisierung). Diese werden hier vernachlässigt.

– nicht in Frage gestellt oder durchbrochen. Ihre Verknüpfung mit Eigenschaften von Menschen, die „*aus* ihnen kommen", wird im Einzelfall in Bezug auf die Zugehörigkeit der Person revidiert, es kommt aber im Normalfall nicht zu einer Krise des Kategoriensystems selbst. Angenommen, X trifft einen Deutschen und dieser stellt sich als äußerst unordentlich heraus. Die individuelle Disposition wird dann in Bezug auf die Person umgeschrieben und in einem Netzwerk individuell verknüpft (unordentlich, nett, da und dort getroffen etc.) Aber nach wie vor hat das Muster **Deutsche–ordentlich** Bestand, wie auch die selbstverständliche Grundlage einer in Länder eingeteilten Welt und ihrer Eigenarten. Beispiele für diese Stabilität sind vielfältig in Berichten zum Thema „Heimat" und „Fremde" oder „kulturelle Zugehörigkeit" zu finden, auf die noch ausführlich eingegangen wird. „Wo möchten Sie auf keinen Fall geboren sein?" fragt z.B. die Süddeutsche Zeitung den Finnen Asta Rantala. Die Antwort: „In Schweden, Finnen mögen Schweden nicht. Allerdings ist der einzige Schwede, den ich kenne, sehr nett" (SZ Magazin 7 zum Thema „Heimatkunde", 14.02.2003).[26]

Im alltäglichen Sprechen wird die Art und Weise der Einordnung selten hinterfragt. Raummuster und darauf aufbauende Iterierungen werden tendenziell eher reproduziert denn verlassen. In ihrer selbstverständlichen Form werden sie (quasi – in Anlehnung an das metaphorische Prinzip – „tote Institutionalisierungen") zur ungefragten Grundlage des Handelns, wie auch zur Basis (vermeintlich) neuer Erkenntnisse.

Die Bedeutung der Raum(be)deutungen: Iterierte Verortungsprinzipien

Im Folgenden werden mögliche Iterationen von Bedeutungen der grundlegenden Verortungsmodi signifikativer Praxis schematisch dargestellt. Die entsprechenden Tabellen (III-2 bis III-5) sind von unten nach oben zu lesen, also von den Elementen (Toponyme, Indices und Metaphern) hin zu den größeren Bedeutungszusammenhängen (politisch-normative Handlungsmuster), in die sie im Sinne einer *Begründung* eingebettet sind. Ausgehend von „latenten Regionali-

---

26 Diese Stabilität hängt auch damit zusammen, daß es sich – geht man von einem konnektionistischen Modell aus – bei solchen Schemata nicht um singuläre Entitäten handelt, sondern um „distributed networks" (vgl. Bechtel/Abrahamson 1991). Um hier eine Aktualisierung zu erreichen, müssen viele Vernetzungen und Subsysteme umstrukturiert werden. Hinzu kommt, da es sich nicht um geschlossene Struktur-Systeme handelt, daß auch die relevanten Erwartungsstrukturen in der Kommunikation umstrukturiert werden müßten. D.h., daß ein Durchbrechen von Mustern, die Erwartungen erfüllen und insofern Verständigung garantieren, zunächst zu einer Durchbrechung der Kommunikation selbst führt. Wenn ich hinterfrage, was jemand mit Deutschland eigentlich meint, und wie sie das ohne das Prinzip der Verortung beschreiben könnte, stoße ich oftmals auf völliges Unverständnis. Wenn ich beiläufig von *den* Deutschen rede, nicht. Dagegen sind Einordnungen und Umstrukturierungen weniger prägnanter Muster in kürzerer Zeit möglich, z.B. die Zuordnung einzelner Individuen zu bestimmten Kategorien. Daher sind Anknüpfungen an bestehende Kategorien der Normalfall alltäglicher sprachlicher Interaktion. Die Ausbildung neuer Muster oder die Modifizierung alter jedoch „krisenabhängig" in dem Sinne, daß eine Destabilisierung der über lange Sozialisationsprozesse erlernten Konzeptsysteme erfolgen müßte.

2 Bedeutung von Raum(be)deutungen 235

sierungen", wie sie in einem beliebigen deutschsprachigen Text vorzufinden sind, werden die „Logiken" und „Effekte" (vgl. Tab. II-3) noch einmal herausgestellt, um dann die daraus wiederum herleitbaren (iterierten) gesellschaftlichen Bedeutungen nachzuvollziehen. Noch einmal ist darauf hinzuweisen, daß es sich bei den „Prinzipien" um analytisch isolierte Typen handelt, die im Vollzug ineinander greifen und sich gegenseitig stützen.

Tab. III-2: Bedeutung des Prinzips der Verortung I (Indices)

Betrachtungsebene	Beispiele
gesellschaftliche Bedeutung (Iterierung) der signifikativen Regionalisierung (signifikatives Verortungsprinzip als Handlungsbegründung)	Ort als Indikator für spez. Qualität, Erreichen / Vermeiden / Auffinden dieser Qualität durch Bewegung *dorthin*: „*Dort* In Deutschland gibt's keine Arbeit, darum gehe ich nicht *dorthin*" (Mobilität; Wohnstandortwahl) Ort als Argument für originäre Zugehörigkeit „Deutschland den Deutschen" (Des-)Integration, Steuerung von Zuwanderung (Migration)
Effekt	Kultur-Raum-Einheit: *Dort* so, *hier* anders (Eindeutigkeit, Objektivität), „*dort* ist es deutsch", Verortung deutscher Eigenart und Befindlichkeit
„Logik"	Raum-Zeit-Angabe = Gehalt
Elemente signifikativer Regionalisierung im Text	„dort", „hier", („bei uns"), „drüben"

(eigener Entwurf)

Tab. III-3: Bedeutung des Prinzips der Verortung II (Toponyme)

Betrachtungsebene	Beispiel
gesellschaftliche Bedeutung (Iterierung) und Institutionalisierung der signifikativen Regionalisierung (sign. Konzept als Handlungsbegründung)	Herkunft als Indikator für spez. Qualität, Auswahlkriterium in der Personalpolitik („wir stellen nur Deutsche ein")
Effekt	Kultur-Raum-Einheit: deutsch, deutsche Seinsweise, deutsche Eigenart, deutsche Befindlichkeit
„Logik"	Raumzeit-Etikett = Gehalt
Elemente sign. Reg. im Text	„Deutschland"

(eigener Entwurf)

Tab. III-4: Bedeutung des Prinzips der Verortung III (Orientierungsmetaphern)

Betrachtungsebene	Beispiele
gesellschaftliche Bedeutung (Iterierung) und Institutionalisierung der signifikativen Regionalisierung (sign. Konzept als Handlungsbegründung)	Physische Nähe, resp. „Bewegung nach" (Annäherung), „dorthin" als Indikator für Empathie und Identität („sich identifizieren mit") Kopräsenz als Indikator für Kenntnis und Vertrauen („sich ein näheres Bild machen"; Relevanz von „face-to-face" bei Vorstellungsgesprächen) Reisen (Mobilität, Ortsverlagerung) als (Er-)Kenntnisgewinn (Deutschland kennenlernen heißt Deutschland bereisen); „Vor-Ort-Sein" als Interessensbekundung („das muß ich mir näher ansehen") „Vor-Ort-Sein" als moralische Instanz („er war ja nicht vor Ort")
Effekt	Verbindung von einander Nahem zu einer Einheit, Distanzbewertung
„Logik"	(physische) Nähe = Gleichartigkeit, Kenntnis und Vertrautheit
Elemente sign. Reg. im Text	„sich nähern", „annähern", „sich näherkommen", „nah dran"

(eigener Entwurf)

Tab. III-5: Bedeutung des Prinzips der Verortung IV (Container-Metapher)

Betrachtungsebene	Beispiele
gesellschaftliche Bedeutung (Iterierung) und Institutionalisierung der signifikativen Regionalisierung (sign. Konzept als Handlungsbegründung)	Das Container-Prinzip als Begründung von Entscheidungen und Maßnahmen: Ausländer *raus* aus Deutschland (=Bewahrung des Deutschen) (Integrationspolitik / Zuwanderersteuerung) Reisen *nach/in* Deutschland (=Kennenlernen des Deutschen) (Tourismuskonzepte, räumliche Mobilität) Finanztransfers *nach* Deutschland (=Förderung der Deutschen) (wirtschaftl. Strukturentwicklung) Befragung *in* Deutschland (=Befragung der Deutschen) (wissenschaftliche Studien)
Effekt	Territorialisierung; Grenzbildung: Innen und Außen, Behälter bestimmt Inhalt: *in* Deutschland die Deutschen
„Logik"	Flächenausschnitt = Container 1. Alles ist entweder innerhalb des Containers oder außerhalb (P oder ~P) 2. Wenn Container A in Container B und X ist in A, dann ist X in B (wie modus ponens)
Elemente sign. Reg. im Text	„in Deutschland"

(eigener Entwurf)

2.3 Widersprüche zwischen Entgrenzung und Begrenzung

Die sich im Verlauf der Argumentation bereits ankündigenden Widersprüche zwischen den verortenden signifikativen Sprechweisen und der Rede von einer „globalisierten Welt" können nun auf einer übergreifenden theoretischen Ebene weiter ausformuliert werden, und zwar an zwei „Schnittstellen": Einerseits ist die diskursiv-semantische Ebene auf innere Diskordanzen zwischen unterschiedlichen *Vorstellungen von Raum* hin zu untersuchen. Zum anderen ist die Schnittstelle von Vorstellungen (und daran geknüpften) *Erwartungen von Raum* und einer *erfahrenen Räumlichkeit* auf Widersprüche hin zu betrachten. Dabei ist im Blick zu behalten, daß sich diese Widersprüche in wissenschaftlicher Einstellung (und in den sich daran anschließenden spezifisch wissenschaftlichen Diskursen) und in der alltäglichen Einstellung zeigen können.

Signifikativ: Verortungsprinzip und „Globalisierungsdiskurs"

Grundsätzlich steht die Strukturierung als signifikative Regionalisierung (in Zusammenhang mit dem alltäglichen Identifizieren, Orientieren, Organisieren, Funktionalisieren) einer (proklamierten) Globalisierung in Zusammenhang mit Grenzüberschreitung, Transkulturalität, Hybridität etc. gegenüber. Die Frage, die sich in Bezug auf die Abbildbarkeit nun stellt ist, ob es also überhaupt eine Möglichkeit gibt, die „neuen" Konzepte auf eine andere als die hier skizzierte „traditionelle" Weise abzubilden. Anders formuliert ist dies die Frage, ob es Alternativen gibt zur selbstverständlichen impliziten signifikativen Regionalisierung in der Form, wie sie sich zeitgenössisch darstellt. Wenn dem – was zu belegen ist – nicht so sein sollte, stellt sich als Anschlußfrage, ob und in welcher Form es sinnvoll ist, kulturwissenschaftliche Begriffe wie „Hybridität", „Globalisierung" oder „Plurilokalität" (Appadurai 2000; Bhabha 2000; Werbner/Modood 2000; Hutnyk 2000) explizit in *sozialgeographische* Konzepte zu integrieren, ohne daß (sprachliche) Konzepte für diese Topoi existieren respektive tatsächlich in der alltäglichen strukturierenden Praxis vollzogen werden. Mit Hutnyk (2000:122) gesprochen:

> „Theorising hybridity becomes, in some cases, an excuse for ignoring sharp organisational questions, enabling a passive and comfortable – if linguistically sophisticated – intellectual quietism."

Konzepte wie die „Globalisierung" sind aber – so ist nun zu vermuten – gerade deswegen so schwer faßbar, weil versucht wird, mit einem impliziten Konzeptsystem, das auf Begrenzung, Desintegration und Diskriminierung angelegt ist, das Entgrenzte, Integrierte oder Hybride zu begreifen. Ohne eine gänzlich „neue" (unstrukturierte und nicht-strukturierende) Sprache (die derzeit unvorstellbar ist), verbleiben die Konzepte eine diffuse Negation der alltäglichen Regionalisierung, bzw. stehen explizite Proposition und implizite regionalisierende Praxis im Widerspruch. Aus Grenzen und Begrenzung wird „Ent-Grenzung", aus Territorialisierung wird „De-Territorialisierung". Was aber ist eine nicht-erfahrene Grenze? Wie ist sie vorstellbar, ohne die Grenze zu zitieren? Wie ist ein verschwundener, integrierter Unterschied artikulierbar, ohne auf alte Unterschiede zu rekurrieren oder neue Unterschiede einzuführen? Wie ist Einheit zu erfahren, ohne die Teilung vorwegzunehmen? Aus der Widersprüchlichkeit des Unterfangens heraus sind diese Negativ-Konzepte Worthülsen. Sie sind keine neuen Konzepte. Ihr strukturierender impliziter Gehalt bleibt bestehen, nur das explizite Vorzeichen ändert sich und gerade mit diesem Vorzeichenwechsel gerät die gemeinte Nicht-Strukturierung in Widerspruch mit der immanenten Strukturierung. Weil in gesellschaftlicher Bedeutungszuweisung das Negativ-Konzept der Globalisierung (Auflösung von Kategorien, Einheit, Entgrenzung) den traditionellen Strukturierungen entgegengesetzt, aber nicht konsistent gefüllt wird/werden kann, gibt es keine nennenswerte Umstrukturierung des Konzeptsystems. Gleichzeitig scheint sich über die Passung von Deutungen und erfahrener Wirklichkeit die traditionelle Strukturierungsweise auf triviale Weise zu legitimieren und zu „bewahrheiten".

Wenn Konzeptsysteme als (zeitgenössische) Grundlage der Strukturierung begriffen werden, vor allem die Container-Metapher macht das deutlich, ist das basale Prinzip die Abgrenzung von Entitäten und deren Eigenschaften. Das heißt aber, daß wir – auch wenn wir explizit Wörter dafür finden können – Hybridität, Kontingenz und Integration mit diesem Konzeptsystem nicht abbilden können, maximal als Negation begreifbar machen können. Auch deswegen ist der „Hybridity-talk" (Hutnyk 2000) einer Kritik ausgesetzt: „the term [hybridity] seems paradoxically to flip over into its opposite, to function as the label of flattening sameness" (Maharaj in Morley 2000:232). Die Einheitlichkeit oder „kulturelle Nivellierung" wird zum Schreckgespenst des Unbegreiflichen. Die „neuen" Konzepte sind in dieser Hinsicht Negativ-Konzepte, das Nicht-Begrenzte, Nicht-Eingeteilte und damit auch das Nicht-Begreifbare. Das heißt aber andersherum auch, daß es keine „Einheit" ohne Grenzen geben kann und schon gar keine *Wieder*vereinigung ohne die wieder zu vereinigenden Einheiten. Entweder werden sie nach außen neu begrenzt, oder aber wiederum zu begrenzten Einheiten zusammengesetzt. Hierin liegt die „Macht der Kategorie", die Natter/Jones III (1997) anführen, und hierin liegt die Schwierigkeit, nicht-essentialistische Vorstellungen von Identität und Raum nicht nur explizit einzuführen (ebd.), sondern auch implizit einzulösen. Bei dem (de-)konstruktivistischen Vorwurf der Essentialisierung, wie auch Werbner (2000:226) aufgreift, ist diese Problematik zu bedenken. Die folgende Tabelle III-6 zeigt eine Gegenüberstellung der impliziten alltäglichen Strukturierungen und ihrer expliziten Negativ-Konzepte, welche implizit die herkömmlichen Logiken nicht verlassen.

Tab. III-6: Positiv-Konzepte und Negativ-Konzepte der alltäglichen Strukturierung

Positiv-Konzept (Strukturierung)	Negativ-Konzept (De-Strukturierung)
Abgrenzung, Diskriminierung, Differenzierung	Integration (auch: „Einheit", „Vereinigung")
Homogenität, Stereotypie	Hybridität, Pluralität
Kausalprinzip, Quantifizierung, Vereinheitlichung, (Anthropomorphisierung) Identität, Identifizieren	Kontingenz, Nicht-Essentialität, Vielschichtigkeit, multiple Identität
Analyse, Vereinfachung, Eindeutigkeit	Komplexität, Mehrdeutigkeit
Begrenzung, Containerisierung	Entgrenzung, De-Territorialisierung, Trans-/Cross-Nationalität/Kulturalität
Lokalisierung, Verortung	Globalisierung, Plurilokalität
Verortung, Verräumlichung	Mobilität, Dynamik, Mehrdimensionalität
Einteilung, Intervall	Kontinuum

(eigener Entwurf)

Erfahrungsbezogen: kohärente Erwartungen und „hybride" Erfahrungen

Vorgestellte Einheiten und entsprechende kohärente Erwartungen – so könnte nun eingewendet werden – könnten aber doch potentiell von einer *tatsächlich* erfahrenen Vielschichtigkeit in Frage gestellt und revidiert werden. So kann man sich den simplen Fall einer Person vorstellen, die eine klare Vorstellung von „den Türken" hat und bei einer Reise in die Türkei auf Menschen trifft, die nicht in dieses Bild passen. Bekommt sie aber dadurch ein Vorstellungsvermögen von Hybridität und davon, daß Kategorien kontingent erzeugte sind, also immer auch anders möglich wären? Wahrscheinlicher als eine solche „neue Denkweise" ist, daß die getroffenen Türken der „Logik" folgend eben keine besonders „türkischen" Türken sind. Oder aber es ist „in der Türkei" dann eben anders als erwartet. Dabei wird aber weder die „Türkei" als kategorieller Container noch die Kategorie „Türken" mit der immanenten „Container-bestimmt-Inhalt-Logik" revidiert. Was nicht paßt, wird im Normalfall passend gemacht. Hinzu kommt, daß bereits die Erwartungshaltung auf eben den Strukturierungen basiert, die dann auch die Erfahrung strukturieren. So wird das Erlebnis einer Reise „in die Türkei" erst über die Containerisierung begreifbar, „die Türken" werden als vorgestellte Gemeinschaft über die räumlich-diskrete Identifizierung erst möglich und als Produkt einer Diskriminierung z.B. von Türken und Deutschen. Es gibt einfache Möglichkeiten, eventuelle „Ausreißer" aus diesem Kategoriensystem auszugliedern, eine wirkliche Eliminierung des Kategoriensystems selbst, die einem „Kontingenz-Denken" näher käme, würde die Erfahrungen selbst in Frage stellen oder gar eliminieren und ist daher im Normalfall nicht zu erwarten.

Wenn heute ein weit verbreitetes Bild von der Welt als globalisierte, entgrenzte etc. entsteht, dann könnte aber eben dieses Bild das Potential besitzen, die Erfahrung entsprechend (neu) zu strukturieren. Wenn ein Spannungsfeld zwischen der traditionellen Passung (kategorielles Raster) und einer Neudeutung der Welt als einer globalisierten (das Wissen von der Welt, wie sie heute ist) entsteht, könnte es tatsächlich zu Umbrüchen im Kategoriensystem kommen. Die „neuen" Deutungen sind – Luhmann (1998:31) folgend – „Konzepte, die den Anschluß an die Tradition noch nicht aufgeben, aber schon Fragen ermöglichen, die ihren Rahmen sprengen könnten". Bislang sind aber derartige Transformationen kaum zu verzeichnen, weil die reproduktive, konservierende Kraft der Kategorien groß ist. Vor allem aber ist bemerkenswert, daß mit einem „vereinten Europa" oder einem neuen „Mitteldeutschland" die alten Container zuweilen durch *andere* ersetzt und erneuert werden, damit aber das Strukturierungsprinzip der Containerisierung, Verortung und Abgrenzung nicht durchbrochen wird. Dennoch scheint es wichtig, neben ihrer offensichtlichen Unvermeidbarkeit auch das kreative Potential dieser Widersprüche zu betonen, insofern sie – und dies gilt es im abschließenden Fazit noch einmal aufzugreifen, gerade auch auf einen *Wandel der Herstellungsweisen* hinleiten könnten.

3 Bedeutung von Raumlogiken in gesellschaftlicher Praxis

Als Wissenschaftlerin, und insbesondere als theoretische Sozialgeographin, ist man im Alltag immer wieder mit der Frage konfrontiert, welchen konkreten Nutzen die eigene Arbeit aufweist. Diese Frage ist einerseits mit dem Hinweis auf notwendig *nicht* präskriptiv zweckgerichtete „Grundlagenforschung" zurückzuweisen. Andererseits ist sie bezüglich eines konkreten Bezuges namentlich *gesellschafts*wissenschaftlicher Theoriebildung und ihrer *möglichen* Verwendungszusammenhänge ernst zu nehmen. Welche Relevanz hat also die maßgeblich theoretisch und abstrakt hergeleitete „Bedeutung der Bedeutung" von Verortungsprinzipien in gesellschaftlicher Praxis?

Im Folgenden geht es um die Erschließung verschiedener gesellschaftlicher Handlungsfelder für eine weitergehende sozialgeographische Forschung. Nacheinander werden in *sechs Kapiteln* die Felder „Integrationspolitik", „Migration und Mobilität", „Heimatschutz und Wohnortwahl", „Personalpraxis", „Finanz- und Warenströme" sowie „Wissenschaft und Forschung" betrachtet, und es wird gezeigt, daß die Theorie signifikativer Regionalisierung in alle diese Praxisfelder und ihren öffentlichen Diskurs außerordentliche Einblicke gewährt.

Die theoretische Perspektive ermöglicht es, jeweils zunächst die **konstitutive Bedeutung** der Verortungsprinzipien für gesellschaftliche Handlungsfelder zu erschließen. Denn nicht zuletzt sind es „wissenschaftliche" Studien und Diskurse, die auch in politisch-normativ bestimmten Handlungsfeldern maßgebend sind und die das öffentliche Bewußtsein prägen. In weiteren Schritten wird dann jeweils die **pragmatisch-organisatorische** resp. **identifikatorische Bedeutung** für die politisch-normative, wie auch für die produktiv-konsumtive Dimension gesellschaftlicher Praxis herauszustellen sein. Besondere Aufmerksamkeit ist Verweisen auf eine **moralische (bewertende) Bedeutung** zu widmen. Wenn auch eine präskriptiv ideologiekritische Herangehensweise an die Verortungsprinzipien vermieden werden sollte (vgl. Teil III, Kap.1.1), so ist doch sichtbar zu machen, inwiefern die Verortungsprinzipien in eine ideologische und ethisch-moralische Dimension gesellschaftlicher Praxis *eingebunden* sind. Zudem ist die **kontradiktorische Beziehung** der auffindbaren „Logiken" zu ihrem jeweiligen Negativ-Konzept, dem diskursiv antithetisch positionierten Paradigma (vgl. Tab. III-6), zusammenfassend darzustellen und zu diskutieren.

Anzumerken ist noch, daß sich auch „Praxisfelder" und „Handlungen" der Wissenschaftlerin letztlich immer in (trans-)skribierter Form zeigen. Dennoch sollte sich im Folgenden abzeichnen, wie Regionalisierungen auch in die materielle Umwelt „eingeschrieben" werden.

3.1 (Des-)Integrationspolitik

„Die Kontrolle, Steuerung, Limitierung sowie die Möglichkeiten einer vollkommenen Restriktion von Zuwanderungen ist (...) etablierter Bestandteil jeder Politik – ein Bestreben, das im übrigen auch die Staaten der EU im Hinblick auf eine zukünftige *gesamteuropäische* Zuwanderungspolitik übereinstimmend artikulieren" (Behr 1998:43).

Behr zieht in seiner Arbeit zu „Zuwanderung im Nationalstaat" das Fazit, daß von einer *„Prämisse* der Fremdausgrenzung" (Behr 1998:302) zu sprechen ist, welche die Funktionalisierung der Zuwanderungspolitik bestimmt (ebd.:304). Was aber verbindet diese Fremdausgrenzung, ihre Artikulation und Funktionalisierung mit den Prinzipien der Verortung? Bei der Betrachtung ist zunächst zu trennen zwischen der öffentlichen Diskussion, die vor allem in Verbindung mit den Wahlkampfprogrammen der bundesdeutschen Parteien medial geführt wurde/wird und dabei in naher Vergangenheit mit dem Stichwort „Leitkultur" verknüpft war, und einer wissenschaftlichen Diskussion von Zuwanderung, Integration und multikultureller Gesellschaft. Kann man diese Bereiche bezüglich des angelegten Reflexionsniveaus unterscheiden, so ist dennoch zu vermuten, daß die räumlichen „Logiken" des Auslands und Inlands als Container, die Verknüpfung von Raum-Zeit-Stellen mit einer stabilen Qualität und die damit einhergehende topologische Qualifikation von Fremde und Heimat, von Differenz und Identität, in beiden Diskursen eine Rolle spielen. Zunächst ist bemerkenswert, daß der räumliche Bezug viele der Begriffe von „Fremdausgrenzung" bis „Zuwanderer" erst ermöglicht und insofern ist hier bereits die **konstitutive Bedeutung** der Verortungsmodi erkennbar. Darüber hinaus ist an die politische Diskussion und die damit verbundenen Praktiken die Frage anzulegen, inwieweit „Raum-Logiken" einen Begründungszusammenhang für politische Programmatik und Regularien darstellen. Anschließend kann diskutiert werden, warum die räumlichen Kategorien und ihre Bedeutungen bei gleichzeitiger Rede von einem „grenzenlosen Überall" weiterhin so zentral sind, und welche Bedingungen ihre reproduktive Kraft begründen.

Wie wird man zum Ausländer?

Das Problem der „Integration" von Ausländern und ihrer Bemessung ist facettenreich (vgl. Herrmann/Kramer 1994). „Integration", etymologisch die „Wiederherstellung einer Einheit" und „Eingliederung in ein größeres Ganzes", bedingt aber jedenfalls ein Vorverständnis der zu schaffenden Einheit und ihrer bislang noch äußerlichen, zu integrierenden Teile. Dabei spielt es keine Rolle, ob von Seiten des „Außen", oder von Seiten des „Innen" gesprochen wird. Im öffentlichen deutschsprachigen Diskurs können exemplarisch beide Positionen ausgemacht werden, zum einen die des „betroffenen Ausländers" im sogenannten „Gastland", zum anderen die der „betroffenen Einheimischen" im Zuwanderungs- oder auch „Zielland".

Die *erste Position* der betroffenen „Ausländer" wird von Mitgliedern einer (vorgestellten) Gemeinschaft artikuliert, die einerseits auf ihre „eigentliche Identität" verweist und andererseits auch eine „Deutsche Identität" für sich beansprucht. Diese Position zeichnet sich durch ein explizites Plädoyer für eine „multikulturelle Gesellschaft" aus. Als Beispiel mag ein Gespräch dienen, das unter dem Titel „Das ist unser Land" – „deutsche Kultur, deutsches Wesen und die Integration von Ausländern" (geführt mit drei Vertretern der Kategorie „Ausländer") veröffentlicht wurde (DER SPIEGEL 47/2000). Die angesprochenen „Ausländer", ein Türke, ein Halb-Ghanaer und eine Vietnamesin, werden bezüglich ihrer (emotionalen) nationalen Zuordnung in Deutschland befragt. Während im Gespräch einerseits „multiple Realitäten" thematisiert werden, werden auch immer wieder „die Ausländer" als Kategorie zitiert, insbesondere wenn die Rede auf „Ausländerhaß" und rechtsradikale Anschläge kommt.

> „Ich möchte, daß sich dieses Land auf mich einläßt, daß es sich positiv zu seinen Minderheiten bekennt. Es müßte zum Beispiel ein Antidiskriminierungsgesetz geben" (J.A. Kantara, Interview DER SPIEGEL 47/2000).

Das „Minderheiten-Dasein" wird zwar als unzulänglich, verbesserungsbedürftig, ggf. auch gefährlich thematisiert, nicht aber als solches abgelehnt. Dabei kommt in subtiler Weise räumliche „Logik" zum Tragen. Die raumbezogene Herkunft wird grundsätzlich nicht in Frage gestellt, weder in Bezug auf die „alte", noch in Bezug auf die „neue" Landesheimat. Der „Türke" äußert, er bezeichne sich, um der stereotypen Kategorisierung als Türke zu entgehen, gern als „herkunftsfremder Deutscher". Doch auch dabei ist die Container-Logik an beiden Enden der Begrifflichkeit konstitutiv für die Identifizierung. Sein Aufenthaltsort *im* deutschen Container macht ihn zum Deutschen, die Herkunft *aus* einem anderen zum „Fremden". Nicht allein eine *kulturelle* Identität ist entscheidendes Kriterium für die zugewiesene Differenz, sondern auch, daß Kultur als geschlossener Raum bzw. an einen solchen gebunden gedacht wird, der von auf seiner Grundlage eindeutig identifizierten Subjekten „verlassen" oder „aufgesucht" werden kann. Er kommt von *dort*, nicht von *hier*, und ebenso werden Erwartungen an ihn herangetragen. Die Forderung eines deutschen „Antidiskriminierungsgesetzes" paßt ebenfalls in diese Raumlogik, insofern damit nicht die Auflösung, sondern die Anerkennung / Gleichberechtigung von Kulturen „*in* der Fremde", resp. „*in* Deutschland" angestrebt wird. Weder das Container-Deutschland noch die Box „Türkei" (und damit auch nicht ihr Inhalt, die Deutschen und die Türken) werden dabei als Kategorien der (Ein-)ordnung durchbrochen, ebensowenig die Begriffe des „Ausländers" oder „Fremden". Die Andersartigkeit ist ein Teil des Selbstverständnisses, die homogene Gleichartigkeit der Menschen in Deutschland ebenfalls. Anerkennung fordern die drei Befragten nicht als „angelernte", assimilierte Deutsche, sondern als *von anderswo Kommende*, als „Ausländer" im Nebeneinander verschiedener Kulturen *in* Deutschland.

Wie wird man zum Deutschen?

Eine *zweite Position* spricht von Seiten der von Zuwanderung betroffenen „Einheimischen" oder „Deutschen" und auch die entsprechende politische Programmatik wird aus dieser Position erstellt. Hierbei kann eine „konservative" Haltung von einer „linksliberalen" unterschieden werden, doch die kategorielle „Logik" der jeweiligen Argumentationen und Konzepte ist die gleiche. Zur exemplarischen Gegenüberstellung mögen zunächst die erste Arbeitsgrundlage für die Zuwanderungs-Kommission der CDU Deutschlands vom 6.11.2000[27] und die „Berliner Rede" des Bundespräsidenten Rau, die er am 12.5.2000 im „Haus der Kulturen der Welt" gehalten hat, dienen.

In der Präambel zum CDU-Papier wird versucht, nachdem im Oktober 2000 der Begriff der „Deutschen Leitkultur" bereits öffentlich scharf angegriffen wurde, einen gemäßigten Ton anzuschlagen und dabei klarzustellen, daß der Begriff nicht diskriminierend gemeint war. „Zuwanderungspolitik und Integrationspolitik können nur dem gelingen, der sich seiner eigenen nationalen und kulturellen Identität gewiß ist" ist der erste ausgeführte Satz. Zwar kann man hier eine rhetorische Strategie vermuten, die argumentativ die Stärkung der „deutschen" Identität legitimieren soll, indem sie als Grundbedingung für Demokratie, Freiheit und Persönlichkeitsentfaltung dargestellt wird. Dennoch ist diesem ersten Satz eine gewisse Plausibilität eigen – freilich auf einer ganz anderen als der parteipolitischen Ebene. Denn in der Tat muß die Gewißheit einer eigenen nationalen Identität als Grundbedingung einer Welt gelten, die „Zuwanderung" und „Integration" überhaupt kennt und als solche formulieren und regeln kann.

Die konservative Position fordert öffentlich die strikte Regulierung der Zuwanderung: „Die Bundesrepublik hat deshalb – wie jedes andere Land, das auch unter einem vergleichbaren Zuwanderungsdruck steht – das Recht, die Zuwanderung zu steuern und zu begrenzen" (AG Zuw. CDU:§I). Die Bundesrepublik erscheint hier als Container, dessen Kapazität bereits ausgeschöpft ist. In Verbindung mit der Regulierung des Ventils wird eine „Integrationspolitik" gefordert, die auf die Erhebung der „Integrations*fähigkeit*" des Landes als „Maßstab für den Umfang der Zuwanderung" angelegt sein soll (ebd.:§II, m.Hvh.). Hier ist die Situation im deutschen Container angesprochen, und die Frage, wie hoch die „Tragfähigkeit" des Bodens ist, auf dem sich die „deutsche Gesellschaft" befindet. Dabei soll ein quantifizierter Territorialbegriff das Maß der Tragfähigkeit angeben: „Wieviel Fremdheit verträgt der Raum?" ist die leitende Frage. Weil dieser Raum als konstante Größe zu denken ist, wird weniger die Transformation des „Ziel*landes*" eingefordert, als die der Zuwanderer, die nun, auf deutschem Boden angekommen, den deutschen „Grundwertekanon" zu übernehmen haben (ebd.:IV). Verbunden wird diese, vom hessischen Ministerpräsidenten Roland Koch als „Anpassungserwartung" formulierte Haltung, mit dem Ansinnen, den Zuwanderern etwas Gutes zu tun. Über diese Rhetorik soll nicht weiter spekuliert werden. Räumlich-kategoriell wird, und darum geht es hier, die Verknüpfung von Erdraum, Boden und Kultur ganz deutlich: „Integration in diesem Sinne ist weder einseitige Assimilation, noch unverbundenes Nebeneinander auf Dauer. (...) Unser Ziel muß eine Kultur der Toleranz und des Miteinander sein – auf dem Boden unserer Verfassungswerte und im Bewußtsein der eigenen Identität. In diesem Sinne ist es zu verstehen, wenn die Beachtung dieser Werte als Leitkultur *in Deutschland* bezeichnet wird" (ebd.:IV, m. Hvh.). Auch die Begriffe der „Toleranz" und des „Miteinander" werden nur verständlich, wenn von „Fremden auf

---

27 http://www.cdu.de/politik-a-z/zuwanderung/arbeitsgrundlage.htm [letzter Zugriff 10.06.2005].

deutschem Boden" ausgegangen wird, die mit den Deutschen leben und von diesen toleriert werden. „Deutschland muß offen sein für ausländische Fachkräfte" heißt es an anderer Stelle (ebd.:III), und gemäß den Prinzipien der Verortung und der raumbezogenen Herkunfts-Logik wird verständlich, daß diese Fachkräfte einerseits immer „Ausländer" bleiben müssen, andererseits aber für die Zeit, die sie auf deutschem Boden (im Container „Deutschland") verbringen, deutsche Eigenarten („Werte") anzunehmen haben.

Ausländer rein – Problem gelöst?

Die räumliche „Logik" unterliegt als alltägliche Diskriminierung dem Normalverständnis derart schlüssig, daß ihre Einsatz- und Wirkungsweise kaum Gegenstand kritischer Betrachtung ist. Die Debatte um die Leitkultur, die sich zuvor öffentlich abspielte, bewegte weniger die Frage der impliziten Modi der Verortung von Kultur, der selbstverständlichen Handhabung von Begriffen wie „Deutschland", „Ausländer", „Immigranten" und „deutsch", als vielmehr die mit dem „Leitkultur"-Begriff verbundene Fremdenphobie (Edo Reents, „Die Reinheit der Nation". In: SZ vom 27.10.2000) sowie die rassistische Tönung oder auch nur „rassistische Ausbeutbarkeit" des Begriffes. Dabei ist der kritische Vorwurf nicht die Thematisierung des Fremden als imaginiertes territorial gebundenes Kollektiv, sondern die *Angst* vor diesem Fremden. „Ausländer rein" statt „Ausländer raus" scheint die probate Gegenhaltung zu sein (vgl. Tichy 1990). Das Fremde wie auch „der Ausländer" verbleiben stabile Kategorien. „Leitkultur" stellt sich damit aber keineswegs als „semantische Unmöglichkeit" dar, sondern im Gegenteil ist das Normalverständnis des Begriffes so eng angelehnt an die den Kulturbegriff operationalisierende und organisierende Topologik und Chorologik, daß diese als eine Quelle der des Widerspruchs zu multikulturellen Integrations-Paradigmen verborgen bleiben.

Versteckte Diskriminierung...

Ein Beispiel dafür, daß keineswegs nur die öffentliche „Rechte" sich dieser „Raum-Kultur-Logik" vermeintlich „strategisch" bedient (einer Logik, die in einem anderen Kontext gern in Verbindung mit einer „Blut-und Boden-Ideologie" gebracht wird, deren **organisatorische Bedeutung** sich hier dagegen offenbart), ist die Berliner Rede des Bundespräsidenten Johannes Rau. Sie wurde von Laviziano et al. (2001) in Bezug auf inhärente Rassismen betrachtet. Das Bemerkenswerteste an dieser Untersuchung ist wohl, daß es bei aller wohlgemeinten moralischen Haltung nicht vermeidbar scheint, eine diskriminierende und damit auch latent rassistische Sprache zu verwenden. Doch zunächst zu den Einzelheiten. Rau hält am 12.05.2000 im Berliner „Haus der Kulturen der Welt" eine Rede mit dem Titel „Ohne Angst und ohne Träumereien: Gemeinsam in Deutschland leben". Dabei ist ihm grundsätzlich ein auf „Verständigung" und „Integration" angelegtes Ansinnen zu unterstellen. Laviziano et al. (2001) halten jedoch fest, daß die gesamte

Rede durchgängig von ausgrenzenden Diskurselementen durchzogen ist, unabhängig davon, ob positive oder negative Aspekte des Zusammenlebens thematisiert werden. Insbesondere wird dabei der wiederkehrende Topos einer einheitlichen, abgrenzbaren Kultur herausgestellt. Inwiefern hängt dies wiederum mit räumlichen Logik-Elementen zusammen? Rau: „Schwer wird das Zusammenleben dort, wo sich manche alteingesessene Deutsche nicht mehr zu Hause fühlen, sondern wie Fremde im eigenen Land." Die alteingesessenen Deutschen bekommen auf der Grundlage der langjährigen Bodenbesetzung („eingesessen") das ihnen „eigene" Land zugewiesen. Das Fremde kommt von außerhalb, und diese „Ausländer" sind wie selbstverständlich untereinander gleichartig, *weil* sie aus dem großen Container „Ausland" kommen. Das Fremde wird zum Anders*wo*, und *dort, wo* sich der Deutsche nicht mehr zu Hause fühlt, *wo* eine Invasion des von *anderswo* kommenden Differenten stattfindet, *dort* ist das Zusammenleben schwer, weil der (indexikalischen) „Logik" nach dieses *dort* dem *dort Eingesessenen* zugehörig ist. Dies sind keine Ausdrücke einer entgrenzten, enträumlichten Welt, sie erinnern vielmehr sehr stark an Zeiten, in denen Landzugehörigkeit und -zugang durch „Besetzung" vollzogen wurde, ob nun mit physischer Gewalt oder auf dem Papier.

...und das Problem multipler Identifizierung

Laviziano et al. (2001) fordern aufgrund ihrer Analyse der diskriminierenden Elemente und ihrer Binär-Logik ein Zulassen multipler Identifizierungen. Wenn mit der Betrachtung der inhärenten raumbezogenen „Logiken" deutlich wird, wie sehr diese mit der alltäglichen Diskriminierung und den damit einhergehenden Rassismen verbunden ist, wenn also deutlich wird, daß das Netz der Passung so weitreichend ist, weil es sich auch in der Erfahrung von Grenzen, von Verteilungen und Verantwortlichkeiten ebenso wie in der Erwartungshaltung gegenüber dem Fremden wiederfindet, stellt sich allerdings die Frage nach der tatsächlichen Möglichkeit „multipler Identifizierungen". Dies hieße vor allem, eine neue „Raum-Logik" einzuführen und zwar eine, die in verschiedenste gesellschaftliche Institutionen hineinreicht. Solange eine solche Transformation nicht vollzogen ist, wird die „Passung" der Konzepte und der institutionalisierten Handlungen dazu beitragen, daß die alte „Logik" und die ihr folgenden Imaginationen reproduziert werden – unter dem einen oder anderen Etikett. Denn, wie Bhabha (2000:3) formuliert:

> „Die Bedingungen kultureller Bindung, gleichgültig, ob diese nun antagonistisch oder integrativ sind, ergeben sich performativ. Die Repräsentation von Differenz darf nicht vorschnell als Widerspiegelung *vor-gegebener* ethnischer oder kultureller Merkmale gelesen werden, die in der Tradition festgeschrieben sind."

Wenn es eine „Fremdenfeindschaft" zu überwinden gilt (so Rau), dann nährt sich eben nicht nur die Fremdenfeindschaft von der räumlich-kategoriellen Fremdheit, auch ihre „Überwindung" nährt sich von eben dieser „Logik", solange sie als „Fremden*freundlichkeit*" gedacht wird, und nicht als die Auflösung der Kategorie des Fremden überhaupt. Praktisch kann aber aufgrund der gesellschaftlichen Einbindung mit der Auflösung dieser Kategorien nicht gearbeitet werden. Es gibt keine alternativen Konzepte, welche Begriffe wie „Hybridität" und „multiple Identitäten" füllen und operationalisieren könnten. Die Zugangsregelung ist wie das gesamte System der Nationalstaatlichkeit in konstitutiver Weise auf die organisierenden, identifizierenden und strukturierenden „Raum-Logiken" angewiesen. Hoffmann (2002:221) macht darauf prägnant aufmerksam:

> „Der Staat hat nicht nur dafür Sorge zu tragen, daß keine Unterschiede zwischen den Menschen gemacht werden. Vor allem anderen soll er selbst die Menschen gleich behandeln. Aber solange er nur einer unter vielen ist, solange er auf ein bestimmtes Territorium beschränkt bleibt, beruht seine Existenz auf Ungleichheit, nämlich auf der Unterscheidung zwischen den eigenen Angehörigen und denen anderer Staaten. Wollte er sich über die strukturelle Asymmetrie der Unterscheidung zwischen innen und außen, zwischen dem partikularen Ausschnitt seiner eigenen Bewohner und der übrigen Menschheit hinwegsetzen, so würde er sich selbst aufheben. Da mag zwar die wirtschaftliche Globalisierung und die außenpolitische Verflechtung voranschreiten; aber dem partikularen Staat sind in der Anwendung des Gleichheitsprinzips Grenzen gesetzt, die sich aus seiner eigenen Natur ergeben."

Es gibt keine Möglichkeit, die „Ausländerfrage" pragmatisch und programmatisch abzuhandeln, ohne „den Ausländer" zu reproduzieren. Da hilft es wenig, die bundesdeutsche „Ausländerbeauftragte" in „Integrationsbeauftragte" umzubenennen. Es scheint derzeit auch keine Möglichkeit zu geben, die „multikulturelle Gesellschaft" zu artikulieren, ohne dabei in eine Vordergründigkeit vorzustoßen, welche die alten Schemata nicht verläßt, diese aber moralisch verschleiert (vgl. Hoffmann-Nowotny 1996).[28]

Eine „Operationalisierung von Multikulturalität", wie sie Bracht (1994:191) im Bezug auf „universale Größen" wie *die Menschheit* und *den Menschen* für die Psychologie fordert, wäre somit auch eng verbunden mit einer Notwendigkeit des räumlichen Umdenkens und Anderssprechens. Waldenfels (1997:20) stellt in seiner „Topographie des Fremden" drei Aspekte des Fremden heraus und räumt dem Ortsaspekt im sprachlichen Bezug eine vorrangige Bedeutung ein: „Fremd ist (...), was außerhalb des eigenen Bereiches vorkommt (vgl. *externum, extraneum, peregrinum;* ξενον, *étranger; foreign)*". Wenn das Fremde – Waldenfels (1997:24ff.) folgend – auch für eine theoretische Annäherung seines Ortes zunächst entledigt werden muß, „exterritorial" zu denken ist (ebd.:143), so ist doch die alltägliche sprachliche Performanz der Verbindung von räumlichem „Anderswo" und Fremdsein ein Teil seiner Wirklichkeit, eine Wirklichkeit, die sich über entsprechende (politisch) institutionalisierte Handlungen bis in die materielle Wirklichkeit von Schlagbäumen und Asylantenheimen fortsetzt. „Nationa-

---

28 Marion Dönhoff will anstelle einer deutschen eine europäische Leitkultur als den (politisch) korrekteren Begriff verwirklicht sehen, verlegt aber nur die Problematik von einer (räumlichen!) Maßstabsebene auf eine andere: „Wir leben heute in einem sich immer mehr integrierenden Europa. Die Globalisierung in Wirtschaft und Finanzen hat sich weitgehend durchgesetzt (...). Die Kultur wird folgen. Dann werden wir mit Recht von der ‚europäischen Leitkultur' sprechen" (Marion Gräfin Dönhoff: „Leitkultur gibt es nicht", DIE ZEIT 46/2000).

lität" und „kulturelle Identität" sind institutionelle Tatsachen, die sich auch auf der Basis der symbolischen Iterierung „Raum ist Container" und „Containerinhalt steht für gleichartige menschliche Eigenschaft" begründen, und deren weitere Statusfunktion („Eigenschaft gilt als Zugangsberechtigung") sich im Paß, also dem Statussymbol und seiner fortlaufenden Reproduktion (z.B. beim Grenzübergang) manifestiert.

Verortungslogik und Integrationswille

In der staatlichen Integrationsprogrammatik erhält die Containerkategorie als Definiens für den Ausländer/Einheimischen und die „Logik" eines genuin und exklusiv *dort* und nicht *hier* verorteten Ausländers somit seine allgemeine **konstitutive Bedeutung**. Die Prinzipien der Herkunft und Verortung sind entscheidend für die eingesetzten Regularien – seien sie nun auf Abschottung oder Integration angelegt. Die Operationalisierung des unscharfen Kultur- oder (multikulturellen) Gesellschaftsbegriffes (vgl. Herrmann/Kramer 1994:14ff.; Hoffmann-Nowotny 1996), wie etwa die des Begriffes der Nation für die Zuwanderungspolitik, wird unter anderem erst durch die Chorologik möglich: nur so können zwar eindimensionale, aber klare (diskrete) Identifizierungen vollzogen werden, die ohne aufwendige Einzelfallprüfung dem einen die Zuwanderung erlauben, dem anderen nicht. Hierin ist die **identifikatorische und organisatorische Bedeutung** der Konzepte zu sehen. Darüber hinaus erlauben sie, die Ausländerproblematik wie auch die kulturelle Integration als solche zu artikulieren und zu einem politischen Thema zu machen. Konzepte wie „Multiple Identitäten" lassen sich für eine Zuwanderungspolitik in dieser „Logik" schwerlich operationalisieren. Das hieße, nur einer von vielen Identitäten Zugang zu gewähren, die sich in ein und derselben Person – Stichwort: „fragmentiertes Subjekt" (Hall 1994b) – vereinen. Ein auf diskrete Körper angelegtes Identifizierungskonzept und ein damit verbundener Subjektbegriff stehen dem ebenso im Wege, wie das Territorialprinzip als solches, das dem physischen Erdraum die Funktion der Begrenzung von Menschengruppen zuweist. Auch wenn sich die Modalitäten der Zugehörigkeit zu ändern scheinen, ist das territoriale Abgrenzungskriterium gesellschaftlich unabdingbar, auch für die Problematisierung des Themas selbst. Wolf Lepenies schreibt in der Süddeutschen Zeitung:

> „In Deutschland lernt man allmählich von den Franzosen, welche Vorteile darin liegen, daß der Erwerb der Staatsbürgerschaft nicht an Herkunft und Boden, sondern an Prinzipien und Überzeugungen gebunden ist. Die Staatsbürgerschaft allein schafft aber noch keine Gemeinschaft der Bürger. In Frankreich ist durch diese Illusion die Bevölkerungsstatistik zu einer gefährlichen Quelle politischer Fehleinschätzungen geworden. Einwanderer mit französischem Paß werden wieder zu Fremden. Die Politik will das aber nicht wahrhaben – und spricht von Jugendkriminalität" („Fremd ist der Fremde in der Heimat" SZ vom 12.02.03).

An diesem Beispiel der öffentlichen Debatte wird hinter der vordergründigen Argumentation, die auf die unterschiedliche Definition der Zugehörigkeit zum französischen und deutschen Staat rekurriert[29], trotz aller Unterschiede deutlich, daß sich selbst die Thematisierung der Modifikation des Herkunftsprinzips zu einem Prinzip der Überzeugung raum-logisch geprägter Begriffe bedienen muß. „In Deutschland lernt man..." füllt den Container Deutschland erneut, diesmal mit einer bestimmten Einstellung. Die Verortungskategorien werden dabei nicht zugunsten persönlicher, multipler Einstellungen aufgelöst: In Deutschland denkt man so, in Frankreich anders.[30]

Während einerseits also die verortenden Prinzipien der signifikativen Regionalisierung in der politischen Zuwanderungsregulierung eine Bedeutung erhalten, insofern sie programmatisch verankert und exekutiv reproduziert werden, ist dennoch gleichzeitig die Rede von scheinbar gegenläufigen Begriffen wie dem einer „multikulturellen, transnationalen Gesellschaft". So zeigt sich der **Widerspruch** zwischen den räumlichen Kategorien, die tagtäglich performativ entstehen, und dem neuen grenzenlosen Überall, das der vielzitierten „spätmodernen Gesellschaft in Zeiten der Globalisierung" zugeschrieben wird. Genauso wie dies als Widerspruch erscheint, sind beide Seiten aber auch wechselseitig konstitutiv füreinander. Gerade *weil* eine „Entgrenzung" konstatiert wird, kann auch „Integration" und Abbau der Fremdenangst zum Thema werden. Wenn aber beide Begriffe, „Entgrenzung" wie „Integration" konstitutiv auf *einer* schematischen, raumlogisch gedachten Begrenzung bzw. Abgrenzung (Des-Integration) basieren, dann passen sie zueinander und bestätigen sich gegenseitig. Das Paradoxon ist also in der Gegenläufigkeit von einer *impliziten* alltäglichen Verwendung und Erzeugung der raumbezogenen Kategorien und einer *expliziten* Verneinung dieses Prozesses im Diskurs einer entgrenzten, vereinten Welt zu sehen.[31]

---

29 Bemerkenswert ist dabei, daß sich historisch betrachtet dieser Unterschied gerade andersherum darstellt. So begründet sich die Zugehörigkeit zur Nation Frankreich („staatsnationales Konstitutionsprinzip") über den Boden („jus soli"), während für die deutsche Zugehörigkeit („kulturnationales Konstitutionsprinzip") die nicht territorial definierte völkische Abstammung entscheidend war („jus sanguinis") (Han 2000:111). In jedem Fall wurde – wenn auch nicht notwendig als Konstitutivum – die territoriale Begrenzung zu einem Mittel der Identifikation, Organisation und Funktionalisierung der *per definitionem* innerhalb der Grenzen lebenden Gemeinschaft.

30 Letztlich können im „französischen Paß für Einwanderer mit französischer Überzeugung", wie auch im „Leitkultur"-Entwurf aber auch (gescheiterte) Versuche gesehen werden, einer „Fragmentierung des Subjekts" und der „Kontingenz von Identität" Rechnung zu tragen. Scheitern im Sinne ihres vordergründigen Anspruches einer offenen, integrativen Gesellschaft müssen diese Versuche vor allem deshalb, weil sie weiterhin der Idee der verorteten Gemeinschaft, sei es nun im Sinne eines „deutschen Deutschland" oder eines „multikulturellen Deutschland", in diskreter Container-Manier verhaftet bleiben und gemäß der Passung zum weiterhin nationalstaatlich organisierten politischen System auch bleiben müssen (vgl. Hoffmann-Nowotny 1996:106).

31 Auf einen ähnlichen Hiatus zwischen philosophisch-moralischer Reflexion und politischer Praxis macht Hofmann (2002:215) aufmerksam: Auf der einen Seite wird für ein Menschenrecht auf Einwanderung plädiert, auf der anderen wird „nach eigenem Gutdünken" entschieden „wer als unerwünschte Belastung am Betreten des Landes gehindert werden soll. (...). Jede Seite kann deswegen so entschieden und kompromißlos auf ihrem Standpunkt beharren, weil es die andere Seite gibt." Die philosophisch-moralische Reflexion ist der performativen Kraft

3.2 Migration und Mobilität

„Migration" ist ein traditioneller Gegenstand soziologischer Forschung (vgl. Han 2000:1). Im Zusammenhang mit der Entwicklung des Terminus „räumliche Mobilität" war Migrationsforschung auch immer ein geographisches Anliegen, das zum einen im Rahmen der „Raumwissenschaft" stark auf Distanzanalysen basierte, zum anderen im Rahmen der „behavioral geography" auch die Wahrnehmung von Distanzen und subjektive Beweggründe für Wanderungen in die Analyse einbezog (vgl. Johnston 2001:110ff.; 153ff.). Allgemein beziehen sich Migrationstheorien auf sehr verschiedene Bereiche, auf die Bemessung der Wanderungsströme, auf wirtschaftliche Auswirkungen und politische Steuerungen von Wanderungen oder auf psychosoziale „Probleme" der Migranten am „Zielort".

Von A nach B

Zunächst in Betracht zu ziehen, daß „Migration" erst über einen abstrakt räumlichen Begriff zum Phänomen bzw. Gegenstand wird. Raumabstraktionen (*von a nach b*) sind notwendige (konstitutive) Ordnungskriterien menschlicher Tätigkeiten, wenn sie als „Wanderung", „Umzug" oder „E-/Immigration" bezeichnet werden. Begriffe wie „in-flow" „out-flow", „Binnenwanderung", „internationale Migration" oder „Grenzüberschreitung" (vgl. Han 2000:7-17) erhalten Bedeutung über zugrundegelegte räumliche Prinzipien und – und das ist entscheidend – konstituieren dabei auch die territorialen Räume selbst als Zielorte oder Container, *in* oder *zwischen* denen Wanderung stattfindet. Wenn also Han (2000:10) konstatiert:

> „Die Unterscheidung zwischen Binnenmigration und internationaler Migration dient eher statistischen formalrechtlichen (...) und theoretischen Zwecken und weniger der tatsächlichen Differenzierung des Migrationsgeschehens. Die formale Zuordnung ist relativ, weil sie durch die Verschiebung bzw. Auflösung nationalstaatlicher Grenzen korrigiert werden muß. Das faktische Migrationsgeschehen ist somit von seiner statistischen bzw. formalen Einordnung zu trennen",

ist dem entgegenzusetzen, daß die angesprochenen Verfahrensweisen direkt mitbeteiligt sind an dem, was als „faktisches Migrationsgeschehen" betrachtet wird. Die Formalisierung und Organisation von „flows", die Funktionalisierung dieser Ströme als Wirtschaftsfaktoren und die Identifizierung von sogenannten „Migranten" (Zuwanderern, Einwanderern etc.) sind eine konstitutive Säule des Phänomens selbst und seiner (wissenschaftlichen) Thematisierung wie auch der politischen Umsetzung (Zuwanderungsgesetze). Notwendig werden dabei räumliche Kategorien und auch die daran geknüpften vorgestellten Gemeinschaften in Anschlag gebracht, die es dann erlauben, Migration als biologisch-technisches

---

der politischen Praxis unterlegen. Sie erzeugt entweder utopische Entwürfe (die dann aber ins Leere laufen), oder sie muss sich, will sie gehört werden, den gängigen Mitteln bedienen. So fordert sie nicht die Abschaffung der raumbezogenen Kategorien, des „Innen" und „Außen", sondern beschränkt sich auf die Forderung eines höheren Maßes an „Einwanderung".

Phänomen (Stoffströme, Ausgleichspotential, Balance etc.) zu begreifen. Eine Definition von Marel (1980:33, m. Hvh.) vermag dies noch einmal zu verdeutlichen:

> „Eine Form der Mobilität ist die Migration, wobei sie hier in erster Linie als ein Interaktionsprozeß *zwischen sozietalen Einheiten (z.B. Nationen, Provinzen, Kantone usw.)* aufzufassen ist, der durch die Differenzen struktureller Spannungen in sozietalen Einheiten bestimmt wird."

Menschenorganisation: Ströme, Volumen, „flows"

In migrationssoziologischen Analysen ist die **konstitutive Bedeutung** stationär imaginierter Gemeinschaften nicht zu übersehen. Vor allem das Container-Prinzip wird in den Definitionen von Begriffen wie „Migrationsstrom", „Migrationsvolumen" und „Mobilitätsziffer" zitiert (vgl. Han 2000:10-11). Die in den Analysen zusammengefaßten Gruppen (z.B. Wanderungsverhalten der Türken, Deutschen, Schweizer) weisen denselben räumlichen Bezug auf, seien es nun Kategorien, die sich aus Nationalstaaten, Subkategorien von Nationalstaaten oder der Differenz „Ausland/Inland" herleiten (s. Marel 1980; Chies 1994; Kalter 1997). Bemerkenswert ist, daß es kaum möglich wäre, Migration als Phänomen zu erfassen, wenn die restlichen Gemeinschaften *nicht* stationär und immobil gedacht werden würden, weil sich Mobilität und Migration erst aus der Differenz zum Stationären konstituieren. Das probate Mittel, diese Abstraktion zu leisten, ist das Container-Prinzip, durch das es möglich wird, von „Herkunftsländern" und „Zielorten" nach dem Modus [*entweder in a oder in b* und *wenn in a dann nicht in b*] zu sprechen und in der Folge erlaubt, „*Z*ustrom" und „*A*uswanderung" (Mobilitätsziffer) vorstellbar, meßbar und in der Folge regulierbar zu machen. Die **organisatorische Bedeutung** dieser Abstraktion ist, daß sich dann nicht mehr mit komplexen, dynamischen, heterogenen Abgrenzungen von Gemeinschaften oder gar Individuen auseinandergesetzt werden muß, sondern mit Konstanten hantiert werden kann. Pragmatisch werden – auch am Grenzübergang – kaum „objektiv" formalisierbare, subjektbezogene Prüfungen mit Hilfe der objektivierenden Funktion [*aus X kommend gilt als X'*] (über die Indikatoren Paß oder Geburtsurkunde) obsolet. Ein wichtiger Effekt dieser Komplexitätsreduktion ist aber, daß dabei Kulturen und Gemeinschaften mit den abstrakten Räumen gleichgesetzt werden und die Logik „entweder in oder außerhalb" eine diskrete Realität der Zugehörigkeit und Identität schafft. So kann selbst aus der Subjektperspektive gesagt werden, daß nicht nur das Konzept des „generalisierten Anderen" zu einer Verräumlichung führt, indem es Inklusionen und Exklusionen erzeugt (vgl. Sibley 1995:9 in Anlehnung an Mead), sondern auch die Verräumlichung des Gesellschaftlichen ein organisatorisches und identifikatorisches Mittel zur Identifizierung des „generalisierten Anderen" ist.[32]

---

32 Bemerkenswert ist, daß sich Theorie-Entwürfe, die explizit in Abgrenzung zu den physikalisch orientierten „Migrationsgesetzen" Ravensteins, welche Kausalzusammenhänge zwischen Distanz und Migrationshäufigkeit herzustellen suchten (Han 2000:13), der gleichen „Logik" bedienen. So ist z.B. Sorokins „enträumlichtes" Konzept von horizontaler (sozialer) und ver-

Auch in den sogenannten „push-und-pull-Analysen", die sich mit den subjektiven Ursachen und Motiven der Wanderung auseinandersetzen, wird die Bedeutung der Typen signifikativer Regionalisierung ersichtlich, weniger aber als zu analysierender Faktor denn als Kriterium der (wissenschaftlichen) Abgrenzung. Sie werden benutzt, um darzustellen, welche Motive *in Deutschland, im Osten* oder *Anderswo* vorherrschen (s. z.B. Kalter 1997:145). Die Faktorenanalyse und die Suche nach „Determinanten der Migration" (Hoffmann-Nowotny zit. in Marel 1980:29) laufen somit auf raumspezifische Gegebenheiten im *Herkunfts*land oder im *Ziel*land hinaus.

Dabei wird die Bedeutung sogenannter „weicher", also nicht dem rational-choice-Modell folgender Faktoren, zwar eingeräumt, aber kaum theoretisch und methodisch umgesetzt (s. Chies 1994). Gerade hier kann aber eine wesentliche Bedeutung von Regionalisierungen vermutet werden, die als *zu analysierender Faktor* betrachtet werden müßte. Denn die Vorstellungen, welche die Einteilung im Zuge der Thematisierung von Migration und Mobilität generieren, erzeugen wiederum Erwartungen und Strukturen, die auf die Individuen, ihre Erfahrung und Handlung, zurückwirken. Sie erhalten damit eine **begründende Bedeutung**.

Umzug nach Amerika und Urlaub im Container

Die rekursive Passung zeigt sich auch im von Han (2000:21) angeführten Beispiel „Amerika-Utopie des 19. Jahrhunderts" („Amerika als Land der Hoffnungen und Wünsche"). Die Vorstellung des abstrakt räumlichen Begriffes, die mit einem *„so"* verknüpft wurde (*dort, in Amerika, ist es so*), war begründend für die Handlung *dorthin* zu ziehen. Die *Orts*verlagerung, das Einziehen in den Container, wird dann logisch mit dem Erreichen der persönlichen ideellen Ziele verknüpft. Wenn man sich aber vergegenwärtigt, wie wenig die zeitgenössischen Bilder vom begrenzten Anderswo und seiner Qualität sich von diesem unterscheiden, ist es kaum angemessen, rückblickend von einer „Utopie" zu sprechen, denn in diesem Sinne schaffen alle strukturierenden Verortungsprinzipien Utopien, nämlich die über die Raumlogiken stereotypisierten „vorgestellten Gemeinschaften". Sie haben als Kultur-Raum-Einheiten keine „reale Wirklichkeit", an der sie sich messen lassen, außer der von ihnen selbst erzeugten. Die wissenschaftlich (nötigen) Unterstellungen der analytischen Bezugsrahmen sind in diesem Sinne keine *genuin* wissenschaftlichen Konstruktionen, die kategoriellen Grenzen durchdringen die Vorstellungen von Akteuren, erzeugen Erwartungen und erhalten dabei als Handlungsbegründungen Plausibilität (vgl. Bade/Bommes 1996).

Diese Plausibilität ist dann vielleicht auch eine Erklärung dafür, warum selbst in reflexiver Haltung kaum mit den kategorialen Einheiten gebrochen wird und dabei die Raumbezüge selbst einer Untersuchung zugänglich gemacht werden. Als Ausnahmen können die Migrationstheorie von Hartmut Esser und weitere sub-

---

tikaler (territorialer) Mobilität (vgl. Han 2000:16) in dem Sinne räumlich, als daß sich die Wanderung in der „sozialen Stratifikation der Gesellschaft" bzw. im „sozialen Raums" auf die gleichen (geometrischen) Ordnungs- und Verortungsprinzipien beruft.

jektzentrierte psychosoziale Ansätze in der Tradition von Schütz, Simmel oder Park betrachtet werden (Han 2000:209-221), die aber stark auf die individuelle Situation des *Migranten in der Fremde* abzielen. Dennoch ziehen sie in Betracht, inwiefern die Vorstellung des Anderen über das Anderswo geleitet wird, bei Esser der „Wissensaspekt des Handelns" (Han 2000:59), und daß diese Vorstellung wiederum zur Handlungsbegründung werden kann. Selten steht dabei jedoch die raumlogische Komponente im Zentrum der Analyse. Oftmals werden die kategoriellen Vorstellungen oder Bilder als „Vorurteile" abgehandelt, womit suggeriert wird, daß es zu diesen „Utopien" oder Fehleinschätzungen auch eine analysierbare richtige Wirklichkeit gäbe, etwa eine *hybrid* vorstellbare *Gemeinschaft*, oder daß zumindest die Analytiker auf diese „inadäquaten Verkürzungen" verzichten könnten. In der Darstellung von Han (2000:259ff.) wird bereits deutlich, daß selbst scheinbar a-räumliche „ethnische Vorurteile" auf Verortungsprinzipien angewiesen sind, wenn „Rassen und Sprachgruppen" in „Engländer, Franzosen, Norweger oder Schotten" klassifiziert werden.

Wenn man eine Entschärfung des Vorurteilsbegriffs im Sinne der alltäglichen Diskriminierung (imaginierte kollektive Identität; Identifizierung von Personen aufgrund „ihres" Raumes) vornimmt, wird klar, daß das gesamte Feld des Tourismus von „Vorurteilen" lebt. Die (toponymisch, indexikalisch oder metaphorisch) verorteten spezifischen Eigenarten stützen die Logik „sich *dorthin* bewegen, um genau dies zu erleben". Das „Erfahren" des Typischen (meist Länderspezifischen) wird mit der physischen Bewegung („Er-Fahren") und dem Aufenthalt *dort* verbunden, wobei auch das Prinzip „Nähe ist Kenntnis" eine tragende Rolle spielt. Ein Beispiel ist die Werbekampagne *„spain marks"* (deutsch: „Spanien prägt Sie"), in der nicht nur das homogen mit „spanischer Lebensfreude" und „dem besten Hotelangebots Europas" angefüllte *Dort* erzeugt wird, sondern auch das Erleben dieser Qualität mit dem Reisen *dorthin* und dem Aufenthalt *vor Ort* verbunden wird, wobei sich der Begriff „vor Ort" eben auf *ganz* Spanien (metonymisches Prinzip: *pars pro toto*) bezieht.

Wenn bei diesen Strukturierungen von notwendigen Reduktionen ausgegangen wird, die sich auf der Sprachabhängigkeit und Imaginationsnotwendigkeit von Gemeinschaften als geschlossenen, diskreten Phänomenen gründet, zeigt sich die Bedeutung dieser Regionalisierungsmodi in organisatorischer und funktionalisierender Hinsicht:

1. zur Thematisierung des Phänomens „Migration" im Allgemeinen (und damit auch zur Identifizierung von „Migranten")
2. zur pragmatisch-programmatischen Organisation von Zuwanderungen („flows"): Dabei stellt sich die Herkunft als scheinbar „neutrales" administratives Kriterium dar, entgegen etwa einer religiösen oder rassisch begründeten Diskriminierung. Dabei wird aber über die inhärente Projektion von Individuen, Gesellschaften oder Kulturen auf einen Raum *formal* eine ebensolche Diskriminierung vollzogen.
3. zur Organisation sozialer (ethnischer, rassischer etc.) „Vorurteile": Verortung und Container-Logik sind dabei integrales Hilfsmittel der Abgrenzung und

produzieren gleichzeitig Erwartungen, die sich auf den Indikator *woher* beziehen (Verortungsprinzip IV).
4. als Entscheidungsgrundlage für Wanderungen und Reisen, insofern die kategoriellen und verkürzenden Vorstellungen Affinitäten erzeugen (dabei ist zu beachten, daß sie sicherlich auch negativ wirken, dies aber kaum in Analysen auftaucht, wenn sich diese *ex-post* auf die Suche von Gründen für einen bereits vollzogenen Ortswechsel beziehen und somit die (teleologische) Begründung der Handlung einfordern (vgl. Kalter 1997:143).

Putin und Scharping waren nicht vor Ort

Die moralische Entschärfung des „Vorurteils" auf analytischer Ebene zugunsten des Begriffs der alltäglichen Diskriminierung[33] führt abschließend *erstens* zur Frage nach den möglichen Alternativen. Wie wird eine Gemeinschaft ohne verkürzende Raumabstraktion überhaupt vorstellbar und darüber hinaus beurteilbar? Sie ermöglicht *zweitens* auch die Betrachtung der Bedeutung räumlicher „Logiken" als **moralischer Instanz**. Inwiefern folgt die gesellschaftliche Bewertung von Handlungen wiederum diesen „Logiken", obwohl gleichzeitig auch alternative Deutungen bestehen? Diese Bedeutung zeigt sich anhand der öffentlichen Bewertung des „vor Ort Seins" oder auch des „dort und nicht hier Seins". Sie hängt eng mit dem orientierungsmetaphorischen Verortungsprinzip V (Nähe ist Kenntnis, Interesse und Vertrauen) zusammen.

Ein erstes Beispiel steht im Zusammenhang mit dem Untergang des russischen Atom U-Bootes „Kursk" im Sommer 2000. Während sich der Untergang selbst in der Barentsee vor Murmansk ereignete und in Widjajewo, einem Ort nicht weit von Murmansk, gehofft und gebetet wurde, befand sich Putin am Schwarzen Meer. DER SPIEGEL schrieb daraufhin wie folgt:

> „Er ließ sich erst am Mittwoch in Sotschi am Schwarzen Meer, auf der Sonnenseite Rußlands, geschäftsmäßig zur Sache vernehmen: Die Lage des U-Boots und seiner Mannschaft sei ‚kritisch', es werde jedoch ‚alles, was zu tun ist, vor Ort unternommen'. Schluß. Kein Wort des Bedauerns. Dazu trug er auch noch Freizeithose und Polohemd" (SPIEGEL 34/2000, S. 128).

Wenn Putin geglaubt haben mag, es reiche, daß „vor Ort" alles getan wird und er auch an einem anderen Ort ausreichend informiert und beteiligt ist, hat er sich in Bezug auf die moralische Bewertung seines *nicht dort Seins* geirrt. Denn der anklingende moralische Vorwurf bezieht sich nicht nur auf das Tragen von Freizeitkleidung im Angesicht der menschlichen Tragödie, sondern auch auf die räumliche Distanz, die zwischen ihm auf der „Sonnenseite Rußlands" und dem (dunk-

---

33 Hier wäre das alltägliche Diskriminieren also gemäß der psychologischen Definition als „systematischer Fehler" zu verstehen, aber nicht in dem Sinne, daß grundsätzlich ein „vorurteilsvoller" von einem „vorurteilsleeren" Menschen zu unterscheiden wäre (vgl. Han 2000:265). Kategorisches Denken ist dann nicht als pathologisch, sondern, im Sinne Blumers (1958) „Vorurteilsforschung", als „abstrakter Definitionsvorgang" zu verstehen (ebd.:267), vgl. auch Hoffmann (1996:158).

len) Schauplatz des Geschehens liegt. Hier kommt die symbolische Funktionszuweisung *Nähe ist Interesse, Kenntnis, Anteilnahme* zum Tragen. Putins räumliches „Fernbleiben" wird analog mit einem „der Sache Fernbleiben" übersetzt, und zwar emotional, wie auch in Bezug auf das Interesse und die Kenntnis. Er kann – so die „Logik" – an seinem Ort (weit weg) gar nicht begreifen, was „vor Ort" geschieht und er hat offensichtlich auch kein Interesse daran. Diese Bedeutungen des „vor Ort Seins" sind aber keine zwingenden Verknüpfungen. Es gibt keine „natur-gesetzmäßige" Grundlage für eine „bessere" Kenntnis des Geschehens, je kleiner die Distanz. Auch „vor Ort" kann man sich für ein Geschehen nicht interessieren.

Der Widerspruch, der sich hier nun auftut, ergibt sich argumentationslogisch entsprechend auch nicht über das Argument der zunehmenden Distanzverringerung durch Transport und Kommunikationstechnologie, sondern in Verbindung mit einer anderen, zunehmend etablierten Weltsicht. Wenn einerseits die Welt oder die „spätmoderne Gesellschaft" als kaum noch raumbezogen thematisiert wird, wenn die moderne Telekommunikation inklusive Internet das „vor Ort Sein" irrelevant zu machen scheint, steht dem die moralische Bedeutung des Konzepts *(physische) Nähe ist Empathie, Anteilnahme, Kenntnis und Vertrauen* kontradiktorisch gegenüber. Sie kann als ein Einfordern der „Betreuung" durch die Staatsoberhäupter gedeutet werden, das sich auch in dem Begriff der „Volksnähe" wiederfindet. Diese Nähe wird aber nicht in einem irgendwie „übertragenen Sinne" gedacht (vgl. Teil II, Kap. 3.3.2), sondern findet eine physisch-räumliche Übersetzung. Das Annähern wird als symbolischer *Akt* eingefordert, wobei – hier steckt eine weitere Machtdimension – nicht unerheblich ist, wer zu wem zu kommen hat.

Ein ganz ähnlicher Fall wie der von Putin ist in der bundesdeutschen Politik aufgetreten. Als im September 2001 der Verteidigungsminister Rudolf Scharping auf der Sonneninsel Mallorca weilte, war dies gemäß der öffentlichen Berichterstattung der „falsche Ort" für ihn. DIE ZEIT-online schrieb:

> „Daß der Verteidigungsminister mit seiner Geliebten auf Mallorca ‚planscht', während sich seine Soldaten auf den Mazedonien-Einsatz vorbereiten, dient der Opposition als kleiner Entlastungsangriff im Wirrwarr um Zustimmung oder Ablehnung des Mandates" (Zit. aus: *Verbissen glücklich*, ZEIT online, http://www.zeit.de/2001/36/Politik/200136_scharping.html).

In der Tat findet sich auf einem öffentlichen CDU-Papier der Vorwurf noch einmal in aller Deutlichkeit:

> „Während ein Auslandseinsatz kurz bevorsteht, demonstriert der oberste Dienstherr der Bundeswehr sein Liebesglück. Ein General der Bundeswehr beschreibt die Situation treffen: ‚Im Kosovo munitionieren die Jungs gerade bei 33 Grad schwitzend die Panzer und Gewehre für den Mazedonien-Einsatz auf – und dann sehen sie, wie ihr Oberbefehlshaber im Pool mit der Geliebten schäkert" (Zit. aus: *Rudolf Scharping – eine Chronologie des Versagens*, http://www.cdu.de/politik-a-z/Sicherheit/scharping.pdf. (Zugriff 05.02.2004).

Neben der Verwerflichkeit des „unangemessenen" Gebarens ist es auch hier der unangemessene Ort des Aufenthaltes, der eine wesentliche Rolle bei der moralischen Bewertung spielt. Scharping ist nicht *in Deutschland, wo* die Vorbereitungen laufen, er ist nicht *in Mazedonien, wo* die Grenadiere schwitzen, er ist *dort*, weit weg, auf Mallorca. Durchaus können dabei auch weitere Bewertungen eine Rolle spielen, z.B. daß, ähnlich wie bei Putin die Schwarzmeerküste, Mallorca für die „Sonnenseite des Lebens" steht oder daß ein Verteidigungsminister nicht im Pool zu planschen hat. Doch ist das „anderswo-Sein", die „Absenz", ein entscheidender Punkt, auch für die moralische Bewertung von „angemessenem" Gebaren und Verhalten, denn auch der Pool – ob auf Mallorca oder in Berlin – kann als „falscher Ort" betrachtet werden. Und die „Sonnenseite" ist ein Ort, an dem Scharping eben nicht zu sein hat.

Auch in der iterierten Funktionszuweisung *Nähe ist Interesse* und *physisches „vor Ort sein" gilt als mentale und emotionale Anteilnahme („bei der Sache sein")*, die ein moralisches Urteil erlaubt, zeigt sich also eine Bedeutung der impliziten signifikativen Regionalisierungen auf gesellschaftlicher Ebene. Die Bedeutung dieser „Logik" wird umso interessanter, wenn nun die „neue" Weltdeutung im Sinne einer vernetzten, enträumlichten Welt mit in Betracht gezogen wird. Wenn es so wäre, daß eine zunehmende Ortsunabhängigkeit in Bezug auf Informationszugang und (virtueller) „Präsenz" via Telekommunikation, Satellitenübertragung und Internet sich etablierte, dann stünde diese (traditionelle) Bedeutungszuweisung des „vor Ort Seins" der Thematisierung einer enträumlichten „Weltgesellschaft", die z.B. Bade/Bommes (1996:18) aufgrund des „globalen Wanderungsgeschehens" für zwingend halten, entgegen.[34]

3.3 Heimatschutz und Wohnortwahl

Eine Thematik, die sich direkt an den Begründungszusammenhang von Verortungsprinzipien und Phänomenen wie „Mobilität" resp. „Migration" anschließt, ist die der Bedeutung von Typen signifikativer Regionalisierung für die (anhaltende) Bedeutung von „Heimat" oder des „zu Hauses". Denn, wie Strzelczyk (1999:12) bemerkt:

> „Die Annahme, daß Kulturen natürlicherweise in räumlich abgegrenzte Einheiten ‚gesperrt' sind, durchzieht nicht nur einen Teil der akademischen Literatur über Nationen, sondern prägt auch, wie Menschen und Gruppen wahrgenommen werden, die sich wandernd neue Heimaten suchen oder die zur Flucht gezwungen sind."

Heimat ohne Raum?

Zunächst ist also auch hier die **konstitutive Bedeutung** der Verortungsprinzipien für das Phänomen „Heimat" oder des „zu Hauses" zu betrachten, auf das von

---

34 Es wäre jedoch kaum angemessen, diese „Bedeutung" der physischen Nähe als bloßes Verharren in überholten Werten oder als symbolische „Wiederverankerung" zu begreifen, die einer rational-logischen Grundlage entbehrt. Im Hinblick auf die alltägliche Diskriminierung, die mit Mitteln räumlicher Abstraktionen getätigt wird, hat es eine „Entankerung" bislang ebensowenig gegeben, wie es eine radikal neue (signifikative) Weltordnung gibt.

Subjekten zurückgegriffen wird und das auch wissenschaftlich *begriffen* wird – meist, so Huber (1999:50) – ohne daß dabei die wissenschaftliche Beteiligung am Phänomen selbst thematisiert wird. „Heimat" – dies ist entscheidend – beinhaltet eine Raumabstraktion, die es erst ermöglicht, von „Vertriebenen", „Heimatlosen" oder „Rückkehrern" zu sprechen und diese in eine (wissenschaftliche) Argumentationslogik einzubauen. Dabei herrscht laut Bastian (1995:37) die „Reduzierung des Heimat-Begriffs auf die räumliche Kategorie" vor. Heimat wird mit Territorium gleichgesetzt, ob es sich nun um ein physisches oder ein „rhetorisches Territorium" (Descombes in Morley 2000:17) handelt. Nicht selten erreicht dabei das „aus der Heimat vertrieben sein" oder „in der Fremde sein" einen ursächlichen Erklärungsgehalt z.B. für Aggressionen und Konflikte, jedoch nicht in dem Sinne, daß die *Vorstellung* und *Konstitution* des Begriffs als Erklärungsfaktor beleuchtet wird, sondern insofern der unterschiedlichen räumlichen Herkunft selbst essentiell erklärender Gehalt zugewiesen wird.[35]

Eine mit der räumlichen Kategorie zusammenhängende Konnotation der Heimat als Herkunftsregion ist das Natürliche, Angestammte, Ursprüngliche. Heimat, als „der Ort aus dem etwas stammt" oder an dem man „verwurzelt ist" (s. Spurk 1997:51) funktioniert somit auch als Zeiger für einen (eigentlichen) Naturzustand, aus dem als Differenz der uneigentliche Status „in der Fremde" oder „fremdartig" („unheimlich") abgeleitet werden kann, wobei auch der Fremde als „Un-Heimlicher" identifiziert werden kann (Strzelczyk 1999:26-27). Dabei kommt zum Tragen, was Eisenstadt/Giesen (1995:77) den „primordialen Code" der kollektiven Identität nennen.[36] „Heimat" und „zu Hause" werden bei dieser Identifizierung – vor allem in Rückbezug auf die Biologie – häufig synonym gebraucht (Bastian 1995:149) und mit dem Prinzip der originären Herkunft verbunden.

Dagegen betont Morley (2000:3-4) den Mikrocharakter des Heim-Begriffes (*home*, das Zuhause) einerseits und den Makrocharakter des Heimat-Begriffes andererseits, der dem Begriff des Zuhauses eine stärkere Verhandelbarkeit zuweist, auch insofern er dann stärker die individuell disponierte Ebene des Hintergrunds betrifft.[37] Beide „konzeptuellen Räume", wie Morley sie nennt, sind jeden-

---

35 Hier sind sowohl die (humanethologisch orientierten) Arbeiten anzuführen, die in der Folge von Greverus (1972) den „territorialen Imperativ" postulieren (vgl. Bastian 1995:49 zu „Territorialität als anthropologische Konstante" sowie die Ausführungen in Teil II (Kap. 3) zu Territorialität als „urmenschliches Prinzip"), als auch das sozialgeographische Anliegen einer „geographischen Bewußtseinsforschung" (Blotevogel et al. 1986; 1987; Pohl 1993). Ein Aufbrechen der epistemologischen Grundannahmen findet sich dagegen in der Zusammenstellung von Bade (1996).

36 „Primordial codes obviously link the constitutive difference to ‚original' and unchangeable distinctions which are by social definition exempted from communication and exchange" (ebd.).

37 Morley (2000:4) verweist auch darauf, daß es sich bei der Unterscheidung letztlich um eine Signifikation, um einen wörtlichen und einen übertragenen Sinne von „home" handelt, einmal das essentiell private Heim, und zum anderen der öffentliche, kollektive Begriff der Heimat. Teilt man die Unterscheidung wörtlicher und übertragener Bedeutung im Sinne einer „eigentlichen" und einer „uneigentlichen" Bedeutung nicht (Teil II, Kap. 3.3.1) wird es mög-

falls, und darum geht es hier, angewiesen auf raumlogische Prinzipien, die ein Territorium (oder Habitat) definieren, das dann als „Zuhause" oder „Heimat" begriffen, artikuliert und in Beziehung zu sich selbst gesetzt werden kann und in der Folge mit weiteren Funktionen belegt werden kann (z.B. im Sinne von *„my home is my castle"*, „Heimat als schützenswertes Gut" oder auch das „für die Heimat kämpfen", ein Motiv, das im Zusammenhang mit der Irak-Politik der USA wieder explizit zu Tage trat). Die Vorstellungen konkretisieren sich anhand von territorialen Abgrenzungen, wobei der Heimatbegriff in gewisser Weise als Besitzanzeiger (Statussymbol) fungiert. „Heimat" ist das Symbol für das eigene Territorium, das die Differenz bereits in sich trägt. Man kann *in die Heimat* zurückkehren oder *aus ihr* vertrieben werden – man selbst bewegt und wandelt sich, nicht aber der Heimatraum. Die Statik und Natürlichkeit erzeugenden Prinzipien des *Dortso*, die toponymisch etikettierten und konservierten Raum-Zeit-Stellen und die Einhegung von kultureller Eigenart im Containerraum sind in dieser Perspektive als konstitutive Grundlagen des Gegenstandes selbst und seiner weiteren Bedeutung anzusehen.

Die **organisatorisch-pragmatische Bedeutung** der räumlich kategoriellen Prinzipien für den Heimatbegriff und damit verbundene Praxisfelder läßt sich einerseits auf öffentlich-politischer und wissenschaftlicher Ebene betrachten und andererseits im alltäglichen Miteinander nachvollziehen. Die Einrichtung von Reservaten für Minoritäten folgt diesen Prinzipien ebenso, wie die staatlich verordnete Umsiedelungspolitik von Bevölkerungsgruppen oder -teilen, vom Motto „heim ins Reich" im Nationalsozialismus bis zur grundgesetzlich verankerten aktuellen Aussiedler-Reintegrierung (s. Strzelczyk 1999:205 zur gesetzlichen Regelung des „Aussiedlerstatus"). Die „Logik" folgt immer dem Anspruch, eine (ethnisch resp. völkisch definierte) Kultur und ein Territorium zu vereinbaren, meist, indem ein stabiler vermeintlicher „Urzustand" wieder hergestellt werden soll. Der Heimatbegriff als ortsbezogenes Herkunftskriterium ermöglicht dabei grundsätzlich eine Einordnung und Zuordnung von Personen, regelt Exklusion und Inklusion und auch rechtliche Ansprüche auf das originär angestammte Land (Boden). Daß Raum- resp. Bodenbezug hier unabdingbar sind, wird deutlich, wenn man versucht, die Heimatvertriebenen oder Aussiedler ohne sie zu denken. Zwar ist es grundsätzlich möglich, andere Begriffe für dieses Prinzip als die ideologisch belastete „Blut-und-Boden"-Ideologie zu finden. Es geht aber im semantischen Feld – auch ohne daß daran notwendig ideologisches Gedankengut angeknüpft werden muß – bei der Diskussion um Vertriebene definitiv um den Flächenraum, von resp. aus dem die Vertriebenen vertrieben wurden. Auch kann (und auf theoretischer Ebene muß) Heimat durchaus als multidimensionales Bezugssystem hypothetisch konzeptualisiert werden. Es ist abstrakt möglich, „Heimat als Teil der Formierung von Identität zu begreifen, ohne auf starre Abgrenzungsmuster zu verfallen" (Strzelczyk 1999:28). Das herrschende Verständnis, die Gleichung [Ort = Gemeinschaft = stabile Identität], die zum Normalfall menschlicher Form von

---

lich, auch den Heimat-Begriff auf die sogenannte „Mikroebene" zu beziehen, dann kann auch ein Land zur „Wohnung" werden, die man sich aussucht.

Zugehörigkeit erhoben wird (Strzelczyk 1999:28), ist jedoch *de facto* ein integraler Teil der Identifizierung und Organisation von Territorialbezügen. Sie schafft insofern raumlogische und naturräumliche Wirklichkeit, auf die begründend zurückgegriffen wird, wenn es z.B. um Fragen von Gebietsanspruchsregelungen und die Vereinbarung von (Flächen-)Nutzungskonflikten geht.

Schutz und Pflege der Wurzeln

Die Bedeutung läßt sich ganz offensichtlich auch im Bereich der „Kulturlandschaftspflege" oder „Heimatpflege" nachvollziehen, die hier stellvertretend anhand von Schenk et al. (1997) betrachtet wird. Der „Heimatraum" (Frei 1997:258) ist die begriffliche Fixierung dessen, was anderweitig implizit angenommen und hergestellt wird, die Verbindung von menschlicher Herkunft (und damit unterstellter kultureller Qualität) und seiner räumlichen Grundlage. Die im Bereich der Raumplanung sowie speziell der „angewandten historischen Geographie" (Fehn 1997) vielfältig praktizierten Verortungslogiken sollen hier nicht ausführlich dargestellt werden. Der Zusammenhang wird allzu deutlich in der „Bewertung von Räumen" oder dem Anfüllen der abgegrenzten Territorien mit einer (raum-)spezifischen Geschichte und dem Anspruch, neben dieser „historischen Originalität" auch „regionale Spezifik" zu erkunden (Schenk 1997:7). Bezüglich der Bedeutung der räumlichen Ordnungsprinzipien ist für den Bereich der Landschafts- und Heimatpflege zentral, daß ohne die pragmatische Lösung der Einteilung von diskreten Räumen das Spezifikum von Räumen (und damit ihr Schutz- und Pflegewert) nicht zu bestimmen ist. Die Kritik, die sich an diesen kulturlandschaftspflegerischen Ansätzen im geographischen Diskurs in der Folge des Kieler Geographentages 1969 formierte (Fehn 1997:13) und Fehn zufolge bedauerlicherweise dazu führte, daß andere Disziplinen diese Aufgabe übernahmen (ebd.), ist hier also in dem Licht zu betrachten, daß diese konstitutive pragmatische Seite des „Raumplanungsbegriffes" selbst kaum berührt wurde. Wenn es ungefragte gesellschaftlich wünschenswerte Planungsziele sind, Kulturlandschaften zu schützen und Heimat zu pflegen, ergibt sich kaum eine Alternative zu der Identifizierung von Räumen gleicher Eigenart und der organisatorischen Aufbereitung von Heimat als Flächenraum, *in dem* dann bestimmte Maßnahmen durchzuführen sind.[38] Die kaum gestellte plausiblere Frage wäre also, ob nicht die Ziele selbst einer Raumlogik unterliegen, die alternativlos ist. Denn ihre Erfüllungsbedingungen werden durch die Zielsetzung selbst erst erschaffen und passen durchweg zum planerischen Konzept. Die identifikatorische und organisatorische Bedeutung der Verortungsprinzipien für die Planungspraxis wird deutlich, und an sie schließen sich weitere (funktionale) Begründungen an, etwa im Sinne der Funktionalisie-

---

38 Auch Thabes (2002:270) spöttische Bemerkung über die „zivilen Diskurs-Teilnehmer" zur Frage „was ist Raumplanung", die ihr „Begehren auf die jeweiligen ‚Gesetze' richten, nach denen der geliebte ‚Raum' funktionieren soll" hilft hier nicht weiter. Der Anspruch Räume/Raum zu planen impliziert die operationale Erfüllung dieses Raumes mit Inhalt und Gesetzmäßigkeiten.

rung von (Container-)Räumen als „(Welt-)Kulturerbe" oder „Heimatmuseum". Dies sind Bedeutungen, die wiederum zur Begründung für Menschen werden, sich *dorthin* zu begeben, wie Frei (1997:254) am Reiseziel des Schwäbischen Volkskundemuseums Oberschönefeld verdeutlicht:

> „Alljährlich erleben fast 150.000 Besucher (...) in Oberschönefeld ein erstrangiges Anschauungsobjekt für die Geschichtlichkeit des Heimatraumes und lernen ein treffliches Beispiel für die kulturlandschaftliche Wirksamkeit einer Ordensgemeinschaft in vergangener Zeit kennen"

Wie kriegt man seine Heimat (los)?

Im alltäglichen Umgang wird die Zuschreibung bestimmter Qualitäten auf passende Weise verkürzt über die heimatliche Verortung erfragt. So erwartet das „woher kommst Du?" als erste Frage beim „Kennenlernen" bereits die Antwort auf die viel größere Frage nach dem kulturellen, ideologischen oder religiösen Hintergrund, den eine Person „von dort mitbringt" und die sie als Gruppenzugehörige einordnen läßt. Die hintergründigen Erwartungsmuster werden dabei in Bezug auf die kollektiven Kategorien imaginierter verorteter Gemeinschaften identifizierend und organisierend in Anschlag gebracht. Gleichzeitig kommt beim Heimatbegriff im Gegensatz zur Herkunft aber hinzu, daß hier über die askriptive öffentliche (staatlich-administrative) Verortung (Identifikation II) hinaus eben auch die individuelle, eigene Verortung und Zugehörigkeit (Identifikation III) stärker abgefragt wird. Das „zu Hause" oder „die Heimat" steht für die „symbolische Familie", die man sich selbst gewählt hat, das sich *irgendwo* zu Hause fühlen ist eng gekoppelt an diese Wahlverwandtschaft (vgl. Morley 2000:31). Dabei ist es durchaus möglich, daß sich dieses „zu Hause fühlen" auch auf die ganze Welt oder auf einzelne „vertraute" nicht raumbezogene Aspekte dieser erlebten Welt bezieht, selten aber kommt seine Bestimmung gänzlich ohne Verortungsprinzipien aus.

Noch einmal kann beispielhaft auf das Süddeutsche Magazin zum Thema „Heimatkunde" zurückgegriffen werden. Die Fragen, die wechselnd nach dem zu Hause und der Heimat den „RepräsentantInnen" verschiedener Länder gestellt werden, werden in Bezug auf die Prinzipien der Verortung ähnlich beantwortet, in den meisten Fällen mit einer Container-Kategorie. Pedro Juan Gutiérrez („aus Kuba") fühlt sich *in Havanna* zu Hause, *in seinem Viertel*. „Wie riecht Heimat?" beantwortet er toponymisch mit „*Kuba* riecht nach Erde". Miyuki Kido und Hideaki Waku („aus Japan") fühlen sich „*in Tokio*" zu Hause und Simone Ellis („aus Neuseeland") „überall *in Neuseeland*". Während sich einige Befragte zwar auch nicht an ein Land gebunden „zu Hause" fühlen, werden die weiterführenden Fragen nach dem möglichen „Heimatverzicht" oder den „Schulden gegenüber der Heimat" dennoch nach dem Territorialprinzip beantwortet. Gabriela Sabatini etwa will ihrer Heimat „den Seelenfrieden zurückgeben", „zum Beispiel, indem ich als Geschäftsfrau zeige, daß wirtschaftlicher Erfolg *in Argentinien* durchaus möglich ist" (alles SZ Magazin 7 zum Thema „Heimatkunde", 14.02.2003, m. Hvh.).

Daß diese „Rückfälle" stattfinden, die den zunächst durchaus variabel gehandhabten Heimatbegriff wieder an die Verortungslogik binden, hängt – dem Theorem der „Passung" folgend – auch entscheidend mit den angenommenen Erwartungen zusammen: Die Antwort „Ich komme aus der Welt" wird auf die Frage „woher kommst Du?" nicht selbstverständlich akzeptiert, weil sie die erwartete identifikatorische und organisatorische Funktion nicht erfüllt. Der Ortsbezug ist zentral für die „persönliche Verortung" und die Identifizierung Anderer und hat damit eine zentrale Funktion auch für ein Gefühl des Überblicks und der Sicherheit. Er erlaubt den Rückschluß von einem räumlich zusammengefaßten Umfeld auf Geisteshaltungen, Eigenarten und Qualitäten und vereinfacht das „sich in Beziehung Setzen" zur (Um-)Welt. Dabei mag es „heute" nicht mehr entscheidend sein, ob Geburts-, Herkunfts- oder Wohnort abgefragt wird, doch der Ortsbezug bleibt ein relativ stabiles Kriterium und erhält so seine fortlaufende Bedeutung.

Wahlheimat räumlich gedacht

In Bezug auf die Handlungsbegründung ist eine weitere abzuleitende pragmatische Bedeutung der Verortungsprinzipien im Heimat-Begriff in der Wahl des Wohnortes bzw. in der Wahl einer „neuen Heimat" zu vermuten, die – wie bereits unter der Migrationsthematik angeführt – eng mit der Vorstellung von kollektiven Gemeinschaften *an* einem spezifischen Ort bzw. *in* einem spezifischen Territorium zusammenhängt. Umzugsentscheidungen und Wohnortwahl (s.o.) stehen auch in Verbindung mit der Suche nach einem zu Hause, also damit, einen Platz in der Welt finden, an dem man sich wohl, sicher und verstanden fühlt. Entsprechende Urteile, die Begründungen für ein physisches *sich-dorthin-Begeben* liefern, werden dabei auch aufgrund der räumlichen Kategorien gefaßt, die notwendig komplexitätsreduzierend sind. Sie hängen oft mit der distanzlogischen Gleichsetzung von „Entfernung ist Andersartigkeit" zusammen: *Dort* ist man/es so im Unterschied zu *hier*, *in* Afrika gibt es Krieg und Aids, *dorthin* ziehe ich niemals, ich fühle mich hier nicht wohl („heimisch") und kehre daher nach Hause / in die Heimat zurück.[39]

Dieses Heimat-Verständnis, die logische Verbindung von *dort/hier* und *mein*, wird auch medial vermittelt. Die Heimatfilme, die Huber (1999) analysiert, und ihre anhaltende Popularität zeugen von ihrer gesellschaftlichen Bedeutung (vgl. a. Strzelczyk 1999). Länder-Dokumentationen („Länderspiegel", „Länder, Menschen, Abenteuer") sind ebenfalls Zeichen dieser stabilen und allgemeinen Relevanz von Verortungslogiken, die auch neben dem Bild einer zunehmend globalisierten Welt Bestand haben. So war im Februar 2002 Dieter Kronzucker auf dem

---

39 Morley (2000:100) führt darüber hinaus an, daß die (traditionellen) räumlich-kategorialen Vorstellungen sogar bei der Wahl der Medien, etwa dem Kauf eines Satelliten-Empfängers bedeutsam sind. CNN zu sehen wird gleichgesetzt mit dem „In Verbindung Bleiben" mit einem Amerika, das als vorgestellte Einheit und Heimat auftritt.

Nachrichtenkanal N24 in einem Werbe-Trailer für seine Sendung zu hören mit den Worten:

> „Menschen, Länder, Kontinente rücken zusammen – wir zeigen Ihnen, was das für *uns Deutsche* bedeutet!"

Moralische und emotionale Bezugsräume

Eine **moralisch-normative Bedeutung** der Verortungslogiken für die Heimatbegrifflichkeit und die damit zusammenhängenden angeführten Praxisfelder wie das der „Heimatsuche" oder das Bauen eines Zuhauses an einem geeigneten Wohnstandort, die „Heimatpflege" oder das Kontakthalten zur Heimat („Heimatverbundenheit"), zeichnete sich bereits mehrfach ab und soll im Folgenden nur noch einmal zusammengestellt werden.

Grundsätzlich ist die Bedeutung erkennbar, daß (historisch, kulturell, emotional) aufgeladene Räume ein schützenswertes Gut darstellen können. Daran knüpfen Maßnahmen an, die der „Typik" oder „Eigenart" – ob in der Bauweise (Huber 1999:202) oder in der Landschaftsformation – einen hohen Wert zuweisen. Chorologische Prinzipien werden zum Ausgangspunkt der Bewertung von Räumen und ihren Inhalten, und in der Öffentlichkeit gilt der Landschafts- und Heimatschutz als berechtigte und wichtige politische Maßnahme. Burkhardt Kolbmüller, Vorsitzender des sich explizit von rechtsradikalem Gedankengut distanzierenden „Heimatbund Thüringen" fragt: „Wie ist es möglich und was ist notwendig, um vom Industriezeitalter zerstörte und in diesem Sinne ‚verlorene Heimat' wiederzugewinnen?" (Heimatbund Thüringen 2001:55). Die Einzigartigkeit von Räumen ist dabei hervorstechendes funktional eingesetztes Argument: das allgemeine Prinzip [*dort=so*] wird verstärkt zum [*nur-dort-so*], das dieses spezielle *Dort* (abgegrenzt und identifiziert) zum schützenswerten Gut macht. Dazu tritt das zeit-distanzlogische Argument[40] „je älter desto wertvoller", das aus Container-Räumen mit altem Inhalt besonders schützenswerte Räume macht, oder, wie Schenk es ausdrückt:

> „Das Alter und die regionale Spezifik landschaftlicher Strukturen und Einzelelemente sind daher wichtige Maßstäbe für den pfleglichen Umgang damit – gleich dem höheren Wert einer hochmittelalterlichen Kaiserurkunde gegenüber einem Computerausdruck des Statistischen Bundesamtes" (Schenk 1997:7).

In Bezug auf die Thematisierung von Vertriebenen oder Aussiedlern oder auch „Heimatlosen" wird die Bedeutung der räumlichen Ordnungsprinzipien erstens für rechtliche Fragen des Anspruches und zweitens aber auch für **ethisch-moralische Fragen** offensichtlich. „Toleranz gegenüber Ausländern" und „Auslän-

---

40 In der Tat kann man sagen, daß Zeit und Raum ähnlich strukturiert werden, insofern distanzlogische Argumentationen wie „je weiter desto fremder" mühelos auf die Zeit übertragen werden können (und vice versa), also dann „je älter (weiter weg in der Zeit) desto fremder". Diese Verbindung ist nur dann bemerkenswert, wenn Raum und Zeit als diskrete Einheiten vorgestellt werden, nicht aber als perspektivische Zugriffe auf ein Kontinuum.

derhaß" bauen dabei auf den gleichen räumlichen „Logiken" auf, die den Ausländer oder Fremden zu einem solchen machen. Es ist eine Frage der „*political correctness*", daß Ausländer oder Heimatvertriebene benachteiligte und besonders zu behandelnde Gruppen sind, weil sie „in der Fremde" sind oder ihre Heimat „verloren" haben. Diese Bedeutungszuweisungen funktionieren nicht ohne den „Urzustand" der Ordnung von Kultur und/in Raum und die iterierte Funktionszuweisung (Raum steht für Heimat – Verlust des Raumes durch Vertreiben steht für Heimatverlust – Heimatverlust steht für Benachteiligung und „Anormalität") bietet die Grundlage für weitere Konsequenzen, gleich ob diese nun auf Ausgrenzung oder Integration abzielen. So zeigt Morley (2000:26) anhand der sogenannten *homeless people*, daß der Heim(at)verlust auch als Stigma bewertet werden kann, ebenso wie er zu Mitleid und unterstützenden Maßnahmen führen kann. Diese Wertung wird von Strzelczyk (1999:12) als Vorrang der Seßhaftigkeit bezeichnet. „Deplazierung, Exil oder Migration gilt als ‚pathologisch'" (ebd.). Die Bausparkassen werben mit Sprüchen wie „ein Haus zu bauen liegt in der Natur des Menschen" und „wir geben ihrer Zukunft ein zu Hause" und unterstreichen damit die „Eigentlichkeit" der festen Verortung (Seßhaftigkeit) als „normales" oder „natürliches" menschliches Prinzip.

Wo ist der Feind?

Schließlich ergibt sich eine **moralische Bedeutung** der Verortungslogiken in der Iterierung [„heimaträumliche Zugehörigkeit gilt als (moralische) Verpflichtung gegenüber der Heimat"]. Durch die räumliche Abstraktion und Kollektivierung der Menschen in diesem Raum wird es möglich, für die Heimat (wahlweise das Vaterland oder die Mutternation) zu kämpfen und gegebenenfalls zu sterben. Symbolisiert wird dieses Territorium entweder toponymisch, oder durch Statussymbole wie eine Flagge. „The soldier who dies for his flag does so because he identifies the flag with his country" schreibt Guibernau (1996:81) und verweist damit auf eine weitere Iteration der Zuweisung [*Territorium ist Container, für alle im Container gilt: Herkunft ist Heimat*]. Praktisch werden so Menschen „mobilisiert" (das umgangsprachliche „mobil machen" bezeichnet hier anschaulich die Bedeutung von prinzipieller Einsatzbereitschaft als Bereitschaft, Distanzen zu überwinden, in den Krieg zu ziehen). Der Kampf oder Krieg ist somit auch eng verbunden mit einem *wohin* ziehen? Flächenräume werden als Ziele für Raketen und Aufenthaltsorte des Feindes relevant. Moralisch ist es dabei zentral, die Grenze zwischen diesen Räumen ziehen zu können (*hier so, dort anders*, Verteidigung des „guten" *Hier* gegen das schlechte *Dort*), was z.B. im Falle der Ereignisse vom 11. September 2001 zunächst kaum zu gelingen schien, kam der Terrorismus doch irgendwie „von Innen". In einem Interview sagt Umberto Eco:

> „Und wenn dies ein Krieg ist, richtet er sich weder gegen einen konkreten Feind, auch nicht gegen ein Territorium. Das verändert auch die Definition einer Armee. Selbst die Generäle sind in diesen Tagen nicht mehr so sicher, welche Aufgabe eine Armee hat" (Interview Frankfurter Rundschau (Magazin) vom 22.09.01).

Später wurde es aber mit der flächenräumlichen Projektion und Verortung („in Afghanistan", „im Irak" sitzt der Feind) doch möglich, kriegerisch aktiv zu werden (auch wenn es hierbei im offiziellen Sprachgebrauch um eine „Friedenssicherung" geht). Wichtig ist hier der Gedanke, daß die Bedeutungen [„Kampf für die Heimat"] oder [„Kampf für die zivilisierte Welt"] oder [„Kampf gegen die arabische Welt"] ohne Verortungsprinzipien nicht funktionieren, zumindest nicht im herkömmlichen Sinne, auf den auch die konventionelle Rüstungsindustrie (*Langstrecken*raketen, *Marsch*flugkörper etc.) angewiesen ist.

Heimat und Entgrenzung

Die sich abzeichnenden **Widersprüche** der anhaltenden Bedeutung von Verortungsprinzipien in einer zunehmend globalisiert und entgrenzt gedeuteten Welt können nun in Bezug auf die Praktiken wissenschaftliche Analyse, Heimatschutz, Schaffen eines Zuhauses, Aussiedlerpolitik und Kriegs- resp. Friedenspolitik angedeutet werden.

Für die Thematisierung der Heimat-Problematik ergibt sich eine widersprüchlicher Beziehung zwischen der konstitutiven Bedeutung territorialer Kategorien und dem Theorem der Entankerung, multipler Identitäten und enträumlichter Heimatbezüge. Wie soll ein neues Heimatverständnis analysiert werden, wenn die vergleichenden Analysekategorien sich der gleichen „Logik" bedienen, wenn Unterschiede nur deutlich werden, indem man klärt, wie der Heimatbezug *in Frankreich* ist und wie *in Japan*? Im Bereich Heimatschutz und Kulturlandschaftspflege zeigt sich deutlich die Kontradiktion der organisatorischen Bedeutung bei der flächenräumlichen Inwertsetzung, die auf Kontinuität im begrenzten Raum abzielt und einem entankerten Kulturverständnis, das die Tradition eines Ortes in Frage stellt, Instrumente und Maßnahmen der „Raumplanung" dann aber ziellos werden läßt. „Kulturraumpflege" wird als gesellschaftlicher Wert vermittelt („schützenswertes Gut") und unter dieser Zielsetzung ist eine Vielschichtigkeit und Hybridität „kultureller Identität" nicht operationalisierbar. Zugleich ist eine „im Zeitalter der Globalisierung" sich verändernde Heimat „Thüringen" kaum im Sinne der Satzung des Thüringer Heimatbundes zu „bewahren" (Heimatbund Thüringen 2001:1).

Die anhaltende Bedeutung eines Zuhauses als dem eigenen, vertrauten Territorium, die sich als reale Erfahrung von Orten bei Wechsel des Flächenraumes bestätigt (heimelig oder nicht-heimelig), wird mit dem Verständnis der mobilen, enträumlichten Weltgesellschaft konfrontiert, ohne daß diese Nicht-Strukturierung konzeptionell faßbar wäre. Die Erfahrung der Unterschiedlichkeit von Territorien (Ländern, Orten, Heimen) ist eine vielfältig institutionalisierte Wirklichkeit. Bei „Abzug" der verortungslogischen Komponente wird das Heimatliche weniger neu gefüllt, denn eliminiert, denn die Differenzbildung verliert ihren Bezug, das Un-Heimliche wird zum Überall. Mit diesem Überall kann auch die Aussiedler- und Vertriebenen-Politik nicht hantieren. Die flächenräumliche Projektionsebene, die es möglich macht, darüber zu entscheiden, ob Menschen zurück in ihren rechtmäßigen Container zu führen sind, oder ob diese Menschen aufgrund ihres Vertriebenen-Status Entschädigungen erhalten sollen, ist unverzichtbares Kriterium.

Schließlich sind Verortungslogiken probates Mittel, Zielvorstellungen für die Durchführung von „friedenssichernden Maßnahmen" entwickeln zu können und mit einem kaum operationalisierbaren Phänomen wie dem des „ortslosen Terrorismus" umgehen zu können. Die Heimat wird erst über ihren ortslogischen Bezug zum möglichen Gegenstand, für den man kämpfen kann.

Alle diese Widersprüche und die gezeigte Notwendigkeit der Verortungslogiken im Sinne ihrer Bedeutung sollen nun – und dies scheint bei moralisch so sensiblen Themen wie „Vertriebenenpolitik" und „Kriegsführung" hier bemerkenswert – nicht dem Argument dienen, daß es eine natürliche Unabdingbarkeit für diese Tätigkeiten *so und nicht anders* gäbe. Wichtig ist ein Verständnis, daß sich die Notwendigkeit innerhalb der institutionalisierten und strukturierten Wirklichkeit ergibt, *weil* die Verortungsprinzipien ein (konstitutiver) Teil der so hergestellten Wirklichkeit sind. Sie werden als Selbstverständlichkeiten erst sichtbar, weil sie derzeit zunehmend mit einer andersartigen Weltdeutung konfrontiert werden, sie entstehen als Differenz zu ihrer Negation. Insofern scheint es sich bei den Verortungen weniger um ein „Wiederherstellen" einer alten Ordnung oder Übersichtlichkeit zu handeln, sondern um ein fortlaufendes Herstellen und Strukturieren, das aber nun mit dem Postulat einer neuen Ontologie konfrontiert wird.

3.4 Personalpolitik

Das Praxisfeld der Personalpolitik umfaßt die Auswahl, Führung und Organisation von Mitarbeitern und Angestellten von Unternehmen und Organisationen, und es geht nun darum aufzuzeigen, inwieweit auch für dieses Handlungsfeld Verortungsprinzipien und -logiken bedeutsam sind. Grundsätzlich hängt diese Frage damit zusammen, inwiefern die bereits im Feld der Integrationspolitik betrachteten raumbezogenen Kategorien („Ausländer"; „Deutsche" etc.) auch in der Personalpraxis eine Rolle spielen. Von (wirtschafts-)wissenschaftlicher Seite befaßt man sich durchaus mit den institutionalisierten Strukturierungen, auf deren Grundlage personelle Entscheidungen getroffen werden (Walgenbach 1998:282). Es überwiegen jedoch ökonomische und behavioristische Erklärungsmodelle. Analysen und Erklärungen von Personalstrukturen und Personalmanagement beziehen sich daher häufig allein auf technische unternehmerische Effizienz, Kosten-Nutzen-Kalkulationen oder auf die Wirkungsweise von Anreizstrategien mit der impliziten Unterstellung eines rational handelnden Subjektes (ebd.:283).

Wir stellen (keine) Ausländer ein!

Anhand einer wissenschaftlich angelegten ländervergleichenden Studie von Pudelko (2000a,b,c) soll exemplarisch zunächst die **konstitutive Bedeutung** von

Verortungsprinzipien für die Thematisierung der Personalpraxis aufgezeigt werden. So werden laut Pudelko japanische Unternehmen im Ausland vornehmlich von Japanern geführt (ebd. 2000b:47). Er beschreibt dies als „ethnozentristischen Personalstrukturansatz" (ebd.). Offensichtlich werden hierbei jedoch Kategorien wirksam, die sich auch auf das Containerprinzip zurückführen lassen. Ein Japaner ist ein Mensch, der *aus* Japan stammt. Dagegen stellt Pudelko einen „geozentrisch orientierten" Ansatz deutscher Unternehmen im Ausland, bei dem „Ausländer" (die im Ausland Einheimischen) in die Personalstruktur integriert werden. Auch hier wird deutlich, daß es offensichtlich entscheidend ist, ob ein Unternehmen *im Ausland* (und dies heißt *dort*, im fremden, *außerhalb* der Grenzen des Eigenen liegenden Container) Personen beschäftigt, die *aus* diesem Auslands-Container stammen (die Einheimischen im Ausland), bzw. inwieweit diese auf dieser Grundlage identifizierten „fremden Menschen" miteinander arbeiten. Folgt man also den Ausführungen Pudelkos, dann ist sowohl der ethnozentrische wie auch der geozentrische Personalstrukturansatz auf die Verortungsprinzipien angewiesen.[41]

Fraglich bleibt jedoch, inwiefern die Herkunft eines (potentiellen) Mitarbeiters im Vollzug von *Personalentscheidungen* tatsächlich relevant ist, vor allem vor dem Hintergrund, daß man annehmen müßte, die individuelle Exzellenz (belegt durch Lebenslauf und Referenzen) sollte heute maßgebliches Kriterium der Auswahl sein und praktizierte „Diskriminierungen" seien die Ausnahme. Diese Frage ist anhand der verfügbaren wissenschaftlichen Literatur schwerlich zu beantworten, weil sie eng mit einer **moralischen Bedeutung** von Verortungslogiken im Sinne von „Vorurteilen" (gegenüber „den Deutschen", „den Japanern" etc.) zusammenhängt. „Diskriminierung" ist in personalpolitischer Hinsicht durchaus ein Thema. Wie auch immer analytisch verarbeitet, haftet den wissenschaftlichen Publikationen sowie der politischen Programmatik dabei aber eine negative Konnotation des „Problems" an. „Diskriminierung ist nicht identisch mit Unterscheidungen oder Auswahlentscheidungen jeglicher Art; sie beinhaltet (...) eine *Benachteiligung*, die *Gleichheits- und Gleichbehandlungsgrundsätzen* widerspricht" definiert Schulte (1994:125). Diese operationalisierte Fassung der Diskriminierung erzeugt sie als rechtlich definiertes „falsches Handeln". Diskriminierungen und damit verbundene Vorurteile sind daher – so die Managerliteratur – grundsätzlich „ein Fehler" (Knebel 1995:69). Sie sind zu vermeiden oder zu überwinden (s.a. Kessel 2000; Selbach/Pullig 1992).[42] Solche normativen Sätze können sich eines

---

41 Warum Pudelko diesen von ihm als „integrativ" bezeichneten Ansatz „*geo*zentrisch" nennt, bleibt allerdings unklar. Vor dem Hintergrund meiner Reflexionen könnte man ihn in der Tat geozentrisch nennen, es ist aber zu bezweifeln, daß Pudelko dieser Argumentation folgt. Es scheint, als sei das „geo"-Präfix hier als ein „neutraler" Gegenpol zum kritisierten „ethnozentrischen" Ansatz gedacht, freilich ohne dabei die grundsätzlich gleichartige Diskriminierungslogik zu reflektieren.

42 Solchen Empfehlungen folgen auch politische Regelungen von „Antidiskriminierungsmaßnahmen" (s. Schulte 1994). Im Rahmen des „Civil Rights Act" wurde 1964 in den USA versucht, „Nichtdiskriminierung" staatlich zu verordnen, Diskriminierung wurde bei Unternehmen mit mehr als 15 Arbeitnehmern „unrechtmäßig" (Walgenbach 1998:285). Darunter

allgemeinen Konsens sicher sein. Die grundlegenden formalen Prinzipien der Diskriminierung im Sinne einer Differenzbildung und ihre Bedeutung als ordnendes und organisatorisches Hilfsmittel werden damit jedoch keiner Reflexion unterzogen. Vorurteile werden der „Denkträgheit des Beurteilers" zugeschrieben (Knebel 1995:69). So erklärt sich auch die instrumentelle Handhabung des „Problems" über Quoten oder formalisierte Einstellungstests. Diskriminierung, so scheint es, ist quantifizierbar und hat gleichzeitig wesentlich etwas mit *ungerechtfertigten*, subjektiven Werten und Bewertungen zu tun. Durch ein „Anti-Diskriminierungsgesetz" und die Überwachung seiner Einhaltung scheint die Diskriminierung als solche vermeidbar.

Tritt man jedoch hinter die negativ konnotierten „Vorurteile" und fragt nach den allgemeinen Prinzipien und „Logiken" der Identifizierung von benachteiligten oder bevorzugten Gruppen, ist bemerkenswert, daß – neben der bereits aufgezeigten Gegenwärtigkeit von Kategorien wie „Japanern" oder „Deutschen" – sich auch eine geforderte *Gleichbehandlung* von Menschen derselben Herkunft einer „diskriminierenden" Logik beugt, insofern sie sich der gleichen raum-logischen Argumente bedient. Wenn z.B. eine quotengeregelte Einstellung von „Deutschen" oder „Japanern" in der Personalstruktur eines Unternehmens erfolgen würde, läuft dies letztlich nicht auf eine Gleichbehandlung von Menschen (gleich welcher Herkunft) und damit die De-Thematisierung des räumlichen Indikators, sondern auf eine *Gleichbehandlung von Räumen* hinaus. Damit verbunden ist die Bestätigung der räumlichen Kategorien und eine Manifestation ihrer Bedeutung als Index für eine bestimmte Eigenschaft der Menschen *von dort*. Das heißt, für die Frage, ob nun z.B. „Ausländer" explizit eingestellt, oder nicht eingestellt werden sollen, ist die „Logik", die Menschen aus einem Raum, also aufgrund ihrer Herkunft, zusammenfaßt (die Ausländer), gleichermaßen konstitutiv. „Antidiskriminierungsgesetze" und ihre Einhaltung sind so betrachtet, wenn sie sich auf räumliche Kategorien beziehen, immer auch reproduktiv an den Kategorien und ihrer „Logik" beteiligt.

Mit dem Hinweis auf die konstitutive und organisatorische Bedeutung von räumlichen Kategorien für personalpolitische Entscheidungen und ihrer diskriminierenden Konsequenzen geht es nun nicht darum, die Diskriminierungsproblematik in all ihren Dimensionen in Abrede zu stellen. Ebensowenig geht es um eine Argumentation für eine „bessere" Personalpraxis. Die Diskriminierungsproblematik sollte jedoch auf einer wissenschaftlich-analytischen Ebene ein anderes Profil erhalten. Die Kategorien und „Logiken" sollten zunächst herausgearbeitet und reflektiert werden, mit deren Hilfe und auf deren Grundlage nicht nur Unternehmer und Politiker, sondern auch die „beobachtenden" Wissenschaftler schließlich zu einer Beurteilung von Diskriminierungsprozessen gelangen. Wenn selbst eine quotengeregelte Beschäftigungspolitik implizite alltägliche Diskriminierungen enthält, gilt es diese impliziten Prinzipien zunächst sichtbar zu machen. Es ist dann eine normative Abwägung, welche der möglichen Kategorisierungen

---

fielen Diskriminierungen aufgrund der Rasse, Hautfarbe, Religionszugehörigkeit, des Geschlechts oder der Nationalität.

(räumlich, geschlechterspezifisch, kulturell etc.) in irgendeiner Weise „gerechter" oder „sozialverträglicher" sind als andere.[43]

Den Preußen nach Norden!

Anhand der wissenschaftlichen Literatur kann die tatsächliche Relevanz von Verortungsprinzipien in der Personalpraxis kaum bemessen werden. Hinweise darauf, *daß* sie nicht allein für die Thematisierung der Personalpolitik selbst eine konstitutive Bedeutung haben, sondern tatsächlich auch im Vollzug von Entscheidungen und daran anschließenden Handlungen **identifikatorische und organisatorische Bedeutung** erhalten, können jedoch in explizit handlungsanleitenden Publikation gefunden werden. In einem Ratgeber „von Experten für die Praxis" (Deutsche Gesellschaft für Personalführung 1995:24) wird zur Beachtung von Kulturkreisen beim internationalen Einsatz von Fachkräften geraten:

> „Einen Mitarbeiter mit einem sehr ausgeprägten Ordnungsdenken zum Beispiel würde man vernünftigerweise eher in ein nordeuropäisches Land schicken als nach Frankreich und einen mit Tendenz zum Gesellschaftsmuffel nicht ausgerechnet nach Japan, wo er sehr häufig abends mit Kollegen und Geschäftsfreunden auszugehen hat."

Dies sind, so könnte eingewendet werden, vermeidbare Stereotypen und es handelt sich vielleicht um einen Einzelfall. Doch die Grundlage dieser pauschalen Klassifizierungen, die angeben, wie es *in Nordeuropa* ist und wie *in Frankreich*, bzw. welche abendlichen Verhaltensweisen *die in Japan zu findenden Japaner* aufweisen, ist eine alltägliche „Logik" von geschlossenen stationären Kulturen an einem bestimmten Ort bzw. innerhalb erdräumlicher Begrenzungen. So betrachtet werden in dem Beispiel keine vermeidbaren Vorurteile aufgebaut, sondern auf der Grundlage einer alltäglichen, selbstverständlichen Strukturierung durchaus „vernünftige" Entscheidungen nahegelegt. Die Verortungsprinzipien werden somit bei der *Entsendung* von Mitarbeitern *ins Ausland* als Begründungen relevant: *In Nordeuropa* ist man ordentlich, daher schicken wir den Ordentlichen *dorthin*, dann wird er gute Arbeit leisten (Verortungsprinzipien I, II und III). Es handelt sich um – wenn auch unreflektiert in Anschlag gebrachte – Kriterien der Identifizierung und Organisation, welche helfen sollen, Personalentscheidungen zu fällen.

---

43 So bildet auch die „quotenbesetzte Frau" eine neue Kategorie der Arbeitnehmer. Dabei wird nicht nur die Frau als Geschlechtskategorie reproduziert, sondern sie wird dabei wieder abgegrenzt von Frauen, die nicht über Quoten, also aus eigener Kraft und Exzellenz ihre Stelle erhalten. Auch wenn die Frauenquote in normativer oder ethisch-moralischer Hinsicht positiv zu bewertende Auswirkungen haben mag, eine formale „Nichtdiskriminierung" findet durch sie nicht statt. „Nichtdiskriminierung" reiht sich formal-analytisch betrachtet ein in die Negativ-Konzepte, die aus der Unmöglichkeit von nicht-strukturiertem Sprechen und Konzeptionalisieren entspringen (Teil III, Kap.2.3).

Auslandserfahrung ist immer gut

Eine weitere Bedeutung von Verortungsprinzipien zeigt sich darin, daß ein Aufenthalt *im Ausland* zum positiven Qualitätsmerkmal wird (s. Deutsche Gesellschaft für Personalführung 1995). Praktika und anderweitige Auslandsaufenthalte („Auslandsexkursionen") werden gleichgesetzt mit Offenheit, Flexibilität und Anpassungsbereitschaft. Die „Auslandserfahrung" stützt sich dabei wesentlich auf das Kriterium, in einem anderen Land als dem eigenen gewesen zu sein, womit die dortige und hiesige Andersartigkeit implizit angenommen wird. Es ist somit im Hinblick auf die Qualifikation gut, im Ausland gewesen zu sein, und in dieser Verkürzung ist das Kriterium unabhängig davon, was man dort wie gemacht hat.

Hybride Personal-Entscheidungen?

Aufgrund der exemplarischen Untersuchung kann der Schluß gezogen werden, daß auch „im Zuge der Globalisierung und der Entstehung transnationaler Unternehmen"(Pudelko 2000c:249) räumlich definierte Kulturdefinitionen sowohl bei der Auswahl des Personals als auch bei der Definition einer „deutschen Managerkultur" nicht an Bedeutung verlieren. Die „multikulturelle Gesellschaft" reduziert sich bei dieser Praxis auf eine aus verschiedenen, begrenzten Kulturen zusammengesetzte Gesellschaft, innerhalb derer die raumbezogene Unterscheidung weiter vollzogen wird.[44] In der Tat mag das damit zusammenhängen, daß – wie Pudelko (2000c:26-27) für seinen ländervergleichenden Ansatz begründend hervorhebt – „Kultur" eine zu vage Bedeutung bietet, um mit ihr trennscharf arbeiten zu können. Das weist aber genau darauf hin, daß die analytischen Konzepte eine „Trennschärfe" einfordern, die eben zu einer Chorologik paßt und mit ihr daher scheinbar plausibel eingelöst werden kann. Das Defizit ist somit nicht in der vagen Bedeutung des Begriffs „Kultur" zu sehen, sondern in der Problematik, Vagheit (Hybridität, Kontingenz) ohne die trennscharfen räumlichen „Logiken" verarbeiten zu können.

Die Widersprüchlichkeit von einer proklamierten „zunehmend transnationalen und multikulturellen Gesellschaft" und ihren Erfordernissen einerseits, und den reproduzierten Verortungslogiken andererseits, kann anhand eines Fazits Pudelkos illustriert werden. Die amerikanischen Manager weisen – so der Autor – aufgrund ihrer kulturellen Inkompetenz in Zeiten der Globalisierung einen Wettbewerbsnachteil auf, weil sie sich weniger in die von ihnen zu führenden „auslän-

---

44 So gesehen ist es durchaus fraglich, wenn Kincheloe/Steinberg (1997:2) feststellen: „From our perspective multiculturalism is not something one believes in or agrees with, it simply is. Multiculturalism is a condition of the end-of-the-century Western life, we live in multicultural societies. We can respond to this reality in different ways, but the reality remains no matter how we might choose to respond to it." Unter der Voraussetzung, daß soziale Wirklichkeit, und zu dieser ist „Multikulturalität" wohl zu rechnen, in alltäglicher Handlung gemacht wird, spricht das diskrete Einordnung der Kulturen nicht dafür, daß am Ende des 20. Jahrhunderts eine neue Realität zu verzeichnen ist (ganz abgesehen von der Frage, wie die Autoren diese ohne eine diskret-räumliche Projektion entdeckt haben mögen).

dischen Mitarbeiter" einfühlen können (Pudelko 2000c:249). Dabei bleibt unklar, wie in einer multikulturellen, transnationalen Gesellschaft das „Ausland", ein „amerikanischer Manager" im Ausland oder ein „ausländischer Mitarbeiter" definiert werden sollen. Hier prallen selbstverständlich gewordene implizite Objektivationen gegen ihr Negativ-Konzept, und die Entscheidung des Konflikts verläuft entlang der (unreflektierten) räumlichen Ordnungsweisen, weil sie ein konstitutives und identifikatorisches Mittel für die Operationalisierung der Personalauswahl sind und darüber hinaus auch das Multikulturelle – freilich im Sinne von parallel *nebeneinander* bestehenden Einheiten – vorstellbar machen. So kann dem amerikanischen Manager kulturelle Inkompetenz zugewiesen werden (Pudelko 2000c:249), ohne klären zu müssen, inwiefern „der Amerikaner" sich heute anderweitig definieren müßte, als ein im Containerraum „Amerika" verorteter Mensch.

3.5 Finanzmanagement und Entwicklung

Das typische Modell einer „Entwicklungshilfe" sind Transfers von Geldern, Waren, Technologie oder Know-how von einem Land in ein anderes. Ähnlich wie in Bezug auf Menschenströme (Migration) dargestellt, bedarf dabei allein die Konzeptualisierung von Finanz- oder Warenströmen räumlicher Bezugskriterien. Die wirtschaftlichen „flows" werden aus einer Beobachterperspektive vorstellbar und enthalten verschiedene Raum-Logiken. Die konstitutive Bedeutung der Verortungsprinzipien zeigt sich also auch hier zunächst einmal im Bezug auf die Vorstellung des Phänomens des „Geldflusses" (von A nach B) bzw. die „Mittelverteilung" (auf verschiedene „Töpfe").

Finanz-Struktur-Raum-Ausgleich

Die finanzwissenschaftliche Literatur (z.B. Cansier/Bayer 2003) nimmt auf die räumlichen Einheiten, das „von hier nach dort", von räumlichen Gebereinheiten und Nehmereinheiten, selbstverständlich Bezug. Wenn auch zuweilen an der adäquaten (gerechtfertigten oder gerechten) Abgrenzung von Territorien Kritik geübt wird, so meist ohne daß das Raumprinzip als solches in Frage gestellt wird. Eher noch werden die angelegten Kriterien der Abgrenzung und Bemessung kritisch diskutiert. So besteht z.B. die Aufgabe des Länderfinanzausgleichs (LFA) in Deutschland nach Art.107 Abs.2 GG darin, „die Unterschiede in der Finanzkraft der einzelnen Länder angemessen auszugleichen'" (Cansier/Bayer 2003:270). Die Kritik der Autoren bezieht sich nun darauf, daß die Bemessungsgrundlage nicht auf „objektiv nachvollziehbaren Tatbeständen" basiert. Eine „Höherbewertung der Einwohner in den Stadtstaaten ist ökonomisch schwer begründbar" (ebd.:276), es handele sich um eine „willkürliche Begünstigung der Stadtstaaten sowie der großen und dicht besiedelten Gemeinden" (ebd.). Konsens scheint dagegen darüber zu bestehen, *daß* „leistungsschwachen Ländern" grundsätzlich Hilfen zur Vermeidung regionaler Strukturunterschiede zu gewähren sind (Graf 1999:101).

An dieser Stelle hakt auch die „regionale Strukturpolitik" als „ein spezieller Aufgabenbereich der Allokationspolitik des Staates" (Graf 1999:100) ein. Es geht darum, auf die Güterzusammensetzung in den Regionen der Volkswirtschaft einzuwirken, um in aller Regel die Unterschiede in der Güterproduktion und im Einkommensniveau (pro Kopf) zwischen den Regionen zu reduzieren" (ebd.). Diese Politik folgt dem normativen Grundwert der „Einheitlichkeit der Lebensverhältnisse" (ebd.) und funktionalisiert diese Lebensverhältnisse u.a. über die Containerisierung und indexikalische Verknüpfung von Raum-Zeit-Stellen und den dort lebenden Menschen. Einheitlichkeit ist diesen Prinzipien folgend nur herzustellen, wenn *in* den räumlichen Einheiten gleiche Strukturen bestehen. Die Entwicklung bezieht sich also auch auf den Container-Raum, die Verbindung zur Entwicklung von Lebensverhältnissen wird über die direkte Passung von *Dort* und *So* geleistet. Generell ist aus der Programmatik zu lesen, daß Räume (Gebiete) entwickelt werden, nicht Menschen. Die „Logik", daß Geld, wenn es nur *dorthin* kommt, auch zur Erhöhung des Lebensstandards der dort wohnenden Menschen führt, ist zwar empirisch nachweisbar, aber – so ist einzuwenden – auch nur, weil der empirische Nachweis auf der gleichen Abstraktion beruht.

Zum Beispiel ist bei der Europäischen Infrastrukturpolitik nach Artikel 91a die Gemeinschaftsaufgabe eine „Verbesserung der regionalen Wirtschaftsstruktur" (Graf 1999:101). „Die Aktionsprogramme beruhen auf einer *Abgrenzung von Fördergebieten*, wobei Regionalindikatoren verwendet werden, die u.a. die durchschnittliche Arbeitslosenquote, das Einkommen der sozialversicherungspflichtigen Beschäftigten pro Kopf, einen Infrastrukturindikator und die Veränderung der Arbeitslosenquote umfassen" (ebd.), und die „Aufgabe des Europäischen Fonds für regionale Entwicklung ist es, durch Beteiligung an der Entwicklung und an der strukturellen Anpassung der rückständigen Gebiete und an der Umstellung der Industriegebiete mit rückläufiger Entwicklung zum Ausgleich der wichtigsten regionalen Ungleichgewichte in der Gemeinschaft beizutragen" (Art. 130c des EG-Vertrags in Graf 1999:103). „Die Wirkungen der regionalen Strukturpolitik" – so Graf – „sind vom Ergebnis her (Einkommensniveau oder Güterproduktion bzw. Versorgung mit öffentlichen Gütern der Region) verhältnismäßig leicht festzustellen" (ebd.). Das „Ergebnis" aber ist wieder ein indexikalischer Bezug zur abgegrenzten Region. Wenn das Ziel ist, das durchschnittliche Einkommensniveau *eines Gebietes* zu erhöhen, kann die Wirkung einer Strukturpolitik anhand dieses Kriteriums in Bezug auf die Region zweifelsohne zu einem beliebigen Zeitpunkt leicht ermittelt werden. So kann auch mit aller Berechtigung von einer Entwicklung von Regionen gesprochen werden, aber diese regionalen Einheiten bleiben Abstraktionen. Daß die Bedürfnisse der Menschen hier keineswegs mit dem Entwicklungsstand der Region zusammenhängen müssen, ja daß sogar viele der zu Beginn der Maßnahmen evaluierten „Einwohner" zum Zeitpunkt der „Wirkungsanalyse" nicht mehr in der Region leben, bleibt über die Abstraktion der stabilen räumlichen Bezugsgrundlage ausgeblendet.[45]

---

45 Ein alternativer Versuch der *individuums*bezogenen Modellierung ist der „fiskalische Förderalismus" nach Musgrave (1959 in Graf 1999:284). Dabei werden „Regionen gleicher

Bedürftige Räume

Die grundlegende **identifikatorische und organisatorische Bedeutung** räumlicher Kategorisierungen, der Topologisierung und Chorologisierung zeigt sich für die Identifizierung von bedürftigen Räumen und bedürftigen Menschen (die *in* diesen Räumen leben) sowie für die Organisation der Verteilung (Allokation), seien es nun Güter, finanzielle Mittel, Infrastrukturmaßnahmen oder „Knowhow", das es irgendwie zu teilen, zu zählen und zu transferieren gilt. Die „vertikalen" Vorstellungen der Verteilung und Bewegung von Finanzen sind dabei eine wichtige pragmatische Vereinfachung. Sie erlauben darüber hinaus die Funktionalisierung von Räumen, als „Motor", „Wachstumszelle", „innovatives Milieu"[46] oder aber auch als „rückständige Gebiete", als „Hemmschuhe". Sie erlauben vor allem auch die Thematisierung von „Fortschritt" und „Entwicklung". Dabei wird dann schnell aus der „Erfolgsstory" eines Unternehmens die Erfolgsgeschichte eines Landes, wie z.B. in Bezug auf das neue BMW-Werk bei Leipzig in einer Sendung des Mitteldeutschen Rundfunks berichtet wurde. „In Sachsen ist man schon immer findig gewesen" hieß es da, und an die Verbindung von Innovations- und Investitionsbereitschaft und einer räumlichen Einheit schließt sich dann die Erwartung „In Sachsen gibt es Arbeit" an.

Pauschal werden im Sinne der „Container-Logik" auch „Geberländer" und „Nehmerländer" unterschieden und die aus den jeweiligen Containern Stammenden als „Geber" resp. „Hilfsbedürftige" klassifiziert. Diese Klassifizierungen, unabhängig davon, wie verkürzend sie sein mögen, stellen für die klassifizierten Personen Wirklichkeiten dar, nicht nur identifikatorisch, sondern auch pragmatisch. So erhalten sie z.B. Bedeutung für die Berechtigung und Einforderung von finanziellen Hilfen. Die Aktion von IKEA zur Flutopferhilfe 2002 nach dem Elbehochwasser bezog sich auf Vergünstigungen für Personen aus den Bundesländern Thüringen, Sachsen und Sachsen-Anhalt, unabhängig davon, ob die jeweiligen Personen von der Flut betroffen waren oder nicht. Die Länder waren betroffen, und damit die aus diesen Ländern kommenden (in ihnen wohnenden) Menschen (die dabei gleichsam zu Sachsen oder Thüringern werden).

Wünsche der Bevölkerung" zur Grundlage genommen (dies hat Ähnlichkeit mit den „Regionen gleichen Bewußtseins", vgl. Blotevogel et al. 1987). Die Selbstverantwortung der Regionen wird gegen das Modell staatlicher (gleichartiger) Allokation (Finanzausgleich) gesetzt, die ggf. „vor Ort nicht aufgebraucht werden kann" (Graf 1999:284). Dabei wird von fixierten Finanzströmen auf regionaler Ebene ausgegangen und „infolgedessen werden die Personen ihren Wohnsitz dorthin verlagern oder dorthin ziehen, wo ihre Präferenzen am besten erfüllt werden", in der Folge soll es zu einem immer besseren Angleich der Wünsche nach öffentlichen Gütern kommen (Graf 1999:285).

46 Es ist interessant, inwiefern selbst die „neuen" Begriffe der „Netzwerke" und „Milieus", die eigentlich der Idee entsprechen, daß Zusammenhänge nicht zwingend flächenräumlich als Cluster abbildbar sind, sondern in verschiedenen Dimensionen formulierbar sind – nach wie vor flächenräumlich gedacht, konzipiert und (kartographisch) repräsentiert werden.

Raumentwicklung mit gutem Gefühl

Nun lassen sich Überlegungen zur **moralischen Bedeutung** der Verortungsprinzipien im ökonomischen Bereich anknüpfen. Die Vorstellung, Geld (Medikamente, Nahrungsmittel, Technologie oder „Know-how") „in ein Land" zu transferieren, wie sie im Rahmen der Entwicklungshilfe zentral ist (vgl. Schlottmann 1998:12ff.) und auch eine physisch-materielle Entsprechung findet, erlaubt nicht nur die Formalisierung und Ratifizierung des Entwicklungsbegriffes, sondern dient gleichsam auch als Argument für praktizierte Nächstenliebe und angewandte „soziale Gerechtigkeit". Die Argumentationskette ist dabei notwendig mit den Verortungsprinzipien verbunden und könnte folgendermaßen lauten: Weil ich eine Deutsche bin (auf deutschem Territorium geboren; Containerprinzip), daher Steuern zu zahlen habe, und weil der deutsche Staat Geld *dorthin,* nach Afrika schickt (indexikalische Verortung), weil es nämlich Afrika schlecht geht (toponymische Verortung; Anthropomorphisierung), und weil Geld, das nach Afrika geschickt wird bei den *dort lebenden* Afrikanern ankommt (Containerprinzip, indexikalische Verortung), bin ich aktiv daran beteiligt, daß es den Menschen *dort* besser geht (dito). Diese Argumentation ist nicht „falsch". Die vielfältigen räumlichen Projektionspinzipien und Iterierungen ermöglichen erst die konkrete Vorstellung des abstrakten Phänomens „Entwicklungshilfe", vermögen es in Beziehung zu einem selbst zu setzen, und die Vorstellung paßt zu den institutionalisierten Praktiken der Förderung und Entwicklung von Benachteiligten. Doch diese Benachteiligten bleiben anonym, insofern sich die Handlung letztlich auf benachteiligte Gebiete/Regionen/Länder/Dörfer etc. bezieht. Die Kritik der staatlichen Entwicklungshilfe vor allem in den 90er Jahren (vgl. Schlottmann 1998:22) hat sehr viel mit diesem Abstraktionsgrad zu tun, insofern u.a. bemängelt wird, „daß die Hilfe nicht dort ankommt, wo sie benötigt wird" und die Entwicklungsfonds mehr als Rechtfertigung dienen, als daß tatsächlich eine Angleichung der Lebensstandards angestrebt und erzielt würde (vgl. Erler 1995; Bierschenk/Elwert 1993). Festzuhalten ist, *daß* die Verortungsprinzipien moralisch eine Bedeutung erhalten, insofern sie eine Grundlage für in Handlungen umgesetzte Werte wie Solidarität, Nächstenliebe oder Nothilfe bieten und damit auch legitimatorisch begründend in Anschlag gebracht werden können. „Wir haben viel für Afrika getan", oder aber „wir haben da viel Geld reingepumpt", oder: „Wenn Afrika die Korruption nicht in den Griff bekommt, drehen wir den Geldhahn zu" sind Argumente, die so entstehen können.

„Integration outside Europe"

Die **widersprüchliche Dimension** der Bedeutungen von Verortungslogiken ist auch in der Regionalentwicklungspolitik nachzuvollziehen, und zwar im Zusammenhang mit Begriffen der „Mobilität" von Arbeit und Kapital und der „Integration". Neuerdings, so scheint es, sind die Regionen in einen sich ausweitenden Wettbewerb verstrickt, was als „territorial competition" thematisiert wird. Cheshire/Gordon (1995:ix) definieren diese als „locally based efforts to promote the development of a locality in competition with other localities".[47] In der räumlichen Dimension hat man sich „daran gewöhnt, Städte und Regionen als Konkurrenten um Investoren, um Marktanteile im Standortwettbewerb, um Exportchancen und um knappe Ressourcen zu betrachten" konstatiert auch Schmidt (1996:223) und begibt sich auf die Suche nach Ermittlungsmöglichkeiten der Einordnung der sozioökonomischen Lage einer Region, die bislang lediglich auf der Grundlage einer einzigen „regionalstatischen Aggregatsgröße" berechnet wird (Schmidt 1996:225). Dennoch bleibt es entscheidend, „Zielgebiete" und „Herkunftsgebiete" von Förderungen zu identifizieren, auch wenn gleichzeitig von einer zunehmenden „räumlichen Mobilität", von einer zunehmenden „Internationalisierung der Wirtschaft" und von Unternehmen als *global players* auf einem globalen Finanzmarkt gesprochen wird. Der Begriff der Integration vermag das Verortungsprinzip nicht zu durchbrechen, sondern wird benutzt um die Integration selbst (die ja auch eine „Vereinheitlichung" impliziert) wieder zu verorten: Mattli (1999:139) beschäftigt sich mit der *„Integration outside Europe"*, kehrt sich dabei gegen einen „traditionellen" Integrationsbegriff („Integration is viewed primarily as an exercise in reducing or eliminating border barriers" (ebd.)) und führt jedoch Innen und Außen und die Grenze dazwischen neu wieder ein:

> „Integration is understood as the process of internalizing externalities that cross borders within a group of countries" (Mattli 1999:190).

Selbst der Wettbewerb der Territorien findet nach Cheshire/Gordon (1995) „in an integrating Europe" statt und zeugt so davon, daß die *„localities"* zunehmende und nicht abnehmende Bedeutung erlangen (s.o.). Auch die zunehmende Thematisierung von *„global players"*, die zwar einen Ort haben aber nicht raumbezogen operieren sowie die Thematisierung von globalem Geldfluß und Finanzmärkten („new economy") vermögen das Orts-, bzw. Territorialprinzip auf der Planungsebene nicht auszuhebeln (vgl. Commission of the European Communities 2001). Diese „Persistenz der Territorien" kann hier aber – entgegen Immerfall et al. (1998) nicht als Begründung für eine anhaltende Bedeutung der Territorien für sich betrachtet werden. Sie zeigt sich in den begründungslogischen Konsequenzen der Verortungsprinzipien: Entwickelt wird – auch trotz erhöhter Bedeutung „räumlicher Mobilität", die eigentlich die „Logik" der verorteten Empfängergemeinschaft unterwandert – nach wie vor *im Container*, in fixierten territorialen Förderkategorien, unabhängig davon, wie weit die *dort* angesiedelten Unternehmen finanziell vernetzt sind und unabhängig davon, wie transregional oder -national mobil ihre Angestellten sind. Die Finanz- und Kapitalmärkte werden immer weniger raumgebunden vorgestellt, die Praxis der Finanz- und Förderungspolitik bleibt an vorgestellte Raumeinheiten gebunden. Beide Deutungsweisen haben ihre „Wirklichkeit" und „Selbstverständlichkeit". Ihre Widersprüchlichkeit zeigt sich bislang erst dann, wenn sie einer reflexiven Betrachtung unterzogen werden.

---

47 Dagegen finden sich jedoch auch kritische Beiträge, die wie Tuschhoff (1998) die grundsätzliche Frage stellen, inwiefern Territorien als Akteure handeln können, bzw. diese Verkürzung einen geeigneten analytischen Ansatz bietet.

3.6 Wissenschaft und Forschung

Als Zusammenfassung der angeführten Praxisfelder, in denen eine Bedeutung der signifikativen Verortungsprinzipien nachvollziehbar ist, wobei die „wissenschaftliche" Thematisierung der Phänomene ebenso zum Gegenstand der Betrachtung wurde, ist festzuhalten, daß Wissenschaft und Forschung sich ebenfalls begründend auf die Selbstverständlichkeit von Raumlogiken und Verortungsprinzipien beziehen. Dabei erfolgt nicht nur die Verortung von spezifischen Eigenarten, auch das Hybride oder Multikulturelle erhält wieder seinen Ort. Dies betrifft auch (und vielleicht gerade) die Ansätze, die sich explizit in einer konstruktivistischen Grundhaltung verstehen.

Dies aber kann kaum als Kritik verstanden werden. Wissenschaft und Forschung müssen sich, so sie die Gesellschaft und ihre Organisation zum Gegenstand haben, auf die impliziten „Logiken" stützen, da sonst Vergleichbarkeit und Anwendungsbezogenheit in Frage gestellt wäre. Das Einlassen auf eine territoriale, raumbezogen Wirklichkeit bringt immer und notwendig die für sie zentrale Unterstellung mit sich, ein für die menschliche Vergesellschaftung grundlegendes Phänomen zu sein. Das Problem, daß die Reflexion des wissenschaftlichen Tuns im Sinne der Re-Produktion der Kategorien dabei zu kurz kommt, ergibt sich erst aus der Perspektive konstruktivistischer Ansätze. „Forschungslogisch" und im Sinne der Anwendungsorientierung „passen" die essentialistischen Konzepte zu einer essentialistisch-kategoriell *be*handelten Welt und liefern dementsprechend auch Ergebnisse, die – solange man ihrer „Logik" folgt – plausibel und zweckmäßig erscheinen. Die begründende Bezugnahme auf das institutionalisierte System signifikativer Regionalisierung wird dabei deutlich. Die Reduktion, Homogenisierung und Verortung von Kultur, wie auch die Identifizierung von Menschen auf räumlicher Grundlage und die Operationalisierung des empirischen Vorgehens in den identifizierten Untersuchungsgebieten, die Untersuchung nach verortender und verräumlichender „Logik" also, ist z.B. vor dem Hintergrund plausibel, daß Strukturanalysen einer Region durchgeführt werden sollen. Dann spielt auch die Kontradiktion einer „entankerten" oder „deterritorialisierten" Gesellschaft kaum eine Rolle. Der beschreibend-geographische Anspruch wird gar nicht erst verlassen und das Ergebnis wird ohne Zweifel eine inhaltliche Bestandsaufnahme der vorher abgegrenzten Region sein, und sei es auch die „Heterogenität der Region" oder die Multikulturalität des betrachteten Containers.

Im Zusammenhang des Anspruches, das *Verhältnis* von Gesellschaft und Raum in konstruktivistischer Grundhaltung zu befragen, wie es der neueren Sozial- und Humangeographie zugeschrieben wird, greift die Plausibilität der Untersuchung nach dem Ortsprinzip allerdings zu kurz, denn dabei gilt es, die Abgrenzung der Region selbst und die wissenschaftliche Konstruktionsleistung im Zuge der Analyse reflexiv mit einzubeziehen. Dann aber entstehen neue Widersprüche. Die Ansätze der Kultur- und Sozialwissenschaften operieren zunehmend unter dem Anspruch, einer „neuen", fragmentierten und hybriden postmodernen Gesellschaft wissenschaftlich gerecht zu werden (s. Teil III, Kap. 2.3.1). Die impliziten Verweise auf das (symbolische) Regelwerk der Verortungslogiken, die Ein-

und Ausgrenzung im Stile der „Container-Logik" oder die fixierende Verbindung von Ort und (kultureller) Qualität, geraten damit aus dem (inhaltlichen) Blickfeld, und sind hintergründig dennoch wirksam.[48]

Wenn eine bestehende Hybridität als (adäquat) zu untersuchende Wirklichkeit gesetzt wird, wird so getan, als erzeuge die anhaltende verortende Praxis keine Wirklichkeit, womit sich ein Widerspruch zum konstruktivistischen Paradigma auftut. Gleichzeitig wird so getan, als könnte sich der Forscher selbst vollständig den „Raum-Logiken" entziehen. So wird nicht nur die konstitutive und organisatorische Bedeutung der Prinzipien für die behandelten Phänomene vernachlässigt, auch wird der Blick von den eigenen (wissenschaftlichen) Praktiken gewendet, obwohl gerade die Reflexion des eigenen Tuns eingefordert wird. So kommt es dazu, daß viele Ansätze, die sich selbst eine „postmoderne" oder „konstruktivistische" Haltung zuschreiben, (fertige) Regionen ganz selbstverständlich zum Untersuchungsgegenstand machen und ihre empirische Forschung über Kulturen, Völker oder Befindlichkeiten *dort* ansetzen, *wo* diese Kulturen vermeintlich zu finden sind. Kritisch ist dabei weniger das Vorgehen selbst, das in anderem, traditionellen Zusammenhang durchaus „paßt". Problematisch ist das Vorgehen unter dem Anspruch, Theoriekonzepten gerecht zu werden, welche das Brechen dieser Logiken in Bezug auf die alltägliche Herstellung von Raum und Räumlichkeit einfordern und dabei implizit voraussetzen, ein solcher *anti-essentialism* sei möglich. Denn bemerkenswert ist doch, daß die Begründungslogik und die Plausibilität eines solchen verortenden Vorgehens bei der „postmodernen" Betrachtung räumlicher Herstellungsprozesse sich von genau demselben institutionalisierten signifikativen Regelsystem ableiten. Insofern ist auch hier die Bedeutung der Bedeutung nachvollziehbar: Die Relevanz der Verortungsprinzipien sogar für *diejenige* Wissenschaft, die sich ausdrücklich mit deren „Dekonstruktion" befaßt und kein anderes Mittel weiß, als die inhaltlich negierten Verortungsprinzipien für die Operationalisierung ihrer Konzepte und die empirische Forschung ungefragt zuzulassen. Dennoch sollte aus der Betrachtung klar geworden sein, daß es durchaus einen Unterschied macht, ob die „Logiken" implizit angewendet oder explizit reflektiert werden. So ist z.B. die distanzlogische Trennung von face-to-face Situationen und medialen Kommunikationskontexten als Analyseinstrument zweifelhaft, wenn die Herstellungsweisen von Räumlichkeit betrachtet werden sollen. Es ist aber theorie-kompatibel möglich, nach der (essentiellen) *Bedeutung* dieser Differenz zu fragen, die dann auch den eigenen Standpunkt in die Analyse einbeziehen kann.

---

48 So wird z.B. auch bei Morley (2000), der sich durchaus kritisch und in konstruktivistischer Grundhaltung mit Begriffen wie „Hybridity" oder „Deterritorialisation" auseinandersetzt, häufig auf eine Argumentation im Stile von *„In France* it is like this" oder *„In French media* there is stereotyped reporting" (s. insbes. Morley 2000:155-162) zurückgegriffen.

3.7 Zwischenbilanz: Verortungsprinzipien als Handlungsbegründung

Der theoretische Zugang zu der Ebene gesellschaftlichen Handelns wurde über die Bedeutungen hergestellt, welche den signifikativen Raumbedeutungen, den impliziten sprachlichen Herstellungsweisen, gesellschaftlich zukommt, bzw. „zugesprochen" wird. Übergreifend ging es um eine Operationalisierung der Verbindung von Sprache und gesellschaftlicher Wirklichkeit auf der Grundlage einer allgemeinen strukturationstheoretischen und einer speziellen sozialgeographischen, handlungstheoretischen Ausrichtung. Die Verortungsprinzipien, so die angelegte These, sind nicht allein für die Repräsentation einer handlungsunabhängigen Wirklichkeit relevant. Sie sind ebensowenig beliebig variable und strategisch einsetzbare Sprechakte diesbezüglich kompetenter Akteure. Vielmehr wurde gezeigt, daß sie konstitutiv in eine Wirklichkeit eingebettet sind, die sich sowohl symbolisch repräsentieren als auch physisch erfahren läßt. Sprecher sind nicht allein aus sprachlich-konventionellen Gründen auf die Verortungsprinzipien festgelegt, sondern auch aufgrund der institutionalisierten Wirklichkeit.

Über die handlungstheoretisch konsequente Konzeption des Diskurses als gemeinschaftlich geteilte, intersubjektive Abstraktionsebene der Sprechakte (Sprache vom Raum; Raumsprache) und der Identität als gemeinschaftlich geteilte, intersubjektive Abstraktionsebene des Identifizierens (Identität von Räumen; raumbezogene personelle Identität) wurde es möglich, eine Verbindung zwischen singulären Elementen signifikativer Regionalisierungen und ihrer intersubjektiv gültigen, gesellschaftlichen Institutionalisierung herzustellen. Damit wurde es auch möglich, die traditionellen signifikativen Konzepte bezüglich ihrer gesellschaftlichen Relevanz und Bedeutung diskutieren zu können. Es sind die sprachlichen Bezüge, in denen diese Abstraktionsebenen konvergieren, doch sie reichen weit über den bloßen „Text" hinaus. Das Modell der Iterierung von Bedeutungszuweisungen macht kenntlich, daß *einerseits* gesellschaftliche Relevanz und Bedeutung der Verortungsprinzipien wiederum eine handlungsabhängige Ebene von „Tatsachen" beschreiben, die ihre Natürlichkeit und Substantialität zugewiesen bekommen und nicht zwingend vorgeben. Die Strukturierung der Welt, zurückgehend auf den kulturell bzw. sprechergemeinschaftlich geteilten Hintergrund, ist grundsätzlich kontingent. So wäre grundsätzlich denkbar, vom Prinzip, Räume wie Container zu denken, zu behandeln und physisch zu strukturieren abzugehen, weil es sich um „gemachte" Strukturierungen handelt, die eines symbolischen Schrittes notwendig bedürfen. Das „Prinzip der Passung" hilft *andererseits* aber zu begreifen, warum die Prinzipien dennoch Stabilität und Persistenz aufweisen, sowohl wenn sie von kontradiktorischen Deutungen, als auch wenn sie von andersartigen Erfahrungen konterkariert werden. Sie sind darüber hinaus so plausibel und selbstverständlich, weil sie („physisch") erfahrbare Entsprechungen haben. Ihre ermöglichende und einschränkende Dimension stellen lediglich Abstraktionsebenen der Dialektik von Strukturierung und Struktur dar.

Anhand der verschiedenen Praxisfelder konnte schließlich für verschiedenste Bereiche gesellschaftlicher Organisation aufgezeigt werden, wie sie mit den „traditionellen" Umgangsweisen mit Raum und Räumlichkeit verwoben sind.

Die Verbindungen werden als Handlungsbegründungen kenntlich. Die impliziten Elemente signifikativer Regionalisierung sind dabei sowohl verständigungssichernd, als auch der pragmatischen Orientierung dienlich und organisatorisch hilfreich. Sie sind für viele der gesellschaftlichen Themen grundlegend konstitutiv. Dem Thema „Migration" z.B. ist die Vorstellung des „von A nach B" implizit. Auch die normative und politische Steuerung des Migrationsgeschehens muß sich auf Räume beziehen, und es gelingt dies „eindeutig" zu tun nur, wenn Containerräume mit eindeutigen Grenzen zugrunde gelegt werden, welche auch die wandernden Menschen eindeutig identifizieren. Neben dieser konstitutiven und organisatorischen Bedeutung sind entlang meiner Argumentation die Verortungsmodi und -prinzipien sogar ein wesentlicher Bestandteil ethisch-moralischer Orientierung. Sie schreiben die an sie anschließenden expliziten Bedeutungen („die Türkei *ist*: schmutzig/wunderschön/ zu boykottieren/ zu integrieren") nicht vor, aber sie ermöglichen sie. Dennoch muß bei aller Ermöglichung und Persistenz der Essentialisierung und Formierung von Räumen darüber nachgedacht werden, wie unvermeidbar sie tatsächlich sind, und ob nicht ein Aufbrechen der stabilisierenden Passung – wenn auch nicht generell – möglich ist. Eine wesentliche Chance der Transformation scheint sich aus den aufgezeigten Widersprüchen zu ergeben. Denn sie geben Anlaß zu gesellschaftlicher Reflexion. Deswegen erscheinen diese Widersprüche und eine möglicherweise auf ihnen beruhende zunehmende Unsicherheit und Orientierungslosigkeit nun in einem anderen Licht: als mögliche Vorboten einer *tatsächlichen* Transformation der alltäglichen Regionalisierungsmodi.

Bevor diese Überlegung weiter geführt werden kann, gilt es zunächst noch einen letzten Blick auf den Fall „Ostdeutschland" und das Thema der „Mauer in den Köpfen" zu werfen. In diesen dritten Blick sind nun nicht nur die Praxisfelder zu rücken, in denen die Verortungsprinzipien Relevanz und Bedeutung erhalten. Anhand des konkreten Beispiels muß besonders auf die „Passungen" und Widersprüche aufmerksam gemacht werden, in denen die ost- und westdeutsche Differenzbildung im Diskurs um ein „vereintes Deutschland" und eine „entgrenzte Weltgemeinschaft" steht.

4 Ostdeutschlands gesellschaftliche Bedeutung

Inwiefern sind „Ostdeutschland" und die mit dem Begriff einhergehenden Verortungsprinzipien *gesellschaftlich* eingebunden? Die Prinzipien selbst und ihr sinnhafter Kontext müßten auf die institutionalisierte gesellschaftliche Bedeutung von Ostdeutschland, des Ostdeutschen und der Ostdeutschen verweisen. Weil nun aber die Funktionszuweisungen keiner *vor*gegebenen Regel folgen, sondern „lediglich" gesellschaftlich „geregelt" sind, ist der dritte Blick auf die Textcollage ein hermeneutischer, und zwar im Sinne dessen, was Hitzler (2000:461)

„verstehendes Verstehen von Verstehen" nennt.[49] Nachdem in einem *ersten* Kapitel erneut der Perspektivenwechsel vorgenommen wird, erfolgt in einem *zweiten* Kapitel eine interpretative Suche nach Verweisen auf die im theoretischen Teil eröffneten Praxisfelder, und zwar entlang der Frage, welche räumlichen „Logiken" selbstverständlich vorausgesetzt werden müssen, damit angeführte Handlungen, etwa eine Kanzlerreise in den Osten, sinnhaft, „plausibel" und bedeutsam werden. In einem *dritten* Kapitel ist dann zu fragen, was die gesellschaftliche Einbindung Ostdeutschlands für das Postulat eines wiedervereinigten Deutschlands bedeutet. Im *vierten* und letzten Kapitel werden die Ergebnisse noch einmal zusammengeführt und verbleibende Fragen benannt.

4.1 Perspektivenwechsel (Makroperspektive)

Noch einmal ist entlang der theoretischen Diskussionen und Ausarbeitungen für die dritte Betrachtung der Textcollage ein Perspektivenwechsel vorzunehmen.

Erstens ist von der Unterstellung eines *strategischen* Einsatzes von Ostdeutschland-Deutungen zur Annahme eines *selbstverständlichen* Gebrauchs dieser Verortungen zu wechseln. Über den Brückenschlag der Iterierung von Bedeutungen ist *zweitens* der Blick auf die Begründungszusammenhänge von Verortungsprinzipien und daran anschließender Handlungen zu richten, und darauf, wie die Handlungsanschlüsse sowohl in die materielle Wirklichkeit hineinreichen, als auch die Erfahrung von Ostdeutschland wiederum strukturieren. *Drittens* ist statt nach (ostdeutschen) Identitäten nach Identifizierungen des Ostdeutschen zu suchen.

So eröffnen sich hier im Gegensatz zu anderen wissenschaftlichen Untersuchungen ganz andere Zugänge zum Thema. Während z.B. Kropp et al. (2000:191) nach den „Strukturveränderungen auf dem ostdeutschen Arbeitsmarkt" bzw. „in Ostdeutschland" fragen, kann hier nach den Bedingungen, die den „ostdeutschen Arbeitsmarkt" als begrenzten und verorteten Gegenstand erscheinen lassen, gefragt werden. Während die Autoren den „Berufserfolg in Ostdeutschland" erfassen wollen, kann hier nach der Bedeutung des Kriteriums „Ostdeutscher zu sein" für die personalpolitische Praxis gefragt werden. Während Mayer (2000) den wirtschaftlichen Strukturwandel Ostdeutschlands ermessen will, kann gefragt werden, inwiefern Verortungslogiken dafür eine Rolle spielen, daß sich eine Differenz ostdeutscher und westdeutscher Wirtschaft ergibt und damit der Container „Ostdeutschland" auch in ökonomischer Hinsicht in Form von Handlungsbegründungen und als „Lösungsstrategien für den Aufbau Ostdeutschlands" (Mayer 2000:23) Bedeutung erhält. Während Frey-Vor (1999) und Früh/Stiehler (2002) das „Fern-

---

49   Es geht darum, „wie Bedeutungen entstehen und fortbestehen, wann und warum sie ‚objektiv' *genannt* werden können, und wie sich Menschen die gesellschaftlich ‚objektivierten' Bedeutungen wiederum *deutend* aneignen, daraus ihre je ‚subjektive' Sinnhaftigkeit herausbrechen und darum wiederum an der Konstruktion der Wirklichkeit mitwirken" (Hitzler 2002[33]).

sehverhalten" der Ostdeutschen resp. in Ostdeutschland zu erfassen suchen, kann hier nach den Bedingungen gefragt werden, die dazu führen, daß „ostdeutsche Akteure" (Früh/Stiehler 2002:62) identifiziert werden und ihr kollektives Handeln überhaupt zum gesellschaftlich relevanten Thema wird. Eine Studie von Häußermann/Gerdes (2000), welche die Bedingungen der Mobilitätsbereitschaft der Ostdeutschen erkunden, kommt der hier angelegten Perspektive hingegen näher, denn sie macht subjektive Bedeutungen sichtbar (Zitat eines Arbeiters: „in den Westen zu gehen wäre für mich der allerletzte Ausweg" (Häußermann/Gerdes 2000:176)). Darüber hinausgehend kann hier aber gefragt werden, inwiefern gesellschaftlich objektivierte Muster der Raumdeutung für genau diese subjektiven Vorstellungen eine Rolle spielen, die dann zu Nicht-Umzugs- oder Wanderungsentscheidungen führen können.

Auch die Wiedervereinigung (bzw. ihr Diskurs) ist hier nicht primär als strukturelle (statische, meßbare) Gegebenheit, sondern als eine Deutung zu verstehen (vgl. Teil I, Kap. 3.2.2). Wenn ein – aufgrund des physischen Grenzabbaus – „vereintes" oder „integriertes" Deutschland parallel zum Postulat einer „globalisierten Welt" als nur eine Deutungsmöglichkeit begriffen wird, dann können über die Herausarbeitung der *gleichzeitig* bestehenden Deutungen einer Ost- und Westdeutschen Differenz Widersprüche sichtbar gemacht werden.
So stellen sich nun zusammengefaßt folgende Fragen an den Text:

Ausgehend von einer Verschiebung vom strategischen Diskursbegriff zu selbstverständlichen institutionalisierten Sprechakten kann *erstens* gefragt werden, wie implizite Regionalisierungsweisen auch expliziten Deutungen der Berichterstattung (z.B. „Ostdeutsche als Verlierer der Wende") zur Wiedervereinigung unterliegen, diese ermöglichen und einschränken. Welche Differenzbildung wird bereits mit der Thematisierung der Ostdeutschen vollzogen? Und inwiefern erlangen die Elemente signifikativer Regionalisierungen in verschiedenen Feldern gesellschaftlicher Praxis weitere (organisatorische, funktionale, aber auch moralische oder ideologische) Bedeutung?

Ausgehend von einer Verschiebung vom essentiellen Identitätsbegriff zum selbstverständlichen institutionalisierten *Identifizieren* kann *zweitens* gefragt werden, inwiefern Ostdeutschland oder die Ostdeutschen bereits Verweise auf eine vollzogene Identifizierung in sich tragen, die unter anderem auch wissenschaftlichen Untersuchungen vorausgeht, die aber insgesamt eine zentrale Voraussetzung für daran anschließende Handlungen ist. Ausgehend von der „Passung" von Präsentation, Handlung, Struktur, Erfahrung und Repräsentation kann dann für verschiedene Praxisfelder gefragt werden, wie „verankert" eine ostdeutsche Wirklichkeit ist, die sich auf Elemente der signifikativen Regionalisierung beruft.

Ausgehend von einer Verschiebung essentiell-struktureller Gegebenheiten zu gesellschaftlich eingebetteten Strukturierungen kann *drittens* gefragt werden, inwiefern die Wiedervereinigung als eine mögliche Deutung in einem widersprüchlichen Verhältnis zu gleichzeitig institutionalisierten Differenzierungen von West- und Ostdeutschland steht. Wie kommt es zur Persistenz der Ostdeutschen Wirklichkeit? Und inwiefern erscheint eine „Transformation" möglich?

4.2 Ostdeutschland als...

Wenn es nun um Handlungen und um Strukturen gehen soll, welche durch das Prinzip der Passung ineinandergreifen, können diese „Gegenstände" nicht außerhalb des symbolischen Apparates *be*handelt werden, obwohl sie gewissermaßen (erst so wird „Symbolik" sinnhaft) außerhalb dieses Textes stehen. Das im theoretischen Teil entwickelte Prinzip der Iterierung symbolischer Funktionszuweisung ist ja gerade deshalb so grundlegend *ermöglichend* für sozialen Austausch (Verständigung) und die Koordination von Handlungen, weil die Symbolik die Unabhängigkeit menschlicher Handlung von der Materialität erlaubt. Dennoch wurde in der theoretischen Anlage der Unterschied von (symbolischer) Strukturierung und (materieller) Struktur erhalten, um das Ineinandergreifen dieser Abstraktionsebenen sichtbar zu machen und um zu zeigen, *daß* ein Zusammenhang zwischen der signifikativen Regionalisierung (z.B. Repräsentation von strukturellen Bedingungen an einem Ort oder „Wanderungen von A nach B"), materiellen „Gegebenheiten" (z.B. erfahrbare Infrastruktur, Ortsverlagerungen und Befindlichkeit an einem Ort) und gesellschaftlicher Praxis (strukturelle Entwicklung einer Region oder Zuwanderungsregulierung) besteht. Der Brückenschlag, der es ermöglicht, diesen Zusammenhang textuell abzuleiten, sind die hermeneutisch erschließbaren Handlungsbegründungen, durch die signifikative Bedeutungszuweisungen und „Verortungslogiken" gesellschaftliche Bedeutung erhalten.

In dieser dritten Lesung erscheinen thematische Blöcke. Deren Einteilung erfolgt entlang der sechs zusammengefaßten „Praxisfelder". Die Betrachtung folgt dem Schema der konstitutiven, organisatorischen und schließlich der moralischen Bedeutung der Verortungslogiken, das in der theoretischen Auseinandersetzung mit den Praxisfeldern angelegt wurde (vgl. Teil III, Kap. 3).

Was sind nun also Ostdeutschlands gesellschaftliche (Be-)Deutungen?

... Problemregion

> Vor zehn Jahren wurde aus den beiden deutschen Staaten einer. 80 Millionen Menschen, die 40 Jahre lang in verschiedenen Gesellschaftssystemen gelebt hatten, gehörten plötzlich zusammen. Einige kamen sich damals näher, aber viele blieben sich lange Zeit fremd.

Ein übergeordnetes Thema der Berichterstattung zur deutschen Einheit ist die innerdeutsche Integration. Zusammengehörigkeit und der Abbau von Fremdheit stehen explizit zur Debatte und prägen den Diskurs. Dabei wird bereits eine **konstitutive Bedeutung** der impliziten räumlichen Projektion deutlich. Das Wiedervereinigungsthema kommt ohne die Möglichkeit der Identifizierung der Ostdeutschen und der Westdeutschen nicht aus, egal, ob die Einschätzungen zur deutschen Einheit positiv oder negativ sind. Auch „Fremdheit" ergibt sich – folgt man dem Zitat oben – aus der Schematisierung des Ostens und des Westens. Zwar gehören die beiden deutschen Staaten nun zusammen, aber die Menschen bleiben sich fremd. Das zeigt sich noch klarer in der folgenden Passage:

> Und doch irren all die, die von einer stabilen „Mauer in den Köpfen" des Ostens sprechen. Nicht einmal die Hälfte aller Westdeutschen war in den zehn Jahren auch nur einmal in den neuen Ländern, während der Osten den Westen inzwischen gut kennt. Wo steht also die Mauer?

Das Phänomen der „Mauer in den Köpfen", das für die „noch nicht wirklich" erfolgte Wiedervereinigung steht, wird direkt räumlich übersetzt mit der Frage, wie viele Westdeutsche in den zehn zurückliegenden Jahren im Osten waren, und wie viele Ostdeutsche im Westen.[50] Die unterliegende „Container-Logik" wird eingesetzt, um die „Mauer" verorten zu können. Fazit: sie steht nicht „im Osten", nicht in den „Köpfen des Ostens", denn die Ostdeutschen haben sich den Westen angeschaut, „kennen ihn". Ein hieraus ableitbarer Schluß ist, daß mit einem vermehrten Aufenthalt von Westdeutschen im Osten auch das Mauerproblem gelöst werden könnte. Die räumliche (Re-)präsentation bekommt eine ganz spezifische Bedeutung: sie ist Problem und Lösung zugleich, insofern sie nicht nur hilft, die Differenz von Ost und West in Deutschland zu fixieren und begreifbar, sogar begehbar zu machen, sondern auch eine Grundlage für die Überwindung der Differenz aufzeigt: Grenzüberschreitung.

Inwiefern trifft aber diese konstitutive Bedeutung der Verortungsprinzipien für die Wiedervereinigung auch in der folgenden Passage zu, die auf die Differenz von West- und Ostdeutschland gar nicht Bezug zu nehmen scheint?

> Das Meinungsforschungsinstitut Infratest/dimap hat im Auftrag der ZEIT 1000 ostdeutsche Erwachsene telefonisch befragt – eine repräsentative Zufallsauswahl. Ein Vergleich mit den Ergebnissen einer ähnlichen Studie von 1993 macht die Fortschritte im Einigungsprozess deutlich: 15 Prozent der Ostdeutschen sind heute noch dabei, sich einzugewöhnen – vor sieben Jahren waren es 21 Prozent. Fast 80 Prozent haben nun keine Schwierigkeiten mehr. Nur fünf Prozent der Ostler glauben, sie werden sich wohl „nie so richtig mit den neuen Lebensumständen zurechtfinden".

Zunächst ist auch hier übergreifendes explizites Thema die Integration und der Fortschritt der Wiedervereinigung. Die Studie übersetzt die Einigung mit einer Eingewöhnung der Ostdeutschen: Je mehr Eingewöhnung, desto geeinigter. Zum Erforschen des Einigungsprozesses werden daher „ostdeutsche Erwachsene" befragt. Die Kategorie des Ostens und ihre Abgrenzung von Westdeutschland spielen eine konstitutive Rolle. Der Container fungiert als Indikator für die „Problemregion" und die darin lebenden Menschen, die offensichtlich noch nicht alle „integriert" sind.

Daß diese kollektive Problem-Gemeinschaft auf der Grundlage „Ostdeutschland" nicht nur als solche identifiziert wird, sondern über die räumliche Klammer auch das Problem selbst quantifiziert werden kann („fast 80% [der Ostdeutschen] haben nun keine Schwierigkeiten mehr") verweist auf eine **organisatorische Bedeutung** der Verortungsprinzipien. Zwar sind bereits 80% der Ostdeutschen „geeinigte Deutsche", dennoch ist die Kategorie „Ostdeutschland", welche die *dort im*

---

50 Unterschwellig wird dabei auf die anhaltend hohe Bedeutung von „face-to-face"-Kontakten und auf das Konzept [(physische) Nähe = Kenntnis] verwiesen.

4 Ostdeutschlands gesellschaftliche Bedeutung

Osten verorteten Menschen zusammenfaßt, die Grundlage, um überhaupt den „Fortschritt im Einigungsprozeß" thematisierbar zu machen. Aus dieser Behandlung lassen sich darüber hinaus Handlungen begründen und ableiten, wie das Problem gelöst werden kann und das Ziel „Wiedervereinigung" / „Abbau der Mauer in den Köpfen" erreicht werden kann. Übergreifend wird dies daran deutlich, daß für West und Ost offenbar gesonderte programmatische Konzepte entwickelt werden:

> Kurth tut nicht so, als müsse man den Wählern nur noch erklären, dass die Grünen die besten Konzepte für den Osten hätten.

Daneben zeigt sich die anstehende „Problemlösung" aber auch in Textabschnitten, die auf eine Anreizschaffung verweisen (wie sind Westdeutsche in den Osten zu bekommen?):

> „Allerdings gibt es immer weniger junge Ostler. Die Abwanderung gen Westen ist in jüngster Zeit wieder gestiegen, und es gehen meist die Bestgebildeten und Aktivsten. Dabei haben die neuen Länder in weiten Teilen die modernste Infrastruktur Europas – im Osten ist ja vieles noch keine zehn Jahre alt. Nirgendwo in Europa gibt es ein so gutes Telekommunikationsnetz, die meisten Krankenhäuser verfügen über neueste Technik, das Ilmenauer Institut für Medientechnik ist das beste seiner Art. „Manche wählen sogar bewusst die neuen Bundesländer, weil sie um die Vorteile hier wissen", sagt Thüringens Wissenschaftsministerin Dagmar Schipanski. Sie bestätigt aber auch, dass Vorbehalte gegen den Osten Abiturienten abschrecken."
>
> Es gibt eher ein anderes Problem: Manche, die „rüber gegangen" sind, betrachten ihre Professur eher als Sprungbrett für die Rückkehr in den Westen.

Offensichtlich ist es erwünscht und der Wiedervereinigung förderlich, daß Westdeutsche *in* den Osten kommen und daß weniger Ostdeutsche *in* den Westen abwandern. Die eindeutige Differenzierung in Ostdeutsche und Westdeutsche und ihre (zeitlose, diskrete) Organisation im endlich ausgedehnten, begrenzten Raum erlauben dabei erst die Thematisierung des Problems („Abwanderung"/„Rückkehr in den Westen") und seine mögliche Lösung (Abbau von Vorurteilen gegenüber Ostdeutschland, Aufwertung der Region Ostdeutschland) und begründen diejenigen Handlungen (und politische Programmatik), die zu einer Regulierung führen könnten. Doch gerade die kritisierten Vorurteile „gegenüber dem Osten" werden durch die kategorielle Verortung und die konstruierte Eindeutigkeit (West *oder* Ost) gestützt. In gewissem Sinne sind – wie bereits mehrfach ausgeführt (vgl. Teil III, Kap. 3) – eben alle Identifizierungen auf raum-logischer Basis Vorurteile. Bemerkenswert ist in dieser Hinsicht die folgende Passage:

> Rassismus und rechte Einstellungen sind im Osten weiter verbreitet als im Westen. Die Gewalttäter haben ein feines Gespür und reagieren darauf: Ein typisch westdeutscher Angriff geschieht heimlich und versteckt – ein Brandsatz fliegt auf ein Asylheim am Stadtrand. Ein typisch ostdeutscher Angriff dagegen ist offen und öffentlich – auf dem Bahnhofsvorplatz wird ein Afrikaner zusammengeschlagen. Wer davon spricht, Rechtsextremismus sei ein gesamtdeutsches Problem, leugnet die Besonderheiten und kann nicht mehr angemessen reagieren. Natürlich seien nicht alle im Osten so wie im Buch – also faul, anmaßend, initiativlos, risikoscheu, unfreundlich, verschlagen, rechtsradikal. Viele Ostdeutsche hätten ihm geschrieben, sie wollten

> nicht alle über einen Kamm geschoren werden. Roethe sagt: „Natürlich gibt es Ausnahmen!" ...
> „Aber um die geht's doch nicht! Und, mal ehrlich: Die anderen sind ja weit in der Überzahl!"

Zum einen gibt dieser Textblock Auskunft über ein „Problem", das auf räumlicher Grundlage als „ostdeutsches" identifiziert wird: Rechtsextremismus ist deswegen ein ostdeutsches Problem, weil es im Osten *weiter verbreitet ist, als im Westen*. Die Verortungsprinzipien zeigen sich hier aber nicht nur als Grundlage von Vorurteilen („der Osten ist brauner als es viele Politiker wahrhaben wollen" ist die Überschrift des Artikels). Sie sind gleichzeitig ermöglichend für die Organisation, Lokalisierung und Behandlung einer moralisch negativ behafteten Einstellung und daraus abgeleiteten (Straf-)Handlungen. Wenn Rechtsextremismus im Container Ostdeutschland vorrangig auftritt, läßt sich daraus ableiten, Maßnahmen genau *dort* anzusetzen und den Rechtsextremismus im Osten zu bekämpfen, *dort*, wo er auftritt. Genauso leiten sich die „Vorbehalte gegen den [gesamten!] Osten" daraus ab. Eingeräumt wird – dem Text folgend – durchaus, daß es auch westdeutschen Extremismus resp. rechtsextremistisch motivierte Gewaltanwendung im Westen gibt. Erneut wird dann aber die Differenz von West und Ost zitiert und – in programmatischer Hinsicht – gefordert, die Unterschiede zu begreifen und entsprechend „angemessen" zu reagieren. Diese Angemessenheit bezieht sich direkt auf die räumlichen Kategorien: ein *typisch westdeutscher* und ein *typisch ostdeutscher* Angriff werden identifiziert. Und weiter unten wird erneut der Osten mit dem Attribut „rechtsradikal" in Verbindung gebracht.

Obwohl sich die Angesprochenen (die Ostdeutschen) offenbar gegen eine Übertragung auf das gesamte raumbezogene Kollektiv gewendet haben („wollten nicht über einen Kamm geschoren werden"), so scheint doch – dem zitierten Autor zufolge – eine Mehrheit die Kategorisierung und die iterierte Bedeutung [in Ostdeutschland = die Ostdeutschen; „Ostdeutsche = rechtsradikal"] zu rechtfertigen. Es geht mir hier nicht um die explizite Behauptung, daß die Ostdeutschen rechtsradikal sind. Es geht um die implizite Verräumlichung, die diese Behauptung ermöglicht und in gewisser Weise auch stützt, und darum, daß die Verortungslogik [Raum-Zeit-Stelle, Etikett und Container = Gehalt] als die Zusammenfassung *der Ostdeutschen* offensichtlich derart institutionalisiert ist, daß selbst die darunter gefaßten Personen sich nicht gegen diese Kategorisierung wenden, sondern sich lediglich gegen die Diskreditierung und den Vergleich mit den „schwarzen Schafen" des Kollektivs aussprechen. Wie wichtig diese Differenz und ihr Erhalt über die impliziten signifikativen Regionalisierungen dann auch in einem moralischen Sinne ist, zeigt der anschließende Abschnitt:

> Bei genauem Hinsehen zeigt sich aber, dass die Westdeutschen schon die Ostdeutschen, die sich nur ein klein wenig von ihnen unterscheiden, schwer ertragen. (...). Wahrscheinlich sind die Ostdeutschen den Westdeutschen zu ähnlich, um den Anspruch auf den ‚Toleranzbonus' erheben zu können. Trügen die Menschen im Osten etwa Turban, würde es die „political correctness" gebieten, sie tolerant zu behandeln.

„Toleranz" wird hier explizit thematisiert und offensichtlich geht es um Toleranz von Westdeutschen gegenüber Ostdeutschen und andersherum. Toleranz, so scheint es, ist erst möglich, wenn die Differenzbildung klar ist. Da die eindeutige

Klassifizierung von Ostdeutschen und Westdeutschen ungefragt angenommen wird, diese aber anscheinend nicht miteinander auskommen, wird die These aufgeworfen, sie seien „einander zu ähnlich". Diese Ähnlichkeit wird aber, da es sich ja eindeutig um Menschen unterschiedlicher Herkunft handelt, sie also wesensmäßig (Verortungslogik!) unterschiedlich sein müssten, in einem phänotypischen Sinne begriffen. Wenn die Leute im Osten Turban trügen, dann wäre ihre wesensmäßige Differenz besser gekennzeichnet, so könnte man ableiten. Die These hat einen gewissen Reiz, spielt sie doch mit dem Prinzip, auf dem der „Toleranzbonus" beruht und macht aus dem „Turban", der jüngst semantisch eher mit „Terror" oder „Fundamentalismus" in Verbindung gebracht wurde, einen Garant für *political correctness*. Etwas anderes ist hier aber zentral: Die Einforderung von Toleranz gegenüber dem jeweils Anderen (Ost gegenüber West und vice versa), die mit diesen Äußerungen verbunden ist, würde sich als Thema auflösen, wenn nicht grundsätzlich die kollektivierte raumlogische Differenzierung von West- und Ostdeutschen bereits geleistet wäre. Auch das Thema „political correctness" wäre dann obsolet. Es müßte eine andere Kategorienbildung herangezogen werden, etwa die Religion, die kulturelle Prägung, die politische Einschätzung, um Toleranz gegenüber dem fremden Kollektiv einzufordern. Prinzipiell ist dies möglich und ebenso verbreitet, wie die raumbezogene Klassifizierung und Stereotypoenbildung. Es würde das Thema aber aus dem Diskurs der Wiedervereinigung hinaus rücken, für den Ost und West konstitutiv sind. Das Problem der mangelnden Toleranz wird erst verständlich über eine Diskriminierung, und die erschließt sich – im Diskurs der deutschen oder auch der europäischen Integration – über das Prinzip der Andersartigkeit auf räumlicher Basis.

Zusammengefaßt wird über die Identifizierung der Ost- und der Westdeutschen auf der Grundlage der Verortungsprinzipien [*in* Ostdeutschland die Ostdeutschen, *dort* ist man *so*] die Thematisierung des Ostens als rechtsradikale Problemregion genauso möglich, wie das Problem der Entleerung des Ostens durch die Abwanderung gen Westen. Aus dieser **konstitutiven Bedeutung** der Prinzipien für Ostdeutschlands Bedeutung als „Problemregion" leiten sich programmatische Anforderungen ab, z.B. die, Vorurteile abzubauen und politische „Konzepte für den Osten" zu erstellen. Sie verweisen auf die **organisatorische Bedeutung** der Verortungsprinzipien. Die „Logik" ist begründend und – tautologisch – plausibel: Weil Ostdeutschland der Ort des Problems ist, wird eine besondere Behandlung des Ostens nötig, wird es zudem nötig, den Rechtsextremismus *in* Ostdeutschland zu vermindern. So erst kann eine „Problemregion" gedacht werden. Mit der klaren Begrenzung, die der Container und die toponymisch bezeichnete, öffentlich zugängliche Raum-Zeit-Stelle gewährleisten (vgl. Teil II, Kap. 3), bekommt die Region handhabbare Konturen, welche eine *Bedeutung als* „Problemregion" auf eine eindeutig identifizierbare Grundlage stellt und *gezielte* Maßnahmen ermöglicht. In **moralischer** Hinsicht bezieht sich die Forderung der Toleranz wiederum auf die räumlich stabilisierte Diskriminierung von Ost- und Westdeutschen. Sie wird deshalb nicht in Frage gestellt, weil sie implizit bereits vorausgesetzt werden muß, wenn ihr Abbau (*Integration*, Abriß der „Mauer in den Köpfen") das explizite Ziel sein soll.

... Reiseziel

> „Nicht einmal die Hälfte aller Westdeutschen war in den zehn Jahren auch nur einmal in den neuen Ländern, während der Osten den Westen inzwischen gut kennt."

Es wurde argumentiert, dass die Vorstellung von abgeschlossenen Räumen (Westdeutschland und Ostdeutschland) zentral für die Thematisierung der Bewegung von Menschen (Reisen) ist. Ostdeutschland und Westdeutschland als containerartig vorgestellte Kultur-Raum-Einheiten besitzen eine **konstitutive Bedeutung** für die Tätigkeit des Reisens. Allerdings ist nicht nur das „in den Osten Reisen" zentrales Konzept im obigen Textausschnitt, sondern auch die gleichzeitige Verbindung mit dem Orientierungsmetaphorischen Konzept der NÄHE, die mit KENNTNIS gleichgesetzt wird. Die Ortsverlagerung, oder der (physischräumliche) Aufenthalt *im Osten*, ist Synonym der Kenntnis des Landes. Die Übertragung beginnt mit der flächenräumlichen Kategorie Ostdeutschland für die gilt: [alle Menschen, die darin, = Ostdeutsche oder ostdeutsch].[51] Die Ostdeutschen gehen in den Westen und lernen ihn kennen [NÄHE schafft Kenntnis und Vertrauen; baut Fremdheit ab]. Daran anschließend wird wieder auf der großen kategoriellen Ebene die Aussage „*der Osten* kennt *den Westen*" metonymisch abgeleitet [Ort steht für Personen]. Die Kategorisierung wird zur Handlungsbegründung, die subjektive Vorstellung („ich war dort, ich kenne den Westen") wird passend dazu geleitet, wobei es reicht, *irgendwo* im raum-zeitlich definierten Westen gewesen zu sein – über die Containerisierung und das Prinzip der Homogenisierung steht der gesamte Raum für alle seine Teile. Doch was bedeuten die Verortungsprinzipien für die Bewegung *dorthin* und den Verbleib *dort* auf gesellschaftlicher Ebene? Inwiefern sind sie handlungsbegründend?

> „Rund zwei Millionen Ostler sind seit 1990 nach Westdeutschland gezogen – etwa eine Million in die Gegenrichtung."

In dieser Aussage ist zunächst ein Verweis auf die räumliche Kategorie Ostdeutschland als Wohnstandort, aber auch als Migrationsentscheidung ersichtlich. Das „in den Westen Gehen" ist dabei offensichtlich stärker verbreitet als das „in den Osten Gehen". Hier zeigt sich eine **organisatorische Bedeutung** der Verortungsprinzipien. Erst die Kategorisierung über die „Logik" der stabilen und diskreten Räume ermöglicht eine Quantifizierung der Mobilität und damit auch die Thematisierung des Problems der „Abwanderung". Dies zeigt auch die nächste Passage:

> Die ‚neue Jugend im Osten' ist mobiler und leistungsbereiter, sie lernt und studiert schneller. Vor allem fallen die Frauen auf: sie sind zielstrebiger und erfolgsorientierter. (...). Allerdings gibt es immer weniger junge Ostler. Die Abwanderung gen Westen ist in jüngster Zeit wieder gestiegen, und es gehen meist die Bestgebildeten und Aktivsten.

---

51 Auch wenn das für die Definition notwendige normative Element „lediglich" via Konsens „gesetzmäßig" geregelt ist, Ostdeutschland wird so zum Territorium.

Die Abwanderung gen Westen ist gleichbedeutend mit der Ortsverlagerung zwischen den beiden Containern, in der Richtung von Ost nach West. Der östliche Container leert sich, der westliche füllt sich. „Abwanderung" wird zu einer erfaßbaren, quantifizierbaren Tatsache. Zielstrebigkeit und Erfolgsorientierung scheinen dazu zu führen, daß von den Bestgebildeten Entscheidungen getroffen werden, *in den Westen* zu gehen. Insofern ist die Kategorie des Westens, der westdeutsche Container in die Migrationsentscheidung und die damit verbundene Handlung der Subjekte eingebunden. „Dort ist es besser, also *gehe ich dorthin*" ist die implizite „Logik". Wiederum ist es – zumindest dem Text zufolge – nicht entscheidend, wohin genau gegangen wird. Es gibt in der Berichterstattung zur Wiedervereinigung übergreifend nur den Westen und den Osten.

Diese raumbezogene Entscheidung, das „*Dorthin*-Gehen", die Ortsverlagerung von einem Container in den anderen, ist keine „fiktive" Konstruktion, obwohl sie mit der Vorstellung von verorteten Gemeinschaften zusammenhängt. Sie „paßt" wiederum zu vielen Kategorisierungen und damit verbundenen Erfahrungen des Ostens und Westens und ist insofern auch wieder eingebunden in andere spezifische Identifizierungen von Ost und West, wie z.B. die in der folgenden Passage angesprochene:

> „Manche wählen sogar bewusst die neuen Bundesländer, weil sie um die Vorteile hier wissen", sagt Thüringens Wissenschaftsministerin Dagmar Schipanski. Sie bestätigt aber auch, dass Vorbehalte gegen den Osten Abiturienten abschrecken.

Zentral ist in diesem Textausschnitt, daß es offensichtlich Vorbehalte gegen den Osten gibt, die sich auf die gesamte territoriale Einheit beziehen (*im* Osten *so*). Diese Identifizierungen spielen einerseits in die Entscheidungen hinein. Sie schrecken ab: „*Dort* (im Osten) ist es *so*, deswegen gehen Abiturienten nicht *dorthin*". Wenn jetzt „manche bewußt die neuen Bundesländer wählen" wird dabei das raumlogische Schema nicht durchbrochen. Nicht, weil sich „der Osten" nun heterogener oder mehrdimensionaler darstellt und damit gar als Kategorie in Frage zu stellen wäre, kommen die Menschen, sondern weil es, so die Logik, „in den neuen Bundesländern" (gleicher Container!) in Wirklichkeit Vorteile gibt, von denen nur viele nichts wissen, die sie aber genießen könnten, würden sie *dorthin* (in den Container Ostdeutschland) gehen.

Mit der quantifizierenden Statistik, wie viele von Ost nach West und andersherum gezogen sind, werden die Kategorien nicht durchbrochen (obwohl es zu vielfältigen Grenzüberschreitungen kommt), sondern gefestigt. Sie passen zu einer institutionalisierten Strukturierung, orientieren sich an einer (gemachten) Struktur, und es stellt sich daher auch nicht die Frage, wer in den Norden oder den Süden gezogen, oder wer vielleicht gar nicht seinen Ort, aber vielleicht seine kulturelle oder politische Einstellung geändert hat. Es stellt sich auch nicht die Frage, ob diejenigen, die im Osten blieben, daher dort blieben, weil sie um die Vorteile dort wissen – denn dann müßte man auch fragen, warum die „Aktivsten und Bestgebildetsten" überhaupt gehen. Die Eindeutigkeit und Objektivität der räumlichen Bezugsebene ist so praktikabel und institutionalisiert, daß mögliche alternative Deutungen sich auf die explizite Ebene beschränken (im Osten ist es nicht *so*, sondern anders) und die impliziten Kategorien selbst unangetastet bleiben. Dies ist auch gerade deswegen der Fall, weil sie Themen wie das Reisen erst in eine handhabbare Form bringen (ermöglichen) und gleichzeitig wiederum die Erfahrung strukturieren (einschränken), was wiederum die Handlungsbegründungen nach sich ziehen kann:

> Manche gingen von Ost nach West und kehrten dann doch wieder nach Hause zurück.

Eine **moralische Bedeutung** von Verortungsprinzipien im Praxisfeld „räumliche Mobilität und Reisen" findet sich am deutlichsten in der Passage zur Politikerreise „in den Osten".

> Die Reise der Grünen-Spitze in den Süden Sachsen-Anhalts ist ein sehr ernsthafter Versuch, zehn Jahre nach der Vereinigung sich einer terra incognita der Partei zu nähern. (...). Kurth tut nicht so, als müsse man den Wählern nur noch erklären, dass die Grünen die besten Konzepte für den Osten hätten. Auf ihre Initiative geht die Reisetätigkeit des neuen Vorstands zurück. Alle zwei Monate sollen ihre Vorstandskollegen die neuen Länder „riechen, schmecken, fühlen".

„Der Osten", die „terra incognita" erhält flächenräumliche Gestalt. Damit ist die Gleichsetzung von dem abstrakten Begriff ostdeutscher Wesensart mit dem Container verbunden. Wer die Ostdeutschen und das Ostdeutsche kennen lernen will, muß sich dorthin begeben. Und nicht nur geht es dabei um das Sprechen mit den Leuten „vor Ort" (die auf der Grundlage ihres territorial definierten Standorts zu „den Ostdeutschen" werden). „Den Osten" kann man zudem „riechen, schmecken, fühlen" und damit *de facto* physisch erfahren. Daß es zu kurz greift, dies als „Metapher" im herkömmlich verstandenen Sinne zu betrachten (vgl. Teil II, Kap. 3.3.1), zeigt die daran anschließende Handlung. Denn man kann den Osten „natürlich" nur riechen, wenn man sich physisch in seine Nähe begibt (die Reise in den Osten), was dann eben – so die Bedeutung der Bedeutung – auch öffentlich als Kenntnisnahme und „geistige" Annäherung (Anteilnahme) zählt. Diese Bedeutung des „Vor-Ort-Seins" in Ostdeutschland als Interessensbekundung und Kenntnisnahme ist auch in der nächsten Passage ersichtlich:

> „Möge der Herr Kanzler Schröder nur genau hinhören zwischen Bad Elster und Eggesin; er wird vieles erfahren, was er schon in den letzten Jahren hätte wissen können – wenn er mal die neuen Bundesländer bereist hätte"

Hier entsteht wieder die Beziehung von räumlicher Nähe und ihrer öffentlich verankerten Bewertung. Der Kanzler sowie die Grünen reisen „in den Osten" (Handlung), weil das *Sich-dorthin*-Begeben eine „distanzverringernde" gesellschaftliche Bedeutung trägt. Die Handlungsbegründung ergibt sich aus dem Prinzip [vor Ort sein = Interessenbekundung, Vertrauen und Kenntnis] und an ihr – davon wird ausgegangen – schließen weitere Handlungen an (z.B. das Wählen bei der nächsten Bundestags-Wahl). Dabei ist es für die allgemeine „Logik" und ihren Effekt nebensächlich, wo genau sich die Politiker im Osten aufhalten, und auch, was sie dort im einzelnen tun. Das „Bereisen" (die „Reisetätigkeit" *dorthin*) und das „Erfahren" sind zentral. Die physische „Erfahrung" wird dabei mit dem geistigen resp. auf Erkenntnis ausgerichteten „Erfahren" gleichgesetzt. Eine moralische

Bedeutung des Konzepts [NÄHE = Interesse und Kenntnis] zeichnet sich ab: Daß der Kanzler nicht physisch „vor Ort" gewesen ist, die neuen Länder nicht bereist hat, wird ihm zum Vorwurf gemacht. Diese „Logik" und ihre Bedeutung erklärt dann auch, warum sich Schröder im Osten zeigen muß:

> „Erst jüngst im Parlament outete sich Schröder aus Versehen wieder als Wessi. Er bedauerte, die Wirtschaft wachse im Osten noch nicht so „wie bei uns" – und meinte natürlich den Westen. Als Bundeskanzler aber, der den versprochenen Aufschwung in den neuen Ländern zur „Chefsache" erklärt hat, kann sich Schröder so viel Distanz nicht mehr leisten. Er muss sich im Osten sehen lassen, vor allem dort, wohin es den westdeutschen Normalbürger nicht verschlägt."

Der „Wessi" [= der aus dem nicht-ostdeutschen Raum stammende] Schröder kann sich Distanz zum ostdeutschen Raum nicht mehr leisten, weil er den Aufschwung *in diesem ostdeutschen Raum* zur Chefsache gemacht hat. Und dieser Distanzabbau ist – aufgrund der Bedeutung [physische Nähe = Interesse, Vertrautheit, Kenntnisnahme] – mit einer Reise zu betreiben. Es handelt sich dabei nicht um einen „Irrglauben" des Kanzlers, der physische Nähe mit geistiger Nähe „verwechselt". Die Bedeutung, auf die handlungsbegründend verwiesen wird, gilt allgemein öffentlich („möge er nur genau hinhören..."). Schröder muß „sich sehen lassen", nicht weil er dann dort mehr sieht, sondern weil das Gesehenwerden auch in Zeiten globalen Informationsflusses als „reale" Form der Anteilnahme gilt. Darüber hinaus kann es als eine Form der Wertschätzung gelten, weil es der gewählte „Herr" ist, der zu seinem Volk reist und diese „Volksnähe" von den Mitgliedern der Demokratie eingefordert und ggf. mit demokratischen Mitteln (bei der nächsten Wahl) „vergütet" wird – was der Kanzler ebenso in Rechnung stellt, wie die Grünen-Spitze und ihre wahlkampfpolitische Beratung. Bemerkenswert ist zudem noch einmal, daß der Kanzler sich genau *dort* sehen lassen muß (normatives Element!), *„wohin es den westdeutschen Normalbürger nicht verschlägt"*, also an Orten, die nicht bereits als „normaldeutsch" gelten. Es muß sich um Orte handeln, die – bei der Gemeinschaft der Ostdeutschen – für den aufschwungbedürftigen, authentischen Osten stehen und – bei den „westdeutschen Normalbürgern" – für die „terra incognita" Ostdeutschland. So kann es unter Einbeziehung der Bedeutung der Verortungslogiken gelingen, dem ostdeutschen Normalbürger zu signalisieren „ihr seid wer!" und vor dem westdeutschen Normalbürger eine Sonderbehandlung dieser Gebiete und die für Kenntnisnahme und Interesse stehende Geste des „sich dorthin Begebens" zu rechtfertigen.

Zusammengefasst wird der Osten oder Ostdeutschland wie der Westen in seiner containerisierten Form zum Zielgebiet von Reisen oder allgemeiner: gerichteter Mobilität. Entscheidende Punkte sind dabei *erstens*, daß erst die Formgebung und Essentialisierung „Ostdeutschlands" die Reisetätigkeit oder Wanderung *begründen*, weil sie eine Herkunft und ein Ziel definieren und vorstellbar machen (konstitutive Bedeutung) und weil *zweitens* damit eine **organisatorische Bedeutung** im Sinne der Konzeptualisierung von Bewegung („Reisen") oder des Aufenthaltsortes („Erfahrung vor Ort") verbunden ist. *Drittens* wird damit auch eine **moralische Bewertung** des „*Dorthin*-Reisens" oder „Vor-Ort-Seins" ermöglicht, die für die politischen Reisen nach Ostdeutschland wiederum eine begründende Rolle spielt. Daß die Erfahrung des Raumes „vor Ort" durchaus „wirklich" ist und physische Entsprechungen haben kann, ändert nichts daran, daß sie als „Erfahrung des Ostens" immer an die verräumlichende und verortende Strukturierung gebunden ist.

... Heimat und Wohn(stand)ort

> Waren wir endlich im Osten zu Hause?

In dieser Frage zeigt sich zunächst nur die **konstitutive Bedeutung** der Regionalisierung für die Thematisierung der Zugehörigkeit: „Im Osten" kann man nur zu Hause sein (bzw. sich dort zu Hause fühlen), wenn der symbolische Schritt der Toponymisierung und Containerisierung bereits getan ist. Der Osten wird verständlich als ein anzueignender Ort, was ermöglicht, eine Bindung – sei sie nun emotionaler oder materieller Art – anzuzeigen. Das *Dort* (im Osten) bleibt stabil und unverhandelbar. Die Frage ist, ob das vom Sprecher gemeinte „Wir" an diesem *Dort* „endlich zu Hause war" oder nicht. Hieran schließt der Ausdruck „angekommen-sein" an, wobei die „übertragene" Bedeutung sowohl eine gemeinte physisch räumliche wie auch die mentale Verortung sein kann. Daß sich an die implizite Verortungslogik dann aber weitere konkrete Handlungen, insbesondere die bereits angesprochene Bewegung (Ortsverlagerung), anschließen, zeigt sich im folgenden Textstück:

> „Manche gingen von Ost nach West und kehrten dann doch wieder nach Hause zurück".

Diese Passage verweist einerseits wieder auf die Disparatheit und Abgeschlossenheit der Einheiten. Es gibt offenbar niemanden, der woanders hinging, nur eine Bewegung entweder von Ost nach West oder andersherum. Der Rest bleibt „zu Hause", Ambivalenz und Vieldeutigkeit werden zurückgesetzt. Damit ist andererseits aber auch eine Gleichsetzung von räumlicher Einheit und „Heimat" gegeben, die Heimat wird zum territorialen Begriff. Ostdeutschland als Container und Kultur-Raum-Einheit erlangt die Bedeutung des „zu Hauses". Diese Bedeutung – so ist zu vermuten – geht wieder ein in die Erfahrung von „zu Hause sein" („Heimat"), die sich dann imaginativ wieder auf den Osten (oder den Westen, jedenfalls ein flächenräumliches Territorium und seinen z.B. ostdeutschen, westdeutschen etc. „Inhalt") bezieht. Das Zurückkehren nach Hause, das hier direkt an das „In-den-Osten-Zurückkehren" geknüpft ist (diejenigen, die von Ost nach West gingen, kehrten zurück dorthin, von wo sie weggegangen waren), ist eine Handlung, die sich begründend auf die Kategorien stützt. Das zu Hause ist der typische („ostdeutsche") Raum, aus dem man kommt und in dem man Gleichartige bzw. das Eigene und Eigenartige vorzufinden erwartet. Ganz ähnlich – wenn auch mit umgekehrten Vorzeichen – ist folgende Passage zu deuten:

> Es gibt eher ein anderes Problem: Manche, die „rüber gegangen" sind, betrachten ihre Professur eher als Sprungbrett für die Rückkehr in den Westen.

Auch hier sind die Rückkehrer aufgrund der Kategorie „Westen" eindeutig festgelegt. Das indexikalische *Rüber*-Gehen wird eindeutig in seiner Richtung und Grenzüberschreitung von einem Container in den anderen. Gleichzeitig wird die ortsverlagernde Handlung explizit als „Problem" angesprochen. Und einem Normalverständnis folgend ist dieses Problem nicht das mentale „Wechseln der Seiten", sondern eine körperliche Verlagerung, die allerdings ihre Bedeutung aus den Verortungslogiken bezieht. „Rüber gehen" wäre ein ganz unsinniger Begriff, würden die Kategorien Ost und West und ihre Differenz und Disparatheit nicht vorausgesetzt und zeitlos und handlungsunabhängig konzeptualisiert werden. Dies verweist bereits auf eine **organisatorische Bedeutung** der Verortungsprinzipien, insofern sie es ermöglichen, Bewegung zu richten und die Bewegung einer Gruppe von Menschen (vorgestellte Gemeinschaft) nicht nur artikulierbar, sondern auch behandelbar zu machen. Gleichzeitig wird dadurch eine **moralische Bedeutungsmöglichkeit** eröffnet. So kann das „Sprungbrett-Phänomen" als „Problem" bewertet werden und das „Nicht-Verbleiben" der Professoren im Osten, die Rückkehr in den Westen, zum moralischen Vorwurf werden. Es geht hier nicht darum, diesen Vorwurf zu diskutieren, oder zu überlegen, ob der Sprecher (der Journalist) ihn tatsächlich gemeint hat. Worauf es ankommt, ist der Punkt, daß ohne die Kategorien Westdeutschland und Ostdeutschland dieser Vorwurf nicht funktionieren würde, und daß die „Heimkehr", wie auch immer bewertet, nicht denkbar wäre, ohne sie an einen diskreten, abgegrenzten Raum zu binden, der nicht der Osten, sondern der Westen ist.

Inwiefern dieser räumliche Heimatbegriff als Verbindung zu einer dort verankerten Eigenart auch im Diskurs der Wiedervereinigung als Verweis auf Einforderungen zu Erhalt und Schutz dieser Eigenart vorkommt, kann in folgender Passage betrachtet werden:

> Produkte aus Ostdeutschland sind in westdeutschen Supermärkten beständige Mangelware – zum Leid vieler Ostdeutscher, die nach dem Mauerfall der Arbeit wegen in die alten Bundesländer gezogen sind und auf gewohnte Marken verzichten müssen.

Die „Produkte aus Ostdeutschland" sind gleichzusetzen mit „typisch" ostdeutschen Produkten, die es auch in westdeutschen Supermärkten (fernab ihres Raumes, der zur Abgrenzung ihrer Typik konstitutiv herangezogen wird) geben könnte, aber offenbar nicht gibt. Die „gewohnten Marken" verweisen auf die Verbindung der Menschen im Osten zu ihren Produkten *dort*. Die Menschen zogen weg von ihrem Ort und damit auch von ihren Produkten und leiden unter dieser Distanz. Die Verringerung der Distanz und die Herstellung der Einheit (Ostdeutsche–ostdeutsche Produkte) scheint nur durch zweierlei Handlungen möglich: Entweder die Rückkehr nach Hause, hin zum Eigenen (s.o.), oder die Forderung, ostdeutsche Produkte auch in westdeutschen Supermärkten anzubieten. Jedenfalls aber ist die Verknüpfung von Kultur und Raum vorauszusetzen, welche nicht nur eine beständige klare Begrenzung des Territoriums beinhaltet, sondern auch eine handlungsunabhängige Seinsweise der entweder ostdeutschen oder westdeutschen Produkte (wiederum aufgrund ihrer Herkunft). Daß damit eine Bewertung des Verschwindens ostdeutscher Produkte eröffnet wird, liegt nahe, ebenso wird klar, warum ein Verschwinden dieser Produkte mit einer „Entwertung" des Ostdeutschen oder der Ostdeutschen gleichgesetzt werden kann. Das Phänomen der „Ostalgie" kann sowohl als regressive „Wiederverankerung" oder auch als „Schutz von Kulturgut" gedeutet werden. Es folgt – unabhängig von dieser Bewertung – diesem Prinzip. Die raumlogische Kategorisierung von Westdeutschland und Ostdeutschland macht das Phänomen selbst, wie auch die Bewertungen und verbundenen Handlungen (Kauf ostdeutscher Produkte) erst möglich. Dies ist folgendermaßen zu begründen: Legt man eine nicht-raumbezogene Deutung „westdeutscher Supermärkte" an, z.B. indem man als Gedankenspiel lediglich eine spezifische Produktpalette mit dem Etikett „westdeutsch" belegt und westdeutsche Supermärkte sich dann darüber definieren, diese Produktpalette anzubieten – dann müßten westdeutsche Supermärkte auch im Osten Deutschlands zu suchen sein, bzw. ostdeutsche Supermärkte (eine andere Produktpalette) auch im Westen. Sie hätten mit dem physischen Ort des Supermarktes gar nichts zu tun. Das Verständnis des angeführten Problems („Ostdeutsche leiden unter der Absenz ihrer Produkte im Westen") wäre dann aber *de facto* nicht möglich, weil die entscheidende (konstitutive) Strukturierung fehlt, sowohl für die angesprochenen Personen (Ostdeutsche), als auch für ihre Situation (im Westen), als auch für ihre Produkte (ostdeutsch). Es gäbe keine Distanz, kein Problem und keine Handlungsbegründung, es zu lösen. Durchaus sind nicht-raumbezogene Probleme dieser Art denkbar (Anna findet im Supermarkt zu ihrem Leidwesen keine Birnen). Aber erst ein räumlicher Bezug macht es möglich, dieses Problem auf eine intersubjektive, gesellschaftliche Ebene zu heben und – im exemplarischen Kontext – darüber einen Begriff der deutschen Wiedervereinigung zu erlauben. Es sind diese Kategorisierungen in all ihrer Widersprüchlichkeit, die zu den Differenzen in der Einheit führen, aber auch die Erfahrung eines Verschwindens „ostdeutscher Produkte" und damit ein Gefühl der „Fremde" ermöglichen.

Die konstitutive Bedeutung der stabilisierenden und begrenzenden Verortungslogiken zeigt sich im nächsten Beispiel auch in Bezug auf die Thematisierung eines Begriffes des „zu Hauses", der variabler und verhandelbarer erscheint als der einer kollektivierten „Heimat".⁵²

> Die Selbstverständlichkeit, mit der ein Westdeutscher sich in Mecklenburg-Vorpommern zu Hause fühlt, spiegelt sich in der Aufgeschlossenheit und Unbefangenheit der Ostdeutschen, wenn sie sich in westlichen Bundesländern aufhalten. Junge Leute gehen, als sei es nie anders gewesen, von Ost nach West und von West nach Ost, um ihre Chance zu suchen.

Offensichtlich – so der Text – ist es möglich, sich als Westdeutscher im Osten zu Hause zu fühlen und *vice versa*. Dies besagt aber lediglich, daß es eben kein kausal-deterministisches Prinzip ist, das die Menschen an „ihren" Boden bindet. Offensichtlich werden entlang der getätigten Aussage auch Grenzüberschreitungen (von West nach Ost und von Ost nach West) vollzogen. Doch beide angesprochenen Themen, das „sich-zu-Hause-Fühlen" wie auch die „Grenzüberschreitung" sind allein über die Fixierung der Westdeutschen, Mecklenburg-Vorpommerns,

---

52 Vgl. Morley (2000:4).

der Ostdeutschen oder der westlichen Bundesländer begreifbar. Ganz ähnlich „funktioniert" auch ein im zweiten Teil bereits ausführlicher behandelter Abschnitt:

> Der Prenzlauer Berg: das populärste Viertel der Stadt (...) – wahnsinnig begehrt bei Wohnungssuchenden: „Keinesfalls Osten! Am liebsten Mitte oder Prenzlberg!"

Hier geht es nun explizit um das Thema „Wohnstandortwahl" und es ist zunächst bemerkenswert, daß der Osten als Kategorie offensichtlich eine handlungsbegründende Bedeutung erhält. „Keinesfalls Osten" erscheint als handlungsleitendes Motiv, das ganz allgemein darauf verweist, daß auf der Grundlage einer räumlichen Kategorie Entscheidungen getroffen werden. Die Widersprüchlichkeit des Nachsatzes wurde bereits diskutiert, doch geht es nun noch einmal darum festzuhalten, daß sich auch hier zwar eine prinzipielle Unabhängigkeit der signifikativen Bedeutungszuweisung von ihrem räumlichen Bezugsobjekt zeigt, daß aber ohne eine stabile, objektivierte Verbindung von *Dort* und *So* anzunehmen, weder der Widerspruch erscheint, noch die Handlung „nicht in den Osten", wie auch immer sie gemeint ist (kulturell, territorial, sozial), sinnhaft zu deuten ist. Die Bedeutung des Ostens als zu meidender (oder auszusuchender) Raum für einen Wohnstandort ergibt sich erst über den Begriff als abgrenzbare, eigenartige Raum-Einheit, unabhängig davon, ob man schließlich in den Prenzlauer Berg zieht, weil man ihn nicht im Osten verortet.

Die Stabilität der Verortungsprinzipien zeigt sich abschließend noch einmal deutlich in folgenden Passagen:

> Und es ist ja heute kaum noch zu erkennen, woher die Künstler kommen. Sie reisen sehr viel oder leben zeitweilig im Ausland. Aber im Westen hält sich ungeachtet dessen immer noch das Vorurteil, dass der Osten hinterherläuft.

Dem Text folgend scheint sich eine Auflösung der kategoriellen Zuordnung (Herkunft, Abstammung) zu vollziehen, insofern man nicht mehr erkennen kann, wo jemand herkommt. Zu den distinkten Räumen Ost- und Westdeutschland tritt hier noch „das Ausland". Dennoch halten sich – so der Sprecher – die Vorurteile in Bezug auf ein Verhältnis von Westen und Osten (der Osten läuft dem Westen hinterher). Doch auch der Sprecher selbst kommt um diese „Logiken" trotz des „Auflösungspostulats" nicht herum: Die Vorurteile halten sich „im Westen". Die Kategorien sind konstitutiv für die Thematisierung der Vorurteile und ermöglichen ihre moralische Bewertung. Zwar kann von einer zunehmenden „Verwestlichung" des Ostens gesprochen werden, wie auch von einer Wiedervereinigung, welche die Kategorien West und Ost für die Herkunft und das „Identifizieren-mit" (das „Sich-zu-Hause-Fühlen") obsolet machen würden, doch werden sie selbst in „gebrochenen" Situationen der Verständigung erhalten. Die Herkunft, das „Aus-dem-Osten-Kommen" bleibt stabil und ermöglicht die Verwunderung darüber, das jemand, der aus dem Osten kommt (und damit Ostdeutscher ist) gar nicht so richtig ostdeutsch ist:

> Am Ende des Gesprächs habe ich das Gefühl, wir stehen uns gegenüber auf zwei verschiedenen Seiten, und nur alle Minuten dringt ein Wort des anderen herüber. Der beiderseitige Monolog

> endet dann oft wahlweise mit dem Satz: „Du bist ja eine richtige Ostlerin" oder ‚Bei Dir merkt man gar nicht, daß du aus dem Osten kommst!"

Genauso erfolgt aber auch die Einpassung von erwarteten Mustern in die Kategorie dessen, was bei einer, die aus dem Osten kommt (*dort* zu Hause ist, von *dort* her stammt, deren *Heimat* der Osten ist), zu erwarten ist.

Zusammengefaßt ist also sowohl die **konstitutive Bedeutung** der Raumlogiken, insbesondere der toponymischen Gleichsetzung des Raum-Zeit-Etikettes Ostdeutschland mit einem Sachverhalt *dort* (ostdeutsche Herkunft und Heimat, ostdeutsche Produkte) und der Containerlogik (Abstammung aus Ostdeutschland, „aus dem Osten kommen") auch für das Praxisfeld „Suche und Bewahrung von Heimat/Zuhause bzw. Wohnstandortwahl" erkenntlich. **Organisatorische Bedeutung** erlangen die räumlichen Bezüge in dem Sinne, als daß mit ihrer Hilfe Entscheidungen wie die Wahl von Produkten („ostdeutsche Marken") oder eines Wohnortes („keinesfalls Osten!") oder die Einordnung von Personen („richtige Ostlerin") geordnet werden und sich daran anschließende Handlungen begründen (Kauf, Umzug, sozialer Umgang). Anschließend an die Identifizierung und Organisation resp. Funktionalisierung werden wiederum **moralische Bewertungen** (Bevorzugung/Benachteiligung des Ostens) möglich.

... Karrierehemmnis

> Bei aller Überlast ist die Zuwendung gegenüber den Studenten im Osten nach wie vor größer als im Westen. Auch die Professoren, die aus dem Westen zu uns gekommen sind, haben gemerkt, daß dankbare Studentenaugen eine Menge wert sind. Aktuelle Umfragen unter Nachwuchsforschern bestätigen seine Einschätzung: Ostdeutscher zu sein ist für junge Wissenschaftler heute kein Karrierehemmnis mehr.

Der entscheidende Verweis in dieser Passage ist, daß offensichtlich „Ostdeutscher zu sein" ein Karrierehemmnis darstellen konnte und. kann. Die Frage ist, warum dies – hier ohne weiteren Kontext – verständlich, vielleicht sogar selbstverständlich ist.

Zunächst funktioniert schon das „Ostdeutscher-Sein" nach dem raumbezogenen Prinzip der Iterierung [Raum-Zeit-Stelle/Container = Ostdeutschland; Personen in/aus dem Container = Ostdeutsche]. Daran anknüpfende Handlungen wären Einstellungen und Beschäftigungen (bzw. Nicht-Einstellungen und Nicht-Beschäftigungen) *aufgrund* dieser raumbezogenen Organisation von Personen und ihren Qualitäten. Solcherart „Diskriminierungen" folgen somit einem ganz „normalen" Muster und liegen der kategoriellen Einordnung von zunächst unbekannten Personen zugrunde. Weil viele Antidiskriminierungsdebatten und -regelungen auf diesen Prinzipien aufbauen, sind sie vertraut und können fraglos Sinnhaftigkeit erlangen. Die Äußerung „Ostdeutscher zu sein ist kein Karrierehemmnis mehr" ist nicht weit entfernt von der, daß „Frau zu sein heute kein Karrierehemmnis mehr ist", nur daß im ersten Fall eben keine biologisch-geschlechtliche, sondern eine räumliche Diskriminierung unterliegt. Man kann sich auf der

Grundlage der Äußerung auch ohne weiteres das Instrument einer „Ossi"-Quote vorstellen, die Ostdeutschen bei gleicher Qualifikation den Vorzug in der Beschäftigung geben soll. Deutlich sollte dabei werden, daß die inhärente Differenzbildung jederzeit Bedingung der wie auch immer gearteten Bewertung und Steuerung ist und nicht zur Auflösung der Kategorien führt, sondern zu deren Reproduktion. So positiv es auch aufgenommen werden mag, daß es heute *kein* Karrierehemmnis mehr ist, Ostdeutscher zu sein, so diskriminierend ist die Wirkung, insofern das Kollektiv der Ostdeutschen, das auf der Grundlage der Herkunft gebildet wird, *eine* gemeinsame Eigenart zugesprochen wird, und aufgrund dieses Stigmas überhaupt erst die Erleichterung über einen Rückgang der Benachteiligung berichtenswert erscheint. Diese Benachteiligung wird zudem als ein Indikator für den Grad der Wiedervereinigung herangezogen. Doch weil die Wiedervereinigung auf eine Irrelevanz der Kategorien von West und Ost hinauslaufen müßte, zeigt sich gerade in der Zitation der Kategorien und ihrer Berücksichtigung bei Personalentscheidungen die paradoxe Situation.[53]

In gewisser Weise scheint nun die Bedeutung von Ostdeutschland als Karrierehemmnis quer zum vorangestellten Textstück zu liegen. Dort wird behauptet, die Zuwendung gegenüber Studenten sei im Osten größer, was eigentlich auf eine pauschale *Auf*wertung der Nachwuchswissenschaftler aus dem Osten hinführen müßte. Inwiefern ein Urteil über die gute/schlechte Qualifikation „der Ostdeutschen" richtig oder falsch ist, steht hier nicht zur Debatte. Auch muß die Kategorie „der Ostdeutschen" nicht in jeder Hinsicht „inadäquat" sein, nur weil sie eine raumbezogene Zusammenfassung ist. Durchaus kann es – über das Prinzip der Passung – erfahrbare Entsprechungen „ostdeutscher Eigenart" geben. Festzuhalten ist jedoch, daß in beiden expliziten Regionalisierungen (bessere Ausbildung im Osten / Ostdeutscher sein als Karrierehemmnis) dieselben impliziten Verortungsprinzipien wirken und die Kategoriebildung selbst nicht zur Diskussion steht.

Insofern ist es wahrscheinlich, daß sich die von Dagmar Schipanski dem Text zufolge angesprochenen „Vorbehalte gegen den Osten" auch Entscheidungen in der Personalpraxis durchdringen.

> „Manche wählen sogar bewusst die neuen Bundesländer, weil sie um die Vorteile hier wissen", sagt Thüringens Wissenschaftsministerin Dagmar Schipanski. Sie bestätigt aber auch, dass Vorbehalte gegen den Osten Abiturienten abschrecken.

Auch das bereits behandelte „Sprungbrett-Phänomen" ist in Bezug auf die Karrierethematik entsprechend zu deuten.

> Es gibt eher ein anderes Problem: Manche, die „rüber gegangen" sind, betrachten ihre Professur eher als Sprungbrett für die Rückkehr in den Westen.

---

53 Dieser Schluß ist nicht zwingend. Es könnte sich bei der Aussage „Ostdeutschland ist kein Karrierehemmnis mehr" auch um eine Kategorienbildung handeln, die ohne einen räumlichen Bezug getätigt wurde (obwohl eine solche a-räumliche Umfrage schwerlich vorstellbar

Hier ist offensichtlich der Osten der Karriere förderlich und Professoren gehen in den Osten, weil sie sich dort Vorteile erhoffen, bzw. diese dort verortet werden („dankbare Studentenaugen"). Die Kategorie des Ostens erscheint nicht nur als *signifikative* Vereinfachung, sondern eben auch als konkrete Grundlage, auf der Wünsche artikuliert, Entscheidungen getroffen und Handlungen vollzogen werden und die damit inhärenter, **konstitutiver** Bestandteil dieser Handlungen ist.

... Entwicklungsland

Inwiefern reichen die Verortungsprinzipien, ihre „Logiken" und Effekte in das Feld der ökonomischen Handlungen hinein? Ein erster Hinweis auf die **konstitutive Bedeutung** ergab sich bereits im Kontext „Heimat und Wohnstandort" anhand der folgenden Passage:

> Produkte aus Ostdeutschland sind in westdeutschen Supermärkten beständige Mangelware – zum Leid vieler Ostdeutscher, die nach dem Mauerfall der Arbeit wegen in die alten Bundesländer gezogen sind und auf gewohnte Marken verzichten müssen.

Die Vorstellung, daß etwas aus einem stabilen, zeitlosen, eindeutigen Raum Ostdeutschland in den Raum Westdeutschland transferiert werden könnte, macht auch den Warenfluß (Bewegung von Gütern) erst begreifbar. Ähnlich ist dies für den „Finanz-Fluß", der – wiederum über die Containerlogik („in den Osten") – in Begriffen wie „Förderung Ost", „Aufbau Ost" oder „Aufschwung Ost" gefaßt wird.

> Der Aufschwung Ost blieb aus, jetzt läuft der Abriss Ost.

Die **organisatorische Bedeutung** der Verortungsprinzipien ist in diesem Feld besonders deutlich: Nicht nur werden Verteilungen (und Disparitäten) so erfaßbar. Es wird möglich, Güter und Gelder allokativ anzuweisen und zu „transferieren" (von dort/dorthin). Auch werden über die Verteilung an Räume „Gleichverteilungen" oder „Versorgungslücken" thematisierbar, Ziele und Probleme der Versorgung formulierbar und – vor allem – lösbar. Lösbar erscheinen sie deshalb, weil sich die Ziele und Probleme auf abgrenzbare, eindeutig lokalisierbare Gebiete beziehen, so wird Ostdeutschland zur (wirtschaftlichen) Problemregion (s.o.) oder zum Zielgebiet von Finanzhilfen:

> 1 500 000 000 000 Mark an Zuschüssen sind in den vergangenen zehn Jahren in den Osten geflossen, Tag für Tag kommen zu diesen 1,5 Billionen 384 Millionen dazu.

Die Entscheidungen und daran anschließenden Handlungen werden auf politischer Ebene auf der Grundlage des Prinzips [Ostdeutschland = homogener Raum mit spezifischer Eigenart] getroffen. Sie sind konstitutiv für diese Handlungen. Der Osten wird so als „Nehmerregion" identifiziert, der Westen als „Geberre-

---

erscheint). Die Kategorienbildung wird aber vollzogen, ist normal verständlich und erhält offenbar über eine Bewertung gesellschaftliche Relevanz.

gion". So wird Ostdeutschland auch zum „Entwicklungsland", in dem – will man das Entwicklungsziel erreichen – Strukturen zu schaffen sind, damit es den Menschen dort besser geht. Der Anschluß an einen Modernisierungs- und Fortschrittsgedanken ist erkennbar. Entwicklung im Container wird gleichgesetzt mit flächendeckender Versorgung und daher mit Wohlergehen und besserer Befindlichkeit der Menschen *dort*. Darum sind es die technischen Probleme, die im Vordergrund der Vereinigung stehen und die dann – sind sie einmal gelöst – irgendwann auch den Abbau der Mauer in den Köpfen nach sich ziehen müssen.

> Zehn Jahre nach der Wiedervereinigung hat Deutschland laut Berlins Regierendem Bürgermeister Eberhard Diepgen (CDU) die „meisten technischen Probleme" der Einheit gelöst. (...).

Und wiederum ist es ein Raum, nämlich „Deutschland", der diese Probleme fast gelöst hat. Das kollektive vereinigte „Wir", das hier anthropomorphisiert als Akteur angesprochen ist, wird über die „Logik" [Raum steht für Personen dort] gewährt. Die Summe der Raumteile Westdeutschland und Ostdeutschland ersetzt die disparaten Subkategorien. Andererseits scheint die Wiedervereinigung im Lichte der nachhaltigen Differenzierung der Räume kaum vollzogen. Auch die finanzielle Abhängigkeit des Ostens vom Westen ist ohne daß der Osten selbst als einheitliche und objektivierte Region identifiziert ist, nicht formulierbar und nicht vorstellbar, ebensowenig der Finanzfluß zwischen den beiden Behältern:

> „Die Transferleistungen sollten sich stärker am Wettbewerb der Regionen orientieren", sagte der Direktor des arbeitgebernahen Kölner Instituts, Gerhard Fels. (...). Fels betonte, dass der Osten noch mehr als zehn Jahre auf die Finanztransfers aus dem Westen angewiesen sein wird.

Auf der Grundlage dieser raumlogischen Vorstellungen und der daran anschließenden Handlungen [Ostdeutschland geht es schlecht, es muß Geld nach Ostdeutschland fließen] können dann durchaus unterschiedliche Urteile und Bewertungen über die Verteilung und den Fluß von Finanz- und Warenströmen gebildet werden, was aber die Verortungsprinzipien (wie bereits im Beispiel des Wunsches nach ostdeutschen Produkten in westdeutschen Supermärkten deutlich) nicht belangt:

> Ansonsten aber gibt es eigentlich nur zwei Meinungen über die Wende. „Die Förderung Ost ist Irrsinn" sagen die Wirtin in Pressig, der Manager in Tettau und der Konditor in Lauenstein. „Sie erlauben der Konkurrenz Preise, bei denen wir nicht mithalten können. Und gejammert wird drüben trotzdem". „Der Kapitalismus hat uns platt gemacht", meinen der Schlosser aus der Schiefergrube in Lehesten und der ehemalige Vorarbeiter der Lederfabrik in Hirschberg. „Die haben die Konkurrenz aus dem Weg geräumt. Und gemotzt wird drüben immer noch."

Die indexikalischen Bezüge, welche das jeweilige „*Drüben*" als eine Einheit von kultureller oder sozialer Seinsweise *dort* vorstellen, werden auch zum Indikator für die ökonomische Situation der Räume und der Personen *in* diesen Räumen. Sie werden zur Begründung einer Urteilsbildung und verweisen somit auf eine moralische Dimension der Bedeutung von Verortungsprinzipien. Jeweils erscheint die „Logik" in einer Innen- und einer Außenperspektive. Die Wirtin in Pressig, der Manager in Tettau und der Konditor in Lauenstein stehen für den Westen und die Westdeutschen und ihre Sicht, weil entlang des epistemisch objektiven Wissens diese Orte in Westdeutschland liegen. Hier greift das Container-Prinzip: [Wenn Container A (Tettau) in Container B (Westdeutschland) und x (Manager) in Container A (Tettau), dann ist der Manager aus Westdeutschland und ein Westdeutscher]. Daraus folgt: „drüben" ist für den Manager Osten; „wir" sind die Westdeutschen. Für die Westdeutschen ist die Förderung und Subvention im Osten „Irrsinn", woraus sie ableiten, die Ostdeutschen (die Empfänger der Förderung aufgrund ihrer Verortung im Container Ostdeutschland) sollten nicht jammern. Ihre eigene Situation beruft sich darauf, daß es *keine* Förderung im Westen, aber eine im Osten gibt. Die Differenz zwischen Ost und West erhält somit **konstitutive Bedeutung** für ihre Situation und eine **normative Bedeutung**, insofern geäußert wird, sie sei „Irrsinn" (abzuschaffen). Der Schlosser aus der Schiefergrube in Lehesten und der Vorarbeiter aus Hirschfeld stehen dagegen für den Osten und die Ostdeutschen (gleiches Prinzip wie oben; daraus folgt: „drüben" ist für sie der Westen, „wir" sind die Ostdeutschen). Für sie ist der Westen der Container des Kapitalismus, der sie „platt gemacht" hat. Obwohl hier eine Anonymisierung („der Kapitalismus") stattzufinden scheint, wird anschließend klar, daß auch die Verbindung [Ort = Personen *dort*] greift. Denn „die" (was nach dem Schema und einem Normalverständnis folgend nur Personen „drüben" im kapitalistischen Container sein können) haben „die Konkurrenz aus dem Weg geräumt". Deswegen haben „die drüben" aus dieser Perspektive keinen Grund zum „Motzen". Wer ist im Recht? Jedenfalls werden auf beiden Seiten – folgt man dem Text – keine ambivalenten oder mehrdimensionalen und mehrdeutigen Identifikationen und Beurteilungen vorgenommen, wie es an anderer Stelle eingefordert wird:

> So sind nicht die Wessis, nur diese drei Schwaben-Omis. Und der Westen existiert so wenig wie der Osten. (...).

Statt dessen wird auf gängige „Logik" zurückgegriffen, welche wahrscheinlich auch die Erfahrungen des „drüben" leiten und diesen Erfahrungen in gewisser Weise auch zugrundeliegen können (die Finanztransfers *sind* in der materiellen Umwelt eingeschrieben und „drüben" als *der Westen* oder *der Osten* sichtbar und erfahrbar, der Schritt, diese Erfahrung als Erfahrung des Ostens oder Westens zu verstehen, bedarf jedoch notwendig wieder der Kategorisierung). Aus dieser Situation heraus ist es um so bemerkenswerter, daß gleichzeitig auch Äußerungen hinsichtlich einer nicht mehr vorhandenen Differenzierung in Ost und West getätigt werden, auch im folgenden:

> Analysten sind sich einig, dass zehn Jahre nach der deutschen Einheit bei der Bewertung eines Unternehmens kaum noch eine Rolle spielt, ob es aus Ost- oder Westdeutschland stammt. (...). Dennoch ist Ostdeutschland, was Börsengänger betrifft, zweigeteilt – in Nord und Süd. (...) Smend aber warnt vor allzu großer Euphorie. Der Osten sei zwar reif für „mehr Börse", doch der Weg dahin sei „kein Spaziergang", eher ein „langer Marsch".

Zunächst fällt in dieser Äußerung das Prinzip der Abstammung auf. Offensichtlich ist es für Analysten relevant zu beurteilen, inwiefern diese (gesetzte) Abstammung heute noch eine Rolle spielt oder nicht. Und obwohl sie heute bei der Bewertung eines Unternehmens kaum noch eine Rolle spielen soll, wird mit der Bemerkung ein Normalverständnis angesprochen, daß sie eine Rolle gespielt hat und daß es selbstverständlich ist, daß die Abstammung von Unternehmen aus einem Raum ein Kriterium für seine Bewertung ist. Auch daß der Osten „reif für mehr Börse" ist, folgt dieser „Logik". Auf der Grundlage der ökonomischen Situation „des Ostens" werden Beurteilungen zu seiner Börsentauglichkeit möglich. Der personifizierte Osten ist dabei gleichzeitig der Container, innerhalb dessen Grenzen die börsenrelevanten Kriterien ermittelt werden können und er ist die Grundlage der Zielsetzung, „ihn" börsentauglich zu machen. So ist die Differenzierung hier kaum durchbrochen, womit die explizite Äußerung im Widerspruch zu ihrer impliziten signifikativen Regionalisierung steht.

Zusammengefaßt ist also die **konstitutive Bedeutung** von Verortungsprinzipien für das Praxisfeld der politisch-ökonomischen Entscheidungen und Regulationen von Waren- und Finanzströmen in Verweisen aus dem Text erschließbar. Der Osten ist ohne sie nicht als Finanzhilfeempfänger denkbar, Begriffe wie „Förderung Ost", „Abriss Ost" oder „Aufbau Ost" sinnlos. Insbesondere die Container-Metapher spielt eine Rolle für die Vorstellung des „Flusses" oder „Transfers" aus dem Westen in den Osten, weil sie eindeutige Begrenzungen liefert. Insbesondere ist aber daran auch die **organisatorische Bedeutung** räumlicher „Logik" ersichtlich, welche es ermöglicht, Mittel und Waren überhaupt zu verteilen und „Versorgungsdefizite" abbildbar zu machen. Im Hinblick auf eine **moralische Bedeutung** der signifikativen Bedeutungen kann festgehalten werden, daß sie bei einer Urteilsbildung über die „Hilfsleistungen" eine tragende Rolle spielen und bereits in der Bewertung Ostdeutschlands als „Nehmerland" oder „Entwicklungsland" erkennbar sind.

... Forschungsraum und -objekt

Daß die Verortungsprinzipien auch in das Praxisfeld „Forschen" und „Wissenschaft betreiben" hineinreichen, wurde an vielen Stellen bereits sichtbar. Abschließend und zusammenfassend sollen hier noch einmal drei exemplarische Textstellen hervorgehoben werden, welche Verweise auf Handlungsbegründungen beinhalten und plausibel machen, warum auch und gerade in wissenschaftlichen Untersuchungen die Raum-Logiken nicht fehlen und vielleicht auch nicht fehlen dürfen. Zum einen ist dies erkennbar in der zitierten Studie:

> Das Meinungsforschungsinstitut Infratest/dimap hat im Auftrag der ZEIT 1000 ostdeutsche Erwachsene telefonisch befragt – eine repräsentative Zufallsauswahl. Ein Vergleich mit den Ergebnissen einer ähnlichen Studie von 1993 macht die Fortschritte im Einigungsprozess deutlich: 15 Prozent der Ostdeutschen sind heute noch dabei, sich einzugewöhnen – vor sieben Jahren waren es 21 Prozent. Fast 80 Prozent haben nun keine Schwierigkeiten mehr. Nur fünf Prozent der Ostler glauben, sie werden sich wohl „nie so richtig mit den neuen Lebensumständen zurechtfinden".

Auf die ermöglichende Bedeutung der Verortungsprinzipien für die Bemessung und Quantifizierung des „Fortschritts im Einigungsprozeß" wurde bereits aufmerksam gemacht (Teil II, Kap. 4). Daneben ist noch einmal zu betonen, daß die Anlage der Studie, Ostdeutsche ob ihrer Befindlichkeit zu befragen, eine Identifizierung der Ostdeutschen bereits voraussetzt. Das Container-Prinzip ist ein probates Mittel, um aufwendige Einzelfallprüfungen und Abwägungen zu vermeiden (wer fühlt sich als Ostdeutscher? Wer hat einen „typisch" ostdeutschen kulturellen Hintergrund? Bei wem soll man anfangen zu fragen?). Doch es ist eben nicht unproblematisch, insofern die – selbstverständlich – plausible Verbindung von Raum und Gehalt und andere „Logiken", die mit der Verbindung übertragen werden, akzeptiert werden müssen. Das wirft Fragen auf, die nicht beantwortet werden können. So zum Beispiel die, inwiefern die 1993 in Ostdeutschland befragten Ostdeutschen dem Verortungsprinzip folgend im Jahr 2000 immer noch im Osten/Ostdeutsche sind. Welche Ostdeutschen werden befragt? Solche, die dort anzutreffen sind, oder solche, die „rüber" gegangen, aber aufgrund ihrer Herkunft weiterhin Ostdeutsche sind? Die Verortungsprinzipien sind verführerisch, weil sie Eindeutigkeit und organisatorische Praktikabilität gewährleisten und noch dazu „plausibel" und selbstverständlich und beobachterunabhängig gültig erscheinen. Deswegen liegt es so nahe, daß Umfragen unter ostdeutschen Erwachsenen unproblematisch Auskunft über ein Stück der ostdeutschen Wirklichkeit resp. der deutschen Einigungs-Wirklichkeit geben. Bei genauerem Hinschauen ist das jedoch nicht der Fall. Das zweite Beispiel zeigt das selbe Prinzip noch einmal für einen anderen „Raum":

> „Kaum irgendwo ist die deutsche Befindlichkeit besser zu ermitteln als am Elbufer. Der Fluss quert auf 727 Kilometern acht Bundesländer, in seinem Einzugsgebiet wohnt knapp ein Viertel der vereinten Deutschen. Nicht der alte Wessi-Rhein ist der deutsche Strom, sondern die Elbe."

Hier ist die Verortung nicht auf einen flächenräumlichen Container (ein „Land") bezogen, sondern auf das Elbufer, das damit aber zum kategoriellen „Gebiet" wird, zu einer Raum-Zeit-Stelle, an der – wenn man sich, als Journalist oder Wissenschaftler, *dorthin* begibt, sich also auch physisch „*nähert*" – die deutsche Befindlichkeit zu ermitteln ist. Auf ein konstatiertes Defizit der Kenntnis und Kenntnisnahme „der ostdeutschen Wesensart" wird aufgrund der unterliegenden Verortungslogik mit einer Bewegung *dorthin* geantwortet. Die signifikativen Regionalisierungsweisen finden physische Entsprechungen in Handlungsabläufen. Daß in dem Beispiel noch dazu der *deutsche* Strom aufgrund seines Durchfließens der beiden kategoriellen Einheiten Ost und West bestimmt wird, und damit eine Naturalisierung des Wiedervereinigungs-Gedankens erfolgt, kann als weitere Passung von „rohen" Tatsachen, deren Bedeutung („Präsentation") und deren Verwirklichung (Erfahrung der Elbe als deutschen Strom) gesehen werden (vgl. Teil II, Kap. 4.1). Für das Erforschen sowohl der ostdeutschen wie der deutschen Befindlichkeit ergeben sich über die Prinzipien der Verknüpfung von Raum und (kulturellem, geistigen) Inhalt die Schlüsse, *dort* zu forschen und sich *dorthin* zu begeben, *wo* diese Befindlichkeit vorkommt (in Ostdeutschland / an der Elbe). Vergessen wird, daß diese ostdeutsche Befindlichkeit *per definitionem* dort vorkommt und in diesem Sinne bereits „gemacht", verortet und verräumlicht ist. Eine Untersuchung „vor Ort", genauso wie eine Untersuchung „der Ostdeutschen" beinhaltet so gesehen immer einen Zirkelschluß und – weitreichender – eine Reproduktion der zu untersuchenden Kategorien. An dem Beispiel, das auf die Bedeutung der Verortungsprinzipien im Sinne des Karrierehemmnis „Ostdeutscher zu sein" verweist, ist diese Einbindung der Elemente signifikativer Regionalisierung in die Untersuchungspraxis noch einmal in schwächerer Form nachzuvollziehen:

> Aktuelle Umfragen unter Nachwuchsforschern bestätigen seine Einschätzung: Ostdeutscher zu sein ist für junge Wissenschaftler heute kein Karrierehemmnis mehr.

Zwar gibt es keinen Hinweis darauf, daß nur Ostdeutsche und nur in Ostdeutschland gefragt wurde, doch schon die Fragestellung „ist Ostdeutscher zu sein ein Karrierehemmnis?" verweist auf die immanente Problematik, die Kategorienbildung in wissenschaftlichen Untersuchungen zu vermeiden, quasi *„grounded"* die entsprechenden Kategorien erst aus dem Material abzuleiten, wenn damit bereits die auf den Untersuchungsgegenstand hinleitende Frage obsolet würde. Gleichzeitig ist die Beteiligung an der Reproduktion von objektivierten und essentiellen Kategorien, die eigentlich kritisch erschlossen werden sollten *(der Westen existiert so wenig wie der Osten),* dabei unvermeidbar. Ostdeutschland zu erforschen, heißt in diesem Sinne *immer,* Ostdeutschland zu machen. Ob man diese Tatsache in Selbstverständlichkeit taucht, oder aber kritisch mit ihr umgeht, entscheidet darüber, ob Alternativen gefunden werden können, und ob es möglich sein wird, theoretisch und forschungstechnisch umzusetzen, daß Ostdeutschland nicht nur in Ostdeutschland gemacht wird. Entscheidende Punkte ist dabei die Stabilität resp. Variabilität der Kategorien.

4.3 Widersprüchlichkeit und Persistenz ostdeutscher Wirklichkeit

Die bisherige Darstellung der Praxisfelder zielte auf die Institutionalisierung der Verortungslogiken und der damit einhergehenden räumlichen Kategorien von Westdeutschland und Ostdeutschland. Dabei scheint es, als gäbe es kaum Alternativen zur Arbeit mit diesen Prinzipien und als sei über die vielfältige gesellschaftliche Einbindung ihre Selbstverständlichkeit geradezu eine vernachlässigbare „gegebene" Rahmenbedingung. Dennoch – der theoretischen Entwicklung folgend, daß es sich letztlich um „gemachte" Einteilungen und „angelegte" Logiken, nicht um kausal-deterministische Gesetzmäßigkeiten handelt – ist gerade *einerseits* die Frage interessant, warum und in welcher Form Widersprüche heute sichtbar werden, und *andererseits,* wie die Stabilität und Persistenz der Prinzipien zustande kommt und „funktioniert". Beide Fragen leiten auf eine Diskussion des möglichen „Aufbrechens" der raumbezogenen Muster, ihre (Un-)Verzichtbarkeit und ihre Alternativen hin. Für den Fall Ostdeutschland heißt das, nun noch einmal deutlich herauszustellen, worin die Widersprüchlichkeiten bestehen und warum sie bislang nicht zu einem Aufbrechen der Differenzierung von West und Ost resp. zu einem Abbau der „Mauer in den Köpfen" führen, obwohl eine Konfrontation mit einem „entgrenzten" und mehrdimensionalen Weltbild dazu führen könnte (vgl. Teil III, Kap. 2.3). Die Zusammenstellung ist wiederum exemplarisch angelegt.

Ostdeutsch-Sein im wiedervereinigten Deutschland

In Bezug auf die Herkunft wurde in einigen Passagen explizit die Unmöglichkeit der Differenzierung in West und Ost angesprochen. Dennoch wird gleichzeitig auf eben diese Differenz argumentativ und begründend zurückgegriffen.

> Und es ist ja heute kaum noch zu erkennen, woher die Künstler kommen. Sie reisen sehr viel oder leben zeitweilig im Ausland. Aber im Westen hält sich ungeachtet dessen immer noch das Vorurteil, dass der Osten hinterherläuft.

In dieser Passage zeigt sich das ganze Dilemma: Einerseits explizite Auflösung der Kategorien. Dazu Deutungselemente einer mobilen und grenzüberschreitenden Gesellschaft: Reisen und Auslandsaufenthalte. Die starren, auf den Raum bezogenen Identitäten werden so gesehen nicht länger haltbar. Dann der Griff zurück: Zwar wird das Hinterherlaufen des Ostens als Vorurteil bezeichnet, doch dieses Vorurteil scheint mehr in die Richtung zu gehen, daß der Osten nicht länger hinterherläuft, als daß „der Osten" als Kultur-Raum-Einheit in Frage gestellt würde. Der zweite Rückgriff erfolgt darüber, daß dieses Vorurteil auch wieder seinen Ort, ein Dort-so bekommt: im Westen hält es sich. Sowohl die Deutung eines wiedervereinigten Deutschlands als auch die einer mobilen, entgrenzten Welt stehen hier entgegen der Praxis, die Gegenstände – und hierunter fallen auch die „Vorurteile" – zu verorten.

Mobile Ostdeutsche

Im folgenden Zitat zeigt sich die Bedeutung der Verräumlichung gesellschaftlicher Einheiten wie „Ostdeutschland" und ihr widersprüchliches Verhältnis zu gleichzeitig auftretenden alternativen Deutungen in Bezug auf das Feld des Reisens und der Bewegung.

> Die „neue Jugend im Osten" ist mobiler und leistungsbereiter, sie lernt und studiert schneller. Vor allem fallen die Frauen auf: sie sind zielstrebiger und erfolgsorientierter. (...). Allerdings gibt es immer weniger junge Ostler. Die Abwanderung gen Westen ist in jüngster Zeit wieder gestiegen, und es gehen meist die Bestgebildeten und Aktivsten.

Was passiert hier? „Ostdeutschland" trägt nicht nur die objektive Konnotation einer „ostdeutschen" (kulturellen) Seinsweise bzw. Eigenart (das soziokulturelle *Wie?*), die den Begriff (und mit ihm sein konstitutives Pendant „Westdeutschland") zu einem signifikativen Bezugspunkt von kultureller Identität und Differenz macht. Gleichzeitig trägt er eben auch den Diskurs einer verorteten Seinsweise *im* Osten Deutschlands (das geographische *Wo?* dieser Eigenart). Das *Wie?* aber kommt im Globalisierungsdiskurs in Bewegung (so steht die „neue Jugend im Osten" für Bewegung, Beweglichkeit und Mobilität) und löst sich dabei in der Vorstellung vom konstitutiven *Wo?* (die jungen Ostler verlassen den Osten

Deutschlands, sind nicht mehr an ihn gebunden). Das muß zum Widerspruch führen, weil das *Wie?* (jung, erfolgsorientiert, aktiv, zielstrebig etc.) in dieser Bewegung – bei Beibehalt der Begrifflichkeit – auch das konstitutive *Wo?* (im Osten) als Repräsentationsgrundlage mitnimmt: Die „jungen Ostler" verlassen also ihre konstitutive Grundlage. Was aber ist dann ein Ostler im Westen? Ein Westler? Ist das eine Frage des Aufenthaltsorts? Dann dürfte es im Westen keine Ostler geben und umgekehrt. Und wie hat man sich einen „mobilen Ostler" vorzustellen, der, sobald er mobil wird und abwandert, eigentlich kein Ostler mehr ist? Was ist er dann? Doch letztlich ist die Äußerung „allerdings gibt es immer weniger junge Ostler" nur so verständlich. Wäre das „Ostler im Westen sein" nun eine Frage der Kultur oder der geistigen Haltung (einer sozio-kulturellen Herkunft), dann dürfte die Zahl der Ostler mit ihrer Mobilität nicht abnehmen. Dann dürften die Ostler aber auch nicht im Osten Deutschlands gesucht werden und es wäre kaum sinnvoll, überhaupt von einem „Ostler" (Raumbezug!) zu sprechen. Wovon aber dann? Hier zeigen sich die Grenzen des sozial-räumlichen, „deterritorialisierten" Begriffsvermögens. Die Vorstellung kultureller Eigenart und Identität ohne die Zuhilfenahme räumlicher Projektionen ist deswegen so schwierig, weil die gemeinsame Weltdeutung, die politische, konsumtive und kommunikative Praxis auf chorologischer Ordnung und Sinnhaftigkeit aufbaut, und daher auch plausibel und wirklich erscheint, was zu ihr paßt.

Eine andere Widersprüchlichkeit zwischen verortender Praxis und entorteter Weltdeutung wurde in Bezug auf die politischen Reisen deutlich:

> Als Bundeskanzler aber, der den versprochenen Aufschwung in den neuen Ländern zur „Chefsache" erklärt hat, kann sich Schröder so viel Distanz nicht mehr leisten. Er muss sich im Osten sehen lassen, vor allem dort, wohin es den westdeutschen Normalbürger nicht verschlägt.

Selbst in einer vernetzten Welt, welche die physische Nähe obsolet zu machen scheint, und selbst in einem Deutschland, das im Sinne der Ermöglichung von Mobilität grenzenlos ist, ist das „Vor-Ort-Sein" äußerst bedeutsam, wird dem Kanzler zum Vorwurf gemacht, die neuen Länder nicht persönlich und physisch bereist zu haben. Und nebenbei werden genau die Kategorien in Anschlag gebracht, die es – konsequent gedacht – einem neuen Weltbild zufolge eigentlich nicht mehr geben dürfte.

Heimat im Osten und *in der Weltgemeinschaft?*

Daß prinzipiell andere als raumbezogene Deutungen möglich sind, wurde oben anhand des folgenden Beispiels erläutert:

> Der Prenzlauer Berg: das populärste Viertel der Stadt (...) – wahnsinnig begehrt bei Wohnungssuchenden: „Keinesfalls Osten! Am liebsten Mitte oder Prenzlberg!"

Der Widerspruch, der sich hier zeigt, bezieht sich einerseits – vor der Schablone des wiedervereinigten Deutschlands – auf die fortlaufende Bedeutung des Ostens, wenn auch in interessanter Verknüpfung. Offenbar haben die Begriffe eine organisatorische und handlungsbegründende Funktion, nicht nur 10 Jahre über den

Fall der Mauer hinaus, sondern auch über ihre konventionelle Denotation hinaus. Die Verknüpfung ändert sich, und doch bleibt der Osten die Begründung für eine Umzugsentscheidung und Wohnstandortwahl. Im Osten will man entweder zu Hause sein, oder nicht. Vor dem Hintergrund einer Deutung der „multikulturellen Stadt", die gerade Berlin immer wieder zugewiesen wird, müßten sich die Grenzen immer mehr verwischen, nicht nur zwischen West und Ost. Berlin, oder mehr noch die Welt wäre dann als zu Hause und Herkunftsort anzueignen. Doch – folgt man der Sprachpraxis – scheint das Gegenteil der Fall zu sein. So steht die explizite Deutung des „Schmelztiegels" oder einer globalen, multikulturellen Gemeinschaft gegen die implizite Regionalisierung, die sich zwar signifikativ zeigt, aber auf deren materielle Entsprechung gerade im Praxisbezug der Wohnstandortwahl verwiesen wird. Und alle Entscheidungen, die auf solcher Grundlage getroffen werden und entsprechende Handlungen nach sich ziehen, institutionalisieren und manifestieren wiederum die Differenz und lassen wiederum die Repräsentation der unterschiedlichen Container Osten und Westen plausibel erscheinen.

Ostdeutsche Karrieren auf dem entgrenzten Arbeitsmarkt

Die Kontradiktion des „Ostdeutsch-Sein", einer Identifizierung auf raumlogischer Basis, und einem wiedervereinigten Deutschland wurde oben bereits an folgendem Beispiel herausgestellt:

> Ostdeutscher zu sein ist für junge Wissenschaftler heute kein Karrierehemmnis mehr.

Noch nicht angesprochen wurde, inwiefern diese Identifizierung und ihre handlungsbegründende Bedeutung auch im Widerspruch zu Deutungen wie dem eines grenzenlosen Arbeitsmarktes oder der zunehmenden Flexibilität und Wandelbarkeit von Personen steht. Einerseits werden in der Tat weiterhin Menschen aufgrund ihrer Herkunft verortet und identifiziert und schließen sich an diese „Organisation" von Typen Ermöglichungen und Einschränkungen an. Andererseits heißt es, aufgrund der neuen Flexibilität und Wandelbarkeit sei es heute zumutbar, Arbeitslose in ganz Deutschland zu vermitteln, und Menschen ganz gleich welcher Herkunft stände – zumindest in Europa – der gesamte Arbeitsmarkt offen.

Finanzierung Ost auf dem globalisierten Kapitalmarkt

Ähnlich ist der Widerspruch zwischen der konstitutiven und organisatorischen Bedeutung der Verortungsprinzipien für die Koordination von Finanz- und Warenströmen gelagert. Auf der einen Seite stehen Differenz eliminierende Aussagen einer zunehmenden Angleichung:

> Analysten sind sich einig, dass zehn Jahre nach der deutschen Einheit bei der Bewertung eines Unternehmens kaum noch eine Rolle spielt, ob es aus Ost- oder Westdeutschland stammt.

Auch wenn es dabei abschwächende Urteile gibt, scheint es doch, als sei die Integration möglich, würden die Differenzierungen in Zukunft irrelevant. Dennoch wird gleichzeitig immer wieder der Osten zitiert und manifestiert:

> Der Osten sei zwar reif für „mehr Börse", doch der Weg dahin sei „kein Spaziergang", eher ein „langer Marsch"

In Bezug auf die Deutung der zunehmenden Globalisierung, die gerade das Feld der Finanz- und Warenströme betrifft, insofern das Globalisierungs-Postulat vor allem aus ihm abgeleitet wird, stehen diese „traditionellen" Verortungen und ihre „Logik", z.B. eine (Re-)Präsentation von Behältern, *in die* Waren und Gelder fließen und *aus denen* Waren und Gelder und Unternehmen kommen, im Widerspruch.

> Fels betonte, dass der Osten noch mehr als zehn Jahre auf die Finanztransfers aus dem Westen angewiesen sein wird. 1 500 000 000 000 Mark an Zuschüssen sind in den vergangenen zehn Jahren in den Osten geflossen, Tag für Tag kommen zu diesen 1,5 Billionen 384 Millionen dazu.

Wenn die Finanzmärkte globalisiert wären, wenn tatsächlich von frei flottierendem Kapital die Rede sein kann, steht eine Politik der Zuschüsse *dort* (und zwar ganz konkret physisch: Ostdeutsche Firmen erhalten Subventionen und dies sind Firmen, die im Osten, auf ostdeutschem Territorium angesiedelt sind) in Widerspruch dazu. Denn die Unternehmen sind in anderen Dimensionen eben nicht an diese Raum-Zeit-Stelle gebunden.

(Konstruktivistisches) Forschen in Ostdeutschland?

Welche Widersprüchlichkeit zwischen dem Forschungsanspruch, die Konstitution ostdeutscher Wirklichkeit zu untersuchen und der selbstverständlichen Voraussetzung der Kategorie „Ostdeutschland" in theoretischer und methodologischer Hinsicht bestehen, wurde bereits diskutiert. Doch zeigen sich in der Berichterstattung zur Wiedervereinigung auch Widersprüche zwischen der signifikativen Verankerung und einer expliziten Infragestellung der Eindeutigkeit solcher Kategorien – ob diese nun grundsätzlicher Art sind, oder in Bezug auf eine *heute* nicht mehr vorhandene Eindeutigkeit im Sinne des Entankerungstheorems formuliert werden. Beispielhaft seien noch einmal die folgenden Passagen angeführt:

> Nicht einmal die Hälfte aller Westdeutschen war in den zehn Jahren auch nur einmal in den neuen Ländern, während der Osten den Westen inzwischen gut kennt. Wo steht also die Mauer?

> Und der Westen existiert so wenig wie der Osten. (...). Der Staat ist eine Wirklichkeit, es gibt so viele. Zunehmend auch im Osten. Wer definiert ihn?

Einerseits ist hier bemerkenswert, daß ein reflexives Aufbrechen der Kategorien und ihrer Verortungsprinzipien angedacht wird: Wo steht die Mauer? Wer definiert den Staat? Und damit auch: wer definiert den Osten oder den Westen? Der

Schwenk geht in Richtung eines Weltbildes, das Perspektivität, Ambivalenz und Multidimensionalität als eigentlichen Zustand postuliert, eine Grundannahme, aufgrund derer auch konstruktivistische Weltbilder und Ansätze aufbauen. Die Problematik des konsequenten Einlösens dieser Sichtweise zeigt sich in beiden Passagen: Im ersten Fall wird für die Argumentation eine Quantifizierung der westdeutschen Wanderungen vorgenommen, im zweiten Fall ist der Nachsatz „zunehmend auch im Osten" ein Rückgriff auf die selbstverständlichen Kategorien, deren Selbstverständlichkeit eben erst in Frage gestellt wurde. Dies veranschaulicht noch einmal das Dilemma, in dem sich auch die Forschungen (und Untersuchungen) befinden. Sie hegen den Anspruch, in konstruktivistischer Haltung eine Ontologisierung und Essentialisierung zu vermeiden. In ihrer signifikativen Bezugnahme und in der Operationalisierung ihres Gegenstandes können sie aber kaum auf die identifizierende, organisatorische und funktionalisierende Bedeutung verzichten. Darüber hinaus transportieren sie oftmals noch die darin eingewobene konventionelle ideologische Bedeutung z.B. vom Konzept der Nähe in ihren Programmen und Texten.

So zeigen sich die Widersprüche insgesamt auf zwei Ebenen: Einerseits im kleinen Rahmen als „Differenz in der Einheit", andererseits im größeren Rahmen als verortende Praktiken in einer entankert oder entgrenzt gedeuteten Welt. Dabei erscheint die Naturgegebenheit und der selbstverständliche Umgang mit Verortungen einer multiplen Identität und Perspektivität zuwiderzulaufen. Eine grenzüberschreitende Wirklichkeit steht gegen eine begrenzende Behandlung.

Einpassung der Ausnahmen:
„Bei Dir merkt man gar nicht, daß Du aus dem Osten kommst"

Aus der Betrachtung der Widersprüche läßt sich nun recht leicht auch die Frage nach der Persistenz der räumlichen Einheiten in signifikativer Praxis veranschaulichen. Es ist vor allem das Prinzip der Passung und die ungefragte Bezugnahme auf die Verortungslogiken sowie ihre damit verbundene verständigungsleitende Funktion, die zu der Stabilität und Reproduktivität der traditionellen Verortungspraxis führen.
Noch einmal sei dies an zwei Beispielen genauer aufgezeigt:

> Natürlich seien nicht alle im Osten so wie im Buch – also faul, anmaßend, initiativlos, risikoscheu, unfreundlich, verschlagen, rechtsradikal. Viele Ostdeutsche hätten ihm geschrieben, sie wollten nicht alle über einen Kamm geschoren werden. Roethe sagt: „Natürlich gibt es Ausnahmen!" ... „Aber um die geht's doch nicht! Und, mal ehrlich: Die anderen sind ja weit in der Überzahl!"

„Natürlich gibt es Ausnahmen", räumt der Sprecher ein, aber die Kategorienbildung wird dabei nicht belangt. Die Ausnahmen der nicht faulen, anmaßenden etc. Leute im Osten sind offenbar nicht hinreichend, eine andere Differenzierung einzuführen, und schon gar nicht, dafür, die Verortungsmodi zu durchbrechen oder zumindest zu hinterfragen. Auch die protestierenden Ostdeutschen scheinen eher an einem besseren Image, denn an einer Auflösung ihres „Ostdeutsch-Seins" interessiert zu sein.

> Am Ende des Gesprächs habe ich das Gefühl, wir stehen uns gegenüber auf zwei verschiedenen Seiten, und nur alle Minuten dringt ein Wort des anderen herüber. Der beiderseitige Monolog endet dann oft wahlweise mit dem Satz: „Du bist ja eine richtige Ostlerin" oder ‚Bei Dir merkt man gar nicht, daß du aus dem Osten kommst!"

In diesem abschließenden Beispiel zeigt sich nicht nur die reproduktive Kraft der erdraumbezogenen Kategorien sozio-kultureller (ostdeutscher) Seinsweise. Es zeigt sich auch die mit der räumlichen Festschreibung einer gehende Unflexibilität bezüglich der Imagination von Ambivalenz und Kontextualität. Die räumliche Herkunft ist stabiles Kriterium der Identifikation von Zugehörigen der imaginierten Gemeinschaft, im positiven wie im negativen Zugehörigkeitsfall. Der Osten und die daran geknüpfte Eigenart werden nicht in Frage gestellt. Der direkte „face-to-face-Kontakt" führt also nicht zu einem Aufbrechen der vorgestellten Gemeinschaft und ihrer Kategorien. Im Falle einer andersartigen, unstimmigen Erfahrung wird vielmehr eine „Ausnahme" konstruiert. So kommt es zu einem „beiderseitigen Monolog", der eine auf abgeschlossenen, räumlichen Kategorien basierende Differenz nicht aufzubrechen vermag, sondern vielmehr zu deren Verfestigung beiträgt.

4.4 Zwischenergebnisse und eine verbleibende Frage

Gesellschaftliche Bedeutung ostdeutscher Wirklichkeit

Übergreifend konnte anhand der Textcollage über die Verweise auf eine handlungsbegründende Rolle der Elemente singnifikativer Regionalisierungen ein Bezug zur gesellschaftlichen Ebene hergestellt werden. Es wurde anhand verschiedener Praxisfelder deutlich, inwiefern die „Repräsentation" Ostdeutschlands als eine Verbindung einer Raum-Zeit-Stelle und eines Gehaltes, als Container einer Eigenart, die nur *dort* genau *so* zu finden ist, tatsächlich auch eine „Präsentation" ist, insofern sich strukturgebende Handlungen auf diese „Vorstellungen" berufen, und damit auch Erfahrungen ostdeutscher Wirklichkeit begründen. Die betrachteten gesellschaftlichen Bedeutungen der Elemente signifikativer Regionalisierungen lassen sich nach dem allgemeinen Abbildungsschema (vgl. Tab. III-2-5) zusammenfassen (Tab. III-7). Sie zeigen die institutionelle Verankerung der verortungslogischen Prinzipien in Bezug auf das Beispiel Ostdeutschland.

Tab. III-7: Institutionalisierung ostdeutscher Verortung

Betrachtungsebene	Beispiele im Fall „Ostdeutschland"
gesellschaftliche Bedeutung und Institutionalisierung (sign. Konzepte als handlungsbegründende Verweise)	Ostdeutsche Herkunft als Indikator für **Zugehörigkeit** („Heimat"), politische Einstellung und Handlungsweise
	Der Osten / Ostdeutschland als Ziel- oder Herkunftsgebiet von **gerichteter Mobilität** (Reisen, Migration); Reisen in den Osten als politisches Interesse
	Der Osten / Ostdeutschland als Kriterium für die Wahl des **Wohnstandorts**
	Ostdeutsche Herkunft als Kriterium für **berufliche Karriere**
	Der Osten als Zielgebiet von **Finanzleistungen** (Subventionen) und Entwicklungsmaßnahmen
	Der Osten als Kategorie für die Wahl des **Forschungsgebiets**, Forschen im Osten als Erkenntnis ostdeutscher Befindlichkeit und Eigenart
Effekte	Kultur-Raum-Einheit, Verortung: kohärente ostdeutsche Eigenart, Grenzen zwischen Ost- und Westdeutschland
	(ostdeutsch, ostdeutsche Seinsweise, ostdeutsche Befindlichkeit, Dort im Osten so, im Osten die Ostdeutschen)
„Logiken"	Gebiet = Gehalt
	Fläche = Container
	Nähe = Gleichartigkeit, Kenntnis und Vertrautheit
Elemente sign. Reg. im Text	„Ostdeutschland", „der Osten", („die neuen Bundesländer"), „im Osten", „drüben", „die Ostdeutschen", „hier bei uns"

(eigener Entwurf)

Die entscheidende Pointe der Veranschaulichung anhand der Textcollage war, die These der allgemeinen, kontext- und sprecher*un*abhängigen, gleichwohl handlungsabhängigen Wirksamkeit der impliziten Verortungsprinzipien zu belegen. Hermeneutisch konnte erschlossen werden, inwiefern die unterliegenden „Raum-Logiken" und Verortungsprinzipien auch eine Ebene „materieller" Wirklichkeit berühren. Sie ragen hinein in die Felder der „produktiv-konsumtiven" und der „politisch-normativen" Regionalisierung (Werlen 1997b) und sind schwerlich von diesen zu trennen. Daneben konnte gezeigt werden, daß die raumbezogenen Deutungsmuster zwar in keinem kausal-logischen Zusammenhang mit daran anschließenden Bedeutungen stehen, die auch ideologisch-moralischer, bzw. normativer Art sein können, sie aber – über das Prinzip der Passung – eine plausible, selbstverständliche Begründung liefern, die damit – so scheint es – selbst keiner Begründung mehr bedarf. Wenn es „natürlich" so „ist", daß die Ostdeutschen eine abgegrenzte, in sich geschlossene Gruppe von Menschen bilden, die sich diskret von den Westdeutschen unterscheidet und noch dazu genau *dort* (in Ostdeutschland) vorzufinden ist, wird es auch zur Selbstverständlichkeit, daß „der Osten" Zielgebiet von Finanzen ist und daß „die Ostdeutschen" von dieser Entwicklung im Container (also der Entwicklung des Raumes) profitieren. Es wird auch selbstverständlich, daß Ostdeutsche als faul bezeichnet werden können, und nur noch verhandelbar bleibt ob „sie" tatsächlich *so* sind oder nicht. Die implizite Behauptung, alle Menschen seien aufgrund einer bestimmten Herkunft oder einem bestimmten Wohnort als homogene Gruppe zusammenfaßbar, die noch dazu angibt, wo diese Gruppe und ihre Eigenart zu finden ist, wird nicht diskutiert. Ihre Selbstverständlichkeit macht die Verortungsprinzipien und die sich darauf begründenden Handlungen zu nicht verhandelbaren Eindeutigkeiten und schränkt die Konzeptualisierung von Ambivalenz und Kontingenz ein.

Ostdeutsche Wirklichkeit in diskursiver Konfrontation mit dem Globalen

Es wurde ersichtlich, daß „Brüche" in der Eindeutigkeit bestehen, und diese werden auch thematisiert. Sie treten insbesondere dann auf, wenn die Verortungsprinzipien mit gegenläufigen Deutungen konfrontiert sind, konkreter formuliert, wenn die Realität des Raumes, die in der Thematisierung „Ostdeutschlands" vorausgesetzt werden muß und sich vielfach zu bestätigen scheint, mit der Realität des „vereinten Deutschlands" und damit dem „nicht-mehr-Vorhandensein" der innerdeutschen Grenzen konfrontiert wird. Oder aber, wenn die *Zielvorstellung* einer Unterschiedslosigkeit mit der Wirklichkeit ost- und westdeutscher Differenz kollidiert.

Bei aller Mobilität und Grenzüberschreitung, und bei „zunehmend multipler Identitätsbildung", wie es heißt, entsteht heute ein („spätmodernes") Bewußtsein, daß kaum mehr zu sagen ist, „woher die Leute kommen" und daß es keinen Unterschied macht, ob ein Unternehmen aus dem Westen oder aus dem Osten stammt. Entlang der traditionellen „Logik" aber kann es nur ein essentielles „Entweder-oder" und damit einen Unterschied geben. Die Problematik der Vorstellungsweise eines entgrenzten Deutschlands (oder auch einer entgrenzten Welt) liegt darin, daß über die Verortungsprinzipien nach wie vor Begrenzungen erfolgen. So steht die Praxis des „Ostdeutschland"-Machens einer anderen Deutung gegenüber, die hohl und irritierend bleiben muß, solange auch sie wieder verortungslogisch begriffen wird.

So begründen sich die Persistenz der traditionellen regionalisierenden Handlungen und damit die Persistenzen Ostdeutschlands und der ostdeutschen Identität seiner Bewohner. Es konnte gezeigt werden, daß selbst bei expliziter Thematisierung von unterschiedlichen Wirklichkeiten (*den Westen* gibt es genauso wenig wie *den Osten*) der Zugriff wieder über die Kategorien selbst erfolgt. Solange diese ostdeutschen Regionalisierungen vollzogen werden und über Handlungsbegründungen gesellschaftlich eingebettet sind, wird es auch den Osten, bzw. Ostdeutschland und die „Mauer in den Köpfen" geben. Diese Mauer ist in der Tat kein rein mentales Phänomen, sondern wird vielfältig verwirklicht (auch wenn es sich bei „Ostdeutschland", „Westdeutschland" und der Grenze zwischen ihnen – wie gezeigt – allgemein um sprachabhängige Tatsachen handelt). Übergreifend betrachtet wird es daher immer Mauern in den Köpfen geben, solange entlang der Verortungsprinzipien die Welt strukturiert und eingeteilt wird und solange es nötig ist, Erfahrungen zu vereinfachen, zu verdeutlichen und zu vereinheitlichen.

Abbau der Mauer in den Köpfen? Oder: was genau ist das „Problem"?

Ist das nun das Ende? Gibt es keine Alternativen zur „Mauer in den Köpfen", zum alltäglichen „Einmauern", Begrenzen, Abgrenzen und Vereinfachen? Die vorangegangenen theoretischen und exemplifizierenden Abschnitte lassen Möglichkeiten offen. Wenn auch eine grundlegende Strukturierung unvermeidbar erscheint, so ist doch die Art und Weise der Einteilung und Abgrenzung variabel. Doch scheint es nicht möglich *ad hoc* eine neue Welt zu schaffen, indem man die Sprache oder das Vokabular verändert. Mit dem Begriff der „neuen Bundesländern" kann wohl in Bezug auf die Bedeutung einer „politisch korrekten Benennung" etwas verändert werden, in Bezug auf die Verortungsprinzipien bleibt aber alles wie es ist. Die Untersuchung der gesellschaftlichen Bedeutung Ostdeutschlands, seine Eingewobenheit in institutionalisierte, manifestierte Praktiken zeigt die Einschränkungen der Varianz. Nicht nur Gewöhnung und Selbstverständlichkeit sind stabilisierende Faktoren, sondern auch, daß „Ostdeutschland" gesellschaftliche Funktionen erfüllt. Es dient als Reiseziel, Wohnsitz und Heimat. Ostdeutschland steht für einen Raum, zu dem man sich emotional in Beziehung setzen und dabei eindeutig von anderen, nicht „heimeligen" Räumen unterscheiden kann.

Die zentrale Frage, die sich abschließend ausgehend vom Beispiel also noch stellt, ist weniger die nach den Chancen auf einen baldigen Abriß der Mauer. Es ist die Frage, ob dieser Abriß nicht ein „falsches" Ziel und die „Mauer in den Köpfen" so gesehen ein „falsches" Problem ist. Der Einheitsgedanke stellt eine Deutung in Aussicht, die nicht wirklich erfüllbar ist und zu Widersprüchen im Zusammenhang mit der alltäglichen selbstverständlichen Regionalisierung führt. Die Differenz indes sichert Identifizierung, Orientierung und Organisation des alltäglichen Weltbezuges. Warum sollte sie abgebaut werden?

Andererseits – müßten nicht die aufgezeigten zunehmenden Widersprüche gerade dazu führen, die Alternativen der alltäglichen (signifikativen) Regionalisierung zu überdenken? Sollte man nicht tatsächlich eine andere Sprache finden, mit der sich auch das Mehrdeutige, Ambivalente und Mehrdimensionale, ein „*Sowohl-als-auch*" statt eines „*Entweder-oder*", artikulieren läßt? Wären damit nicht nationalistische Bewegungen und Ausländerhaß zu vermeiden, die zwar wie gezeigt nicht zwingend aus den „alltäglichen Diskriminierungen" hervorgehen, von diesen aber ermöglicht werden?

Dies alles sind nun keine theoretischen, sondern primär normative Fragen. Sie haben weniger etwas mit der prinzipiellen Machbarkeit zu tun, sondern vor allem mit gesellschaftlichen Werten und politischen respektive programmatischen Zielsetzungen. Theoretisch kann lediglich eingewendet werden, daß ein „Abbau" der

Mauer in den Köpfen hieße, von den traditionellen „Raum-Logiken" und ihrer institutionalisierten Bedeutung abzurücken. Das hieße wiederum, daß für ihre bedeutenden Funktionen andere Träger zu finden sind, daß – die Analyse von Ermöglichung und Einschränkung machte es deutlich – mit einem Verzicht eben nicht nur Gewinne im Sinne einer „Problemlösung", sondern auch Verluste entstehen. Was anhand Ostdeutschlands exemplarisch gezeigt wurde, entpuppte sich als die gesellschaftliche Problematik einer Gleichzeitigkeit von alten Praktiken und neuen Weltdeutungen und Zielvorstellungen. Daher sind die Begriffe von „Ost" und „West" ebensowenig als ein bloßes *time-lag* einer vergangenen Wirklichkeit anzusehen, wie Vorstellungen von „Deutschland", der „Dritten Welt" oder einem „vereinten Europa". Die Raumcontainer sind kein Auslaufmodell, sondern es entstehen ständig neue „Regionen", die nach dem alten Muster abgebildet und geplant werden, und die formulierten Zielvorstellungen wie „Entgrenzung" oder „Integration" entgegen stehen.

Im nun anschließenden übergreifenden, nicht mehr auf den konkreten Fall abgestellten Fazit ist also einzubeziehen, inwiefern ein solcher Abbau der Mauer in den Köpfen, der hier gleichzusetzen ist mit einer Transformation alltäglicher signifikativer Regionalisierung, *einerseits* möglich und *andererseits* wünschenswert scheint, welche Vorteile und Nachteile er mit sich brächte und inwiefern die Widersprüchlichkeit und das „Besorgnissymptom" einer zunehmenden Unsicherheit eher von den „neuen" Zielsetzungen herrührt, als von den „alten" Prinzipien. Vor allem aber sind Wege aufzuzeigen, wie die Befunde konstruktiv in die wissenschaftliche und gesellschaftliche (insbesondere die politisch-normative) Praxis einbezogen werden können, wenn diese Zielvorstellungen *in die Tat* umgesetzt werden sollen.

Konsequenzen für die Praxis

„ ... social theory is not a commentary on social life but rather an *intervention in* social life. It is not a series of ideas conjured up by the gods of abstraction and hurtled like a thunderbolt through the clouds to illuminate a murky landscape below: social theory is always and everywhere grounded, constructed at particular sites to meet particular circumstances, and deeply implicated in constellations of power, knowledge and ... spatiality" (Gregory 1994b:79).

Zwei übergreifende Ziele standen am Beginn der Auseinandersetzung. *Erstens* ging es darum, einen *theoretischen* Ansatz an der Schnittstelle von räumlicher Sprache und gesellschaftlicher Wirklichkeit zu entwickeln. Die allgemeine Fragestellung war dabei, wie es theoretisch möglich ist, „hinter" die selbstverständlichen räumlichen Kategorien zu treten, um von dieser Warte den Zusammenhang von Raum, Sprache und gesellschaftlicher Wirklichkeit betrachten zu können. Die Basis hierzu bildeten drei theoretische Eckpfeiler, die sozialgeographische Theorie von Werlen (1997a,b; 1999a), die sprachwissenschaftlich fundierte Theorie zur „Konstruktion gesellschaftlicher Wirklichkeit" von Searle (1997) und die Strukturationstheorie von Giddens (1997a). *Zweitens* sollte diese Theorie-Entwicklung aber nicht abgehoben von alltagsweltlichen Belangen vollzogen werden, sondern ein Bezug zu eben jener *Praxis* hergestellt werden, von der sich das theoretische Problem herleitet und für die eine theoretische Abstraktion auch wieder fruchtbar zu machen ist. Hierzu wurde einerseits eine konkrete empirische Grundlage in die Theoriebildung einbezogen; andererseits wurden aus der Theorie heraus gesellschaftliche Praxisfelder für eine Betrachtung ihrer Verwobenheit mit räumlicher Sprache und selbstverständlichen „Raum-Logiken" geöffnet.

Wenn sich dieses Fazit wieder in eine Betrachtung der wissenschaftlichen und der gesellschaftlichen Dimension gliedert, dann nur insofern, als daß das wissenschaftliche Handlungsfeld zu einem gewissen Grad von anderen Zielsetzungen, Ermöglichungen und Einschränkungen geprägt ist, als etwa die politisch-normative oder die produktiv-konsumtive Praxis. In Bezug auf die selbstverständlichen sprachlichen „Weisen der Raumerzeugung" indes, die hier der zentrale Untersuchungsgegenstand waren, ist diese Differenzierung kaum aufrechtzuerhalten. Der *common sense* ist eben voll von „traditioneller Geographie". Die Verortungsprinzipien sind trotz Entgrenzungs- und Vereinigungspostulaten nicht verschwunden, sondern werden wissenschaftlich und alltäglich gleichermaßen sprachlich verwirklicht.

Im Folgenden werden die wichtigsten Befunde zunächst zusammengefaßt. Dabei werden selektiv Verknüpfungen zur alltagsweltlichen Grundlage, dem betrachteten Fallbeispiel „Ostdeutschland" hergestellt, das zu einer dialogischen Entwicklung der Theorie diente. Daran schließt dann der Ausblick auf eine mögliche Verwertbarkeit und Umsetzbarkeit der Ergebnisse an. Die praktischen Konsequenzen der eröffneten Einsichten werden abgeleitet, und zwar sowohl für die wissenschaftliche, als auch für die alltagsweltliche gesellschaftliche Praxis.

Zusammenfassung der Ergebnisse

Für die Betrachtung des Beziehungsgefüges von Raum, Sprache und Gesellschaft wurde ein Konzept zur Analyse sprachlichen Geographie-Machens und seiner gesellschaftlichen Bedeutung erstellt. Dieses wurde in drei Schritten in direkter Verbindung mit einer empirischen Grundlage in Form einer Textcollage aus der Berichterstattung zur deutschen Einheit erarbeitet und schlug einen Bogen von der Entwicklung einer allgemeinen sozialgeographischen Perspektive (Teil I) über deren sprachanalytische Erweiterung im Sinne einer Mikroperspektive für das alltägliche sprachliche Geographie-Machen (Teil II) zu ihrer sozialtheoretischen Rückbindung im Sinne einer Makroperspektive für die gesellschaftliche Einbindung der sprachlichen „Verortungsprinzipien" und „Verortungslogiken" (Teil III). Die folgende Zusammenstellung der wichtigsten Einzelergebnisse lehnt sich an die Argumentationskette und entsprechend an die Abschnittsgliederung der drei Teile an.

Teil I widmete sich der Entwicklung einer allgemeinen sozialgeographischen Perspektive zur Betrachtung sprachlichen Geographie-Machens auf der Grundlage der handlungszentrierten Theorie von Werlen (1997a,b; 1999a). Als Problem wurde erkannt, daß einerseits *hinter* die „traditionellen" selbstverständlichen räumlichen Kategorien zu treten ist, andererseits dieses „Hintergehen" aufgrund eben jener Selbstverständlichkeit auch wissenschaftlich allenfalls approximativ möglich scheint. Als eine Arbeitshypothese wurde daher abgeleitet, daß das wissenschaftliche „Involviertsein" in die Betrachtung einzubeziehen und somit eine konsequent reflexive Theorieentwicklung notwendig ist, die es erlaubt, bereits gegenständlich und „fertig" gedachte Raum-Einheiten aufzubrechen und als Möglichkeiten theoretisch offen zu halten.

In konstruktiver Auseinandersetzung mit der Theorie „alltäglicher Regionalisierung" von Werlen (1997b) und den Ansätzen von Giddens (1997a,b) wurde dementsprechend in einem ersten Abschnitt zunächst ein Begriff der „Tradition" angelegt, der es erlaubt, traditionelle Praktiken weniger in Abgrenzung zu einer spätmodernen Gesellschaftsform, sondern als inhärente Bestandteile derselben zu begreifen. Mit diesem Zugang konnten allgemeine „Raum-Logiken" in der Geschichte der Geographie gesucht werden, von denen anzunehmen ist, daß sie einem heutigen geographischen „Normalverständnis" zugrunde liegen und ganz selbstverständlich in Handlungsvollzügen weiter wirksam werden.

Daraufhin wurde in einem zweiten Abschnitt argumentiert, daß zwar mit einer gewissermaßen unvermeidbaren „Vergegenständlichung" und „Verräumlichung" durch die selbstverständliche Praxis der sprachlichen Bezugnahme zu rechnen ist, es aber konzeptionell konsequenterweise darum gehen muß, eine Verschleierung dieser Tatsache zu vermeiden. Aus dieser Argumentation heraus entstand eine allgemeine Skizze des Konzepts zur Betrachtung sprachlichen Geographie-Machens. Ein erster wichtiger Schritt war eine theoretische Verschiebung vom Begriff des „Objektes" zum Begriff der „Tat-Sache" in Bezug auf räumliche Einheiten („Regionen"). Der zentrale Beitrag zu einer konsequenten Fortführung des Konzepts der alltäglichen Regionalisierung aber war das theoretische Konzept der „Region *in suspenso*". Will man das Involviertsein der Wissenschaftlerin in den Prozeß der sprachlichen „Welterzeugung" nicht verschleiern, sondern mit ihm arbeiten, dann führt der Weg darüber, den zu betrachtenden Gegenstand (die fertig gedachte „Region" resp. räumliche Einheit) als „vorläufig" zu konzeptualisieren und die Kontingenz der Einteilung und Abgrenzung sichtbar zu machen.

Konsequenterweise heißt das aber auch, so wurde in einem dritten Abschnitt abschließend argumentiert, daß selbstverständliche raumrelevante Gegebenheiten wie die „Globalisierung" oder eine fortschreitende „Entgrenzung" lediglich als *mögliche* Weltdeutungen anzusehen sind. Sie sind dann keine außergesellschaftlichen, handlungsunabhängige Gegebenheiten, sondern Ausdruck dafür, wie „Subjekte die Welt auf sich beziehen". Im Sinne einer konsequenten Theorie der Regionalisierung sind also Begriffe wie „Globalisierung" keine faktischen Opponenten der alltäglichen Weltbindung, sondern „neue" Dimensionen der alltäglichen Regionalisierung. Durch diese theoretische Anlage wurde es möglich, „alte" begrenzende Praktiken der Weltdeutung und „neue" „entgrenzende" Deutungen aus *einer* subjektbezogenen Teilnehmer-Perspektive begreifbar und damit ihre Widersprüchlichkeit für die nächsten Schritte theoretisch konsistent zugänglich zu machen.

Ein erster Blick auf die Textcollage aus der angelegten theoretischen Brille offenbarte zunächst, daß Ostdeutschlands Existenz in der Tat sprachlich ganz selbstverständlich vorausgesetzt wird. Zweifellos wird von Ostdeutschland als einem Gegenstand, einem Raum oder auch einem Teilraum gesprochen. Dabei konnten viele der hergeleiteten „Raum-Logiken" entdeckt werden, z.B. die, daß ein Großraum als Summe seiner Teile behandelt wird und daher „Westdeutschland" und „Ostdeutschland" nicht ambivalent, mehrdeutig und perspektivisch auftreten, sondern als einander ausschließende, eindeutige und beobachterunabhängige Raum-Einheiten behandelt werden (*entweder* West *oder* Ost!).

Teil II widmete sich der sprachanalytischen Erweiterung des sozialgeographischen Konzepts zur Betrachtung sprachlichen Geographie-Machens. Diese Mikroperspektive versteht sich als Fortführung und Ausdifferenzierung des handlungszentrierten Konzepts der „signifikativen Regionalisierung" von Werlen (1997b) unter Einbeziehung der strukturationstheoretischen Anlage von Giddens (1997a). Als ein Problem wurde erkannt, daß die Sprache keinesfalls abgekoppelt von der räumlichen und gesellschaftlichen Wirklichkeit zu konzipieren ist, entsprechende Übergänge und Verbindungen aber kaum hinreichend konzeptualisiert sind. Als ein zweites Problem mußte betrachtet werden, daß für die Erschließung *selbstverständlicher* Elemente signifikativer Regionalisierung ein zweckrationaler Handlungsbegriff einerseits nicht brauchbar, ein handlungs- und subjektzentrierter Ansatz aber andererseits gewissermaßen auf eine solche Konzeptualisierung festgelegt ist. Eine Arbeitshypothese war daher, daß der auf der Sprechakttheorie aufbauende sprachphilosophische Ansatz von Searle (1982; 1991; 1997; 2001) sich für eine konzeptionelle Erweiterung anbietet, die handlungstheoretisch kompatibel einzelne Elemente signifikativer Regionalisierung, ihre Prinzipien, Effekte und Funktionen erschließbar macht.

So wurde in einem ersten Abschnitt zunächst über die analytischen Begriffe der „Intentionalität", der „symbolischen Funktionszuweisung" und des „Hintergrunds" der konstitutiven, eingreifenden Rolle der Sprache konzeptionell Rechnung getragen. Sprechen, so wurde deutlich, ist regionalisierende Praxis, gleich welche spezifischen individuellen Ziel- und Zwecksetzungen vom Sprechhandelnden ausgedrückt werden sollen. Mit dem Modell der „Schichtung des Hintergrunds" wurden Elemente räumliche Sprache bezüglich ihrer transsubjektiven, intersubjektiven („kulturellen") und individuellen Manifestation differenzierbar. Mit der daraus abgeleiteten Differenzierung „expliziter" und „impliziter" Regionalisierungen wurde ein analytisches Instrument entwickelt, mit dem der Grad der Selbstverständlichkeit und Stabilität von Elementen signifikativer Regionalisierung abgeschätzt werden kann. Während z.B. explizite Deutungen wie die Behauptung „Deutschland ist *grenzenlos*" eher variabel und verhandelbar sind, erscheinen implizite Deutungen wie die Kategorie „*Deutschland*" als Sammelbegriff für deutsche Eigenart an einer bestimmten Raum-Zeit-Stelle selbstverständlich, fix und kaum verhandelbar. Diese analytische Unterscheidung leistet somit einen wichtigen Beitrag hinsichtlich der Frage nach der theoretisch möglichen Transformation der Modi sprachlichen Geographie-Machens, denn diese *ermöglichen* durch ihre Eindeutigkeit sprachliche Bezugnahme, Verständigung und Koordination. So wurde daraufhin *erstens* argumentiert, daß die in Teil I als „traditionell" erkannten „Raum-Logiken" und die Elemente signifikativer Regionalisierung nicht präskriptiv als „Fehlleistungen" der Sprache gegenüber einer außersprachlichen Realität anzusehen sind. Sie sind vielmehr als Bedingungen dafür zu betrachten, „die Welt auf sich beziehen" zu können. Da sie der mittleren, kulturell verfestigten aber prinzipiell variablen Schicht des Hintergrundes des Weltbezuges zugesprochen werden müssen, heißt das *zweitens*, daß der Grad ihrer Institutionalisierung die entscheidenden Hinweise für ihre Persistenz oder Transformation gibt.

In einem zweiten Abschnitt wurde vor diesem Hintergrund die Rolle der Medien einer eingehenden Betrachtung unterzogen. Aus handlungstheoretischer Perspektive und unter Bezugnahme auf den Schritt der Bedeutungszuweisung als Brücke zwischen „rohen" und „gesellschaftlichen" Tatsachen wurde argumentiert, daß die massenmediale Vermittlung nicht zu einem Durchbrechen traditioneller, selbstverständlicher Raumsprache führt. Vielmehr sind die Medien Institutionen traditioneller signifikativer Regionalisierung, denn obwohl sie heute oft die Bedeutung „vernetzender" und „raumüberwindender" Technologien zugewiesen bekommen, verbreiten sie das traditionelle raumbezogene „Normalverständnis" ihrer „Macher" weiter. Doch dieses Normalverständnis rückt im Zuge eines ausgerufenen „medialen Zeitalters" mehr und mehr in den Hintergrund. Über die im ersten Abschnitt entwickelte Differenzierung der „impliziten Regionalisierung", welche die verfestigten selbstverständlichen Modi und Prinzipien der räumlichen Sprache beschreibt, und der „expliziten Regionalisierung", welche die variableren inhaltlichen Weltdeutungen beschreibt, konnte daher auch in Bezug auf die Medien ein Widerspruch herausgestellt werden. Nicht nur das vordergründige Bewußtsein von der Welt als zunehmend „globalisiert" oder „entgrenzt", sondern auch die *Bedeutung* von Medien als „Globalisierungsmaschinen" oder „Vernetzungsapparaten" steht in einem Spannungsverhältnis zu den im Hintergrund wirkenden traditionellen „verräumlichenden" und „begrenzenden" Strukturierungsweisen durch die Sprache.

Schließlich wurden in einem dritten Abschnitt Prinzipien der alltäglichen Strukturierungen herausgearbeitet. Anhand von sprachanalytischen und sprachphilosophischen, respektive kognitionswissenschaftlichen Untersuchungen zur performativen, also konstruktiven, sprachlichen Bezugnahme auf räumliche Gegebenheiten wurden vier maßgebliche „Verortungsprinzipien" analysiert: das indexikalische Prinzip, das toponymische Prinzip, das orientierungsmetaphorische Prinzip von „Nähe" und „Ferne" und das Prinzip der Container-Metapher. Sie alle, so wurde entlang der theoretischen Entwicklung argumentiert, sind nicht einfach als Repräsentationen, sondern gleichzeitig als konstruktive *Präsentationen* von Wirklichkeit anzusehen. Sie beinhalten die traditionellen „Raum-Logiken" und führen vorstellungsleitende Effekte mit sich. Sie sind sowohl einschränkend aufgrund ihrer verständigungsleitenden Manifestation, als auch ermöglichend, insofern sie identifikatorische, orientierende, koordinierende und organisatorische Funktionen erfüllen. Auch die mit ihnen einher gehende „Essentialisierung" bzw. „Vergegenständlichung" – so ein abschließendes zentrales Ergebnis – muß so gesehen als Ermöglichung gesellschaftlichen Handelns aufgefaßt werden, nicht als sprachliche „Fehlleistung". Sie ist jedoch insofern kritisch zu betrachten, als daß sie Alternativlosigkeit und Eindeutigkeit erzeugt und damit auch Potential für eine Durchsetzung von ideologischen Interessen mit sich bringt, ohne daß diese notwendig daraus folgen muß.

Ein zweiter Blick auf die exemplifizierende Textcollage offenbarte anschließend die Durchdrungenheit der Berichterstattung zur deutschen Einheit von Prinzipien der Verortung. „Ostdeutschland", so das Ergebnis, erhält durch sie räumliche Gestalt, z.B. als „Container". Diese Strukturierung ermöglicht erst, von „den Ostdeutschen" zu reden und sie eindeutig auf einer raum-logischen Grundlage [alles, was *im* Container Ostdeutschland ist, zählt als „ostdeutsch"] zu identifizieren. Gleichzeitig werden damit einer ambivalenten, vielschichtigen Identitätsbildung buchstäblich Grenzen gesetzt.

Teil III befaßte sich schließlich mit der gesellschaftstheoretischen Rückbindung der sprachanalytischen Perspektive und folgte dabei der Argumentation eines „Hineinreichens" von räumlicher Sprache in die gesellschaftliche Wirklichkeit und der These, daß sich die Variabilität und Persistenz der Prinzipien und ihrer „Logiken" auf gesellschaftlicher Ebene entscheidet. Als Problem wurde erkannt, daß strukturationstheoretische und handlungstheoretische Zugänge zwar angelegt sind, diese aber für eine Rückbindung der Elemente räumlicher Sprache an die gesellschaftliche Ebene einer Weiterentwicklung bedürfen, und daß anderweitig kaum Konzepte für die Verbindung von *alltäglichem* (nicht strategischem oder rhetorischem) sprachlichen Handeln und gesellschaftlicher Wirklichkeit vorliegen, welche einer *prinzipiellen* Kontingenz, aber *gesellschaftlichen* Bestimmtheit der Weltbezüge Rechnung tragen. Die Arbeitshypothese war, daß diese Rückbindung über einen *nicht* kausal-deterministischen Begriff gesellschaftlicher Bedeutungszuweisung erfolgen muß.

So wurden die Begriffe „Diskurs" und „Identität" in einem ersten Abschnitt zunächst handlungstheoretisch kompatibel neu konzeptualisiert. Über die Kritik einer Diskurstheorie, die „strategisches Handeln" zum Ausgangspunkt hat und primär auf die herrschaftsbezogene Durchsetzung von Ideologien abzielt, wurde „Diskurs" als Begriff institutionalisierter Modi von Sprechakten konzipiert. Der problematische Begriff der „Identität" wurde parallel als eine intersubjektive Abstraktionsebene der institutionalisierten Praxis des alltäglichen (raumbezogenen) Identifizierens theoretisch ausgearbeitet.

In einem zweiten Abschnitt wurde das zentrale Modell der gesellschaftlichen „Bedeutung von (räumlichen) Bedeutungen" entwickelt. Um einem kausal-deterministischen Denkmodell zu entgehen, so wurde argumentiert, ist in Verlängerung des im zweiten Teil entwickelten Prinzips der symbolischen Funktionszuweisung davon auszugehen, daß die signifikativen Regionalisierungsweisen weitere *gesellschaftliche* Bedeutung erlangen. Diese Bedeutungen und Relevanzen werden sichtbar, indem man sie als „plausible" und selbstverständlich in Anschlag gebrachte *Handlungsbegründungen* auffaßt. Das heißt, sie sind prinzipiell keine kausal-logischen Folgen der Verortungsprinzipien, erhalten aber über ihre gesellschaftliche Institutionalisierung in verschiedensten Praxisfeldern einen stabilen und nicht hintergehbaren Charakter. Es sind letztlich also keine handlungs*un*abhängigen, sondern gesellschaftliche Bedingungen, die ihre Persistenz begründen. Gleichzeitig sind sie daher auch angreifbar. Aufbauend auf dem theoretischen „Prinzip der Passung" von sprachlicher (Re-)Präsentation, Erwartungshaltung und erfahrbarer Struktur wurde diese These argumentativ gestützt. Ihre unumstößliche Plausibilität erhalten die Verortungslogiken über ein tautologisches Prinzip: Weil sie über Handlungen manifestiert werden und diese Manifestation erfahrbare Strukturen mit sich bringt, werden sie zu *Repräsentationen* einer scheinbar handlungs*un*abhängigen Realität. Grundsätzlich könnten sie durchbrochen werden, doch trotz der Widersprüche in Verbindung mit der zunehmenden Einforderung „multipler", „kontingenter" und „relativistischer" Weltbilder sind Transformationen bislang kaum zu verzeichnen. „Neue" explizite Deutungen wie die der „globalen", „grenzüberwindenden" Gesellschaft müssen als bloße „Negativ-Konzepte" verbleiben, als Vorstellungen, die nur beinhalten, wie die Welt nicht ist: *nicht* gekammert oder *nicht* begrenzt. Dies sind wenig fruchtbare Widersprüche, weil sie bislang keiner veränderten *Praxis* der impliziten Modi (signifikativer) Regionalisierung gegenüberstehen. Durch sie findet allenfalls eine Verschiebung auf verschiedenen Raum-Ebenen statt. So soll dem Wiedervereinigungsdiskurs nach nicht mehr Ostdeutschland, sondern Deutschland der maßgebliche „Container" sein. Auf anderer Ebene soll dagegen nicht mehr Deutschland, sondern ein integriertes Europa zum Behälter einer Europäischen Identitäts-Gemeinschaft werden. Eine Reflexion oder gar Transformation der „Weisen der Welterzeugung" wird in diesen Diskursen nicht vollzogen. Vielmehr wird explizit das Bewußtsein einer nunmehr enträumlichten Welt erzeugt, die aber implizit nicht „wirklich gemacht" wird. Daraus resultieren Spannungen in programmatischer Hinsicht. So steht beispielsweise der Wunsch, mit dem „stahlharten Gehäuse der Zugehörigkeit" (Nassehi 1997) zu brechen und multiple Identitäten zuzulassen, einem fortwährenden Bedarf an Instrumenten gegenüber, welche die Zugehörigkeit eindeutig und objektiv identifizieren und dabei Menschen, Kultur oder materielle Sachverhalte an Räume binden.

Inwiefern diese theoretisch hergeleiteten Erkenntnisse nun in einzelnen gesellschaftlichen Praxisfeldern nachzuvollziehen sind, wurde in einem anschließenden dritten Abschnitt betrachtet. Auf der Grundlage der operationalisierten gesellschaftlichen Bedeutung von Verortungsprinzipien wurden nacheinander die Felder „Integrationspolitik", „Migration und Mobilität", „Heimatschutz und Wohnortwahl", „Personalpolitik" sowie „Finanz- und Warenströme" für die Entdeckung ihrer Verwobenheit mit den „Prinzipien der Verortung" eröffnet. Dabei wurden konstitutive, organisatorische und moralische Bedeutungen herausgestellt und insbesondere auch die kontradiktorische Beziehung zu gleichzeitig auftretenden „neuen" Anforderungen und programmatischen Zielsetzungen sichtbar gemacht. Weil wissenschaftliche Praxis ebenso als Untersuchungsgegenstand bezüglich selbstverständlicher räumlicher Sprache gelten muß, schloß sich hier der Kreis zu der grundlegenden erkenntnistheoretischen Auseinandersetzung im ersten Teil. „Wissenschaft und Forschung" erschien als ein weiteres Praxisfeld, das dem Widerspruch impliziter (signifikativer) Regionalisierung und expliziter Neudeutung des Verhältnisses von Gesellschaft und Raum ausgesetzt ist, und zwar vor allem im Hinblick auf „postmoderne", „konstruktivistische" oder „relationale" Ansätze und ihre theoretischen Anforderungen.

Ein dritter und letzter Blick auf das Fallbeispiel offenbarte schließlich die gesellschaftliche Bedeutung Ostdeutschlands. Es wurden Handlungsbegründungen exemplarisch herausgearbeitet und gezeigt, wie z.B. eine Kanzlerreise „in den Osten" mit der moralischen Bedeutung des „vor Ort Seins" zusammenhängt, die ihrerseits mit dem orientierungsmetaphorischen Prinzip von „Nähe" und „Ferne" zusammenhängt. „Ostdeutschland" ist gesellschaftlich als ein Reise- oder Umzugsziel bedeutsam und dies ist direkt und konstitutiv mit dem Container-Prinzip verbunden, das es erst erlaubt, einen Umzug *in den Osten* vorstellbar und diskutabel zu machen. Diese Institutionalisierung Ostdeutschlands (und seines konstitutiven Pendants Westdeutschland) durchkreuzt die gleichzeitig angebotene und programmatisch auch eingeforderte Deutung einer „gesamtdeutschen" Identität. Dieses Durchkreuzen ist aber, so ein abschließendes Ergebnis, nicht das wesentliche Problem der „Mauer in den Köpfen", wenn das „Einmauern" allgemein als ermöglichendes sprachliches Prinzip der Verortung aufgefaßt wird. Das Problem ist vielmehr, daß es zunehmend „neue" entgrenzende Deutungen der Welt und damit verbundene Anforderungen und Wertvorstellungen gibt, die mit den „alten" begrenzenden Praktiken nicht einzulösen sind. Weil aber die Prinzipien der Verortung so plausibel und selbstverständlich erscheinen, daß ein prinzipiell mögliches Durchbrechen unsichtbar und unmöglich erscheint, wird kaum an diesem subtilen Problem gearbeitet, weder in wissenschaftlich-reflexiver, noch in praktisch-planerischer Hinsicht.

Daher muß es nun ausblickend darum gehen, mögliche Alternativen aufzuzeigen. Eine zentrale Ausgangsposition war ja schließlich, daß räumliche und gesellschaftliche Wirklichkeit und vor allem auch die so neutral erscheinende „Geographie" nicht ist, wie sie „ist", sondern wie sie gemacht wird.

Konsequenzen für die wissenschaftliche Praxis

Ausblickend sind Verwendungsmöglichkeiten und Umsetzungen für die wissenschaftliche und die alltagsweltliche gesellschaftliche Praxis separat zu betrachten, insofern sie von unterschiedlichen Anforderungen und Handlungsspielräumen geprägt sind. Gewissermaßen müssen diese Praxisfelder aber auch wieder zusammengeführt werden. Denn eine gesellschaftswissenschaftliche Untersuchung muß, will sie für die gesellschaftliche Praxis operationalisierbar sein, gewissermaßen die „gleiche Sprache" sprechen. So scheint es wenig nützlich, wissenschaftlich „neue" Weltbilder zu konstruieren, wenn alltagsweltlich entlang „alter" Modi gehandelt, geplant, realisiert wird. Es wurde deutlich, daß diese alltagsweltlichen Modi auch die Praxis der Wissenschaft durchdringen, dort aber oftmals nicht transparent und reflexiv in die Theoriebildung einbezogen werden. Daraus ergeben sich erste Ableitungen für die *wissenschaftliche*, namentlich die sozialgeographische Praxis und insbesondere für die Weiterentwicklung der Theorie der signifikativen Regionalisierung.

Eine übergreifende Konsequenz ist, daß *wenn* eine konstruktivistische Grundhaltung angelegt werden soll, an der konsequenten *reflexiven* Einbeziehung des Wissenschaftlers als alltagsweltlich Handelndem konzeptionell weiter zu arbeiten ist. Wissenschaftliche Praxis muß dann als weltbildend betrachtet werden, und allein durch ein vordergründiges, explizites Hinzuziehen konstruktivistischer Ansätze werden implizite Essentialisierungs- und Verortungspraktiken nicht vermieden, sondern – und das ist der bedenklichere Punkt – verschleiert. Diese Verschleierung gilt es konsequent zu vermeiden (s. Teil I, Kap. 1.3).

Auch die strukturierte Wirklichkeit, wie sie z.B. in Form von selbstverständlich gegebenen „Regionen" an die Geographin herantritt, wird durch den Hinweis, daß es sich um eine *gemachte* Wirklichkeit handelt, nicht obsolet. Daher sind die erkenntnistheoretischen Anschlußstellen von physischer Geographie und Humangeographie weiter herauszuarbeiten. Auch das verfestigte „Drei-Welten-Modell" ist weiter zu dekonstruieren (Teil I, Kap. 2.1), aber bezüglich seiner *Wirklichkeit* auch reflexiv in die Theoriebildung einzubeziehen, z.B. über die Frage, wie institutionalisierte rationale Basisprämissen die alltägliche Herstellung der „Umwelt" durchdringen und dabei nicht nur repräsentative „Images", sondern auch konkrete Erfahrungen strukturieren. Die handlungstheoretische Durchbrechung von ontologischen Selbstverständlichkeiten kann dann helfen, theoretisch zu klären, warum ein „Umdenken", z.B. im Sinne eines „ökologischen Bewußtseins" zwar sprachlich artikuliert wird, praktisch aber kaum stattfindet.

Eine theoretische Triangulation von humangeographischen, sprachphilosophischen und sozialtheoretischen Ansätzen ist weiter zu führen, sollen Persistenzen räumlichen Denkens und Handelns erklärbar werden. Insbesondere scheint die Operationalisierung sprachwissenschaftlicher Ansätze (s. Teil II) vielversprechend vor dem Hintergrund, daß die Sprache zumindest zeitgenössisch das maßgebliche Mittel für das „sich-mit-der-Welt-in-Beziehung-Setzen" ist. Sie ist so gesehen auch maßgebliches Mittel für ein „sich-*wissenschaftlich*-mit-der-Welt-in-Beziehung-Setzen" (über Alternativen wäre allerdings auch nachzudenken). Die konsequent reflexive sozialgeographische Operationalisierung sprachlichen Handelns ermöglicht den entscheidenden Schritt „hinter" die räumlichen Kategorien, um von dort zentrale gesellschaftswissenschaftliche Themen wie die „Konstitution von Regionen" oder das Verhältnis von „Globalisierung" und alltäglicher „Begrenzung" betrachten zu können, ohne sich als Wissenschaftlerin scheinbar „beobachtend" von diesen selbstverständlichen Regionalisierungen auszunehmen.

Neben diesen allgemeinen Konsequenzen für die wissenschaftliche (sozialgeographische) Praxis ergeben sich spezifische Anknüpfungspunkte für die Weiterentwicklung der Theorie. Der hier entwickelte Ansatz zur theoretischen Erfassung des Zusammenhanges von räumlicher Sprache und gesellschaftlicher Wirklichkeit ist nur *ein* möglicher reflexiver Zugang und er hat seine blinden Flecken. So ist zu beachten, daß das Konzept nur für die Sprechergemeinschaft, in der die Autorin sozialisiert ist und sich sprachlich bewegt, Gültigkeit besitzt. Zu Recht kann dies als „germanozentrischer" Blick aufgefaßt werden, zu Unrecht würde aber ein mangelndes Bewußtsein dieser Tatsache unterstellt werden. Im Gegenteil, es ging gerade darum, die Gerichtetheit des Blickes transparent zu machen und auch, wie limitiert das Unterfangen ist, aus der institutionalisierten Sprache und Grammatik der Weltdeutung (s. Teil I, Kap. 1.2) herauszutreten. Erst durch den Versuch, „hinter" die selbstverständlichen, „natürlich" erscheinenden Kategorien zu treten, werden Alternativen überhaupt denkbar und auch, daß andere Sprechergemeinschaften vielleicht anders „sehen". Es wurden hier und da Hinweise gegeben, inwiefern die Prinzipien der Verortung bereits in recht „nahen" Sprachen wie dem Englischen oder dem Schwedischen Varianzen aufweisen (Teil II, Kap. 3). Interessant wäre aber nun der Vergleich mit solchen Sprachen, die eine gänzlich andere Strukturierungsweise vermuten lassen. Hier ist insbesondere das Chinesische zu nennen, das – Stetter (1999:49) folgend – in seinem Zeichenbestand „ganze Regionalbereiche menschlichen Weltbezugs" bildlich aufweist und weniger „Abstraktheit" vorspiegelt als die auf dem Alphabet basierenden Schriften. Wenn Sprache unmittelbar mit dem Handeln verwoben ist, wie auch Stetter (1999:39) voraussetzt, wären im Chinesischen also grundsätzlich andere, alternative räumliche Strukturierungsweisen zu vermuten. Eine vergleichende Forschung wäre hinsichtlich der theoretischen Alternativen zu „unserer" Grammatik der Weltdeutung aufschlußreich. Da aber die eigene Sprache nur sehr eingeschränkt „verlassen" werden kann, wäre ein solcher Vergleich nur im Dialog von Muttersprachlern möglich, welche die jeweils andere Sprache zusätzlich beherrschen.

Ein weiterer blinder Fleck, an den wissenschaftlich anzuknüpfen wäre, ist, daß sich die Auseinandersetzung lediglich auf zeitgenössische Praktiken signifikativer Regionalisierung bezieht. Zwar konnten aus einer historischen Betrachtung der Paradigmen der Geographie Hinweise auf allgemeine „traditionelle" Raum-Logiken angeleitet werden (Teil I, Kap. 1.2.5). Was aber nicht geleistet wurde, ist eine historische Rekonstruktion der Transformation der Modi des Geographie-Machens. Eine konsequente „Historisierung" der signifikativen Regionalisierung wäre im Anschluß an den *spatial turn* der Geschichtswissenschaften ein lohnendes interdisziplinäres Vorhaben. Dies wäre dann nicht eine bloße *ex-post* Begriffsgeschichte bereits „fertig" gedachter Räume, sondern eine Geschichte geographischen Bewußtseins und Handelns, die umfassenden Aufschluß über die traditionellen Relikte heutiger Weltsicht und ihre sprachliche Verwirklichung geben könnte.

Eine Weiterführung kann schließlich auch die kognitionswissenschaftliche Forschung mit sich bringen, zu der theoretische Verbindungen hergestellt wurden. Zusammen mit geisteswissenschaftlichen Arbeiten (vgl. Teil II), kann sie differenzierteren Aufschluß über kognitive Strukturierungsfähigkeiten und ihre Funktionsweisen liefern. Insofern ist auch der Ausdifferenzierung von transsubjektiven, intersubjektivem und individuellem Hintergrund der sprachlichen Bezugnahme auf Raum weiter zu fundieren (s. Teil II, Kap.1.3). In Bezug auf die betrachtete Rolle der Medien (Teil II, Kap. 2) wäre denkbar, daß über diese interdisziplinäre Verbindung zu weiteren Erkenntnissen über eine mögliche Transformation der räumlichen Sprache gelangt werden kann, ohne dabei – entgegen behavioristischen Modellen – die entscheidende gesellschaftliche Einbindung und die prinzipielle Kontingenz symbolischer Funktionszuweisungen zu vernachlässigen. Im Sinne einer Konditionierung ist beispielsweise denkbar, daß die Veränderung von Bildformaten, Sequenzgeschwindigkeit oder Bild-Text-Kombination zu einer Ablösung von alten „sekundären" Mustern der Raumwahrnehmung führt und sich darüber auch die Art und Weise, vom Raum zu sprechen und „sich mit der Welt in Beziehung zu setzen", verändert. Eine entsprechende Studie müßte aber graduelle Veränderungen oder gar „Brüche" der Modi der räumlichen Sprache und ihrer Grammatik durch die Medien ebenso kenntlich machen, wie sie einen gesellschaftlichen *Bedeutungswandel* „der Medien" in Rechnung stellen müßte.

Der letzte und wichtigste Punkt möglicher Verwertungsmöglichkeiten und Anschlußstellen für die wissenschaftliche Praxis bleibt nun abschließend dem sozialgeographischen Feld im engeren Sinne überlassen. Die eröffneten gesellschaftlichen Praxisfelder (Teil III, Kap. 3) müßten einer tiefer gehenden Untersuchung hinsichtlich ihrer Raum-Logiken, traditionellen Verortungsprinzipien und Kontradiktionen zu neuen Zielsetzungen und Ansprüchen unterzogen werden, als dies hier explorativ möglich war. Es sind diese Praxisfelder, welche die Schnittstelle zu politisch-normativer und produktiv-konsumtiver Planung, Programmatik und Steuerung darstellen und damit eine direkte Verwendbarkeit sozialgeographischer

Forschungserträge nicht nur möglich machen, sondern auch einfordern. Dies leitet nun über zum Ausblick für die alltagsweltliche gesellschaftliche Praxis der Planung, Politik und Programmatik.

Konsequenzen für die gesellschaftliche Praxis

Die Sozialgeographie mag einerseits als Disziplin prädestiniert für eine „engagierte Theorie" sein, wie beispielsweise Bhabha (2000) sie einfordert. Doch was kann und soll eine Betrachtung sprachlichen Geographie-Machens tatsächlich in normativer Hinsicht leisten? Zunächst warnt der Ansatz vor einer ideologiekritischen „Überdeutung" der impliziten signifikativen Regionalisierungsmodi. Gerade die Alltäglichkeit sprachlicher Raumverweise zeugt von einem weitgehend unreflektierten Einsatz. Möglicherweise entsteht gerade über die Selbstverständlichkeit die Macht der Herstellungsweisen, doch die ist über das Durchbrechen der hintergründigen impliziten Verortungen zunächst freizulegen und bezüglich ihrer strategischen Einsetzbarkeit als „diskursive Ressource" kritisch zu betrachten. Hier liefern die erarbeiteten Konzepte von „Diskurs" und „Identität" (Teil III, Kap. 1) Entwicklungsmöglichkeiten.

Zum anderen aber kann eine Untersuchung, wie sie hier durchgeführt wurde, keinesfalls ein „richtiges" Geographie-Machen propagieren. Daß die impliziten Verortungsmodi nicht nur eine einschränkende, vielleicht auch diskriminierende Seite, sondern auch eine ermöglichende, verständigungssichernde und koordinierende Seite haben, wurde durchgängig deutlich gemacht. Eine Bewertung, also eine ethisch-moralische Aufforderung zur (Um-)Deutung von Verortungsmodi, ist nicht Aufgabe der Sozialgeographie. Worauf diese Untersuchung hingegen aufmerksam macht, sind Widersprüche, die *in Relation* zu bestimmten gesellschaftspolitischen Ziel- und Zwecksetzungen und ihrer Programmatik entstehen. Dies betrifft insbesondere den Widerspruch zwischen einer explizit gewünschten „integrierten", „multikulturellen" Weltgemeinschaft ohne Nationalismen und Diskriminierungen einerseits, und andererseits den alltäglichen impliziten Diskriminierungen, die bereits mit der Frage, wie viele Zuwanderer der deutsche Container verträgt, einhergehen (s. Teil III, Kap. 3.1).

Diesbezüglich können Empfehlungen normativer Art formuliert werden, weil es für das Feld der „kulturellen Integration" und die „Ausländer" resp. „Zuwanderer"-Thematik wichtig erscheint, Alternativen zu raumbezogenen Herkunftskriterien sichtbar zu machen. Politisch hieße das, es ist ein Instrumentarium zu erstellen, das (notwendige) Identifizierungen und Vereinheitlichungen auf einer weniger „eindeutigen" Grundlage tätigt, als der räumlichen (oder auch der ebenso eindeutigen ethnischen). Parallel zu einer solchen programmatischen Umsetzung von Kontingenzdenken kann ein neuer alltäglicher Umgang mit essentiellen Kategorien entstehen. So ist es beispielsweise im Schwedischen üblich, offiziell und alltagssprachlich von den „In-Malmö-Wohnenden" („Malmöboende") zu reden, anstatt von den „Malmöern". Diese Kategorie ist über ihren Tätigkeitsbezug sehr viel offener und flexibler und vermittelt nicht die Eindeutigkeit der räumlichen Grundlage. Sie macht den Malmöer zur „*Tat*-Sache".

Diskriminierungen, so wurde als ein Ergebnis der Untersuchungen formuliert, sind *praktisch* kaum vermeidbar. Sie gehören zur politischen Praxis der Steuerung ebenso wie zur alltäglichen Identitätsbildung. Doch die Vielschichtigkeit der möglichen Einteilungen könnte auch programmatisch sichtbar werden. Dies wird dann die Identifizierung nach Herkunftsort nicht nur weniger „naturgegeben" und „unumstößlich" erscheinen lassen, sondern auch faktisch (in politisch-normativem Sinne) verhandelbar machen. Das Prinzip der Passung könnte also gelockert werden, was aussichtsreicher scheint als sogenannte „Antidiskriminierungsmaßnahmen", die – wie in Teil III (Kap. 3.1 und 3.4) gezeigt wurde – die Problematik selbst nicht aus der Welt schaffen, sondern nur auf eine andere Ebene verschieben – unter dem expliziten Anschein, man hätte ein Problem gelöst.

Die auftretenden „Störfälle", die zunehmenden Widersprüche, die mit neuen Weltdeutungen entstehen, und die Bouissac (1998) als „Gefährdung" bestehender Muster anspricht (Teil II, Kap. 3.2), müssen nicht nur als „Besorgnissymptom" einer unübersichtlichen und unsicheren Gesellschaft und als Auslöser für eine Gegenbewegung, die um so radikalere Stereotypisierungen (Nationalismen) nach sich zieht, gesehen werden. Sie können auch als Chance betrachtet werden für ein Aufbrechen alter, institutionell verfestigter Denk- und Sprechweisen und für ein damit mögliches „Andersdenken". Dieses Andersdenken – und dies hat die Abhandlung deutlich gemacht – müßte aber viel tiefer ansetzen, als bei einer bloßen „Sprachhygiene". Es scheint mit Blick auf die weitreichende Institutionalisierung von Verortungen fraglich, daß ein „neues Vokabular" ausreicht, um neue Identität zu schaffen.[1] Diese Strategie hieße, im „Kampf gegen soziale Ausgrenzung" lediglich neue oder andere exklusive Kategorien durchzusetzen: Ostdeutschland soll in Deutschland aufgehen, Deutschland in Europa, Europa in der Welt. Ein wirkliches Andersdenken in Bezug auf die signifikative Regionalisierung beträfe nicht das Vokabular, sondern die *Grammatik* der Weltdeutung. Der Anspruch, ein tragfähiges Konzept zu entwickeln, das Menschen über Handlungen klassifiziert, das identifikatorische Kontingenz transparent macht und das aber trotzdem den organisatorischen Funktionen nachkäme, die bislang die essentialisierenden Verortungsprinzipien erfüllen, bringt somit viel Bedarf an weitergehender Forschung auf dem Gebiet der „signifikativen Regionalisierung" mit sich.

Ein zweiter Praxisbereich, der für die Betrachtung von Anschlußmöglichkeiten und Verwendungszusammenhängen der entwickelten Theorie hervorzuheben ist, ist die Raumplanung und mit ihr die sogenannte „Strukturentwicklung von Räumen". Auf den ersten Blick könnte man meinen, daß gerade auf dem Gebiet der Planung eine – wenn auch gemäßigt – konstruktivistische abstrakt-theoretische Konzeption nicht „die gleiche Sprache spricht" wie die Praxis. Dies wäre jedoch vor allem dann der Fall, wenn eine wissenschaftliche Metaebene aufgebaut würde, welche die Planer zu „Tätern" und die Wissenschaftler zu „Beobachtern" macht, und die keinerlei Verbindung zwischen den alltagsweltlichen Belangen

---

1 Vgl. hierfür die Position von Richard Rorty (Bassett 1999:34).

und der wissenschaftlichen Praxis herstellt. Die vorgelegte konsequent reflexive Weiterentwicklung der Theorie der signifikativen Regionalisierung vermag diese Verbindungen aufzuzeigen und die Alltäglichkeit sowie die gesellschaftliche Funktion und die Bedeutung von „Verräumlichungen" und „Hypostasierungen" transparent zu machen (s. Teil II, Kap. 3.4). Sie hilft daher abzuschätzen, wie verzichtbar einzelne Elemente signifikativer Regionalisierung tatsächlich sind, bzw. was andere, „neue" Konzepte ersetzen müßten.

Die deutsche Raumplanung ist in der Tradition von Walter Christallers Modell der „zentralen Orte" eine Reinform der Verortungsprinzipien, wie sie hier in der alltäglichen Sprache nachgezeichnet wurden. Daher ist beispielsweise die Passung der *Erfahrung* von Raum als Container und seiner sprachlichen *Repräsentation* als Container so erheblich, daß die Möglichkeit einer Transformation als sehr gering einzuschätzen ist. Doch sie ist nicht unmöglich. Vor allem das Konzept der „Region *in suspenso*" (Teil I, Kap.2.2.2) ist nicht allein metawissenschaftliches Denkwerkzeug, sondern kann planerisch umgesetzt werden. Erste Versuche hierzu können in Projekten zur Endlagerung nuklearer Abfälle gefunden werden, welche die „Region", welche die Altlasten aufnehmen soll, nicht dem Verfahren voranstellen. Die Regionsbildung selbst gehört dann zum Programm, sie ist in ihrer Form, Fläche und Funktion erst zu definieren, weitgehend unabhängig von bestehenden kommunalen Verwaltungseinheiten oder nationalstaatlichen Grenzen. Eine solche Vorgehensweise bedarf einerseits Aushandlungsprozessen, und die Kommunikatoren werden dabei immer mit einem „Normalverständnis" und dessen institutioneller Wirklichkeit (räumliche Verteilungs- und Verwaltungseinheiten etc.) konfrontiert werden, das es zunächst zu durchbrechen gilt. Aber dies ist möglich, denn die herausgearbeiteten „Logiken" *scheinen* nur unverhandelbar und selbstverständlich. Sie müssen erst wieder als kontingent betrachtet und sprachlich *behandelt* werden, dann sind Kompromisse und grenzübergreifende Kooperationen möglich. Denn *wie* wir die Welt einteilen, ist unsere Sache (s. Teil II, Kap. 1.3.3). Ein wissenschaftliches Konzept, das dem Rechnung trägt, ist geeignet und gefordert, innovative planerische Praxis zu unterstützen, statt sie – wie die klassische Regionalgeographie – in „alte" Schranken zu verweisen.

Eine zunehmende planungspolitische Sensibilität für die Notwendigkeit von Vermittlungs- und Beteiligungsprozessen öffnet einem integrativen theoretischen Ansatz derzeit die Türen. Insbesondere in Bezug auf die „neuen" expliziten Zielsetzungen bestehen Defizite, die zu beheben eine Theorie „signifikativer Regionalisierung" helfen kann. So ist z.B. das „Denken in Milieus" in der Praxis vielfach noch an naturräumliche Verortung gebunden. Es werden noch immer „bedürftige" Räume identifiziert (Teil III, Kap. 3.5.2). Dabei wird ausgeblendet, daß die Netzwerke der Firmen und der damit einhergehende Finanz- und Informationsfluß eben nicht in einem deterministischen, kausalen Sinne an räumliche Einheiten gebunden sind. Bei einer Subventionierung (Finanzfluß *in die* Räume, „Aufbau Ost") entwickelt man nicht zwangsläufig genau die Räume, *in* denen die Gebäude stehen und schon gar nicht die Menschen, die *in* diesen Räumen leben. „Die Ostdeutschen" sind eine problematische Kategorie der Zielgruppenbestimmung, weil sie eben lediglich symbolisch an den Raum gebunden sind, von dem sie ihren Namen und ihre Bedeutung geerbt haben. So gilt es also, die enträumlichten Ideen von Netzwerken oder Milieus nicht als paradigmatische Worthülsen stehen zu lassen, sondern in Bezug auf ihre Alternativität zu einem raumlogischen Denken und Handeln konsequent programmatisch auszuarbeiten.

Die in Planungspraxis und -politik vorherrschende Norm, „Räume gleicher struktureller Ausstattung" zu schaffen, ist grundsätzlich in Frage zu stellen. Benötigt wird vielmehr, nun eher als Vision zu verstehen, eine enträumlichte Identifizierung von Subventionsempfängern. Enträumlicht heißt, es sind „Nehmer", nicht „Nehmerländer" oder „-regionen" zu identifizieren (s. Teil III, Kap. 3.5.2). In der Katastrophenforschung sind „verwundbare Gruppen" nicht aber „verwundbare Regionen" zu identifizieren. Ein solches Vorgehen kann den derzeit „leeren" Zielvorstellungen wie „Nachhaltigkeit", „soziale Gerechtigkeit" oder „integrierte, multikulturelle Globalgemeinschaft" ein praktisches Fundament geben. Dann würde vielleicht auch allein die Idee, daß *Ostdeutscher zu sein* ein Karrierehemmnis darstellen könnte (s. Teil III, Kap. 4.2.4), aus dem Denken, Handeln und Sprechen verschwinden. Es würde auch weniger selbstverständlich, daß dem „ostdeutschen Kollektiv" durch Finanztransfers in den ostdeutschen Container geholfen ist (s. Teil III, Kap. 4.2.5).

Dies alles gilt jedoch nur unter der wertrelationalen Voraussetzung, daß die angesprochenen „Diskriminierungen" tatsächlich abgebaut werden sollen. Denn ein solcher Abbau hätte auch seinen Preis, z.B. bezüglich der emotionalen Bindung an die „Heimat", ihren Schutz und ihre Pflege (Teil III, Kap. 3.3), oder auch in Bezug auf eine identifikatorische Orientierungssicherheit, welche durch die Verortung des Selbst und Anderer in der Welt ermöglicht wird (Teil III, Kap. 3.1). So wird, als letzte Konsequenz, eine wichtige gesellschaftliche Aufgabe sein, auch die „neuen" *Wert- und Zielvorstellungen* einer „entgrenzten (Welt-)Gesellschaft", einer „kosmopolitischen Ordnung" und einer „Überwindung des Nationalstaates" bezüglich ihrer Möglichkeiten und Einschränkungen in verortungslogischer Hinsicht kritisch zu reflektieren. Das heißt auch, den zentralen Befund einzubeziehen, daß die „Mauer in den Köpfen" als alltägliche signifikative Regionalisierungspraxis kein „Problem" an sich darstellt, sondern vor dem Hintergrund neuer Wert- und Zielvorstellungen gesellschaftlich als Problem *gedeutet* wird (s. Teil III, Kap. 4.4). Bei solcherart normativer Gesellschaftskritik wird kaum reflektiert, wie wenig gewonnen ist, wenn die Mauer lediglich auf eine andere Maßstabsebenen verschoben wird, noch wird hinreichend bedacht, welcher Verlust entstände, wenn sie tatsächlich niedergerissen würde.

Sozialgeographische Untersuchungen und insbesondere Konzepte der alltäglichen Regionalisierung können wichtige Hilfen sein, um neue Möglichkeiten des Raumbezuges denkbar zu machen, ohne die gesellschaftlichen Einschränkungen und die Unvermeidbarkeit von Strukturierungen zu vernachlässigen. Sie können, wenn sie sowohl konsequent reflexiv und auf die Vermeidung von Verschleierung angelegt, als auch alltagsweltlich rückgebunden sind, *in der Tat* eine praxisorientierte Theoriebildung und Forschung leisten.

Literatur

Adams, P.C. (1995): A reconsideration of personal boundaries in space-time. In: Annals of the Association of American Geographers 85, S. 267-285.
Agnew, J. (1993): Representing Space. Space, scale and culture in social science. In: Duncan, J. & D. Ley (Hrsg.): Place/Culture/Representation. London, S. 251-271.
Agnew, J. (1999): Regions on the mind does not equal regions of the mind. In: Progress in Human Geography 23, Heft 1, S. 91-96.
Ahbe, T. & M. Gibas (2000): Der Osten im vereinigten Deutschland. In: Thierse, W., I. Spittmann-Rühle, & J. L. Kuppe (Hrsg.): Zehn Jahre Deutsche Einheit. Eine Bilanz. Lizenzausgabe Bundeszentrale für politische Bildung. Opladen, S. 23-38.
Allen, J., D. Massey & A. Cochrane (1998): Rethinking the Region. London, New York.
Anderson, B. (1998): Die Erfindung der Nation. Zur Karriere eines folgenreichen Konzepts. Berlin.
Appadurai, A. (2000^5): Modernity at Large. Cultural Dimensions of Globalisation. Minneapolis, London.
Austin, J.L. (1962): How to do things with words. Cambridge/Mass.
Bade, K.J. & M. Bommes (1996): Migration – Ethnizität – Konflikt. Erkenntnisprobleme und Beschreibungsnotstände: eine Einführung. In: Bade, K.J. (Hrsg.) (1996): Migration, Ethnizität, Konflikt. Schriften des Instituts für Migrationsforschung und Interkulturelle Studien (IMIS), Band 1. Osnabrück, S. 11-40.
Bade, K.J. (Hrsg.) (1996): Migration, Ethnizität, Konflikt. Schriften des Instituts für Migrationsforschung und Interkulturelle Studien (IMIS), Band 1. Osnabrück.
Bahrenberg, G. & K. Kuhm (2000): Regionalität – ein Phänomen der Weltgesellschaft. In: Informationen zur Raumentwicklung, Heft 9/10, S. 623-634.
Barker, C. (1999): Television, Globalization and Cultural Identities. Buckingham, Philadelphia.
Barnes, T.J. & J.S. Duncan (1992b): Introduction. Writing worlds. In: Barnes, T.J. & J.S. Duncan (Hrsg.): Writing worlds: discourse, text and metaphor in the representation of landscape. London, S. 1-17.
Barnes, T.J. & J.S. Duncan (Hrsg.) (1992a): Writing worlds: discourse, text and metaphor in the representation of landscape. London.
Barnes, T.J. (1996): Logics of dislocation: models, metaphors and meanings of economic space. New York.
Barnes, T.J. (2001): Retheorizing Economic Geography: From the Quantitative Revolution to the ‚Cultural Turn'. In: Annals of the Association of American Geographers 91, Heft 3, S. 546-565.
Bartels, D. (1968): Zur wissenschaftstheoretischen Grundlegung einer Geographie des Menschen. Erdkundliches Wissen, Heft 19. Wiesbaden.
Bartels, D. (Hrsg.) (1970): Wirtschafts- und Sozialgeographie. Köln, Berlin.
Bassett, K. (1999): Is there progress in human geography? The problem of progress in the light of recent work in the philosophy and sociology of science. In: Progress in Human Geography 23, Heft 1, S. 27-47.

Bastian, A. (1995): Der Heimat-Begriff. Eine begriffsgeschichtliche Untersuchung in verschiedenen Funktionsbereichen der deutschen Sprache. Reihe Germanistische Linguistik, Nr. 159. Tübingen.

Bauhardt, C. (1999): Identitätspolitiken und ihre Räume. In: Thabe, S. (Hrsg.): Räume der Identität – Identität der Räume. Dortmunder Beiträge zur Raumplanung 98. Dortmund, S. 170-180.

Bechtel, W. & A. Abrahamsen (1991): Connectionism and the Mind. An introduction to parallel processing networks. Cambridge/MA.

Beck, U. (1997): Was ist Globalisierung? Frankfurt/M.

Behr, H. (1998): Zuwanderung im Nationalstaat. Formen der Eigen- und Fremdbestimmung in den USA, der Bundesrepublik Deutschland und Frankreich. Opladen.

Berg, P.O., A. Linde-Laursen & O. Löfgren (Hrsg.) (2000): Invoking a Transnational Metropolis. The Making of the Oresund Region. Lund.

Berger, P.L. & T. Luckmann (1997^5): Die gesellschaftliche Konstruktion der Wirklichkeit. Frankfurt/M.

Bhabha, H. (2000): Die Verortung der Kultur. Tübingen.

Bickel, C. (2002^3): Ferdinand Tönnies. In: Kaesler, D. (Hrsg.): Klassiker der Soziologie Band 1, S. 113-126.

Bierschenk, T. & G. Elwert (Hrsg.) (1993): Entwicklungshilfe und ihre Folgen. Frankfurt/M.

Birk, F. (2000): Identitätsraummanagement als Ansatz der sozialräumlichen Integration in grenzüberschreitenden Regionen – das Beispiel der EUREGIO EGRENSIS. Arbeitsmaterialien zur Raumordnung und Raumplanung 190. Bayreuth.

Black, M. (1962): Models and Metaphors. Studies in Language and Philosophy. Ithaca, New York.

Black, M. (1996 [1954]): Die Metapher. In: Haverkamp, A. (Hrsg.): Theorie der Metapher. Darmstadt, S. 55-79.

Bleicher, J. K. (1992): Übernahme. Zur Integration des „Deutschen Fernsehfunks" in die Programme der öffentlich-rechtlichen Anstalten. In: Bohn, R., K. Hickethier & E. Müller (Hrsg.): Mauer-Show. Das Ende der DDR, die deutsche Einheit und die Medien. Sigma Medienwissenschaft 11. Berlin, S. 127-138.

Blotevogel, H. H., G. Heinritz & H. Popp (1986): Regionalbewußtsein. Bemerkungen zum Leitbegriff einer Tagung. In: Ber. zur dt. Landeskunde 60, S. 103-114.

Blotevogel, H. H., G. Heinritz & H. Popp (1987): Regionalbewußtsein – Überlegungen zu einer geographisch-landeskundlichen Forschungsinitiative. In: Informationen zur Raumentwicklung, Heft 7/8, S. 409-418

Blotevogel, H.H. (1999a): Sozialgeographischer Paradigmenwechsel? Eine Kritik des Projekts der handlungszentrierten Sozialgeographie von Benno Werlen. In: Meusburger, P. (Hrsg.): Handlungszentrierte Sozialgeographie. Benno Werlens Entwurf in kritischer Diskussion. Stuttgart, S. 1-33.

Blotevogel, H.H. (1999b): Ist das Ruhrgebiet eine Region? Diskussionspapier 3 der Gerhard Mercator Universität Gesamthochschule Duisburg. Duisburg.

Blotevogel, H.H. (2000): Zur Konjunktur der Regionsdiskurse. In: Informationen zur Raumentwicklung, Heft 9/10, S. 491-506.

Blumenberg, H. (1996 [1960]): Paradigmen zu einer Metaphorologie. In: Haverkamp, A. (Hrsg.): Theorie der Metapher. Darmstadt, S. 285-315.

Bobek, H. (1969 [1948]): Stellung und Bedeutung der Sozialgeographie. In: Storkebaum (Hrsg.): Sozialgeographie. Darmstadt, S.44-62.

Borneto, C.S. (1996): Polarity and metaphor in German. In: Pütz, M. & R. Dirven (Hrsg.): The Construal of Space in Language and Thought. Berlin, New York, S. 373-394.

Borsche, T. (Hrsg.) (1996): Klassiker der Sprachphilosophie. Von Platon bis Noam Chomsky. München.

Bouissac, P. (1986): Iconicity and Pertinence. In: Bouissac, P., M. Herzfeld & R. Posner (Hrsg.): Iconicity. Essays on the Nature of Culture. Festschrift Thomas A. Sebeok. Tübingen, S. 193-213.

Bouissac, P. (1998): Space as memory. Some implications for the semiotics of space. In: Hess-Lüttich, E.W.B., J.E. Müller & A. van Zoest (Hrsg.): Signs and Space – Raum und Zeichen. Kodikas/Code Supplement 23. Tübingen, S. 15-27.
Bourdieu, P (1993): Soziologische Fragen. Frankfurt/M.
Bourdieu, P.(1991): Physischer, sozialer und angeeigneter Raum. In: Wentz, M. (Hrsg.): Stadt-Räume. Frankfurt/M, S. 25-34
Bracht, E. (1994): Multikulturell leben lernen. Psychologische Bedingungen universalen Denkens und Handelns. Heidelberg.
Brogiato, H.-P. (2005): Geschichte der deutschen Geographie im 19. und 20. Jahrhundert – ein Abriss. In: Schenk, W. & K. Schliephake (Hrsg.): Allgemeine Anthropogeographie. Gotha, S. 35-51.
Bronfen, E., B. Marius & T. Steffen (Hrsg.) (1997): Hybride Kulturen. Beiträge zur anglo-amerikanischen Multikulturalismusdebatte. Stauffenburg Discussion Vol. 4, Tübingen.
Brunn, S. & T. Leinbach (Hrsg.) (1991): Geographic aspects of communications and information. London.
Bublitz, H. (2001): Differenz und Integration. Zur diskursanalytischen Rekonstruktion der Regelstrukturen sozialer Wirklichkeit. In: Keller, R., A. Hirseland, W. Schneider & W. Viehöver (Hrsg.): Handbuch Sozialwissenschaftliche Diskursanalyse. Band 1: Theorien und Methoden. Opladen, S. 225-260.
Burkart, G. (2003, April): Über den Sinn von Thematisierungstabus und die Unmöglichkeit einer soziologischen Analyse der Soziologie [46 Absätze]. *Forum Qualitative Sozialforschung / Forum: Qualitative Social Research* [Online-Journal], 4(2). Verfügbar über: http://www.qualitative-research.net/fqs/texte/2-03/2-03burkart-d.htm [Zugriff: 15.05.03].
Burkhardt, A. (Hrsg.) (1990): Speech Acts, Meaning and Intentions. Critical Approach to the Philosophy of John R. Searle. Berlin, New York.
Butler, J. (1995): Körper von Gewicht. Die diskursiven Grenzen des Geschlechts. Berlin.
Cairncross, F. (1997): The Death of Distance: How the Communication Revolution will change our Lives. Boston.
Cansier, D. & S. Bayer (2003): Einführung in die Finanzwissenschaft: Grundfunktionen des Fiskus. München, Wien.
Carstensen, K.-U. (2001): Sprache, Raum und Aufmerksamkeit. Eine kognitionswissenschaftliche Untersuchung zur Semantik räumlicher Lokations- und Distanzausdrücke. Linguistische Arbeiten 432. Tübingen.
Cassirer, E. (1962): An Essay on man. New Haven.
Cassirer, E. (1985): Symbol, Technik, Sprache. Aufsätze aus den Jahren 1927-1933 [hrsgg. v. Orth, E.W. & M. Krois]. Hamburg.
Castells, M. (1997): The power of identity. The Information Age: Economy, Society and Culture Vol. II. Malden, Oxford.
Castells, M. (1996): The Rise of the Network Society. Cambridge.
Castoriadis, C. (1990): Gesellschaft als imaginäre Institution: Entwurf einer politischen Philosophie. Frankfurt/M.
Cheshire, P. & I. Gordon (1995) (Hrsg.): Territorial Competition in an Integrating Europe. Aldershot, Brookfield USA, Hong Kong, Singapore, Sidney.
Chies, L. (1994): Das Migrationsproblem in der Europäischen Gemeinschaft. Theoretische und empirische Analyse der Bestimmungsfaktoren und Folgen internationaler Arbeitskräftewanderungen. Frankfurt/M.
Commission of the European Communities (COM) (2001): Communication from the Commission – „The regions and the new economy". Guidelines for innovative actions under the ERDF in 2000-2006. Brussels, 31.01.2001.
Crang, M. & N. Thrift (Hrsg.) (2000): Thinking Space. London, New York.
Dalby, S. (1991): Critical Geopolitics. Discourse, difference, and dissent. In: Environment and Planning D: Society and Space 9, S. 261-283.

Danielzyk, R. & C.C. Wiegand (1987): Regionales Alltagsbewußtsein als Entwicklungsfaktor der Regionalentwicklung? In: Informationen zur Raumentwicklung, Heft 7/8, S. 441–449.

Danielzyk, R. & J. Oßenbrügge (1993): Perspektiven geographischer Regionalforschung. „Locality studies" und regulationstheoretische Ansätze. In: Geographische Rundschau 45/4, 210-216.

Danielzyk, R. & R. Krüger (1990): Ostfriesland: Regionalbewußtsein und Lebensformen. Ein Forschungskonzept und seine Begründung. Wahrnehmungsgeographische Studien zur Regionalentwicklung, Band 9. Oldenburg.

Davidson, D. (1979): What metaphors mean. In: Critical Inquiry 5, S. 31-48.

Davy, B. (1999): Raum-Mythen. Normative Vorgaben für Identitätsbildung. In: Thabe, S. (Hrsg.): Räume der Identität – Identität der Räume. In: Dortmunder Beiträge zur Raumplanung 98. Dortmund, S. 59-75.

de Certeau, M. (1988): Kunst des Handelns. Berlin.

Dear, M.J. & S. Flusty (Hrsg.) (2002): The Spaces of Postmodernity. Readings in Human Geography. Oxford, Malden.

Debatin, B. (1995): Die Rationalität der Metapher. Eine sprachphilosophische und kommunikationstheoretische Untersuchung. Berlin, New York.

Dodge, M. & R. Kitchin (2001): Mapping cyberspace. London.

Donati, P.R. (2001): Die Rahmenanalyse politischer Diskurse. In: Keller, R., A. Hirseland, W. Schneider & W. Viehöver (Hrsg.): Handbuch Sozialwissenschaftliche Diskursanalyse. Band 1: Theorien und Methoden. Opladen, S. 145-175.

Downs, R.M. & D. Stea (Hrsg.) (1973): Image and Environment. London.

Downs, R.M. & D. Stea (Hrsg.) (1977): Maps in mind. New York.

Duncan, J. & D. Ley (1993): Introduction. In: Duncan, J. & D. Ley (Hrsg.) (1993): Place/Culture/Representation. London, S. 1-21.

Duncan, J. (1993): Sites of Representation: Place, Time and the Discourse of the Other. In: Duncan, J. & D. Ley (Hrsg.): Place/Culture/Representation. London, S. 39-56.

Eccles, J.C. (2000): Das Gehirn des Menschen. Weyarn.

Eco, U. (1985): Semiotik und Philosophie der Sprache. München.

Edelman, G.M. (1993): Unser Gehirn – ein dynamisches System: Die Theorie des neuronalen Darwinismus und die biologischen Grundlagen der Wahrnehmung. München.

Eigen, M. (1989): Evolution und Zeitlichkeit. In: Gumin, H. & H. Meier (Hrsg.): Die Zeit. Dauer und Augenblick. München, Zürich, S. 35-57.

Eisenstadt, S. N. (1991[2]): Die Konstruktion nationaler Identitäten in vergleichender Perspektive. In: Giesen, B. (Hrsg.): Nationale und kulturelle Identität. Studien zur Entwicklung des kollektiven Bewußtseins in der Neuzeit. Frankfurt/M., S. 21-38.

Eisenstadt, S.N. & B. Giesen (1995): The construction of collective identity. In: Archives Européennes de Sociologie XXXVI (1), S. 72-102.

Engler, W. (2000): Die Ostdeutschen. Kunde von einem verlorenen Land. Berlin.

Erler, B. (1995): Tödliche Hilfe. Bericht von meiner letzten Dienstreise in Sachen Entwicklungshilfe. Freiburg.

Faulstich, W. (1991): Medientheorien. Göttingen.

Fehn, K. (1997): Zur Entwicklung des Forschungsfeldes „Kulturlandschaftspflege aus geographischer Sicht" mit besonderer Berücksichtigung der Angewandten Historischen Geographie. In: Schenk, W., K. Fehn & D. Denecke (Hrsg.): Kulturlandschaftspflege. Beiträge der Geographie zur räumlichen Planung. Berlin, Stuttgart, S. 13-16.

Felgenhauer, T. (2001): Konsumtion und Marketingkommunikation als regionalisierende Praxis: Das Beispiel „Original Thüringer Qualität". Unveröffentlichte Diplomarbeit. Jena.

Felgenhauer, T., Mihm, M. und Schlottmann, A. (2003): Langage, média et régionalisation symbolique: la fabrication de la *Mitteldeutschland*. In : Géographie et cultures 47, S. 85-102.

Felgenhauer, T., Mihm, M. & A. Schlottmann (2005): The making of "Mitteldeutschland". On the function of implicit and explicit symbolic features for implementing regions and regional identity. Geografiska Annaler 87B, 1, S. 45-60.

Flusser, V. (1998): Kommunikologie. Frankfurt/M.
Foucault, M. (1980): Power/Knowledge. Selected Interviews and Other Writings 1972-1977. New York.
Foucault, M. (1991 [1972]): Die Ordnung des Diskurses. Frankfurt/M.
Foucault, M. (1994 [1966]): The Order of Things. An Archaeology of the Human Sciences. New York.
Frei, H. (1997): Kulturlandschaftserhaltung und Heimatpflege am Beispiel des Schwäbischen Volkskundemuseums Oberschönenfeld. In: Schenk, W., K. Fehn & D. Denecke (Hrsg.) (1997): Kulturlandschaftspflege. Beiträge der Geographie zur räumlichen Planung. Berlin, Stuttgart, S. 254-259.
Freis, B. & M. Jopp (2001): Spuren der deutschen Einheit. Wanderungen zwischen Theorien und Schauplätzen der Transformation. Frankfurt/M.
Frey-Vor, G. (1999): Sehen Ostdeutsche anders fern? Über Unterschiede in der Nutzung von Fernsehangeboten. Heinrich-Böll-Stiftung & L. Probst (Hrsg.): Differenz in der Einheit. Über die kulturellen Unterschiede der Deutschen in Ost und West. Berlin, S. 163-178.
Fritze, K. (1999): Paradoxe Zumutungen. Ursachen ostdeutscher Verunsicherungen. In: Heinrich-Böll-Stiftung & L. Probst (Hrsg.): Differenz in der Einheit. Über die kulturellen Unterschiede der Deutschen in Ost und West. Berlin, S. 39-45.
Früh, W. & H.-J. Stiehler (2002): Fernsehen in Ostdeutschland. Eine Untersuchung zum Zusammenhang zwischen Programmangebot und Rezeption. Schriftenreihe der AML (Arbeitsgemeinschaft der mitteldeutschen Landesmedien), Band 1. Berlin.
Garfinkel, H. (1967): Studies in Ethnomethodology. Englewood Cliffs/New Jersey.
Giddens, A. (1995^2): Sociology. Oxford.
Giddens, A. (1997a^3): Die Konstitution der Gesellschaft. Frankfurt/M., New York.
Giddens, A. (1997b^2): Konsequenzen der Moderne. Frankfurt/M.
Giesen, B. (1999): Kollektive Identität. Die Intellektuellen und die Nation 2. Frankfurt/M.
Giesen, B. (Hrsg.) (1991^2): Nationale und kulturelle Identität. Studien zur Entwicklung des kollektiven Bewußtseins in der Neuzeit. Frankfurt/M.
Gold, J.R. (1980): An Introduction to Behavioural Geography. Oxford.
Gold, P. (1991): Fishing in muddy waters: communications media, homeworking and the electronic cottage. In: Brunn, S. & T. Leinbach (Hrsg.): Geographic aspects of communications and information. London, S. 327-341.
Goodman, N. (1990): Weisen der Welterzeugung. Frankfurt/M.
Göschel, A. (1999a): Kontrast und Parallele – Kulturelle und politische Identitätsbildung ostdeutscher Generationen. Stuttgart, Berlin, Köln.
Göschel, A. (1999b): Kulturelle und politische Generationen in Ost und West. Zum Gegensatz von wesenhafter und unterscheidender Identität. In: Heinrich-Böll-Stiftung & L. Probst (Hrsg.) (1999): Differenz in der Einheit. Über die kulturellen Unterschiede der Deutschen in Ost und West. Berlin, S. 113-131.
Graf, G. (1999): Grundlagen der Finanzwissenschaft. Heidelberg.
Gräf, P. (1992): Wandel von Kommunikationsräumen durch neue Informations- und Kommunikationstechnologien. In: Hömberg, W. & M. Schmolke (Hrsg.): Zeit, Raum, Kommunikation. Schriftenreihe der deutschen Gesellschaft für Publizistik- und Kommunikationswissenschaft Band 18: Berichtsband der gemeinsamen Arbeitstagung der Deutschen und der Österreichischen Gesellschaft für Publizistik- und Kommunikationswissenschaft vom 23. bis 25. Mai 1990 in Salzburg zum Thema „Zeit und Raum als Determinanten gesellschaftlicher Kommunikation. München, S. 371-386.
Graumann, C.F. (1999): Soziale Identitäten. Manifestation sozialer Differenzierung und Identifikation. In: Viehoff, R. & R.T. Segers (Hrsg.): Kultur, Identität, Europa. Über die Schwierigkeiten und Möglichkeiten einer Konstruktion. Frankfurt/M., S. 59-74.
Gregory, D. (1978): Ideology, science and human geography. London.
Gregory, D. (1994a): Geographical Imaginations. Cambridge, Oxford.

Gregory, D. (1994b): Social Theory and Human Geography. In: Gregory, D., R. Martin & G. Smith (Hrsg.): Human Geography. Society, Space and Social Science. London, S. 78-109.
Greverus, I.-M. (1972): Der territoriale Mensch. Ein literaturanthropologischer Versuch zum Heimatphänomen. Frankfurt/M.
Großklaus, G. (1995): Medien-Zeit, Medien-Raum. Zum Wandel der räumlichen Wahrnehmung in der Moderne. Frankfurt.
Gugerli, D. & D. Speich (2002): Topografien der Nation. Politik, kartografische Ordnung und Landschaft im 19. Jahrhundert. Zürich.
Guibernau, M. (1996): Nationalisms. The Nation State and Nationalism in the Twentieth Century. Cambridge/MA.
Habermas, J. (1995a): Theorie des kommunikativen Handelns. Band 1: Handlungsrationalität und gesellschaftliche Rationalisierung. Frankfurt/M.
Habermas, J. (1995b): Theorie des kommunikativen Handelns. Band 2: Zur Kritik der funktionalistischen Vernunft. Frankfurt/M.
Habermas, J. (1995c): Die neue Unübersichtlichkeit. Frankfurt/M.
Habermeier, R. (1999): Die Drachen blinzeln nur – Ein fernöstlicher Blick auf die Globalisierungs-Propaganda. In: Schweppenhäuser, G. & J. Gleiter (Hrsg.): Paradoxien der Globalisierung. Reihe Philosophische Diskurse der Bauhaus Universität Weimar. Weimar, S. 112-131.
Hacker, J., H.M. Kepplinger & A. Czaplicki (1995): Das DDR-Bild. Einschätzungen und Wahrnehmungen in Politik und Medien. Interne Studien d. Konrad-Adenauer-Stiftung Nr. 103. Sankt Augustin.
Haffner, S. (2001[8] [1939]): Geschichte eines Deutschen. Die Erinnerungen 1914-1933. Stuttgart.
Hägerstrand, T. (1975): Space, time and human conditions. In: Karlquist, A., I. Lundquist & F. Snickars (Hrsg.): Dynamic allocation of urban space. Farnborough, S. 3-12.
Haggett, P. (1965): Locational Analysis in Human Geography. London.
Haggett, P. (1973): Einführung in die kultur- und sozialgeographische Regionalanalyse. Berlin.
Häkli, J. (2001): In the territory of knowledge: state-centred discourse and the construction of society. In: Progress in Human Geography 25, Heft 3, S. 403-422.
Halbwachs, M. (1967): Das kollektive Gedächtnis. Stuttgart.
Hall, S. (1994a): Der Westen und der Rest: Diskurs und Macht. In: Hall, S.: Rassismus und kulturelle Identität. Ausgewählte Schriften 2 [hrsgg. v. Mehlem, V. et al.]. Hamburg, S. 137-179.
Hall, S. (1994b): Die Frage der kulturellen Identität. In: Hall, S.: Rassismus und kulturelle Identität. Ausgewählte Schriften 2 [hrsgg. v. Mehlem, V. et al.]. Hamburg, S. 180-222.
Han, P. (2000): Soziologie der Migration. Stuttgart.
Hannerz, U. (1998[2]): Transnational Connections. Culture, People, Places. London.
Hard, G. (1987): „Bewußtseinsräume". Interpretationen zu geographischen Versuchen, regionales Bewußtsein zu erforschen. In: Geographische Zeitschrift 75, Heft 3, S. 127-148.
Hard, G. (1999): Raumfragen. In: Meusburger, P. (Hrsg.): Handlungszentrierte Sozialgeographie. Benno Werlens Entwurf in kritischer Diskussion. Stuttgart, S. 133-162.
Hard, G. (2002 [1992]): Über Räume reden. Zum Gebrauch des Wortes Raum in sozialwissenschaftlichem Zusammenhang. In: Hard, G. (Hrsg.): Landschaft und Raum. Aufsätze zur Theorie der Geographie Band 1. Osnabrücker Studien zur Geographie 22. Osnabrück, S. 235-252.
Harley, J.B. (2002): Deconstructing the Map. In: Dear, M.J. & S. Flusty (Hrsg.): The Spaces of Postmodernity. Readings in Human Geography. Oxford, Malden, S. 277-289.
Harrison, S. & P. Dunham (1998): Decoherence, quantum theory and their implications for the philosophy of geomorphology. In: Transactions of the Institute of British Geographers 23, S. 501-514.
Harvey, D. (1996): Justice, Nature and the Geography of Difference. Malden, Oxford.
Häußermann, H, & J. Gerdes (2000): Gewinner und Verlierer auf dem Arbeitsmarkt und die Bedeutung regionaler Kulturen. In: Esser, H. (Hrsg.): Der Wandel nach der Wende. Gesellschaft, Wirtschaft, Politik in Ostdeutschland. Wiesbaden, S. 163-181.

Haverkamp, A. (1996): Einleitung in die Theorie der Metapher. In: Haverkamp, A. (Hrsg.): Theorie der Metapher. Darmstadt, S.1-27.
Heimatbund Thüringen (Hrsg.) (2001): Heimat Thüringen. Kulturlandschaft, Umwelt, Lebensraum, Heft 4. Elgersburg.
Heinrich-Böll-Stiftung & L. Probst (Hrsg.) (1999): Differenz in der Einheit. Über die kulturellen Unterschiede der Deutschen in Ost und West. Berlin.
Hepworth, M. E. (1989): Geography of the Information Economy. London.
Herrmann, H. & W. Kramer (1994): Deutschland – ausländerfeindlich oder multikulturell? Institut der deutschen Wirtschaft Köln (Hrsg.): Beiträge zur Gesellschafts- und Bildungspolitik 196, Heft 6. Köln.
Hesse, M. (1988): Die kognitiven Ansprüche der Metapher. In: van Noppen, J.P. (Hrsg.): Erinnern um Neues zu sagen. Frankfurt/M., S. 128-148.
Hess-Lüttich, E.W.B., J.E. Müller & A. van Zoest (Hrsg.) (1998): Signs and Space – Raum und Zeichen. An international Conference on the Semiotics of Space and Culture in Amsterdam. Kodikas/Code Supplement 23. Tübingen.
Hettner, A. (1925³): Grundzüge der Länderkunde. Band 1: Europa. Leipzig.
Hillis, K. (1998): On the margins: The invisibility of communications in geography. In: Progress in Human Geography 22, 4, S. 543-566.
Hillis, K. (1999): Digital sensations: space, identity, and embodiment in virtual reality. Minneapolis.
Hinderling, R. (Hrsg.) (1996): Bayrischer Sprachatlas. Heidelberg.
Hitzler, R. (1999): Konsequenzen der Situationsdefinition. Auf dem Weg zu einer selbstreflexiven Wissenssoziologie. In: Hitzler, R., J. Reichertz &N. Schröer (Hrsg.): Hermeneutische Wissenssoziologie. Standpunkte zur Theorie der Interpretation. Konstanz, S. 289-308.
Hitzler, R. (2000): Sinnrekonstruktion. Zum Stand der Diskussion (in) der deutschsprachigen interpretativen Soziologie. In: Schweiz. Z. Soziol./Rev. suisse sociol./Swiss Journ. Sociol. 26, Heft 3, S. 459-484.
Hitzler, R. (2002, April): Sinnrekonstruktion. Zum Stand der Diskussion (in) der deutschsprachigen interpretativen Soziologie [35 Absätze]. *Forum Qualitative Sozialforschung / Forum: Qualitative Social Research* [Online-Journal], 3(2). Verfügbar über: http://www.qualitative-research.net/fqs/ texte/2-02/2-02hitzler-d.htm [Zugriff: 17.02.03].
Hitzler, R., J. Reichertz & N. Schröer (1999): Das Arbeitsfeld einer hermeneutischen Wissenssoziologie. In: Hitzler, R., J. Reichertz und N. Schröer (Hrsg.): Hermeneutische Wissenssoziologie. Standpunkte zur Theorie der Interpretation. Konstanz, S. 9-13.
Hoche, H.-U. (1990): Einführung in das sprachanalytische Philosophieren. Darmstadt.
Hoffman, L. (1996): Der Volksbegriff und seine verschiedenen Bedeutungen: Überlegungen zu einer grundlegenden Kategorie der Moderne. In: Bade, K.J. (Hrsg.): Migration, Ethnizität, Konflikt. Schriften des Instituts für Migrationsforschung und Interkulturelle Studien (IMIS), Band 1. Osnabrück, S. 149-170.
Hoffmann, L. (2002): Zuwanderung und kollektive Identität. In: Märker, A. & S. Schlothfeld (Hrsg.): Was schulden wir Flüchtlingen und Migranten? Grundlagen einer gerechten Zuwanderungspolitik. Wiesbaden, S. 215-235.
Hoffmann-Nowotny, H.-J. (1996): Soziologische Aspekte der Multikulturalität. In: Bade, K.J. (Hrsg.): Migration, Ethnizität, Konflikt. Schriften des Instituts für Migrationsforschung und Interkulturelle Studien (IMIS), Band 1. Osnabrück, S. 103-126.
Hofstadter, D. R. (1991): Metamagicum. Fragen nach der Essenz von Geist und Struktur. Stuttgart.
Holtorf, C. (2001): Der erste Draht zur Neuen Welt. Eine Archäologie der Zukunft. In: Matejovski, D., D. Kamper & G.C. Weniger (Hrsg.): Mythos Neanderthal. Ursprung und Zeitenwende. Frankfurt/M, New York, S. 86-97.
Hömberg, W. & M. Schmolke (Hrsg.) (1992): Zeit, Raum, Kommunikation. Schriftenreihe der deutschen Gesellschaft für Publizistik- und Kommunikationswissenschaft Band 18: Berichtsband der gemeinsamen Arbeitstagung der Deutschen und der Österreichischen Gesellschaft

für Publizistik- und Kommunikationswissenschaft vom 23. bis 25. Mai 1990 in Salzburg zum Thema „Zeit und Raum als Determinanten gesellschaftlicher Kommunikation. München.

Honer, A. (1999): Bausteine zu einer lebensweltorientierten Wissenssoziologie. In: Hitzler, R., J. Reichertz & N. Schröer (Hrsg.): Hermeneutische Wissenssoziologie. Standpunkte zur Theorie der Interpretation. Konstanz, S. 51-67.

Huber, A. (1999): Heimat in der Postmoderne. Zürich.

Husserl, E. (1992 [1922]): Logische Untersuchungen, Bd. 2. Hamburg.

Hutnyk, J. (2000^2): Adorno at Womad: South Asian Crossovers and the Limits of Hybridity-Talk. In: Werbner, P. & T. Modood (Hrsg.): Debating Cultural Hybridity. Multi-Cultural Identities and the Politics of Anti-Racism. London, New Jersey, S. 106-136.

Idvall, M. (2000): Kartors Kraft. Regionen som samhällsvision i Öresundsbrons tid. Lund.

Immerfall, S., P. Conway, C. Crumley & K. Jarausch (1998): Disembeddedness and Localization: The Persistence of Territory. In: Immerfall, S. (Hrsg.): Territoriality in the Globalizing Society. One Place or None? Berlin, Heidelberg, New York, S. 173-204.

Institut für Weltwirtschaft an der Universität Kiel (IfW) (Hrsg.) (2002): Fortschritte beim Aufbau Ost. Forschungsbericht wirtschaftswissenschaftlicher Forschungsinstitute über die wirtschaftliche Entwicklung in Ostdeutschland. Kieler Diskussionsbeiträge 391. Kiel.

Ipsen, D. (1999): Was trägt der Raum zur Entwicklung der Identität bei? Und wie wirkt sich diese auf die Entwicklung des Raumes aus? In: Thabe, S. (Hrsg.): Räume der Identität – Identität der Räume. Dortmunder Beiträge zur Raumplanung 98, Dortmund, S. 150-159.

Jäger, S. (2001): Diskurs und Wissen. Theoretische und methodische Aspekte einer kritischen Diskurs- und Dispositivanalyse. In: Keller, R., A. Hirseland, W. Schneider & W. Viehöver (Hrsg.): Handbuch Sozialwissenschaftliche Diskursanalyse. Band 1: Theorien und Methoden. Opladen, S. 81-112.

Janich, P. (1989): Euklids Erbe. Ist der Raum dreidimensional? München.

Joas, H. (1999^2): Pragmatismus und Gesellschaftstheorie. Frankfurt/M.

Johnston, R.J. (2001^5): Geography and Geographers. Anglo-American Human Geography since 1945. London, New York.

Johnston, R.J., D. Gregory & D.M. Smith (Hrsg.) (1995^3): The Dictionary of Human Geography. Oxford.

Jones III, J.P. & W. Natter (1999): Space ‚and' Representation. In: Buttimer, A., S.D. Brunn, & U. Wardenga (Hrsg.): Text and Image. Social Construction of Regional Knowledges. Beiträge zur regionalen Geographie d. Institut für Länderkunde Leipzig 49. Leipzig, S. 239-247.

Jung, M. (2001): Diskurshistorische Analyse – eine linguistische Perspektive. In: Keller, R., A. Hirseland, W. Schneider & W. Viehöver (Hrsg.): Handbuch Sozialwissenschaftliche Diskursanalyse. Band 1: Theorien und Methoden. Opladen, S. 29-52.

Kaegi, D. (1996): Ernst Cassirer. In: Borsche, T. (Hrsg.): Klassiker der Sprachphilosophie. Von Platon bis Noam Chomsky. München, S. 347-363.

Kalter, F. (1997): Wohnortwechsel in Deutschland. Ein Beitrag zur Migrationstheorie und zur empirischen Anwendung von Rational-Choice-Modellen. Opladen.

Kant, I. (1781A; 1787B): Kritik der reinen Vernunft [Krv A/B]. Riga.

Kapitza, Arne, 1997: Zwischen verlegerischer Konzentration und redaktioneller "Ostalgie". In: Czada, Roland/ Gerhard Lehmbruch (Hrsg), Transformationspfade in Ostdeutschland. Franfurt/M.

Kaulbach, F. (1986^2): Einführung in die Philosophie des Handelns. Darmstadt.

Keller, R., A. Hirseland, W. Schneider & W. Viehöver (Hrsg.) (2001): Handbuch Sozialwissenschaftliche Diskursanalyse. Band 1: Theorien und Methoden. Opladen.

Kessel, A. (2000): Handbuch Buisiness-Training Südostasien. Berlin.

Keupp, H., T. Ahbe, W. Gmür, R. Höfer, R. Mtzscherlich, W. Kraus & F. Straus (1999): Identitätskonstruktionen. Das Patchwork der Identitäten in der Spätmoderne. Reinbek.

Kincheloe, J.L. & S.R. Steinberg (1997): Changing Multiculturalism. Buckingham, Bristol (PA).

Klare, J. & L. van Swaaji (2000): Atlas der Erlebniswelten. Frankfurt/M.

Kluge, F. (1999²³): Etymologisches Wörterbuch der deutschen Sprache. Berlin, New York.

Klüter, H. (1986): Raum als Element sozialer Kommunikation. Gießener Geographische Schriften 60. Gießen.

Knebel, H. (1995⁹): Taschenbuch für Personalbeurteilung. Mit Beurteilungsbogen aus der Praxis. Heidelberg.

Knorr-Cetina, K. (1995): Theoretical Constructivism. On the nesting of knowledge structures into social studies. Paper presented at the Annual Meeting of the American Sociological Association, Washington, August 19-23, 1995.

Korngiebel, W. & J. Link (1992): Von einstürzenden Mauern, europäischen Zügen und deutschen Autos. Die Wiedervereinigung in Bildern und Sprachbildern der Medien. In: Bohn, R., K. Hickethier & E. Müller (Hrsg.): Mauer-Show. Das Ende der DDR, die deutsche Einheit und die Medien. Sigma Medienwissenschaft 11. Berlin, S. 31-53.

Krämer, S. (1998): Zentralperspektive, Kalkül, Virtuelle Realität. Sieben Thesen über die Weltbildimplikationen symbolischer Formen. In: Vattimo, G. & W. Welsch (Hrsg.): Medien-Welten Wirklichkeiten. München, S. 27-38.

Krämer, S. (1999): Gibt es eine Sprache hinter dem Sprechen? In: Wiegand, H. E. (Hrsg.): Sprache und Sprachen in den Wissenschaften. Geschichte und Gegenwart. Berlin, New York, S. 372-403.

Krämer, S. (2001): Sprache, Sprechakt, Kommunikation. Sprachtheoretische Positionen des 20. Jahrhunderts. Frankfurt/M.

Kropp, P., K. Mühler & R. Wippler (2000): Berufserfolg in Ostdeutschland. In: Esser, H. (Hrsg.): Der Wandel nach der Wende. Gesellschaft, Wirtschaft, Politik in Ostdeutschland. Wiesbaden, S. 183-214.

Lakoff, G. & M. Johnson (1980): Metaphors we live by. Chicago, London.

Lakoff, G. & M. Johnson (1998): Leben in Metaphern. Konstruktion und Gebrauch von Sprachbildern. Heidelberg.

Lakoff, G. (1990): Women, Fire, and Dangerous Things. What Categories reveal about the Mind. Chicago, London.

Lash, S. & J. Friedman (Hrsg.) (1992): Modernity & Identity. Oxford, Cambridge.

Laviziano, A., C. Mein & M. Sökefeld (2001): To be German or not to be... . Zur ‚Berliner Rede' des Bundespräsidenten Johannes Rau. Ethnoscripts d. Universität Hamburg Band 3, Nr. 1. Verfügbar über http://www.uni-hamburg.de/Wiss/FB/09/EthnoloI/Artikel/rau3-1.html [Zugriff 12.10.01.]

Leach, E. (1978): Kultur und Kommunikation. Zur Logik symbolischer Zusammenhänge. Frankfurt/M.

Lévi-Strauss, C. (1978): Traurige Tropen. Frankfurt/M.

Lippuner, R. (2005): Raum – Systeme – Praktiken. Zum Verhältnis von Alltag, Wissenschaft und Geographie. Stuttgart.

Löw, M. (2001): Raumsoziologie. Frankfurt/M.

Long, N. (1993): Handlung, Struktur und Schnittstelle: Theoretische Reflektionen. In: Bierschenk, T. & G. Elwert (Hrsg.): Entwicklungshilfe und ihre Folgen. Frankfurt/M., S. 214-248.

Luger, K. (1997): Interkulturelle Kommunikation und kulturelle Identität im globalen Zeitalter. In: Renger, R. & G. Siegert (Hrsg.): Kommunikationswelten. Wissenschaftliche Perspektiven zur Medien- und Informationsgesellschaft. Innsbruck, S. 317-346.

Luhmann, N. (1984): Soziale Systeme. Grundriß einer allgemeinen Theorie. Frankfurt/M.

Luhmann, N. (1996²): Die Realität der Massenmedien. Opladen.

Luhmann, N. (1998): Die Gesellschaft der Gesellschaft. Band 1. Frankfurt/M.

Luutz, W. (2002): Region als Programm. Zur Konstruktion „sächsischer Identität" im politischen Diskurs. Leipziger Schriften zur Gesellschaftswissenschaft Band 8. Baden-Baden.

Lynch, K. (1960): The Image of the City. Cambridge.

Macmillan, W.D. (1997): Computing and the science of Geography: the postmodern turn and the geocomputational twist. In: GeoComputation 97, S. 15-25.

Maeder, C. (2002, Januar). Alltagsroutine, Sozialstruktur und soziologische Theorie: Gefängnisforschung mit ethnografischer Semantik [26 Absätze], *Forum Qualitative Sozialforschung / Forum: Qualitative Social Research* [On-line Journal], 3(1). Verfügbar über: http://www.qualitative-research.net/ fqs/fqs.htm [Zugriff: 30.12.02].

Maier-Rabler, U. (1992): In Sense of Space. Überlegungen zur Operationalisierung des Raumbegriffs für die Kommunikationswissenschaft. In: Hömberg, W. & M. Schmolke (Hrsg.): Zeit, Raum, Kommunikation. Schriftenreihe der deutschen Gesellschaft für Publizistik- und Kommunikationswissenschaft Band 18: Berichtsband der gemeinsamen Arbeitstagung der Deutschen und der Österreichischen Gesellschaft für Publizistik- und Kommunikationswissenschaft vom 23. bis 25. Mai 1990 in Salzburg zum Thema „Zeit und Raum als Determinanten gesellschaftlicher Kommunikation". München, S. 357-370.

Marcoulatos, I. (2003): John Searle and Pierre Bourdieu: Divergent Perspectives on Intentionality as Social Ontology. In: Human Studies 26, S. 67-96.

Marcus, George (1992): Past, present and emergent identities: requirements for ethnographies of late twentieth-century modernity. In: Lash, S. & J. Friedman (Hrsg.): Modernity & Identity. Oxford, Cambridge, S. 309-330.

Marel, K. (1980): Inter- und Intraregionale Mobilität. Eine empirische Untersuchung zur Typologie der Wanderer am Beispiel der Wanderungsbewegungen der Städte Mainz – Wiesbaden 1973-1974. Schriftenreihe des Bundes für Bevölkerungsforschung Band 8. Wiesbaden.

Martin, E. (1989): The Woman in the Body. A cultural Analysis of Reproduction. Boston.

Massey, D. (1994): Space, Place and Gender. Cambridge.

Massey, D. (1999): Space-time, ‚science' and the relationship between physical geography and human geography. In: Transctions of the Institute of British Geographers 24, S. 261-276.

Mattli, W. (1999): The Logic of Regional Integration. Europe and Beyond. Cambridge.

Maturana, H. (1982): Erkennen: Die Organisation und Verkörperung der Wirklichkeit. Braunschweig, Wiesbaden.

Mayer, J. (2000): Politische Ökonomie strukturellen Wandels in Ostdeutschland. Eine politik- und verwaltungswissenschaftliche Studie zum Transformationsprozeß am Beispiel Brandenburgs im Zeitraum 1990-1995. Halle.

Mc Luhan, M. (1995): Die magischen Kanäle. Understanding Media. Dresden, Basel.

Mc Luhan, M. (2001): Das Medium ist die Botschaft = the medium is the message. Dresden.

McQuail, D. (2000[4]): McQuail's Mass Communication Theory. London.

Mead, G.H. (1975[2]): Geist, Identität und Gesellschaft. Frankfurt/M.

Merleau-Ponty, M. (1962): Phenomenology of Perception. London.

Meusburger, P. (Hrsg.) (1999): Handlungszentrierte Sozialgeographie. Benno Werlens Entwurf in kritischer Diskussion. Stuttgart.

Meyrowitz, J. (1990a): Überall und nirgends dabei. Die Fernsehgesellschaft I. Weinheim, Basel.

Meyrowitz, J. (1990b): Wie Medien unsere Welt verändern. Die Fernsehgesellschaft II. Weinheim, Basel.

Michalsky, T. (2002): Hic est mundi punctus et materia gloriae nostrae. Der Blick auf die Landschaft als Komplement ihrer kartographischen Eroberung. In: Engel, G., B. Rang, K. Reichert & H. Wunder (Hrsg.): Das Geheimnis am Beginn der europäischen Moderne. Frankfurt/M., S. 436-453.

Miggelbrink, J. (2002): Der gezähmte Blick. Zum Wandel des Diskurses über "Raum" und "Region" in humangeographischen Forschungsansätzen des ausgehenden 20. Jahrhunderts. Beiträge zur regionalen Geographie 55. Leipzig.

Mondana, L. & J.-B. Racine (1999): Ways of Writing Geographies. In: Buttimer, A., S.D. Brunn & U. Wardenga (Hrsg.): Text and Image. Social Construction of Regional Knowledges. Beiträge zur regionalen Geographie d. Institut für Länderkunde Leipzig 49. Leipzig, S. 266-280.

Morley, D. & K. Robins (1995): Spaces of Identity. Global media, electronic landscapes and cultural boundaries. London.

Morley, D. (2000): Home Territories. Media, Mobility and Identity. London, New York.

Münch, C. (1999): Europäische Identitätsbildung. Zwischen globaler Dynamik, nationaler und regionaler Gegenbewegung. In: Viehoff, R. & R.T. Seegers (Hrsg.): Kultur, Identität, Europa. Über die Schwierigkeiten und Möglichkeiten einer Konstruktion. Frankfurt/M., S. 223-252.

Münch, D. (1998): Der gelebte Raum als Problem der Semiotik. Überlegungen zur Grundlegung der Semiotik durch die philosophische Anthropologie. In: Hess-Lüttich, E.W.B., J.E. Müller & A. van Zoest (Hrsg.) (1998): Signs and Space – Raum und Zeichen. Kodikas/Code Supplement 23. Tübingen, S. 28-42.

Münkler, H. (2000): Wirtschaftswunder oder antifaschistischer Widerstand – Gründungsmythen der Bundesrepublik Deutschland und der DDR. In: Esser, H. (Hrsg.): Der Wandel nach der Wende. Gesellschaft, Wirtschaft, Politik in Ostdeutschland. Wiesbaden, S. 41-66.

Nassehi, A. (1997): Das stahlharte Gehäuse der Zugehörigkeit. Unschärfen im Diskurs um die "multikulturelle Gesellschaft". In: Nassehi, A. (Hrsg.): Nation, Ethnie, Minderheit. Beiträge zur Aktualität ethnischer Konflikte. Köln; Weimar; Wien, S. 177-208.

Natter, W. & J.P. Jones III (1997): Identity, Space, and other Uncertainties. In: Benko, G. & U. Strohmayer (Hrsg.): Space and Social Theory. Interpreting Modernity and Postmodernity. Oxford, S. 141-159.

Nelson, R.J. (1992): Naming and Reference. The link of word to object. London, New York.

Newen, A. (1996): Kontext, Referenz und Bedeutung. Eine Bedeutungstheorie singulärer Terme. Paderborn, München, Wien, Zürich.

Niethammer, L. (2000): Kollektive Identität. Heimliche Quellen einer unheimlichen Konjunktur. Reinbek.

Oevermann, U. (2001 [1973]): Zur Analyse der Struktur von sozialen Deutungsmustern. In: Sozialer Sinn, Heft 1, S. 3-33.

Oevermann, U., T. Allert, E. Konau & J. Krambeck (1979): Die Methodologie einer objektiven Hermeneutik und ihre allgemeine forschungslogische Bedeutung in den Sozialwissenschaften. In: Soeffner, H.G. (Hrsg.): Interpretative Verfahren in den Sozial- und Textwissenschaften. Stuttgart, S. 352-434.

Öhman, S. (1996): I väntan på språkvetenskapens Einstein. Strukturalismens uppkomst i Europa c.a. 1800-1960. In: Svenska humanistiska förbundet (Hrsg.): Det evigt mänskliga. Stockholm, S. 225-243.

Oßenbrügge, J. (1984): Zwischen Lokalpolitik, Regionalismus und internationalen Konflikten: Neuentwicklungen in der anglo-amerikanischen Politischen Geographie. In: Geographische Zeitschrift 72, Heft 1-2, S. 22-33.

Osthoff, H. und Brugmann, K. (1878-1890): Morphologische Untersuchungen auf dem Gebiet der indogermanischen Sprachen. Band 1-4. Leipzig.

Paasi, A. (1986a): The institutionalization of regions: a theoretical framework for understanding the emergence of regions and the constitution of regional identity. In: Fennia 164, Heft 1, S. 105-146.

Paasi, A. (1986b): The institutionalization of regions. Theory and comparative case studies. University of Joensuu, Publications in Social Sciences 9. Joensuu.

Paasi, A. (1989a): The media as creator of local and regional culture. In: The long-term future of regional policy – a nordic view. Report on a Joint NordREFO/OECD seminar in Reykjavik, S. 151-165.

Paasi, A. (1989b): Kultur, region och regional utveckling. In: NordREFO 2: Kultur och medier i regional utveckling 19, S 63-74.

Paasi, A. (1991): Deconstructing regions: notes on the scales of spatial life. In: Environment and planning A, 23, S. 239-256.

Paasi, A. (1992): The construction of socio-spatial consciousness. Geographical perspectives on the history and contexts of Finnish nationalism. In: Nordisk samhällsgeografisk tidskrift 15, S. 79-100.

Paasi, A. (1995): The sign and its denotations: deconstructing the idea of geography. In: Nordia Geographical Publications 24, Heft 2, S. 9-38.

Paasi, A. (1996): Inclusion, exclusion and territorial identities – the meanings of boundaries in the globalizing geopolitical landscape. In: Nordisk Samhällsgeografisk Tidskrift 23, S. 3-17.

Paasi, A. (1999): The Changing Pedagogies of Space: Representation and the Other in Finnish School Geography Textbooks. In: Buttimer, A., S. D. Brunn & U. Wardenga (Hrsg.): Text and Image. Social Construction of Regional Knowledges. Beiträge zur regionalen Geographie d. Institut für Länderkunde Leipzig 49, Leipzig, S. 226-236.

Patzelt, W.J. (1987): Grundlagen der Ethnomethodologie. Theorie, Empirie und politikwissenschaftlicher Nutzen einer Soziologie des Alltags. München.

Pfaffenbach, C. (2002): Die Transformation des Handelns. Erwerbsbiographien in Westpendlergemeinden Südthüringens. Stuttgart.

Phillips, R.S. (1993): The language of images in geography. In: Progress in Human Geography 17, 2, S. 180-194.

Pickel, S., G. Pickel & D. Walz (Hrsg.) (1998): Politische Einheit – kultureller Zwiespalt? Die Erklärung politischer und demokratischer Einstellungen in Ostdeutschland vor der Bundestagswahl 1998. Frankfurt/M.

Pickles, J. (1992): Texts, Hermeneutics and Propaganda Maps. In: Barnes, T.J. & J.S. Duncan (Hrsg.): Writing worlds: discourse, text and metaphor in the representation of landscape. London, S. 193-230.

Plessner, H. (1980): Anthropologie der Sinne. In: Gesammelte Schriften III. Frankfurt/M., S. 317-393.

Pohl, J. (1993): Regionalbewußtsein als Thema der Sozialgeographie. Theoretische Untersuchungen am Beispiel Friaul. Münchner Geographische Hefte 70. Kallmünz, Regensburg.

Pollack, D., G. Pickel & J. Jacobs (1998): Vergleichsmaßstab bleibt der Westen. Soziostrukturelle Benachteiligung als Begründung subjektiver Benachteiligung in Ostdeutschland. In: Pickel, S., G. Pickel & D. Walz (Hrsg.): Politische Einheit – kultureller Zwiespalt? Die Erklärung politischer und demokratischer Einstellungen in Ostdeutschland vor der Bundestagswahl 1998. Frankfurt/M., S. 131-156.

Pörksen, U. (1988[2]): Plastikwörter. Die Sprache einer internationalen Diktatur. Stuttgart.

Postman, N. (1999[12]): Wir amüsieren uns zu Tode. Urteilsbildung im Zeitalter der Unterhaltungsindustrie. Frankfurt/M.

Pred, A.R. (1977): The choreography of existence: comments on Hägerstrand's time geography and its usefulness. In: Economic Geography 53, S. 207-221.

Pred, A.R. (1986): Place, Practice and Structure. Social and Spatial Transformation in Southern Sweden: 1750-1850. Oxford.

Probst, L. (1999): Ost-West-Unterschiede und das kommunitäte Erbe der DDR. Über die Rede von der „inneren Einheit". In: Heinrich-Böll-Stiftung & L. Probst (Hrsg.): Differenz in der Einheit. Über die kulturellen Unterschiede der Deutschen in Ost und West. Berlin, S. 15-27.

Pudelko, M. (2000a): Das Personalmanagement in Deutschland, den USA und Japan. Band 1: Die Bedeutung gesamtgesellschaftlicher Rahmenbedingungen im Wettbewerb der Systeme. Köln.

Pudelko, M. (2000b): Das Personalmanagement in Deutschland, den USA und Japan. Band 2: Eine systematische und vergleichende Bestandsaufnahme. Köln.

Pudelko, M. (2000c): Das Personalmanagement in Deutschland, den USA und Japan. Band 3: Wie wir voneinander lernen können. Mit einer empirischen Studie über die 500 größten Unternehmen der drei Länder. Köln.

Putnam, H. (1990[2]): Die Bedeutung von „Bedeutung". Frankfurt/M.

Pütz, M. & R. Dirven (1996): The Construal of Space in Language and Thought. Cognitive Linguistic Research 8. Berlin, New York.

Radman, Z. (1997): Metaphors: Figures of the mind. Dordrecht.

Raper, J. & D. Livingstone (2001): Let's get real: spatio-temporal identity and geographic entities. In: Transactions of the Institute of British Geographers 26, Heft 2, S. 237-242.

Ratzel, F. (1881): Die Erde in vierundzwanzig gemeinverständlichen Vorträgen über Allgemeine Erdkunde. Ein geographisches Lesebuch. Stuttgart.

Ratzel, F. (1898): Deutschland. Einführung in die Heimatkunde. Leipzig.
Reichert, D. (1998): Ways of Worldmaking. Zur Möglichkeit einer Geo-Graphie aus der Welt. In: Geographica Helvetica 53, Heft 3, S. 112-117.
Richter, G., (1999): Enttäuschte Erwartungen? Liebesbeziehungen zwischen Ost und West. In: Heinrich-Böll-Stiftung and Probst, L. (Hrsg.): Differenz in der Einheit. Über die kulturellen Unterschiede der Deutschen in Ost und West. Berlin, S. 152-162.
Ricoeur, P. (1996 [1972]): Die Metapher und das Hauptproblem der Hermeneutik. In: Haverkamp, A. (Hrsg.): Theorie der Metapher. Darmstadt, S. 356-375.
Ronneberger, F. (1992): Entwicklungsstränge des Raumverständnisses in der Medienkommunikation. In: Hömberg, W. M. Schmolke (Hrsg.): Zeit, Raum, Kommunikation. Schriftenreihe der deutschen Gesellschaft für Publizistik- und Kommunikationswissenschaft Band 18: Berichtsband der gemeinsamen Arbeitstagung der Deutschen und der Österreichischen Gesellschaft für Publizistik- und Kommunikationswissenschaft vom 23. bis 25. Mai 1990 in Salzburg zum Thema „Zeit und Raum als Determinanten gesellschaftlicher Kommunikation. München, S. 339-356.
Rorty, R. (1989): Contingency, Irony, and Solidarity. Cambridge.
Rosa, H. (1998): Identität und kulturelle Praxis. Politische Philosophie nach Charles Taylor. Frankfurt/M., New York.
Sack, R.D. (1986): Human Territoriality: Its Theory and History. Cambridge.
Sack, R.D. (1997): Homo Geographicus. A Framework for Action, Awareness, and Moral Concern. Baltimore, London.
Sahr, W.-D. (1999): Der Ort der Regionalisierung im geographischen Diskurs. In: Meusburger. P. (Hrsg.): Handlungszentrierte Sozialgeographie. Benno Werlens Entwurf in kritischer Diskussion. Erdkundliches Wissen, Heft 130. Stuttgart, S. 43-66.
Schenk, W. (1997): Gedankliche Grundlegung und Konzeption des Sammelbandes „Kulturlandschaftspflege". In: Schenk, W., K. Fehn & D. Denecke (Hrsg.): Kulturlandschaftspflege. Beiträge der Geographie zur räumlichen Planung. Berlin. Stuttgart, S. 3-9.
Schenk, W., K. Fehn, & D. Denecke (Hrsg.) (1997): Kulturlandschaftspflege. Beiträge der Geographie zur räumlichen Planung. Berlin, Stuttgart.
Scheschy, M. (1997): Metaphern für die Interpersonelle Kommunikation. In: Reger, R. & G. Siegert (Hrsg.) (1997): Kommunikationswelten. Wissenschaftliche Perspektiven zur Medien- und Informationsgesellschaft. Innsbruck, S. 377-406.
Schlottmann, A. (1998): Entwicklungsprojekte als „strategische Räume". Eine akteursorientierte Analyse von sozialen Schnittstellen am Beispiel eines ländlichen Entwicklungsprojektes in Tanzania. Freiburger Studien zur Geographischen Entwicklungsforschung, Band 15, Saarbrücken.
Schlottmann, A. (2002): Globale Welt – deutsches Land. Alltägliche globale und nationale Weltdeutung in den Medien. In: Praxis Geographie 4, S. 28-34.
Schlottmann, A. (2003): Zur alltäglichen Verortung von Kultur in kommunikativer Praxis. Beispiel „Ostdeutschland". In: Geographische Zeitschrift 91, 1, S.40-51.
Schlottmann, A. (2005): Rekonstruktion von alltäglichen Raumkonstruktionen – eine Schnittstelle von Sozialgeographie und Geschichtswissenschaft? In: Geppert, A.T., U. Jensen & J. Weinhold: Ortsgespräche. Raum und Kommunikation im 19. und 20. Jahrhundert. Bielefeld, S. 107-133.
Schmidt, S.J. (1998): Modernisierung, Kontingenz, Medien: Hybride Beobachtungen. In: Vattimo, G. & W. Welsch (Hrsg.): Medien-Welten Wirklichkeiten. München, S. 173-186.
Schmidt, V. (1996): Europäische Raumbeobachtung – Regionalindikatoren zur Analyse der sozioökonomischen Lage und Entwicklung in den Regionen der Europäischen Union. In: Regionen in Europa Band 2: Das regionale Potential. Baden-Baden, S. 223-334.
Schmitt, R. (2000, Januar): Skizzen zur Metaphernanalyse [16 Absätze]. *Forum Qualitative Sozialforschung / Forum Qualitative Social Research* [On-line Journal], 1(1). Verfügbar über: http://qualitative-research.net/fqs [Datum des Zugriffs:12.01.02].

Schneider, W.L. (1994): Die Beobachtung von Kommunikation: Zur kommunikativen Konstruktion sozialen Handelns. Opladen.
Schröer, N. (1999): Intersubjektivität, Perspektivität und Zeichenkonstitution. Kommunikation als pragmatische Abstimmung perspektivgebundener Deutungsmuster. In: Hitzler, R., J. Reichertz & N. Schröer (Hrsg.): Hermeneutische Wissenssoziologie. Standpunkte zur Theorie der Interpretation. Konstanz, S. 187-212.
Schulte, A. (1994): Antidiskriminierungspolitik in westeuropäischen Staaten. In: Heinelt, H. (Hrsg.): Zuwanderungspolitik in Europa. Nationale Politiken. Gemeinsamkeiten und Unterschiede. Opladen, S. 123-161.
Schultz, H.-D. (1989): Versuch einer Historisierung der Geographie des Dritten Reiches am Beispiel des geographischen Großraumdenkens. In: Geographie und Nationalsozialismus. 3 Fallstudien zur Institution Geographie im deutschen Reich und der Schweiz. Urbs et Regio 51. Kassel, S. 1-75.
Schultz, H.-D. (1997a): Von der Apotheose des Fortschritts zur Zivilisationskritik. Das Mensch-Natur-Problem in der klassischen Geographie. In: Eisel, U. & H.-D. Schultz (Hrsg.): Räumliche Anschauung und gesellschaftliche Wirklichkeit. Urbs et Regio 75. Kassel, S. 177-282.
Schultz, H.-D. (1997b): Räume sind nicht, Räume werden gemacht. Zur Genese „Mitteleuropas" in der deutschen Geographie. In: Europa Regional 5, S. 2-14.
Schultz, H.-D. (1998): Deutsches Land – deutsches Volk. Die Nation als geographisches Konstrukt. In: Berichte z. dt. Landeskunde 72, Heft 2, S. 85-114.
Schultz, H.-D. (1999): Europa als geographisches Konstrukt. Jenaer Geographische Manuskripte 20. Jena.
Schütz, A. (1974): Der sinnhafte Aufbau der sozialen Welt. Frankfurt/M.
Schütz, A. & T. Luckmann (1984): Strukturen der Lebenswelt. Band 2. Frankfurt/M.
Schütz, A. & T. Luckmann (1988³): Strukturen der Lebenswelt. Band 1. Frankfurt/M.
Schwab-Trapp, M. (2001): Diskurs als soziologisches Konzept. In: Keller, R., A. Hirseland, W. Schneider, & W. Viehöver (Hrsg.): Handbuch Sozialwissenschaftliche Diskursanalyse. Band 1: Theorien und Methoden. Opladen, S. 261-283.
Searle, J.R. (1974): Sprechakte. Ein sprachphilosophischer Essay. Frankfurt/M.
Searle, J.R. (1982): Ausdruck und Bedeutung. Untersuchungen zur Sprechakttheorie. Frankfurt/M.
Searle, J.R. (1991): Intentionalität. Eine Abhandlung zur Philosophie des Geistes. Frankfurt/M.
Searle, J.R. (1992³): Geist, Hirn und Wissenschaft. Die Reith Lectures 1984. Frankfurt/M.
Searle, J.R. (1995): The construction of social reality. London.
Searle, J.R. (1997): Die Konstruktion der gesellschaftlichen Wirklichkeit. Zur Ontologie sozialer Tatsachen. Reinbek.
Searle, J.R. (2001): Geist, Sprache und Gesellschaft. Philosophie in der wirklichen Welt. Frankfurt/M.
Seibt, F. (1983): Die Zeit als Kategorie der Geschichte und als Kondition historischen Sinns. In: Gumin, H. & H. Meier (Hrsg.): Die Zeit. Dauer und Augenblick. München, Zürich, S. 145-188.
Selbach, R. & K.-K. Pullig (Hrsg.) (1992): Handbuch Mitarbeiterbeurteilung, Wiesbaden.
Shannon, C.E. & W. Weaver (1998 [1949]): The mathematical theory of communication. Urbana/Illinois.
Sibley, D. (1995): Geographies of Exclusion. Society and difference in the West. London.
Simon, J. (1996): Immanuel Kant. In: Borsche, T. (Hrsg.): Klassiker der Sprachphilosophie. Von Platon bis Noam Chomsky. München, S. 233-256.
Simon, J. (2000): Madame Ceausescus Schuhe. Über das Scheitern einer Ost-West-Beziehung. In: Simon, J., F. Rothe und W. Andrasch (Hrsg.): Das Buch der Unterschiede. Warum die Einheit keine ist. Berlin, S. 13-28.
Simon, J., F. Rothe & W. Andrasch (Hrsg.) (2000): Das Buch der Unterschiede. Warum die Einheit keine ist. Berlin.
Smith, B. (2001): Fiat Objects. In: Topoi 20, S. 131-148.

Smith, B. und Searle, J.R. (2003 im Druck): The Construction of Social Reality: An Exchange. Erscheint in: American Journal of Economics and Sociology. Als Manuskript verfügbar unter http://www.ontology.buffalo.edu/smith//articles/searle.PDF

Smith, J.M. (1996): Geographical Rhetoric: Modes and Tropes of Appeal. In: Annals of the Association of American Geographers 86, Heft 1, S. 1-20.

Soeffner, H.-G. (1999): Verstehende Soziologie und sozialwissenschaftliche Hermeneutik. Die Rekonstruktion der gesellschaftlichen Konstruktion der Wirklichkeit. In: Hitzler, R., J. Reichertz & N. Schröer (Hrsg.): Hermeneutische Wissenssoziologie. Standpunkte zur Theorie der Interpretation. Konstanz, S. 39-49.

Soja, E. (1989): Postmodern Geographies. The reassertiaon of space in critical social theory. London, New York.

Spielhagen, E. (Hrsg.) (1993): So durften wir glauben zu kämpfen...: Erfahrung mit DDR-Medien. Berlin.

Spinner, H. (1998): Die Architektur der Informationsgesellschaft. Entwurf eines wissensorientierten Gesamtkonzepts. Bodenheim.

Spurk, J. (1997): Nationale Identität zwischen gesundem Menschenverstand und Überwindung. Frankfurt/M., New York.

Starkulla, H. (1993): Marktplätze sozialer Kommunikation: Bausteine zu einer Medientheorie. München.

Steiner, H. (2002): Über 50 Jahre ostdeutscher Eliten-Entwicklung seit 1945 – einige Thesen. In: Bollinger, S. & U. van der Heyden (Hrsg.): Deutsche Einheit und Elitenwechsel in Ostdeutschland. Gesellschaft–Geschichte–Gegenwart 24. Berlin, S. 102-112.

Stetter, C. (1999): Schrift und Sprache. Frankfurt/M.

Storkebaum, W. (1969): Einleitung. In: Storkebaum, W. (Hrsg.): Sozialgeographie. Darmstadt, S. 1-31.

Strubelt, W. (2000): Raum, Region, Ort – im kontinuierlichen Wandel ihrer Bestimmung. In: Informationen zur Raumentwicklung, Heft 9/10, S. 635-643.

Strzelczyk, F. (1999): Un-Heimliche Heimat. Reibungsflächen zwischen Kultur und Nation. München.

Thabe, S. (2002): Raum(de)konstruktionen. Reflexionen zu einer Philosophie des Raumes. Opladen.

Thierse, W., I. Spittmann-Rühle & J.L.Kuppe (Hrsg.) (2000): Zehn Jahre deutsche Einheit. Eine Bilanz. Lizenzausgabe Bundeszentrale für politische Bildung. Bonn.

Thomasson, A.L. (2001): Geographic Objects and the Science of Geography. In: Topoi 20, S. 149-159.

Thompson, J. B. (1995): The media and modernity. A social theory of the media. Oxford, Cambridge.

Thrift, N.J. (1983): On the determination of social action in space and time. In: Environment and Planning D, Society and Space 1, S. 23-55.

Tichy, R. (1990): Ausländer rein! Deutsche und Ausländer – verschiedene Herkunft, gemeinsame Zukunft. München.

Tuschhoff, C. (1998): Do Territories Compete? In: Immerfall, S. (Hrsg.): Territoriality in the Globalizing Society. One Place or None? Berlin, Heidelberg, New York, S. 39-57.

Varela, F. (1990): Kognitionswissenschaft – Kognitionstechnik. Frankfurt/M.

Varzi, A. C. (2001): Vagueness in Geography. In: Philosophy and Geography 4, Heft 1, S. 49-65.

Vater, H. (1997): Zur kognitiven Linguistik des Raumes. In: Michel, P. (Hrsg.): Symbolik von Ort und Raum. Schriften zur Symbolforschung Band 11. Bern, S. 497-525.

Viehoff, R. & R.T. Segers (1999): Kultur, Identität, Europa. Über die Schwierigkeiten und Möglichkeiten einer Konstruktion. Frankfurt/M.

von Thadden, R. (1991²): Aufbau nationaler Identität. Deutschland und Frankreich im Vergleich. In: Giesen, B. (Hrsg.): Nationale und kulturelle Identität. Studien zur Entwicklung des kollektiven Bewußtseins in der Neuzeit. Frankfurt/M., S. 493-510.

Waldenfels, B. (1997): Topographie des Fremden. Studien zur Phänomenologie des Fremden I. Frankfurt/M.
Walgenbach, P. (1998): Personalpolitik aus der Perspektive des Institutionalistischen Ansatzes. In: Martin, A. & W. Niehüser (Hrsg.): Personalpolitik. Wissenschaftliche Erklärung der Personalpraxis. München, S. 267-290.
Wardenga, U. (1995): Geographie als Chorologie. Zur Genese und Struktur von Alfred Hettners Konstrukt der Geographie. Stuttgart.
Weichhart, P. (1990): Raumbezogene Identität. Bausteine zu einer Theorie räumlich-sozialer Kognition und Identifikation. Stuttgart.
Weichhart, P. (1999a): Die Räume zwischen den Welten und die Welt der Räume. Zur Konzeption eines Schlüsselbegriffs der Geographie. In: Meusburger. P. (Hrsg.): Handlungszentrierte Sozialgeographie. Benno Werlens Entwurf in kritischer Diskussion. Erdkundliches Wissen, Heft 130. Stuttgart, S. 67-94.
Weichhart, P. (1999b): Territorialität, Identität und Grenzerfahrung. In: Haslinger, P. (Hrsg.): Grenze im Kopf. Beiträge zur Geschichte der Grenze in Ostmitteleuropa. Wiener Osteuropa Studien Band 11. Frankfurt/M., Berlin, Bern, New York, Paris, Wien, S. 19-30.
Weingarten, M. (1998): Wissenschaftstheorie als Wissenschaftskritik. Beiträge zur kulturalistischen Wende in der Philosophie. Bonn.
Weinrich, H. (1976): Sprache in Texten. Stuttgart.
Weiß, H.J., M. Feike, W. Freese & J. Trebbe (1995): Gewalt von Rechts – (k)ein Fernsehthema? Zur Fernsehberichterstattung über Rechtsextremismus, Ausländer und Asyl in Deutschland. Opladen.
Wenturis, N., W. van Hove & V. Dreier (1992): Methodologie der Sozialwissenschaften. Tübingen.
Wenz, K. (1997): Raum, Raumsprache und Sprachräume. Zur Textsemiotik der Raumbeschreibung. Kodikas/Code Supplement 22. Tübingen.
Werbner, P. (2000^2): Essentialising essentialism, essentialising silence: Ambivalence and multiplicity in the construction of racism and ethnicity. In: Werbner, P. & T. Modood (Hrsg.): Debating Cultural Hybridity. London, S. 226-254.
Werbner, P. & T. Modood (Hrsg.) (2000^2): Debating Cultural Hybridity. Multi-Cultural Identities and the Politics of Anti-Racism. London, New Jersey.
Werlen, B. (1989a): Die Situationsanalyse. Ein unbeachteter Vorschlag von K. R. Popper und seine Bedeutung für die geographische Regionalforschung. In: Conceptus XXIII, Heft 59, S. 49-65.
Werlen, B. (1989b): Kulturelle Identität zwischen Individualismus und Holismus. In: Sosoe, K. L. (Hrsg.): Identität: Evolution oder Differenz? / Identité: Évolution ou Différence? Fribourg, S. 21-54.
Werlen, B. (1992): Regionale oder kulturelle Identität? Eine Problemskizze. In: Berichte zur deutschen Landeskunde, Band 66, Heft 1, S. 9–32.
Werlen, B. (1993a): On Regional and Cultural Identity. Outline of a regional culture analysis. In: Steiner, D. & M. Nauser (Hrsg.): Human Ecology. Fragments of Anti-Fragmentary Views of the World. London, S. 296–309.
Werlen, B. (1993b): Identität und Raum – Regionalismus und Nationalismus. In: „Soziographie", Band 7, S. 39–73.
Werlen, B. (1993c): Handlungs- und Raummodelle in sozialgeographischer Forschung und Praxis. In: Geographische Rundschau 45, Heft 12, S. 724–729.
Werlen, B. (1993d): Gibt es eine Geographie ohne Raum? Zum Verhältnis von traditioneller Geographie und zeitgenössischen Gesellschaften. In: Erdkunde, Band 47, Heft 4, S. 241-255.
Werlen, B. (1997a^3): Gesellschaft, Handlung und Raum. Grundlagen handlungstheoretischer Sozialgeographie. Stuttgart.
Werlen, B. (1997b): Sozialgeographie alltäglicher Regionalisierungen. Band 2: Globalisierung, Region und Regionalisierung. Stuttgart.
Werlen, B. (1997c): Raum, Körper und Identität. Traditionelle Denkfiguren in sozial- geographischer Reinterpretation. In: Steiner, D. (Hrsg.): Humanökologie. Opladen, S. 133-154

Werlen, B. (1999a²): Sozialgeographie alltäglicher Regionalisierungen. Band 1: Zur Ontologie von Gesellschaft und Raum. Stuttgart.
Werlen, B. (1999b): Handlungszentrierte Sozialgeographie. Replik auf die Kritiken. In: Meusburger, P. (Hrsg.): Handlungszentrierte Sozialgeographie. Benno Werlens Entwurf in kritischer Diskussion. Erdkundliches Wissen, Heft 130. Stuttgart, S. 247-268.
Werlen, B. (2000a): Sozialgeographie. Bern.
Werlen, B. (2000b).: Verschwindet die Ferne? Zur Zukunft der räumlichen Bedingungen. In: Praxis Geographie 30, Heft 2, S. 15-19.
Werlen, B. (2002): Handlungsorientierte Sozialgeographie. Eine neue geographische Ordnung der Dinge. In: geographie heute 200, S. 12-15.
Werlen, B. (2003): *Cultural Turn* in Humanwissenschaften und Geographie. In: Ber. z. dt. Landeskunde 77, Heft 1, S. 35-52.
Wersig, G. (2000): Informations- und Kommunikationstechnologien. Eine Einführung in Geschichte, Grundlagen und Zusammenhänge. Konstanz.
White, H. (1978): Tropics of discourse: Essays in cultural criticism. Baltimore.
Winterhoff-Spurk, P. (1989): Fernsehen und Weltwissen. Der Einfluß von Medien auf Zeit-, Raum- und Personenschemata. Opladen.
Winterhoff-Spurk, P. (1992): Fernsehen und kognitive Landkarten. Globales Dorf oder ferne Welt? In: Hömberg, W. & M. Schmolke (Hrsg.): Zeit, Raum, Kommunikation. Schriftenreihe der deutschen Gesellschaft für Publizistik- und Kommunikationswissenschaft Band 18: Berichtsband der gemeinsamen Arbeitstagung der Deutschen und der Österreichischen Gesellschaft für Publizistik- und Kommunikationswissenschaft vom 23. bis 25. Mai 1990 in Salzburg zum Thema „Zeit und Raum als Determinanten gesellschaftlicher Kommunikation. München, S. 287-298.
Wittgenstein, L. (1984 [1953]): Philosophische Untersuchungen. In: Werkausgabe Band 1. Frankfurt/M., S. 225-485.
Wodak, R., R. de Cillia, M. Reisigl, K. Liebhart, K. Hofstätter & M. Kargl (1998): Zur diskursiven Konstruktion nationaler Identität. Frankfurt/M.
Wolf, U. (Hrsg.) (1993): Eigennamen. Dokumentation einer Kontroverse. Frankfurt/M.
Wollersheim, H.-W., S. Tzschaschel & M. Midell (Hrsg.) (1998): Region und Identifikation. Leipziger Studien zur Erforschung von regionenbezogenen Identifikationsprozessen 1. Leipzig.
Wunderlich, D. (1982a): Sprache und Raum. In: Studium Linguistik 12, S. 1-19.
Wunderlich, D. (1982b): Sprache und Raum – 2. Teil. In: Studium Linguistik 13, S. 37-59.
Wyller, T. (1994): Indexikalische Gedanken. Über den Gegenstandbezug in der raumzeitlichen Erkenntnis. Freiburg i.Br.
Young, I.M. (1990): The ideal community and the politics of difference. In: Nicholson, L. (Hrsg.): Feminism/Postmodernism. London, S. 300-323.
Zierhofer, W. (1997): Grundlagen für eine Humangeographie des relationalen Weltbildes. Die sozialwissenschaftliche Bedeutung von Sprachpragmatik, Ökologie und Evolution. In: Erdkunde 51, Heft 2, S. 81-99.
Zierhofer, W. (1999): Die fatale Verwechslung. Zum Selbstverständnis der Geographie. In: Meusburger, P. (Hrsg.): Handlungszentrierte Sozialgeographie. Benno Werlens Entwurf in kritischer Diskussion. Erdkundliches Wissen, Heft 130. Stuttgart, S. 163-186.
Zierhofer, W. (2002): Speech acts and space(s): language pragmatics and the discursive constitution of the social. Environment and Planning A, 34, S. 1355-1372.
Zucker, L. G. (1991): The Role of Institutionalization in Cultural Persistence. In: DiMaggio, P.J. & W.W. Powell (Hrsg.): The New Institutionalism in Organizational Analysis. Chicago, S. 83-107.